园衍

孟兆祯 著

【珍藏版】

中国建筑工业出版社

图书在版编目（CIP）数据

园衍（珍藏版）/ 孟兆祯著 . -- 北京：中国建
筑工业出版社，2014.7
　ISBN 978-7-112-16319-9

　Ⅰ . ①园… Ⅱ . ①孟… Ⅲ . ①园林艺术－中
国 Ⅳ . ① TU986. 62

　中国版本图书馆 CIP 数据核字（2014）第 012977 号

责任编辑：张　建　杜　洁
责任校对：陈晶晶　赵　颖

园衍（珍藏版）

孟兆祯　著
＊
中国建筑工业出版社出版、发行（北京西郊百万庄）
各地新华书店、建筑书店经销
北京雅昌艺术印刷有限公司制版
北京雅昌艺术印刷有限公司印刷
＊
开本：880×1230毫米 1/16　印张：31¼　字数：750千字
2015 年 8 月第一版　2015 年 8 月第一次印刷
定价：298.00元
ISBN 978-7-112-16319-9
　　　（25048）

孟兆祯院士于 20 世纪 50 年代就投身于祖国的风景园林事业,我当时就和他有所接触,多年来他一直探索能体现中国文化内质的风景园林规划设计理法体系,在中国园林理论经典——《园冶》的研究上颇有建树。这本在西方被誉为与阿尔伯蒂《建筑十书》相提并论的园林巨著,因时间久远、文字桀骜难懂难以为现代人理解,孟院士用现代语言加以再阐释,并将其化入当代的传承、应用与实践中,形成了他的新作——《园衍》。《园衍》的内容非对传统造园方法的一般叙述,而是加入了自身的体会,将源于中国文化的风景园林规划设计方法系统化、理论化,书中结合了他自身的实践,充分体现了他倡导的"知行合一"的风景园林教育理念。《园衍》立题构思独到,行文发人深省,体现了对中国传统园林规划设计理论的传承和创新,足以给当代以启发,是风景园林领域重要的专著。

　　孟院士为祖国的风景园林建设事业培养了大批优秀人才。他曾在 1997 年邀我参加他的博士生毕业论文答辩,答辩的题目是《艮岳景象研究》,我至今印象很深,也借此认识了他的高才生朱育帆。后来朱育帆到清华大学做博士后,并留在建筑学院工作,在工作中展现了扎实的功底,近些年他的一些设计作品已经获得了国内外的好评。

　　在深圳举办此次学术思想论坛,我认为非常有意义,希望借此加强风景园林界对历史和当前世界的深入探讨,希望一些卓有贡献的学者更为社会广泛认识,同时也希望有更多的优秀青年专家脱颖而出。

　　由于我得知会议太晚,未能有时间写文章参加讨论,深表遗憾。这次会议选址在深圳很有意义,孟院士曾经对这个城市的风景园林建设加以指点,创作了仙湖植物园,大家汇聚于这一城市一定能对孟院士的学术成就与设计匠心有所欣赏。恕我不便远途跋涉前来参加,只能借此文表示祝贺。

吴良镛

2014 年 6 月 6 日

刘管平教授贺《园衍》

论源流 析清浊 匠奇功
立精意 ——贺《园衍》

文若与心和 孟昶无言 愁绪温自值 人影多 用鞭鹏洞园

行书和刘庭芳初春

孟兆祯先生和刘管平教授赞《园衍》

文赋简 诗若赋
知过多 心自闲 ——和刘鲁平教授赞《园衍》 时在癸巳初春

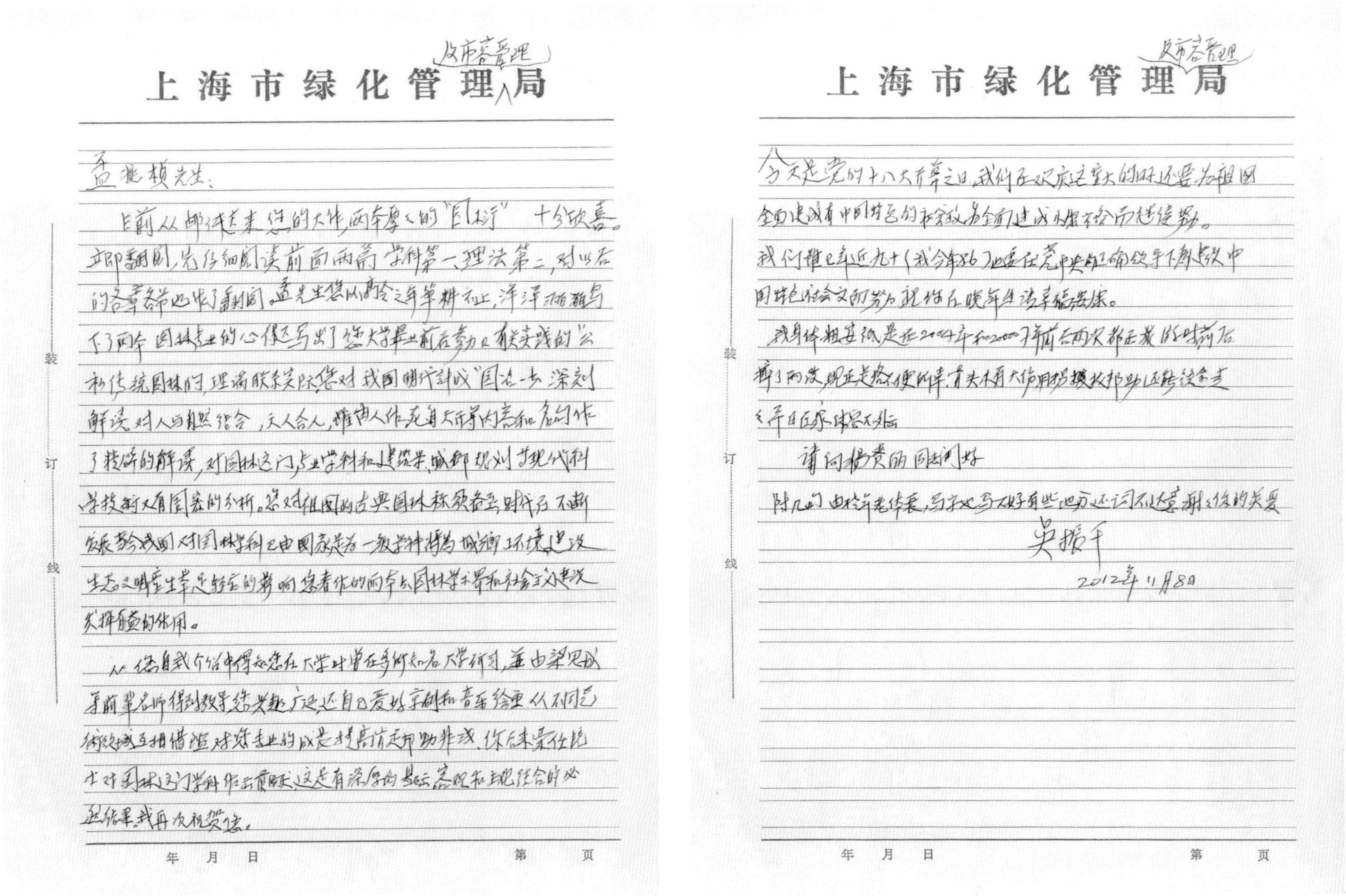

上海市绿化及市容管理局

孟兆祯先生：

日前从邮件送来您的大作，两本厚厚的"园衍"十分欣喜。立即翻阅，先仔细阅读前面两篇"学科第一、理法第二"，对以后的各章各节也作了翻阅。孟先生您以耄耋之年笔耕不止，洋洋洒洒写下了两本园林专业的心得，还写出了您大学毕业前后参加有关实践的"公私传统园林"的理论联系实际。您对我国明代计成"园冶"一书深刻解读对人与自然结合，天人合一，虽由人作宛自天开等内容和名句作了精辟的解读，对园林这门专业学科和建筑学、城乡规划等现代科学技术又有图表的分析。您对祖国的古典园林称颂备至，时代在不断发展，当今我国对园林学科已由国家定为一级学科，将为城乡环境建设生态文明产生举足轻重的影响。您著作的两本在园林学术界和社会主义建设发挥有益的作用。

从您自我介绍中得知您在大学时曾在多所知名大学研习，并由梁思成等前辈名师得到教导，您兴趣广泛，还自己爱好京剧和音乐绘画，从不同艺术领域互相借鉴，对您专业的成长提高肯定帮助非浅。你在未来从事学术对园林这门学科作出贡献，这是有深厚的基础，客观和主观结合的必然结果。我再次祝贺您。

年　月　日　　第　页

上海市绿化及市容管理局

今天是党的十八大开幕之日，我们在欢庆这盛大的时候还要为祖国全面建成有中国特色的社会主义为全面建成小康社会而继续努力。我们虽已年近九十（我今年86）也要在党中央的正确领导下为中国特色社会主义而努力。祝你在晚年生活幸福安康。

我身体粗安，虽是在2004年和2007年前后两次都正常的时候前后摔了两次，现在走路不便，所幸关节有大伤用拐杖扶帮助还能缓步走走，平日在家休息不外出。

请向杨贵丽同志问好

附几句：由于年老体衰，写字也写不好，有些地方还词不达意，谢谢你的关爱

吴振千

2012年11月8日

年　月　日　　第　页

吴振千先生信笺

孟兆祯院士诗赞中国园林艺术

综合效益化人诗篇
景面文心人调天
相地借景彰地宜
景以境出住世仙
——诗赞中国园林艺术与参加中国风景园林景园林传承与创新之路
暨孟兆祯院士学术思想论坛同业们共勉

巧于因借

孟兆祯印（徐敏龄制）

鄂生蜀长

孟兆祯印

卷山勺水

物华天宝

精在体宜

花木情缘易逗

人杰地灵

随曲合方

心手相印

寸心千古

与时俱进

碧水

妙

仙波

一梦江南

趣味悠悠

融古

神与化游

神奇

香竹

孟兆祯常用印选

（本页印章除署名外均为孟凡制）

项目名称：《园衍》

奖励等级：一等奖

获奖单位：北京林业大学园林学院

完成人：孟兆祯（第 1 完成人）

证书编号：2013-KJ-1-01-R01

二〇一三年五月十六日

中国风景园林学会

科技进步奖

证 书

为表彰中国风景园林学会科技进步奖获得者，特颁发此证书。

中国风景园林学会科技进步奖证书

孟兆祯

　　1956 年毕业于北京农业大学园艺系造园专业，任教于北京林业大学园林学院。中国工程院院士，博士生导师，中国风景园林学会名誉理事长，北京市人民政府园林绿化顾问组组长，住房和城乡建设部风景园林专家委员会副主任，清华大学建筑学院客座教授，北方工业大学客座教授。他将中国传统文人写意自然山水园的民族风格、园林综合效益的科学内容、地方特色和现代社会文化休憩生活融为一体。在继承的基础上和其他园林专家一起发展并建立了风景园林规划与设计学科的新教学体系，是当代传承中国传统园林文化的重要代表人物。他曾主持完成《避暑山庄园林艺术理法赞》，主编《园林工程》高校教材。由他主持完成的"深圳市仙湖风景植物园设计"获深圳市 1993 年设计一等奖、建设部优秀设计三等奖。此外，由他主持设计的海南省"三亚市园林绿地系统规划"获建设部 1995 年优秀设计奖。近年来他还主持设计了杭州花圃、邯郸赵苑公园、梦海公园、北京奥运公园假山和 2013 年北京园博会大假山等项目。所承担的风景园林设计皆布局有章、细部精微、科技与艺术融为一体，且根据现代社会生活需要，创造出了具有先进理念的现代诗意栖居的人居环境。他指导学生在"国际大学生风景园林设计竞赛"、"亚太地区大学生风景园林设计竞赛"中多次获奖；并曾先后赴美、日、韩等国讲学，参加国际项目合作。

自 序

儿时有感于人生漫漫，老来却又深觉如白驹过隙，转瞬即逝。

人之初，本无知。经父母养育，师长授业，朋友帮助，便从无知到有知。历数十载积累，待稍有心得，不觉已年届古稀。源之于民之所得，当还之于民，这便是本书拾笔的初衷。人类的文化知识是通过世代接力、传承和发展积累起来的，应将学习、总结、传承视为天职。人生说长也短，将个人滴水之识纳入历史文化积累的百川之海，造福后代，是所有学者的归宿，人物化了，认知要汇入历史长河。

经梁思成先生支持，汪菊渊和吴良镛两位先生提议，1951年我国教育部批准正式成立造园专业。我入此门实属歪打正着。从小迷京剧，一心向往到北京亲眼一睹各位梨园泰斗，填报大学志愿时不知"造园"为何，想是与我爱吃的柑橘园有关，且知当时仅有北京设此专业，考上即意味可进京看好戏。当时未到而立之年，二十几岁还是懵懂。1952年考入北京农业大学造园专业后又因怕画图作画而欲转专业，孙晓村校长在迎新报告中将建筑比作"凝固的音乐"，这又打动了我爱音乐之心。汪菊渊先生为我们开设了中外园林史、城市及居民区绿化、造园艺术及花卉园艺等多门课程。清华大学建筑系的金承藻先生教我们画法几何；文金扬、宗维城先生教美术；陈有民先生教观赏树木学。其后，汪先生还从浙江农学院请来了孙筱祥先生教我们园林艺术和公园、花园设计，师恩如山。我父孟威廉是轮船公司职员，母吴兰馨是中学教师，我有今天是与父母重视子女教育密不可分的，父母养育之恩也重如山。由是我才领悟到儿时见人们家里供奉的牌位"天地君亲师"的含义，把自然天地排在皇帝前面，视自然比皇帝还大。

在不多的古代专业书籍中，使我受益最深的是我国明代哲匠计成所著的《园冶》。我在前辈先生们指导下认定此书是中国古代园林艺术基本理论专著后，先后三次请古典文学造诣很深的汪雪楣先生、王蔚柏先生和张钧成先生教我，使我初步从文字方面有所了解。自己再进一步结合其他古典著作，诸如《长物志》、《闲情偶寄》、山水画论，甚至文学小说等完善深化对古代造园理论的理解。学后，腹内不空，心里才稍觉踏实。自以为虽未读破万卷书，却不止行了万里路。大江南北、长城内外，虽谈不上足迹踏遍全国，但从城市园林到风景名胜区大部分都走过一遍，以实景印证理论，深感博大精深的中国园林艺术之传统理法真可谓放之全国各地而皆准。此外，自己将传统理法运用于设计实践，效果渐佳。在此理论和实践的基础上，我先后给硕士生、博士生开设了《园冶例释》课程。28年来不断丰富、改进，学生普遍反映受益匪浅。从美国和其他国家留学、工作归来的校友们也经常意味深长地提及此课程，纷纷建议我落笔成书。

《园冶》成书距今已有三百余年。在此期间，园林学发展成为包含单体园林、城市绿地系统规划、风景名胜区以及大地景物三个层次的范畴。与其他学科一样，中国园林学的发展也是与时俱进而又万变不离其宗的。这一点似乎计成早有所见，《园冶》"时宜得致，古式何裁"即为印证。初时，计成原拟书名《园牧》，请教于曹元甫先生，先生曰："斯千古未闻，见者何以为牧？斯乃君开辟，改之'冶'可矣。"中国传统的园林理论虽经先哲计成开辟，但晚辈总该在继承的基础上有所发展，所以将书名定为《园衍》，与《园冶》相提并论恕我是胆大包天。但压力大对我有好处，焉敢敷衍了事，必须尽我所能。本书起笔于2006 年，为日常工作生活所羁而迟迟不能脱稿付梓，这使我对"晚成"增加了一分认识，在工作和生活中对借景有更深一步贴近原著的认知，这又必须对原稿进行再加工和修改，改到尽可能完美就要出版了。实效有待读者评说和实践定论，此亦笔者所至望。

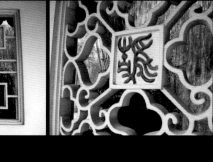

目录

第一篇

学科第一

《园冶》开卷分别写的是"兴造论"和"园说"，"兴造"中讲园林，"园说"中谈兴造。这说明计成大师认识到了兴造与园林之间的联系及差别。其中已具有广义建筑学的某些成分。中国风景园林规划与设计之所以有理由并可能发展成为独立的一级学科，就因为其与兴造之关联是融为一体的。

在近代中国的历史上，首先提出广义建筑学概念的是梁思成先生，这是他从美国留学归国后结合中国的实际情况提出来的创见。其后，由吴良镛先生继承发展了这一重大学说。中国第一次尝试与国际上 Landscape Architecture 学科接轨是在汪菊渊先生和吴良镛先生提议，梁思成先生的支持和高等教育部的批准下，于 1951 年由清华大学建筑系和北京农业大学园艺系联合创办的造园专业。教育部在 20 世纪 80 年代成立各学科博士点评委会，杨廷宝先生、冯纪忠先生和吴良镛先生均为第一届评委会委员。吴良镛先生在会上提出在一级学科建筑学下设立四个二级学科，即：建筑学、城市规划学、园林学和建筑技术科学，大家一致同意。吴良镛先生还在《广义建筑学》和 1999 年国际建筑师协会第 20 届世界建筑师大会所拟《北京宪章》中指出：人居环境科学领域要"融合建筑、地景（Landscape Architecture）与城市规划。"风景园林规划与设计学就形成在广义建筑学下与建筑学、城市规划学平行的二级学科。可以说园林学是在广义建筑学下产生的生物学、建筑学与美学、工程技术等综合的风景园林规划与设计学科。现在风景园林已发展为一级学科。

学科是需要正名的。正名首先要把中华民族经历数千年历史传统流传下来的民族传统特色体现出来，然后再结合与国际相近学科名称顺应接轨，而非简单地将国际通用的学科名称直译过来。因为语言的翻译应尽可能地接近词义而少有绝对互译的，不同的译法就出现诸多的中文名称。中国传统所用的"风景园林规划与设计学"的称谓是否与 Landscape Architecture 相符呢？我认为相对而言是比较妥切的。

人类为了生存和发展就必然产生兴造的活动。从树上的构巢、地面的穴居逐渐发展到建筑房屋的屋宇居，进而兴建村镇和城市。当人类伴随自身的不断发展逐步脱离大自然，而又感到从物质和精神两方面都需要自然环境时，就要保护自然环境和兴造"自然环境"。我们称之为人造自然，即恩格斯所谓的"第二自然"。

早在几千年前中国就有这种人造自然的活动，包括植树、造山引水和圈养动物等。中国把大自然称为"真"，人造自然称为"假"，这才有"有真为假，做假成真"之说。中国现发现的最早的象形文字甲骨文中"艺"字就是反映人类植树的象形的形象：人跪在地上，双手捧着一颗树苗（图1-1）。大自然中有很多树木，为什么还要人工植树呢？这说明人不满足大自然的恩赐，在需要树而没有树的地方就产生了植树的欲望。此举在人类的兴造史上具有划时代的意义，即人类不仅兴

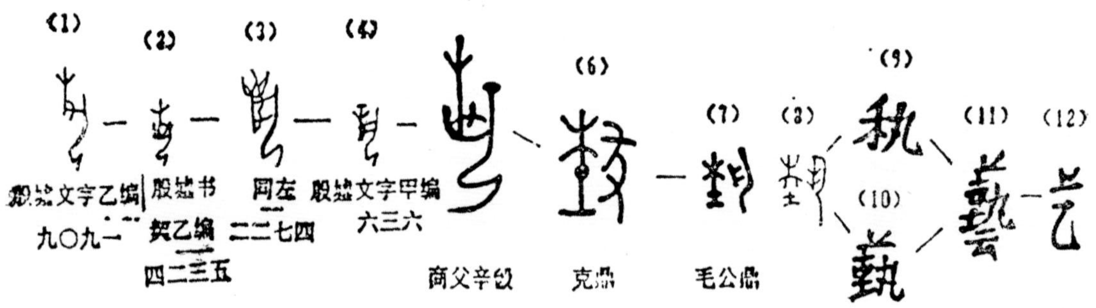

图 1-1
甲骨文中的"艺"字

造具有实用功效的人工房屋和道路，而且也兴造具有实用性、精神寄慰意义和教育意义并具有生命的环境。这种人工再造自然的活动应视为中国园林艺术肇发的先端。

中国古代园林最初的雏形是"囿"。因为它首次在中国历史上将自然环境和人的文化游憩活动融为一体：圈起一片山林地，挖掘一池"灵沼"，池土筑起"灵台"，并在其中圈养飞禽走兽供人从事狩猎、祭天、观察天象和游憩等文化活动。

无独有偶，欧洲园林的雏形也是"狩猎园"（Hunting Park）。说明园林的起源既有共同之处，又有各自的民族特色。古埃及尼罗河流域冲积出了大量的土地需丈量，因而发明了几何学，从而奠定了西方城市规划、建筑和园林发展的基础。中国上古主要是人和洪水的矛盾，禹取"疏导法"治水奏效，疏瀹河道之挖土堆"九州山"，先民上山得救，上升到哲学便有"仁者为山"的哲理。

中国灵囿中灵台、灵沼的兴造具有人工改造自然地形地貌的特殊意义，具有使地势产生高低变化和视觉俯仰差别的效果，应视为中国自然山水园的萌芽。古人在其中因高就低，掘池筑台，自成高下之势和构图中心。此外，以种植蔬菜或瓜果为主的"圃"等，由于偏重于生产而并未结合人类的文化活动，虽不属于园林的范畴，却与园林的产生不无关联。惟将山水自然环境和人类的文化游憩活动融为一体的"囿"发展成为今后的园林。这也体现了中国文化的总纲——"天人合一"理论在园林的形成与发展过程中的反映。

据李嘉乐先生考证，现可见最早关于中国园林方面的文字描述为反映公元前11至前6世纪社会生活的《诗经》，其《郑风·将仲子》中已有"无逾我园，无折我树檀"之吟唱了。而"园林"一词也见于西晋（公元265年）的诗文中。张翰《杂诗》中有"暮春和气应，白日照园林。青条若总翠，黄花如散金"的诗句。这说明"园"的称谓早于"园林"。园林是由园发展而来的，园林是由"园"和"林"组成的复合名词，如同饮食是由饮和食两层含义所组成的一样。《园冶》中也有"林园"的称谓，"林园"接近于"park"而"园林"接近于"garden"。不过中国对城市山林称园林，还是主流。

"园"的本质是人造自然。"林"虽然也有人工所造的林木，但在此主要指自然林地。计成在《园冶》中主要涉及的是园的兴造，但也旁及到林的播植。《园冶·相地·山林地》论及："园地唯山林最胜。有高有凹，有曲有深；有峻而悬，有平而坦。自成天然之趣，不烦人事之工。"在此，山林指大自然的山地与林木。《园冶·屋宇》进一步谈到"园"与"林"的联系以及合为一体加以运用的奥妙。他说："槛外行云，镜中流水，洗山色之不去，送鹤声之自来。境仿瀛壶，天然图画；意尽林泉之癖，乐余园圃之间。"

园林是由人工兴造的"园"与自然生成的"林"（山林地）融会一体而形成的景物。在此应该指出的是"林园"并非指森林（Forest），而是指林地（Park）。我曾在英国游览了一座名为"Sheffield Park Garden"的园子，就是在自然山林的基础上于中心部分用人工做成花园。据此，我很赞成陈志华先生将欧洲园林的论证与概括归结为"Park 包 Garden"，即林园包花园。毕竟各国有自然环境与文化形成的差异。欧美各国在林园包花园的形式下发展壮大。

我认为将 National Park 作为中国风景名胜区的英译名是不妥的。National Park 以展现大自然风景为主题，而在中国与之相应所形成的是"天人合一"，我们称之为风景名胜区的形式：以大自然的景观为主题，辅以人为的加工，升华出文学或绘画的意境。可以说，凡"风景"（自然景观）必因"名胜"（人文景观）而成名。经写信求教于当年香港建筑署总工谢先生，他说英国书上称中国风景名胜区为"Scenic and Historical Place"。

园林和风景名胜区的共性在于都是为了满足

人对自然环境在物质及精神方面综合的追求。作为拥有大自然的风景区，其自然风景资源是无比丰富的。由于与人活动居住的区域相隔较远，人们只能非经常性地、短暂性地进行游览和休憩，陶醉在大自然的怀抱，尽情享受以自然美为主、艺术美为辅的天然真趣。其所提供的生态环境和优美的自然风景是遵循"有真为假"的，是城市园林所可望而不可即的。但是，人能够长时间、经常性享受的还是人类活动和居住的周边环境。这种使人可随时随地享受自然的城市物质和精神文化设施便是城市园林。清代李渔在其所著《闲情偶寄》的"居室部·山石第五"中精辟地揭示了中国传统文化之"有真为假"的特征与实质："幽斋垒石，原非得已。不能致身岩下与木石居，故以一卷代山，一勺代水，所谓无聊之极思也。"在此虽然论证的是假山，但也可引申为产生城市园林的根本理论。"有真为假"的另一个含义是根据自然来造园，这样才能达到"做假成真"的艺术效果。概言之，中国园林的最高境界和追求目标是"虽由人作，宛自天开"。这也是计成大师在"园说"中提炼出来的中国园林理论的至理名言，从园林方面反映"天人合一"的宇宙观。

中国园林所强调的境界对风景名胜区可以说是"虽自天开，却有人意"。中国的宇宙观和文化总纲"天人合一"通过文学与绘画发展而来，也是中国园林形成的历史原委。

人有双重性，一是自然性，生、老、病、死反映人的自然性。自然者，自其然也，不以人的意志为转移；二是社会性，人通过社会生产和生活创造物质和精神财富，从而区别于其他生物。自然性和社会性统一于人，因此中国人视宇宙为两元，即自然和人。人是自然的成员并臣服于自然，人的主观能动性反映在"人杰地灵"和"景物因人成胜概"等方面。人造景观、人文精神的加入，是天然之"景"成为名胜的先决条件。"天人合一"主指自然与人合一，是人的自然性与社会性的合一，这是从客观事实中得出的真理，所以是科学的。"天人合一"见诸于中国文学反映在追求"物我交融"的境界，物是天，我指人。学习方法是"读万卷书，行万里路"，前者主要是前人留下的物质财富，后者主要是指大自然，创作理法主要是"比兴"，以自然喻人而引出真意。

中国绘画追求"贵在似与不似之间"的境界，"太似则类俗，不似则欺世"。"似"代表天，"不似"代表人，二者结合即天人合一。创作方法是"外师造化，内得心源"，造化指天，心源指人。如何内得心源呢？画中有诗，诗中有画，这又回到文学上了。苏东坡评王维时说"观摩诘之画，画中有诗；味摩诘之诗，诗中有画。"王维也是造园家，经营辋川别业，当然是园中有诗画了。所以，杨鸿勋先生说中国园林是用诗画创造空间。这应视为中华民族风景园林的特色。美学家李泽厚从美学概括中国园林为"人的自然化和自然的人化"。人的自然化反映科学性，自然的人化反映艺术性。中国风景园林师是将社会美寓于自然美，创造科学、艺术融于一体的艺术美的职业。我由此产生以诗概括中国园林：

> 综合效益化诗篇，景面文心人调天；
> 巧于因借彰地宜，景以境出住世仙。

中国文学和绘画如此，接受千丝万缕影响的中国风景园林追求的境界是反映"天人合一"的"虽由人作，宛自天开"，学习的方法是"左图右画，开卷有益；模山范水，出户方精"。既要学习前人既有经验，又要亲历自然山水，"搜尽奇峰打草稿"。设计的主要理法是从文学"比兴"演变而来的"借景"，其来源还可以追溯到创造中国文字之首要的"假借"理法。明代刻版的《园冶》有刘炤刻"夺天工"三字（图1-2），既然"有真为假"，何言夺天工呢？大自然是取之不尽、用之不竭的资源，但属于朴素的自然美，而作为艺术创作的中国风景园林赋予自然以人意，从这点讲是巧夺天工的。凭借的主要理法就是借景。我们要牢牢地把握住学科兴造工程的特色，如

《园冶·识语》所言："以人工之美入天然，故能奇；以清幽之趣药浓丽，故能雅"。以独特、优秀的民族传统特色自立于世界民族之林，故能为世界所瞩目。

中国在几千年前就有造园的活动，而直至明代的计成为我国留下了世界公认的最早的园林专著《园冶》。可是，其后直到新中国成立后的1951年才正式成立了造园专业。园林专业适应时代不断发展，今天，园林学研究的对象包括：单体园林和风景名胜区、城市绿地系统规划和建设以及大地景物三个层次的范畴。园林事业已经由以往的"城市园林"发展为"园林城市"。毛主席很早提出的大地园林化、建设秀美山川的号召，就是属于大地景物范畴的内容。园林的内容虽然扩大了，但是园林的本质并没有发生变化，仍然是为了满足人类在物质与精神两方面对自然环境的需求，强调人与自然的协调，注重人的社会生产活动要与人居的自然环境协调发展。客观地说，中华民族的祖先很早就萌生了这种认识。"天人合一"的文化总纲决定了中国人在对待人与自然的关系方面主张"人与天调"。天的本质就是大自然，只不过由于受到当时科学技术发展的时代限制而曾经掺入了一些非本质的宗教神化色彩，其本质是"人与天调，天人共荣"，这是历史文化的根基，我辈当继承发展，使之发扬光大，继往开来，与时俱进。

19世纪60年代的美国建筑学家F.L.奥姆斯特德创立的学科名称Landscape Architecture广泛地得到全世界学术界人士的公认，从而引发了相应中文译名的学术探讨。翻译文字取决于许多综合因素，首先要研讨原文原义。它是由Architecture一词发展而来的，中文里有"建筑"一词与之相应，而前置Landscape中"Land"指大地、土地、地面或陆地，也涵自然山水。另外，美俚语中"Land"还可用于惊叹语，相当于我们所说的"老天爷！"。这说明"Land"主要指自然地面，属自然的范畴。Landscape指风景、景色，

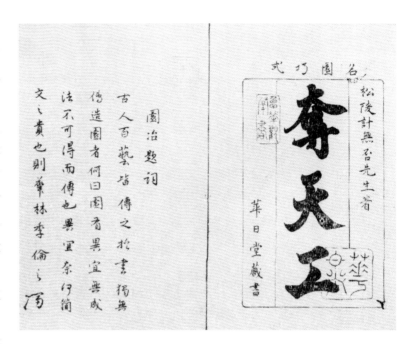

图1-2
日本版《园冶》封面；《园冶》传至日本后，有《夺天工》之称

主要指自然风景与景物。Architecture则是兴造，属人的范畴，Landscape Architecture应该指的是自然的兴造或建造，也就是人造自然和恩格斯所说的"第二自然"。因此可以说与我们所谓的园林从本质看是一回事，是完全可以"接轨"的。此外，翻译时要结合国情来考虑。Landscape Architecture不宜直译为"园林建筑"。在我国建筑师主要是设计建筑物及构筑物的，而园林学中尚有"园林建筑"分学科，因此，直译为"园林建筑"就不十分妥帖了。再者，我国园林学包括"风景园林规划与设计"以及"园林植物"两大分支学科，Landscape Architecture指的是风景园林规划与设计，就如同建筑学的中心是建筑设计。综上所述，我认为将Landscape Architecure译为"风景园林"比较合适。此见也非我首创，孙筱祥先生早有此见。我之所以不赞成译为"景观"或"风景"，主要考虑传统流传而来的专用词——"园林"一词是由西晋沿用至今的，不仅形式约定俗成，且内容与时俱进，加之中国工程院划分学科，《中国大百科全书》中已经统一了园林学方面的名词和概念，我是赞同者。

如何认识园林学呢？从历史角度来说，先有园林兴造的实践，继而出现见诸于文学、绘画、

园艺、建筑乃至哲学等作品中的园林理论。其后，理论与实践相互影响、交替上升，直至产生了专门的园林学科。从我国近代科学的演变来看，园林学是由园艺学中的"观赏园艺"以及建筑学中的"庭园建筑"等学科合并发展而来的。梁思成等前辈们所提出的广义建筑或大建筑的概念是正确的。兴造、营造、营建和建筑实质上是同一个概念，是由于历史时期的变迁而产生的不同的称谓。建筑学的基础是工程技术、美学理念和建筑艺术。而园林学则多一个生物学的基础，即园林学是由生物学、建筑学、工程学及美学构成的。美国专家奥姆斯特德是园林学科的创始人，更是将园林学与城市和大地规划融为一体的先驱。

建筑学的中心是建筑设计，作为广义建筑学中一员的风景园林规划与设计学也是以园林设计为中心的。计成大师在《园冶·兴造论》中阐述道："独不闻三分匠，七分主人之谚乎。非主人也，能主之人也。"所谓"能主之人"即我们今天的设计者，说明当时的理念与现在是吻合的。兴造园林的目的只有通过设计手段一步步地实现。因为设计不仅是建设的第一个环节，也是决定性环节。我国政府要求各地市的领导们首先抓好规划的方针是科学的，规划就是宏观的设计，而设计不是微观的规划。

此外，园林学发展壮大的中心是建立在园林综合效益的基础之上的。我们在设计阶段的指导思想就是要争取最大限度地发挥园林在环境效益、社会效益和经济效益中所起的作用。所以，园林设计的宗旨可以归纳为一句话：从不断提高人居环境的自然环境品质着眼，使人健康长寿，为人类长远、根本的利益服务。

鉴于现代人居的自然环境资源在城市的进步发展以及工农业污染中不断遭到侵蚀与破坏，人类逐渐认识到维护生态环境的重要性。反映在园林建设方面，就是逐步加强对生态效益的研究，并借此推动了中国现代园林的发展，取得了有目共睹的明显成效。即使如此，不尊重或忽视生态效益的现象仍未杜绝。

生态学家诠释：生态是生物和环境之间的关系，属于中性词，既无褒义也无贬义。但环境却因是否宜人，在人的情感方面产生好恶。如，沙漠也是一种生态环境，但显然不宜作褒义方面的渲染。近年来很多专家提出了建设生态园林、生态城市的倡议。李嘉乐先生在《园林绿化小百科》中说道："生态园林或称野景园，是为再现原野中的自然景观而在园林中人工创造自然景观并任其依生态规律自行保持或演替的造园形式。""生态园林在管理方面尽量少加养护甚至不养护，经过一定时间后，有些植物获得发展，有些可能减少或被淘汰。……生态园林对研究自然生态系统的演变和普及自然知识也有较大价值。"由此可见，生态园林只是一种园林表现类型和一种重要的园林效益，不宜涵盖或代表整体的园林或园林学。此外，生态效益是作为环境效益的中心部分体现的，因此不可能脱离社会效益和经济效益而成为园林的核心。综合效益具有整体性，要强调整体性的综合效益。所以我认为"生态城市"的提法是有语病的，存在片面性；而建设生态良性循环，环境优美的城市的提法是科学的、正确的。

园林是具有科学性与艺术性的综合学科，这是有关专家们的共识。钱学森先生在《关于建立建筑科学大部门——给顾孟潮的信》（载于《杰出科学家钱学森山水城市与建筑科学》）中提到："在现代科学技术体系中再加一个新的大部门，第十一个大部门：建筑科学。"钱先生在《关于园林艺术——给陈明松的信》中说道："我看我二十四年前的文章局限性太大。我现在想，园林艺术要吸取外国好的经验加以发展。似可以分成若干尺度大小不同的层次：从小的说起，第一层次是我国的盆景艺术，尺度是 0.3 米；第二层次是苏州的窗景，即窗外几尺空间的布置，尺度是米；第三层次是庭园园林，尺度是几十米到几百米；第四层次是像颐和园、北海那样的公园，尺度是几公里；第五层次是一个风景区，如太湖、黄山，尺度是几十公里。还可以有第六层次，也就是几百公里范围的大风景游览区，像美国的所谓'国家公园'。从第一层次的园林到第六层次的园林，尺度跨过了六个数量级，但也有共性，那就是园林学、园林艺术的理论。……陈从周教授总把他的著述寄给我读，我也很爱读，得益很多。但也深感在今日我国此道难行！陈教授那里培养研究生，但我要来教学计划一看，原来是讲建筑工程多，讲美术艺术少，讲历史少。这叫什么园林专业？……园林不是科学，不是工程学，是艺术。例如舞台艺术、电影、电视等虽然都以科学技术为基础，但都是文艺活动，不是科学技术活动。园林是艺术，不是建筑科学也不是工程。"我是赞同这种见解的。但也要以科学技术为一种实现艺术目的的手段。

仅仅认识到园林具有科学性与艺术性的综合性还远远不够，还应进一步探讨二者之间的从属关系。园林学是艺术的科学还是科学的艺术？我认为是后者，即园林学是科学的艺术。季羡林先生发表过一篇题为《文理交融是必由之路——〈科学与艺术的交融〉读后感》的文章，其中说道："对科学与艺术的交融讲得最全面、最彻底、最有系统的，还是吴全德教授的这本书。书中有很多很精彩的意见，比如强调艺术中'美'与'妙'的区别。他说：'美'的着眼是一个有限的对象，就是要把一个有限的对象刻画得很完美。而'妙'的着眼是整个人生，是整个'自然造化'。'造化'的就是大自然。下面一直讲到'境外之象'、'象外之境'，最终点到意境，是研究中国诗歌美术的每一个人所共知的'意境'"。

园林学正是这样一门文理交融的学科。这种交融在中国古代就已经产生，在今后还要不断交融下去。归纳起来就是：文理相得，以艺驭术。大到"人与天调"、生态环境质量调控、大地景物与城市建设；小到造山理水、置石掇山、种树植草，科学技术的支撑和推动是不可或缺的。环境质量的监测、水土保持、水质改善，乃至选种、育种、人工植物群落种植等无不依靠科学技术水平的进步和发展。在园林学的领域中，科学与艺术是相互促进的。园林学作为环境艺术的一个门类与文学、绘画、戏剧相比还是具有特殊性的。我们要为人类创造有利于健康长寿的生活环境，要将本来不具备人意的自然或人造自然环境注入人意，创造出将自然美与人文美结合为一体的艺术美。通过我们的园林作品，不仅让人们感到生理上的满足而有益于体能，而且通过自在的游览引发人们对文化艺术的欣赏、共鸣与再创造，从而陶冶人的心灵，使之达到物我交融、心灵归一的境界，从精神方面玉成物质环境起不到的作用，在良好物质的基础上共铸人民健康长寿之幸福，使自然环境令人可心、为人服务。人与天调，天人共荣，景物因人成胜概。

理法第二

设计的理论与手法经常是难以分割的，可合称理法。纵观中国园林，长城内外、大江南北都能体现中华民族统一的理法，而且也可以大致归纳成以下内容。

中国园林设计序列与西方比较有较大的差异。西方的设计思维序列首先强调理性分析，分析空间的功能、性质和形态。有时甚至最后才确定用什么植物种类进行点缀。而中国的园林艺术与中国的文学绘画同宗同源、一脉相承，对其影响至深的首推中国的文学。文学，可视为中国一切文化艺术的鼻祖或源头。书有文本、剧有剧本，景有景本。一部《诗经》不仅确立了"赋、比、兴"的文艺思维体系，直至影响到其后几千年中国文化的成长与分化。园林创作的基本理法和设计序列也基于此脉，不过另具有其环境空间艺术的特殊性而已。

《园冶》中对于设计序列的问题虽未明言，但实际上已包含了主要序列的内容。在其基础之上，我想应用一些现代词汇及理念简明扼要地阐明一下，而序列每一环节的名称力求与《园冶》的文风相近。通过将中国的园林游历一番后，可以明显看到：作品虽然千变万化，却又有其万变不离其宗和共同遵循的设计、创作序列。

中国园林艺术从创作过程来看，设计序列有以下主要环节：明旨、相地、问名、布局、理微和余韵。而借景作为中心环节与每个环节都构成必然依赖关系。将以上序列进一步加以归纳，可以将园林艺术创作的过程分为两个阶段，即景意和景象。前者属于逻辑思维，而后者属于形象思维。从逻辑思维到形象思维是一种从抽象到具象的飞跃，非一蹴而就，但终究是必须而且可行的。以上提到的只是创作序列的模式，并不是死板而一成不变的，实践中完全可以交叉甚至互换。但客观是有规律可循的，的确存在这么一个客观的设计序列。

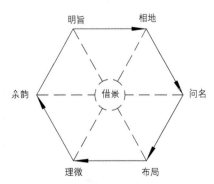

第一章　明　旨

所谓明旨，就是首先明确兴造园林的目的（图2-1-1）。也许由于历史局限，此定义在计成的《园冶》中并未明显涉及。但是，世事皆事出有因，世人做事皆应"有的放矢"，园林亦然。刘敦桢先生在分析"苏州古典园林"时首先就分析造园目的。今日园林虽发展为单体的城市园林或风景名胜区、城市绿地系统规划和大地景物规划三个层次，但仍然各有其兴造的目的。这就是用地的定位与定性。

兴造园林的总目的是：不断满足人对人居环境中的自然环境在物质及精神两方面的综合需求，建设生态良好、风景优美的环境；争取最大限度地发挥园林在环境效益、社会效益以及经济效益等多方面的综合功能；提供既有利于健康长寿，同时又可供文化休憩和游览的生态环境，并将健康、丰富的文化内涵赋予其中，以期收到"寓教于景"的效果。明旨，就是要在明确树立以总目的为宗旨的前提下，开展各项具体的园林设计活动，确定其矛盾特殊性。

现在很多地方流行兴建"主题公园"，其中有一部分由于过于强调人拟的"主题"，而忽视了人与自然这个总的、永恒的主题，不知不觉走上了与造园宗旨背道而驰之路。大量的建筑和铺装场地显得堆砌和张扬，相形之下，一点可怜的绿地连公园绿地在用地平衡中的基本指标都达不到。这就走出了园林的范畴，而蜕变为游乐场、博物馆或其他的文化娱乐设施，如人造火山爆发的景物等。

在总的目标指导下，各类型园林有其各自的特殊性。换句话说就是要分清园林或绿地的用地性质，明确定性和定位，务求准确。定性和定位不准确，设计思路是否对路就无从谈起。也就是说，第一步就是要区分将要设计的园林是属于城市园林，还是风景名胜区或大地景物。如果是城市园林，下一步要分清绿地的类型，进而再细分是否属于公园绿地，属于何种性质、何种级别的公园等等，必须一一调研清楚。实践中常常出现

图2-1-1
文徵明拙政园31景图册之六——小沧浪，文徵明所附小沧浪诗文明确表达了造园的主旨："偶傍沧浪构小亭，依然绿水绕虚楹，岂无风月供垂钓，亦有儿童唱濯缨，满地江湖聊寄兴，百年鱼鸟已忘情，舜钦已矣杜陵远，一段幽踪谁与争。"表明园主人心系山林，清白一生的孤傲品格，拙政园便是这种文人品格的物化形式

两种定性和定位不准的情况。一是诸多客观因素造成设计者难以弄清；另一种则是设计者虽然清楚项目的定性和定位，但屈于迁就甲方意志，不敢提出有悖设计任务书的意见或观点。

一次，我们接受苏州拟扩大以虎丘为中心的大型公共绿地的规划设计任务。此项目用地的准确性质应为含风景名胜区的城市综合文化休闲公园。在设计组讨论过程中出现不要明确定性的意见，认为只提风景名胜区或含糊其辞一些为妥，担心提出任务书没有提出的观点不能中标。而我却认为我们设计的目的不单纯是为了中标，更重要的是要提出我们对用地的设计理念。任务书既已明确要求设计者对用地定性提出看法，明确地给用地定性也是设计者的天职。其后，我履行了设计主持人的职责，坚持表达自己的观点，结果得到招标方的认同而中了标。

要确定用地性质必须收集并研究大量的相关资料，首先是自然资源和人文资源涉及历史、地理与人文掌故等方面的资料。我很赞同"研今必习古，无古不成今"的观点。古园林或为祭天祀地，或为皇家避暑，或为孝敬父母，或为纪念宗祠，或为饲养家牲，或为闭门思过，或为退位隐居，都明确各自的造园、造景目的。此外，还要了解和理解该用地所属上一层的总体规划，就城市而言涉及区域规划、城市群规划和城市规划乃至城市设计等，以期达到充分调动和利用当地自然资源与人文资源的效果。先经过细致周密的调查与研究，然后果断明确地进行定性和定位。其过程如同打造一面铜锣，讲究"千锤打锣，一锤定音"。

第二章　立　意

兴造园林之初，除了确定用地性质所牵动的科学技术性构思以外，由于中国园林历史上长期以来接受中国文学与绘画的影响，与其产生了千丝万缕的联系，以"意在笔先"的观念构思作品的意境，就是园林设计的旨意。实际功能和立意是一体的两方面，意借旨与地宜而生，旨借意而具内蕴而发挥神形兼备之艺术效果（图2-2-1）。

清代文艺理论家王国维说："文学之事，其内足以抒己，外足以感人者，意与境二者而已。"西晋陆机在《文赋》中说："遵四时以叹事，瞻万物而思纷；悲落叶于劲秋，喜柳条于春芳。"东晋王微说："望秋云神飞扬，临春风思浩荡。"南朝画家宗炳归纳为"应目会心"，"万趣溶于神思"。王夫之说得更明白："情、景名为二，而实不可离。神于诗者妙合无垠，巧则有情中景、景中情。"前人对意境的精辟见解给我们极大的启发。文化随时代发展，于今，我们要立与时俱进之意。

在园林作品中表达出来的意境可以说与文学作品一样，对设计者而言，足以言志抒怀；对游览者而言，足以触景生情。主、客观经碰撞后在心灵上产生共鸣效果，在景物以外产生出"只可意会，不可言传"的境界。

意境从何而来呢？

宗旨既定，功能亦明，要将其升华为意境就要遵循中国文化传统中"天人合一"的总纲以及艺术理论方面"物我交融"的哲理；运用形象思维，借助文学艺术的比兴手法和绘画艺术"外师造化，内得心源"的理法，结合园主与环境的特色加以融会贯通。由此，作品的意境便会从无到有，从朦胧走向明朗。思维过程中要学会寻觅、捕捉最初萌生的一些也许是一闪之念的构思，不要轻易放弃或否定。不要担心这些闪念过于细微琐碎，有时抓准就可以放大，加以衍生、渲染，此时胸中的意境就从无到有地逐步明朗了，直至达到成竹在胸的程度。被计成大师视为园林第一要法的"借景"，很大程度上要依靠意境的提炼来体现。如果说园林是文章，意境就是主题的灵魂。文章不仅要按题行文，还要以神赋形。

我曾经被邀请为黄河壶口瀑布风景区设计一

图2-2-1
明代杜琼《友松图》描绘了一个典型的文人写意自然山水园环境，主旨：与奇松、瘦竹、丑石三友为伍，恰如计成在《园冶》开篇所云："地偏为胜"，"径缘三益"，园林品位即是园主的品位

座桥。起因是由于黄河水位落差变化较大，导致壶口地区的支流河道随季节变迁无常。而观赏瀑布最佳视点的位置有时甚至为支流河道所隔，形同孤岛，难以到达，影响慕名而来的游客们对壶口瀑布的游赏。此外，由于水流湍急而浅，采用舟渡等方式均不理想。我到壶口实地考察一看，果然百闻不如一见，不禁暗惊，叹服我中华自然山河之壮丽，使一切人为之景显得渺小、笨拙、丑陋不堪。现场实际需跨越约二百多米的距离才能到达最佳视点。两岸远近高山叠嶂，黄河流水中贯南北，至壶口处收敛如玉壶之口。水流因断面骤缩而流速迅猛，在地势形成的高落差的作用下，喷薄而出，跌宕直下，形成汹涌澎湃之势，风驰雷鸣般的巨响。大河之吼，惊天动地，气势恢宏，游人无不为之耳目一震。在这种宏大辉煌的大地景物环境中，一般的桥都很难与环境协调。我考虑唯一能够与水协调的是与之相衔共生的河滩石。山水之间滩石与流水相磨相濡，此消彼长，地久天长。于是萌生了仿石滩之流纹岩，布置成自然滩石堤岛与之衔接的念头。工程技术的可行性方面，在与结构工程师黄金锜先生交流想法后得到了支持。下一步如何立意呢？无意中在翻阅当地"地方志"所载的诗文中得到启发：传说有巨龙深潜潭底，翻腾不息。这正合"水不在深，有龙则灵"的古意。于是我就想象潜在潭下的蛟龙翻腾时，蜿蜒、斑驳的脊背浮出水面，恰似我们按河滩石脉衍生的带状石岛。至此，"桥"的立意既定，"神龙脊"的立意和命名也就油然而生。这种手法在中国传统文学理论上称之"比兴"，园林理论上称之为"借景"。因为借景手法不应局限于对周围环境某个景致的借用，还应该在赋予园林作品所承载的内涵"意义"上，广泛汲取、借鉴。这就是计成大师在《园冶》中提到的"巧于因借，精在体宜"，也就是强调立意不但要巧妙，出人所料；更要得当，在情理之中，意料之外。河滩之石为可借之地宜，巧于借来做自然滩石石堤，按人的意志将游人引导到最佳视点。

本书执笔期间接到了邯郸市兴建"赵苑"的总体设计任务。此项目就用地定性为有战国历史赵武灵王时期插箭岭、梳妆台、照眉池和铸箭炉等遗迹的城市中心部位休息公园，因此立意为"茹古涵今"，即古今文化交融一体的现代公园。赵苑是古意，公园是现代的，要做成深涵古意以寓教于景的现代公园。

用地总体要立意，局部造景也要立意。一些古典名园甚至连室内的几案、摆设用品无不通过题刻、书画等创造的意境来表达创意。一把太师椅可以满载诗意，甚至一条扁担也可以做诗的载体，这就是中国文化。将古迹化为现代公园景物如：骑射嘶风、妆台梳云。

园景组成的因素主要是地形地貌、植物、建筑、水体、山石、假山、园路、场地以及小品等。除了青蛙、鸣蝉、飞鸟等小动物以及流水、清风外，其他组成因素都属默声者。因此，设计者的立意以及意境只有借额题、楹联和摩崖石刻等形式表达，从而衍生出园林艺术微观鉴赏的三绝：文法、书法和刀法。园林要"景以境出"，除意境外，物境便是写意自然山水的地形竖向设计（图2-2-2~图2-2-6）。

图 2-2-2
得少佳趣

图 2-2-3　耦园额题与楹联：耦园住佳耦，城曲筑诗城

图 2-2-4　寄畅园八音涧的意境"玉戛金拟"

图 2-2-5　罨画池

图 2-2-6　罨画池听诗观画厓及联：画境融入画美人亦美，池波寄意池深意尤深

第三章 问 名

立意要通过"问名"来表达。中国古人很重视问名，孔子说："名不正则言不顺，言不顺则事不成"。把正名提到成败之关键。

问名，就是思度、揣摩景物的名称，对设计者而言是构想名称，对游览者而言是望文生义，见景生情，求名解景的过程。二者的碰撞与统一就是设计艺术效果产生共鸣的展现过程。

西方绘画和园林的基础是建筑学，是以理性和数理、美学为特征。中国园林是以文学为基础的，尤其强调突出诗性的思维，问名在此显得尤为重要。中国园林的内质是"文"，是"景面文心"的园林。"天人合一"的审美体系中，"景"的核心是天然之境，"人"的核心则是"文心"，依托的是诗意，凡造园构思和欣赏园林皆不越此藩篱。

名，引申为名目、名义，强调要师出有名。名不仅是符号，现代有些人往往把姓名看作是简单的符号，无艺术性可言。殊不知艺术由此而生。而古人有姓、名、字、号等多种称谓来经纬一个人的名称，不仅不易雷同，而且意蕴深邃。京剧里有一出著名的三国戏《失街亭·空城计·斩马谡》，主要角色诸葛亮上台以后自报家门："复姓诸葛，名亮，字孔明，道号卧龙。""亮"与"孔明"同义而异表，表示以谋士为志者必须是心明眼亮之士。道号"卧龙"，即表示是生长在卧龙岗的人，同时意含藏龙卧虎，不求虚名之志。寥寥数字勾勒出一个古代智者的形象。再以《园冶》作者计成的名字为例，姓计，名成，字无否（pǐ），计既成，当然没有什么欠缺与毛病。《闲情偶寄》作者李渔，姓李，名渔，字笠翁。人皆所知的渔翁形象不正是蓑衣笠帽吗？我国著名的林学家、造园学家和教育家陈植先生，姓陈，名植，字养材，正体现

其有志于树木与树人，再贴切不过。

因名解意的过程称为"问名心晓"。人名如此，园名、景名的基本道理也是一致的。但景名较之于人名是通过更多人的思考和策划而得来的，有一些还要在实践中长期磨合，经过优胜劣汰的筛选过程形成理想而永恒的景名。例如，杭州西湖历史上最早称为"武林水"，又有"明圣湖"、"金牛湖"、"钱塘湖"等别名，无不有其一定的道理。直至唐代，因西湖位于杭州城之西部，按地理方位的关系始命名为西湖。白居易在《余杭形胜》中有诗赞道："余杭形胜四方无，州傍青山县枕湖。"这说明地方形胜的重要性，反映天人合一的理念。到北宋以后，"西湖"被公认为其正名，开始在官方文件中统一启用。文学家的诗文也已经以"西湖"代替"钱塘湖"。其中最广为流传的是苏东坡的名句："欲把西湖比西子，淡妆浓抹总相宜。"这就是自然的人化，将一个地理景致与古代的美女西施联系在一起，二者皆为天生丽质，且素质高雅，再恰当不过。由此也阐明了中国文学与风景园林相辅相成、相互依存、相得益彰的关系，即："文藉景生，景藉文传"的道理。而今西湖是中国风景园林的地标。游览后的人永远留下深刻美好的印象，未游者也闻名生羡，憧憬未来一游。

问名的过程，可以说是将地理景观文学艺术化的过程。文学中的诗是言志的，因此，问名也反映设计者的世界观和人生观。古代文人崇尚"读万卷书，行万里路"，即汲取前人对世间事物的认识作为文学创作的间接经验，跻身于大自然和社会中，将其作为取之不尽，用之不竭的素材源泉。中国园林将自然美和社会哲理结合为艺术美，

没有文学的升华是不可能产生"寓教于景"的艺术效果的。

问名，相当于文学创作中的命题。作文要按题行文，行文纲举目张。园林造景艺术犹如文学创作，是讲求章法与理法的，要按题造景。题目之由来很广泛，很难一概而论，总的来说是借自然给予人格化去构思立意。一般来说，问名主要是阐明造园的目的，点出造园的特色；或表明地域所在，或借名抒情。从"问名心晓"的认识过程可以了解到颐和园是取"颐养冲和"之意，不言而喻，园是为孝敬老人而建的。老年人因为生理上有更年期，脾气才"冲"，晚辈出于孝心建园以颐养天年，使"冲"趋"和"。皇家的老年人就是皇太后，因此可以得知颐和园是皇帝为孝敬慈禧太后所建。同一主题可以用不同的方式表达，上海建于明代的豫园也是孝敬老人的，但意却取自"豫悦老亲"。

园名与园中的各处景名常形成一个抒情的序列，相当于行文的各个章节。苏州近郊的同里镇有一处著名的江南私家园林"退思园"，问名心晓，其意为"退而思过"。园主人任兰生是清代光绪年间负责两府两州十八县的整饬兵备道，享受万斤俸禄。被弹劾解职后挂甲归里，延请袁龙为他设计了退思园。园门背后上方砖雕额题："云烟锁钥"，既反映出江南水乡烟云缭绕的地理之宜，也映射出园主人遭谪贬后的处境与心态，一语双关。园内主体建筑名曰："退思草堂"，正是中国传统文人"穷则独善其身，达则兼济天下"思想的写照。园内其他体现中国文化"物我交融"、"托物言志"的景名更是不胜枚举。为寄托失意的凄悲情感，以"天香秋满"为院，遍植金桂，生成暗香浮动、盈月可赏的景致以暗合其外"清风明月不须一钱买"。院内建筑的延展仿效八股文"起·承·转·合"的章法：以"水香榭"为"起"景，九曲廊起到衔承的作用。九为至高之数，人生坎坷之途依托九曲廊表达心态，使人感受到主人愁肠百转的郁闷心情。九曲廊上有九面廊墙，一墙

一透窗，一窗篆一字，九字合成一句话，正是："清风明月不须一钱买"（见图 3-1-6-5）。其意与苏州沧浪亭之山亭所镌刻的景联"清风明月本无价，远山近水皆有情"还有所别。这里的潜台词是：将我免职又能怎样？还能剥夺我沉湎于大自然的权利吗？清风明月，世人可赏，无需一钱。园主也必有"虽无功劳，但有苦劳"之想，因而高筑"辛台"，廊也成为楼廊。"一失足成千古恨"，犯错误后官职和生活陡降，这才产生从辛台楼廊陡降为"菰雨生凉"硬山顶单层的建筑。园中假山，下穿洞上安亭，景名"眠云亭"，意在"欲知花乳清冷味，须是眠云卧石人"，反倒显出高枕无忧了。值得指出的是建园之时园主人并非看破红尘，而对世事与官场还暗存眷顾。园内有一小石舫，自九曲廊尽端斜出水面，取名"闹红一舸"，表面意在欣赏水中红鱼与红荷，却不经意间流露出盼望有朝一日再走红运的内心独白。后来果真在园子建成后园主又官复原职了。

人生的春天不是仕途功名，而是笔墨纸砚。清代朴学大师俞樾在苏州建有"曲园"（图 2-3-1）。曲园是一座书斋园林，园中仅一亭一廊，一水一石，构图至简，一如作者简淡闲雅的个性。园址平面形如曲尺，本不十分理想，一般人会极力回避。但园主反向思维，因势利导，取意《老子》中"曲则全"之句，将园子命名为"曲园"，于曲折中生出新意，于至简中导出深情，寥寥几笔，人生的意蕴尽含其中。曲园之中，俞樾讲学和会客之处，名曰"春在堂"，大师俞樾早年科举凭一句"花落春仍在"，打动了主考官（曾国藩）情系大清的爱国情结，得以高中，"春在"一词伴随着园主一生最为辉煌的记忆，而垂垂暮年之时，俞樾已经明白了人生的春天不是仕途功名，而是笔砚春秋。"生无补乎时，死无关乎数，辛辛苦苦，著二百五十余卷书，流播四方，是亦足矣；仰不愧于天，俯不怍于人，浩浩荡荡，数半生三十多年事，放怀一笑，吾其归欤？""春在堂"上的楹联恰恰是曲园主人造园、立身、为人的最

佳体现（图 2-3-2）。

对现实生活加以大胆的艺术夸张，往往能收到奇效。苏州有占地仅约 140 平方米的文人写意自然山水园，园名"残粒园"。颗粒本来就小，残而不全就更见其微了。然而，园虽乖小而尤精致，有亭、有山、有水，曲折深邃，起伏高低，错落有致。故园门内额题"锦窠"。"窠"为治印时在石面上勾画的控线，点明此园有藏万千气象于方寸之内的精妙（图 2-3-3）。

江苏常州"近园"内有一室，为言其小，取名"容膝居"。既夸张地表达了室小的意思，同时给人以"促膝谈心"的亲切感。承德避暑山庄山区有一道曲折而狭长的山谷，谷之尽端风景独好，于是随山傍水布置精舍数间。题名为"食蔗居"。借吃甘蔗越啃到根部越甜的生活常理，形象地暗示出优美的景点藏于谷端。"食蔗末益甘"是尽人皆知的，而用以言景却很少有人想到（图 2-3-4）。

四川省是文化蕴含十分深厚的地方，使我在园林问名方面增长了很多知识。自贡市有一座盐业行会的会馆建筑，其会客室取名为"胜读十年"。自然是取自"听君一席话，胜读十年书。"待客如此尊重，实际能收到主客相互受益的效果。川西平原的崇庆（今崇州市）有一所古园林名曰"罨画池"，其中一景题为"风吹荷香入酒庵"，显得雅俗相安，无拘无束。同样的意思，如果照搬西湖十景的"曲院风荷"就令人兴味索然了。一次，

我在成都逛街，偶见一饭馆的招牌为"口叩品"，因不识其中一字，念都念不成句，更别提解其意了。回来后查了《康熙字典》，总算明白含义。吃饭用口，因而三个字都带"口"。总要吃第一口，一口尝鲜，所以第一个字是一个口。第二个字音念"宣"，意为赞赏、夸奖。即客人吃第二口时

图 2-3-1（左）
曲园图："曲园者，一曲而已，强被园名，聊以自娱者也"

图 2-3-2（右）
清代朴学大师俞樾亲笔题曲园楹联"忍屈伸去细碎广咨问除嫌客，勤学行守基业治闺庭尚闲素"；以"曲"名园，表明了园主人"唯曲则全"的道家思想和处世之道

图 2-3-3（左）
锦窠

图 2-3-4（右）
食蔗居复原模型

已经赞不绝口。再往下吃第三口就是细品其中的滋味了。一个饭馆的名称都起得如此贴切、讲究、饶有风趣，反观我们有一些公园或景点桥梁的取名很浅显，甚至变成数码的罗列，岂不乏味？

这说明从问名开始就已经是园林艺术的范畴了。如何取一个令人怦然心动、一问难忘的名称是值得下一番工夫推敲的。园名可长可短，词性、句型不拘一格，正所谓：嬉笑怒骂皆成文章。如苏州拙政园"与谁同坐轩"是一句问话，留园一水景名曰"活泼泼地"，是一个副词。

图 2-3-5
"涵虚、罨秀"

园林中所蕴含的文学艺术不仅表现在问名。由于自然景物自身不能用有声的语言表达意境，往往要借助于额题、匾额、楹联和摩崖石刻等多种方式来表达。于是衍生出号称"园林三绝"的综合文化艺术：撰文的文法一绝，书写的书法一绝，镌刻的刀法一绝。这种综合手段创造的微观景物往往令人玩味无穷。

额题具有多方面的作用，既可"千锤打锣，一锤定音"地点出园林艺术的特色，又可作为无声的导游，给游人以提高欣赏水平的启示。额题往往是两字一句，精湛、扼要之至。颐和园东宫门的东面设置有一座精美的木牌坊以为入园的前奏。正面额题"涵虚"，背面额题"罨秀"，用以迎来送往（图 2-3-5）。首先，从第一层字表意思来看，让人知晓园中涵蓄有大水面，水有同镜之虚。究其功能而言，可作为西北郊农田水利设施以及京城用水的蓄水库，同时点出了昆明湖的水景特色。如果说"涵虚"是在自然水面的基础上的加深和扩大，那么作为主景的万寿山则是将自然的西山余脉捕捉到园中来。"罨"就是张网捕鱼的动作，引申为捕捉风景。"秀"为突出的事物，在此指山，即万寿山。第一层意思可以比较直观地了解到颐和园是一座自然山水园。第二层意思是由表象升华到精神世界加以思度和理解。封建皇帝高高在上，自称孤家、寡人，但是，君立庄严必须有贤臣相佐。周文王渭水河访姜尚，创下了明君访贤的范例。只有胸怀坦荡、虚怀若谷，才能做到礼贤下士。此外，水如虚镜，能客观反映客观事物的真伪，可以及时省身。就君主而言，只有"涵虚"才能"罨秀"。在此，"罨秀"就是招贤纳士，网罗突出的人才。

导游并提升欣赏水平的题额很多，诸如苏州拙政园腰门里面的"左通"、"右达"（图 2-3-6），狮子林入口内的"读画"、"听香"等（图 2-3-7）。从一般的观画提升到"读画"，使人联想到苏东坡对王维诗画的那段著名评价："观摩诘之画，画中有诗；味摩诘之诗，诗中有画。"可见，"读画"使画面有了丰富的内涵，较观画有所提升。以"听香"提升"闻香"或"嗅香"在于香分子必借风为传媒，风有声，故可听。这里道出了中国传统二十四花信循时令传播花信息的真谛。

楹联较之额题有更大的篇幅可以抒发胸臆。我去壶口瀑布观瞻时，路过山西省某县境内的一座小庙。寺庙不大，选在大山谷壑中突起的绝巘上建寺。山上有一片葱茏的丛林格外醒目，令人暗叹这人工保养之功。走上前但见山门悬挂一副引人注目的楹联，上联是："砍吾树木吾不语"。这是一句铺垫，我就纳闷：怎么会任人破坏树木而不言不语呢？再看下联吓了一跳："伤汝性命汝难逃"。谁不知禅林武功的利害，难怪林木保养得如此丰美。这也是我仅见的以植物保护为内容的楹联，因此印象至深。扬州瘦西湖和其中的小金山皆借用了别地名景之名，加之自身立地环境优越，创造了独具特色的风景园林艺术，成为中国园林艺术中"借鸡下蛋"的典范。这个特点被作者以楹联的形式表达了出来："移来金山半点何惜乎小，借取西湖一角堪夸其瘦。"京口古城以三山依傍长江的美景著称，金、焦二山居于江上，北固山虎踞江岸，三山之上古刹环宇，林深水渺，是相互借景的极则。乾隆帝南巡时，曾留诗一首："长江好似砚池波，提起金焦当墨磨，铁塔（北固山铁塔）一支堪作笔，青天够写几行多？"乾隆帝以一句问语点出三山名胜，将比兴、借代等文学化手法，运用至极致，让天人之境、人文名胜相互交融，极富天人合一的韵味。学而不仿，学中有创，才能创造风景的特色。

从来多古意，可以赋新诗。传统的问名、额题以及楹联等手法同样可以运用在今天的园林设计活动中。我在构思北京海关内庭园主景时，为了表明海关廉洁奉公、执法严明的立意，将其中一间半壁亭命名为"清风皓月亭"，两厢亭柱悬联曰："一轮皓月秋毫明察锁钥固，两袖清风丹心可鉴社稷安。"又在承担国家体育总局龙潭湖居住小区中心绿地设计时，立意"睦邻"，作联曰："无私报国苦为乐，有缘睦邻和是福。"这又是现代人活学传统，蕴生新意的佳例。园博会、花博会可用"人非过客，花是主人"、"偕友无间，与花有约"。

总之，问名在于言志托物，在于点明主题。既要恰如其分，让人与天合，更要突出人的情趣，其中的夸张、比兴既是"寓教于景"和"诗礼教化"的需要，更是天然景物得以人格化的必然历程，此即问名之旨。

图 2-3-6　拙政园"左通、右达"

图 2-3-7　狮子林"读画、听香"

第四章　相　地

相，即审察和思考。相地就是对用地进行观察和审度。

人们对于相面、相亲等事务大都耳熟能详，其实相地也一样，不过所相的对象和内容不同。相地的含义有两个方面：主要是选择用地，所谓择址；也是对用地基址进行全面勘踏和构思。选址之工有事半功倍之效，明地之宜和不宜方能发挥地宜。

清帝康熙为了选定避暑山庄的地址，曾先后用数年时间跑遍大半江山，最后才钦定在现河北省承德地区兴建。他对用地的认识是通过反复踏查，从感性直觉升华到理性判断。最初只是因为常为头晕所扰，偶然来溜达一下。后来发现了可医治头晕等痼疾的热河泉，想来此地必是对养生有益之处。他曾说："朕少时始患头晕，渐觉消瘦。至秋，塞外行围。蒙古地方，水土甚佳，精神日健。"此后，他又进一步遍考碑碣，亲访村老，终于获得了对用地比较深入全面的认识。避暑山庄的用地用现代语言来说就是生态环境优越、景观优美、山水壮丽，且多奇峰异石。地理上距离政治中心的北京较近，当天可往返。由于海拔比北京高很多，因高得爽，六月无暑，中秋赏荷（此地物候期晚于他处，中原中秋时节，荷花败落，但此处荷花正盛，故而中秋赏荷成山庄一大特色）。从康熙的一首诗中我们可以体味其对于相地的体会，及对当时用地分析的高度概括。

芝径云堤
万几少暇出丹阙，乐水乐山好难歇。
避暑漠北土脉肥，访问村老寻石碣。

又说当地"草木茂，绝蚊蝎，泉水佳，人少疾。""热河，地既高朗，气亦清朗，无蒙雾霾风。"

关于避暑山庄的水质，乾隆曾给予很高评价。他说："水以轻为贵。尝制银斗较之，玉泉水重一两。唯塞上伊逊水，尚可相埒。济南珍珠、扬子中泠，皆较重二三厘。惠山、虎跑、平山堂更重。轻于玉泉者，唯雪水及荷露云。"此处"雪水"即指木兰围场的雪水，"荷露"指避暑山庄荷叶上结的露水。足见山庄水质优良。

如果单纯是生态环境的条件好也未必选作造园之址。山庄兼得山水之天然形胜，又具备风景优美的素质。揆叙等人在《恭注御制避暑山庄三十六景诗跋》中描述道："自京师东北行，群峰回合，清流萦绕。至热河而形势融结，蔚然深秀。古称西北山川多雄奇，东南多幽曲，兹地兼美焉。"山庄造园的目的要达到："合内外之心，成固国之业"，反映清初"普天之下莫非王土"的盛世，以及"四方朝揖，众象所归"、"括天下之美，藏古今之奇"的帝王之心。

"形势融结"是最称帝王之心的。山庄居群山环拥之中，偎武烈河川流之湄，是一片山区中的"Y"形河谷，旁又崛起一片山林地。《尔雅·释山》说："大山宫，小山霍"。宫，即有所环绕、包含之意。避暑山庄的山林地可谓宫中之霍：北有金山层崖叠翠；东有磬锤峰及诸山环带为屏；南有僧帽峰及诸峰交错合拥，仅留一谷口向南透迤而去；西有广仁岭耸峙，阻挡西北风。武烈河自东北方向流入，经山庄东侧后南折。狮子沟自西而东横陈，与山庄北缘相邻。以上环境因素使这片山林地既有大山重重相围以为天然屏障，而本身又具有"独立端严"之气魄。此外，环周诸山有拱揖、奔趋、朝拜之势，如群臣从旁辅弼君王，也为日后布局成"众星拱月"之势的外八庙建筑群提供了优越的环境依托与启迪（图2-4-1～图2-4-8）。

"形势融结"的山水环境也是构成山庄具备避暑资源小气候的主要因素。山庄虽距北京不过二百多公里，而植物的物候期比北京要晚约一个多月。其中最凉爽的首推"松云峡"。"万壑松风"自西北向东南递降，随之下滑流动的冷空气又给平原区和湖区起到降温作用（图2-4-9）。在首受其益的"如意岛"布置下寝宫——"无暑清凉"，西邻"金莲映日"，意味何其深远。因为金莲花只有在冷凉的气候中才能成活，为凉爽气温的指示性的植物，足证山庄兴造过程中单体相地之精妙绝伦。

现场实地分析的另一个重要性在于得出一个重要估算：用地现状与建设目标之差，就是我们的设计内容。兴造园林的目的和用地实际现状是"因"，设计任务是借因成果。在设计任务书中，现场分析相当于设计手法的伏笔。不要简单罗列、堆砌用地的一般材料，而要将其视为设计先声的组成部分，着重分析有利和不利的条件。有了周密的现状分析，设计的凭借也就在其中了。

相地的重要性，最早是由计成大师在《园冶·兴造论》中提出的："故凡造作，必先相地立基。"足见相地是广义建筑学具有普遍性的设

图2-4-1
避暑山庄"众星捧月"
的总体布局

图 2-4-2　清·冷枚《避暑山庄全景图》

图 2-4-3　磬锤峰东面近观

图 2-4-4　磬锤峰西面远观

图 2-4-5　蛤蟆石

图 2-4-6
罗汉山

图 2-4-7
僧帽山

图 2-4-8
双塔山

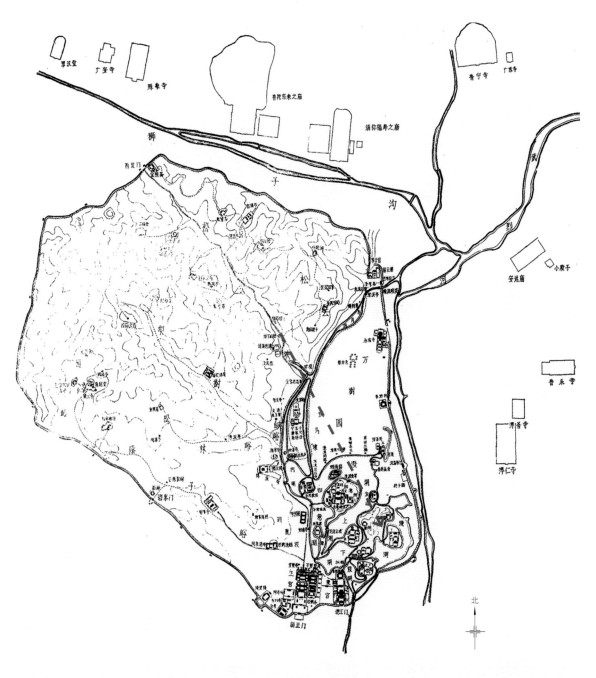

避暑山庄总平面图

比例尺

图2-19
"松云峡"自西北向
东南递降，随之下滑
流动的冷空气又为平
原区和湖区起到降温
作用

计环节。他在《兴造论》中将相地的要领归结为："妙于得体合宜"。即要做到："相地合宜，构园得体"。可见，他明确指出相地与设计成果间的必然联系。有宜就有不宜，因此"宜"是建立在对有利条件和不利条件综合分析基础之上的。"构园得体"犹如量体裁衣，必须合体才相宜。而兴造园林的关键就在于准确估量用地之异宜，设计出最适宜的构园之思，这样才能达到得体的艺术效果。体，既含宏观环境，也包括微观景象；得体，则偏重于总体的设计思路。有如文学创作，本来是小品题材的内容，却硬拉成一个长篇小说，自然不会得体。古人说："人之本在地，地之本在宜"。

异宜，指用地环境间的差异。差异本是客观存在的，也是创造园林艺术特色的依据之一，所以设计者要根据客观条件从主观方面加以强调。用地之宜，可分为自然资源与人文资源两方面。就自然资源来讲主要是天时地利，包括地带性气候特征，如降雨量、风向、气温、日照以及形成这些大气候条件的地方地形、地势特征。在此基础上，园林创造出人工微地形的变化，借地形与植物种植改善出更宜于人的小气候条件，这是园林设计首当其冲需要解决的问题。其中的重点是有利和寻找出不利的生态条件。

相地一是要有积累，二是高度集中，在有限的时间里要争取用地如在胸臆。现代科技手段和工具比古代先进多了，我辈在相地方面亦须借助现代科技而有所发展。

第五章　借　景

先研讨一下借景的含义。回忆我们大学时授课老师教我们的，从园内借园外之景称为借景，如从颐和园借玉泉山的塔景等。当时有所不解，如园外无景可借又当如何，那就没有借景吗？可是《园冶》有专篇论借景，并论证说："夫借景，林园之最要者也。"联系到前面所讲"巧于因借，精在体宜"、"相地合宜，构园得体"、"园有异宜"以及"借景随机"、"借景无由，触情俱是"等理论看来，我还是没有找到借景的真谛，只把它作为平行于设计理法之一的理法，而不是现在视为传统设计理法中心的借景，其间处于不清状态有五十余年。我有疑问先查《辞海》等辞书，得知古时"借"与"藉"为同义词，逐渐领悟借景并非借贷之借，而是凭藉之借，一念之差失之千里。词义明确，疑虑便迎刃而解，一通百通。颐和园借园外的玉泉山是借景中之"邻借"，是借景中的一类而并不是普遍性的借景，有如"白马非马"的道理。

首先，借景秉承了中国文学"比兴"手法的传统，也传承了中国文化"物我交融"、"托物言志"等优秀传统观念。借景的理论由造园、造景等实践中来，并再三被实践证明是造园艺术的真理。这又从一个方面证明了中国园林与中国文化艺术一脉相承的特色所在。其二，借景主宰了中国园林设计的所有环节。虽然从序列来看分为：明旨、立意、问名、相地、布局、理微和余韵等环节，但无一不是以借景贯穿始终的。

按《辞海》解释，比兴为传统文学创作中的两种手法。"比"是比喻，朱熹说："以彼物比此物也。""兴"是寄托，即托物言志，朱熹说："先言他物，以引起所咏之词也。"魏时曹植面临亲兄要杀他之际，按兄定走七步作一首诗的条件作了一首五言诗：

> 煮豆燃豆萁，豆在釜中泣。
> 本是同根生，相煎何太急。

他以豆萁与豆子的关系为比喻，引出兄弟关系从而打动了他的兄长，免于一死，可见比兴手法之感染穿透力。借景是文学艺术的比兴手法在园林艺术中衍生的新葩。借因造景、藉因成景，其二元因素的根本代表就是物、我，也就是自然与人。借景的托物言志，体现在将自然的拟人化过程中。

借景作为统帅园林全局的理法必然是很概括的，只能表达言简意赅的内容，计成最终归纳出借景的诀窍在于"巧于因借，精在体宜。"计成有一位朋友的弟弟叫郑元勋，在其著《园冶·题词》中提到："园有异宜，无成法，不可得而传也。"又说道："此人之有异宜"。因此可以把园林中的"巧于因借"具体落实到人与地之"异宜"。指巧于因地制宜地借景，精在体验和体现园之异宜。借景凭借的是用地在自然资源和历史人文资源方面的优势，精深之处在于体现出该用地的地宜。"借景随机"指要慧眼识地宜，而且要随机应变地抓住地宜中的因，觅因成果。事物都有因果关系，设计成果要从因找起，找出因来凭借成果。因此，借景首先强调的就是对用地环境的认识、评价和利用，避其不宜，借其有宜。中国造园所谓"景以境出"、"景因境成"都可视为借景的同义语。

人杰地灵的杭州西湖借湖在城西而名，又借苏东坡诗句"欲把西湖比西子，淡妆浓抹总相宜"

图 2-5-1
西湖胜景

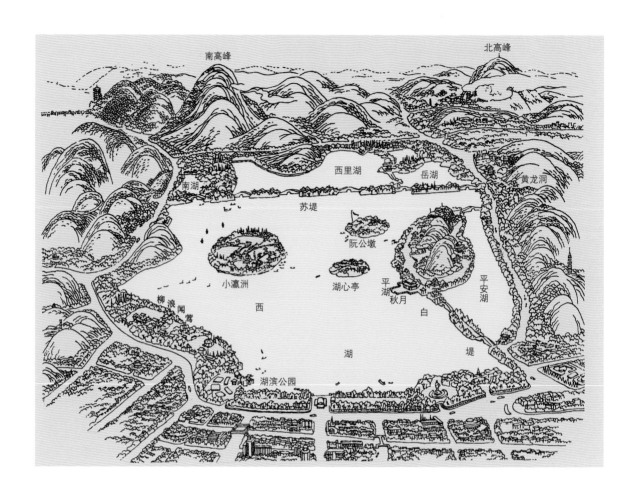

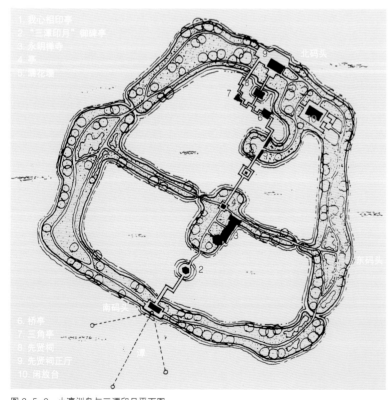

图 2-5-2　小瀛洲岛与三潭印月平面图

而更肯定了这名称，湖借西子而人化了。西湖原为海水退出后形成的潟湖，又得武林水东流而成为淡水。不但据"三面湖山一面城"之胜，而且山水兼得三远，比例恰如人意而成为古代的公共游览地（图 2-5-1）。但全凭朴素的自然还不足以形成今日"谁能识其全"的天人交融的风景名胜区。它是历代先贤们借疏浚造山水景近千年逐渐累积而成的，没有人工治理，西湖就不会有今天。孤山为西湖北山余脉，自湖中上升为绝巘，形势融结而孤立在湖中。唐代便有利用浚湖土兴修白堤，使山与西湖东岸连为一体。西以西泠桥贯通东西。同时化整为零，划分出里西湖和外西湖的山水空间。这就有层次了，并成为"断桥残雪"。宋代苏轼借沟通南北的交通而兴建了苏堤。成为"苏堤春晓"景区。苏堤设六桥为使西来之水畅通并分隔西里湖。宋代还用清淤的湖泥堆出主岛"小瀛洲"，主岛体量大而疏浚的湖泥不足，岛内做田字形堤垅，形成"湖中有岛，岛中有湖"的山水格局和复层水面。为了防止葑草在淤泥处蔓生，以石灯塔三点控制一片水域的水深，又创造了"三潭印月"之景（图2-5-2）。宋明之交用浚湖泥堆了辅弼主岛的客岛"湖心亭"，清代用湖泥堆了"配岛"，借纪念阮公和圆墩状岛形称岛为"阮公墩"。新中国成立以后也浚湖，但以"吹泥"的施工方法兴建了太子湾公园（图2-5-3）。这是明智之举，决不能再堆新岛而画蛇添足了。纵观西湖之建设，自唐、宋、元、明、清至今，千年来世代接力合作同一篇山水文章，共同之处都是借宜成景。

西湖是举世闻名的风景名胜区，其中我更偏爱灵隐和西泠印社。

灵隐论其地宜的主要特点是地处武林山后北高峰下，水态清灵而地势幽隐，山和水都具有特殊的性格。"武林山，武林水所出"，盖古杭州淡水的发源地，流向自西而东。其山原名天竺山，

表层砂岩业已风化，裸露的石表系石灰岩构成，因此与周围表层尚为砂岩的岩石地貌形象迥异。这本是自然的地理现象，但被灵隐寺开山鼻祖印度名僧慧理法师利用为问名之由，戏谓此山自天竺（即印度）飞来，故名"飞来峰"（图2-5-4）。由于借景于地宜十分巧妙、贴切，加之山中多由石灰岩地貌形成的奇峰、怪洞、异石，次生杂木为主的林木，营造出佛界精灵出隐其间，来去无踪的氛围，声名从此大振。

灵隐最吸引人的是飞来峰山麓的天然石灰洞群，洞穴潜藏，洞洞相通，因借成景，堪称鬼斧神工（图2-5-5）。在裸露的石灰岩上施以人工造像也是因地制宜，随石成像。历经年久，弥显光洁圆熟，尊尊耐人寻味。其中给人印象最深的当属弥勒佛的石造像，袒胸腆肚，满面慈爱，笑口憨真，加之题在附近寓教于乐的楹联写照，令人读罢忍俊不禁："大腹能容，容天下难容之事；佛颜常笑，笑世间可笑之人"（图2-5-6）。印度

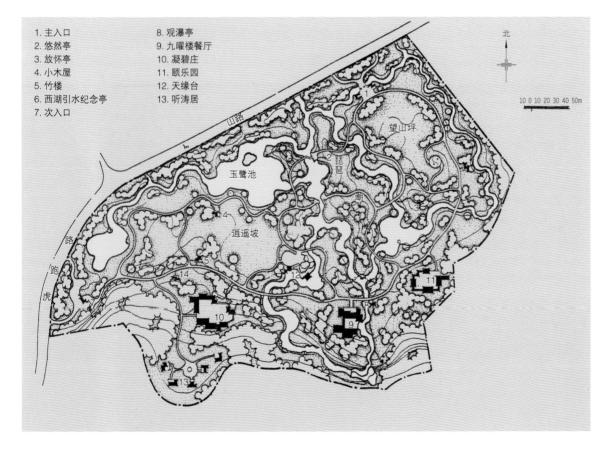

1. 主入口
2. 悠然亭
3. 放怀亭
4. 小木屋
5. 竹楼
6. 西湖引水纪念亭
7. 次入口
8. 观瀑亭
9. 九曜楼餐厅
10. 凝碧庄
11. 颐乐园
12. 天缘台
13. 听涛居

北

图 2-5-3
太子湾公园平面图

图 2-5-4（左）
飞来峰

图 2-5-5（右）
天然岩溶洞群

图 2-5-6（左）
飞来峰弥勒佛大石像

图 2-5-7（右）
龙泓洞口大石像

图 2-5-8
龙泓洞内雕像

佛教诸尊之中本无弥勒，据说是佛教传来东土中国后为纪念一位善良乐观的炊事僧人而创造的形象，饶具中国特色。灵隐的溶洞群虽然是自然的，但在作为风景区开辟时显然是有人意相辅弼的。山洞主次分明、大小相间、明暗相衔。"龙泓洞"洞壁两厢随势凿就十六尊罗汉像（图 2-5-7、图2-5-8）。洞内有"一线天"景观，形似"蛟龙吐泓"（图 2-5-9）。"玉乳洞"得名于洞中洁白如玉的钟乳石，并可与"射旭洞"暗度陈仓、婉转通明。"青林洞"与"龙泓洞"、"玉乳洞"均有暗洞相通，洞口岩扉深杳，洞内清寒侵肌、无暑清凉。冷泉山洞、飞来峰、摩崖石刻、怪石嶙峋，砥柱中流的"枕流"石，再伴以玄机四伏的灵隐古刹，构成了蕴含多元素的灵隐风景名胜区。

图 2-5-9
一线天

"西泠印社"是中国台地造园的经典之作。中国金石印学博大精深，而西泠印社为清末民初兴起的研究篆刻艺术的学术团体（图 2-5-10）。此景点占地虽不过五亩有余，由于地近沟通内外湖的西泠桥，具有清旷泠逸的地宜，同时又可心、可人，因山构室而得永恒的佳趣。兴造时由于有大量文人的参与，可谓得天既厚又匠心独运，形成性格鲜明、景色独特的人工造园。不仅书卷气十足，而且俯仰之处皆具有金石的风韵。孤山西南麓原建有"柏堂"及"数峰阁"，今已不存。柏堂经改建，昔日印社同人每集会于此探讨印学，成为印社肇发开创之地。后逐渐形成隶属浙派的"西泠八家"，将其精品拓印成谱，供后人研习。1905 年在"数峰阁"西建"仰闲亭"，并镌刻印人先贤吴昌硕石像嵌于壁上以表敬仰。

西泠印社依山而起，大致可分为山麓、山腰、山顶三层台地以及后山四大景区（图 2-5-11）。

山麓南向辟圆洞门与西湖景色相互渗透，可纳湖中岛景。西亦辟便门与纪念欧阳修的"六一泉"为邻。山麓于"柏堂"南就低凿池一方，其东构筑水渠导山水入池。"柏堂"东西各添置了廊宇，原与邻舍屋面交线颇有印章"破边角"处理的韵味。穿过以柏堂为主体的山麓庭院便有古拙简朴的石牌坊于西面山口蹬道处将游人承转到山腰。牌坊有联曰："石藏东汉名三老；社结西泠纪廿年"（图 2-5-12），其意不言自明。山腰建筑沿等高线依山形递进，屋宇体量虽不大，却与山肌熨帖有致、互生相安。缘路而上，当道作为对景的是"山川雨露图书室"，东有"仰贤亭"。此处原有"石交亭"、"宝印山房"、印社藏书处"福连精舍"等建筑，现多不存。穿"仰贤亭"西门洞而过，即可见对景"印泉"（图 2-5-13）。杭州地处江南腹地，潮润多雨，林木荫翳，尤其春夏苦湿闷，因而线装书和宣纸都须防潮。将高处

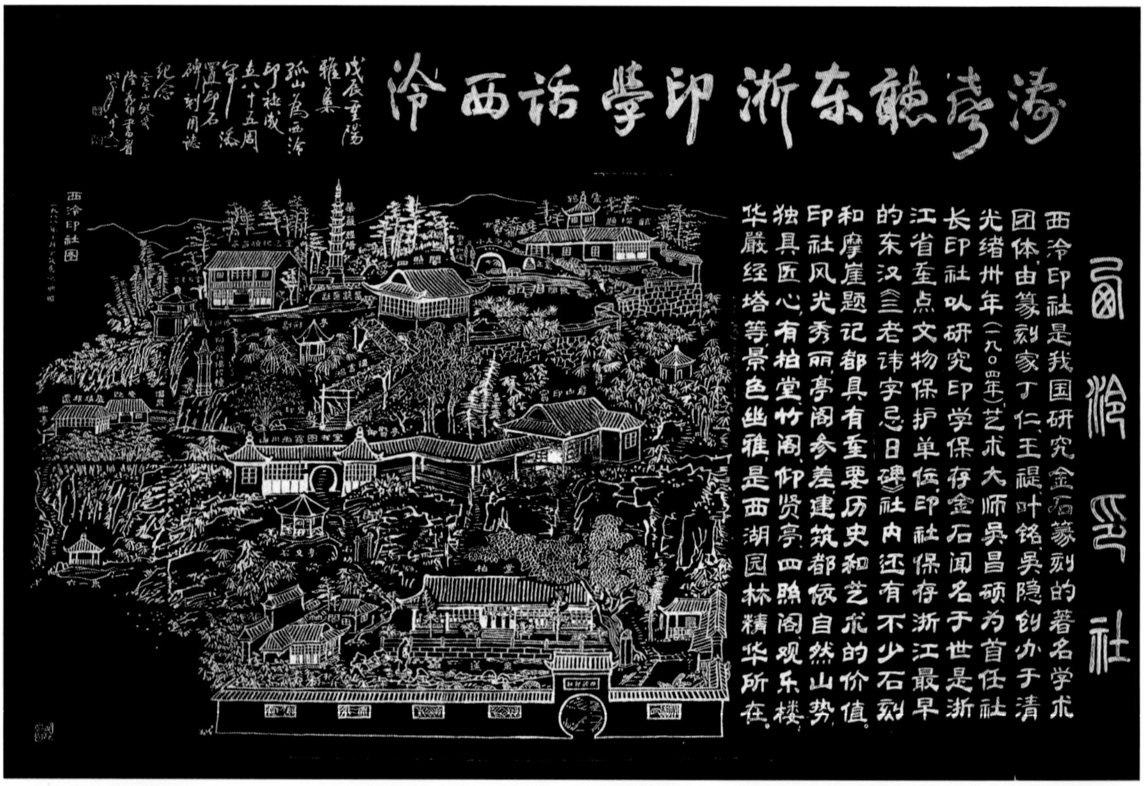

西泠印社是我国研究金石篆刻的著名学术团体由篆刻家丁仁王禔叶铭吴隐创办于清光绪卅年(一九〇四年)艺术大师吴昌硕为首任社长印社以研究印学保存金石闻名于世是浙江省至点文物保护单位印社保存浙江最早的东汉《三老讳字忌日碑》社内还有不少石刻和摩崖题记都具有重要历史和艺术的价值印社风光尤秀丽亭阁参差建筑都依自然山势独具匠心有柏堂竹阁仰贤亭四照阁观乐楼华严经塔等景色幽雅是西湖园林精华所在。

图 2-5-10
西泠印社全景图

图 2-5-12（左）
上山入口牌坊

图 2-5-13（右上）
印泉

图 2-5-14（右下）
闲泉

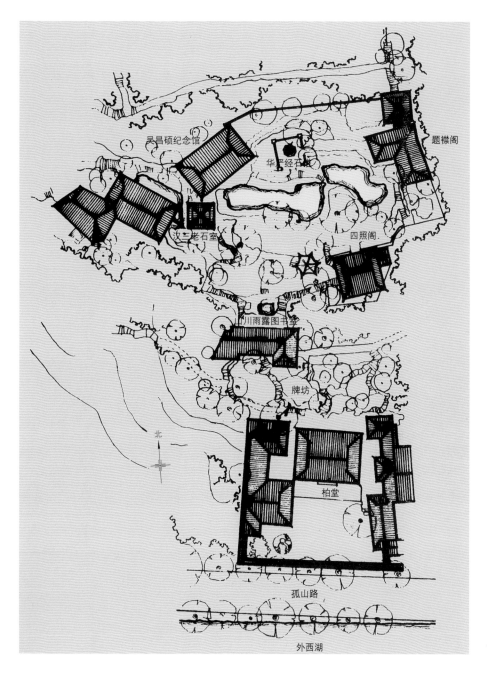

吴昌硕纪念馆

华严经石室

题襟阁

汉三老石室

四照阁

川雨露图书室

牌坊

柏堂

北

孤山路

外西湖

图 2-5-11
西泠印社平面图

分散四流的水汇集成池，可以很好地起到收敛水湿气的作用。水既有源便可称泉。西泠印社开辟了多处泉池：山腰有"印泉"，山顶辟"文泉"、"闲泉"（图 2-5-14），由西而下还有"潜泉"（图 2-5-15）。这些泉池尺寸、形态各异，分布高下、各适其境，皆配有镌刻和铭文。值得一提的是泉池多为凿石而成，刀法饶有金石味。其中"小龙泓洞"（图 2-5-16）假山群都是人工雕凿出来的，所展现的大手笔刀法古朴浑拙，自立假山造景一

派新风。1922 年有浙人从上海将流传海外的"（东汉）三老讳字忌日碑"捐资购回，建石室永藏印社，并以此为联："印传东汉，社结西泠"（图 2-5-17、图 2-5-18）。山顶除石室外还建有一塔、一阁、一馆、一楼，多占周边地，各得其所，随遇而安。精瘦小巧的"华严经石塔"（图 2-5-19）为标志性主景，面临文、闲二泉，文泉石壁上镌刻有"西泠印社"四字，引人注目（图 2-5-20）。"四照阁"与"骚堂"构成下堂上阁的建筑结构。"四

图 2-5-15 潜泉

图 2-5-16 小龙泓洞颇有金石意

图 2-5-17 汉三老石室底层据岩铭刻

图 2-5-18 汉三老石室挂岩架柱

照阁"的楹联诠释了其得景成韵的借景手法："合内湖外湖风景奇观都归一览，萃东浙西浙人文秀气独有千秋"（图 2-5-21）。现此联有时移至"吴昌硕纪念室"。循洞北出东折，即可达"题襟阁"（图 2-5-22）北端，此地高踞分水岭，势若关隘。顺北坡直下，至石牌坊便可出社。而回首望去，西泠印社据巅而立，上层挂崖架柱，底层据岩铭刻，方寸之间，气象万千，不正是金石学的精髓所现吗？印社北门如城堞高挑，有联曰："高风振千古，印学话西泠"，为全章之"合"（图 2-5-23）。

苏州名胜虎丘原为水下岛屿，随地壳运动上升而成，多石少土，植物生长困难。因吴王冢相中此地，于是疏水推土使山形有若伏虎状，故名"虎丘"。后朝有人慕吴王生前拥有名剑，遂开山破石以寻宝觅剑。剑未曾寻到反而利用开掘出的石坑蓄水为池，取名"剑池"（图 2-5-24），将开裂石隙的岩石称为"试剑石"（图 2-5-25），不仅巧妙，也算是化不利为有利，变废为宝了。由此可见这些风景名胜区的景点都是从借景而来的，可以说无借不成景。

绍兴东湖和柯岩都是古代的采石场，古人借采石材剩下的空间创建自然山水的风景名胜区（图 2-5-26）。而今采石多是破坏自然环境的，狂轰滥炸，留下一片狼藉。两相对比，反差之大令人深省。"研今必习古，无古不成今"。土石方工程都有局部保留原地面以计算工程量的做法。柯岩（图 2-5-27）在隋唐采石时将保留的石柱用艺术加工为天人合一的独立石峰，硕长高大、节理嶙峋、步移景异。时而上小下大沉稳自持，时而上大下小（高约 28 米，底最狭仅 80 厘米）

图 2-5-19
华严经石塔

图 2-5-20（左）
"西泠印社"石刻

图 2-5-21（右）
四照阁北面观

图 2-5-22 题襟馆

图 2-5-23 西泠印社北出入口

图 2-5-24 苏州虎丘 "剑池"

图 2-5-25 试剑石

图 2-5-26 绍兴东湖

飞舞入云而重心稳定，貌险神夷，峰顶古木参天，顶上小塔矗立，石脉横竖交融，上横下竖。借石乃山骨，孤峰凌空之因，清光绪二年，竖刻"云骨"（图2-5-28、图2-5-29）而成为名实相符的"一炷烛天"，大尺度影壁，屋盖跌落有序，石栏水池相映于前，墙面大字引人注目："一炷烛天"（图2-5-30），意谓云骨若一柱天烛照亮世界。又涵"削峻剑阜磐石烛"之意，愿江山永固之吉祥象征也。其相邻之石却加工成石窟，壁龛中雕大佛像供人瞻仰，水平山池中二石峰相得益彰。绍兴东湖两水夹长堤，自隋代开始采石，采出五分之四，从山上放线往下采，大块面开采有若大手笔的雕塑，经陶渊明后嗣经营，留有仙桃洞，联曰："池五百尺不见底，桃三千年一开花"（图2-5-31），不仅科学，而且浪漫。

城市园林无论私家宅园或皇家宫苑也都由借景而来，皇家园林要表达"普天之下莫非王土"和"一池三山"的仙境也都是从"巧于因借"而来的。圆明园的用地"丹陵沜"的原址是零星水面的沼泽地，故疏通、合并一些水面，形成水岛组合的自然山水空间。因这种地宜就用"九州清晏"来反映王土安宁，以"相去方丈"的福海把仙岛放在福海的中央。而承德避暑山庄五分之四的面积是山区。便以山区、草原区、水乡区来反映王土。仙岛从"芝径云堤"衍生出状若灵芝的三仙岛。北京北海和中南海由旧河床改建而成，是"长河如绳"的水形，故三仙岛分布成带状（图2-5-32）。

"借景随机"是借景的要理，可是机是机会、机遇，概括且笼统，难以琢磨透彻。机不仅指时间，也涵空间，要在具有特殊性。比如成都有所餐馆名为"口品"。口是餐馆最具特殊性的空间和主要器官，所以组成名称的三个字都有口，但有科学的序列和艺术的内涵，不论是谁，不论怎么吃，先总要吃第一口。所以第一个字是口。吃完第一口很满意，从内心赞许和夸奖，这就是第二个字的词意。"品"音"宣"（xuan）。到吃第三

图2-5-27　绍兴东湖"柯岩"

图2-5-29　炉柱晴烟说明

图2-5-30　一炷烛天

图 2-5-28 绍兴东湖"云骨"石峰

口时就细品其味了，故第三个字是品，这就是因借随机。作为餐馆名这是下了工夫的，名字响亮，吸引力强。可以印证"名不正则言不顺，言不顺则事不成"。

上海嘉定"古猗园"有一亭，设计者有意将亭东北方向的翼角去掉，以表示日本军国主义列强占我东北三省，祖国痛失东北隅的爱国主义情感。四川崇庆县（现为崇州市）"罨画池"用两边的云墙相卷、扣合，而成"山重水复疑无路，柳暗花明又一村"之奇想（图2-5-33）。

以山石而论，并非一定是太湖石的"透、漏、皱、瘦、丑"才能入流。石秀天成，但并非是石皆美。天然之美还要结合人的审美观。这又归于天人合一了。所论为湖石之美，人以体形高挑、颀长、瘦劲为美；反之，矮胖、臃肿则不美。古有"人比黄花瘦"之喻，今有追求骨感瘦美。湖石成岩因受碳酸熔融而出现透、漏等鬼斧神工的自然美，这与人追求空灵之美是吻合的，但对山石特有之机，一般就较难认识了。古杭州有人选用芦笛构造的钟乳石，利用其鼓风作响的天然管乐效果，置石于山上逆风处，令山石闻风奏音，并问其名曰"天籁"，名实相符。

曾见西安清真寺有一石置于屋檐之下，既无可取之轮廓外形，也谈不上什么质地和色泽。石呈竖高，满身乳状突起而带灰白色，犹如被蚊子咬得满身包，看似老玉米又不整齐，又像是受寒风所侵浑身起的鸡皮疙瘩，何美之有，借景因何？这只是说明自己一时没看出石之所宜。原来，每逢大雨倾盆，雨水沿屋檐滴洒而下，水流自上而下从石头乳状突起的沟纹间穿流而过。由于视觉上相对运动的错觉，山石上的乳状突起物像一群小白鼠往上蹿跃，蹦蹦跳跳，川流不息，直至雨雾方休。这就形成了我所谓的"银鼠竞攀"的罕见动态奇景，一块满身是包的石头顿显灵动，令人叫绝。足见置石之人捕捉机遇之功力了（图2-5-34）。

计成说："物情所逗，目寄心期……因借无

图2-5-31
绍兴东湖仙桃洞

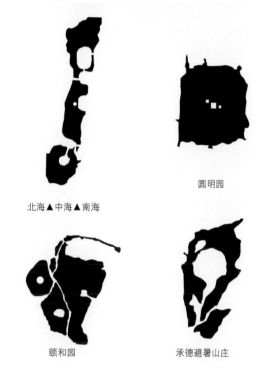

北海▲中海▲南海　　　　圆明园

颐和园　　　　承德避暑山庄

图2-5-32
一池三山"一法多式"

由，触情俱是。"目寄心期的统一必然动之以情。"因借无由，触情俱是"说明借景理法不奏效于主观臆想，而唯一成功之路是主客观的统一，触动游人的情感。只要能让游人动情赏心，皆可谓借景。这是借景理法唯一的标准。游人之心何以为景所触动呢？《园冶》告诉你："物情所逗，目寄心期"。用"因借无由，触情俱是"来规范借景成功与否是很重要的，常见不少园林作品以很简单或不符合风景园林艺术特色的手法来表达欲表现的意图，但不能令游人为之动心，这就是失败的。广州白天鹅宾馆的室内山水借广州为国

图 2-5-33
四川崇庆 "罨画池"
云墙

图 2-5-34
西安清真寺屋檐下的
山石——银鼠竞攀

泽和质感等特性因材而用；从人文资源的角度分析，主要基于各代名人以四时为题材的诗咏。这样做的利点在于文人对于四时的诗咏都是以人之常情为依据的，借用到园林艺术中能够让游人心领神会，宜于发挥借景的效果。同时，文学艺术在园林艺术中由于表现形式、使用素材的变化，艺术性得到突破，产生出人意料的效果。

中国地处欧亚大陆的东部，属北寒带季风性气候，四季冷暖干湿分明。中国文化将对四时的认识概括为：春生，夏长，秋收，冬藏。

春季是植物萌生的季节，画家石涛在《四时论》的描述是："春如莎草发，长共云水连。"即春天野草相继破土而出，由于地面空旷，视野开阔，目及云水相连的地平线。江南人熟知的"春生"的典型形象是"雨后春笋"。春季里雨后竹笋的生长极快，例如毛竹一夜能窜起一米多高，夜深人静时甚至可以听见生长拔节的声音。这便是园林艺术因借的生活依据。但现实生活中竹笋不可能呈凝固状态长存，以供人欣赏。设计者很巧妙地想到山石材料中有一种"石笋"，由于外形像笋而得名。于是首先使用低花台将一片竹林托起，在竹林间有疏有密、高低参差地矗放数株石笋，一幅不着笔墨的"春山图"宛然而现（图2-5-36）。

石涛将夏季描写为："夏地树长荫，水边风最凉。"由此可以确定夏山凭借的主要造景因子是云、水和林荫。园林艺术中山石别名"云根"，有云："置石看云起，移石动云根。"说明掇山叠石可参考云形的变化。石品中的太湖石既有云态又洁白如夏积云，因此个园的夏景掇山的石料选用了白色的太湖石。为表现有山有水的景致，山形便取负阴抱阳之势，将形如夏云之山置于园的西北隅，湖石山之南掘水池，这样入门后的视点观赏恰好可以体味春诗末句"长共云水连"的意境。池山之间的联系沟通有曲折石板桥紧贴水面，迂回宛转引入洞口，再循洞而上可登山顶。同时这个爬山洞可产生烟囱般的抽风的作用，水面带

家边陲之境的地宜，刻了"故乡水"，我非侨胞看见了都为之感动，那么真是久别故土的同胞一见这三个字岂不激起久别重逢之情，一语牵动千头万绪的思乡情（图2-5-35）。

扬州的"个园"以置石和掇山著称。清代李渔说"有此君不可无此丈"，说明竹与石不可分。"竹"字按篆书写法由两个"个"字组成，而按国画画法竹叶如同"个"字，故取名"个园"。个园造景中最值得大书特书的是以山石塑造四季景色，被誉为"四季假山"，在全国也是孤例。从自然资源的角度来看，主要凭借山石形体、色

图 2-5-35　广州白天鹅宾馆中庭山"故乡水"

图 2-5-36　春山

有荷香的凉风便自然地由洞道一直抽拔到山顶小亭石桌之下。即使酷暑时节，人坐亭中仍可享受到凉风习习、荷香薰衣的美意，加之山下浓荫乔木覆盖所形成的亭山的背景，不是正合"夏地树长荫，水边风最凉"的诗意吗？所以，意境虽然有时看起来玄妙无比，只可意会，不可言传，但如果设计者和欣赏者同时具有深厚的文化底蕴，就可以通过对作品的欣赏而产生共鸣，以达到赏心悦目的艺术境界（图 2-5-37）。

秋山按石涛的描写为："寒城宜以眺，平楚正苍然。"人皆知秋天是收获的季节、金色的季节，因而色彩上应以黄色为主。秋高气爽，万里无云，天朗而空气明净，因而中国人有"九九登高"的习俗。设计者集中根据这些因素将秋山定型为：色彩金黄、山高宜于攀眺、气质明净清朗。进一步将逻辑思维转化为形象思维，石材选用黄石，布局上将秋山定位为全园的制高点，不仅在高度上制胜，而且在掇山单元组合方面沛然出奇，令人叹服。从结构而言，取下洞上亭之式，洞叠三层，亭作曲尺形，远观则有挺拔凌空之势，近赏则因视距小而效果更突出。其西侧奇谷盘旋、飞梁横空，甚是险绝。而南侧扩谷为壑，壑间石岗起伏。洞分三层，自下而上，合凑结顶。首层相对宽绰，石门石榻，若有仙迹。山洞内外景色迥异。由外

图 2-5-37　夏山

图 2-5-38
秋山由洞内向外观

图 2-5-39　秋山

观内，则层次深远，由明窥暗，莫知几许；由内观外，洞口框景由暗渐明，对比强烈（图 2-5-38）。山洞盘旋而上，至亭处，全园尽收眼底。黄石颜色由浅至深，与石缝间地锦叶的秋黄以及乔木的沧桑秋色融为一体，令游人赏心悦目，深切体验到"秋山明净而如妆"的意境（图 2-5-39）。

秋山与冬山相衔于园的东南隅。园墙以内、门东建筑以南，仅一窄带之地，却布置得独具匠心。隆冬季节在人们心目中的印象是北风呼啸、滴水成冰、大雪封山，而腊梅飘香、傲雪凌霜、独有花枝俏。借此情理，设计者选用了安徽宣城所出产的宣石，上白下灰，恰如皑雪覆盖石顶，且终年不化。借南邻园墙做成山石花台，其中散植腊梅，点缀出冬意。石涛论四时的冬景时说道："路渺笔先到，池寒墨更圆。"冬山北邻水池颇有画意，而最值得赞扬的是借墙造景：利用南墙面高处开凿了多个圆孔形透窗，穿堂风所到之处呼啸作响，不仅从视觉上渲染冬山，而且利用听觉效果的感染完善对冬山的塑造。更有意思的是冬山与春山东西相隔的一段小墙，以透窗沟通冬与春的景致，让人感受到四季循环往复，周而复始，冬去春来，气象更新的轮回。框景中翠竹数竿，竹下依旧是石笋嶙峋，入园时的初情油然而生（图 2-5-40、图 2-5-41）。

借景的最高境界应达到阮大铖在《园冶·冶叙》中提到的"臆绝灵奇"的境界。前两字是构想的境界，后两字是效果的境界。《园冶注释》对"臆绝"的解释为："臆通意，绝与极通。含有性格非常之意"不无道理。但我更侧重于"臆"是指冥思苦想以至精神虚幻，精研苦求，以求不同于人。所谓异想天开，就是想到了似乎有一些病态的地步。臆病指因思考过度所引起的精神分裂症。据说古人练习书法不仅在纸上书写，饮茶时沾茶水在桌面书写，临睡前用手指顶在被窝上练字，走路时把手揣在衣兜里晃来晃去。不理解的旁观者看了怀疑有疯病。其实他的精神很正常，而是陷入了深度创作思维的状态。"臆绝"就是

图 2-5-40（左）
冬山

图 2-5-41（右）
个园冬山望春山

思考到如醉如痴的高绝境界，为一般人所不能理解的境界，从而得到绝处逢生的艺术效果，令人感到犀灵生奇。能够达到这种境界的借景作品虽有但不多，很值得我们从中汲取其高超的手法。

位居五岳之首的泰山，因"一览众山小"的高大气势而声名远播。泰山地处近海，自东南海面吹来的暖湿气团遇山而升高，随着高度的变化而降温。暖湿气团的温度降到一定高程（即雨线的位置）便会凝结为雨水。这本是自然界地理气象的现象，而有识之士借此将雨线附近矗立的山石命名为"斩云剑"，意谓：云雾至此被山石斩云为雨，巧妙地将自然拟人化（图 2-5-42）。20 世纪 60 年代在泰山山麓唐代普照寺大雄宝殿后发现布局破格。原来有一株古油松昂然挺立，由于寺内养护精细，形体硕长高大、枝密叶茂、苍古虬曲。每值皓月当空，月光被浓密的枝叶分隔为无数放射形的光束洒满地面，煞是好看（图 2-5-43、图 2-5-44）。大家都有感于自然美之博大永恒。仅止于此，还并未发掘出它的潜在美，即创造以社会美融入自然美的风景园林艺术美。有道是"玉不琢不成器"，何况中国文化传统可以赋自然美景以人意。巧取名目就可使自然之美升华到艺术美，而不需丝毫地更动自然景物。例

如黄山以云、松、石著称，借石为猴、借云为海便创造了"猴子观海"的景点（图 2-5-45）。对自然无为而只是赋予了人意，这就是天人合一。大自然是我们的老师，有取之不尽、用之不竭的自然风景资源，却并无人意。只有从这一点上来说可以"夺天工"，实际上是夺天工之无人意。在此，设计者以"长松筛月"名景并把"筛月"镌刻于松下之石。关键的一个字"筛"，一石激起千层浪，这一下便满足了中国人"赏心悦目"的审美要求。绝也有绝的道理，电影艺术家谢添总结电影艺术的理论具有普遍的指导意义。他说要在"情理之中，意料之外"。首先要符合情理，不符合情理就不科学、不客观，人们不会信服。但仅仅在情理之中，只有科学性，没有艺术性那是不够的，必须还要在意料之外。这是创造绝的主要方面。筛子过筛是人人皆知的情理，而过筛的是月光这是出人意料以外。引用的比喻这么熨帖、这么突破山格而具有对心灵的撞击力。于是，进一步发挥，后人又在古松之侧设置了一座正方攒尖的"筛月亭"，四柱无墙，翼角高高翘起，每边都有对联与环境联系。其中正面的一副对联曰："高举两椽为得月，不安四壁怕遮山。"把为何在此安亭，亭的立面构图为什么高举椽起翘都

图 2-5-42　斩云剑　　　　　图 2-5-43　泰山普照寺长松筛月

图 2-5-44（左）
泰山普照寺筛月亭

图 2-5-45（右）
猴子观海

交代得很清楚。把凭借什么造景、借景的道理都表现出来了。可惜我到了 21 世纪再访时，长松已经倒伏在地面上，生长仍旺，借景的道理却长存流芳。山门外路旁尚存一石，上刻"三笑石"，相传古时有三老交流长寿秘诀留下的风韵。第一位老者讲："少吃一口"，第二位说："吃后走走"，第三位说："我的媳妇长得丑"，大家呵呵大笑而留下此石。老年保健常识于笑中流传，寓教于景。

　　福建武夷山作为道教的圣地以仙山著称。在现实生活中创造出令人动情的仙意也是很高雅的。借景者凭借山起伏，峭壁摩天，云缠雾绕，孤峥无依的石峰挖掘和渲染了一些仙意。首先，从人流集中的主干道分歧出小山道将游人引入谷壑之中，使之与现实生活环境产生空间隔离。入

山口处有半扇石门镶嵌在石壁之中，循石阶过石门辗转而上，可见有一座小庙安置在低矮的山顶上。山旁壁立千仞，高耸入云，且陡峭得几乎与地面垂直。站在山脚下仰面而望，见壁顶与白云齐飞，青山共蓝天一色，迷蒙之中可窥见一摩崖石刻曰"仙凡界"（图 2-5-46）。看样子除非羽化成仙，不然真是"难于上青天"。好在发现峭壁上凿有可容半足的石蹬坑权作天梯，时值壮年的我踩坑攀援而上，发现上面别有一番洞天：但见一峰高踞，下有曲岭横陈，名曰"飞龙岭"，尽端山势骤断，形成山崖，隔崖约两米远却有另一石峰拔地而起，高可数十米，其势孤峥无依，横空耸立。于是设计者以飞石为梁与之相连。石峰上安置一尺度小而精致的亭子，额曰"仙弈亭"。

轻掌窟
玄元石窟
仙凡界
众妙
仙华亭
步虚
云梯
留云石屋

武夷山仙凡界

图 2-5-46
武夷山仙凡界

至此就令人更感到有一点仙意了。亭若凭空而起的空中楼阁，四下云遮雾罩，弈者能够在这渺无人烟之地专注于黑白世界，珠玑必争，不是掌握了腾云驾雾之术的仙人又是何人呢？

以上列举了各地借景的佳作，还有一座古庙给我们的启示不得不提及。这是在北齐时兴建的一座娲皇宫，俗称"娘娘庙"，是用以供奉女娲的，在相地、布局和理微方面都体现了"巧于因借，精在体宜"的要理（图 2-5-47）。

女娲按《山海经》的描写："炼五色石以补苍天，积芦灰以止淫水。"补天之神理应居高绝之境。此庙位于河北省邯郸市附近的涉县境内，太行古岳在此盘桓逶迤，山间有漳水穿流。由于地当河北、河南、山东相交之处，邻近古代交通要冲，却又隐居山林险绝之境，山名曰"中皇山"。

山体在唐朝时就有局部开发，借高山绝壁开凿了两座小型的石窟，窟内现仍保存有石佛。然而，用尽地宜特殊效果的当推娲皇宫（图 2-5-48）。

如平面图所示，上层的庙宇比山下的所在山麓地面平地拔起约 180 米，以山道回转盘旋而上。中皇山顶第一层有自然生长的树木参差有致地勾勒出天际线。"娲皇宫"选用了第二层台地。由于以取山势险绝为主，不惜采用坐东朝西的反常规方位。用地南北长度约为 180 米，东西向最宽处 18 米，最窄处仅 3～4 米，呈狭长的枣核形。

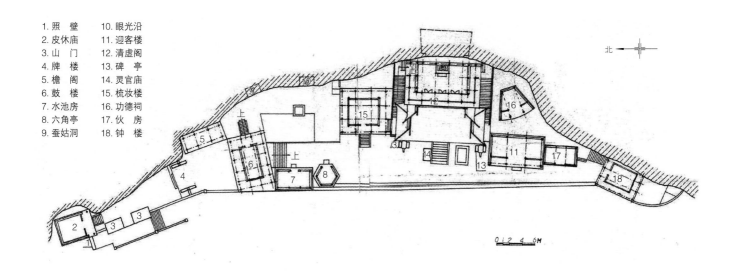

1. 照　壁　　10. 眼光沿
2. 皮休庙　　11. 迎客楼
3. 山　门　　12. 清虚阁
4. 牌　楼　　13. 碑　亭
5. 檐　阁　　14. 灵官庙
6. 鼓　楼　　15. 梳妆楼
7. 水池房　　16. 功德祠
8. 六角亭　　17. 伙　房
9. 蚕姑洞　　18. 钟　楼

北

0 1 2 4   6M

图 2-5-47
娲皇宫平面图

图 2-5-48
娲皇宫全景鸟瞰

为了取得凌空奇崛的形胜，不惜将方位和其他因素置于次要地位。早年京剧梨园界走江湖的有一句行话"一招鲜，吃遍天"，异曲同工地说明了设计者"独立端严，次相辅弼"，即先主后宾的设计理念。作为庙宇建筑，在此它不可能按照"伽蓝七堂"的程式布置，即山门、钟楼、鼓楼、金

刚殿、大雄宝殿和东、西配殿，却于穷困之境因山构室，独辟蹊径，以致取得出奇制胜的艺术效果。山门（图 2-5-49）起于北端悬崖之下，为小型砖木结构，小而精巧，仅一米多宽、两米多高的砖雕影壁居山门外北端。一方面正对上山盘道，二来将向西、有居高俯望之利的一面作为扶手栏杆，可凭栏远眺。进山门后左侧为山岩下数平方米的隙地，安置有面南的"皮休庙"，供奉传说中使人类减免瘟疫病灾的山神。入山门右转，但见"古娲皇宫"木牌坊以及矗立于其后、势若城楼的鼓楼（图 2-5-50）。鼓楼与进香道立体交叉，使道穿鼓楼下而过后上台阶即抵达主层地面（图 2-5-51）。鼓楼前空间不大，北侧东向有嵌入岩壁的屋盖挑出，以保护其中的摩崖石刻。再往北则见"古中皇山"的镌刻。庙的主体建筑坐落在进深最大的中部，为三层结构的"清虚阁"（图 2-5-52）。由于供奉的是女神，阁北有梳妆台以石拱旱桥相连。阁前有小型神庙以及石碑相佐，以小衬大，更显高阁气势如虹。阁采取传统"高台明堂"的做法，石台两旁皆有石阶从室外接通阁的第二层。从结构方面分析，由于高厚的石台和两边包夹的石台，使处于危地的高阁的稳定性增加。阁靠山一面的后壁有铁链与岩壁连接。据说阁中人流量大时，可将铁链绷直（图 2-5-53）。实际上阁靠自身重心稳定，铁链只是一种夸张险

图 2-5-49 山门

图 2-5-50 "娲媓古迹"木牌坊

图 2-5-51 鼓楼与进香道立体交叉

图 2-5-52 宫的主体建筑"清虚阁"

图 2-5-53（左）
清虚阁屋后铁链

图 2-5-54（右）
精忠柏半亭

象的手法，有惊无险。最南端的钟楼依山而立，若自山岩迸出。钟楼尺度也因地制宜，比鼓楼略小。然而，在山下自西东望，仍然是阁居中，而钟鼓楼对称地布置在两厢。纵观其总体布局，成功之诀在于既有宏观的总体效果，又善于利用开山门而转变游览进深的方向，充分利用了高山台地南北狭长的优势，而避开了东西狭窄的弊病，可视为巧于因借地形、地势的佳例。

说"臆绝灵奇"是借景的最高境界，说明这种水平的作品不是很多，但确实有，也不是个别的，值得深入研究和永续发展。重点在如何依据用地定性的造景目的和独特的地宜借景，如何把塑造的意境化为景物和景象。

杭州西湖边的岳坟给我很大的启示。中国

图 2-5-55
尽忠报国

墓园的做法独特、优秀。墓园轴线与岳庙主轴线正交而展。而岳坟是以山为轴的。入口高墙开南北两门，两门中间从墙出半壁亭，亭中有台，台上置柏树木变石，名曰"精忠柏"。传说岳飞在风波亭遇害时旁有古柏感慨之至，这么好的忠臣都被害死了，我也不活了，于是风化为石（图2-5-54）。木化石由木变成化石是在情理之中的，精忠柏则是自然的人化，目的为点出岳飞作为英雄的特色俱在"精忠"二字，其有浪漫色彩而并不荒诞。入门后为第一进院落，东端借墙背若人背之"因"将岳母在儿子背上刺的"尽忠报国"（图2-5-55）四个大字刻在墙石上，让人们注目于中国母亲爱国主义的母训和家训（现在京剧《岳母刺字》用"精忠报国"是讹传）。轴线向西发展为水池和西端的石作雉堞城墙（图2-5-56、图2-5-57）。岳飞是抵御外侮的民族英雄，借中国城池以"金城汤池"为比喻而采用此式。似对敌人说，我这里是铜墙铁壁，碰得你头破血流；护城河的水是开水，烫死你。南北两边的边廊用碑刻展示岳飞的诗词和名人赞颂的诗咏。最令我赞叹的是墓园不仅表达了对英雄的爱，而且还表达了对奸佞的恨，巧借秦桧之名是一种树，设计者深谙中国人痛恨敌人之情理"恨不得将你碎尸万段方消心头之恨"，于是设计了一株"分尸桧"

图2-5-56（左）
西端金城的石作雉堞
城墙

图2-5-57（右）
汤池

图2-5-58（左）
岳庙的对联和分尸桧

图2-5-59（右）
"清、奇、古、怪"
四株柏树之一

（图2-5-58）。寻觅被雷电劈开了的桧柏，树身虽被劈开但形成层尚在而可以存活，可惜今非原树，但从苏州光福的"清、奇、古、怪"四株遭雷击的柏树可以想见分尸桧借景之臆绝灵奇（图2-5-59）。

　　绍兴明代徐渭宅园虽难觅其历史变迁，就现存宅邸包含狭长精小的天井庭院便足以令今人赞许。

室外假山无所存，但横额"自在岩"可揣摩主人"与石为伍"之心思（图2-5-60）。书房前布低石栏、方池、勺水，水向书房室内地下延展少许，池中立小石柱撑住室内地坪，上刻"砥柱中流"，水位高时仅见"砥柱"二字（图2-5-61）。园主立志国家栋梁的高尚品德借水中砥柱表达无余。徐渭不仅是文学家、书画家，他在反对严嵩奸佞的斗争中

图2-5-60（左）
徐渭宅园"自在岩"、
"天汉分源"

图2-5-61（右）
徐渭宅园"砥柱中流"

图 2-5-62
"天汉分源"内院

图 2-5-63
徐渭宅园"漱藤阿"

表现了护国忠心（图 2-5-62）。狭长天井终端以高墙封闭，墙前起砖高台，台上植藤，横额"漱藤阿"（图 2-5-63）。徐渭幼时在居家附近的小溪旁发现了这株小青藤，惜藤之孤苦伶仃，爱慕藤衍生的活力与清纯无拘的风貌，移植家中并自号"青藤居士"，以青藤为自己追求的形象代表。青藤即徐渭，徐渭即青藤。徐渭物化后，留下青藤迎清风而拂动，有如徐渭向来宾们招手致意。将以上两景收之满月圆洞门，门上额题为徐渭手书，过的是庶民物质

生活，精神向往和追求的是如庶似仙。这仅是一所民居，借景如此精到，深印我心而永志不忘，不仅触动了我的情感，而且犹如清风朗月熏陶我以终生。

说借景是中国风景园林传统设计理法的核心是因为借景贯穿着明旨、相地、布局、理微和余韵等序列，作为轴心向这些理法放射不尽之光芒，如图 2-5-64 所示。

明旨是造园和造景的目的并因此定位、定性。哪有无缘无故的造景呢？或告老还乡养老，或造园以孝敬父母，或官场失意甚至闭门思过，或隐逸自闲，或夫妇双隐，或为子孙创造清新的读书环境，或饲养万牲，或专植花木，或避暑越冬，或以诗、书、歌会友，或同乡集聚，或敬神拜佛，或祭天祀地，或山居养性。有的放矢，借因成果，古今皆然。只不过旨因时代而罐进，但又万变不离其宗，总是保护、利用和延续自然环境和人造环境。

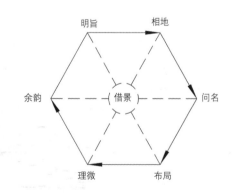

图 2-5-64
借景理法

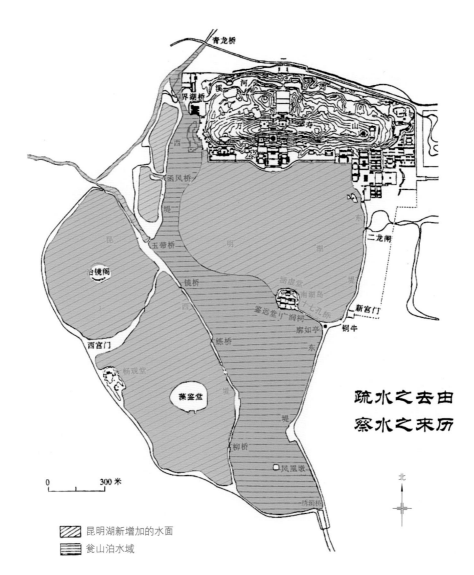

疏水之去由
察水之来历

0　　　300米

北

▨ 昆明湖新增加的水面
▤ 瓮山泊水域

图2-5-65
颐和园旧地形改造后
地形平面示意

相地犹如相面、相亲一样，是观察和思度所相对象之优劣。比如清代皇家来自关外冷凉地带，不习惯北京之暑热，便要寻求避暑行宫，把日常理政和避暑结为一体。因此既要有促成冷凉气候的自然、优美环境，又要近京师而易于控制政局。康熙花了六七年时间，跑了大半个中国，最后才选定承德避暑山庄，"相地合宜，构园得体"，事半而功倍。

立意往往和问名密切相关，还可以延展到整个风景园林的文学、绘画造诣，包括景名、题额、楹联、摩崖石刻等项。名为意的外在表现，必须是具象的；意为名之内在含蓄。因境问名，要达到"问名先晓"，一看这个名称便心里明白涵义。

当然问名者也必须具有相应的文化水平。例如颐和园取自"颐养冲和"，一看便知是为老人颐养造的园子。人在老年，生理上进入更年期，是有莫名的怒火，这就是"冲"，"颐养冲和"就是晚辈给您提供适宜的环境赡养孝敬您，您就化冲为和，颐养天年吧。这和原称"清漪园"就不同了。进一步琢磨，皇宫中的老人当时不就是太后吗，园中山为太行山余脉，因传说山中发现瓮而名，故称瓮山，水称瓮山泊。因山水尺度不相应，山大水小，为了作为北京的蓄水库和令山水相映而将水面向东扩展，原在东堤上的龙王庙就形成水中岛了（图2-5-65）。山因"仁者乐山"和"仁者寿"改称万寿山；水因仿汉武帝在昆明池练水兵而名昆明湖以适应清代水师学堂之需。又仁寿为殿，乐寿为寝，东宫门外木牌坊东、西的额题为"涵虚"、"罨秀"。首先就宣称园中有大水面，水若镜，镜是虚的，有像则映真，同时也知园中有山，秀即突出之山，罨为网罗、捕捉，进而可悟出只有称孤道寡之人才要涵虚，只有涵虚才能广纳贤臣，这也是罨秀的人化比喻。龙王庙东岸有16米进深的"廓如亭"，借"廓然大公"而来。

广东番禺的余荫山房有精小之亭名"味橄轩"，少吃多知味也。上海豫园是为"豫悦双亲"。江苏同里任兰生因获罪造"退思园"表达退而思过的意愿。园中景点也多是冷凉低调的，退思草堂、辛台、菰雨生凉、眠云亭等。承德避暑山庄的"食蔗居"，因借"食蔗末益甘"而引出谷端风景最美好。其中"小许庵"的草舍就牵涉一些典故。许指许由，尧帝欲让位给他，许不允而逃避居于箕山下农耕而食，尧又请他做九州长官，他到颍水边洗耳，表示不愿听并洗污洁身，是为洗耳记。景点亦然，因架跨山溪而名"净练溪楼"，因建于松壑内而名"松壑间楼"。

借景之于布局也十分重要，因景区、景点名目皆借景而生。中国园林传统布局的原则是"景以境出"，境指用地环境和立意之意境。首先是山水地形骨架，一般是"负阴抱阳，藏风聚气"。阴为山，因山高而虚；阳为水。我国总地势西北高，东南低，冬季西北干冷之风要屏障阻挡，而令水面充分受阳光而自洁。现代有些建筑置于水的南岸，结果建筑的阴影令水面得不到必要的日照而发臭。藏"风"可指阴霾之风，以山藏水，以水聚生息之气。布局章法：起、承、转、合，犹如文章一篇。要在因地制宜，如堂是向阳、坐北朝南。但遇到运于"倒座"的布局，堂亦可坐南向北，如避暑山庄松云峡中的"碧静堂"，楼阁一般是布置在后面的，但如果园子入口旁原为城墙高地，那么楼也可安置在前面（图2-5-66）。"一池三山"或"一池五山"是中国流传的一种仙山仙海的制式。具体应用就必须因地制宜借景而生。

圆明园的福海追求"相去方丈"，把岛置于方海中央；颐和园西堤划分南湖、西湖，三岛便在各自湖中。北海和中南海是在旧河床和辽屿的基础上兴建的，故三岛成折带形分布。避暑山庄由"芝径云堤"而衍生为三岛。

所谓余韵指风景名胜区或城市园林基本建成后衍展之余音。余韵适可而止而又可再发。比如杭州的灵隐胜境，所借自然资源一是山，二是水。山之特殊性在于表层砂岩风化掉了，露出纯净的石灰岩被含酸的水溶蚀成千变万化的洞壑景观，而从景观上讲，与周近尚以砂岩为表层的山迥然不同。印度和尚慧理借此而说此山是从印度飞来的，从而首创"飞来峰"的山景。人问何以为证，他说我养着猿猴招之即来，于是山上有了"呼猿洞"。此地地面两水抱山，其中一水还汇合了从地下涌出的地下水。地下水温较地面水低，借此因而名"冷泉"，并衍生冷泉亭。"天下名山僧占多"，对山滨水之处兴造了灵隐寺，天人合一的灵隐胜境基本建成。又有人借苏东坡描写春天雪融化后山洪下泻的诗句"春淙如壑雷"，在山溪中建了壑雷亭。由于难挡山洪冲击，冲毁数次而改亭址建于岸上与冷泉亭相伴。后有人提问："泉自几时冷起，峰从何处飞来"。这本是难以作答的，但借"以其人之身还其人之道"便可答以"泉自冷时冷起，峰从飞处飞来"，并成为楹联流传下来，这都是借景产生的余韵。

我想通过以上的论证可以说明为什么说借景是中国风景园林传统设计理法的中心环节了。书中以下的内容也无处不以借景为中心，一定要把握这一点。要打好积累借景理法的基础，因为道理懂了不见得能得心应手地运用借景理法。借景随机、触情俱是、臆绝灵奇谈何容易，唯一途径是挖掘、学习、研究，积少成多，并密切联系设计实践运用。汇滴水成川，借景是不仅可以学到手的，而且是可以创新发展的。

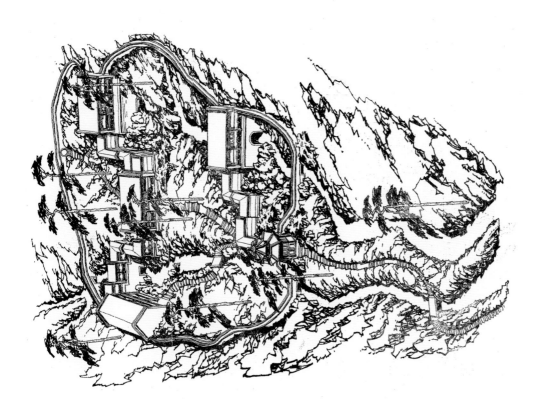

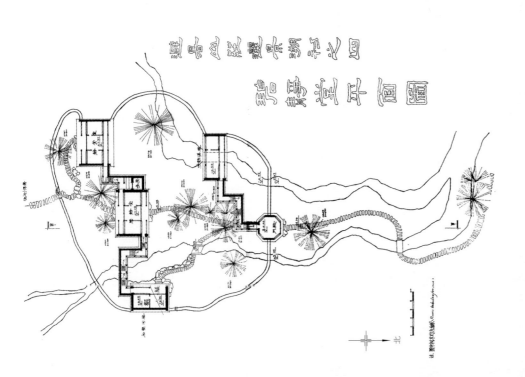

图 2-5-66 "碧静堂"平面图（左）及复原图（右）

第六章　布　局

　　清代画家笪重光说："文章是案头上的山水，山水是地面上的文章。"足见中国文学与中国园林艺术千丝万缕的渊源关系。设计园林作品和作文一样讲究章法，园林之总体布局相当于文学之"谋篇"。设计园林首先要章法不谬，更求严谨。由字造句，组句成段，结段成章，构章成篇。只不过园林有其专业的语言，而且谋篇和相地是紧密地联系在一起的。传统章回小说的结构影响反映在中国园林的"各景"的空间划分和循序而进的空间组合，逐一展开，分层展示。因此，便有起、承、转、合的章法序列。

　　园有园名，景有景题，按题行文，逐一开展。

图 2-6-1
仁寿门观寿星石

　　"起"之所以重要，如同人之初识，是一见钟情、相见恨晚，还是熟视无睹、无动于衷。所以有人夸张地说："好的开始就是成功的一半"。起，又仅仅是开始，给读者或游客一个最初的亮相而已，并不是大量堆砌、一览无余的展现，而应多从诱导方面考虑，导人入游。大量未展开的景致还是要藏起来，若隐若现，逗人深求。这一个"起"字不但要反映忠实于园之定位与定性，而且要以园林艺术形象点出其定性的特色。江南私家园林都有"日涉成趣"的要求，这首先体现在"涉门成趣"。

　　以"出污泥而不染"、"拙者之为政"为喻的苏州拙政园，以腰门为起。两厢廊道"左通"、"右达"虽然交拥，却因廊内光线较暗而有所晦涩。由两边廊交拥的室外空间正对腰门显露出一片天空，明亮而引人注目。一卷黄石假山当门，作为对景而立，与天空背景虚实对比强烈。又有石洞半掩，穿洞而出便见隔小荷池的点题主景"远香堂"和其北面更虚的朦胧远景。自腰门北进后尚可翻山或沿东、西廊与山间小路和自廊内一共六条不同的路线入园。所历之景因路径而异。自六种不同空间入园当然就各成异趣了。这便是涉门成趣的佳例（图纸详见名景析要）。

　　再看今日有些园子，入门后两边"分道扬镳"，可成之趣自然减少。颐和园东起仁寿门，门框内特置竖石成景、对景兼作障景（图 2-6-1）。过仁寿殿又进入压缩空间的假山谷，峰回路转，而出谷则一片大明的昆明湖豁然展现于眼前。仁寿殿后的假山主要使其与元代功臣耶律楚材祠的基地有所隔离。而借隔离之山开辟了引人入胜的峡谷，玉成了"起"景的变化（图 2-6-2）。

起景贵在得宜，与周围环境取得合宜的关系。就所造景而言，以适度为宜，引领游兴而已。切忌大量堆砌，而贵在精湛。"起"是有度的，不能起个没完，起完一段就要另起一景来承接，这就是"承"。园林是景观空间的承接，凡空间皆有功能、性格与特色。如一味地承接同一性格的空间，则给游人造成千景一面的厌烦心理。因此须要"转"，转即空间的转换。概括而言景观可归纳为两大类型，即旷观与幽观。根据不同的空间功能和性格，可以用不同大小、不同地形和不同的造景因素来组合成性格各异的空间。地形的幽观可运用沟、谷、壑、洞、岩，地面造景因素可用山石、植物、建筑和水景等。旷观地形则为坡、岗、峰、岭和辽阔的平原、水面等。也可用不同造景因素作不同的组合。所以概括起来无非是幽旷的变化，但旷观和幽观的空间是变化无穷的。因此，一个"转"字反映了园林空间的划分与联系，这也是章法的主要内容所在。转来转去总要有一个相对的了结，这就是"合"，合相当于景观的总结。总结可以是终结，但不一定都是终结，而且大多数情况下不一定是终结。颐和园以牌坊和东宫门为起，仁寿殿西土山山谷为承，出谷各条游览路线都有所转，最后是登佛香阁尽收眼底的一合（图2-6-3、图2-6-4）。

图2-6-2（左）仁寿殿西侧山谷
图2-6-3（中、右）颐和园佛香阁远眺

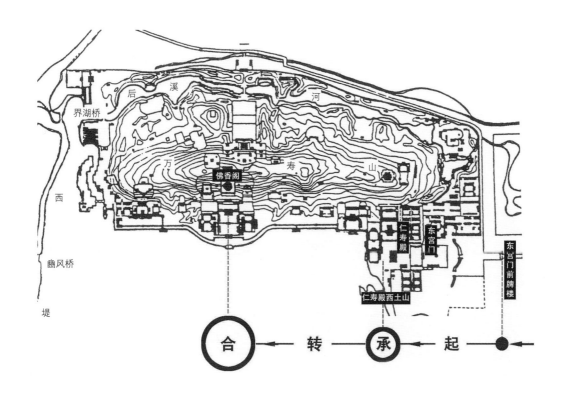

图2-6-4 起承转合示意图

图 2-6-5
扬州 "卷石洞天" 假山

图 2-6-6　颐和园佛香阁

图 2-6-7　北海白塔

　　与起、承、转、合融汇一体的章法序列还有序幕、高潮和尾声。景观之开展也有如戏剧的开展。序幕可视为处于比 "起" 还略前的部位，亦可以序幕为 "起"。例如苏州郊乡同里镇的 "退思园"，进园以前有中庭的设施，布置有船厅、周廊和山石树台等作为后花园的前奏，亦起序幕的作用，从中庭引入后花园。高潮可以在起、承、转、合的任一环节上因地宜而定。一般不常将高潮置于起，但宜者亦可。

　　川西名园新繁之东湖因旧城墙之城楼正值入园后的景观焦点，高耸挺拔，可谓引人突入高潮。高潮也可不仅一次，经稍为平铺以后又可转入另一高潮。高潮与 "起" 结为一体的还有扬州 "卷石洞天" 的假山景。进门则令人应接不暇。尾声相当于余韵的位置（图 2-6-5）。

　　园林的布局通常分为两大类型。主景突出式布局拥有控制全园的主景，令人一见难忘。诸如颐和园的佛香阁（图 2-6-6）、北京北海的白塔（图 2-6-7）和镇江金山的慈寿塔（图 2-6-8）等。另一种为集锦式布局没有控制全园的主景。如圆明园、承德避暑山庄等皆属此。此类布局可以有控制某一景区的主景，如避暑山庄湖区东部景区的主景是金山的 "上帝阁"（图 2-6-9），北部湖区的主景是 "烟雨楼"（图 2-6-10），而湖区南

图 2-6-8（左）
镇江金山寺慈寿塔

图 2-6-9（右）
避暑山庄湖区东部景区的主景金山的"上帝阁"

部的主景是"水心榭"（图 2-6-11）。以上景点各主一方，而纵观全园并无可控制整体的主景。集锦式布局能适应分区主景即多高潮的布置。主景突出式布局适宜纪念性内容的景观。

　　布局是景区和景点在总体方面的组织与组合。景点因地宜而起，造园目的要付诸景点，而景点又要与用地的实际情况联系起来。相邻而且联系性很强的便可组成景区。布局在于把这些相当于文句、文段的景区和景点凑为一篇可言志而又令人回味无穷的文章。城市园林有章法，风景名胜区有没有章法呢？也是有的，但不同于城市

园林以人造为主，布局的能动性主要在人作。风景名胜区以自然风景为载体，通过历史人物的开发，"景物因人成胜概"，布局的因素也就在其中了。譬如，五岳之首的东岳泰山，是古代封禅之地。封为祭天，禅为祀地。人间帝王借天上帝王之"君权神授"来宣扬自己以求安邦。其中又有对自然的崇拜与尊重。将这些内容与游赏自然山水风景相结合，便形成了中国的风景名胜区。可以说是借自然风景来体现当时人的自然观和宇宙观。山下的岱庙是人间祭祀的起点。因山而设"一天门"、"中天门"和"南天门"（图 2-6-12）。设在何处

图 2-6-10（左）
北部湖区的主景"烟雨楼"

图 2-6-11（右）
湖区南部的"水心榭"

图 2-6-12　泰山"一天门"、"中天门"和"南天门"（门辟九霄仰步三天胜迹，阶崇万级俯临千嶂奇观）

则是根据自然形胜以及各级天门的人意相近者而为之。

　　作为高潮的"南天门"选择在仰观则见两边维石岩岩、古松错夹的高山，在高远处天际线交会的尽端，是天上与人间、天渊高下悬殊之所在。人以虫瞰的视觉关系瞻仰南天门，显得天宫高居云天（图 2-6-13）。再以山间瀑布低处跨桥，桥

图 2-6-13
泰山南天门登山蹬道

前设石亭暂作休息，再渡石桥，经"五大夫松"而上天门。全借自然而生人意，据自然资源而赋予人文含义。当然有布局，却又不同于城市园林在布局的自由度上有那么大的空间。风景名胜区之起、承、转、合，主在自然而辅以人设。

　　难于布局的用地多为 500 亩以上的大型园林或 100 多平方米左右的小型园林或在特别狭长、扁阔的地形内做文章。欲使大者不令人感到空乏，微者不令人感到拥挤和局促，狭长者不令人感到冗长，就要在布局方面下特别的工夫。欲使大而不空，就要取传统中园中有园的结构，大园中组织自成空间的小园。化整为零，再集零为整。占地五千二百亩的圆明园先建居西之圆明园，再扩建其东的长春园和居东南的万春园。合三园为一园，故有"园明三园"之称。各园中园内还有小园里的园中园以及景区。以圆明园中的"九州清晏"景区而论，环"后湖"有九个岛象征小九州，而各岛又有独自的景名、意境和自成空间的完整布局（图 2-6-14）。九岛之间又构成整个景区的布局。这样分不同层次各景开展，这便不会有因大而空的感觉。由于历史的特殊原因，中国古代园林建筑的用地比例很大，但这并不影响化整为零、集零为整的理法应用。以山水地形和植物材料为主，建筑为辅；也可以应用园中有园的传统。"大中见小"是大园布局的主要理法。

　　"小中见大"则是小园布局的主要理法。现存苏州"残粒园"便是占地仅 140 平方米的写意自然山水园（图 2-6-15）。其主要手段就是周边式布置，以水为心，地狭借天，并利用"下洞上亭"、"借壁安亭"架道引下，特别是运用假山在架道柱间作洞，以扩大空间感的手法（图 2-6-16）。"掇山须知占天"意为在占有较小地面积的前提下，利用假山组织多层次、富于"三远"的空间。残粒园由圆形地穴引入，当门径安置竖立的湖石以为对景。围墙内辟水池及自然山石驳岸，令水深涵。水池中的镜观对扩大空间起了决定性作用。小路曲折起伏，抱池蜿蜒。围墙内隅以山石"镶隅"为种植植物的花台，并结合特置山石，嶙峋多变。山石和墙面有薜荔附生。主景"栝苍亭"借宅邸高楼的山墙而起半壁方亭。亭坐落在园门北侧的假山洞上。循爬山洞自然踏跺而上进入栝苍亭。亭居高临池，位置和造型都突出，而尺度又与环境相称。亭虽小而犹划分为里外两层空间。内层借壁置博古架，外层则可向园内俯瞰全园，成为全园成景、得景的最佳视点。布局以

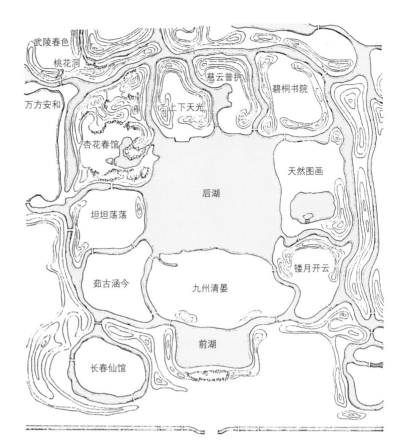

图 2-6-14　九州清晏平面图

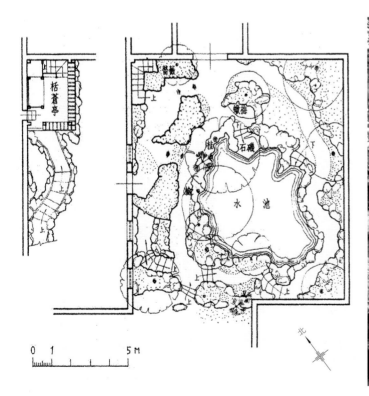

图 2-6-15（左）
残粒园平面

图 2-6-16（右）
苏州残粒园"栝苍亭"

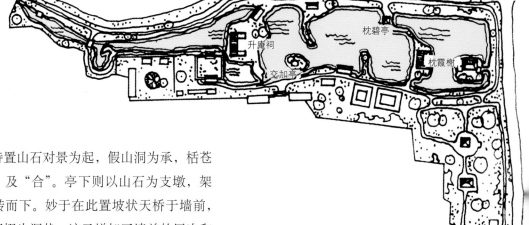

图 2-6-17　桂湖狭长水体的分水岛屿

圆洞门及特置山石对景为起，假山洞为承，栝苍亭兼"转"及"合"。亭下则以山石为支墩，架空踏跺缓转而下。妙于在此置坡状天桥于墙前，山石支墩间掇为洞状，这又增加了墙前的层次和景深。仅百余平方米的面积却整饬自成写意自然山水园，有山、水、洞、亭之胜。不仅没有局促的感觉，反令人感到疏朗有致、绰绰有余。游人闻"残粒"之名而来，不想所得的是小中见大的空间，可谓小园布局的典范。

园地的面积和形状不能完全凭主观想象而定。《园冶·兴造论》中说："假如基地偏缺，邻嵌何必欲求其齐。"四川成都附近的新都有"桂湖"，因邻嵌而成狭长形水面（图 2-6-17）。用地长宽之比悬殊，但利用半岛、全岛分割水面，水空间由于有了相宜的横向分割和渗透就基本上消除了过于狭长之弊，甚至可化弊为利，变狭长为深远。因此，恰当的横分隔是改善狭长布局的手段。

南京"煦园"以整型式水池作狭长形体处理有异曲同工之妙。采取以竖线条作横隔断来划分水面。一端兴造石舫，两岸石板铁栏贴水平连接石舫以划分水面。水池呈宝瓶状，与石舫相对应之另一端放开水而有尽端处理。两岸亭榭参差，冗长化深远（图 2-6-18）。扬州瘦西湖基于城濠改造，却瘦水中夹洲令之更瘦。宽处在五亭桥放开，曲折幽邃并不冗长（图 2-6-19）。

因地制宜的布局主要体现在胸襟明旨、随遇而安。相地、借景、布局是一个连续、交叉和互为渗透的创造过程。相地中亦含布局之草想。随

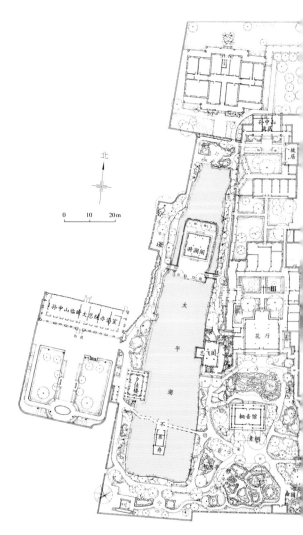

图 2-6-18　南京煦园中纵分水体的岛屿

遇而安指因该地段的地宜。如承德避暑山庄按避暑离宫别苑的宗旨，须安排可供上朝的宫殿区和游览休息的宫苑区。南偏西的地段为高而平的台地，加以与北京交通联系方便，宜为建筑密度大的宫殿和寝宫的用地。宫苑区又据地形划为山林区、平原区和湖区。山区安置，以"因山构室"的理法构筑园中园；湖区以堤岛划分，创意出北国江南，并借镇江金山和嘉兴烟雨楼据正衍变，变地形为仿中有创的水景。山湖间的冲积平原则作为稀树草地的万树园和草原风光，布局的间架得以确立（图2-6-20）。

布局的具体内容主要有山水间架、园林建筑布置、园路和场地、植物种植和假山、小品等布局安置。

首先谈谈山的内涵和精神。

中华民族崇尚山水的渊源久远。江山可以成为国家的同义语，高山流水是至高无上的艺术境界。这是我国的自然环境和人文因素结为一体的综合因素所致。我国疆土上一大半是山，有山就有水，自西而东，千古流淌。三山五岳，五湖四海形成古代中国九州的版图。"国必依山川"，治水从来就是国家大事，上古的洪水导致人与水的斗争。鲧用堵截治洪水失败，禹用疏导治洪水成功。疏浚挖出的泥土以人工堆成九州山，生民上山抗洪而得以活命。这才产生仁者乐山的概念。

早在春秋时代孔子便有"为山九仞，功亏一篑"之喻，并进而形成"仁者乐山，知者乐水"、"仁者寿"等儒家哲理。孔子提出君子比德于山水的哲理在我国形成广泛而深入的影响。

《诗经》云："节彼南山，维石岩岩。赫赫师尹，民具尔瞻。"中国古代帝王以山为冢。山，决不仅是地面突起之物，而是中国人崇尚的一种精神。儒学的创始人孔子喜观览山水，他回答弟子子张所问"仁者何乐于山也"时说：山"出云雨以通乎天地之间。阴阳和合，雨露之泽，万物以成，百姓以飨。"还说："山水神祇立，宝藏殖，器用资，

曲直合。大者可以为宫室台榭，小者可以为舟舆桴楫。大者无不中，小者无不入。持斧则斫，折镰则艾。生人立，禽兽伏；死人入，多其功而不言，是以君子取譬也。且积土为山，无损也。成其高，无害也。成其大，无亏也。小其上，泰其大，久长安。后世无有去就，俨然独处，惟山之意。"西汉哲学家董仲舒继承了儒家的美学思想。他在《春秋繁露·山川颂》中说："山则巍峨嵯崔，久不崩陁，似乎仁人志士。"《荀子·宥坐》记载孔子观于东流之水。子贡问孔子曰："君子之所以见大水必观，焉者是何？"孔子答曰："夫水者，君子比德焉，偏有于诸生而无为也，似德。其流也埤下，裾拘必循其理，似义。其洸洸乎不淈尽，似道。若有决行之，其应佚若声响，其赴百仞之谷不惧，似勇。至量必平，似法。盈不求概，似正。淖约微达，似察。以出以入，以就鲜洁，似善化。其万折也必东，似志。是故君子见大水必观焉。"孔子在川上还感叹地说："逝者如斯夫，不舍昼夜"，赞扬流水日夜川流不息的坚强性格。董仲舒在《山川颂》中进一步说："水则源泉，混混沄沄。昼夜不竭，既似力者。盈科后行，既似持平者。循微赴下，不遗小间，既似察者。循溪谷不迷，或奏万里必至，既似知者。郭防山而能清净，既似知命者。不清而入，洁清而出，既似善化者。物皆困于火而水独胜之，既似武者。咸得之而生，

图2-6-19
扬州瘦西湖在狭窄的湖面中夹入洲岛、吹台，使平面布局更为幽邃

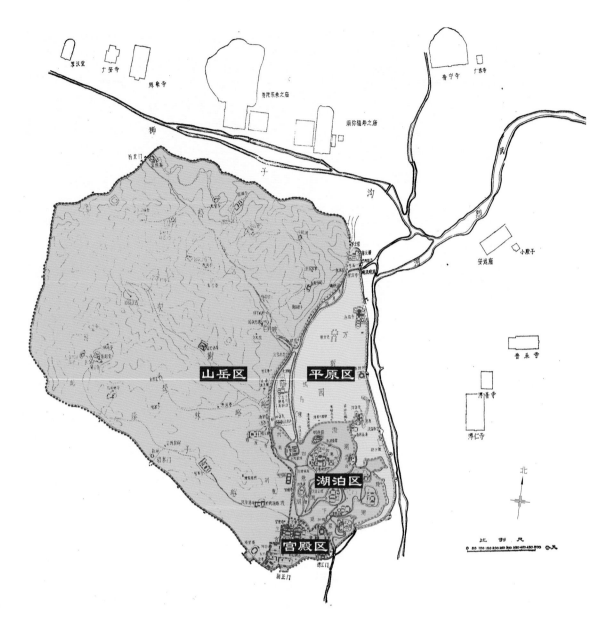

图 2-6-20
承德避暑山庄平面分区

失之而死，既似有德者。"

儒家将水视为包含品德、正义、道德、法功、正统、志向、力量、持平、洞察、智慧、知命、善化、勇猛、英武等诸多美德的化身，体现并涵盖了儒家理想的君子品行。这些哲学、美学观念对迄后中国的文学、绘画、建筑、园林等艺术领域起到了决定性的影响。吴良镛院士在曲阜成功地设计了孔子研究院，有外园以水为主题，我建议引用以上孔子论水造景，得到吴院士和甲方的支持，并由朱育帆君落实设计。

我国西周出现的"灵囿"基本地形和骨架是灵台与灵沼。灵台有与山岳相似的祭祀、观眺风景功能；灵沼即水体，都是挖低填高的人工营造，且具有山水的高下之势。《三秦记》载："秦始皇作长池引渭水，东西二百里，南北二十里。筑土为蓬莱山。"这是据今所知我国园林造土山记载之始。汉武帝因循历代传统形成"一池三山"之制。汉武帝建元四年（公元前 137 年）在长安西郊建"建章宫太液池"中出现了因循秦制的仙山，即蓬莱、方丈、瀛洲、壶梁、员峤诸仙山（参见《史记》、《汉书》）。关于这些传说中的东海仙岛可以从《列子·汤问》略见其端倪："渤海之东……其中有五山焉：一曰岱舆，二曰员峤，三曰方壶，四曰瀛洲，五曰蓬莱……其上台观皆金玉，其上禽兽皆纯缟。珠玕之树皆丛生，华实皆有滋味……所居之人皆仙圣之种。"由于传说后发生大陆漂移，其中有两岛漂走，故一般称：蓬莱、方丈、瀛洲为三座神山，并成为中国皇家园林传承发展"一池三山"的基本山水框架（图2-6-21）。此外，也有"一池五山"说，即加上壶梁和员峤二岛。

东晋陶渊明的田园诗也是山水诗，其《桃花源记》中先抑后扬、世外桃源等手法与意境屡次应用在各地的造园实践中。魏晋六朝时中国的绘画艺术逐渐由人物画发展为以描写自然山水为主体的山水画，出现文人对自然山水风景的提炼、升华。宋朝苏东坡对唐代王维（字摩诘）的画有一段著名评语："观摩诘之画，画中有诗。味摩诘之诗，诗中有画。"王维主持设计、施工的"辋川别业"则是凝诗入画的文人写意自然山水园（图2-6-22）。北宋徽宗的寿山"艮岳"又将文人写意自然山水园推向登峰造极的高度（图2-6-23）。其后元、明、清时代中国的造园艺术手法趋于圆熟，至康熙、乾隆的盛清时代出现古代造园的最后一个高潮，至此文人写意自然山水园形成了中国园林的民族特色而自立于世界园林之林（图2-6-24）。

世界上有山有水的国家何其多，但仅有自然资源而没有人文资源与其相结合的历史，就不会产生写意自然山水园。石灰岩分布最多的国家是加拿大，我国居第二位，但惟有中国创造了饶具民族特色的假山技艺。这都是"天人合一"的文化总纲因所处的自然环境而创造出的适应环境的文化。中国园林艺术"虽由人作，宛自天开"的境界、准则和"寓教于景"的理法均由此产生并持续地继往开来、与时俱进、不断发展完善。

"有真为假，做假成真"是园林艺术总的法则的另一种表达形式，对于利用自然山水和人造自然山水都至为重要。这几乎是"外师造化，内得心源"的同义语。作为园林工作者，要"读万卷书，行万里路"，不仅要徒步仔细观察自然山水细部之奥妙，即使是乘坐飞机旅行时也要充分利用时机从宏观方面来观察大地风貌，山川总的

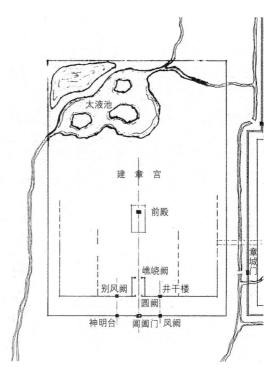

图2-6-21
汉代建章宫"一池三山"的基本山水框架平面示意图

图2-6-22　辋川别业

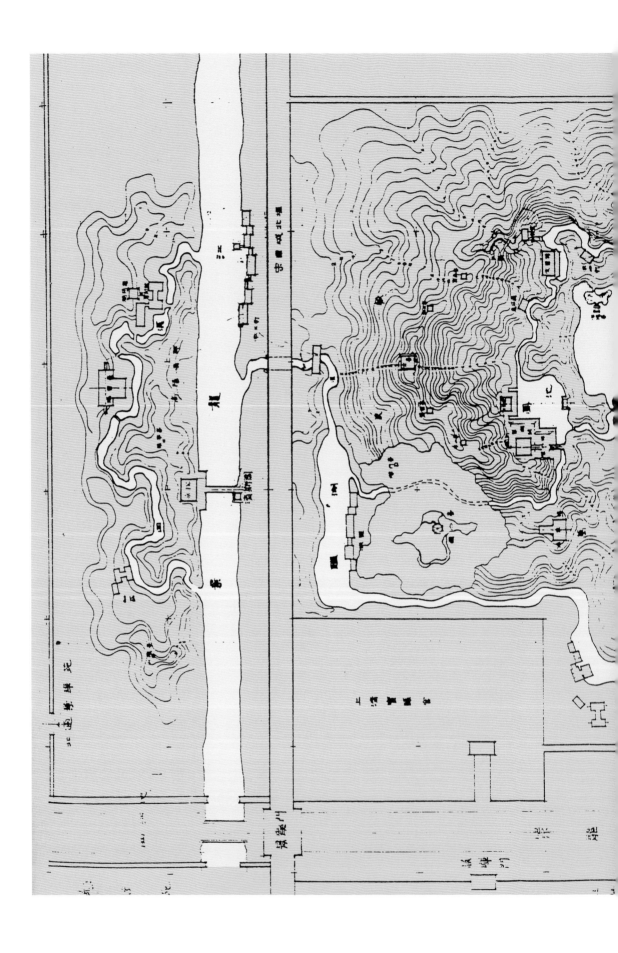

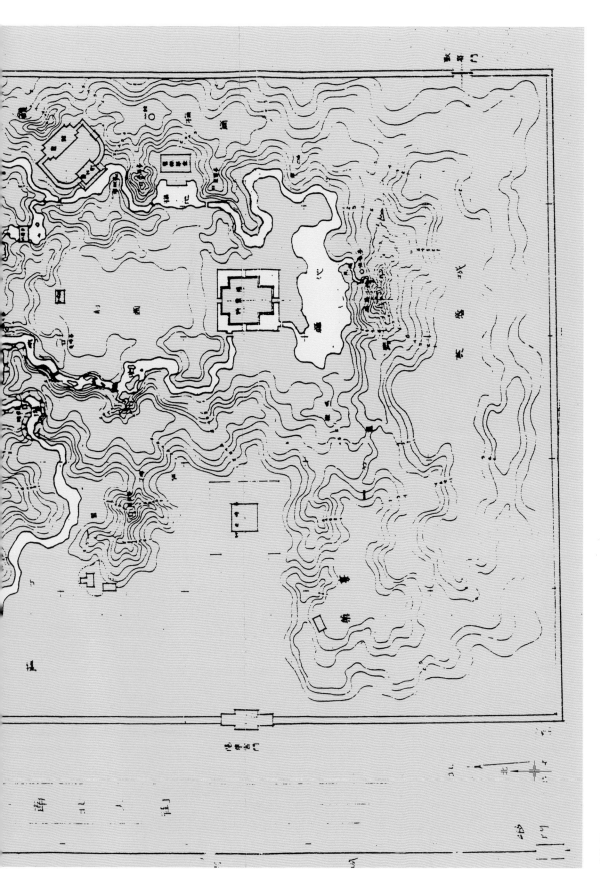

图 2-6-23
北宋徽宗的寿山
"艮岳"

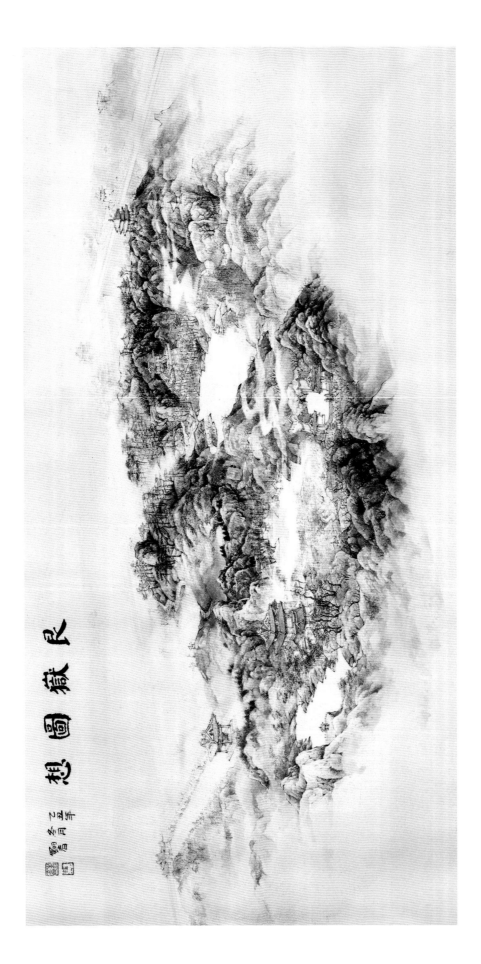

图 2-6-23（续）
北宋徽宗的寿山
"艮岳"

形势，山体的组合单元以及自然造山运动中形成的多种多样的大地景观。何为山势，何为脉络；何谓脉络贯通；如何嶙峋起伏，如何逶迤回环。结合理论方面的学习好好看一看山，观一观水。水体本身无形，根据水往低处流的物理特性可以得地成形。为什么前人说："水因山秀，山因水活"，山水为什么相映才成趣。水遇山之阻挡，如何转道而行；山受水的冲蚀，如何形成窝、沟、洞。一瞬而过的山水景观用照相机拍摄成自然山水的素材资料，细嚼其味，是可以从中寻觅出自然山水之神韵的。以前人在地质构造、山水画论和游记、小说乃至专著中总结的理论，结合身历其境的踏查和空中鸟瞰，便不觉逐渐悟出一个道理来。大千世界磅礴博大，人造自然卷山勺水，如何在相对狭小的空间里运用总体概括、提炼和局部夸张的艺术手法造山理水。通过"搜尽奇峰打草稿"，师法自然，积累经验，人造自然山水便不会是一片空白。根据用地对造园目的进行定性、定位，再结合用地的地宜，便可一挥而就地写出山水文章。

无论自然还是人造自然景观无不以山水结合，相映成趣为上。将自然风景视为优美的自然环境，所谓"养鹿堪游，种鱼可捕"，是将动物也看作是自然景观的组成部分。山水是我国典型的自然景观表现和组合形式。清代《石涛画语录》中说："得乾坤之理者，山水之质也。"道出山水相互依存，相得益彰的关系。又说："水得地而流，地得水而柔"，"山无水泉则不活"。以布局而言，山水之密切关系正如笪重光在《画筌》中所论证的："山脉之通，按其水境。水道之达，理其山形。"喻山为骨骼，水为血脉，建筑为眼睛，道路为经络，树木花草为毛发的说法也是对自然拟人化的一种理解。凡于有真山的环境中造山者，就要运用"混假于真"的手法。"胸中有山方许作水，腹中有水方许作山"的画理生动地说明山水相映的不可分割性。

在具体设计行为中则先拟定是以山为主，以

水辅山；还是以水为主，以山傍水。要先立主体，因主体之形势而决定所需之辅弼。

造山可分筑山、掇山、凿山、剔山和塑山等多种手法，相互之间也可穿插使用。筑山指夯筑土山和土山戴石的人造山体。掇山指以自然山石为材料，按自然山石成山之理，积零为整地掇成山体（图 2-6-25），也包括石山戴土的山（图 2-6-26）。凿山是利用开采石材留下负空间形成的自然形的山，或将自然山的局部开凿为人

图 2-6-24 颐和园"一池三山"鸟瞰

图 2-6-25 掇山（苏州环秀山庄）

图 2-6-26　八音洞（无锡寄畅园）

图 2-6-27　凿山（绍兴东湖）

图 2-6-28　岩生植物园（高山植物园）

造自然的石山（图 2-6-27）。剔山是将被泥土覆盖的自然山石用挑剔的方法使之露出山石的面貌。塑山指以人工的材料包括灰土、钢筋混凝土或玻璃钢等材料用模压或注塑、塑雕而形成的仿自然山石。

应用最普遍的是堆筑土山的方法，业已成为园林地形设计的主体。合理利用以土山营造地形的手法，可以为某一地带内不同生态习性的植物创造不同的小气候生态条件，也可以增添地面上景物起伏高低的视觉变化，更可以作为划分空间和组织空间的手段。茂名市以炼油后的矿渣堆山，表层覆以土壤，植以树木。通过化验其果实证明有害物质随时间的推移而递减。

掇山多用于大园局部空间的处理或将小园做成假山园。石山戴土则可作为岩生植物的种植床（图 2-6-28）。

塑山宜用于荷载有限的屋顶花园或室内园林等。塑山是不延年的，一般人造石的寿命为数十年，钢筋混凝土塑山由于表面不均匀，热胀冷缩，易产生裂纹。加之雨水由裂缝渗入而进一步腐蚀钢筋，导致坍塌。模压玻璃钢选自然山石模压成型，具有重量轻，观感逼真等优点。但乏于丰富的造型且造价昂贵，宜于屋顶花园项目使用。

造山必须有明确的目的，是作为全园构图中心的主山，还是作为分隔空间的山体，还是作为增加微地形变化和组织游览路线的土阜。明确土山的功能以后，土山的高度和体量也就随之可定。主山的高度感与视距有一定关系。以山的高度为一个单位，视点与土山的平面距离与之相等则视距比为 1∶1，此时给人以局促、压抑的感觉。一般小空间观赏的视距比宜在 1∶2 至 1∶3 之间，大空间观赏的视距约在 1∶8 至 1∶11 之间（图 2-6-29）。视距再远就难以起到主山的突出作用了。从绝对高度而言古代圆明园的土山最高者亦不超过 11 米。金代时作为金中都镇山的北海塔山约为 30 米，作为北京城屏宸山的景山为 43 米。现代园林造的主山约为 30 余米。如在 600 公顷的用地上造主山，则因空间尺度扩大而山的高度要相应增加。

　　造土山自古至今经历了从以真山为准到以真山为师的两个发展阶段。所谓"起土山以准嵩霍"，反映仿真山阶段（嵩、霍为真山）。《汉官典职》载："宫内苑聚土为山，十里九坂。"《后汉书》载东汉时"梁冀园中聚土为山，以象二崤。"二崤是当时当地的两座名山，东崤和西崤。说明早期的土山处于单纯的仿真阶段，所以土山堆成后连绵十多里。后来逐渐转为偏向写意的概括手法，以小写大。具体高度和体量只有因地制宜地决定，因土壤有工程技术方面的限制，坡度与边坡倾斜率成倒数关系。一般陡的坡度宜控制在 1 ∶ 2.5 以内，再陡则水土冲刷导致严重的水土流失，进而产生滑坡、坍塌等危险。就工程技术而言，土山一定要保持持久的稳定性。主山形体一般呈有变化的块状。作为分割空间的山至少比常人的视线要高，一般在 2 米左右，其中升高部也在 3～5 米之间。形体多呈曲带状，随分割空间自然变化。土阜则为增加微地形变化、组织游览路线和配合植物造型而定。一般高度约为 1 米。在左右分道的路口，以陡坡正对行人，缓坡向绿地延伸，人便自然按分道游览而不会径直穿过。孙筱祥先生当年在设计杭州"花港观鱼"公园时成功地将自然起伏的草坪率先用于发展中国自然山水园（图 2-6-30）。其中使用的阜障在组织游览路线和结合雪松基部造型方面起了很好的作用。

　　阚铎在为《园冶》写的《园冶识语》中说："盖画家以笔墨为丘壑，掇山以土石为皴擦。虚实虽殊，理致则一。"中国古代造园由绘事而来是史实，反映了中国园林涵诗、画的特殊性。山水画论总结了很多山水自然美的规律，值得借鉴。《园冶·掇山》中提到："未山先麓，自然地势之嶙嶒。"陈从周先生曾提出："屋看顶，山看脚。"这就说明内行看门道，因为一般人容易着眼于"山看峰"。以人看山，山可分为山脚、山腰及山顶三部分。而"未山先麓"反映了自然造山的规律。山腰以下均为山麓，是山与平地或水面衔接的部分。平地演变为山麓，总的趋势是由缓转陡（图 2-6-31）。不要一味追求山的高度和主峰的造型而忽略

图 2-6-29
大空间中观赏的视距约在 1∶8 至 1∶11 之间

了山的底盘的面阔、进深与山的高度之间的比例关系，这一点牵涉到土山的稳定和自然面貌。清代画家笪重光在《画筌》中所说的"山巅脚远"反映了相同的认识（图2-6-32）。土山的底部承受的压力大，则坡度宜小才稳定，坡长相对就拉远了。山腰部分承压较山麓小，坡度就可以相对大一些，山头则更陡无妨。其坡度缓在自然安息角的范围内，也有一定幅度而不是一个定数。显

图2-6-30 花港观鱼藏山阁

图2-6-31 自然真山的山麓石

图2-6-32 假山艺术中的"山巅脚远"实例——南京瞻园北假山山脚处理

然不宜将全山的山麓作成同坡度的坡脚，而应随地宜并结合造景需要变通。

首先，山脚一般缓起缓升，亦可缓起陡升或陡起缓升。当然，陡起山脚必以山石为藩篱。山麓亦可做成岫或洞，加以平面凹凸的变化，完全可以做出多样的山麓以适应各种不同的环境。如延麓接草地（图2-6-33）、延麓临湖泊、延麓接另一山麓、延麓临溪涧、延麓临堑、延麓下临溪间栈道等，如此，山麓变化就丰富了。

再者应注意"左急右缓，莫为两翼"（图2-6-34）。即："山面陡面斜，莫为两翼。"说的是山坡的陡缓变化要避免像鸟的翅膀那样左右对称。对称的山坡自然界也是有的，如北京近郊十渡风景区的"鸟山"等，但人们不以其为自然美的代表。人从某一视点观山，两边的山坡最好陡缓相间而具有对比。左急则右缓，右急则左缓，特别是入口处的视点，非左急右缓、层次参差而不能得到自然之真意。与此相关的还有"两山交夹，石为牙齿"（图2-6-35）。意即面对两山交夹的山口，视线基本与山垂直，这时的山景有若剪影效果，因此在山坡上的嶙峋山石构成起伏而富于节奏变化的天际线，在天空为背景的衬托下形成天然图画的剪影效果。在山坡上种植树木花草，也可取到同样的观赏效果。

城市道路经常把山炸开一个豁口穿行而过，留下的豁口用挡土墙做成直墙，分层跌落台地或形成单面斜坡。以呆板的人工硬材料取代山林之自然美是很煞风景的。因城市建设而破坏了自然环境景观应进行补偿是可以回归自然面貌的。可使道旁豁口稍向外移，以左急右缓之法修补两旁的山坡。宜土则土，宜石则石，然后利用两山交夹的山势营造自然山林之景，作为城市人工道路的自然调剂。如穿过石山，则两旁以凿山之法抹去开山的人工痕迹，加以适当绿化则可泯然无痕。

第三，遵循"山有三远，面面观、步步移"的理法（图2-6-36）。

宋代郭熙在《林泉高致》中说："山有三远。

图2-6-33 花港观鱼牡丹亭

图2-6-34 "左急右缓，莫为两翼"

图2-6-35 两山交夹，石为牙齿

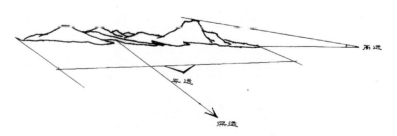

图2-6-36 三远

自山下而仰山巅，谓之高远；自山前而窥山后，谓之深远；自近山而望远山，谓之平远。"又说："山近看如此，远数里看又如此，远十数里看又如此。每远每异，所谓山形步步移也。山正面如此，侧面又如此，背面又如此，每看每异，所谓山形面面看也。如此，是一山而兼数百山之形状，可得不悉乎？"讲的是山的空间造型与变化。高远相当于山的立面处理（图2-6-37），深远即山

的进深与交伏变化，平远就是山的面阔与曲折透迤的变化（图2-6-38）。一般高远、平远较易得而深远难求。深远反映山的厚度和层次变化，因而非常重要。由外师造化而得两山交覆、子山拱伏、虚实并举和树木掩映都是创造深远切实可行之法。高远主要是布置峰峦。山高而尖谓峰，山高而圆谓峦，山高而平谓顶，峰峦起伏相连成岭。峰峦忌等距对称，所谓笔架山形体现古人用以表达盼望当地出文才得吉祥象征，不宜为自然山形之师。峰峦宜平面错落，高低起伏，疏密合宜。

三远与视点的位置相关，因此与山道的布置相关。山道与等高线垂直穿过山脊者，人居高而两旁俱下，具有险峻感，如黄山之"鲫鱼背"。山道贯穿山之谷线，则人居下而周仰观山，具有人入山的怀抱之感，如避暑山庄松云峡（图2-6-39）。山道应主要选谷线，同时也以边沟或蹬道解决了以谷线汇水和排水的问题。山道与等高线平行多用于山麓或山腰带状布置，多为上岩下坡而居中的平坦道路。

山之三远是结为一体的，在组织山形山势时要加以组合，"一收复一放，山势渐开而势转；一起又一伏，山势欲动而势长。"山之"面面看"指出面面俱到而不是面面并重。其余的面也因相应观景视线而逐级布置。"步步移"指游览路线与山体间的视觉关系。山路基本是蜿蜒的，路弯

图2-6-37
假山"三远"之"以近求高"——北海琼华华华华华华华华华华华华华华华华岛陡坡爬山廊

图2-6-38（左）
假山"三远"之平远——网师园"云冈"假山

图2-6-39（右）
避暑山庄松云峡御道

即视线转折所在。山景结合双向流动的视线布置，以步移山异为追逐的境界。或高或下，或偏或正，或险或夷，或陡或缓，或丘或壑，或树或石，或花或草，寻求富于变化的步移景异效果。

其四是"胸有丘壑，虚实相生。"

一般造土山的通病是有丘无壑、多丘少壑、浅丘浅壑或接丘成壑。不仅排水泛漫而下，而且山形僵硬呆滞。所谓胸有丘壑指二者相依相生，凸出为坡岗，凹进成谷壑。《园冶·相地·山林地》中说："有高有凹，有曲有深；有峻而悬，有平而坦，自成天然之趣。"这是真实的写照，典型地反映了有真为假的依据。用等高线把山的真意概括出来并密切结合现代社会生活功能的需要，以丘壑为山的主要组合单元来设计土山，犹如文章一样，由字造句，组句成段，结段为章，构章成篇。等高线在平面上的走势既有转弯半径大的大弯，也有中弯、小弯。弯的面向也要有变化，弯间距离不一。弯之大而浅者可延展而环抱山麓以下的地面，如草地或水面等。一般而言，阳面的土山谷壑较平阔，而阴面的土山谷壑则较深邃，具有所谓"半寂半喧"、"北寂南喧"的空间性格。坡、谷皆可分叉，支垅又可分级。主谷分出次谷、小谷，逐级派分，可二至多分，且呈不对称的分派。两边山高、中间谷宽，明显较山的高度为小，且两山间夹水者称峡。因此，峡是一种相对空间的比例差，而并不是绝对的尺度。长江三峡因山高夹江显得峡窄，但从江中船上观岸上的人却极小。峡是封闭性极强的，可直可曲，常有急弯。山间之谷如两边山高与谷宽之比值趋小，谷的封闭性相对减少则称峪。两边山高与谷低的比值再降低，封闭度也随之降低，则谷衍生为沟。不同的封闭度因光照、湿度和土层厚度、肥力的生态差别形成相互适应的植物群落。

承德避暑山庄的山区自北而南分别称为"松云峡"、"梨树峪"和"榛子沟"就反映了生态景观的衍变特色。中国文字中带山、石、水偏旁的字很多，可查阅《尔雅·释山》和"释水"等词义，一般从《辞海》中可找到解释。这可以丰富设计者对山、水、石组合单元的认识，结合身历自然山水的踏查则可相互印证，加深印象。

其五为"独立端严，次相辅弼。"

这是《园冶·掇山》中的一句话。山的拟人化还表现在有主次、尊卑的区别。有爷爷、儿子、孙子之分，故最重要的山有人也称作"祖山"。堆山的首要原则是宾主之位必须分明。从高度、体量、形势等各方面都要分明。次山在体量和高度方面略大于主山之半，以下类推。从动势来分析，"主山须是高耸，客山须是奔趋。"客山向主山奔趋，主从之情谊就有所反映了（图 2-6-40 ~ 图 2-6-43）。

其六是"岗连阜属，脉络贯通。"

山依高度大致可划分为峰峦、山冈和土阜三个等级。所谓"岗连阜属"也就是"脉络贯通"的具体化。支脉走向多与山之主脉垂直或成一定夹角，主脉派生支脉，支脉再衍生下一级的支脉，都要有连贯和有所归属。连贯也不是绝对不断，山可断而势必连。自然山也反映一脉既毕，余脉又起的脉络规律。

最后便是"逶迤环抱，幽旷交呈。"

人喜欢投入自然山水的怀抱。山之坡岗犹如人的臂膀，可围合成敞开或闭合、半封闭等各种性格的空间。人入山怀即置人于深谷大壑之中。由此得幽观之感受。于山穷水尽之际骤然将如臂膀的坡岗敞开，豁然开朗，则出现柳暗花明又一

图 2-6-40
"主山须是高耸，客山须是奔趋"

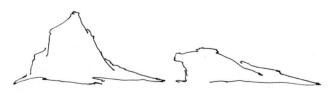

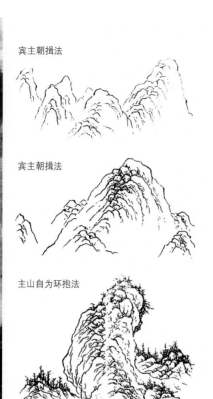

宾主朝揖法

宾主朝揖法

主山自为环抱法

图2-6-41　《芥子园画谱》所录主、客山的山水布局

图2-6-42　自然山水中的"主山高耸，客山奔趋"——黄山

图2-6-43　假山艺术中的"主山高耸，客山奔趋"——环秀山庄大假山

村的旷观景色。

　　我曾经在邯郸赵苑公园中设计了一座树坛，坛的地面就是一座土山，基本可以印证以上造山理法。因为用地为三十米直径的圆形，我只能在圆的范围内变化（图2-6-44）。除却自限，当更容易做出变化。而今有些土山设计者片面追求大，但却忽视了层次的变化，这是值得深思的。

　　土山的单体与组合主要有以上几点理法。

　　掇山从布局而言，除了与土山与共的理法外，由于可坚壁直立，便可能创造更多的属于石山或山石戴土的性格。宋代郭熙在《林泉高致》中说："山，大物也。其形欲耸拔、欲偃蹇、欲轩豁、欲箕踞、欲盘礴、欲浑厚、欲雄豪、欲精神、欲严重、欲顾盼、欲朝揖。欲上有盖，欲下有乘；欲前有据，欲后有倚。欲下瞰而若临观，欲下游而若指麾。此山之大体也。"以上概括了山体性格的多面性。

　　理水与造山是相辅相成的两个环节。作为水景序列而言，由源至流大体为：泉、池、瀑、潭、溪、涧、湖、江及海。园林中的水景往往仅是截取其中某一段。水陆交叉的景观有：湄、岸、滩、汀、岛、洲、堤及桥等。水，作为生命的源泉是产生生物及生物生存的主要生态因子。中国从来把治水作为国家大事，涉及生态、水运、农田灌溉和造景等多方面的综合治理。历史上不少名园都是在综合开发水利资源的生产中，因水成园的。

　　理水之法首要是《园冶·相地》所强调的"疏源之去由，察水之来历。"

　　世界上的水都是水自然循环的组成，园林中的水是城市水系的一部分。水景又是城市绿地系统规划的重要组成部分。城市水系是随历史的时间长河而变迁的。北京在建金中都时是金代的水系，建元大都时由郭守敬主持建立了元大都的水系。明清以降虽然也沿用了元大都的水系而屡有调整和修改。到今天实施"南水北调"后，北京的水系又会有新的调整。无论单体园林内的水系或城市水系都要"疏源之去由，察水之来历。"后一句话是传承历史水系，前一句话是组织新的水系。乾隆建"清漪园"时就对相关的历史水系作了相当仔细的调查。从昌平的白浮泉到沿途流

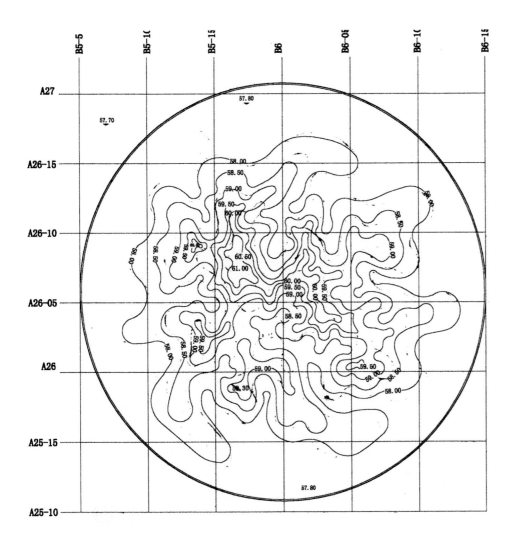

图 2-6-44
邯郸赵苑公园树坛平
面图及模型

经的地带都作了调查研究。除了考察文献、碑碣外，还认真地测量从泉源到清漪园的水位差。在此基础上，成倍地扩展前湖，开辟后溪河。不仅承担了北京城水库的作用、灌溉了周围的农田，还通过后溪河将水输送到东面的圆明园。在宏观水系的基础上作清漪园的理水，才取得今日颐和园的综合水利和优美水景的观赏效果（图 2-6-45）。

理水之二为"随曲合方，以水为心。"

水的形态外观是水景的基础。大海、湖泊虽难窥其全貌，触目之处亦有水的形态问题。对于城市园林中体量不是很大的水体而言，水形态的景观影响就更大了。水景亦有整型式、自然式之分。"随曲合方"是随自然地形、地貌的地宜和结合人工建筑布置来探索水体的平面和空间造型。水无定形，落地成形。但人有能动性，可以

在"人与天调"理念的指导下随遇而安地理水之形（图 2-6-46）。

"胸中有山方许作水，胸中有水方许作山"。杭州西湖虽说得天独厚，却也不能靠天吃饭，纯朴的自然不可能全面满足人的综合之需。还必须借"三面湖山"优厚的天然资源辅以顺承自然之人为艺术加工。三面环抱之山加以北山脉出孤嶷——孤山，坐北朝南、负阴抱阳。体量不大而位置显赫，自然成为湖山之焦点。山成为理水之依托，孤山更成为理水之心。理水之三远"阔远、深远、迷远"与"聚则辽阔，散则潆洄"是相通的同一理法。而西湖自然所赐乃一片汪洋的阔远，缺乏水空间的深远和层次的划分。如加以"散"之潆洄，则深远亦有依托了。如结合游览交通，首先是要将孤山和东岸的一面城联系起来。因"道

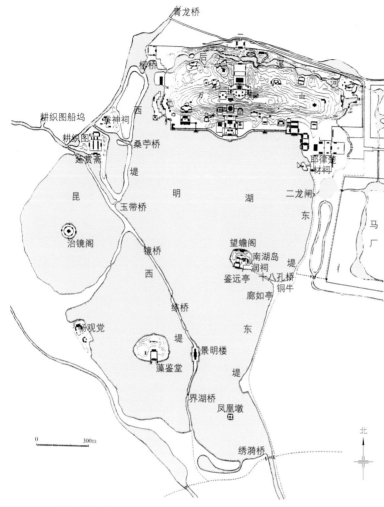

图 2-6-45 乾隆时期清漪园总平面图

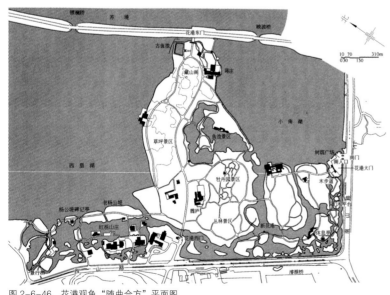

图 2-6-46 花港观鱼"随曲合方"平面图

莫便于捷"和距离远而采用堤来衔接和划分。堤可分割水面又不至于阻挡两侧视线贯通，从工程量而言又可节省土方，联系到堤过长而无间断，便于堤中安桥。石桥是低平的，中间略拱起而下设桥洞沟通南北之舟游。这是唐代兴建的白堤，合"疏水无尽，断处安桥"之理，故名"断桥"，由此衍生"断桥残雪"之景，借断与残同一情景而奏效。在解决游览交通的同时又划分出里、外西湖的水空间，层次也显得深远了。

到宋代，西湖南北的游览交通日趋紧要，时值州官的苏东坡又传承传统而兴建了苏堤。西湖水源由天竺山循金沙溪自西向东流。为了水流通畅无阻，苏堤与西面杨公堤六桥贯通而设置了应境问名的六桥，并衍生出"苏堤春晓"的景区。水空间又出现西里湖的东西向层次划分，从而构成"苏堤横亘，白堤纵"的大格局；并传承"一池三山"之制，于宋、明、清三代借疏浚湖泥之机，先后兴造了小瀛洲、湖中亭、阮公墩三座主、客、配岛屿。理水之章至此收笔，后世疏湖之泥在西湖水域以外做文章了。西湖不愧为巧借地宜理水、天人合一理水和世代积累理水的典范。

由潟湖经人为适当加工形成的西湖创造了杭州的风景特色，可活学而不能死仿。扬州学西湖而根据本地的实际情况，利用地宜造水景，取得异曲同工的效果。扬州的瘦西湖紧紧地抓住一个"瘦"字做文章。因为这里原来是扬州的护城河所在，长带状水系呈曲尺形直角转折，不可能做出杭州西湖那样以山环水、丰盈广阔、长堤纵横、三岛点缀的块状湖（图 2-6-47）。认识到城河发展为长河如绳的瘦形水系同样可以取得上等水景效果。于是，就捕捉了一个"瘦"字。自南而北穿过大红桥后，根据自然地形在长带形水体中又以狭长的岛屿纵分水面，形成瘦中益瘦的特色。并且在曲尺形转弯处重点布置"小金山"、"廿四桥"等景点。出于游览交通及营造水景的需要，又在小金山和廿四桥之间横跨饶具特色并有地标作用的五亭桥（图 2-6-48）。

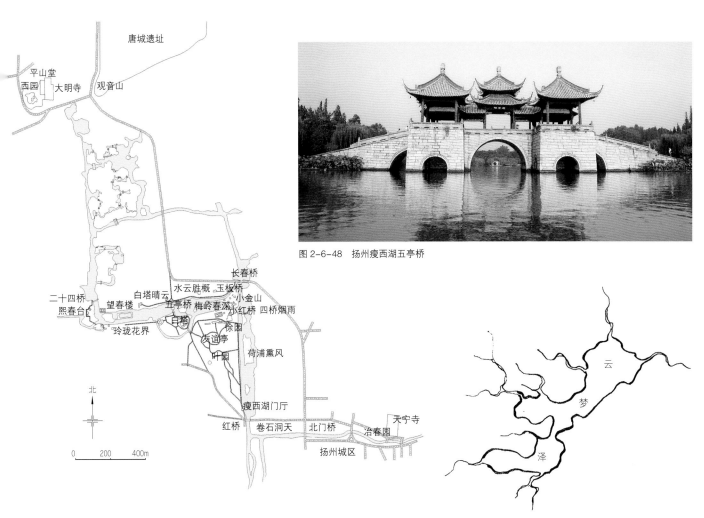

图 2-6-48 扬州瘦西湖五亭桥

图 2-6-47 扬州瘦西湖平面图

图 2-6-49 云梦泽河湖相衔图

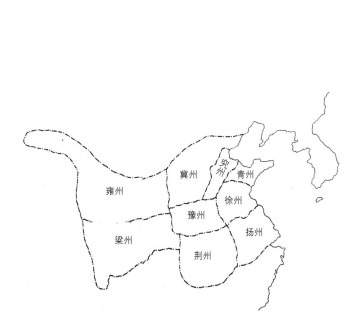

图 2-6-50 禹贡九州图

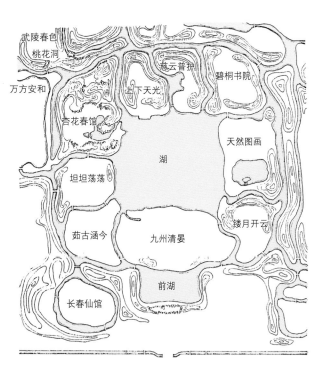

图 2-6-51 圆明园九州清晏平面图

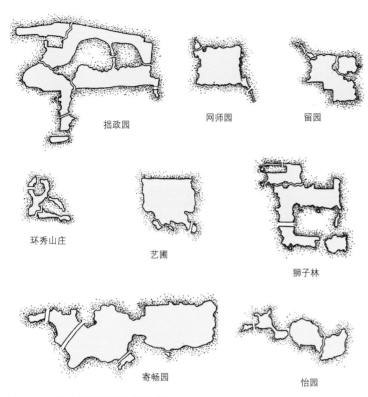

图 2-6-52 江南私家园林的水体平面图

图 2-6-53 苏州沧浪亭总平面图

方与圆乃图形之基本。我国古代有"天圆地方"之说，故取圆形的天坛祭天，挖方形的方泽祭地。圆明园以战国末哲学家驺衍"大九州说"为依据设计了"九州清晏"景区（图 2-6-49～图 2-6-51）。中国的别称为"赤县"、"神州"，小九州以水分隔，外有"裨海"环绕，呈圆形。而其东的"福海"据"相去方丈"之说成型，故福海的造型为方。苏州"网师园"以渔隐为师，故水池取法渔网之形，有纲有目，所谓纲举目张。网之目近方形而纲作为收网之口，其形窄长而多曲。从网师园水池的平面图可以看出这种由意境而决定的水形。如单纯从造型而论，则由此启发我们由方之隅变方为曲，也是随曲合方的一种延伸和变异。

与建筑相衔接的水池或湖面往往先"合方"，以后再随地形加以曲折变化。以水为心，说明了一般山水的结体是以山环绕水，水在园中的布局位置也多为心部（图 2-6-52）。诸如江南私家园林、北京皇家园林，不论全园或园中园多是以水为心、构室向心。如利用天然水体，亦有置于园边的先例，如苏州之"沧浪亭"（图 2-6-53）。

理水之三为"水有三远，动静交呈。"

水之三远为阔远、深远和迷远。阔远，说明要有聚散的变化统一。所谓"聚则辽阔，散则潆洄。"水之聚散是相对、相辅相成的。在符合使用功能的前提下，水的性格宜兼具辽阔与潆洄。仅以北京皇家园林而论，水多以聚为主，散为辅。北海"太液池"与镇山"琼华岛"相组合而成"太液秋风"之壮阔水景（图 2-6-54），在其东南却以潆洄之水湾相辅。圆明园在沼泽地的基础上将自然水面并联以求其阔。九州清晏、福海和园中园的中心大多布置于以聚为主的水面（图 2-6-55）。但曲折水道联系辽阔水面。颐和园前湖汪洋浩渺、堤岛分隔，而后溪河却以长河如绳之势极尽委婉潆洄之能事（图 2-6-56）。

阔远关乎聚散，深远关乎景深的厚度与层次，迷远指水景布置若入迷津，两山或两岸的树木、

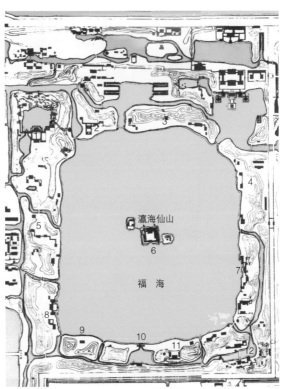

图 2-6-54
太液秋风

图 2-6-55
福海平面图
1. 廓然大公
2. 平湖秋月
3. 双峰插云
4. 涵虚朗鉴
5. 溪月松高
6. 蓬岛瑶台
7. 接秀山房
8. 澡身浴德
9. 一碧万顷
10. 夹镜鸣琴
11. 广育宫
12. 别有洞天

水草交伏其中，令人莫知水径前景。待循水湾转折迂回才一片大明，强调明晦的变化，水影、水雾的营造（图 2-6-57）。

　　"动静交呈"指尽可能兼有流动的水景和静止的水景。圆明园、颐和园都以静止的水景为主，但局部也利用地形高差作跌宕的水体，如"谐趣园"的"玉琴峡"（图 2-6-58）和"霁清轩"的"清音峡"（图 2-6-59）等。圆明园亦有瀑布和跌水设计。有"动水"才有高山流水的山水清音。所谓"水乐洞"（图 2-6-60）、"无弦琴"（图 2-6-61）、"八音涧"（图 2-6-62～图 2-6-65）等都是"动水"造成的效果。

　　理水之四为"深柳疏芦之写照，堤岛洲滩之俨是"。

　　水景空间划分与组合的手段主要是：筑堤、布岛、留洲和露滩。要着重观察自然水景的组成单元、组合规律及富于变化的组合形式，追求"宛自天开"之俨是。如带状水体：江、河、溪、涧，其中有纵分水体的分水岛屿。其基本形状为朝上游方向的岛头钝，而朝下游方向的岛尾相对尖锐。因朝上游的方向分水的同时不断受流水冲击，故而钝；下游方向水经分复合，两面的水流交汇，于是岛尾因水力的作用而呈尖形。

　　就分水带的宽度而言有主次、内外之分。一般主水道居外侧且宽，次水道贴近水湾内侧且窄。

岛有块状和带状之别，因地制宜而不以定镜求西施。大面积的块状岛宜在避风处作水港。岛、水之际的曲线有所变化。若需尺度大而又堆土不足，可考虑以岛围水成其阔。带状岛则应避免线条几何化，几何化即人工的痕迹太强。岛的拟人化要体现在视岛为肖形动物，为使其形象生动，可有头、腹、尾的意象，头大、腹收、尾延。平面上作收放、广狭、曲直、深浅之变化，随遇而安，

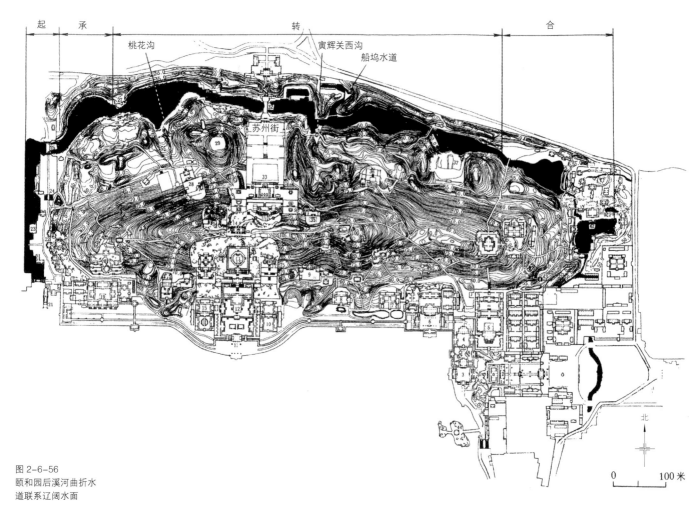

图 2-6-56
颐和园后溪河曲折水
道联系辽阔水面

图 2-6-57（左）
颐和园后溪河看云起
时的曲折水道

图 2-6-58（右）
谐趣园的"玉琴峡"

贵在自然（图 2-6-66）。

　　堤有直曲之分，和"道莫便于捷，而妙于迂"
有同理。又因形就势，当直则伸，宜迂则曲。堤

的宽度不宜等同且有较大对比性。窄者仅容交通
之需，宽台可布置亭榭等建筑和山石、树木。最
忌"中间一条路，两边两行树"的呆板布置。堤

图 2-6-59（左）
霁清轩的"清音峡"

图 2-6-60（右）
水乐洞

图 2-6-61（左）
无弦琴声石刻

图 2-6-62（右）
八音洞步石分流

图 2-6-63（左）
八音洞之动水

图 2-6-64（右）
八音洞谷口"之"字
石桥变化

的主要作用是贯通水空间和增添水景层次。堤可以与岛结合布置。承德避暑山庄的"芝径云堤"是一种堤、岛结合的范例（图 2-6-67）。

《园冶·相地·江湖地》谈道："江干湖畔，深柳疏芦之际，略成小筑，足徵大观。"其中"深柳疏芦"一词概括性地点出了适应岸边水际的主

图 2-6-65（左）
八音涧高层泉源与源下石潭

图 2-6-66（右）
岛的拟人化——大头、收腹、延尾

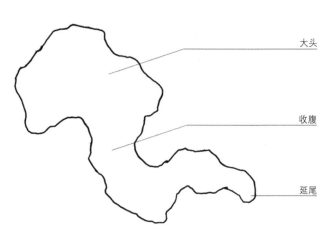

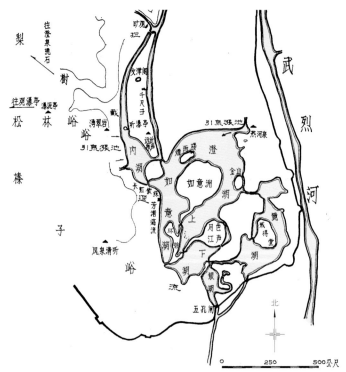

图 2-6-67　承德避暑山庄的"芝径云堤"

要两种植物的代表，可以延伸为水生植物、湿生植物与水景的处理关系。实际上湿生的乔灌木和草本花卉的种群和品种都很丰富，它们对具有地带性的水景有很重要的作用，工程方面还可起到护土固岸的作用。

重庆市园林局曾用数年的实践研究了乔木根系护岸的作用。试验前大家都把握不准块石护岸和岸壁直墙内侧能否种树的课题。树的根系如果过于扩张，将护岸的块石挤开，破坏了岸壁怎么办。于是，尝试种植了大叶榕（当地称黄桷树）。两三年后将护岸壁石拆开观察，发现其根系形成很密的一层网，紧紧地包贴岸壁内侧。由此证明了大叶榕根系可护土固岸的论点（图 2-6-68）。

理水不仅与水岸景观紧密联系，而且也与水上建筑息息相关。最后一点理法为《园冶·立基》所说："疏水若为无尽，断处通桥。"及《园冶·江湖地》中所提："漏层荫而藏阁，迎先月以登台。"中国传统文化讲究"莫穷"。文学教人写文章要意味深长、反复缠绵，最终也不得一语道破。绘画讲究意到笔不到，笔有限而意无穷。园林理水也追求有不尽之意。桥固然因交通需求架桥跨水，从水景而言要在疏水若为无尽之处，即断处通桥（图 2-6-69）。

水边若需建筑，则必向水，以水为心，但求远近明晦之别。近者迎先月以登台，所谓"近水

图 2-6-68　大叶榕根系可以护土固坡

图 2-6-69　杭州西湖断桥的"断处通桥"

楼台先得月"。杭州西湖之"平湖秋月"典型地体现了"迎先月以登台"的理水之法，而像"望湖楼"那样的"漏层荫而藏阁"的做法就很普遍了（图 2-6-72）。至于"引蔓通津"之理法，为水岸之一边或两边种植攀缘植物，沿桥栏或桥壁攀缘覆盖，由此岸而达彼岸。苏州"环秀山庄"由池之西南角引出的平石桥尚可见安栏或搭铁架之石孔，其桥名"紫藤桥"，可以想见是为"引蔓通津"之作（图 2-6-73 ~ 图 2-6-75）。

　　《林泉高致》中谈水的性情有如下一段文字："水，活物也。其形欲深静、欲柔滑、欲汪洋、欲回环、欲肥腻、欲喷薄、欲激射、欲多泉、欲远流，欲瀑布插天，欲溅扑入池；欲渔钓怡怡，欲草木欣欣；欲下挟烟云而秀媚，欲照溪谷而生辉。此水之活体也。"

　　义人自然山水园的布局，山水尤为重要。实际上就是阴阳或黑白的布局，要点是和谐。

园林建筑布局

　　很难给园林建筑下一个定义。是否可以说，在成景和得景方面独有所钟地显示与自然环境之

图 2-6-70　杭州西湖断桥

图 2-6-71　扬州瘦西湖的"五亭桥"

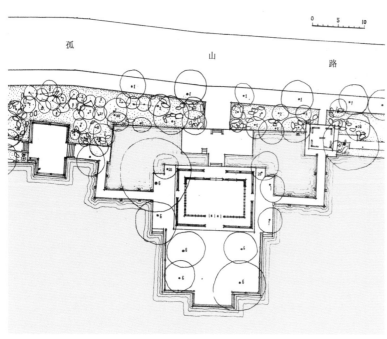

图 2-6-72 杭州西湖"平湖秋月"平面图（局部）

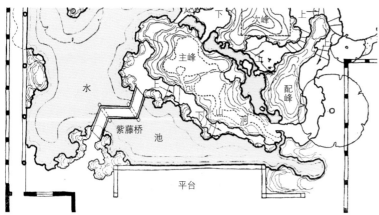

图 2-6-73 环秀山庄平面图（局部）

图 2-6-74 紫藤桥

间不可分割的密切关系，并以文化欣赏、游览休憩为主要使用功能的建筑通称为园林建筑。因此，在风景名胜区或城市园林用地范围内的建筑不一定都是园林建筑，而具有上述实质性定性的建筑虽不在风景园林中，但都可称为具有风景园林特色的建筑。

中国传统园林建筑主要类型有牌坊、影壁、堂、厅、馆、亭、台、楼、阁、廊、舫、桥、栏杆、碑碣和花架等。建筑创作之源是环境，世上没有脱离环境的建筑。但以居住或公共活动为实用功能的建筑也有成景、得景效果很出色的，但终究不是作为文化、休憩、游览的专用性园林建筑。园林建筑是作为园林组成的主要因素之一而存在的，本身就是园林环境的一部分，与自然环境关系密切的程度应该是更高的。人无论在风景名胜区、城市园林和大地景观中都必须有占总用地面积一定比例的建筑以避风雨、遮日晒及逗留休憩、餐饮或观赏景致等。有关的园林设计法规对建筑占地比例都有明确规定。

在中国古代园林作品中，居住建筑与园林建筑之间互有渗透。这是古代园林中建筑比重大的一项特殊原因。不论宫苑或宅园都有客堂、书斋、戏台、绣楼、花厅等居住生活内容的建筑布置在园林中，因而占地比例较大。这反映出一定时代的特征。如果属于庭园类型的，则建筑比重更大。现代公园、花园则不然，相对而言主要布置造景建筑、服务性和管理性建筑，因而建筑的比重就

图 2-6-75 紫藤桥之引蔓通津

小多了。除此之外，反映在园林建筑布局方面也有所差别。

用地的定位与定性并结合地宜从环境中创作建筑是最根本的法则。"景以境出"和"因境成景"都说明同一道理。大地辽阔壮观，气魄胜人。风景名胜区以自然山水为环境特色，人工建筑要凭依和辅佐自然。城市园林为人工再造自然，就以"虽由人作，宛自天开"为追求的境界。应统筹以下各方面的因素，由表及里地进行园林建筑创作。

首先是地形、地貌环境。《园冶》讲得很概括，"宜亭斯亭，宜榭斯榭"。这说明建筑要与自然环境相协调和适应。乾隆在北京北海琼华岛上的《塔山四面记》中作了专门的论述："室之有高下，犹山之有曲折，水之有波澜。故水无波澜不致清，山无曲折不致灵，室无高下不致情。然室不能自为高下，故因山以构室者，其趣恒佳。"建筑有实用功能和与之相关的性格，山水组合单元也有拟人化的性格。把性格相近的建筑相互组合就有相投的效果。比如，接近堂一类的建筑要求成景显赫而得景无余，而山之高处，峰、峦、顶、台、岭也都具有显赫的性格。水则水口、平湖比较开朗。这些山水组合单元就比较适合堂、馆、阁、楼的安置。同样居高的峰、峦、顶、岭又有各自的特色。因此，以山为屏，据峰为堂的模式便跃然而出。承德避暑山庄山区西南角的西峪，万嶂环列，林木深郁。在这片奥秘的山林中集中地布置了三组建筑（图2-6-76）。鹫云寺横陈于西向坡地，静含太古山房于谷间孤嵲上高顶建屋。与鹫云寺相邻并与静含太古山房东西相望者便是这个建筑组群中最显要的"秀起堂"。其北与"龙王庙"呼应，并与四面云山山腰的"远眺亭"相望。秀起堂从西峪中峰处据峰为堂，独立端严，高据不群。环周之层峦翠岫以及据此设置的适地建筑也随之呈朝揖、奔趋之势向秀起堂从顺。秀起堂统率的景观地位便因境而立了（图2-6-77、图2-6-78）。

此地有秀美出众的山形水势：一条东西相贯的山涧分用地为南北两部分，又一斜走山涧由东北角南下与主涧直交为三叉水口，又分用地北段为东西。乍一看，地形高低参差，零碎难合，似难布置建筑。而"先难而后得"的理念阐明了难与得的辩证关系，因难而得。于似不宜建筑处因借地宜，既成则出奇制胜。北部山势雄浑，有足够的进深安排叠落上下的建筑。而南部是一岭有起伏、高差不显、东西向的低丘地。除西面有鹫云峰可借景以外，山岭纵长而南面无景可借。如何将"Y"形山涧切割的三块山地合凑为一组有章法的整体，发挥峰谷和山涧的天然形胜，化不利为有利，便是本园布局的关键了。

作者成功之处亦在此。建筑化整为零以适应被切割的零碎地形，其单体错落因山形水势之崇卑而分主从。北部山地不仅面积大而且位置居中

图2-6-76
承德避暑山庄山区西南角的西峪平面图，避暑山庄总平面图

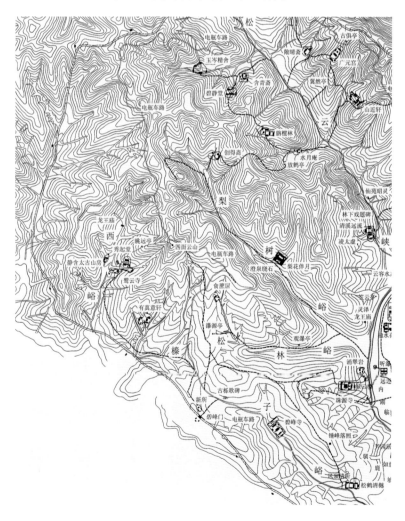

图 2-6-77 秀起堂平面图

图 2-6-78 秀起堂模型

堂为山峰增添了突兀之势，南部带状低丘便自然处于宾客之位，成拱卫环抱之势趋向主山，构成两山夹涧，阜下承上的山水间架，北部之东段随之成为由客山过渡到主山、依偎主山的配景山了。清代画家笪重光在《画筌》中说："主山正者客山低，主山侧者客山远。众山拱伏，主山始尊。群峰盘亘，祖峰乃厚。"建筑依附于山水，其布置亦循画理，顺应山水的性格安置建筑。此组建筑群并无中轴对称的关系，而是以山水为依托，因高就低地经营位置。

大局既定，单体建筑便可从总体中衍生，各自适应其特殊性的微观变化，因随遇之地势而安其形体。宫门三楹设于西南隅，承接鹫云寺东门之来向。立意朴素自然，取名"云牖松扉"。天宫立天门、皇宫为金阙、富家朱门、平民板门、村居柴扉。似这样以绕云为窗、掩松为门，那当然是世外桃源的仙境了。入门东折，遂步上升高四米的土山。坡长仅十一米，地势突然升高，便用四折曲尺形急转而上的跌落式爬山廊衔接，通达低丘西峦上建的敞厅，斜对秀起堂，再往东则廊延至东南隅，终端为"经畬书房"。西北—东南向，西北与秀起堂呼应，东南自成半圆小院以成封闭宁静的书斋空间，刚中见柔，大方无隅。廊墙北转跨越山涧，再就势成"之"字形西连"振藻楼"。楼居两涧交汇之水口，于低拔高，周围景色才得以凭借。楼北之廊转换为半壁山廊。由独立之廊墙转为依附于挡土直墙的山廊，随秀起

峰之位，山势雄伟，峰势高耸，坐北朝南，负阴抱阳，最宜坐落主体建筑秀起堂。高台明堂的组合更加突出了山峰孤峙无依、挺拔高耸的性格，

图 2-6-79 泰山瞻鲁台

图 2-6-80 峨眉山金顶

堂台基边缘转折而西入"绘云楼"。入楼北转通过明间的室内踏跺转登秀起堂，堂北以宫墙合围。

全园的路主要安排在廊子里，入园路线明朗多变、曲折回环，加以露天石级和山石蹬道组成环状游览路线。入园必为爬山廊引导作逆时针行。出园则顺绘云楼南下，渡石拱桥而南即可出园。园路具有明晦、捷迂之变化。秀起堂占地总面积3725 平方米，建筑占地面积 1005 平方米（约占全园总面积 27%），山林面积 2430 平方米（约占65%），园路铺地为 290 平方米（约占 8%）。园虽不大，据峰为堂，深求山林意味。

景观概括为两大类型，旷观与幽观。除峰以外，坡、台、顶都属于旷观的地形。泰山上的"瞻鲁台（图 2-6-79）"、峨眉山金顶上的寺庙（图 2-6-80）、峨眉山的清音阁（图 2-6-81 ～图 2-6-83）、四川省内长江边的石印山（图2-6-84）、镇江金山寺、北京北海琼华岛上的

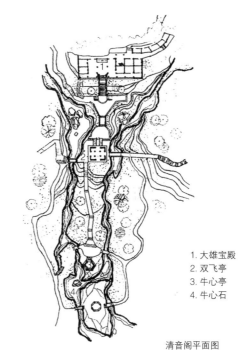

1. 大雄宝殿
2. 双飞亭
3. 牛心亭
4. 牛心石

清音阁平面图

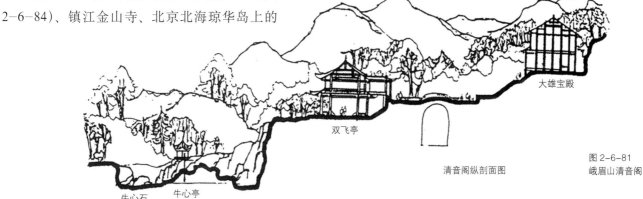

清音阁纵剖面图

大雄宝殿

双飞亭

牛心石　牛心亭

图 2-6-81
峨眉山清音阁

图 2-6-82　清音阁

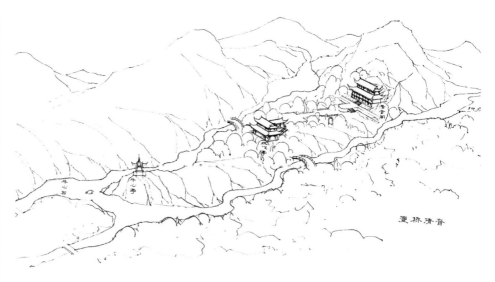

图 2-6-83　双桥清音

图 2-6-84 四川省内长江边的石印山，重庆忠县石宝寨

图 2-6-85 上海豫园山顶的望江亭

图 2-6-86 成都都江堰工程全景

白塔、颐和园的佛香阁与智慧海、上海豫园的望江亭（图 2-6-85）、成都都江堰的宝瓶口（图 2-6-86）、苏州拙政园雪香云蔚亭、绣绮亭和宜两亭都是同一类型地形结合的创作。虽然尺度差别很大，建筑类型多样，但就旷观地形地势而言是属同一理致。

　　另一类山水组合单元诸如谷、壑、坞、洞、岩、峡、涧、岫等则属于幽观的地形，比较深藏的寺庙、书院、书斋、别馆则与之性格相近。泰山的后山腰有一处名为"后石坞"的景点，其外有天烛峰矗峙、遮掩，山谷向内卷缩而成一处石坞。这便成为一所尼姑庵绝妙的佳境。其地狭而不规整，因而不宜作中轴对称的"伽蓝七堂"布置。山门引入石坞内，主要庵堂为一楼，楼外观两层，两层间还有一夹层。遇有匪警鸣钟警报后尼姑们都

藏于夹层。山居必须有方便的水源，这里有上下两处泉水，庵堂的楼上、楼下皆可直接通泉。庵内松林荫翳，野花斑斓，不仅生态环境绝佳，而且景色亦令人称绝。楼下的泉称为黄花洞，石质虽非石灰岩，但也自洞顶倒挂滴水而有若钟乳。水洞仅容数人，水质清澈甘冽（图 2-6-87、图 2-6-88）。

　　黄山自"仙人指路"可转入常有云雾迷蒙的"皮蓬"（图 2-6-89），尽端是一处大山岩。可惜无福观光岩下之寺庙，因已无存。但就环境可想见创作者相地之精与因借之巧。这是环状、接近马蹄形的一片悬岩与壑洞的组合，上岩、下洞，洞外为山壑。洞为深岫，并不相通。大片悬岩自山麓上方挑伸出来，下面完全是悬空的，风雨难以侵入，岩下便是悬岩寺。洞前于壑谷间又有石

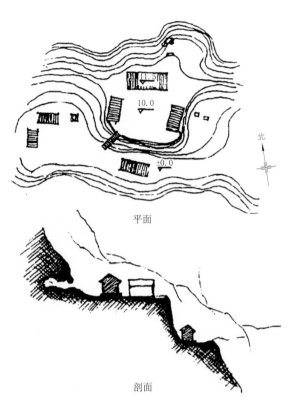

平面

剖面

图 2-6-87（左）
泰山"后石坞"的平、剖面图

图 2-6-88（右）
泰山"后石坞"

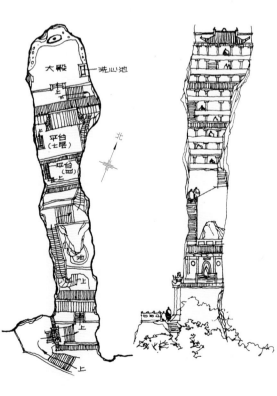

图 2-6-89
黄山"皮蓬"

图 2-6-91
浙江雁荡山合掌峰观音庙平、立面图

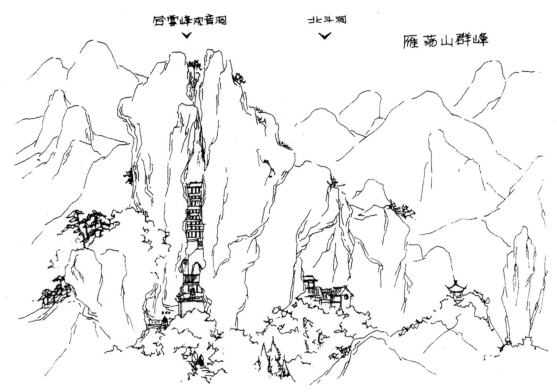

图 2-6-90　浙江雁荡山合掌峰，雁荡山群峰图

岗探出，石壁上凿有马蹄形坑可插足上攀，数步及顶，周顾皆成趣。云雾若幕，时开时闭，山在虚无缥缈中，令人忘形。浙江雁荡山有一合掌峰，实为一竖长山洞有如合掌之势（图 2-6-90）。创作者竟在坡洞中建了一座观音庙（图 2-6-91）。洞中有裂隙水，汇于洞门内一侧成池。山道傍池而上。洞内面阔不过数米，而进深较大，递层而山。寺庙建筑因台地错落布置，时左时右，形体玲珑。上至洞顶，山泉汇为小潭，名曰"洗心"。未想一罅中竟能建成有高下错落变化的精巧观音寺，令人叹服。

鞍山市千山风景区龙泉寺坐落在峰峦环抱的深壑之中。壑中建筑可据高远眺山外风景，而自山外却很难窥见深藏山壑内的建筑，俗称口袋地形，这与山路布置有关。与其相对的高远之处不设道路，人无驻足处亦无视点位置，因而山外不见山内；及近，山路突转，而山合凑紧锁谷口，只容山涧自谷口山脚滑下，清音漱石。这种远不得见，近无足够视距，又有顿石成门的屏障的地形，最宜安置保密性的建筑，如国宾馆之类。山门是谷口，壑内是两谷夹一岗的地形。岗上自下而上坐落寺庙主要建筑。外围峰峦相宜处开辟向外借景的建筑，自是一番以山为屏的封闭景观。壑内是有高下起伏的环状自然山林，有如一口袋，袋口闭锁于石谷，仅洞门容人出入。

山水相映的自然环境是园林建筑依托的最佳环境。就山水间架而言，要分清是以山佐水还是以水辅山。水是团块状还是长河如绳，或是分散的泮。作为风景名胜区，杭州西湖是块状的（图 2-6-92），山水尺度和比例得天独厚，但并不是完美无缺的。孤山东、西未与陆地相衔，西湖南北向交通要绕行，湖面大而空，缺乏堤岛的分隔与点缀。结合疏浚葑泥，就地兴建横亘东西的白堤和纵走南北的苏堤。先后堆了小瀛洲、湖心亭和阮公墩。构成山中有湖、长堤纵横、湖分里外、三岛散点、湖中有岛、岛中有湖的复层自然山水的格局。建筑便沿湖边、堤上、孤山上下、岛上顺应地宜布置。小瀛洲水面呈不规则"田"字形布置。建筑布局成为曲尺形贯穿式。南起码头，贯穿中心而在洲北以"心心相印亭"为终端节点与三潭印月衔接。每座单体建筑都循"宜亭斯亭，宜榭斯榭"的理法定位和选型（参见图2-5-2）。

《园冶》谓："亭者停也"，有深刻的含义。有如逛街购物，无中意的店面和引人注目的商品你是停不下来的。风景也一样，非到得景丰富、引人入胜之处是没有驻足、停留和欣赏的心情的。而此处亦有成景之需，那就需要安亭了。露台亦可观景，但不避风雨、不便就座休息，也没有楹柱构成的框景。但亭亦多式，平面和立面都有各种变化，如何选择呢？惟有"因境定形"。

比如平面呈三角形的亭基本是一面作为进口而两面观景（图2-6-93）。杭州西湖进小瀛洲，过了"九狮峰"后，石桥呈直角曲尺形向北伸展。于拐角处安置一个三角形的"开网亭"就非常得体。相当直角之一隅，与折桥平顺相衔，一面进亭，两面观景。网开两面，捕捉如画山水。

无锡之"春申涧"（图2-6-94），峨眉山之"梳妆台"（图2-6-95、图2-6-96）都以三角亭与蹬道正接或侧接，正接时路成直角转折，另两面正好观山谷上下之景。

峨眉山道旁一三角亭与路平行相连，亭内铺

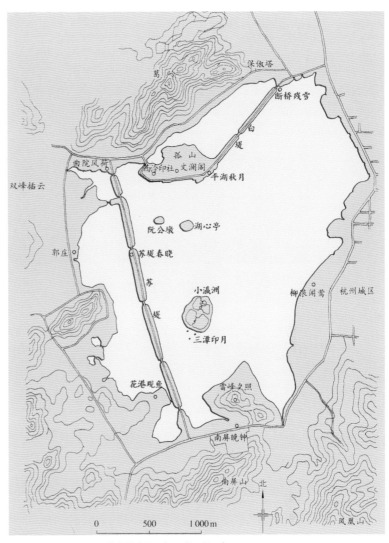

图2-6-92 杭州西湖是块状的（平面），西湖两堤三岛

图2-6-93 开网亭

图 2-6-94　无锡"春申涧"的卧云亭

图 2-6-95　峨眉山"梳妆台"

图 2-6-96
峨眉山"梳妆台"平
面图

地因落实在地面上的部分为大块卵石，而三角顶尖悬出的部分为木板铺架，匠心别出于因地制宜。由此可知，置三角亭于庭院中央孤立无依，或置于雄奇挺拔的天然石峰山顶都未与地宜吻合。从四方形、六方形、八方形到圆亭都与借景的界面、所处地形以及园路布局有关。虽不说得景要面面俱到，也要得之八九方可定型。

避暑山庄小金山"上帝阁"是正六方形阁。阁之六面，随楼层高下均可得理想的风景画面（图 2-6-97）。其所宗之镇江金山寺慈寿塔也是面面有景（图 2-6-98）。庐山"小巘傲立"可环周俯瞰鄱阳湖景，故"望鄱亭"设计成圆亭。

中国传统有天圆地方的哲理，以象天地选型就另当别论了。亭平面的几何形还有正、扁和曲折之分，都根据立意和地宜而随之应变。北京北海塔山北面中轴线上坐落了一座扇面亭"延南薰"（图 2-6-99），其立意出自《南风歌》。相传虞舜弹五弦琴唱此歌："南风之薰兮，可以解吾民之愠兮；南风之时兮，可以阜吾民之财兮。"表达了君王祝愿人民消除病痛和生财有道的祝愿。乾隆意欲延展这种君爱民的传统而建此亭。借风与扇的因果关系而选定扇面为平面的亭型。扇骨朝前作铺地图形，以扇骨端重合点为圆心，得出扇面殿。其亭漏窗和几案皆取扇形。

颐和园"扬仁风"亦因"扇被仁风"，借扇形为亭（图 2-6-100）。

上海动物园曾以扇面形亭作大众茶亭，方向与传统扇面相反。大面向外接纳饮茶者，内设弧状售茶台，近扇骨部分作为小储藏室，为钢筋混凝土及块石结构（图 2-6-101）。苏州拙政园之"雪香云蔚亭"所坐落之土山长于东西而短于南北，亭与山形走势相当，故取长方形（图 2-6-102、图 2-6-103）。而其东南之"梧竹幽居亭"（图 2-6-104、图 2-6-105），坐池东，向池西，西望"别有洞天"，景深层次都称佳境，居相对宽绰之地而成正方亭，外廊内墙，亭墙四面开正圆地穴，景物环环相套，蔚为大观。而居远香堂西北之"荷

图 2-6-97
避暑山庄小金山"上帝阁"

图 2-6-98
镇江金山寺妙高望月

图 2-6-99
北京北海塔山中轴北面扇面亭"延南薰"

风四面亭"（图2-6-106、图2-6-107），借土堤成三叉形而居中成六角亭。若或石或墙，有壁可为依托则可以半亭相应。苏州天池山有石壁立，石半亭依壁而生，极为浑朴自然。苏州残粒园"栝苍亭"坐落于邸宅山墙上方，下以假山为洞，穿爬山洞登亭。亭内利用墙面作博古架，向外可凭栏俯瞰全园山水，另一端则引桥而下（图2-6-108）。铁栏桥形踏跺以山石为支墩，二山石墩立面组合若环洞，于中可露出后面的墙和山石，是为小中见大之力作（图2-6-109）。

同一种亭子的平面形式，在不同地貌的条件下产生各种制地宜的变化。南通马鞍山的仙女山麓，石岩悬空，石矶探水，其间安一亭。亭之屋盖与上面的石岩嵌合相衔一体，凿石阶下通石矶，石亭坐落石台上，将上方的悬岩、下面的石矶连成一个整体（图2-6-110）。

在通往成都都江堰二王庙的乡村山道转角处，傍岩临溪。为了方便游人歇脚休息和坐观静赏而建了一个重檐的矩形亭，在景观上成了连山接水的媒介。考虑到路亭有过境穿过的交通需要，

图2-6-100　颐和园"扬仁风"

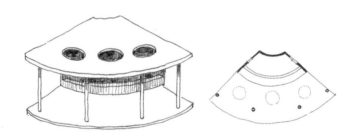

图2-6-101　上海动物园扇面形茶亭

图2-6-102　苏州拙政园的"雪香云蔚亭"

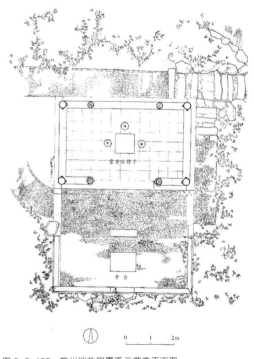

图2-6-103　苏州拙政园雪香云蔚亭平面图

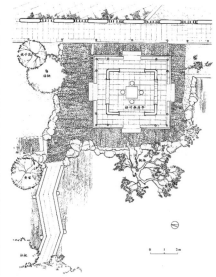

图 2-6-104（左）
梧竹幽居

图 2-6-105（右）
苏州拙政园梧竹幽居
亭平面图

图 2-6-106（左）
荷风四面亭

图 2-6-107（右）
苏州拙政园荷风四面
亭平面图

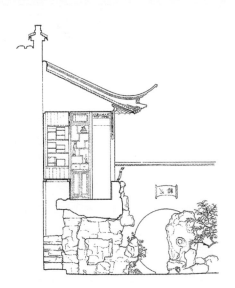

图 2-6-108
苏州残粒园"栝苍亭"
正立面及剖面图（从
剖、立面图可见亭内利
用墙面所做的博古架）

图 2-6-109 苏州残粒园"栝苍亭"铁栏桥

图 2-6-110 南通马鞍山的仙女山麓，其间安一亭

图 2-6-111 在通往成都都江堰二王庙的乡村山道转角处为方便游人歇脚建造的重檐矩形亭

亭与山岩间又架廊。廊之一头插入山石内，整合一体。路亭素木黛瓦，不雕不画，却显得相地合宜，构亭得体，木构有章，山乡气息甚浓（图 2-6-111）。

桂林月牙山有大岩洞一所，外有一小石孤峦独峙于谷中。借洞建楼，枕峦头安亭。亭为重屋，自洞口有悬桥搭连于亭之楼层。广寒为月宫仙境，经这样随洞就峦的布置，不同凡响，真有些仙意（图 2-6-112）。

北京北海静心斋之枕峦亭主要为了低处提升视高以因借外景。小六方亭建于假山之石峦上，虽是下洞上亭的结构，但实际上柱础都落在实处，而洞道包在亭外潜过。石门半开的石扇承接部分压力而自然成景。引上亭子的石踏跺参差错落，

图 2-6-112
桂林月牙山借大岩洞
建楼，枕峦头安亭

较之人工石级朴野得多（图2-6-113）。

而避暑山庄烟雨楼假山上之翼亭却是名副其实的上亭下洞结构。亭与洞平面重合，亭柱落在洞壁或洞石柱上（图2-6-114）。

广州黄埔港近山处有长石矗峙无依，借长岗做长亭。为开拓前景视域，亭之屋盖呈船篷形，单柱支撑，下亦有若甲板探出而与岩石相接。长亭后座以粗犷的块石墙作地穴通到亭形花架，依花池逐级下落接山道自岗下绕出。亭极简朴而与长岗极为相称（图2-6-115）。

笔者在设计深圳仙湖风景植物园时，山湖间有一长形石岗斜探而出，令环路绕过，两端引小路盘旋上山冈。此处上可仰山，下宜俯瞰深圳水库，故定名"两宜亭"（图2-6-116）。前出矩形廊，后接重檐方亭。块石墙地穴前额题"瞰碧"，后额题"仰秀"，山岩间植以山林类的乔灌木或山花野卉，自成湖山景区间过渡的停留、休憩的佳处。亭之理法如此，其他建筑皆然。

清代李渔在《闲情偶寄·居室部》中对建筑布置的宏观和微观都总结了经验而且语言生动。有关尺度与比例，他说："开牖莫妙于借景，而借景之法予能得其三昧，向犹私之。今嗜痂者众，将来必多依样画葫芦，不若公之海内，使物物尽效其灵，人人均有其乐。但期于得意酣歌之顷，高叫笠翁数声，使梦魂得以相傍，是人乐我亦与焉，为愿足也。"他在西湖创立了船舫便面之形，四面实而虚中，只有二便面。"坐于其中，则两岸之湖光山色、寺观浮屠、云烟竹树以及往来之樵人牧竖、醉翁游女连人带马，尽入便面之中。作我天然图画且又时时变幻。不为一定之形，非特舟行之际，摇一橹变一象，撑一篙换一景。即解缆时风摇水动，亦刻刻异形。是一日之内现出百千万幅佳山佳水，总之便面收之。"他还创造了"尺幅窗"与"无心画"。"余尝作观山虚牖，名尺幅窗，又名无心画。姑妄言之，浮白轩中后有小山一座，高不逾丈，宽止及寻，而其中则有丹崖碧水、茂林修竹、鸣禽响瀑、茅屋板桥。凡

图2-6-113　北海静心斋枕峦亭

图2-6-114　避暑山庄烟雨楼假山上之翼亭上亭下洞

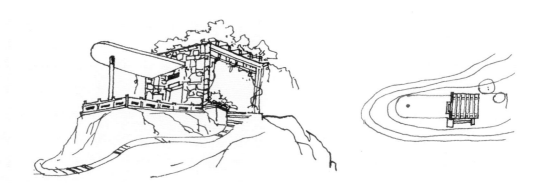

图 2-6-115
广州黄埔港近山处有
长石矗峙无依，借长
岗做长亭

图 2-6-116 深圳仙湖风景植物园的"两宜亭"

山居所有之物，无一不备。盖因喜塑者肖予一像，
神气宛然，又因号笠翁，顾名思义而为把钓之形。
予思既执纶竿，必当坐之矶上。有石不可无水，
有水不可无山。有山有水不可无笠翁归休之地，
遂营此窟以居之。是此山原为像设，初无意于为
窗也。后见其物小而蕴大，有须弥芥子之义，尽
日坐观，不忍合牖。乃瞿然曰，是山也，可以作画。
是画也可以为窗。不过损予一日杖头钱为装潢之
具耳。遂命童子裁纸数幅以为画之头尾及左右镶
边。头尾贴于窗之上下，镶边贴于两旁，俨然堂
画一幅而但虚其中。非虚其中，欲之屋后之山代
之也。坐而观之，则窗非窗也，画也。山非屋后
之山，即画上之山也。不觉狂笑失声，妻孥群至，
又复笑予所笑。而尺幅窗、无心画之制从此始也。"
李渔把构思过程生动地传达给我们，而今已有玻

璃等材料和工程技术，但应知当初先贤创业之艰。

植物种植布局

总体布局中的植物种植主要解决树种规划、
种植类型的分布、乔木、灌木、花草以及常绿树
种和落叶树种的比例，季相特色等。而在千分之
一到五千分之一的总平面图上只能概括地表现。
植物是营造园林的主要因素，其布局主要随地形
设计创造出来的环境随地制宜来构思和安排。树
种规划已经体现了植物分布的地带性。有用"乡
土植物"名称的。我同意朱有玠先生的观点，应
该提"地带性植物"。因为植物分布的规律与城
乡概念无关，而与地带性气候息息相关。地带性
气候虽也随时间推移而变化，但这种时间是极漫
长的。同一地带又因山地、平原、干湿等气候条
件相应地分布着与该环境相适应的植物群落。自
然界植物分布是我们人工种植植物的良师。根据
用地中不同地段特殊的小气候生态条件来选择与
地宜相适应的植物。

植物的功能作用很多，为什么进入文化概念
的只有"大树底下好乘凉"和"余荫后代"呢？
说明以荫概括树木的功能。不论从生态或景观的
角度讲，植物种植都应以乔木为骨架来组织乔、
灌、草、花的人工植物群落。园林的小气候与大
地的大气候还有所差别。不可能将自然界的植物
群落原封不动地搬进园林，而是以地带性植物群
落分布为主要依据进行人工植物群落种植。地带
各有其气候的优势，也客观地存在不良的气象因
素，如我国北方干燥而寒冷，江南湿润而炎热，

华南闷热，四川盆地多雾等。要因害设防和因境造景。为了缓解高温、干燥、日晒、大风、扬尘、噪声而各有相应的植物与之相应，有的放矢，方能奏效。生态和景观则是不可分割的整体，生态环境是人类生存的生理基础，而景观是观赏和游览的物质和精神文化的基础。生态环境到了不宜人的下限，人也就没有游赏的生理基础了。"要风度，不要温度"只限在一定幅度内，超限则风度不起来了。华南地带棕榈科的一些乔木是很能体现亚热带的风光的。椰树很美，但椰树少荫也是客观的。海边种椰成林很好，而在日晒强烈之地如海口、三亚广泛用作行道树是不合适的（图2-6-117）。有很多浓荫常绿阔叶乔木为什么不用呢？这是值得商榷和深思的。防晒降温一定要树冠高大、枝叶密生、层厚荫浓的乔木。露地防风选深根性树种并有一定的透风能力，屋顶花园则选重心低的树木（图2-6-118）；减尘选叶片面积系数大、叶面可滞留尘埃的树种；减噪选枝叶浓密、有刺带毛、叶表面粗糙的树种，声音因摩擦而逐渐消失；有污染的地方要选用相应的抗性树种。

按生态条件而论，一般用地可分山地或丘陵地的阴、阳坡。光照条件则因坡谷的高度和朝向形成不同的光照条件。以土壤含水量不同可分旱生、一般湿度、湿生、沼生、浮生和水生。沼生植物生长的水深一般在10～20厘米，荷花要求水深50厘米左右。岩石多土壤少，或表层岩石、下层为土壤的地适于岩石植物。欧美盛行的岩石植物园（Rock Garden）是借研究阿尔卑斯山的高山植物之风而兴起的。自然风致式的英国园林中的岩石植物园，在这方面积累了很好的经验，值得我们借鉴。如Sheffield Park Garden中的岩生植物园从山顶的乔木、山腰的灌木和花卉到山麓的沼生植物都是自然式种植（图2-6-119）。又如Wesley Garden，其中一种道旁、墙前种植的形式称花境（Border），以墙或深暗的绿篱为背景，将以多年生花卉、球根花卉为主的材料块

状或带状组合成为一个花境，按季节此起彼伏地展示花卉的自然美，很值得吸取（图2-6-120）。

据王宪章著文《我国第一个岩石植物园》称："1934年建的庐山植物园中开辟了我国第一个岩生植物园。这里收集了各类岩石植物达600余种。这些植物在各自的岩石空隙成群结体，簇拥生长，

图2-6-117 椰树广泛用做行道树不合适

图2-6-118 屋顶花园选重心低的树木，奥斯芒德森设计的加州奥克兰市恺撒中心屋顶花园

图 2-6-119　英国爱丁堡植物园岩生植物

图 2-6-120　英国 wisley 公园花境

图 2-6-121　北京天坛侧柏林鸟瞰图

有的依石挺立，与周围乔木争雄，有的缠绕在岩石上枝蔓交错，光陆离奇；有的匍匐在石缝里宛如一方方绿色的地毯。"当然还有沙生的环境，以河滩、海滩居多。专类园可算中国传统园林的一种园中园形式。唐代王维辋川别业的文杏馆、木兰柴、茱萸沜、宫槐陌、竹里馆、漆园、椒园；北宋艮岳的万松岭，萼绿华堂、竹岗、杏岫、桃溪、芦渚、海棠屏、辛夷坞等都是因景区独有的地形、地貌构成适于专类植物生长和繁衍的环境，故以专类园的形式集中种植。

就种植类型而言，有孤植、对植、树丛、树群、树林、草地、缀花草地、花草甸、花台、花池、花境、花坛和攀缘植物种植等。树林又分纯林、混交林、密林、疏林、疏林草地等。纯林虽单纯而因纯而气魄胜人。宜选寿命长、适应性强、少病虫害的树种。我国华北平原自古至今有自然的侧柏林分布，故北京的五坛八庙多有侧柏纯林种植，至今有 800 至千余年的树龄，仍然生长健壮（图 2-6-121）。有些树种如国槐，虽然树龄也有数百年，然老态龙钟，空心枯枝，一副败落的景象。松也有天然纯林，一旦病虫害爆发，很难控制，故宜有所混交。如华北地带的松栎混交和江南地带的马尾松与毛竹混交等。树林宜乔灌木、花草复层混交，无论从生物多样性、植物群落生态链或景观优美而言都是上乘。上木、中木、下木、林缘花灌木、地被浑然一体。从湿度、温度、光照和相生各方面均争取各得其所。对于强调光照、通风的用地就不宜盲目提倡绿量越大越好，绿视率越大越好。这是对总体而言的要求，并不适宜每个局部。树群和树丛可以同种，也可以混合。要强调自然式种植。即使同一种树也要以不同树龄、不同形态来搭配。否则做不出相向、相背、俯仰、呼应、顾盼、挺立、斜伸、低垂、匍匐之情。自然的人化很讲究这些诗情画意的传统，植物种植不单纯是物质的自然体，人要赋予它们情态，以表达美好的意境。

植物种植有整型式和自然式两种布置形式。

图 2-6-122
植物种植在大多数城
市用地宜采用自然式

一般讲在大型公共建筑衔接处、具有纪念性所在和环境要求中轴对称的用地可采用整型式，而大多数城市用地宜采用自然式（图 2-6-122）。在城市景观人工化的今天，特别要强调自然式布置的乔灌木和花卉种植来调剂过于人工化、几何形体化和硬质材料覆盖的建筑表层和铺地。即使平整的大道，道旁绿地也未必一定要成行等距地种植，特别是修剪成各种几何形体等。把自然景观人工化，说得严重些是亵渎自然景观。中华民族的传统景观文化是内蕴人文外施自然面貌的景观，外观有若自然，有真为假，做假成真。欧洲则认为一切美的景物都是符合数学规律的。几何学产生于尼罗河两岸，几何式构图风行于欧美。

中国古代园林，特别是中小型的宅园或皇家园林广泛地应用点植，并往往有谐音的古利种植。

乔、灌、花、草自然混合。乔木总是骨架，灌木主要种植在树林中或林缘，在乔木为背景的烘托下衬出花灌木。灌木当然可以灌木丛、灌木片、灌木带的种植形式相对独立地成景。花卉也须乔灌背景衬托，既可万绿丛中一点红，也可以集中地使用花卉种植，进而争取地栽，多用自播繁衍的 1～2 年生花卉和宿根花卉。欧洲花境中的水生花卉多有值得吸取之处，但也要设计出中国特色。

草地是不可缺少的，但多少要以地带气候条件的特色而定。草地也要定性，有观赏草坪，游人禁入；也有供人活动的草地。不一定都要修剪，狗牙根、野牛草、苔草等都可任其自然生长。但都要精心管理，要考虑轮流修养草地。古人喻植物为人的毛发，中国历史上有专类园的做法，物以类聚，集中则表现强烈。中国更讲究植物的人化。《广群芳谱》集中了我国数千年的人文资源，花皆有意、有韵，这是必须继承和发展的。

第七章　理　微

　　理微是细部处理，园林艺术要宏观、微观并重，如果没有优美的微观景物供人细品，还有什么孤立的精彩宏观布局可言呢？李渔在《闲情偶寄·山石第五》中谈及观画的方法时论述了假山宏观景观的重要性："名流墨迹，悬在中堂。隔寻丈而观之，不知何者为山，何者为水，何处是台榭树木。即字之笔画，杳不能辨。而只览全幅规模，便令人称许。何也？气魄胜人，而全体章法之不谬也。"这是指远观，反之如果近取才可欣赏构图之精巧、笔法之刚柔缓疾。此外，墨色之浓淡枯润、飞白、屋漏痕也都生动地渲染出画题的诗意，那才算是上品之作。

　　人说"兵不厌诈"，我说"景不厌精"。"远观势，近看质"，但不论土作、石作、瓦作、木作的细部皆从"因借"产生，所谓"栏杆信画，因境而成"，就是买栏杆成品也要因境选型。古代园林尤其是古代私家园林，由于财力有限，占地面积和规模也随之有限，因此对园林有"日涉成趣"的要求。就这么一座私园，每天要入游而且每游每得其趣。这就要求有些景要精微布置，耐人寻味。就现代园林而言又何尝不要耐寻呢？这些理微之景可以是建筑的细部，也可以是独立的小品，建筑室内外装修诸如石雕、砖雕、木雕、贝雕等。鹅颈栏杆用于水禽池合宜，而置于旱地或沙地就不见得合宜。再以门窗中的地穴（空门）而论，券门式、八角式、长八方式、执圭式、葫芦式、如意式、贝叶式、剑环式、汉瓶式、片月式、八方式、六方式、菱花式、如意式、梅花式、葵花式、海棠式等都是《园冶》中列出之古式，在此基础上我们还可以创新发展，以什么环境来体现有因果关系之形，以求协调统一。比如茶室我们可以做茶壶式、盖杯式；饮茶可清心，与清心有关的物象都可以用，如扇式、如意式、月洞式等。还可细到砖雕、木雕、图案玻璃，但都要从借景生创意，从意出形。植物种植是既有宏观而又极精微的，参考《广群芳谱》从中吸取如何因借（图2-7-1～图2-7-6）。

　　现存广州的陈家祠堂就是一座理微的宝库。

图2-7-1（左）
木雕

图2-7-2（右）
川西古庙立面处理变化统一

图 2-7-3　川西古庙石照壁

图 2-7-5　留园"还我读书处"垂带

图 2-7-4　川西古庙铸铁幡杆

图 2-7-6
网师园砖雕

图 2-7-7 室内木雕落地罩

图 2-7-8 陈家祠堂垂带

屋脊和砖墙的砖雕展示出好多历史故事。砖雕多为深刻的浮雕，立体感很强。一般构图都比较完整，如有行家同行介绍，每一幅都是一个故事。建筑台阶的垂带一般很少见有什么细部装饰，而陈家祠堂大门的台阶垂带就做得十分精细，简繁合度，装饰性很强。大门石鼓，既大又精细。院内石栏、木栏，室内木雕落地罩等耐人欣赏（图2-7-7 ~ 图2-7-10）。

河南开封有不少会馆，其中有一琉璃阁，六面由不同花饰的琉璃砖组成，在变化统一方面大有文章。有一会馆建筑檐下有四季瓜果的木雕，琳琅满目，眼顾不暇。虽然颜色已褪，但形体和质感都令人动心。有些瓜果层层相套，有如象牙雕球中套球那样精致，令人叹为观止。

沈阳东陵墓壁上以琉璃作花瓶插花（图2-7-11），乍看并不十分起眼，听导游介绍后才知，插花枝数就是清代皇帝的总数，其中一花枝萎靡不振，那是代表其中一位病怏怏的皇帝。无独有偶，广东番禺的余荫山房也有壁上琉璃细作，我记不清在什么庙宇里一独立壁上小品，导游能讲十分钟。这些都说明当细则细，宜精则精。并不是所有局部都要细作，这一定要把握好。北京故宫御花园有雕砖卵石嵌花路，似路中锦澜，做工极精致。

广东四大名园之"十二石斋"可惜原址不存，但这十二卷山石仍然在世。这是园主人梁九图游南岳衡山后于归途买到的，主要是黄蜡石，但有以石代山的特点。主人有腿疾，年老后腿脚不便出游，便在地不盈亩的地面上造庭院。二石一盆，盆为石作。每天游赏，神游山水，吟诗作画，不尽欣赏。也有友人甚至不相识的宾客慕名而至，共吟同赏。十二卷山石不仅终日，而且终年，如不是精致入微的构思，哪得深境如许。

图 2-7-9　陈家祠堂大门石鼓

图 2-7-11　沈阳清东陵影壁琉璃花饰

图 2-7-10　陈家祠堂屋盖

第八章　封　定

　　书法家和画家老了要"封笔"，演员老了告别演出要封台。这反映艺术家们为保证艺术的质量而采取的相应措施。园林亦然。创作之始，不断完善，甚至可能有较大变更，但终有定局之时。不能无尽止地变动，要稳定下来成代表作。杭州西湖的建设经历了唐、宋、元、明、清至今。二堤三岛的布局已稳定下来。所以新中国成立后疏浚西湖之泥土不再画蛇添足，而在西湖南面以"吹泥"塑造了太子湾公园的地形，这是正确的。特别是名作，苏州拙政园明清之交才堆土山划分水面，但布局既定也就稳定下来。

第九章　置石与掇山

第一节　词义与概念

　　中国园林有一种肇发最早、独一无二的园林因素和造园技艺，这就是置石与掇山。它的产生与发展只能用"人杰地灵"和"天人合一"之文化总纲解析。中国盛产山石，但产石之国何止中国。石灰岩储藏量最丰富的国家是加拿大，但加拿大并没有肇发假山。人类社会都经历了石器时代，但中国却率先将生产工具的山石发展为造景手法（图2-9-1-1、图2-9-1-2）。而且古代造园有"无园不石"之说，何也？自有中华民族文化之根基。园林用石并非单纯出于物质材料之需。中国古人认为"天地有大德而不言。"从拙政园"卷云山房"楹联可见一斑。联曰："花如解笑还多事，石不能言最可人。"古人之爱石，不以石为物，而是人"与石为伍"（图2-9-1-3、图2-9-1-4）。

　　我们把零散布置而不具备山形的造景称为置石，而将集中布置而且造出山形的景称为假山。"假"这个字眼一般是贬义的，特别是在外国人心目中更是如此。而中国文化以大自然为真，以一切人造的事物为假。园林从这方面涵义来讲就是"有真为假，做假成真"。这也是置石和掇山的至理。人造自然恩格斯称"第二自然"，有第一自然存在才可能出现第二自然。另一层意义是人不满足于大自然的恩赐，而是以人造自然不断改善居住环境。这便是"有真为假"的双层含义，即"有真斯有假，有真还为假"。园林循时代而进，但不断满足人对自然环境在物质和精神两方面的综合要求，使获得身心健康、养生长寿和持续发展的宗旨是万变不离其宗的。园林建设若出偏差，

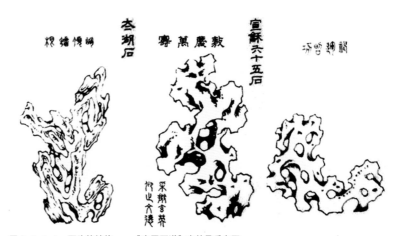

图2-9-1-1　石头的性格——《素园石谱》中的艮岳名石

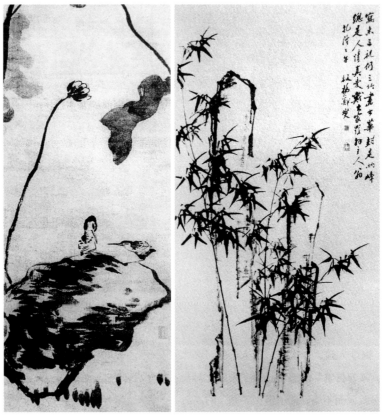

图2-9-1-2　瘦石与丑石

图 2-9-1-3
"与石为伍"——竹
林七贤与丑石

图 2-9-1-4
"拜石为友"——米
芾拜石图

根源亦在此。另一方面，人造自然追求的理想境界是"虽由人作，宛自天开"。为什么不提"却是天开"而用"宛"字呢？首先是不可能，同时人们也不满足于纯朴的自然美。大自然是园林艺术取之不尽，用之不竭的宝库，但作为自然特殊

一员的人能以劳动创造世界，其中包含对精神文化的追求。除人以外，大自然不能反映人的情感，因此以"物我交融"的文化艺术手段移情于物，将社会美注入自然美而构成艺术美，这就是"做假成真"的涵义。以"真"非彼真也。中国文化视假山之"假"为褒义，"假"指以自然为师的园林艺术和技艺。是以真石、真土造假山，与现代以各种人工材料的假石假山有本质的区别。

建造假山通称造山，包括土山、土山戴石、石山戴土、剔山、凿山和掇山。计成口音是吴音，故在《园冶》中称掇山，即掇石成山之意。掇山代表中国假山的主要类型。真山受水蚀和风蚀等影响，它的发展在成岩以后是"化整为零"的过程，从碎岩到卵石直至成砂。而假山是以真石为材料，按照自然成岩的规律"集零为整"，掇山就是掇合山石成山。

第二节 功能与作用

为什么有"无园不石"之说呢？确因客观上有可作为自然材料使用、具有一定实用功能、特别是在发挥使用功能的同时还具有造景的功能。因此，置石与掇山是中国园林使用广泛、运用最灵活、外貌自然而内涵丰富的具象造园手法之一。使中国自然山水园频添游兴而又耐人寻味。就艺术而言，它秉承了田园诗、山水诗、山水画的文脉，从平面发展到空间，从第二信号系统发展为身历的景观环境；从技艺方面则吸取了建筑石作、泥瓦作等工程技术，逐步形成独特、优秀的中国假山技艺。历代假山哲匠为我们积淀了极丰富的经验。

置石和假山具有多方面综合作用。首先，可作为园林的主景和山水骨架。《园冶》所提"峰虚五老"以及苏州的五峰园就是说以置石为主景（图 2-9-2-1）。北京北海的静心斋（图 2-9-2-2）、香山的见心斋（图 2-9-2-3）、苏州的环秀山庄（图 2-9-2-4）、上海的豫园（图 2-9-2-5）、南京的瞻园（图 2-9-2-6）、杭

图 2-9-2-1（左）
苏州五峰园

图 2-9-2-2（右）
北京北海的静心斋

图 2-9-2-3（左）
香山的见心斋

图 2-9-2-4（右）
环秀山庄掇山

州的文澜阁（图 2-9-2-7）、广州的风云际会
等都是以假山为主景的园林。而北京之圆明园、
苏州之拙政园等都是以假山为地形骨架，作为
组织空间和分隔空间的手段。圆明园就"丹陵沜"
沼泽地之水利，掘池堆山，作为创作景区和分
隔景区的手段。颐和园仁寿殿西以土石相间，
以土石为主的假山与耶律楚材墓分隔并兼作划
分空间的障景山。苏州拙政园入腰门后以黄石
假山为对景和障景，并借以塑造以翻山、穿洞、
傍岩等不同景观的游览路线，发挥了"日涉成趣"
和"涉门成趣"的艺术效果。

　　置石中的特置、散点等山石小品可以用以点
缀庭院、廊间、漏窗、踏跺、墙角、池岸、水边、
草际等（图 2-9-2-8 ～图 2-9-2-12）。这些置
石具有"因简易从，尤特致意"的特色。甚至可
达到"片山有致，寸石生情"的高境界。

　　除此以外，叠山石可作护坡、驳岸、飞梁、

图 2-9-2-5
上海豫园

图 2-9-2-6
南京瞻园

图 2-9-2-7
杭州的文澜阁

图 2-9-2-8（左）
置石点缀漏窗（留园
石林小屋）

图 2-9-2-9（右）
置石踏跺（环秀山庄）

图 2-9-2-10（左）
置石踏跺（留园）

图 2-9-2-11（右）
置石角隅（小莲庄）

图 2-9-2-12
置石点缀池岸（艺圃）

汀石、花池、花台，也可与室外器设结合作成石屏、石榻、石桌、石凳、石栏等。假山的造景功能可与实用功能融为一体，与水体、建筑、园路、场地、小品以及植物组合成千变万化的综合景观，使人工建筑自然化，使建筑通过山石过渡到植物，以素耀艳，化平板呆滞为生动、致雅生奇。臻化出妙而不可言的人造自然景物，令人心满意足，耐人寻味。

第三节　假山沿革简要

孔子"为山九仞，功亏一篑"之喻说明古代筑山始于水利之疏浚而将挖土堆积成山，逐渐从与生产斗争的土发展为园林造景的山。明绘《阿房宫图》可见湖石假山，《汉宫典职》载："宫内苑聚土为山，十里九坂"。《后汉书》载："梁冀园中聚土为山，以象二崤"。说明先出现筑土山而后掇石山，造山之始以真山为准绳，悉意模仿，体量一般都很大。由于古人是诗人、画家、造园家集于一身，加以唐宋山水画发展，出现"竖画三寸当千仞之高，横墨数尺体百里之回"的画论，使假山从模仿逐渐提高到总体概括、提炼和局部

夸张的阶段。

最早记载石山的是东汉的《西京杂记》："袁广汉于北邙山下构石为山"。《魏书·卷九十三·茹皓传》载："北魏茹皓采北邙山及南山佳石，为山于天渊池西"。在园林山石上镌刻文字题咏则始于唐代宰相李德裕。至北宋，假山造极。宋徽宗命朱勔以"花石纲"为运石船旗号，把江南奇石异花运至汴梁，兴造寿山艮岳，成为历史上规模最大、运距最远、石品最高和掇山最精的假山。《癸辛杂识》载："前世叠石为山，未见显著者。至宣和艮岳始兴大役。连舻辇致，不遗余力。其大峰特秀者，不特封侯，或赐金带，且各图为谱。"宋以后"花园子"、"山子"等专事掇山技艺的哲匠和技工迭出。从私人宅园到皇家御园无不尚艮岳之风，只是规模不同。吴兴叶少蕴之石林负盛名。园居半山之阳，万石环之。并不采石而是因山石之势剔出石景。明代后用石更广泛。扬州因园胜，园因石胜。稍后则苏州私园大兴，假山名园辈出。就中以清代戈裕良所掇"环秀山庄"最为精巧，是为湖石假山现存之顶峰。

戈裕良还涉及建造常熟燕园，除湖石假山外，

图 2-9-3-1 花港观鱼假山

图 2-9-3-2 北京奥运公园"林泉高致"假山

图 2-9-4-1 现存天然太湖石岩床

尚有黄石假山的大块文章。近世假山循时代而发展。南京明代瞻园由刘敦桢先生设计、王其峰师傅施工增加了南假山，延展了北假山。杭州玉泉和花港观鱼（图 2-9-3-1）都有现代的新作品，北京奥运公园也兴造了假山作品（图 2-9-3-2）。

第四节 石材

《园冶·选石》列出十余种石材，如果归纳一下，园林常用石材有几大类。

（一）湖石类：石质为石灰岩，循岩溶景观变化和发展。土中、水中、山中和露天皆有所产，尤以太湖西洞庭即苏州洞庭东山一带最著名。《苏州采风类记》说："太湖石出西洞庭。多为波涛激啮而为嵌空，浸濯而为光莹。或缜如圭瓒、廉如剑戟、矗如峰峦、列如屏障。或滑如肪，或黝如漆，或如人、如兽、如禽。好事者取之以充园囿庭除之玩，以所谓太湖石也。"明代文震亨著《长物志》说："石在水中者为贵，岁久为波涛所击，皆成空石，面面玲珑。在山上者为旱石，枯而不润，赝作弹窝，若历年久，斧痕已尽，亦为雅观。吴中所尚假山，皆用此石。"（图 2-9-4-1）

实际上是水溶解空气中的二氧化碳而形成碳酸腐蚀石灰岩体日久形成的。主要是化学作用而不是物理作用，含碳酸的水浪激水涌的淘蚀形成玲珑剔透的形体。本来平的石面，经酸蚀而浅浅地下陷，初成"皴"，继而扩大成"窝"。继续向进深方向溶解则成"环"、"岫"，岫被溶融了变成为"洞"。如从面阔方向成窄带型发展变成为"纹"，更深便成为"罅"和"沟"。沟洞可穿插，窝洞可相套，形成玲珑剔透、洞穴嵌空、空灵光莹、皴纹疏密、环洞相套的溶岩外观。所以古人常以瘦、漏、透、皴、丑为湖石形象的评价标准。清代李渔著《闲情偶寄·居室部·山石第五》说："言山石之美者，俱在透漏瘦三字。此通于彼，彼通于此，若有道路可行，所谓透也。石上有眼，四面玲珑，所谓漏也。壁立当空，孤峙无依，所谓

瘦也。然透瘦二字，在在亦然。漏则不应太甚，若处处有眼，则似窑内烧之瓦器，有尺寸限在其中。一隙不容偶闲者，塞极而通，偶然一见，始与石性相符。"皱为不平，丑为不方、不圆、不整（图2-9-4-2）。

《园冶》谓太湖石，"苏州府所属洞庭山，石产水涯，惟消夏湾者为最。性坚而润，有嵌空、穿眼，宛转、嵌怪势。一种白色，一种色青而黑，一种微黑青。其质纹理纵横，笼络起隐，于石面遍多坳坎，盖因风浪冲激而成，谓之'弹子窝'，扣之微有声。采人携锤潜入深水中，度奇巧取凿，贯以巨索，浮大舟，架而出之。此石以高大为贵，惟宜植立轩堂前，或点乔松奇卉下，装治假山，罗列园林广榭中，颇多伟观也。自古至今，采之已久，今尚鲜矣。"昆山石同属湖石类，因产地不一尚有昆山县（现为昆山市）马鞍山为赤土积渍之昆山石，扣之无声，不成大用。宜兴湖石产于张公洞善卷寺一带山上，质夯、有色黑而黄者，也有色白质嫩者，不可作悬用，恐不坚也。安徽灵璧县磬山产灵璧石（图2-9-4-3）。石产土中，质脆而比重大，扣之铿然有声。有的为赤土所渍，铁刃刮、铁丝或竹帚扫、兼磁末刷治清润，因红色成分多为氧化铁。百里挑一有得四面者，宜作特置或置几案小景。有扁朴或成云气者，可悬之室中为磬，所谓"泗滨浮磬"是也。宣石产安徽宣城一带，灰石含氧化铁，石表有白色石英层覆盖有若积雪一般，愈旧愈白，俨如雪山。扬州个园冬山用宣石掇山，效果很好（图2-9-4-4）。安徽还有巢湖石，体态顽夯而色泽灰黄。山东仲宫县则有仲宫石也属湖石类。广东英德县（现为英德市）产英石（图2-9-4-5），石产溪水中，质坚而脆、嶙峋突屼、皱纹深密，精巧别致，扣之似金属声。多皱与纹而少于洞。多见者为浅灰

图2-9-4-2（左）太湖石

图2-9-4-3（中）故宫的灵璧石

图2-9-4-4（右）宣石

图2-9-4-5　英石

色的"灰英"。罕见者有"黑英"及"白英"。广东顺德大良镇清晖园曾有黑英，广州白天鹅宾馆有一卷曲硕大高挑的白英把门迎宾。《长物志》说："英石出英州，倒生岩下，以锯取之，故底平"。四川西部则有灰黑光亮的"猪油石"。如峨眉山清音阁黑白二水山溪的猪油石。

北京房山区产房山石又称北太湖石（图2-9-4-6）。密度大而质地闷绵，少有大孔大洞，而多蜂窝状浅岫。因含氧化铁而黄中带赤，年久

图2-9-4-6
房山石假山

图2-9-4-7（左）
上海豫园黄石假山

图2-9-4-8（右）
苏州耦园西园的黄石假山

则色浅淡。北京北海、故宫乾隆花园主要是房山石掇山，自有一番雄浑、沉实的风格。总而言之，湖石类是石灰石溶岩的总称，由于分布地点和环境的差异而细分。湖石并非太湖独有，而太湖石确为湖石中之翘楚。

（二）黄石、青石类

这类山石属于沉积的细砂岩，因含不同矿物成分而具有不同色泽。江南一带以常熟虞山为代表的是黄石。元代山水画名家大痴画黄石外师之造化即虞山。常熟有戈裕良在燕园中掇的黄石假山。明代假山哲匠张南阳在上海豫园掇的黄石大假山（图2-9-4-7）和苏州耦园西园（图2-9-4-8）的黄石假山等。黄石是风化而成，属方解型节理，由风化及水流造成崩落和解体都是沿节理面分解，形成大小不同，凹凸进出，不规则的方、矩形多面体，石之节理面呈相互垂直分布。方正平直、沉实浑厚，两石面相交线成锋，凌利挺括、光影分明。加以大崩小裂，直是鬼斧神工。言黄石之美如斯。黄石各地均有所产，常州黄山、苏州尧峰山、镇江圌山所产较为著名。青石一是节理并不都相互垂直，节理面不很规则，有成墩状与呈片状者，色泽青灰。产于颐和园北面红山口一带，有种多片状的成青云片。

（三）石笋（剑石）类

多为沉积的砂岩，成细砂中杂有卵石等它物，

呈长条形沉积于地沟内。《云林石谱》说石笋："率皆卧生土中，采之随其长短，就而出之。"采出竖用，故又称剑石。石笋皆竖用为胜，独立置于花台上、粉墙前、地穴或漏窗框景中，取得"收之园窗，宛然镜游"的画意效果。因石笋与一般山石性格差异很大而不宜混用。

1. 百果笋：北方称为子母剑，以卵石为子，砂岩为母的一种石笋。其形秀拔，其色清润，常呈灰青色。布置散置石笋，忌成"山、川、小"等对称、呆板的组合（图2-9-4-9）。

图2-9-4-9
北京故宫御花园百果笋

2. 慧剑：纯为青灰色细砂岩而不含其他杂质。宽者近一米，高者近十米，如中南海和北京颐和园万寿山东部山腰"含新亭"之慧剑等。江南还有一种斧劈石，接近石笋造型而较浑厚（图2-9-4-10）。

3. 乌炭笋：色墨灰或墨黑如炭者，质坚而脆。

（四）其他类

有湖南、广东一带产的黄蜡石，色褐黄而体态有些浑圆。多墩状而贵于长条形。还有呈卵形的砂岩成石蛋，但可置石而不宜掇山（图2-9-4-11）。

古代采石多因势凿取，现代多用轻爆破，对于有特殊景观价值的山石不仅要慎采，而且要慎运。有因采运不当而损坏者，引为至撼而殊为可惜。古代运输条件差，却能远距离将巨石完整无缺运到目的地。特别是太湖石，质坚而脆，产地不见得有道路，很易损坏。北京《华阳宫纪事》记载："神运昭功敷庆万寿峰"，"广百围，高六仞"。约合周围长四米，高十米。从江南运至今开封。《癸辛杂识》载："艮岳之取石也，其大而穿越透者，致远必有损折之虑。近闻汴京父老云：其法乃先以胶泥实填众隙，其外覆以麻筋杂泥，固济之圆浑，日晒极坚实。始用大木为车，致于舟中。直候抵京，然后浸之水中，提去泥土，则省人力而无它虑。"又《吴兴园林记》载有沈尚书园玉运石的情况："池南竖太湖石，三大石各高竖数丈，秀润奇峭。以大木构大架，悬纽绳城而出。载以

图2-9-4-10
颐和园慧剑

图2-9-4-11
黄蜡石

图 2-9-5-1　苏州留园的"冠云峰"

连航，涉溪渡江。"说明吊运工具虽受时代限制，但技艺是精湛的。

第五节　置石

（一）特置

独立而特殊布置的山石。江南将竖峰的特置称"立峰"或"峰石"。但特置未必都竖立，宜蹲则蹲，宜卧则卧。因石观赏特性而定，未可拘泥，故以特置名置之较妥切。自然界因风化或溶融可形成奇峰异石的天然石景。诸如借以为避暑山庄构景焦点的"磬锤峰"、绍兴柯岩"天人合一"的"云骨"、泉州的"风动石"、黄山的"飞来石"、广东西樵山的"蘑菇石"等。自然界的奇峰异石是特置山石布置之本，是依据、是源泉。往往从自然界寻觅合宜的山石作为特置山石的材料。选石的主要标准是石奇特不凡，如与一般山石混用会埋没其天资，唯以特置的布置方式才能充分发挥其秀拔出众的素质。诸如艮岳之"神运敷庆万寿峰"、苏州留园的"冠云峰（图 2-9-5-1）"、苏州旧织造府（今第十中学）的"瑞云峰"、上海豫园的"玉玲珑"、杭州的"绉云峰"（图 2-9-

图 2-9-5-2　太湖石赏石名作（从左至右）——苏州旧织造府"瑞云峰"、上海豫园"玉玲珑"、杭州"绉云峰"

5-2）、嘉兴小烟雨楼的"舞蛟"（图 2-9-5-3）、南京原置瞻园的"童子拜观音"、广州的"大鹏展翅"和"猛虎回头"等。

特置多用于入口的对景和障景。如颐和园仁寿殿前竖峰寿星石（图 2-9-5-4）和乐寿堂卧置的"青芝岫"（图 2-9-5-5），直至最小的自然山水园——苏州残粒园的入口都以特置作为对景和障景。山石正面对内，背面靠山面向外，内外同时起对景和障景作用。

特置一般用一卷山石，也有一主石旁衬小石者。石虽一两块，布置却并不简单。首先是相地选石，因地之性质、周边环境、主体景物景观特性、特置山石的框景和背景、置石空间的尺度和视点关系等因素综合构思立意。如颐和园仁寿殿前和乐寿堂前一竖一卧的两卷特置，都是将明代米万钟所遗留之石搬运到清漪园作特置山石造景。先有石而后有地，这便要因石来综合考虑空间关系。仁寿殿为离宫正殿，既恢宏庄重而又有离宫别苑山林、花木、山石等自然环境的烘托，而特置山石处于环境烘托中的领衔地位，成为仁寿殿前庭的构图中心。欲到仁寿殿，先与此石见。因是正殿所在，山石宜立而不宜蹲或卧。此石原有"寿"意，宜仁寿殿前，且竖立巨石有"森笏朝天"的吉祥意境。此石形体高大气质雄浑，惟宜边稍平，故配以小石为补。它的框景就是仁寿门。在仁寿门门框中，石之实体占几成，留的空白背景占几成是难掌握的火候。实体太少不足以成障景控制局面，太大则会有堵塞、臃肿之感，大致实虚之面积比在三七与四六之间。背景便是仁寿殿下的阴暗部分。因是东向，除早上迎光而亮外，多数时间是反射光照而并不极亮。鉴于原峰石高度不能适应正殿庭院宽敞、宏大的要求，故以须弥石座将特置山石抬高到尽可能理想的高度。须弥座与石栏的尺度则因石而成小尺度。乐寿堂为晏寝之所，不在前宫而在后苑，要求安详、宁静、亲切的气氛，因而选了一卷宜卧置的房山石。这是米氏倾家荡产欲载而归却未能如愿以偿者。因而有"败家石"之称。乾隆则从半途运来清漪园，作为自水路入园码头"水

图 2-9-5-3　嘉兴小烟雨楼的"舞蛟"　　　　图 2-9-5-4　寿星石

木自亲"，上岸进乐寿堂院的天然石屏障，有若影壁而自成障景和对景。此石浑成而遍布蜂窝状小洞，其色微带土黄而又甚清润。只是过于高大而不得合宜的观赏高度。

北京山子张——张蔚庭先生领我参观时将地面挖出大坑，将无需的实体埋于地面以下，使地面露出部分适合观赏高度的要求。此峰，一来避免了因凿石可能伤石之弊，二来保存了整体山石，而且使之有降低的稳重的重心。乾隆并因其观赏特色取名"青芝岫"。海水江牙的石雕基座随露出地面的山石轮廓合围成座，石在座下而不在座上。乾隆御题《青芝岫有序》：

图 2-9-5-5
青芝岫：房山石，多蜂窝、小孔洞，而顽夯浑厚；巨石横卧为屏，恰入乐寿堂寝宫之意境；石体高大深厚，半埋地下；须弥石座合凑而成，有《青芝岫歌》赞美此石

米万钟大石记云：房山有石长达三丈，广七尺，色青而润；欲致之勺园，仅达良乡工力竭而止。今其石仍在，命移置万寿山之乐寿堂。名之曰'青芝岫'而系以诗。

我闻莫釐缥缈。乃在洞庭中。湖山秀气之所钟。爱生奇石窈玲珑。

石宜实也而函虚，此理诚难穷。谁云南北物性殊燥湿，此亦有之殆或过之无不及。

君不见房山巨石磊岌嵲，万钟勺园初筑茸。旁搜皱瘦森笏立，缒幽得此苦艰涩。

致之中止卧道旁，覆以葭屋缭以墙（出万钟记语）。年深屋颓墙亦废，至今窍中生树拱把强。

天地无弃物，而况山骨良。居然屏我乐寿堂。青芝之岫含云苍。

崔嵬刻削哀直方，应在因提疏仡以前辟元黄。无斧凿痕剖吴刚，而留飞瀑月留光。

锡名题什翰墨香。老米皇山之石穴九九，未闻一一穴中金幢玉节纷萦纠。友石不能致而此致之。

力有不同事有偶。智者乐兮仁者寿。皇山洞庭夫何有。

引自清华大学建筑学院编的《颐和园》中的这一段"青芝岫有序"，说明置石不仅是景观得景象，而且也有内涵文化，石上刻字咏的历史从记载上看，始于唐代宰相李德裕。他兴建了平泉庄，于山石上镌刻题韵并留下遗言，后辈若有出卖山石者，乃不肖子孙也。特置山石多有题名，画龙点睛地表达石之特色与人之心境。

南京瞻园在刘敦桢先生主持下曾有一次扩建，负责施工的假山师傅是王其峰。在瞻园路开了一座南门，入口布置了一卷特置山石。山石本身并非极品，在布置方面却有很多值得汲取之处。首先确定视线的等级，自南来入口为主视线（图2-9-5-6）、自北来二级视线（图2-9-5-7）、其东边廊来往为三级视线、其西为粉墙而无视线相投。故石之最差一面向西墙，最佳面向南门（图2-9-5-8），稍次面对准北来视线，而廊间穿梭可欣赏更差一点的面，这说明布置特置山石在相

图2-9-5-6（左）瞻园南门入口置石视线1

图2-9-5-7（右上）瞻园南门入口置石视线2

图2-9-5-8（右下）瞻园南门入口置石视线3

石与置石朝向方面多么的讲究。此石布置不足之
处在于前置框景偏低，人在视点地面位置上要蹲
身才能得到最佳效果。如自母岩上采石，采石的
靠山面总有凿痕之弊，一般的特置都未能解决此
弊。浙江嘉兴小烟雨楼名"舞蛟"。峰石竖置于
路交叉口，有兼顾正反双向景观的要求。于是在
主石背面贴靠一石，与主石背与背连。这样从两
面皆可观而又有主次之分。这是特置中屏障开山
面人工凿痕的佳例，颇有创意。

　　江南名石较多，苏州留园的冠云峰挺拔秀丽，
孤峙无依，婀娜多姿，无论对视觉都有很强的
吸引力（图 2-9-5-9）。此石早于留园，为旧地
另家所有，建留园时先购包含此石之地，然后造
园，石便在其中了。这庭院可以说前呼后拥，左
右逢源都以冠云峰为意境和构图中心。据石立轴
线，南有"林泉耆硕之馆"为引导。馆内有冠云
峰图和冠云峰赞的木刻，自馆之户牖均可得以木
雕为框景的石画。冠云峰高 6.5 米，为苏州诸园
之冠，又有"岫云"左呼，"朵云"右拥。一卷
之峰更有一勺之水相映，峰倒影入池，亦云水容
倒天，清风徐来，云石弄影，恰如天浣，故名为
"浣云沼"，以静寓动，动静交呈，景秀意远，背
景为冠云楼。由于观者近石远楼，故立池前观石
因近得高而若峰高于楼。俞樾的《冠云峰赞·有
序》谓此石"如翔如舞，如伏如跧。秀逾灵璧，
巧夺平泉。留园主人，与石有缘。何立吾侧，不
来吾前。乃规余地，乃建周垣。乃营精舍，乃布
芳筵。护石以何，修竹娟娟。伴石以何，清流溅
溅。主人乐之，石亦欣然。问石何乐，石不能言。"
再借客语表达"昔年弃置，蔓草荒烟……而今而
后，亘古无迁……愿主人寿，寿逾松佺，子孙百世，
世德绵延。"这样"冠云之峰，永镇林泉"。一石
带动一院，有意境、有环境、有园景，这种以云
为起，综合造景的方式实为传统特色之一。

　　无独有偶，上海豫园有名石曰"玉玲珑"，
其石不以挺拔高耸取胜，却以玲珑剔透称绝，石
之高度仅 3.5 米，体态若灵芝展菌，其色青灰中

图 2-9-5-9
留园太湖石特置名作
"冠云峰"

图 2-9-5-10
留园瘦石之人化特置
石透、漏、瘦

带黝质，湖石之美在窝、洞、岫、环，此石百窍
千孔、宛转沟通。有说如从石顶灌水，则无一
孔不泄流，如从石底点香则无一孔不生烟。湖石
因"透、漏、瘦、皱、丑"之美而构成特色（图
2-9-5-10）。石瘦是一美而美未必瘦，有江南
三大名石之谓，"玉玲珑"居其一，园主潘允端
在《豫园论》中说这卷奇石名"玲珑玉盎"，传
为宋徽宗"花石纲"未能运至汴京之漏网遗物。
明代王世贞《豫园记》称"玉玲珑"原为储昱所有，
置于浦东三林塘宅园内，随女嫁潘允端弟潘允亮
而赠予潘家，原石峰置于照壁前，石背面镌"寰
中大块"篆书。潘允端布石先在石北建"玉华堂"，

寓"玉石精华"之意，也以一勺清池承接倒影，石置于玉华堂轴线上，异常突出。扩建后空间开阔，石虽在轴线上而视距稍远，加以玉玲珑周围山石遍布，大有欺主之嫌，效果不如数十年前（图2-9-5-11）。

另一名石为绉云峰，属英石，形体更小，但奇皴遍生，如云横逸。此石原置杭州花圃盆景园中，后移至杭州奇石园。郑板桥有名言"室雅何须大，花香不在多"，此石形小却奇妙难觅。杭州花圃瑰存"美女照镜"启示我们，若石有美面平时不得见，可倒映入水则倩影可得。绍兴沈园置石更小且裂为两半，镌"断云"二字，令人联想陆游与唐琬相恋而未成眷属，"断云"借景颇有"臆绝灵奇"之意（图2-9-5-12）。特置山石失算之例颇多，或大而无奇、或与境相违、或乏框景和背景，失败是相反相成的经验。

（二）散置

所谓"攒三聚五"的散点山石。据张蔚庭先生介绍，散点有大散点与小散点之分。小散点以单独山石为组合单元，大散点则以多石掇合成置石单元。如北京北海琼华岛南山西侧的房山石大散点。于山麓坡急处置山石阻挡和分散地面径流以减少水土冲刷。形象则结合山势和登山道。

散置山石布置的要点在于聚散有致、主次分明和顾盼生情。聚散有致指有聚有散。散置并非均匀，要聚散相辅、疏密相间，而且疏密的尺度和比例都要合宜，构成不对称的均衡构图。主次分明指宾主之体和宾主之位，乃至高低大小都要体现明确的宾主关系。既不能不分宾主也不要有宾主而欠分明。顾盼生情即石的人化或生物化。赋予非生物的山石以生物之情。主要以山石的象形、寄情、遐想和镌刻题咏等手法奏效。所谓"片山有致，寸石生情"是可以体现的。杭州栖霞洞前有二石，一大一小，一前一后，大者象形，镌刻"象象"。再观小石也像象，这才悟出"象"可作动词也可作名词之妙。创作者之匠心主要取决于景点环境的定性。如苏州怡园琴室，是聆听琴音的所在，其散置之石就有若《听琴图》的画意一样，一人抚琴居中，二知音分坐在旁，或俯身恭听、或袖手闭目，这才体现入神。怡园琴

图2-9-5-11
上海豫园"玉玲珑"

图2-9-5-12
绍兴沈园"断云"

室旁二石立站，宛然俯首聆听（图2-9-5-13）。
这便是"景"以"境"出，景从境生的道理。与
琴室南相邻的"拜石轩"院子里也有散置山石。
以崇拜自然山石之心赏石之环境。主石峰居左而
受崇，本身两石也有若母子相依，顾盼生情。似
母鸡维护小鸡，小鸡回首盼母，这就自然生情了
（图2-9-5-14）。

　　北京中山公园松柏交翠景点，土山麓有房山
石散点，一则护坡，二则造景。其散置山石有的
深埋浅露，卧地护土；有的连接有高下起伏、或
相接成"三安"之势。本不成透洞之石一经连接，
相套成洞，显得特别娴熟。

　　苏州环秀山庄东北隅，土坡自东西下，山石
散置护土，多卧而少立，土石熨帖自然相称（图
2-9-5-15）。网师园琴室院墙东南隅散置山石蹲
卧辅立，卧石以低取胜却藏露有致，好在不同浮
搁而若有石根。

　　散点当然可以和其他形式的山石相结合，如
作为掇山"崩落"地面被土深埋浅露的零散石景
和蹬道。两边相应的石景等。岭南名园群星草堂
有以散置作石庭的地方特色，由多单元散点组成
统一的石庭，宾主分明、聚散有致。主要散点循"苏
武牧羊"的岭南传统，在有庭荫的环境下光影亦
起造景作用（图2-9-5-16）。

　　（三）与建筑结合的山石布置

　　建筑的人工气息强，借山石与建筑结合布置
可以减少建筑过于严整、平滞和呆板的形象，增

图2-9-5-13
怡园听琴石

图2-9-5-14
怡园置石

图2-9-5-15（左）
环秀山庄土坡护石

图2-9-5-16（右）
群星草堂置石

图 2-9-5-17
故宫乾隆花园的
"涩浪"

图 2-9-5-18
中南海"怀抱爽"的
"涩浪"

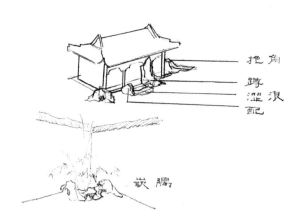

图 2-9-5-19
置石手绘

图 2-9-5-20
避暑山庄正殿"澹泊
敬诚"殿南侧台阶

添自然美的情趣以为调剂，此乃朱启钤先生《重刊园冶序》中"盖以人为之美入天然，故能奇；以清幽之趣药浓丽，故能雅"之谓也。

中国建筑有台，上台明有石阶，以山石代石阶则称为"涩浪"（见明代文震亨著《长物志》）（图 2-9-5-17、图 2-9-5-18）。石阶有垂带踏跺和如意踏跺之别，都可以用自然山石来做。山石垂带踏跺不做垂带，而以山石蹲配相应地布置在台阶两旁。主石称"蹲"，客石称"配"（图 2-9-5-19）。曾请教于张蔚亭先生，他说此举是和布置石狮、石鼓一样具有"避邪"、"趋安"的意思。我想与"泰山石敢当"以立石避邪的民俗有一定的联系。石敢当传说是泰山一位惩恶济民、斩妖除魔的英雄。坚石铭字则可用以避邪。蹲兽石作或铜作也是有避邪的涵义。山石蹲配之称可能与蹲兽之布置有关。不同在于不是左右拟对称的人工美而是均衡的、反映自然美的园林艺术美。

在建筑明间布置山石踏跺和蹲配可以起到强调主入口和丰富立面的作用。台之角隅山石称"抱角"，不仅使台明外角增添了天然山石之美，而且有助于将建筑过渡到自然的园林环境中去。如果做得好的话，看不出是先有建筑而后添加的山石点缀，而有若在山岩上建的建筑，建筑台基融入山岩中，但山石所占的体积又并不是很大。各品石材做出的抱角、蹲配和山石踏跺是各具特色的。湖石圆润柔曲而具窝、岫、洞、沟之玲珑，黄石棱角坚挺、石面崩落、硬直而光影分明，青石色彩虽不如黄石炽烈却另有一番清幽、硬挺而不太直，一方风水一方韵。

山石踏跺因建筑性质、台明高度、踏跺宽度和路线组织而可作出各种相应的变化。承德避暑山庄正殿"澹泊敬诚"南向为庄重规整的石作台阶（图 2-9-5-20），而北向就用变化不是很多的山石踏跺（图 2-9-5-21），到了最后一进院落，山石布置转为主体了（图 2-9-5-22）。

若台明不高，如苏州狮子林燕誉堂用坡式山石而并无分级（图 2-9-5-23）。留园五峰仙馆山石踏跺以竖石分为两路。北京恭王府六角亭山石踏跺先折后登亭。

　　墙之外角亦可抱角，而且要与墙的尺度相协调。承德外八庙中的须弥福寿之庙藏式墙壁尺度恢宏，山石抱角便成了抱角山了。墙之内角布置的山石称"嵌隅"。石量少者可为小品花台，多则掇山掘池，把本来很死板的墙内角做得非常生动。如上海豫园，尤其是苏州网师园冷泉亭旁的院角，循山石踏跺回折而下，一泓清池沁人心脾（图2-9-5-24），太湖石掇山极为灵巧，实为极品。

　　尺幅窗在园林中逐渐落实到漏窗、透窗和地穴造框景（图2-9-5-25）。漏窗是穿透无阻的，透窗则用玻璃封闭，透景而不漏风。此类手法的突出案例是，苏州留园建筑小空间和山石小品的联袂展示。人们从南向北游到花园部分时正值三岔路口，前面东西分岔。游人都情不自禁地往西拐，这正是设计导游意图所致。西敞东狭、西明东晦，更主要是西面景色逗人入游。主要景点在两个倒座的天井，加以"绿荫"延展之分隔空间的园墙开地穴使这两空间得以渗透，有景深、富于层次变化，使"古木交柯"（图2-9-5-26）与"华步小筑"（图2-9-5-27）既各自独立成景又相互融汇而互为前景。这两景点都反映了历史文化，由于设计地面低于原地面，为了保护古树便

图2-9-5-21
避暑山庄正殿"澹泊敬诚"殿北侧踏跺

图2-9-5-22
避暑山庄"云山胜地"楼山石云梯

图2-9-5-23
燕誉堂涩浪

图2-9-5-24（左）
网师园冷泉

图2-9-5-25（右）
狮子林地穴

图 2-9-5-26
古木交柯

图 2-9-5-27
华步小筑

以台托起古木并因借为"古木交柯",惜原树已不存。另一处是东面的"石林小院"。坐北朝南的庭院主建筑"揖峰轩"并非正襟危坐而是偏东定磉,而将西面留出一可观而不可游的天井小院。北面与墙之间也留下仅一米多宽的狭长的天井作为"无心画"之依托。揖峰轩三面有景可赏。北窗开尺幅窗三扇,玻璃漏窗、木作窗棂嵌边,由暗窥明,竹石小品落于画幅中,清风徐来,动静交呈,生意盎然(图 2-9-5-28)。揖峰轩南为周廊合围、小屋和山石嵌隅的竹石景组成的山石花台。所谓"揖峰轩"出自米芾拜石,尊石为石丈人,竹石相辅成为传统画题。由诗画而来的中国造园自然衍展竹石景观,故李渔在《闲情偶寄·山石第五》中说:"有此君,不可无此丈。"石林小院以君伴丈,由于小空间组合的尺度合宜,周游与贯穿的路线结合,露天和半露天共享。"以壁为纸,以石为绘","收之园窗,宛如镜游"。

山石蹬道作为室内外楼梯,以室外山石楼梯更为普通和用赏两全。既省室内面积又可结合自然景观,可称云梯。一般有两种类型,独立山石楼梯和倚墙而建的山石楼梯。避暑山庄正宫最后一进院落主要建筑为坐北朝南的"云山胜地"(图 2-9-5-29),处于宫与苑的接壤处,理应园林化一些,故采用独立的青石山石楼梯。鉴于该院可由东来之廊子相望,故东立面有独立完整的自然山岩造型可供东廊得景。此楼五开间,楼梯与东

图 2-9-5-28(左)
揖峰轩"无心画"

图 2-9-5-29(右)
避暑山庄"云山胜地"
山石云梯

梢间衔接，且不致阻挡楼下明间，具有南北贯通的交通功能。进而考虑到与楼梯相连部分不致更多阻挡楼下采光，故山石楼梯高处尽端与楼保持一定距离，这段距离用天桥的方式搭连。天桥可以木作，也可石作。由于维持合理的坡度需要一定坡长，而坡长宜以回转代直通。楼梯口向西开以承迎中轴出入的游人。由西而东再北折上楼，顺势攀上。行宫气势雄伟中又见自然之气氛，这卷山石楼梯风格也比较雄沉、浑厚，与行宫环境气氛相称。山庄东宫松鹤斋也有类似的室外山石楼梯。

江南私家园林山石楼梯虽不是很多，但各有特色，而且是很精致的。网师园最后一进院落西侧建筑楼下为"五峰书屋"，楼上为"读画楼"。其东山墙楼层北端开有门，后来从外面接上山石楼梯（图2-9-5-30），楼梯口与西院东出之亭门相承接。由于楼梯口取面向东南的朝向，自南而北的游人亦先入廊亭，这廊亭是西来、南来两条路线的交会点。而此院更东的小院有地穴与之相衔，从后门自北而入则山石楼梯自然成为对景。这座山石楼梯一是利用楼梯间的位置做成山洞，既省石料又可增加虚实变化，二则与周边的山石花台相应成景，变孤立为相融入，这是优点所在。

扬州何园后院有一山石楼梯，先以其倩影作为楼下过道之对景。入院后方见山石楼梯，景以境出。下面与院中花台相贯一体，自楼梯口转折而上的部分贴依粉墙，再以一小型木作天桥连接楼上，自然而不造作。

拙政园"见山楼"以假山衔接楼梯的做法也是成功之作，无论从南面或北面欣赏都有可心之景观，悉为"以天然之美药浓丽"的做法。

笔者以为苏州留园明瑟楼的山石楼梯堪称精品（图2-9-5-31）。这是位于"涵碧山房"东邻相接的小楼，楼下是小三间，以柱、鹅颈靠和挂落组成东、南、北三面空透的园林建筑框景。

图 2-9-5-30
网师园"读画楼"的
山石楼梯

图 2-9-5-31
留园明瑟楼的山石云梯

楼上称明瑟楼。此山石楼梯口有一石特置竖峰，因近而有插云之视觉，上镌"一梯云"。一语双关，可理解一梯助凭高攀到背景为云的明瑟楼，也可以梯为定语而形容山石。山石在传说和山水画中称为"云根"。实际上梯与峰石都不因尺度高，而是在视距小于1：1的环境中因近求高的视觉

图 2-9-5-32
谷口

图 2-9-5-33
山石云梯休息板

效果，将此视觉效果诗化、升华成意境，便通过"一梯云"引入，实若标题音乐或有画题的一卷假山景。这一梯云精在体现环境之所宜，充分利用了南面的园内隔断高粉墙，是"巧于因借，精在体宜"的理法见诸理微的体现。人靠石级攀楼，但就景观而言最好大面积石级有所隐藏。我想中国人在仪容方面讲究"笑不露齿"，与中国文学强调"缠绵"和"最后也不得一语道破"有深层的文化关系。因此一梯云可分解为四部分：梯口若谷口（图 2-9-5-32），两三石级便登上一块大面积的山石云梯休息板（图 2-9-5-33）。通过休息板才向西转折而上。梯口作为地标的一梯云还与花台结合，逶迤而下与地面相接，花台中一木伸枝散绿。因此梯口给人印象很深，西北以迎来者，峰石招摇引人。由于体量与环境相称，这种微观"火候"是最难掌握的。体量小不足以成气候，不足以成景；而过大又令空间迫促、堵塞而产生臃肿和压抑感。一梯云精在恰到好处。第二部分是石级提升的主要部分，直到自西而北转。这部分石级都以顶际线自然起伏的自然山石栏杆所遮掩（图 2-9-5-34）。第三部分是横空的小天桥（图 2-9-5-35），因其小而并不显，只是维持山石楼梯不要过于贴近建筑，维持合宜的空间距离。第四部分相当于楼梯间即石梯的底部。一梯云利

图 2-9-5-34（左）
自然山石栏杆

图 2-9-5-35（右）
小天桥

用这部分空间为岫、为洞，更显突出。这样无论从楼下北面经过或坐于楼下南望均可以柱和挂落为框景的画框中解读一梯云的横幅画卷。石梯化为峭壁山，以壁为纸，以石为绘也。

（四）山石几案

园林室内外有山石家具之设，诸如石榻、石桌、石几、石凳等。李渔《闲情偶寄·山石第五·零星小石》说："若谓如拳之石亦须钱买，则此物亦能效用于人，与椅榻同功。使其斜而可倚则与栏杆并力。使其肩被稍平，可置香炉茗具，则又可代几案。花前月下有此待人又不妨于露处，则省他物运输之劳，使得久而不坏。名虽石也，实则器矣。"山石几案之生命力在于既可实用又具自然之面貌。设计要点就是打破太师椅、八仙桌等人工美的做法而以自然山石代替，打破对称的布置。石雕桌凳也很美，但那是体现自然材料经人工加工后之美。山石几案则是选相宜的自然山石，对山石材料本身并不施工巧，只是巧为安置而极尽自然之美。

无锡现在还很完整地保存了唐代的"听松石床"（图2-9-5-36），传为唐代文字学家、将作监李阳冰之石榻，我所见最古之石榻也。于银杏浓荫下之正六边攒尖亭内，石床置其中。石榻长约二米，宽不足米，灰褐色，床脚一端有李阳冰篆书"听松"的石刻。枕床基于一石，而且枕还适当上翘成凹形，正好容肩，放松和衣而卧的完整石床，居然一石天成，可见相石者的高水平。实际上这是一卷醒酒石。古代文人骚客常行"诗酒联欢"之乐。酩酊大醉以后，全身自内发热，这就有醉卧石床，以石散热的需要。石床相对是比较冷凉的，因置于松荫之下，清风习习，催人入梦。不知到了什么时辰，一阵风把松果刮下来落在石床上敲击响声催醒醉卧者，这才有所惊醒，酒性也逐渐下去了。这可以说是天籁唤醒的，较之铜壶滴漏、钟鼓鸣时，甚至现代闹钟

图2-9-5-36
"听松石床"

图2-9-5-37
"软云"

都强百倍。露天石床，空气既新鲜，石榻又冰凉，实为醒酒之佳构。这种陶醉于自然的情趣哪里去寻找，古人多会享自然之福。听松石床有晚唐诗人皮日休诗《咏听松石床》："千叶莲花归有香，半山金刹照芳塘，殿前日暮高风起，松子声声打石床。"由是名声更盛。明代礼部尚书无锡人邵宝有三首咏石床的诗。其一曰："惠山石床古有之，声声松子金风时。皮休题诗阳冰篆，千秋并作山中奇。"无锡民间音乐家瞎子阿炳，谱有"听松"乐曲传世[①]。

广州烈士陵园也有一卷醒酒石名唤"软云"[②]（图2-9-5-37），尺度较小，石为黄蜡石，皱纹浑绵，刻有"软云"二字。即值广州夏日，此石仍冰凉。有人证实夏夜因过凉而不得终夜坐卧。至于洞中设石榻以模仙府的做法就较普遍了，如北京北海假山洞、苏州环秀山庄洞府等，但石榻本身不如上述出色。

① 以上资料引自《无锡新传媒》(www.jnwb.cn)。
② 此石原置于广州湾海山仙馆内。

图 2-9-5-38
北京北海延南薰山
石几案

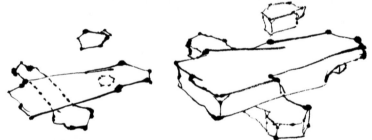

图 2-9-5-39
中山公园水榭南青石
几案(平面图、效果图)

图 2-9-5-40　怡园"屏风三叠"

石几和石凳较石榻更为普遍。就相选石材而言主要是因材设用，对安置而言主要是与环境相融合。石几、石凳要量材而不要牵强。北京北海后山扇面亭"延南薰"内西侧有石几石凳（图2-9-5-38），因亭中洞为房山湖石，亭外假山也是房山湖石，这座几案石凳也选用房山湖石。石几凳体量适合人的尺度又与亭内空间相称，贵在不是很大，而且有如景观置石，但坐之便自然作几凳用了。

北京中山公园水榭南面西侧曾有一青石几案，一桌三凳。张蔚庭先生带我们参观时特别表扬其造诣，确实具有指导安置山石几案的一般意义。请看平面示意：桌面一石头广尾狭，自然形态，是一卷长条薄块的青石，东窄西宽呈不规则梯形，桌面基本为平面，却又不是绝对光而平整。另一更敦厚的长条石用以垫起山石桌面，而两头均出桌面而形成，南宽北狭的两石凳。这条青石既解决了桌腿的功能而又自成大小不一的两座石凳。既已有一石穿桌面，东西就不再，而以另一同高小石在桌面下以支墩的形式将着桌面托平。东北隅空位则单点一墩状青石独立为凳。这样就完全打破了八仙桌的整形概念而以自然置石取代，是供用的几案，也是一组山石景，这是典型的山石几案。

北海西山坡半山腰借种植乔木的山石花台居于踏道分叉的路，而就势设置几凳。苏州留园五峰仙馆北院西边也结合山石花台，借台边为几凳，这些都是比较灵活的做法。

山石还可做成石屏风。怡园有"屏风三叠"之作（图2-9-5-40），虽为竖石平顺相连却有高下参差四个篆字产生了很强装饰效果。留园"五峰仙馆"西之"汲古得绠处"也有石屏，却属自然取势。北京中南海"静谷"，以竖立的房山石作园墙，参差高低、错落前后，极尽自然岩壁之变化却无半点人工墙面的痕迹。

（五）山石花台

我国人民尊称牡丹为"国色天香"。牡丹要

求排水良好而江南水乡地下水位多偏高。加以牡丹植株不高，人要蹲下才得尽赏。以山石花台提高种植土面高程以后，可综合解决这两个问题，并相对地降低了地下水位，提供地下排水良好的土壤条件，又将花台提高到合适的观赏高度。在地下水位低的北方则以花池的形式使培养土面降低而汇集天然降水。再者，中国园林都是由庭院组成。而山石花台间即成游览道路，用以分割庭院最为相宜。因此在江南私家园林中山石花台是运用极其普遍的一种形式。可以充分发挥置石与假山在造景方面的灵活性和处理疑难的妙处。山石平面无定形，是"阿米巴"的变形，可随造园需要作因地制宜的变化（图2-9-5-41），与建筑之台、柱、墙、门、地穴、台阶等无所不能结合，而且做好了能天衣无缝、妙趣横生。

图2-9-5-41　还我读书处木石一体山石花台

山石花台组合成群都有整体布局的问题，犹如在方寸石上做篆刻，或是在纸上"因白守黑"的书法。如篆刻布局之"宽可走马、密不容针"、细部笔划之"占边把角"；书法布局的章法和虚实相生等都是必须借鉴学习的瑰宝（图2-9-5-42）。花台整体由单体花台组成。山石花台的单体要求彼此和谐相衔。既顺当，又巧妙。花台边缘自然的形象要落实到宽窄不一、曲率和弯径富于变化、正反曲线相辅、兼有大小弯等。要外师造化，可自然界似乎没有花台，却有因岩石溶蚀或风化造成岩石崩裂、滚落、合围，再由地面水中的冲刷土沉积而成。但有花台下雨埋于地下裸露一部分于地面上之石，这些自然之理是有师可循的。

图2-9-5-42　留园西南角角隅处理成花台

花台是三维空间，在断面上必须寓于变化。诸如立峰高矗、潜石露头、上伸下缩、虚中见实、陡缓相间等（图2-9-5-43）。加以融会贯通，可以说变化无穷。以粉墙为背景作花台以对厅馆是苏州古代私园普遍的做法（图2-9-5-44），无墙可倚的则做成独立的山石花台。怡园入园的对景便是类似宽银幕的横幅大花台，网师园则用于作最后一进出门前的对景，狮子林用作燕誉堂的对景。而"涉园成趣"北院则花台基本独立，

图2-9-5-43　留园山石花台之下虚上实

图2-9-5-44　额题花台

图 2-9-5-45　"涵碧山房"山石花台群

图 2-9-5-46　网师园五峰书屋后院

因西有额题"探幽"的海棠形空门，自西而东以空门为框景的特置山石即花台的一部分。

怡园"可自怡斋"南面有一组牡丹花台，既依托于高粉墙而又有所独立。贵在高低分割成台，东西抄上，人可以在花台间游览观赏。

留园"涵碧山房"前的庭院是比较完善的山石花台群（图 2-9-5-45）。由带壁山的花台与庭院中央独立的山石花台组成。平面变化乍看似乎并不复杂，身历其中会感到自然曲折、婉转多致。尤其是庭院西南角，两边花台有交覆之动势，在移步换景的过程中很多视点都可得到掩晦墙隅的效果。本来是三面相交成线的平滞墙线却因山石遮挡而若有莫穷之意，这是很不容易的。留园"自在处"东墙下花台台边特别自然，凸出部分遮挡凹进部分，显得虚实变化丰富。五峰仙馆前院壁山花台规制宏大且有十二生肖石于其中。

若论山石花台的细部变化，以网师园"五峰书屋"后院为最精致之所（图 2-9-5-46）。后院进深仅约四米多，面阔却有十余米。是东西狭长的小院，山石花台沿北墙逶迤作曲带状。不仅平面曲折多致，而且断面极尽变化之能事。虚实并举而尤以"造虚"见长。些许空间，令人玩味无穷，流连忘返。学造山石花台，此可谓尖端教材。

第六节　掇山

（一）明旨造山，意在手先

造山必有目的，有的才可放矢。此实是为假山定位和定性。主要园子有周边自然环境特征、当地文脉和主人的心意和人性、爱好等。经设计者归纳后循"巧于因借，精在体宜"之园林理法，逐步落实山性。如苏州环秀山庄和上海豫园都是以假山为主景，但豫园秉承明代造园布局之特色，与人工主体建筑互成对景。加以古时豫园的区位升高后可见黄浦江，这就要求山有足够的高度，而且在山顶部分要考虑到"望江亭"之设。环秀山庄之假山虽然也是主体建筑的对景，但更强调周环观之皆成秀景。则将假山布置于庭院中部，四周皆可成景。这较之作为对景的假山就难多了。

对景假山主要考虑主要成景的一面，背面和侧面则可稍隐晦。特别是背景可以令观者不见。如新中国成立后南京瞻园在鸳鸯厅南面的假山水洞基本属于这种做法，因这样可以藏拙屏俗。相对而言，四面中看的假山就难多了。

另一类型是不作为全园的主景但作为地形骨架、分隔空间的手段和局部景区的构图中心。如圆明园原地称丹陵沜，是有小土丘的沼泽地。为了合并、串通水系就要平衡挖湖沼所产生的挖方。结合自然山水园布局的需要，便采用以土山环绕水作为地形骨架以成"集锦式"布局。又如拙政园远香堂的黄石假山是作为自腰门入园承接的对景和遮挡远香堂的障景。从私园"日涉成趣"和"涉门成趣"的要求出发便须山上有台可攀、山中有洞可穿、山下有路与廊、墙组成夹景，这就确定了黄石假山的性质。现代假山用途广泛，有用于动物园的兽山，作为植物园岩生植物种植床的假山，掩盖游泳池更衣室的假山，掩盖人防出口的假山。不同造山目的决定假山性质，不同性质决定不同的内涵和外形。

意在手先是明确造山目的后的构思立意。无论对假山布局和细部处理都是重要的。先有心意才能指挥行动，边想边做有违统筹。先有胸中之山才有图纸上之山，才有模型之山，最后化为现实的实景假山。胸中之山何来？外师造化经积累后结合自然环境和人文资源之综合抒发。要提炼为意境则必有赖于文意之陶冶。豫园黄石假山洞洞口刻有"补天余"（图2-9-6-1）、北京北海山洞有"真意"镌刻，这些都借以反映一种意境。而真正的意境只在意识中体验。邯郸赵苑公园，有中水引入，利用约九米高差为山为洞，景名"百花弄涧"。以水石为花的种植条件，创造水从石出、苍松翠柏绿荫背景，花乔木、花灌木、宿根花卉、水生花卉因地种植，展现"群芳清音"之意。

杭州花圃因钱塘水自西南隅引入。地势尽角隅陡高九米便转为平缓，不似赵苑分两台低下且

图2-9-6-1
豫园补天余

图2-9-6-2
杭州花圃"岩芳水秀"（孟兆祯设计，楼建勇施工）

主落差在下游。结合现代花园内容，吸取西方岩石园精华，又根据杭州的地带性确定为岩生花卉园，取景名"岩芳水秀"，都是按意在手先之理法奏效。竣工后颇受游人青睐。青年人结婚多有在此拍婚照者（图2-9-6-2）。

（二）统筹布局，山水相映成趣

作为园林设计布局的因素，涵山水地形与建

筑、园路等都须运筹帷幄、统筹全局。即或与建筑师合作，最好同步介入，否则只能依托而万无更改了。园林艺术设计者的主要使命是确立建筑与山、水间布局的关系。可以以建筑为主，以山水辅弼建筑，也可以以山水为主，以建筑为辅弼或点缀。山水之间也有各种关系，以山为主或以水为主，各种因素在布局方面的比重是很重要的，有了合宜的体量才可能安排彼此有合理的总体关系。

"水令人远，石令人古"，山水必相映而成趣。中国的枯山水如《园冶》中所描绘的"假山以水为妙。倘高处不能注水，理涧壑无水，似有深意。"与日本的枯山水是迥然不同而依稀同源的。只是没有人工水源，但还是人造自然山石景观。做出来的涧壑平时无水而却有深意。深意在于若有水则成山水景。天然降水时便出现水景了，无水时虽干涸但具有山水之意。如中国古代园林中常在屋檐下水处衔以假山涧壑，借屋檐雨水成水景。环秀山庄东边假山与墙檐水相衔，也有无水似有深意之涧壑。环秀山庄西北山洞接蹬道，蹬道旁若有山溪下跌，从墙外打井水自墙洞注入则有水，平时也属似有深意之涧壑。

无水尚且有深意的水景，有水源可寻的更当保护和充分利用天然水源造景。有道是"地得水而柔，水得地而流"，"山因水活，水因山秀"，动静的水与静立之山可以形成最佳山水空间构成环境。"水令人远"的意义还在于开阔了倒影的虚空间，相映成趣，光怪捉影，其变化难穷。无锡惠山的风景名胜和园林实际上就是利用两股泉。杭州灵隐也是两股水源，不过一为地下水涌出。北京西山碧云寺仅一泉源称"卓锡泉"，人工辟为水泉院，运用这股水贯穿其下游各景点，在未尽其用以前决不轻易排出景区以外。明代陶允嘉在《碧云寺纪游续》中说："山僧不放山泉去，缭绕阶前色瑟瑟"。足见精心保护和充分利用的理水传统值得深研。至于取得山形水势则必须从境生景，充分酝酿采用什么山水组合单元和如何塑造山水的特殊性格。

（三）因境选择山水组合单元，塑造山水性格

我国古代神话名著《山海经》和最早的地理专著《尚书·禹贡》是首先要学习的历史地理文化。《山海经》将中国土地按东、西、南、北、中划分为五系山水构架。每个山水系统都有起首、伸展和结尾。同时也概述了山水的成因和特色。《禹贡》循邹衍"九州说"并假托大禹治水以后的行政区划将中国划分为九州。中国是小九州，世界是大九州。对长江、黄河、淮河等流域的山岭、河流、薮泽、土壤、物产、交通、贡赋等自然和人文都有记载，尤以黄河为详。将治水传说发展为科学的论述，成为古代最早的一部地理学专著，后世校释和研究的著作也多。山水的基本理论要从这里汲取。

另一本中国最早解释词义的专著《尔雅》是学习和研究山水组合单元的基本置石书籍。其中释山、释水对我们园林艺术工作者特别重要。管仲在《管子·地员》中将农业地形分为五种山地和十五种丘陵。《尔雅》则以城市为心向外衍展为邑、郊、牧、野、林、垌六类土地；《释丘篇》中按高度将丘分为四类；根据丘与水结合的关系将丘归纳成四类；据孤丘主峰位置不同分丘为五类；据山高与面洞的比例将山分为四类；据山尺度大小分两类，大山绕小山称"霍"，小山别大山称"巇"；据土石比例，石包土称"崔嵬山"、土包石称"砠山"。当然我们也可称"土山戴石"和"石山戴土"，但阅读古代文献时必须明词义。

《释水篇》中将可居之水中陆地从大到小分为洲、渚（小洲）、沚（小岛）、坻（小沚）。我国带山、水、土、石偏旁的文字较之外国要多多少倍，这是适应人生产和生活的活动产生的，说明积累丰富。古代将水分为水系和水因景观特性而形成的水景观单元分类。《尔雅·释水》将水系概括为渎—浍—沟—谷—溪—川—海。古代称喷泉为滥泉，裂隙泉为氿泉，下泻泉为沃泉，间歇泉为泼泉，还有瀑布（悬水）、逆河、河曲、

伏流、潮汐塘（滩涂）。现在我将水系概括为泉—上潭—瀑布或跌水—下潭（设消力池）—沟—涧—溪—沼（曲折形）、池（圆形）—湖—河—江—海。我们经常用得着的还有江河岸边称"湄"，水边可称浒、涯、浦、溴、浔，水口称汉。江河主干流、支流称派和沱。小水汇入大水称漾和灢。聚水洼地称泽，凌水水面称泝，深水称潭或渊。这些词都有界定但又不是绝对的。

　　山体单元称祭祀的大山为岳（嶽），如三山五岳之称。山从立面可分为山脚（山麓）、山腰、山头三部分。高而尖的山头称峰，高而圆的山头称峦，高而平的山头称为顶或台。峰峦起伏连接成岭。所谓"横看成岭侧成峰，远近高低各不同。"山之凸出部分称为坡或陂，山之凹入部分通称为谷，其中两旁山高而谷窄者称峡，两山稍低而山间稍宽称峪，谷扩展成壑，壑再扩展称垏。无草木之山称岘、屺或童山，草木茂盛之山称牯，如庐山称牯岭。从山进深方向陷进而不通的，小者称穴、大者称岫。岫再纵深发展无论贯通与否都称洞。石山高处悬出称为悬岩，高但不悬出称崖，高而面平者称壁，如武夷山之"壁立千仞"。平顶山石称砰，一石当桥称矼，高空架石可通人称飞梁，水汀安石供人踏过称步石或汀石。《园冶》说："从巅架以飞梁，就低点其步石"。山、水、土、石有统称的山水组合单元，又有各自的组合单元。单元为我所用而不受单元和名称的约束。我曾指导刘晓明君作了一篇题为《地形的利用与塑造初探》的博士论文，需要者可引为参考。

　　山水组合单元只是反映了某种单元的普遍性，仅以峰峦而论可以做出不少特殊的性格来，一型多式。至于丘壑溪涧可以千变万化，但万变不离其宗。将石材特性、环境特性和人文立意汇总升华就不难捕捉山水的特性。这就要作"外师造化，内得心源"的积累，自然界同一单元有千变万化的景观形象。

　　深圳市政府西侧原有一所荔枝园，古荔红云。经区划增加山形水系后改称"红云圃"，为老年职工文化休息之所（图2-9-6-3）。其西偏南有一小庭院，建筑坐西向东并西面留出庭院。观其形胜，东北高而西南低。建筑为音乐厅，便选择作山庭。东北高处矗起山峦以制高，再将峦衍为山谷向东南成山溪。西南作了一个特大的岫。因庭院尺度很小且狭于东西，作岫自东西望以虚胜实，视线莫穷而从心理上延长了东西向的视距。这也是汲取北京北海静心斋假山洞的做法并结合实际在视觉方面产生的效果而设计的。但静心斋尺度大，宜为洞，而在此小空间里一岫足矣。将作为假山主景的山岫置于山麓，距地面仅一米多。妙在层次多而且从明到暗层次特别丰富。石材为大理石的表层，石块顽夯，块面很大。由图定平面位置，模型确定造型，由于是广州著名假山师傅陆敬坚、陆敬强兄弟二人主持施工，取得了尽可能完美的艺术效果。距今约二十年，石色从白转黑灰，山石大小相咬，加以勾缝细致，俨然天衣无缝。这可以印证如何因境构思立意，如何因地制宜地捕捉以石山为主、溪池为辅，选谷壑和岫为主要山水组合单元，又发挥大岫干壑的深意特色。从抽象到具象有条不紊地进行设计和施工。

　　（四）模山范水，出户方精

　　假山如何布局，山水组合单元的具体形象从何而来？这就要回归到中国园林的最高境界"虽由人作，宛自天开"。对假山而言最合适的理法

图2-9-6-3
深圳"红云圃"假山
（孟兆祯设计，陆敬强施工）

就是"有真为假，做假成真"。假山的依据是真山，大自然的真山水是山之母，因而假山师傅自称"山子"，子以母为范。园林设计者有一座右铭："左图右画开卷有益，模山范水出户方精。"因此必须对名山大川和不名的山川进行尽可能广泛和持之以恒的实地踏查和学习、积累。文学家要求学生"读万卷书"还不够，必须还要"行万里路"，然后写出的文学作品才生动感人。中国山水画家都是下了"搜尽奇峰打草稿"的苦工夫才有挥之即去的效果。三维自然空间的假山艺术也必须下这种外师造化的苦功。由飞机俯望，坐船看两岸，乘车看窗外，深山踏察等，抓住一切机会学造化，实际上是苦中有乐。也许你正愁脑子里的山水样式不够用，可你会发现同一山水组合单元在自然界有无穷的式样。

就洞而言，杭州灵隐天然的石灰岩山洞多姿多彩。洞口、洞壁、洞底、采光洞无一雷同。再到宜兴看看张公洞、善卷洞，水旱相衔，洞中流水甚至瀑布跌水，可称大观。再到桂林看七星岩、芦笛岩的洞。造化之师未必都名，人迹少的便不名。七星岩后山的山貌石色并不亚于前山。南京长江燕子矶一带自然山洞则又是一番景象。广东西樵山、四川峨眉山、青城山和甘肃的崆峒山，一山一性，其中的奥妙不胜枚举。

学湖石假山要去苏州太湖的洞庭东山、洞庭西山，学黄石假山要去常熟虞山，大痴黄公望就曾在虞山写真而后成名。看了真山再看假山，看作者如何吸取真山造假山。常熟虞山麓就有清代戈裕良造的燕园。既有湖石假山也有黄石假山。历史上学真山基本上分为两个阶段，开始是模仿，以真山为准绳，如"起土山以象二崤"。东崤、西崤便是两座真山，所以人造土山有"十里九阪"的记载。伴随山水诗和山水画的发展，从模仿转向概括、提炼和局部夸大。由画论"竖画三寸当千仞之高，横墨数尺体百里之迥"的启发而进入"一卷代山，一勺代水"的高级阶段。现代交通方便了，仪器设备较之古代从科技而言先进多了。数码相机、摄像机可以将大自然的素材大量记载携之以归。但不能代替动手写生的功夫。下了扎实的外师造化的功夫，肚子就宽了。积累越多用起来越方便，最终达到随心拈手而来的境界。

外师造化就行了，为什么还要中得心源呢？天人合一体现于园林是"人的自然化和自然的人化"。朴素的自然有自然的美，但自然未必都美，这就需要在自然中根据人的审美观去采撷自然美。即或是自然美但还不是艺术美。设计者要将本不属于自然的社会美，主要指中国人的志向和生活情趣投入自然山石等景物中，从而创造出园林艺术美。人的自然化很不容易，自然的人化就更难了。文学主要理法是比兴，化为园林语言就是借景。借此喻彼，从而达到"片山有致，寸石生情"的高度艺术境界，这就一言难尽了。

（五）集字成章，掇石成山

一石若一字，一字亦可成文。数字可以造句，造句似同积数石作散置。连句成段，合段成章就是假山了。从文字记载看，古代掇山匠师的功夫都下在动手以前。首先是相石，一石相当一字，如何相法呢？实际上经过巧于因借的构思立意已经"胸有成竹"了。有成局的文章当然也就有段落的敷设，段落中有句，他便出于造句之需要相字。譬如一洞，如何引进，是曲折弯入，还是径直而前置石屏。洞结构是梁柱式还是券拱式，洞口作何处理，一一默记于心。相石之时便与胸中之山挂钩了。此石宜作洞，收顶，彼石适作洞壁山岫等。当然不必将胸中之山尽化为现实之石，但主要石景的石必须相好。相石要花很大工夫，石要看多面，有时要趴在地上看，有必要时还要翻过来看。看尺度、色泽、质地和可能接茬的石口。一经下工夫相石完毕，掇山之时香茗一壶，蒲扇一把。只说何处何石，搬来放下，一准儿合适，分毫不差。他是先有整体文章，再化整为零相石，然后积零为整，掇石成山，这是真实的写照。

（六）远观有势，近观有质

前一句是对假山宏观的要求，后一句是对假山微观的要求，同等重要。首先要把握住山水宏观的整体轮廓，或旷观或幽观都要求师远观的山形水势给人总的气魄感。李渔在《闲情偶寄·卷九·山石第五》中论证大山："山之小者易工，大者难好。予遨游一生，遍览名园，从未见有盈亩垒丈之山能无补缀穿凿之痕，遥望与真山无异者。犹之文章一道，结构全体难，敷陈零段易。唐宋诸大家之文，全以气魄胜人。不必句栉字篦，一望而知为名作。以其先有成局而后修辞词华。故综览细观同一致也。由中幅而生后幅，是谓以文作文，亦是水到渠成之妙境。然但可近视，不耐远观。远观则襞襀缝纫之痕出矣。书画之理亦然。名流墨迹悬挂在中堂，隔寻丈而观之，不知何者为山，何者为水，何处是亭台树木。即字之笔画,杳不能辨。而只览全幅规模，便足令人称许。何也，气魄胜人，而全体章法之不谬也。"而山之宾主关系、三远的尺度、山水关系、山的总体轮廓与动势综合地构成了假山的宏观效果。而山水单元的选择与组合、皴法和纹理、集字成句的整体感、块面的大小以及有关键意义的局部则构成了微观印象。假山近看之质为何，石贵有脉，皴法合宜，皴纹耐细览也。石有石皴，山有山皴。山皴与石皴统一或不统一均可，横竖纹只要有宾主之分是可以混用的。陈从周先生说："屋看顶，山看脚。"也适用于假山。往往一般注意力放在高处的峰峦而忽略了低处的石根和山石与铺地衔接的部分。实际上视线是移动的，移至石根若处理不当会影响整体效果。底层山石在施工时称"拉底"，石底座于地面以下的基础而地上部分显露出来。"万丈高楼从地起"，拉底山石可以为其上的变化奠基而且是假山美不可缺少和忽视的部分。自然山石有大量石根美的素材，值得我们汲取。

（七）以实创虚，以虚济实

本来假山艺术是虚实相生的，用现代语言讲，虚实是相对存在的。无论自然景物之美者或山水画意无不皆然。书法、篆刻也都讲究"知白守黑"的虚实统一。可是在实践中普遍只知以实造实、片面追求高矗的峰峦却不知以实造虚，因缺乏虚实变化而显得平滞呆板而极不自然。假山的组合单元诸如谷、壑、沟、罅、岫、洞等都是以实佐虚的，即使是壁、岩、峰等以实为主的组合单元也是以虚辅实，交映生辉的。黑白是最本质的平面和空间构成。

宏观的虚实关系，在总体布局选择组合单元和单元承接的相互关系上是要解决的。微观之虚则以结构设计和施工来体现。从"拉底"开始就要奠定基础，自下而上最终形成的，往往是实中有虚，虚中又有实，这就需要选择一些实中有虚的石材作特殊的处理，对于只实不虚的石材则以组合的方式以实造虚。我们见过的好作品几乎都是虚实相生的，相对而言可以说是以虚胜实。所言相对，无实何虚。

掇山千变万化，古代掇山集设计施工于一人，即匠师。现代可分设计、施工、养护管理三次实践环节，通力合成。我在掇山设计的实践中，因观察广州雕塑家做模型受到启发，逐渐转化为雕塑橡皮泥模型（图2-9-6-4），最后发展为电烙铁烫制聚苯乙烯酯模型。电烙后

图 2-9-6-4
橡皮泥土山模型

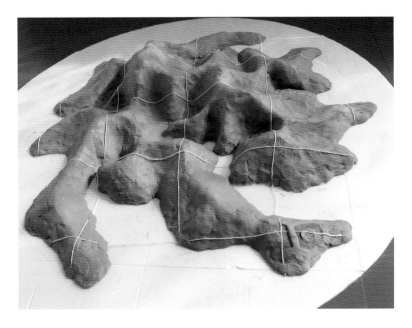

图 2-9-6-5　笔者为扬州瘦西湖"石壁流淙景区"设计制作的假山建筑模型

图 2-9-6-6　石壁流淙景区实景照片

质坚如石，最易烫制湖石假山，又用刀削做黄石模型。电烙铁头砸扁磨快也可烫制黄石模型，优点是形象逼真而质量轻，照片放大后如身临其境，唯一的缺点是可燃，且烫制过程中排放毒气（图 2-9-6-5、图 2-9-6-6）。

第七节　置石与掇山的结构与施工

筑山是人造山的通称，也多指土山，由版筑而成。土石结合的山，土为主称土山戴石，石为主则称石山戴土，土山用石也有结构的意义。李渔《闲情偶寄》说："用以土代石之法，既减人工，又省物力，且有天然要曲之妙。混假山于真山之中，使人不能辨者，其法莫此。累高广之山，全用碎石，则如百衲僧衣，求一无缝处而不得。此其所以不

耐观也。以土间之，则可泯然无迹。且便于种树，树根盘固，与石比坚。且树大叶繁，混然一色，不辨其谁石谁土。列于真山左右，有能辨为积累而成乎。土之不能胜石者，以石可壁立而土则易崩，必仗石为藩篱故也。外石内土，此从来不易之法。"

古代园林的特置多用石榫头来稳定。石榫头必须先定山石的方向，找好了脸面再寻找山石的重心线开石榫才稳定。石榫头并非光滑和标准圆，定位旋转时有限度，否则裂开。石榫头的长度视石材及大小而异，北京故宫御花园石笋因高而根深，石榫几乎沉下底座。一般特置石榫仅数厘米（图 2-9-7-1）。但石榫直径宜大，不同于木榫之密合，石榫只是安插和保险。主要的稳定性还是依靠山石自身的重心稳定。特置落榫后与榫眼底间还有空隙。这才能保证石榫头周边能稳接基座上石榫眼的周边，使重力均匀、稳妥地传下去。对于底面积过小的山石，也可直接插入基座，如

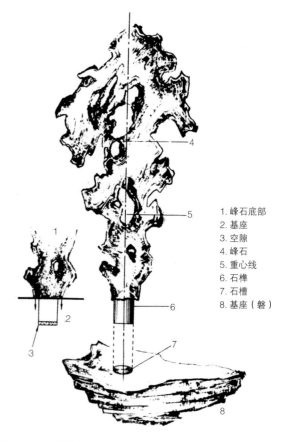

1. 峰石底部
2. 基座
3. 空隙
4. 峰石
5. 重心线
6. 石榫
7. 石槽
8. 基座（磐）

图 2-9-7-1　石榫头

重心偏外，还可用垫片把重心拉到满意的位置。园林工人在拆卸明清假山时发现铁垫片还有铁屑灌入以求密合的做法。

山石从采石场运至工地后要平放以便相石。到了工地还有小搬运。小石可支三脚架以铁辘轳或绞盘半机械、半人工地起吊和水平位移。数吨重的大石宜以吊车施工，吊车能承受的重量和低角度平移的限度要充分评估。对山石捆绑的关键是打扣。粗麻绳常用图示结绳法，钢绳则用它法固定，钢绳坚实但易打滑，不如麻绳稳定（图2-9-7-2）。

施土山石基本到位后还须小调整，此时可用钢撬棍，亦图示其用法（图2-9-7-3）。

1956年我刚从北京农大园艺系毕业留校任教，毕业班王致诚同学毕业论文以假山为题，我推荐给张蔚庭先生并共同访问"山子张"。致诚将张先生口传的经验从理念方面加以总结，我也和园林工程教研组的同仁多次访问或在施工现场向张先生求教，并请来给学生作专题讲座。张先生很兴奋，一清早就起床等车来接。他弥留之际我到床前问候。我问他有什么不舒服，他回答得很风趣，边笑边说"就是缺块杀"，意即站不稳要加垫片。张蔚庭先生口述，由王致诚君总结的山石结构"十字诀"因当代假山师傅流传而大同小异，谨介绍于后，其中加入了一些我自己的认识。

我认为这些结构字诀都是从"外师造化，内得心源"而来，在长期实践中逐渐丰富，一诀又因石而多式，这只是基本结构，只有实践才出真知。

张蔚庭先生"十字诀"头一个字"安"：指安置山石，放一块石头称安。山石经人工掇合成山首先要强调安稳，安置山石务求稳定。掇成以后要经得起时间的考验。不坍不倒，这不仅要求假山结构合理，而且石与石之间要有较好的衔接，均匀地将荷载由中层传至基层。基于每一块山石都要安稳，特别在力学方面起重要作用的山石要抗压、抗拉。"安"在艺术方面有单安、双安和

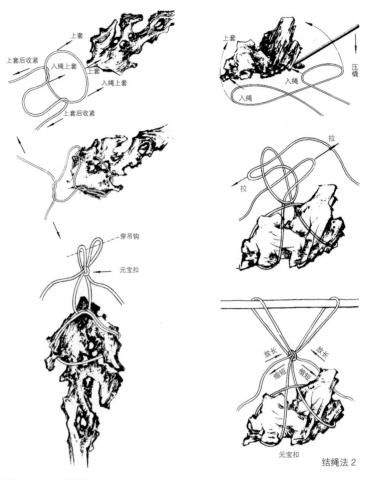

图2-9-7-2 结绳法

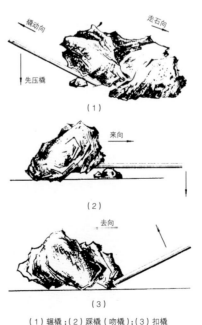

（1）辗橇；（2）踩橇（吻橇）；（3）扣橇

图2-9-7-3 撅山

图2-9-7-4 单安

图2-9-7-5 三安

图 2-9-7-6 连

图 2-9-7-7 接

图 2-9-7-8 斗

图 2-9-7-10 拼

图 2-9-7-9 挎

图 2-9-7-11 悬

三安之分（图 2-9-7-4），因石性而相安。三安也是构图之天、地、人或主、客、配。安石保持上面水平（图 2-9-7-5）。

连：山石水平向结体称连，朝四方如何延续发展。特别是处于基底或下层的山石，平面构成呆滞，上层山石又何以变化。因此要胸有成山、胸有全山。明确石在总体中之地位，在山体组合单元中充当什么角色，才知道怎么连。连下为接上作好准备，方向多变、进出不一、高低相连、错落跌宕方可成巧（图 2-9-7-6）。

接：竖向衔接山石称接。接石注意脉络相贯、皱纹合宜、横竖何裁、横竖何能融于一体。有些并不完全对接，内接外留缝，错接探出，各尽其妙（图 2-9-7-7）。

斗：经水溶蚀或风化，整石山会局部崩落，留下上拱起，下腾空，两端搭于二石间的自然石貌，是为斗之来源。然"一法多式"，拱高、拱度、腾空线型都有千变万化。北京乾隆花园第一进庭院东北向可明显看出"斗"的做法（图 2-9-7-8）。

挎：自然山石侧面有凸出的小山岩，如人挎包者称挎。这可避免山石侧面平板。最好利用石侧面的小坎连接，尽可能不用铁活加固（图 2-9-7-9）。

拼：连接的综合称拼，以小石拼出大石的形象，甚至有用"拼"做出的特置石。二石相连，空缝太宽大也可做拼缝。也可以说拼涵盖了所有字诀。撮合也可以说是拼（图 2-9-7-10）。

悬：自然状态多见于钟乳石之悬空，黄石和其他石也有悬，成因不同，形象各异而已。人工做时于暗处出石上承以减少上顶下悬的荷载。南京瞻园南水假山王其峰师傅做得很好（图 2-9-7-11）。

剑：天然竖立之长条形山石，如苏州天平山之"万笏朝天"，泰山之"斩云剑"等（图 2-9-7-12）。

卡：云南石林"千钧一发"和泰山"仙桥"都是"卡"的自然状态。山石崩落于夹缝中，因上大下小而卡住。人工可以此作"接"的一种手段。

如避暑山庄烟雨楼石壁（图2-9-7-13）。

垂：从石上企口倒挂山石称垂，扬州"小盘谷"峭壁上有此做法（图2-9-7-14）。

除山子张传下的十字诀外，常用于山石结体的尚有如下的字。

挑：自然岩石上存而下崩落后形成挑伸的岩体称挑。人工掇山则由支点、前悬、后坚及飘等组成。出挑可分层，亦可单挑。分层出挑有若"叠涩"之半，最后总要落实到一个支点上。一般最大挑伸，单挑最多约两米，分层出挑还可稍多挑出。挑出的部分山石称前悬。前悬要用数倍重量的山石镇压以保持平衡，后压的山石叫后坚。若出挑之石上面平滞，可加以增加变化。前悬以仰效果最佳，平视、俯视次之。后坚宜藏不宜露，一法多式，变化多端（图2-9-7-15）。

撑：即石下以柱状石支撑传力，有直撑可发挥"立柱承千斤"的作用。也有因材制宜的斜撑。如扬州个园夏山之洞柱，直斜并用，形态自然（图2-9-7-16）。

券：作山洞如环桥之券拱，受力和传力都是从斜到直。对湖石山洞特别相宜，最典型的是苏州环秀山庄的假山洞，大小钩带，严丝合缝，甚至天衣无缝（图2-9-7-17）。

假山的持久稳定依托于科学的结构，一是基础，二是整体性。山石经掇合后互相咬定，用手拍石可以传达到尽可能远之处。其中要点是塞。假山师傅技艺水平主要看安塞的技术。石因底不平而站不稳，就力学而言是重心力已出底外。重力塞要看准欲安塞的楔形空间，一块塞打进去就将重心线拉回来了。

作为假山基础的基础，放线时约比山平面各外扩展五十厘米。山体比地表深下30到50厘米。基层古代用3：7灰土，要出窑不久的生石灰，加水化为石灰再均匀混合壤土。虚铺30厘米挤压到15厘米为一步，称荷重不一而异。灰土分干打和湿打，干打用打灰土的重木蛤蟆夯夯实。湿打是浸水一夜，次日用版筑之杵打，越打越湿。

古时有加糯米浆者。凝固后坚固耐久，拆除时要用风镐钻洞分开，灰土断面非常均匀，石灰化成无数均匀分布的小白点。圆明园驳岸有厚八十厘米的灰土，抗冻固岸，外贴条石。

现代用素混凝土基层或钢筋混凝土基层。北京林业大学瞿志副教授在设计中国工程院院标门扉的特置山石时用80厘米深的级配砂石夯实作基底，如蛋卧沙之稳定，石重5吨左右。

拉底达到足够硬度后便可安置"拉底"的基石。万丈高楼从地起，上面的变化都基于基石。挑出是有限的，拉底石顶已高出地面，再接中层，最后收顶。

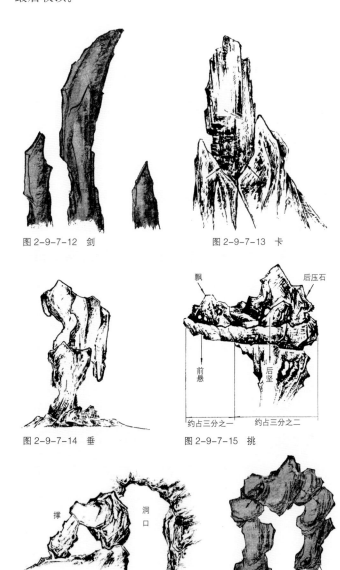

图2-9-7-12　剑　　　　　图2-9-7-13　卡

图2-9-7-14　垂　　　　　图2-9-7-15　挑

图2-9-7-16　撑　　　　　图2-9-7-17　券

第三篇 名景析要

　　前篇讲的是中国风景园林设计的理法，谈不上"读万卷书，神会古人"，却是个人学习中国风景园林传统设计基本理论和手法的抒发。在前辈基本理论的基础上就要下"行万里路"的实地考察的功夫和在设计数据方面积累的功夫，从前人的实际作品中汲取营养。两相结合，受益匪浅，于是在教学中为研究生开了一门《名景析要》的课程，学生普遍反映很好。名景都在"人的自然化和自然的人化"方面下了"巧于因借，精在体宜"的功夫，创造了令人难忘的园林空间形象和文化内涵。选择名副其实的作品做设计理法的要理分析，初衷是言人所未言或人所少言的析要，因此就不顾及其他方面的分析。以不求全，但求分析的特色。希望能够给后人一些启示。

第一章　古代私家园林

第一节　拙政园

拙政园是以中部的拙政园为主体，东部原"归田园居"（现拙政园大门引入的部分）和西部原"朴园"的总称（图3-1-1-1）。自明至清屡有修建和更改，甚至风格迥异。今所见是新中国成立后修复和兴建的。问名"拙政园"应"问名心晓"，明代园主王献臣由于仕途未遂志，便借西晋潘岳《闲居赋》："庶浮云之志，筑室种树，逍遥自得。池沼足以渔钓，春税足以代耕，灌园鬻蔬，以供朝夕之膳；牧羊酤酪，以竢伏腊之费。孝乎唯孝，友于兄弟，此亦拙者之为政也。"（明·文徵明《王氏拙政园记》、王献臣《拙政园图咏跋》）说白了，惹不起，还躲不起？循中国文学"物我交融"之理，

借低湿地宜，以莲自诩，取"出淤泥而不染"为主题是为指导设计的意境创造，并体现于园景中。现在园中景物是清代留下来的面貌，与明中叶建园之面貌在山水方面增加了土山的分隔，建筑方面则在主要建筑加了见山楼（图3-1-1-2），添了些小建筑，如添加的荷风四面亭（图3-1-1-3）。

总体布局中先定"远香堂"的位置（图3-1-1-4），远香堂西有"倚玉轩"为傍，北望"雪香云蔚亭"（图3-1-1-5）。有称"倚玉轩"寓竹，"雪香云蔚亭"寓梅，并在土山上种植梅花以体现意境。依我看则不然，创意的内涵意境就是荷花。君不见《园冶·借景》在谈夏季借景时有"红衣新浴，碧玉轻敲"之说。"红衣新浴"意喻荷花，"碧玉轻敲"寓雨点轻敲荷叶。因此"倚玉轩"

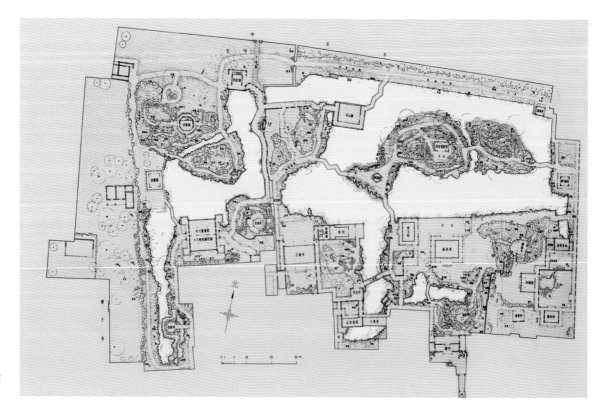

图3-1-1-1
拙政园平面图（无东部园林）

图 3-1-1-2（左）
拙政园前堂后楼，楼在碧泓西北隅，东桥西廊各得其宜

图 3-1-1-3（右）
拙政园荷风四面亭借三叉堤而安正六方亭

傍远香堂犹如"红花虽好还须绿叶扶持"。当然应以园主寓意为实，我只是别想倚玉而已。"雪香"在此并非寓梅。就四时而言唯夏时"云蔚"，春雨绵绵、秋高气爽都没有云蔚的天空，只有夏时蔚蓝天空白云飘。亭中用文徵明书联"蝉噪林愈静，鸟鸣山更幽"，也是夏景声像的写照。再从北京圆明园按宋代周敦颐《爱莲说》造的莲花专类园"濂溪乐处"中有个从岛岸引廊出水观荷的景点就名叫"香雪廊"（图 3-1-1-6）。白色荷花亦可称香雪，何况池中"荷风四面亭"、"香洲"都是寓莲的意思（图 3-1-1-7、图 3-1-1-8）。多一种观点研究是有好处的，也不强求统一。

图 3-1-1-4
拙政园堂在林翳远香中

　　山水空间的塑造为建筑和植物造就了山水环境。苏州地下水位高，拙政园原更是低地，因而掘池得水，而且可外连城市水系。本园西南端的小筑问名"志清意远"就表达了这个寓意。因此拙政园总体布局的结体是以水景为主，聚中有散，筑山辅水，以水为心、构室向水。本园土山是明末才形成的，对划分水面，增加水空间的层次感和深远感起到骨架的作用。土山又以涧虚腹，形成两山夹水的变化。西端化麓为岛，岛从三个方向伸出堤，桥并堤拱六角亭"荷风四面亭"的三角形基址，使水景富于变化。

图 3-1-1-5
拙政园自山下仰望雪香云蔚亭

　　开辟纵深的水空间对于拓展视线是极为重要的。东面向水景线有两条，以前山为主。东自"倚虹"至西面的"别有洞天"是主要的水景纵深线。直线距离约 120 米，西与南北向水景纵深线正交

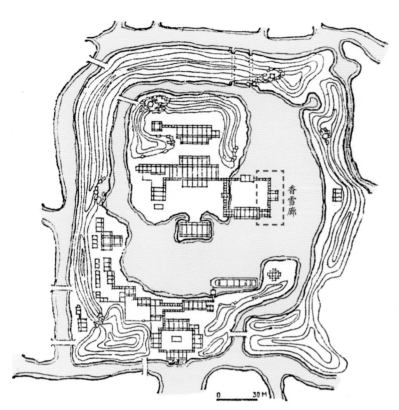

图 3-1-1-6　圆明园"濂溪乐处"香雪廊平面图

图 3-1-1-7　香洲

图 3-1-1-8　拙政园香洲舫楼层内观

形成水口变化，为布置不同的水院建筑创造了优越的水势条件（图 3-1-1-9）。无论自东端的"梧竹幽居"西望"别有洞天"，或自"别有洞天"回望，两岸山林夹水，间有建筑对岸相呼应，水景至深而目尚可及。如果说前山水景纵深线建筑有所喧，那后山水景纵深线则因山静林幽而寂，两水空间性格因差异而互为变化。南北向水景纵深线自"小沧浪"至西北的"见山楼"纵贯南北而被"小飞虹"、"香洲石舫"、石折桥横隔为层次多变的水景。东端南北向水景纵深线自"海棠春坞"至"绿漪亭"，虽不太长而景犹深远。水空间以土山、桥、廊、舫为划分手段，划分出大小不同、形态各异和具有不同类型建筑围合的八个水空间，它们相互串联、渗透而构成水景园林的整体。化整为零，再集零为整（图 3-1-1-10 ～图 3-1-1-14）。

　　陆地则以廊、墙、土山、石山的不同组合来划分景区和空间。计有腰门内黄石假山、远香堂南山池、远香堂与雪香云蔚亭之间的水景、枇杷院内的玲珑馆（图 3-1-1-15，图 3-1-1-16）、海棠春坞（图 3-1-1-17）和听雨轩北院、绣绮亭（图 3-1-1-18）所在土山、小沧浪和小飞虹围合的空间（图 3-1-1-19）、香洲石舫（图 3-1-1-20）、玉兰堂院和见山楼等景区和空间。南岸组织为三大院落、三小院落。以春、夏两时的景色为主。大小院落均有主体建筑带领组成建筑组群，点缀以各式单体的景亭。亭的布局以堂为主视点，呈环形错落的布置，因山就水，随遇而安。雪香云蔚亭并不正对远香堂而居山之巅。借土山长于东西、短于南北而选矩形出平台的亭。绣绮亭外形与雪香云蔚亭近似而可贯通。但朝向彼此成子午向变化而又各具形胜。远香堂的对景是雪香云蔚亭，东望北山亭。在北面平台上则自东而西可见绣绮亭、倚虹亭、梧竹幽居亭、待霜亭、雪香云蔚亭、四面荷风亭、绿漪亭。亭皆各自因境成景，在得景和成景方面各具特色。雪香云蔚亭居中，坐北向南，位置显赫。仰上俯下，移步换形。倚虹与别有洞天各从东、西边廊顶出

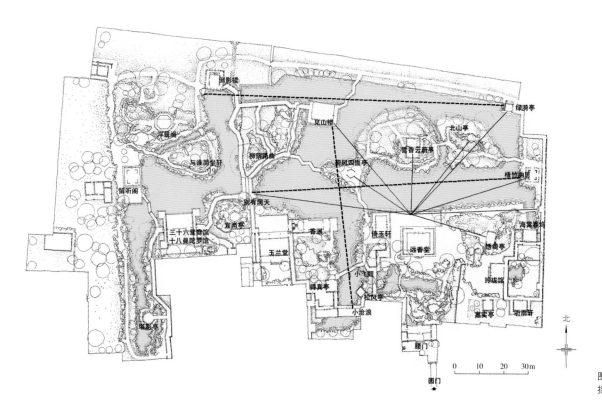

图 3-1-1-9
拙政园透景视线分析

图 3-1-1-10（左）
拙政园东西透景线 1

图 3-1-1-11（右）
拙政园东西透景线 2

图 3-1-1-12（左）
拙政园湖中三岛，有溪涧穿流而长岛一分为二，后湖涧口寂静优雅，与前湖喧哗之景恰成空间性格对比，后湖乃此园另一水景深远线

图 3-1-1-13（右）
拙政园小飞虹斜跨水景纵深线

图 3-1-1-14（左）
拙政园梧竹幽居亭南
地穴得水港跨明代石
桥景

图 3-1-1-15（右）
枇杷园地穴回望雪香
云蔚亭

图 3-1-1-16（左）
拙政园嘉实亭

图 3-1-1-17（右）
海棠春坞

图 3-1-1-18（左）
拙政园绣绮亭东观，
旭光绣绮

图 3-1-1-19（右）
拙政园松风水阁精巧
别致，斜向挑出池面，
若点睛之作

图 3-1-1-20（左）
拙政园香洲野航至荷
香清境

图 3-1-1-21（右）
拙政园梧竹幽居亭西
地穴外望水景深长，
一望无际

半亭以为联系东、西园的出入，并互为对景。梧竹幽居在东面正位，造型丰富，外廊内墙加以内墙四面有圆形地穴，自亭内外望，圆框景若镜中游。亭西水际岸上植枫杨一株，与圆形地穴、方亭攒尖黛瓦屋盖和粉墙栗柱组成尤特致意的风景画面，倒映入水，或静或动，或容倒天，或闪出曲折多变的水影，佳趣随生（图3-1-1-21、图3-1-1-22）。绿漪亭坐落在东北角的水岸上，成为后山水景纵深线和自海棠春坞北明代石桥北望的终端景点。亭西紧接入水浣阶，过渡到北面的岸壁直墙。待霜亭居客山之巅，左池右涧，明中有晦。

宅园有个基本要求即"日涉成趣"（图3-1-1-23、图3-1-1-24），故讲究"涉门成趣"。自腰门入园，由黄石假山、廊、墙结合地形和树木花草形成了六条空间性格不同的出入路线，耐人寻味（图3-1-1-25）。一自额题"左通"处廊道引（图3-1-1-26），由于园有变迁，此道已封闭，

未知何时通。二是自额题"右达"的廊道进入（图3-1-1-27）。左壁右空。三是从东边枇杷园西面之云墙与黄石假山东面形成的蹬道款款而下（图3-1-1-28）。四为黄石假山西面与廊子组成的缓坡道引到石山北水池斜架的石桥上（图3-1-1-29、图3-1-1-30）。五是穿黄石假山的山洞，从水池南岸入园，是为石栈道的做法（图3-1-1-31、图3-1-1-32）。山洞路线带来了由明入暗和从暗窥明的光线变化。第六条则可攀山道上山顶，再从山顶下来入园（图3-1-1-33）。六条出入花园的路线为"日涉成趣"创造了基本条件。

见山楼登楼处采用了黄石与楼梯相结合的方式，平添了自然的情趣。

西部原补园东南角与中部相邻处起假山以抬高地势，山上筑亭可俯两边景物故名"宜两亭"（图3-1-1-34）。玉兰堂为西端别院，原从西南角由西东入，堂南对植玉兰，南墙为山石花台，花台东端有踏跺可拾级而上，墙上有门若通第宅，其

图3-1-1-22 梧竹幽居

图3-1-1-24 拙政园腰门西对景山石花台（通宅第）

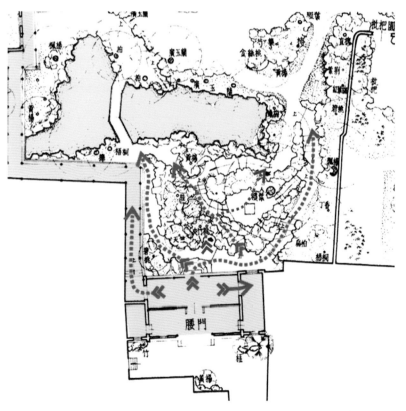

图3-1-1-25 拙政园腰门入口道路示意图

图 3-1-1-23　拙政园腰门南对景山石花台

图 3-1-1-26　左通

图 3-1-1-27　右达

图 3-1-1-28
拙政园腰门东麓假山
与爬山墙间山路

图 3-1-1-29（左中）
拙政园腰门入口西侧
与廊结合的道路

图 3-1-1-30（左下）
拙政园腰门西路山道
及廊道，远香堂因此
水池而得坐北朝南、
负阴抱阳之形胜

图 3-1-1-31（右中）
拙政园入腰门北一径
三通，右为东道，中
入山洞，洞口右崖下
盘道跨山

图 3-1-1-32（右下）
拙政园腰门入口山洞

图 3-1-1-33（左）
拙政园腰门上山路

图 3-1-1-34（右）
宜两亭

实并不相通，墙上假门为延伸空间的手段。此为罕见孤例，有扩大空间的意义。

第二节　留园

明时徐泰有东、西两园。清时东园改称"寒碧山庄"，因收集十二石峰于园中而名噪一时。后又改称"留园"，园址华步里。园以中部为主，东部虽小尤精，西、北部无甚特色（图 3-1-2-1）。

留园中部以山水空间为主。由南面以寒碧山房为主的建筑群与以五峰仙馆为主的东面建筑（图 3-1-2-2），加以西廊、北廊围合的山水空间。近正方形的中心地，西南角起涵碧山房的堂和北出石平台，东连明瑟楼，其形若舫（图 3-1-2-3）。所掘水池便成曲尺形，再于东岸出半岛、北岸出半岛并间以全岛"小蓬莱"，石平桥贯连全岛从而构成水景间架（图 3-1-2-4）。地形西北高、

图 3-1-2-1
留园平面图

图 3-1-2-2（左）
留园自明瑟楼下东望，中部建筑群西立面具有高低错落的天际线

图 3-1-2-3（右）
留园明瑟楼形若舫，在此毕现

图 3-1-2-4（左）
小蓬莱

图 3-1-2-5（右）
濠濮亭

图 3-1-2-6（左）
门厅、轿厅的光线变化

图 3-1-2-7（右）
入口壁山

东南低，自西北引石涧连水池西北角，水口点以珠玑小岛共成具有曲折变化的水面。东出半岛北置"濠濮亭"，加以池东之南北设置石作水石幢，形成中、近距离观赏的活动画面随步移而换景（图3-1-2-5）。

我认为留园的特色在于建筑庭院和建筑小品的处理。在置石和建筑结合山石方面创造了独一无二的特色。

同样要求"日涉成趣"和"涉门成趣"，由大门入园只有独一条路线却也能奏效。门厅、轿厅之间开天井而光线的明暗变化自生（图3-1-2-6）。往北进的夹巷极尽长短、宽狭、折转之变化，兼以花台镶墙隅，导入渐入佳境地进入欲扬先抑的前厅。南墙作为山石花台的壁山以为进出的对景（图3-1-2-7）。穿厅之西边廊进入园中，廊口额题"揖峰指柏"。

入园即处于三岔路口，设计者导游性特强。直北虽可通曲谿楼，但前面光线晦暗。西面却一

图 3-1-2-8　留园古木交柯

图 3-1-2-9　留园"一梯云"特置石峰，强调云梯入口

片大明，小天井层层相连而莫知所穷。游人很自然地向左转面对"古木交柯"（图 3-1-2-8）。《园冶·相地》说："多年树木，碍筑檐垣，让一步可以立根，斫数桠不妨封顶。斯谓雕栋飞楹构易，荫槐挺玉成难。"在此更借树成景，巧于因借也。如今老树已死，补植了一株，其实难副矣。

再西行进入"绿荫"前廊，廊南小天井紧缩逾倍，山石花台上石笋挺立，南天竹扶疏，藤蔓植物倚壁而起，以绿色枝叶衬托出雕塑"华步小筑"的注目额题。小天井与东邻天井间有粉墙隔断，却又开瘦长形地穴沟通。小巧精致，激活了两个天井空间。

绿荫之西为明瑟楼。楼东有台临水，南通绿荫西邻的小轩，轩西曲尺形高粉墙，是为明瑟楼山石楼梯凭借的载体。明瑟楼尺寸小，室内梯无处安置，室外山石楼梯就解决了这问题同时可以造景（图 3-1-2-9）。山石梯以花台和特置山石强调梯口，花台中植树增添自然气氛。特置山石不过高两米余，由于视距迫促，因近求高而耸入云天。山石上镶"一梯云"三字。"梯"作名词则词义同山石云梯，作动词则一梯入云。据实夸张，既在情理中，又出意料外。登梯两三阶即入镶在墙内角的休息板。然后以石为栏，在石栏遮挡下，贴墙陡上。古时讲究"笑不露齿"，若梯之不露阶。有正对视线作山石楼梯者，全阶毕露，何美之有？梯西尽北转，近楼处设小天桥步入。梯之底部做成山岫，阴虚而暗。自明瑟楼楼下南

望，由柱和木挂落组成画框，云梯俨然横幅山水，可谓达到了凝诗入画之境（图 3-1-2-10）。

涵碧山房前院是牡丹花台，用自然湖石掇成。院子乃近方形之梯形，边廊圈出东北隅作"一梯云"，形成曲尺形廊为东界。山石花台让出涵碧山房阶前和东边廊前集散的场地，因而花台仅占对角线西南之地。将近三角之地划为中心、西墙根和南墙根三部分。但西墙和北墙的花台在西南墙隅并不相连，有意放空以形成交覆相夹之势，游人自北而南或自东而西游览时，墙角被花台掩映不穷，这是很奥妙的处理（图 3-1-2-11、图 3-1-2-12）。中心花台因让出东和北面的空间而不"堵心"。山石花台在纵断面方面极尽变化之能事，或上伸下缩、或直或坡、或若有山石崩落而深埋浅露于花台下的地面（图 3-1-2-13）。或峰石突兀引人注目，以墙为纸，以石为绘。苏州地下水位高而牡丹喜排水良好，山石花台为牡丹创造了这种生态条件，而花台布置的结体和自身变化则增添了自然美的气氛（图 3-1-2-14）。

西廊高处的"闻木樨香轩"居高临下东俯全园（图 3-1-2-15），沿廊北进折东至"远翠阁"。北廊为"之"字形变化，廊墙之间自然形成各异的小空间。点缀竹石小品，无不翩翩楚楚。阁西南特置山石形成东西视线的焦点。临水南望，水景层次深厚，深远而富于人工美和自然美不同组合的变化。

远翠阁东的一卷山石花台也富于曲折明晦

图 3-1-2-10
留园"一梯云"之
画意

图 3-1-2-11（左）
留园涵碧山房南院牡
丹花台一瞥

图 3-1-2-12（右）
留园自花台群西南隅
北望，山石层次亦深远

图 3-1-2-13（左）
留园单体花台之高低
层次变化

图 3-1-2-14（右）
留园花台细部处理

变化，尤以北端花台变化细微，耐人寻味（图3-1-2-16）。南通"汲古得绠处"与"五峰仙馆"西墙组成的半开敞小空间。石屏西障并与南墙花台组成入口，五峰仙馆西墙花台则成为入口对景了。

　　五峰仙馆居所在院落中部，自成前庭后院的格局。前庭可以说是四合院的变体，为南墙北馆、西楼、东所（鹤所）的格局。前庭借南高墙作大型壁山处理，可循花台上小径东西上下（图3-1-2-17）。花台上松柏虬枝、桂花飘香、花木应时开放，峰石兀立其间。墙角都以花台镶边，台阶以山石做成"涩浪"，贵在中置分道石，人流分道上下（图3-1-2-18）。最吸引人的是东面的景物。鹤所额题横陈矩形地穴之上，两旁漏窗墙虚分隔，逗人游兴（图3-1-2-19）。

　　入鹤所循廊直北可到"还我读书处"僻静的

图 3-1-2-15（左）
留园闻木樨香轩

图 3-1-2-16（右）
留园五峰仙馆西窗石
屏亦兼作"汲古得绠
处"入口

图 3-1-2-17（左）
五峰仙馆壁山与南墙
之间的小路

图 3-1-2-20（中）
留园揖峰轩北保留隙
地以布置尺幅窗的对景

图 3-1-2-22（右）
揖峰轩、石林小院尺
度合宜，分隔精巧，
充分利用粉墙、漏窗、
曲廊组成不同空间，
植以竹、藤，步移景
异达二十余幅画

图 3-1-2-18（左）
留园五峰仙馆涩浪做法

图 3-1-2-19（右）
鹤所

小天地。仅此一径可通，一般很难找到，书斋求静避干扰之谓也。其南"揖峰轩"不与共墙，有意于两墙间留狭长隙地布置竹石的"无心画"供室内"尺幅窗"入画（图 3-1-2-20、图 3-1-2-21）。揖峰轩小院尺度合宜，分隔精巧，曲折回环，情态多致。曲廊和墙分隔出大小性格各异的天井，点以山石，植以紫藤绿竹、芭蕉。竹枝出窗、蕉影玲珑，藤蔓穿石充分发挥了"步移景异"的近距离、小空间的观赏效果（图 3-1-2-22 ～图 3-1-2-26）。

再东，即以冠云峰为中心的一组园林庭院。冠云、瑞云、岫云三峰以冠云峰最奇美，占尽风流，

图 3-1-2-21（左）
留园揖峰轩石林小院
尺幅窗与无心画

图 3-1-2-23（右）
揖峰轩庭中心花台石
峰峙立

图 3-1-2-24（左）
石林小院尺幅窗无心画

图 3-1-2-25（右）
石林小院对景

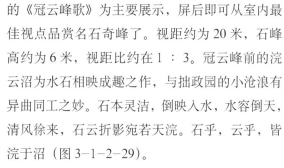

充分表现了湖石单体的透、漏、皱、丑、瘦之美。形体硕大、姿色婀娜而孤峙不群（图 3-1-2-27、图 3-1-2-28）。留园主人为了得到这卷奇石，先购其地、石在地内而得石。从建设的顺序而言是先置石，以石为中心来布置建筑和园庭。格局是南馆、北楼、东庵、西台。林泉耆硕之馆是诠释、欣赏和座谈、探讨冠云峰之所。馆中以木刻满壁

图 3-1-2-26   石林小院背面观

的《冠云峰歌》为主要展示，屏后即可从室内最佳视点品赏名石奇峰了。视距约为 20 米，石峰高约为 6 米，视距比约在 1：3。冠云峰前的浣云沼为水石相映成趣之作，与拙政园的小沧浪有异曲同工之妙。石本灵洁，倒映入水，水容倒天，清风徐来，石云折影宛若天浣。石乎，云乎，皆浣于沼（图 3-1-2-29）。

冠云楼据峰而建，正对冠云峰。林泉耆硕之馆稍有偏移亦感相对。馆东、西边廊北展，东尽伫云庵，西出冠云台与佳晴喜云快雪之亭，整个庭园有所轴线而又是不对称的均衡处理。浣云沼之岸，北曲南直，印证了"随曲合方"之妙。

第三节 网师园

南宋万卷堂故址，时称"渔隐"，清乾隆年间修建，光绪年间有所修整，迄后又扩建至现在的规模。乾隆中叶园主宋宗元借"潭西渔隐"改称网师。与以上两座大型宅园相比，网师园乃属中型园林，占地约八亩。取东宅西园的结构，因

图 3-1-2-27　瑞云峰

图 3-1-2-28　岫云峰

图 3-1-2-29　冠云峰及浣云沼

此园与宅间东西有五处可通，主入口设在轿厅西北隅，大厅亦可廊通（图 3-1-3-1）。

　　立意以渔隐为师，意境皆琴、棋、书、画、渔、樵、耕、读。诸如看松读画轩、射鸭廊、樵风径、五峰书屋、琴室等。水池的平面呈方形若落水张网之形。东南角引小溪若网之纲，所谓纲举目张。《苏州古典园林艺术》说："园中水池是仿虎丘山白莲池整体。"东岸亭下引水涵入，南阁亦有所挑伸，虚涵池水，西南隅作黄石水岫，"月到风来亭"以石抱角，石岫涵通，加以西北角作水湾跨贴水折桥和斜伸石矶（图 3-1-3-2），水池岸在方的基形中力求自然变化而显得丰富多彩（图3-1-3-3）。和留园近似之处是，亮出东面建筑西立面在大小、高低、起伏和错落的变化。由"射鸭廊"和"竹外一枝轩"组成的建筑组，起到承前启后的作用，屋盖单双坡顺接和开漏窗呈现虚实变化。水庭东北隅自成视线焦点，经得起看，要在简洁美（图 3-1-3-4）。

　　渔隐之园不求张扬，"清能早达"廊壁嵌《网师园记》，东南角有小洞门引进主体建筑"小山丛桂轩"。《楚辞·小山招隐》有"桂树丛生山之阿"句，庾信《桂树赋》有"小山则丛桂留人"句（《苏州古典园林艺术》）。轩东、西、南三面有边廊，

北面以黄石假山为屏障（图 3-1-3-5）。北假山上和南壁山花台植桂花。山不高而水甚敞，轩四面景色各异。东面最狭，墙间引窄长溪湾，跨以体量精小、造型玲珑之石拱桥，桥面拱处有如同苏州水城门——盘门桥面拱处一样的镇水石刻图案，六瓣旋花。是否寓意"六合太平"尚不能定，曾请教多位老前辈而未解，后从梁友松先生处得知是寓意海中一种大的贝壳类动物，亦是辟邪趋安的吉祥涵义（图 3-1-3-6）。

　　"小山丛桂轩"西引，有"蹈和馆"，南入琴室，似有歌舞升平意。琴室南墙壁山有起有伏，早时西部有卧石布置精美，经改建后尚存不多。

图 3-1-3-2　网师园石矶折桥组合

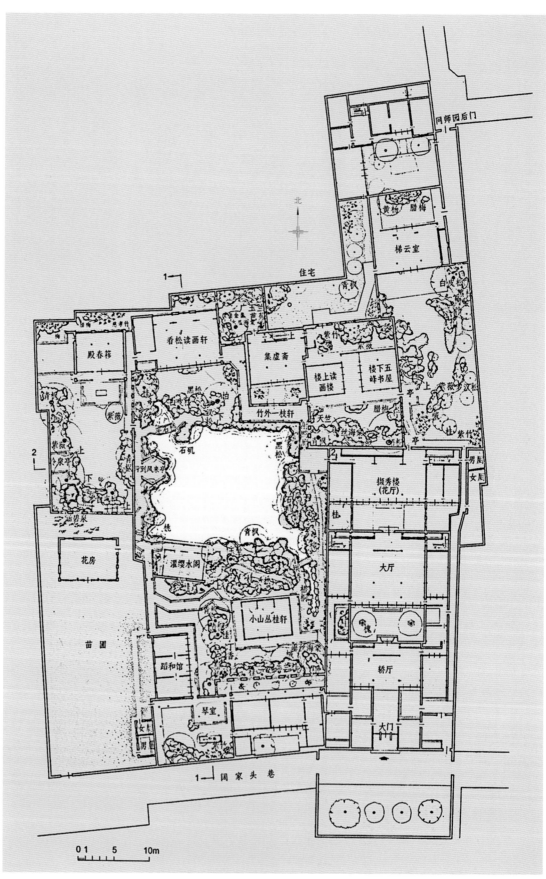

图 3-1-3-1　网师园平面图

　　由"小山丛桂轩"、"濯缨水阁"、"蹈和馆"组织的小空间，由"小山丛桂轩"西出廊呈"之字曲"横贯。由于廊间山石花台上一株逗人注目的青枫点缀，空间十分灵活。透过廊间，经水阁南漏窗透渗水阁北面景色，显得风景层次丰厚。

　　"濯缨水阁"取自《孟子》："沧浪之水清兮，可濯吾缨"之意，居控制水景的要位。"小山丛桂轩"北向是以黄石假山为隐蔽处理的。假山为水景接口，同时作为陪衬将水阁衬托了出来。水阁虽为倒坐，却居于控制水景的要位，尺度不大却相当精致。临水面栗色雕花木栏供人凭栏远眺。木栏下石柱入水，外观虚空，形成五间水洞而颇有深意（图 3-1-3-7）。阁内木槅扇开启后空间格外空透。明间南墙上的漏窗将室内较阴暗的空间透出南边光亮的背景。联曰："曾三颜四；禹寸陶分。"①曾子曰：吾日三省吾身；颜子则以"非礼勿视，非礼勿听，非礼勿言，非礼勿动"相自省；大禹、陶侃珍惜时间，一分光阴一寸金。以古人为训，言简意赅。水阁之西还有两处微观处理。西南隅水角退缩为水岫，颇有不尽之意。不足一平方米的廊墙小空间石笋峭立、竹影玲珑，成为东、南、北三条游览路线的视线焦点。不仅变死角为活角，而且以一应三，甚是巧妙（图 3-1-3-8）。

① 联出郑板桥，其以最简练的语句，表达了深邃的内容，激励人们珍惜时光。"曾"即孔子的弟子曾参。他曾说："吾日三省吾身，为人谋而不忠乎？与朋友交而不信乎？传不习乎？"意思是每日反省自己的忠心、守信、复习三个方面，此为"曾三"。"颜"为孔子的弟子颜回，他有四勿，即"非礼勿视，非礼勿听，非礼勿言，非礼勿动。"故称颜四。"禹寸"是说大禹珍惜每一寸光阴。《淮南子》谓："大圣大责尺璧，而重寸之光阴"。"陶分"指学者陶侃珍惜每一分时光。他说过，"大禹圣者，乃惜寸阴，至于众人，当惜分阴"。

图 3-1-3-8 网师园廊间竹石小品

图 3-1-3-9 冷泉亭借壁生辉，山石涩浪引上，亭壁幽石冷立

图 3-1-3-10
冷泉一瞥

图 3-1-3-11
网师园冷泉

顺西墙架廊池上，由廊衍生出"月到风来"正六边形水亭独当了池西的景色。东墙展示了住宅层层庭院深入的西立面。东北隅水亭向北引出"射鸭廊"，"射鸭廊"又与"竹外一枝轩"前后相连，外栏杆、内门洞、漏窗，明暗虚实，相映成趣。尤以"射鸭廊"西端向北转折的结合处，屋盖组合简洁中出奇巧，虚廊接以有漏窗的白粉墙实体，变化中有统一，统一中又有变化。

"月到风来亭"顺势引入园中园"殿春簃"。隔墙东西二廊交覆一段后西廊与山石廊相衔，是为一座独立的书房庭院，建筑以居东之大屋连接居西之耳房。楼阁边的小屋称簃。《尔雅·释宫》"连谓之簃"，郭璞注："堂楼阁边小屋"。又按莳花而言，这里以芍药为主。花开春末，将春季分为三段的话，殿便是春末，故问名"殿春簃"。

庭是长方形，北端向西少有扩展。殿春簃坐北而北面留出了布置"无心画"的狭长后院。山石梅竹自成画意。南出平台，石栏低伏，主要的景物是花台、壁山和半壁亭，都借墙而安，"冷泉亭"成为构景中心。亭居高而旁引山石踏跺而上，亭中置湖石于粉墙前，几卷竖峰与亭内外融为一体。亭名"冷泉亭"，借泉成亭（图3-1-3-9）。传此处旧有"树根井"，1958年整修时把埋没了的泉水开发出来，清泠明净，山石上有"涵碧泉"石刻（图3-1-3-10、图3-1-3-11）。这本是庭院的西南角隅，如二墙垂直相连，仅为一线的交线，难免呆滞、平板。而借隅成泉后，有山石蹬道引下，一泓清泉，潭里镜天。加以石影玲珑剔透，树弄花影，浓荫覆泉，顿起清凉世界之想，以山石嵌隅把文章做活了。这说明置石和假山是中国园林运用最广泛、最具体和最生动灵活的手法。

"殿春簃"东从室内可通"看松读画轩"，轩前黑松张盖，虬枝框景呼唤了水景如画卷展开。

"五峰书屋"南院有完整的壁山，《园冶》所谓"峰虚五老，池凿四方"似与此境同。北院有小巧精致的山石花台。北院东西狭长，西端一卷竖峰特置应对了三个方向的视线。倚北墙向东延展的花台，或曲折入奥、或上伸下缩、或对峙如溪沟，步移景异，变幻莫测，堪称花台极品（图3-1-3-12）。

五峰书屋楼上为"读画楼"。借东墙而起云梯，下洞上阶，盘旋倚壁而上，加以与山石花台呼应，起势不孤，是为梯云室庭院制高之一景。整个庭院以山石廊与花台布置组合（图3-1-3-13）。西墙半亭、南廊亭与衔接二者的廊子结合形成屋盖组合的变化，而西南隅作为障景布置的石笋竹石小品，在阴暗背景的衬托下，自北南望，引人注目。石笋三两，却有宾主之位，翠筠柔枝傍依，清风拂动，生趣盎然（图3-1-3-14）。

第四节　环秀山庄

清代掇山哲匠戈裕良在乾隆年间为汪氏宗祠兴造的"环秀山庄"，庭院位于苏州景德路208号，园中假山是为全国湖石假山之极品。新中国成立后将已毁建筑全部按遗址复原，并小修了假山。该园占地面积0.22公顷，其中假山占地0.07公顷（据《苏州古典园林》）（图3-1-4-1）。

环秀问名立意，盖指山居中而建筑环山布置，山庄南、西、北三面布置建筑，东为高墙。秀指山貌能优美突出，古代园林称山为秀。如颐和园东宫门牌坊额题"罨秀"、北京故宫御花园假山额题"堆秀"，"环秀"也可理解为言太湖石之美。湖石在成岩过程中，含钙的石灰岩被含二氧化碳的水溶蚀而形成窝、岫、洞，一般都呈环形。此园主峰取洞的结构，并以环洞为框景纳西北山洞于其中，环环相套，充分展示了石灰岩环秀之美。池南四面厅"环秀山庄"有对联两副。一为："风景自清嘉有画舫补秋奇峰环秀，园林占优胜看寒泉飞雪高阁涵云"，二为："丘壑在胸中看叠石流泉有天然画本，园林甲天下愿携琴载酒作人外清游"（《苏州古典园林》）。这比较接近原创意图，我分析立意据此。

以布局结构而论，这是一座以石山为主、水为辅、园林建筑为周环，东墙、南厅、西楼的假

图 3-1-3-12　五峰书屋后院山石花台

图 3-1-3-13　梯云室

图 3-1-3-14　网师园出口

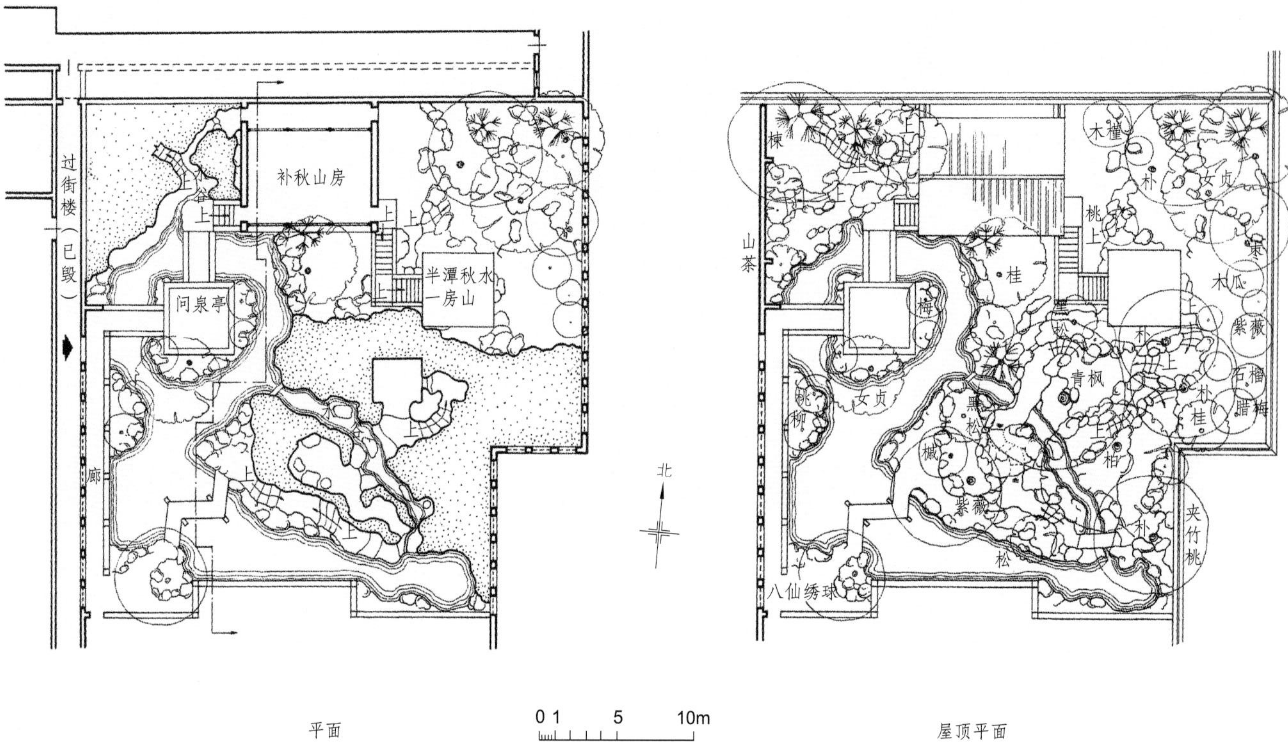

图 3-1-4-1
环秀山庄平面图

图 3-1-4-2
环秀山庄园西北角层峦陡起上挑下缩，俨然悬崖，崖下山洞，拾级而上，径旁小溪漱石而下，有“罅”即石灰岩裂缝映目，做假成真也

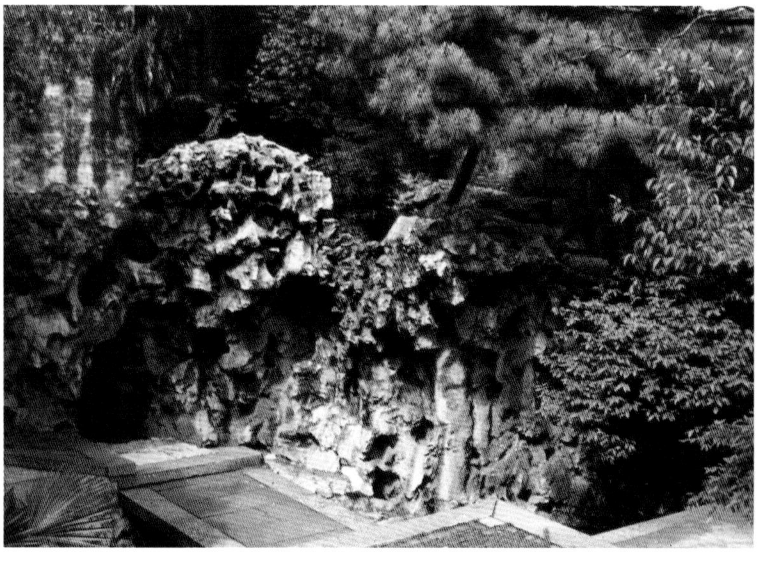

山园。山水相映体现在以水钳山、幽谷贯涧、引山溪穿洞和以水临台、架桥、绕亭、临舫、涵亭。因此山水、建筑、园路、蹬道和植物俨然一体，和谐交接，协调发展。基地约为三十米见方的地盘，却展示山高峰峻岭、深壑幽谷、绝壁飞梁、洞壑石室多种自然山水组合的奇观，我辈应叹服其“臆绝灵奇”的最高园林艺术境界和卓越的工程技术，以具形景象印证了中国风景园林“有真为假，做假成真”和“虽由人作，宛自天开”的至理（图 3-1-4-2）。

以山的构成而论，由主山、客脊和西北角的配山形成结构的框架。主山、客山相峙成幽谷，不仅可引进环山之水，更是一种虚实空间的变化（图 3-1-4-3、图 3-1-4-4）。画论说：“山臃必虚其腹”，在此取谷势。从宏观山势而言，主山虽居中却留出了西面的空间。西急东缓而向西有明显的动势。苏州之西乃真山所在，假山称“山子”指真山之子，子山回望母山以表示山脉所依贯。这种假山的总体轮廓、动势及山水相衔的关系有关布局的章法，十分重要。再温清代杂家李渔《闲情偶寄 · 山石第五》论证说：“犹之文章一道，结构全体难，敷陈零段易。唐宋诸大家之文，全以气魄胜人。不必句栉字篦，一望而知为名作。以其先有成局而后修饰词华。故概览细观同一致也。若夫间架未立，方自笔生，由前幅而生中幅，由中幅而生后幅。是谓以文作文，亦是水到渠成之妙境。然任可近视，不耐远观。远观则襞褙缝纫之痕出矣。书画之理亦然。名流墨迹悬在中堂，隔寻丈而观之，不知何者为山，何者为水，何处是亭台树木，即字之笔画，杳不能辨。而只览全局规模便足令人称许。何也，气魄胜人，而全体章法之不谬也。"我在此重复布局理法所引，为强调假山设计总体布局之重要性。

从何而起？由西南循对角线方向而起可以尽可能少占南北进深的尺度，鉴于必越池抵山，因此第一个景物为"紫藤桥"（图3-1-4-5），作山石若桥头堡强调入口（图3-1-4-6）。山石以峦头收顶，上峦下洞。为了便于静水的流通，桥头小阜贴水之脚作成水洞，东面皆有洞，并互通。就水石景而言，若被水流所激而溶蚀为水洞，显得自然而空灵（图3-1-4-7）。为控制桥的体量，上建铁花架提供紫藤攀援，选择了中高旁低的石折桥，原桥石墩上有插铁柱之孔，今已不存。此即《园冶》所谓"引蔓通津"的做法。紫藤为春花，四时之始犹园之始（图3-1-4-8）。

至彼岸，欲导引游人东转，必先阻而后导。假山组合单元选择石壁与栈道。以情理论，人皆不会自碰壁，因此石壁可阻人前进。在此北面还有山水景延伸，但可斜阻而不宜正挡，故石壁朝向西南而透北面的山水。栈道包括假山收顶做成悬崖和临水石栏、蹬道。其实地面本是平的，将中间垫高，两旁三两步石阶便具有上下的起伏（图3-1-4-9）。石栏下有一水洞特别妙。外观并不奇特，但在洞中看却起到采光洞的作用。自上而下环环相套，层次很丰富。苏州大石山有这种上下漏洞山谷的自然景观，此乃"外师造化，内得心源"之作是无疑的（图3-1-4-10）。人由西上东下至尽头，地面收得很狭窄，左侧岩壁挡住了前方的视线，似乎山穷水尽时才由东转西，有洞口迎人。洞取券拱结构（图3-1-4-11），这是戈裕良在山洞结构方面的创造，对湖石山洞特别相宜。戈氏说："如造环桥之法……可以千年不朽。"如今已有二百余年，并无崩塌先兆，如

图3-1-4-3
环秀山庄子山主峰向西回望母山

图3-1-4-4
环秀山庄东墙作壁山，承接高檐水导入池中，壁山与幽谷形成深浅两壑，第一立交的石矼飞梁架壑而安

图3-1-4-5
折桥跨水，展现随曲合方之线性理法

善于养护管理，戈裕良这句话是可以符实的，进洞仅一弯便入洞府（图3-1-4-12）。试想过桥上岸，由栈道由西而东，进洞后又由东而西，其间只隔几十厘米的石壁，路线却极尽延长之能事，山路盘旋上下约有八十米长。《园冶》论："路类张孩戏之猫"，说假山路的线形如同儿童以草逗猫，猫左扑右跌一样，这是最好的印证。由于从露天转入洞中由明变暗，仿佛来到另一空间。洞府有壁龛和石榻，渲染了神仙洞府的遐想（图3-1-4-13）。山洞结构可明显看出"合凑收顶"之做法，顶壁一气，利用湖石透漏的孔洞采光。

图 3-1-4-6（左）
环秀山庄紫藤桥头石岸有洞贯通

图 3-1-4-7（右）
环秀山庄紫藤桥头起石岗做峦头，下有水洞贯东西，此为东边水洞

图 3-1-4-8（左）
环秀山庄过紫藤桥北岸石壁屏道引导游人向东转入栈道

图 3-1-4-9（右）
环秀山庄循栈道东进，栈道尽，顿置宛转，洞口自现；入洞转西行，两道仅隔约 20 厘米厚的洞壁，然由明到暗，不知几许路程，涉洞成趣

图 3-1-4-10（左）
环秀山庄洞壁自然采光孔洞

图 3-1-4-11（右）
环秀山庄山洞结构创新的改梁柱式为券拱式，大小石钩带受力传力均匀合理而外观又天衣无缝，实乃戈裕良哲匠之独到也

图 3-1-4-12
环秀山庄地漏有外师大石山漏谷之象，入洞顿置宛转，引入洞府

洞地面排水亦好，栈桥下涵洞不仅采光，兼作排水，设计何等的灵巧，足以体现"景到随机"之借景理法（图 3-1-4-14）。

出洞跨涧过步石，步石独一块成景。西望高空飞梁横架在绝壁幽谷间，这便很典型地体现了《园冶》所谓："从巅架以飞梁，就低点以步石"的理法（图 3-1-4-15、图 3-1-4-16）。幽谷南为洞府、北为石室，外实内虚的结构不仅节省了大量石材，外观体量大而山中皆空，也是石灰岩典型的溶洞景观。选洞府、石室最宜。石室之不同于洞府处，外观是自然山石，内观是人工墙壁；东侧采光洞内观为窗，外观是洞（图3-1-4-17～图3-1-4-20）。

过石室则顺蹬道攀上假山第二层，有条石飞梁为架空石矼。俯首下瞰，幽谷尽在眼下，由上及下层次深远。山石嶙峋、溪谷透迤、俨然真意，

山之"面面观，步步移"更进一步展现，视点高度转换，俯仰成景。山之高度自水面以上不过五米有余，却给人俯临深山大壑之感受（图3-1-4-21～图3-1-4-25）。从山顶看主山、客山相对峙，幽谷曲折深邃。穿主峰下洞、跨过飞梁，蹬道两分下山，至"补秋舫"东又合而为一。东支路引向"半潭秋水一房山"，亭南与山石水池融为一体，水伸入亭下而面对亭作水岫内涵珠玑

图3-1-4-13（左）
环秀山庄洞府自然采光，内置几案，若有仙踪

图3-1-4-14（中）
环秀山庄天然石洞采光巧借地漏水面反光

图3-1-4-15（右）
从巅架以飞梁就低点以步石

图3-1-4-16（左）
环秀山庄自幽谷底仰望石矼飞梁，但见谷因近得高，石壁空灵剔透，涡、沟、洞等石灰岩自然外观毕现无遗

图3-1-4-17（中）
环秀山庄自石洞窥石室

图3-1-4-18（右）
环秀山庄洞尽梁现，石室在望

图 3-1-4-19（左）
环秀山庄石室

图 3-1-4-20（右）
环秀山庄石室内观

（图 3-1-4-26、图 3-1-4-27），作出实中有虚、虚中有实的变化。下亭则可见东墙根有土坡逶迤而下，山石散点以固土和减少冲刷，同时也与树木女贞、朴树的露根结合成景，这是山石散点的佳作。聚散有致，卧石浅露，别是一番景象。

自"补秋舫"北小院，空门东西相通，西出则循级西下（图 3-1-4-28 ～ 图 3-1-4-30）。北墙原有洞引入井水成溪涧顺阶流入西北配山的洞中，出洞则贯通落入池北石矶。西北山亦可登顶回望历程。起、承、转、合这里可算"合"（图 3-1-4-31）。西可进楼廊，东可循回折的蹬道穿洞下山。出洞右转，在悬崖栈道尽头有一眼泉井，石壁上镌有"飞雪"。民国《吴县志》引有清乾隆蒋恭棐《飞雪泉记》（据《苏州古典园林》）

可想当年泉喷出雪白水珠如同飞雪之景观（图 3-1-4-32）。

环秀山庄的假山之成就与特色概括如下：

（1）山居园中而周环成景，这是掇假山最难解决的。南京瞻园的湖石假山主要展示三面，背面靠土山无视线可及或可及亦无要景。环秀山庄却要求四面玲珑，可想难度，而戈氏却"先难而后得"。京剧名家马连良先生在舞台上排戏休息时，有人请求他传授经验。马先生说："我有什么经验，就是站在台上三面看都好看"（图 3-1-4-33）。

（2）布局有章而又理微不厌精，故宏观、微观都耐人寻味。布局外实内虚、外旷内幽，精在石沟、石矶均为熔岩景观。但一般人多追求峰峦而少有做石缝、石沟者。戈裕良则真正是下了"外

图 3-1-4-21（左）
环秀山庄飞矼石梁，
下俯幽谷

图 3-1-4-22（中）
环秀山庄幽谷俯览

图 3-1-4-23（右）
环秀山庄飞梁既满足
游览交通需要，又能
自成一景，并借以框
景得景

图 3-1-4-24（左）
幽谷飞梁，洞水容天

图 3-1-4-25（中）
环秀山庄登山蹬道

图 3-1-4-26（右）
环秀山庄洞中观亭，
"盖以人为之美入天
然，故能奇；以清幽
之趣药浓丽，故能雅"

图 3-1-4-27（左）
环秀山庄洞中观亭

图 3-1-4-28（中）
环秀山庄补秋舫推开
南窗，山水唤凭窗

图 3-1-4-30（右）
环秀山庄补秋舫北
院，狭长洁净，东西
地穴相望，取象宝瓶，
寓保平安

图 3-1-4-29（左）
环秀山庄补秋舫？形
无舫象，意蕴补金水
秋山之心境也

图 3-1-4-31（右）
环秀山庄主山自西北
南望，洞峦相得益彰、
动势明显，自然山水
的整体感强，区区弹
丸之地，六米之山，
峰峦插天之奇观

图 3-1-4-32（左）
环秀山庄飞雪泉

图 3-1-4-33（右上）
环秀山庄入乡随俗，
值此洗衣机时代莫忘
浣阶、木杵、砧衣

图 3-1-4-34（右下）
环秀山庄幽谷步石

师造化，内得心源"、"有真为假，做假成真"的
功夫。

（3）所用石材并无奇峰异石，用的是普通湖
石，但山体整体感强。体现了掇石成山、集零为
整的工艺水准。戈裕良不是表现石之单体美，而
是掇石成山的整体美，水平登峰造极。

（4）作为山水园，水不择流，水源有保证：

①地下水相通。

②天然降水，从东墙引下，沿溪导引入池。

③飞雪泉水源。

④北墙外井水灌入以供不时之需。

⑤山水组合单元丰富，随境而安。山景的组
合单元有阜、壁、石栏、栈道、洞府、步石、幽
谷、石室、蹬道、峰下石矼单梁洞、山池、岫、
珠玑、散点、悬崖、台、浣阶等（图 3-1-4-34 ～图
3-1-4-39）。水景的组合单元有泉、涧、溪、池、
水岫等（图 3-1-4-40、图 3-1-4-41）。

⑥植物点植以少求精、景涵四时。原假山点
植四株树木：紫藤、紫薇、青槭、白皮松，涵盖
了春、夏、秋、冬的季相变化。可惜目前几无一存，
却种植了很大的马尾松。精湛的文化未得完好保
存，应研究复原种植以发挥原作的综合美。紫薇
桥铁架之铁柱矼洞、浣阶有所破坏，我已将原景
照片交苏州市园林局，盼恢复原真面貌。

第五节　残粒园

残粒园是私人住宅的宅园并未开发公之于
众，故一般人不得而入。地址在苏州装驾桥巷 34
号，是清末扬州某盐商住宅的一部分（据《苏州
古典园林》）。这是笔者所见最小的自然山水园，
面积仅约 150 平方米，却洞穴潜藏、高亭耸翠、
水影深远（图 3-1-5-1）。

借小名园，问名"残粒"，粒已微小，何况
残而不足粒。盐商经营盐粒，盐的细晶体也有残

图 3-1-4-35（左）
环秀山庄水岫石岸

图 3-1-4-36（中）
环秀山庄园之艮隅
石，端须室内观

图 3-1-4-37（右）
俯瞰幽涧步石，虚实
相映成趣

图 3-1-4-38（左）
环秀山庄湖石裂隙做法

图 3-1-4-40（中）
环秀山庄下洞上台，清
涧穿洞而下

图 3-1-4-41（右）
环秀山庄北洞中漱石
小溪

图 3-1-4-39
环秀山庄湖石大假山
西面观，环秀乃周环
皆秀，造山之"步步
移，面面观"也，难
在四方被人看

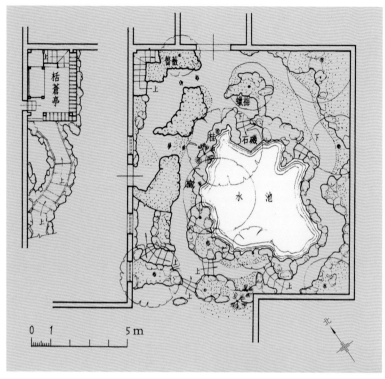

图 3-1-5-1
残粒园平面图

图 3-1-5-2
锦窠

谓"穴宅奇兽，窠属异禽"（左思《蜀都赋》），也指人安居之所。另外，窠指篆刻的界格。锦窠可理解为锦微精小的安乐窝。而且点出了特色是在方寸间精微地区划山水，借小求精。

为四周墙内所范围的面积约为 156 平方米。南北约 13 米，东西约 12 米，子午线与对角线近乎平行。西北面为住宅楼山墙。园布局结构以水为心、以路环池，路旁山石交夹，主景却居北之高处。入园门北墙角以石洞嵌隅，入圆洞门有湖石特置对景，随即转入洞中。洞借宅之高墙而起，下洞上亭。入洞辗转而上亭，全园景物寓于目下。亭名"栝苍"，可知原有桧柏古木，但据园主人介绍是白皮松。亭亦借壁起半亭，对外有坐凳栏杆供凭眺，内墙布置博古架，琴棋书画之意韵顿生（图 3-1-5-3）。自亭南引栈桥宛转南下，栈桥以山石为柱墩，两墩间包山石形成洞，透过洞露出壁山，在本来极小的空间里创造了颇具深远、层次深厚的自然景观。故其奏效在于平面构成占边把角，中心让于水池而腹空，用不足九平方米的地盘布置了下洞上亭的全园主景，借壁起高，占地小而空间效果秀出（图 3-1-5-4）。水池虽占地，倒影却新辟了水容倒景的"多维虚空间"，光影摇曳，鲜活生动，扩大空间的深远感（图 3-1-5-5）。水池山石岸，水岫和石矶都属上品（图 3-1-5-6）。加以内墙以山石花台镶隅，坡道起伏上下，薜荔满墙敷绿，景色和景深都相当丰富（图 3-1-5-7）。"栝苍亭"虽小却在位置上挺拔而起，背有所依、下有所据，尺度恰合其境，加以造型和栈梯山石变化，构成彼此十分协调的自然山水园，主景突出式布局具有小巧精致的艺术特色，这是全国的孤例和极品。

第六节 退思园

园址在吴江同里镇水乡中。据张驰著《水乡园林小筑·退思园》介绍：《苏州府志》载有

破不全的，是否有"少而精"、"少吃多滋味"则是进一步遐想了。入园圆洞门内额题"锦窠"（图 3-1-5-2）。窠为巢穴，泛指动物栖息之所，所

图 3-1-5-3
栝苍亭

图 3-1-5-5 水池及倒影

图 3-1-5-4
壁山

图 3-1-5-6
浣石接水岸

园林二百处以上。同里镇 1.47 平方公里，外为同里、九里、南新、叶泽、虎山五湖围绕。内为十五条河分割。"镇子因水成街、因水成巷，"家家傍水，户户通船"。退思园由"凤（凤阳）、颍（川）、六（合）、泗（洲）"兵备道任兰生（字畹香）于清光绪十一年至十三年（1885—1887）建造。任兰生为两府两州十八县的整饬兵备，年俸禄 70 ～ 80 石约万斤，但被弹劾解职返乡后只好建小园"退而思过"。占地九亩八分（约 6000 平方米）。包括住宅的轿厅、茶厅、正厅三进、内宅为十（间），上十（间），下走马楼，并有下房五间，余为内外花园（图 3-1-6-1）。

花园设计延请名画家袁龙设计，取《左传》："进思尽忠，退思补过"意取名退思园（《苏州古典园林艺术》）。

园由西南角宅第进入，西宅、中庭、后园的总体结构，中庭与园相衔。中庭庭院北为"坐春

图 3-1-5-7
满墙敷绿

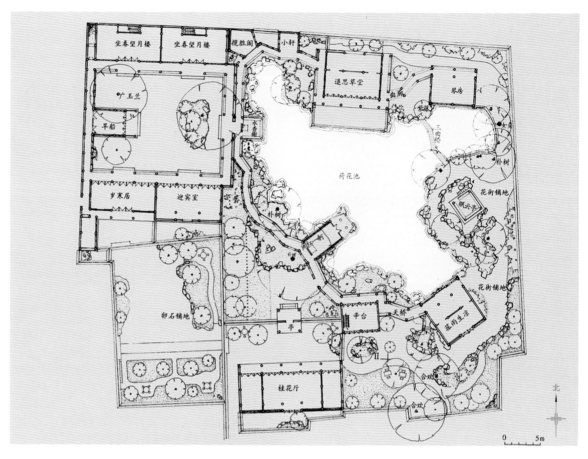

图 3-1-6-1
退思园平面图

图 3-1-6-2
退思园中庭船厅

望月楼"，南为"岁寒居"，西为伸出之中庭主建筑船厅（图 3-1-6-2），西对花园圆洞门，门东有山石花台作为对景和掩映，半遮半露，引人入游。庭院四周借墙为半壁廊，循廊可移步得中庭换景，花台为自然景物焦点。庭中香樟、朴树浓荫匝地，玉兰展白飘香。

圆洞门反面上砖雕额题"云烟锁钥"，云烟为水景园景物的概括，锁钥为出入控制的要口。也可引申遐想，茫茫人生，何以主宰。从布局章法而言，唐代许浑诗："何处芙蓉落，南渠秋水香"，五代王乔诗："碧松影里地长润，白藕花中水亦香"均提及水香（《苏州古典园林艺术》）。榭与洞门仅一廊和一板之隔，入水香榭面对的隔板起到障景的作用。既不得从门外窥见，又是欲扬先抑之举（图 3-1-6-3、图 3-1-6-4）。入榭

图 3-1-6-5
"清风明月不须一钱买"

则全园景色奔来眼底。右望则九曲廊引人入胜，左取退思草堂等景，前呼后拥，左右逢源，文章"起"得好。九曲廊是布局章法之"承"。九为最大单数，回顾平生，坎坷话当年，曲折起伏，因意境捕捉景象，九曲起伏成廊。因九字成九窗，以九窗成九曲廊。暗自牢骚："赏清风明月还不行吗？"这不须一钱买。既被弹劾，官场无地相容，"惹不起你还躲不起你"，心神投入自然，浴清风赏明月总可以吧。"清风明月不须一钱买"（图3-1-6-5）出自唐朝李白《襄阳歌》："清风朗月不用一钱买，玉山自倒非人推"（苏州古典园林艺术）。内容虽同于沧浪亭山亭联："清风朗月本无价，远山近水皆有情。"但口气和心情却不同，相当于一句出自内心的牢骚话。于是廊由半壁廊转为独立的全廊，因九曲作九漏花窗，因九窗篆九字：清风明月不须一钱买，道出了园主的心声。但从内心而言，不甘退思，心中仍然对仕途有期望，憧憬再起，这就是紧接九曲廊，一舫斜出、横陈于池上之"闹红一舸"（图3-1-6-6）。景名取自南宋姜夔《念奴娇》："闹红一舸记来时，尝与鸳鸯为侣，三十六陂人未到，水佩风裳无数。"（《苏州古典园林艺术》）红荷、红鱼舸前闹红有何不可，内心深处所想却有所寄。这就是在退思的基面上依托的反向穿插，布置形象采用斜插而区别于基面平稳的构图却又能融为一体。过了"闹红一舸"转入小跨院，有"天香秋满"题主体建筑桂花厅自成别院。堂前东壁开透窗以渗透东西院园景，乃园中园的手法，小园周围与大园顺接。

"辛台"和"菇雨生凉"这组建筑，就单体很朴素，以楼廊相衔的组合却十分得体，而具有

图3-1-6-3 退思园园门

图3-1-6-4 入口半廊出柱架虚底的水香榭

高下跌宕的变化，成为退思园很引人注目的园景，与主体建筑退思草堂隔水相望（图3-1-6-7）。十年寒窗读书以"辛台"表现，付辛得高。自然地运用楼廊，室内外都引楼上下，而且室外山

图 3-1-6-6（左）
闹红一舸自九曲廊斜向挑出更蕴藉再仕走红之想

图 3-1-6-7（右）
辛台述苦劳，因台起楼廊，楼廊造高却陡直下跌，进入菰雨生凉之凄境

图 3-1-6-8
不如眠云高卧，高枕无忧，自得其乐

石楼梯还组织了立体交叉的路线。透过廊子北望，山石、水池、各式建筑共同组成富于层次变化的深远景观。由"闹红一舸"、"辛台"、"菰雨生凉"、"眠云亭"和其间的廊、湖石、植物在园之东南角以水为心的建筑群构成了本园最

精彩的篇章。石舫伸臂内抱，隔池与"眠云亭"犹如左臂右膀合抱水湾，立面上"辛台"由伏而起，至"菰雨生凉"从楼廊的耸高山墙骤降至"菰雨生凉"，产生了强烈的起伏变化。"菰雨生凉"名出南宋姜夔《念奴娇》："翠叶吹凉，玉容消酒，更洒菰蒲雨"之意，或取于彭玉麟杭州西湖"三潭印月"联"凉风生菰叶，细雨落平湖"意。《园冶》论江湖池"深柳疏芦"概其要。此轩倒座面水，水石相得，菰蒲水芳，蕉影玲珑，夏日凉风习习。这是自然之境，亦为园主心境。退而思过，心扉生凉。冷处理也。

水湾东侧的"眠云亭"入园即可得景，只见下山上亭远景，是经"菰雨生凉"伏抑以后，又扬起的空间处理，身历其间才会发觉这是下洞上亭的山亭结构（图 3-1-6-8）。西看但见峰石嶙峋的石岗，西有临水步道，夹岗其中，有磴道引上，东面隐藏了一个石洞。眠云是居高而清逸的渲染。

第七节 广东可园

我所知可园有三，苏州沧浪亭对岸有苏式可园、北京南锣鼓巷有京式可园以及东莞的粤式可园。三园各有千秋，而印象最深而难忘的是东莞的可园，在"相地立意、巧于因借"园林理法方面有独到之处。且有岭南水乡诗情画意之境，又以灵奇的借景创造了"景以境出"的水景建筑空间。虽于新中国成立之初已残破不堪，却在1965

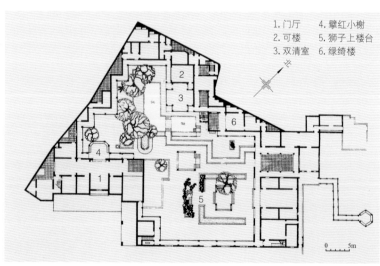

1. 门厅　　4. 擘红小榭
2. 可楼　　5. 狮子上楼台
3. 双清室　6. 绿绮楼

图 3-1-7-1 可园平面图

图 3-1-7-2
可园胜境

年根据陶铸先生指示由林若主持重建可园，将原占地三亩三的可园扩展到二十四亩。除扩建前门楼、加门前荷池及假山、辟"邀山阁"旁后花园外，主要是扩展了东侧鱼塘、连零散水面为"可湖"。因此基本格局仍保持了原真性和完整性，成为历史中凝固的园林乐章而具有典型的代表性（图3-1-7-1）。而今岭南四大名园中佛山的"十二石斋"不存难觅遗址，顺德的"清晖园"拆了重要景点的元素并进行了崭新的创作，严重地损坏了历史名园的原真性和完整性。保护得最好的是番禺的"余荫山房"。可园本身保护很好，但外部环境遭到高架立交桥压顶的破坏，据说拟拆除改造。文物已凝固而位置无可更改，现代化建设完全可以退让一步，希得到妥善解决（图3-1-7-2）。

一、可园的产生并不是孤立的，在客观上与中华民族的文化相一脉相承，不可分割。古人十几万年以前已在粤地留下生息遗址，秦始皇统一岭南设郡南海，粤地便纳入了中华文化圈的范畴。赵佗立南越国后，汉代重臣陆贾出使南越国，于珠江湄建"泥城"。刘䶮自立南汉后，与中原关系延续至清代，设省至今。其间产生五次中原大规模汉民南移入粤与百越土著融合。特别是有陆贾、印僧达摩、周濂溪、米元章、苏东坡、赵介等"五先生"，张玉书、潘仕成、梁九图、居巢、居廉等前贤参与文化及城市园林建设，在承前启后的文化融合、传承和发展方面起了决定性的作用。

二、明旨，就是明确造园的目的，有的放矢。可园主人张敬修尊敬前贤文明，精通琴、棋、书、画与造园。生逢外国列强侵华的时代，勇敢毅然地投笔从戎。任县长时出资修筑炮台、精论兵法，为国效劳，官至江西按察使署理布政使。1850年始建可园，1856（咸丰十六年）～1858年改建，1861年扩建。造宅园以自然山水修身养性和终老，在风光美景中广结文人，雅集可园，吟诗作画，吮毫治印，以文化陶冶性情，从物质和精神两方面得到心满意足的享受。岭南画派启蒙祖师居巢、居廉兄弟二人客居可园数载，金石家徐三庚也曾在可园传授门徒。这些文人也很自然地为可园谋划，这一切都把可园铸定在很高的综合文化水平上，以诗情画意创造园林的空间，人造山水、建筑和植物环境以欣赏人造自然为核心，这些景物又以题咏、楹联等反映人的意志和情趣。

三、相地立意和问名心晓。这是不可分的两

图 3-1-7-3
入门倒座擘红小榭，首先借以反映地域特色，同时有"开门见红"之吉祥喜气

图 3-1-7-4
绿绮楼

图 3-1-7-5
双清室

个创作环节。所谓"相地立意，构园得体"指通过亲历用地，结合园旨来观察、审度用地之"宜"何在，如何因地制宜借景设计。意境指设计者谋划"对内足以抒己，对外足以感人"的境界。东莞东南部和中部为丘陵，北部为东江流域平原，西和西北部濒临珠江口，构成东南倾向西北、河湖交错的水网地带。而可园东临可湖、西傍东江，这里土地面积有限，如何借用无限的自然山水风景来丰富有限的园景就成为造园的关键了。从园名到景名都是意在手先地创造的。可为"可心"，合人意愿，可人心意是至高而又不张扬的佳名，也反映"君子之时中"的中庸思想。历史上嗜石之文人，问其何以嗜石，归根结底的回答是可心。"擘红小榭"为入口终端倒座之景，从章法上是"起"开篇。"擘"为"分开，分裂"的同义语，有于平易中出奇巧之意。因为它要掰开的是荔枝，说荔枝就太直白了，于是巧用文学中的比兴，以"擘红小榭"为名。问名心晓，这里是园入口起始之门景，可园既罗致佳果，杂植成林，乃为榭居树间，并且把华南、甚至珠江的地方特色都渲染出来了。《可园遗稿》记载"粤荔之美，应推粤中第一……"我国好荔枝分布范围不广，而珠江入海口东岸是名荔产区，该景区言简意赅又生动鲜活地表达了这么多内容，而且以"红"代"荔"有开门红、开门见喜之趋吉的遐想，可见借景问名之要（图 3-1-7-3）。

"绿绮楼"因藏唐代名古琴"绿绮台琴"而名，此琴先为明武宗朱厚照之御琴，再由海南名士邝露珍藏。清兵破广州时，邝露抱琴殉节，屈大均诗《绿绮琴歌》云："城陷中书义不辱，抱琴西向苍梧哭"。明万历兵部侍郎叶梦熊后人因该琴为皇室遗物再从清军手中购得，最后才辗转到张敬修手中。他专为名琴，建楼珍藏。问名知楼因琴名，而琴又有殉国之真情（图 3-1-7-4）。

地上之竹和水中之荷都是人化为君子文质彬彬的相貌和内涵，"双清室"垒土种竹，凿池植荷而兼得双清，并寓意"人境双清"（图 3-1-7-5）。

建筑平面，室内铺地，槅扇图案和家具陈设都是"亚"字形。亚通压，双清室在可堂东侧，堂为冠而室居亚，《可园遗稿》云，"双清室者，界于筼筜菡萏间，红丁碧亚，日在空香净绿中，故以名之世。"丁者，言万物之丁壮也，亚可引申为俦匹，义低垂貌。杜甫有诗云"花蕊压枝红"。亚亦通掩，蔡伸《如梦令》词有"入静重门深亚"，"亚字厅"北负之"邀山阁"，为四层楼阁，里外两道皆可通阁，屋内复梯可上下，屋外以蹬道结合休息台盘旋而上。另一方作为宴客所在，重门深掩而得幽静。本应堂在室前，在此园欲借堂起可楼，楼阁宜后，故堂让室而室位堪俦匹于堂，这是本园灵活布局之特色(图3-1-7-6)。"可楼"也名"邀山阁"，也富于借景的人情味。《可园记》说"居不幽者志不广，览不远者怀不畅。吾营可园自喜颇得幽致，然游目不骋，盖囿于园，园之外不可得而有也。自思见楼而窘于边幅，及架楼于可堂之上，亦名曰可楼……劳劳万众，咸娱静观，莫得隐遁，盖至此，则山河大地举可私而有之"。楼高15.6米，为当时莞城制高点。从安全而言可兼作"碉楼"哨望，并有独立端严，居高控园和据高眺远的作用，远近诸山在望。阁内有联应景而生："大江前横，明月直入"，达到"臆绝灵奇"的借景境界。小中见大，幽里开旷，惜墨如金却气吞山河（图3-1-7-7）。

四、布局有章，景不厌精。这指宏观布局和细部处理。这是一所宅第和宅园合二为一的宅第园，用地面积省但不显得局促。布局类型为主景突出式，用地之宜在水，可湖东临而东江西傍。山为可园灵，水为魂，建筑为心灵的眼睛，园径为脉，树木花草为毛发。借筑庭园而广纳外环水景当为借景之最要者也。用地若白纸而园之铺陈若着墨，"因白守黑"也。着墨亦可谓留白，布局之要在以建筑兴造内庭空间以广收周环嘉景也。《园冶·兴造论》所谓"极目所至，俗则屏之，嘉则收之，不分町疃，尽为烟景，斯所谓'巧而得体'者也"。可园起阁邀山，伸亭出榭邀水，

乃至组成"迎景"的内庭空间无非是与周环山水协调和谐，于封闭中开拓收无尽的外景空间，这是可园独到布局精湛得体之处。造幽通旷，建小得大。请看可园建筑屋盖平面图，乃知总体是"迎人"之形体，建筑坐西北而敞东南，接纳东南风也，有道是"夏地树常荫，水边风最凉"，适应地域性气候（图3-1-7-8）。

划地为坐西北向东南的不规则多边形，"何如基地偏缺，邻嵌何必欲求其齐。""量其广狭，随曲合方，是在主者，能妙于得体合宜。"可园于进深最大的中部设堂，为了布局紧凑而采用"连房广厦"的建筑组群组合。一来节省地盘，也适应高温、高湿，同时多雨的气候，进而可得聚散有致的建筑景观。由中庭左（东）出连房和临水平台，伸曲尺形平桥入水安可亭，从紧凑中觅空灵而不局促。再从中庭右（西）欲挟还伸地出曲廊数折，屏障西界并与园墙组成丰富多变的廊院小空间，这样也同时考虑从东南角开大门由西廊

图3-1-7-6
可堂

图3-1-7-7
平湖高楼不仅御敌，平时纳山峉江，居一室而气吞山河，借景臆绝

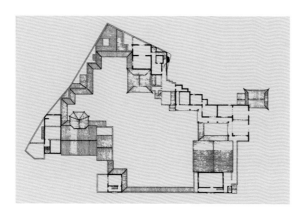

图 3-1-7-8
可园平面（建筑屋盖
平面）

导引入堂室，形成占边、把角、让心的空间布局。对占地大过建筑占地面积的内庭空间，再于内庭掘曲池以钳合、围抱堂室，起台掇山，遍植花木，从而构成内庭空间起伏曲折的变化。所谓"花木情缘易逗，园林意境深求"。

　　建筑立面构图在地盘图的基础上衍展，北高南低平顺地与可湖水面相接，楼阁因高而居后，控景压镇。高阁面向东南的主要面若孤峙无依，东面则有一层、两层、三层的建筑贴靠显得基底雄厚，前呼而后拥，左右也逢源。东南立面则拔地四层，独立雄踞。可园建筑组群的立面变化丰富又自辟名园之蹊径。可以说极尽建筑空间立面变化之能事，这是给我印象深的具象原因。建筑的立面变化值得专题研究，在此难详。

　　可园的细部处理也是令人不尽欣赏（图3-1-7-9、图3-1-7-10）。园之布局给人宏观

的气魄和气韵，其衍展还必须结合微观的各景逐一地展开，令人"日涉成趣"宅园的景物。所以我说兵不厌诈、景不厌精，因小而必以精湛吸引邀人。"涉门成趣"是"日涉成趣"的重要因素。园之开局就足以令人赞许，有好的开始就相当于成功一半。从门厅直接引入半扁八方形的精致小榭，门厅为小楼曲院组合，门厅北坡顶出榭的屋盖，门厅后廊顶出半八方榭的屋盖，层次丰厚而不单薄。门厅穿过圆形满月墙洞入园，圆洞门前两旁又有一间半待客室，各有磨砖圆门洞与后廊相衔。整个门厅是一组有所对称而非完全中轴对称的门、厅、廊、榭融为一体的建筑组群。擘红小榭是其中的领军角色。上承大门，贯以半壁廊，衍展为曲尺形半全相向的游廊而导引至北隅之望街楼。连贯、通顺，是为可园序曲，起得精彩而布置适度，没有张扬。由序引向其东的主庭高潮，中庭轴线也由于向东位移而避开了从门厅视线一览无余的缺失。由于地居用地进深最深之所，南让出庭园空间并以曲池嵌合主体后，布置了自东南而出、由西向东一系列的堂、厅、室建筑组成层层院落、重门深掩之幽静空间，东至"绿绮楼"为承转过渡点。"可堂"居后而小，"双清"室大，低而居前，"可堂"上因高起之"邀山阁"而压缩面积，自成独立端严，左呼右拥之势。

　　水乡的先民为渔人，文人借以为师的也是桃

图 3-1-7-9　雕花落地罩反面回望，室内外空间融为一体

图 3-1-7-10　雕花落地罩

花源的渔家。可园东庭皆因水成景（图3-1-7-11），临湖建可亭、诗窝、观鱼簃（图3-1-7-12）、观漪亭、船厅等错落起伏、因水致远。居巢因此题咏"沙堤花碍路，高柳一行疏；红窗钓车响，真似钓人居。"

五、花木情缘易逗，园林意味深求

由于湖湄地低湿，为了降低地下水位，利于植物生存，植物多用台植。种植类型以点植为主，孤植、树丛互为衬托。台多循廊间之尽头布置，或结合建筑、园路起棚架成景。托花言志，物我交融。园主人立下"百年心事问花知"的意境，花木随遇而安，顺理成章。水景有濠梁知鱼的典故，居巢偕居廉常游肆于湛明桥上，赋诗中有"小桥莲叶北，琴出行室虚，碧阴翻荇藻，肯信我非鱼"。"花之径"的花架，紫藤、炮仗花春冬迎人，令人遐想"紫气东来"和元旦"爆竹一声除旧岁"。"问花小院"逗人情缘，台植藏花喻君子之高洁，"花隐园"逢花信风借牡丹，菊花盛时邀客参加"花事雅集"，吟诗、对句、作画、度曲，昭显风雅，赏心悦目。这是典型的岭南文人自然山水园。

园主张敬修亲撰可园正门联：

"十万买邻多占水，一分起屋半栽花"，足见对环境绿化美化之重视，意在虽隐而盼出，是为其志。简士良心解其意赠联曰："未荒黄菊径，权作赤松乡"，借古喻今，颇尽其意（图3-1-7-13）。

以花木喻古人隐显，再引出园主心愿，将文学艺术之比兴园林借景之佳例。居巢、居廉既为可园出谋划策，又借可园客居并创作了《宝迹藏真册》的书画。岭南画派奠基可园，画与园相互促进。可园之于诗画，难分难解，园林意味得以深求。以诗画创造空间，再借园林空间觅诗意。

东莞出可园，可园何以推动东莞建设？其中蕴含的理法如何根据现时代社会生活内容有创造性的发展。"巧于因借，精在体宜"，反映因地制宜的科学性。据可园之胜而谋求可心之城。扩大到城市建设，天人合一的宇宙观体现在：

图3-1-7-11
临湖建筑

图3-1-7-12
观鱼簃

图3-1-7-13
"十万买邻多占水，一分起屋半栽花"说明可园相地、借景之要

"不是河湖、山水服从城市，而是城市服从河湖山水"。东莞松山湖项目根据有起伏地形的用地自然特性，改城市方格网直线道路为顺应自然地形的自然式城市道路，"峰回路转"地处理城市道路和用地自然地形的关系十分成功。首先是保护了城市自然资源，在当前城市商业化、人工化的弊端中，天然地形是打破"千城一面"的法宝。一定的纵坡和转弯半径保证了交通安全。而自然地形又为加入绿量、绿视率，适应多样种和品种植物对不同生态环境的要求，并形成层次丰厚、组合自然、色彩多样和天际线富于变化的道路绿地，一举数得，值得在相类似条件的城市推广。如果东莞能继往开来，与时俱进，那就要千方百计保护城市自然资源，在自然为君，人为臣的总体协调的关系下，可以发挥人的主观能动性。实现"人杰地灵"，"景物因人成胜概"，并落实到规划、设计和管理。东莞为珠江东面东江流域莞草之乡，要建成十步必见芳草的人居环境。

第八节　瞻园

南京瞻园，原为明初中山王徐达的西花园，距今已有六百年历史。清乾隆南巡时，曾驻跸于此，并题名瞻园。乾隆回京后，还命人在北郊长春园中仿瞻园形式建造了如园，足见瞻园园制之精。

1853年太平天国定都天京，这里先后为东王杨秀清、夏官副丞相赖汉英的王府、邸园，天京失陷后，遭到清军破坏。同治四年、光绪二十九年曾两次重修。解放前又被国民党特务机关占为杂院，荒芜不堪。1960年在刘敦桢教授主持下开始整建，掇山由王其峰师傅施工，迄1966年，建成目前所见的面貌。

瞻园是著名的假山园，全园面积仅八亩，假山就占三点七亩。自然式的山水构成园的地形骨干，结构得体，造景有法，山水之间相辅相成，山水与建筑、园路、植物之间又相互融汇，浑然一体（图3-1-8-1）。

主体建筑"静妙堂"，系面临水池的鸳鸯厅，把全园分成南小北大两个空间，各成环游路线，成功地弥补了南北空间狭长的缺陷（图3-1-8-2）。南部空间视野近，北部空间视野远，北寂而南喧。全园南北两个水池，南部水池较小，紧接静妙堂南沿，原为扇形水面，修建时改为略呈葫芦形的自然山池，近建筑一面大而南端收小，著名的南假山便矗立在小水池南。北部空间的水池比较开阔，东临边廊，北濒石矶，西连石壁，南接草坪，曲折而富于变化。修建时把水池东北端向北延伸西转，曲水芷源，峡石壁立，更添幽静、深邃的情趣。

园中一溪清流，蜿蜒如带，南北二水池即以

图 3-1-8-1
瞻园建国改造后平面图

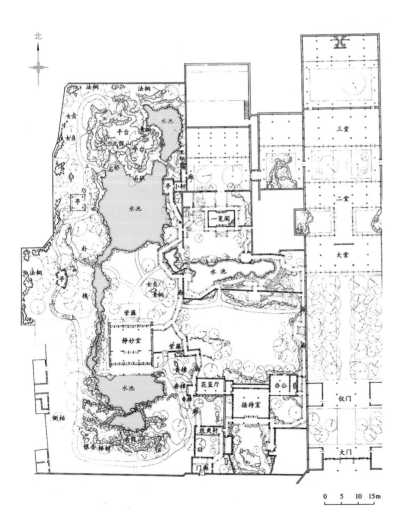

北

0　5　10　15m

溪水相连，有聚有分（图3-1-8-3）。水居南而山坐北，隔水望山，相映成趣。南北两个性格鲜明的空间，亦因此相互联系、渗透。造园者还巧妙地运用假山、建筑，进一步分隔更小的空间，使游人远观有势，近看有质。布局合理，细部处理精巧，款式大方，于平正中出奇巧。情景交融，宛若天成（图3-1-8-4）。

图3-1-8-2
静妙堂

瞻园山石甚多，有些还是宋徽宗花石纲遗物。著称者有仙人、倚云、友松诸石，亭亭玉立，窈窕多姿，为江南园林山石之珍品。仙人峰置于南门后的庭间，最佳一面正对入口，前有落地漏窗作框景，从暗窥明，衬以浓郁的木香，俨然条幅画卷，用以作为入口的对景和障景，十分恰当。

步入回廊，曲折前行，一步一景，涉足成趣。过"玉兰院"、"海棠院"，"倚云峰"置于精巧雅致的花篮厅前东南隅的桂花丛中山石坐落的位置，适为几条视线的交点。其余一些特点山石和散点山石分布在土山、建筑近旁，有的拼石成峰，玲珑小巧，发挥了山石小品"因简易从，尤特致意"的作用。出回廊向西，便是花木葱茏的南假山了。

图3-1-8-3
瞻园贯通南北假山之山溪

南假山气势雄浑，山峰峭拔，洞壑幽深，"一峰之竖，有太华千仞之意"（图3-1-8-5）。假山上伸下缩，形成蟹爪形的大山岫，钳住水面。岫内暗处，仿自然石灰石溶蚀景观，悬坠了几块钟乳石，造成实中有虚，虚中有实，层次丰富，主

图3-1-8-4
瞻园石梁跨涧，有惊无险

图 3-1-8-5（左）
瞻园南假山为刘敦桢教授设计，王其峰师傅施工的优秀作品，钟乳石洞有旱洞和水洞之分，又融合为一，表现钟乳石倒挂下垂，洞后峰峦为屏，洞前东西半岛相望，水中步石低点，层次丰厚，动静交呈

图 3-1-8-6（右）
瞻园旱洞

图 3-1-8-7
瞻园水洞

次分明的山水景观。悬瀑泻潭，汀石出水，钟乳倒悬，渗水滴落，湿生植物杂布山岫间。苍岩壁立，绿树交映，岩花绚丽，虚谷生凉，俨然真山。山岫东侧又连深邃的洞龛，水池伸入洞中可贴壁穿行而上。游人至此，如入画中，俯视溪涧，幽趣自生。崇岩环列，直下如削，乳泉层淙，如鼓琴瑟（图 3-1-8-6、图 3-1-8-7）。

修建时曾将"静妙堂"南屋檐降低了一些，使游人从室内望南假山不至穷见山顶，而见两重轮廓，两重峰峦，绝壁、洞龛更显峭拔幽深。南假山水池东北有明代古树二株：紫藤盘根错节，女贞翠绿丰满（图 3-1-8-8）。另有牡丹、樱花、红枫等点缀于晴翠之中，鸟鸣蝉噪，金鱼嬉游，泉水潺潺，更衬托出南部空间亦喧亦秀的特色。

图 3-1-8-9
瞻园北假山之石屏风

图 3-1-8-8
瞻园紫藤枝干盘虬如书法

图 3-1-8-10
瞻园北山东北隅，延水成湾，石壁陡立，与原西边之假山隔水呼应而性格相异，在变化中求统一

　　北假山坐落在北部空间的西面和北端（图3-1-8-9）。西为土山，北为石山。土山有散点湖石，石山包石不见土。两面环山，东抱曲廊，夹水池于山前。池南草坪倾向水面，绿茵如毯，柳绿枫红。"普渗泉"静静涌出，水面清澈无澜，宛若明镜。蓝天白云，花树亭石，倒映其间，形成倒山入池、水弄山影的动人景观。北部石山独立端严，自持稳重，东南山脚跌落成熨斗形石矶平伸水面，于低平中见层次，丰富了岸线的变化。石山西面向南延伸为陡直的石壁驳岸，水池北端伸入山坳，使人感到水源好像出自山间奥处（图3-1-8-10）。紧贴水面的石平桥，曲折于水池之北，既沟通了东西游览路线，又因曲桥分隔，使水面的形态和层次都增添变化（图3-1-8-11）。平桥附近旧有泉眼，为观泉佳处。石山体量虽大而中空，山中有"瞻石"、"伏虎"、"三猿"诸洞潜藏。山道盘行复直，似塞又通。山西低谷盘旋，和山道立体交叉。自谷望山，山更高远；自山俯谷，幽深莫测。沿山径，山石玲珑峭拔，峰回路转，步换景异。山顶原有六角亭一座，修建中为了遮挡园北

墙外高层建筑，改亭为峭壁，峭壁前为平台，形成全园新的制高点。登临一望，山前景色历历在目。充分体现了古典园林起、结、开、合的艺术手法。"妙境静观殊有味，良游重继又何年。"瞻园虽小，山水卓著，清风自生，翠烟自留，园制之精，驰誉中外，游人每至，流连忘返，往往尚未离去即生重游之想。

图 3-1-8-11　瞻园北假山石折桥低贴水面，通达西岸

第二章　古代帝王宫苑

第一节　圆明园九州清晏

　　清代康乾盛世兴造了不少宫苑，其中最突出的是北京的圆明园和承德的避暑山庄。清漪园（今颐和园）是作为圆明园的属园建造的。《御制圆明园图咏·正大光明》开篇就说："胜地同灵囿，遗规继畅春"，说明清代宫苑继承和发展了中国皇家园林的传统，由于畅春园建设在明代，因此圆明园在建造时也要从体制方面遵循前辈皇帝所制定的规制。圆明三园首建圆明园。问名"圆明"取"君子时中"之意，乾隆画像有圆明居士之称呼。《乾隆御制集圆明园后记》："我皇考之先忧后乐，一如皇祖之先忧后乐，周宇物而圆明也。圆明之义盖君子之时中也。"其意境则要反映"普天之下莫非王土"和"括天下之奇，藏古今之胜"的思想。建成"实天保地灵之区，帝王豫游之地。"（图3-2-1-1）

　　除了避暑理政的宫殿区"正大光明"、"勤政亲贤"外，第一个全园的中心景区便是"九州清晏"（图3-2-1-2），是"天下太平"的同义语，中华都归一统的紫宸志。九州清晏岛的构想和设计是成功的典范，唯九州岛能涵盖中国的天下。所依托的哲理是邹衍的《九州说》。《御制圆明园·九州岛清晏》诗，它是传说中上古时中国行政区划的版图。西汉以前认为是禹治水后所进行的区划，州名虽未有定论，但总数为九。实际上都是不同时期学者划分大陆的地理区域，泛指全中国。请参见上海辞书出版社《辞海》提供的《禹贡九州岛图》（图3-2-1-3）。立意既成，如何将抽象的意念转化为景物的形象呢？这又要重提"外师造化，内得心源"了。设计"九州清晏"所师的造化就是古代位于湖南、湖北交界处的大湖名叫"云

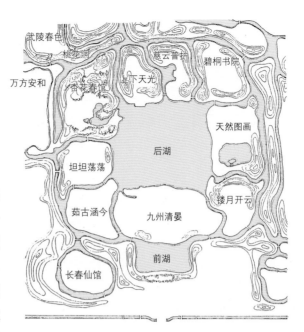

图3-2-1-2
圆明园九州清晏平面图

梦泽"。《辞海》谓"古泽薮名"，"据《汉书·地理志》等汉魏人记载，云梦泽在南郡华容县（今湖北潜江市西南），范围并不很大。""晋以后的经学家将古之云梦泽的范围越说越大，一般都把洞庭湖包括在内。""据今人考证，古籍中的'云梦'并不专指以'云梦'为名的泽薮，一般都泛指春秋战国时楚王的巡狩猎区"（图3-2-1-4）。

第二节　北海

　　北京城自元大都时期便"引水贯都"了，循元人对内陆湖的称谓"海子"而简称海。地安门以北称前海、后海，后海又称什刹海，以南称北海、中海及南海。金大定十九年（1179年）借辽代利用古河床开辟的"瑶屿"扩展为金海（由西来金水河供水），金人进京慑于汉人势众欲建"镇山"，便取湖土筑山称"琼华岛"，构成山水骨架，迄今830年矣。岛顶初建广寒殿，《园冶》所谓"缩地自瀛壶，移情就寒碧"之意。元代在金基础上修建，引白浮泉水经长河输水而取代了金水河，将琼华岛改称万岁山。清顺治八年（1651年）在山上建刹立白塔，有"白塔晴云"的意境（图3-2-2-1、图3-2-2-2）。

　　造园目的循"一池三山"之制而因借地宜，

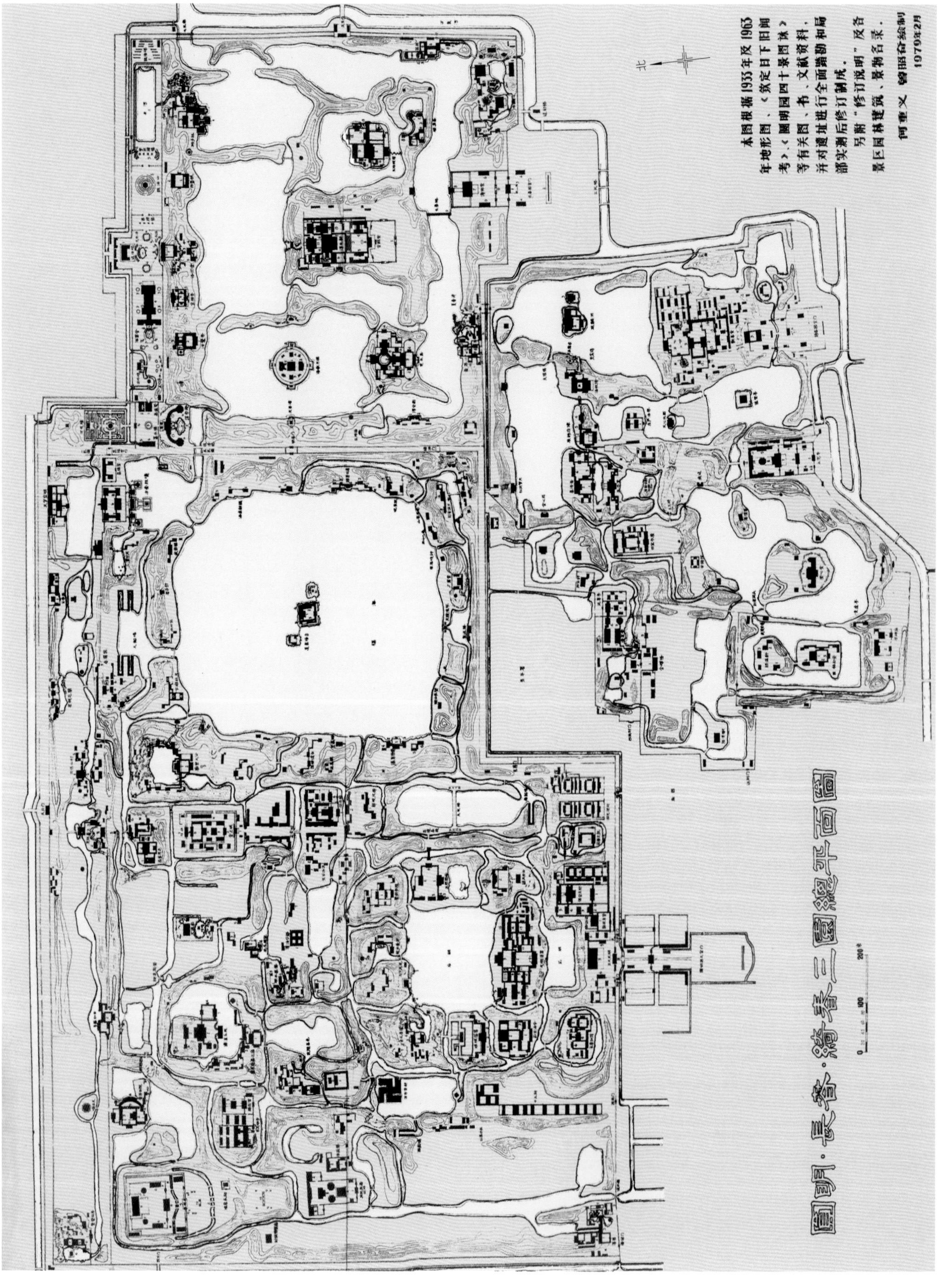

图 3-2-1-1　圆明园平面图

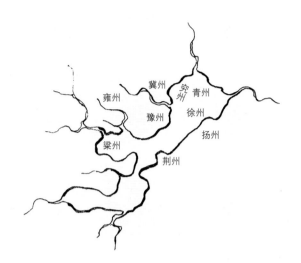

图 3-2-1-3 禹贡九州图

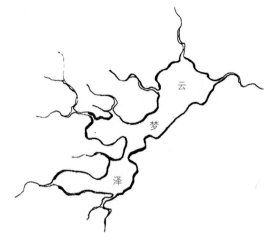

图 3-2-1-4 云梦泽河湖相衔示意图

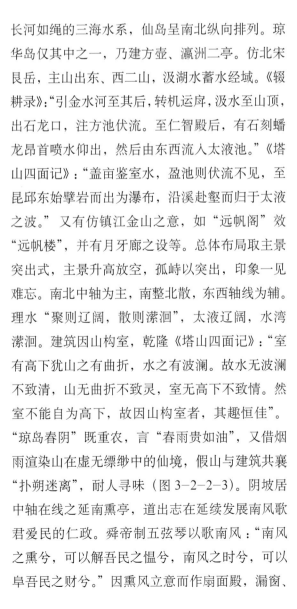

长河如绳的三海水系，仙岛呈南北纵向排列。琼华岛仅其中之一，乃建方壶、瀛洲二亭。仿北宋艮岳，主山出东、西二山，汲湖水蓄水经域。《辍耕录》："引金水河至其后，转机运斛，汲水至山顶，出石龙口，注方池伏流。至仁智殿后，有石刻蟠龙昂首喷水仰出，然后由东西流入太液池。"《塔山四面记》："盖亩鉴室水，盈池则伏流不见，至昆邱东始擘岩而出为瀑布，沿溪赴壑而归于太液之波。"又有仿镇江金山之意，如"远帆阁"效"远帆楼"，并有月牙廊之设等。总体布局取主景突出式，主景升高放空，孤峙以突出，印象一见难忘。南北中轴为主，南整北散，东西轴线为辅。理水"聚则辽阔，散则潆洄"，太液辽阔，水湾潆洄。建筑因山构室，乾隆《塔山四面记》："室有高下犹山之有曲折，水之有波澜。故水无波澜不致清，山无曲折不致灵，室无高下不致情。然室不能自为高下，故因山构室者，其趣恒佳"。"琼岛春阴"既重农，言"春雨贵如油"，又借烟雨渲染山在虚无缥缈中的仙境，假山与建筑共襄"扑朔迷离"，耐人寻味（图 3-2-2-3）。阴坡居中轴在线之延南熏亭，道出志在延续发展南风歌君爱民的仁政。舜帝制五弦琴以歌南风："南风之熏兮，可以解吾民之愠兮，南风之时兮，可以阜吾民之财兮。"因熏风立意而作扇面殿，漏窗、

几案亦扇形（参见图 2-6-99）。亭内可下入山洞中，形俱意完（参见图 2-9-5-38）。它如东岸濠濮间、画舫斋、先蚕坛皆以园中园手法布置。

北岸之快雪堂、万佛楼、小西天和静心斋均为利用地宜加以改造的园中园。静心斋为皇太子读书之书斋，立意"俯流水、韵文琴"（图 3-2-2-4 ～图 3-2-2-6）。故选假山园石渠暗引东来之水于西作泉瀑跌入潭中，作龟蛇二石东西相望以成其势（图 3-2-2-7）。潭水经跨沁泉廊下滚水坝再跌落长池中，由池暗通东西跨院而归于太液池。景点皆以琴、棋、书、画为名而各持其境。北面宫墙高踞，隔绝墙外商市尘喧，余噪在宫墙与假山壁间回荡消声。布局着重解决阔于东西、短于南北短板。故全园有四条长贯东西之路，而严控南北各路。两桥皆短且过水即转向（图 3-2-2-8、图 3-2-2-9）。假山组合单元主要是谷、壑、洞，由壁、花台、石岗相夹、对峙而成（图 3-2-2-10、图 3-2-2-11）。借壁顶做廊可夜赏万家灯火，形成为明代之"米家灯"。二洞进深甚微，接近一字形，主要为延伸南北进深。"沁泉廊"尺度合宜，增加了进深的层次感（图 3-2-2-12）。"枕峦亭"借下洞上亭抬高视点以借邻景（图 3-2-2-13、图 3-2-2-14）。北海进门牌坊"积翠"、"堆云"的额题概括了北海山水园的特色。

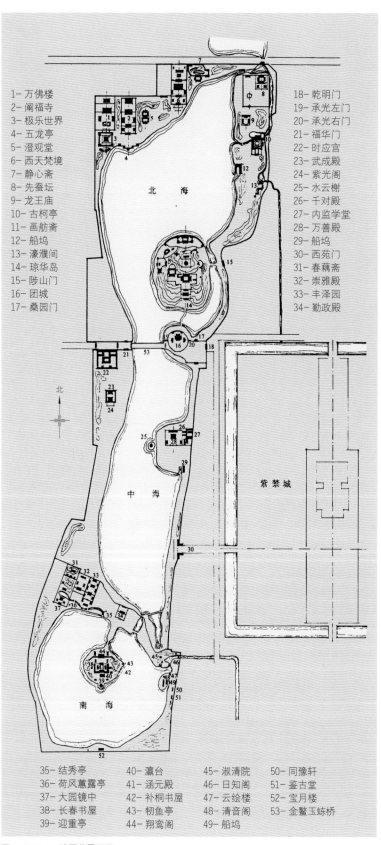

1— 万佛楼
2— 阐福寺
3— 极乐世界
4— 五龙亭
5— 澄观堂
6— 西天梵境
7— 静心斋
8— 先蚕坛
9— 龙王庙
10— 古柯亭
11— 画舫斋
12— 船坞
13— 濠濮间
14— 琼华岛
15— 陟山门
16— 团城
17— 桑园门

18— 乾明门
19— 承光左门
20— 承光右门
21— 福华门
22— 时应宫
23— 武成殿
24— 紫光阁
25— 水云榭
26— 千对殿
27— 内监学堂
28— 万善殿
29— 船坞
30— 西苑门
31— 春藕斋
32— 崇雅殿
33— 丰泽园
34— 勤政殿

北海

紫禁城

中海

南海

35— 结秀亭
36— 荷风蕙露亭
37— 大园镜中
38— 长春书屋
39— 迎重亭
40— 瀛台
41— 涵元殿
42— 补桐书屋
43— 牣鱼亭
44— 翔鸾阁
45— 淑清院
46— 日知阁
47— 云绘楼
48— 清音阁
49— 船坞
50— 同豫轩
51— 鉴古堂
52— 宝月楼
53— 金鳌玉蝀桥

图 3-2-2-1 清西苑平面图

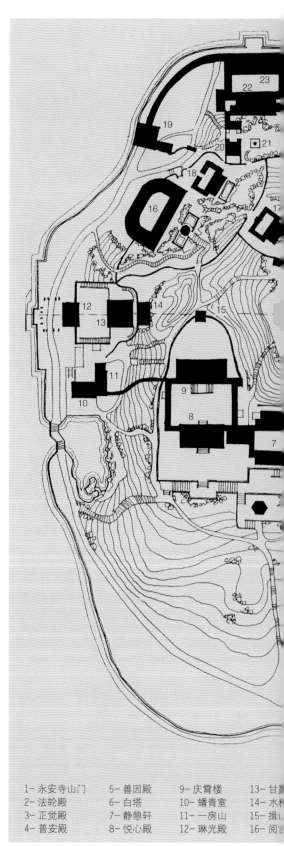

1— 永安寺山门
2— 法轮殿
3— 正觉殿
4— 普安殿
5— 善因殿
6— 白塔
7— 静憩轩
8— 悦心殿
9— 庆霄楼
10— 蟠青室
11— 一房山
12— 琳光殿
13— 甘霖
14— 水精
15— 揖古
16— 阅古

图 3-2-2-2 琼华岛平面图

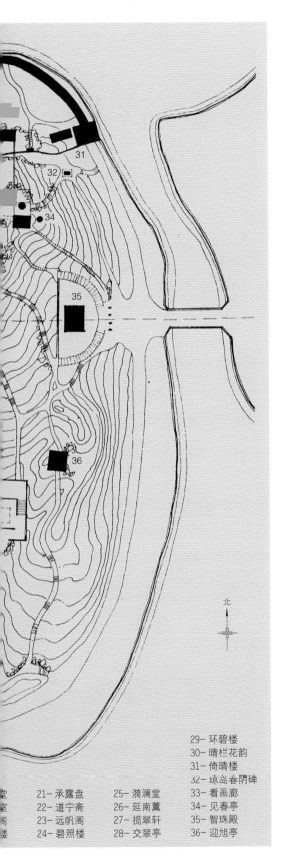

图 3-2-2-3　琼华岛

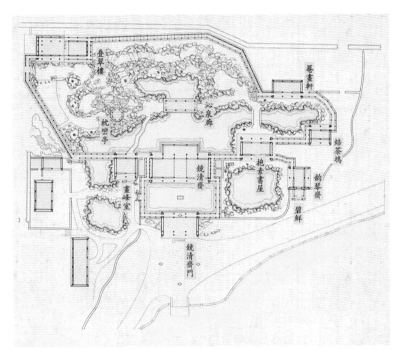

图 3-2-2-4　静心斋平面（北海保护规划）

图 3-2-2-5　静心斋烫样（北海保护规划）

21- 承露盘　　25- 漪澜堂　　29- 环碧楼
22- 道宁斋　　26- 延南薰　　30- 晴栏花韵
23- 远帆阁　　27- 揽翠轩　　31- 倚晴楼
24- 碧照楼　　28- 交翠亭　　32- 琼岛春阴碑
　　　　　　　　　　　　　　33- 看画廊
　　　　　　　　　　　　　　34- 见春亭
　　　　　　　　　　　　　　35- 智珠殿
　　　　　　　　　　　　　　36- 迎旭亭

北

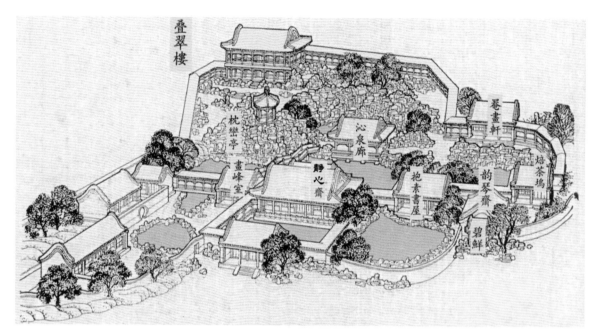

图 3-2-2-6
静心斋鸟瞰图（北海
保护规划）

图 3-2-2-7　静心斋龟蛇相望之龟石

图 3-2-2-8　静心斋自东西望水景纵深线

图 3-2-2-9　枕峦亭东望

图 3-2-2-10　借地宜造山水，似扁阔以铺云

图 3-2-2-11（左）
静心斋深山必有大
壑，山顶建廊，屏障
闹市干扰，夜来开窗
赏米家灯之万家灯火

图 3-2-2-12（右）
水中安廊既有层次，
又不堵塞，亭下过流
水，以应"俯流水、
韵文琴"之意境

图 3-2-2-13（左）
枕峦亭

图 3-2-2-14（右）
静心斋枕峦亭下之山
洞，洞门半开，似有
仙迹；结构并非上亭
下洞，而是洞在亭外

第三节 颐和园

　　颐和园山地为太行山余脉，孤嶙独峙，因山中发现石瓮，称为瓮山。山西南积水为瓮山泊。金时为行宫，明改建为好山园，局部建设而已，整体还是公共游览地，以东岸之龙王庙最吸引游人，成为公众游览休息和游赏的中心。圆明园建成后，乾隆相中此地，于乾隆十五年（1750 年）改建为清漪园，1860 年被英法联军毁，光绪十四年（1888 年）慈禧挪用海军军费重建。问名"颐养冲和"，更名为颐和园。清漪园奠定山水间架，向东扩湖为北京蓄水库，保留东岸龙王庙为前湖中心岛，引玉泉山水，南注长河，北供圆明，仿西湖建西堤六桥。后溪河的开辟体现了"山因水活，山因水秀"的画理（图 3-2-3-1），由北东转，弥补了万寿山乏于南北深远的缺陷，水景亦在阔远的基础上开辟了深远和迷远。据后山地形之变化，在西汇水线——桃花沟扩水面为喇叭形。欲

图 3-2-3-1（左）
颐和园水面变化示意图

图 3-2-3-2（右）
赤城霞起关隘

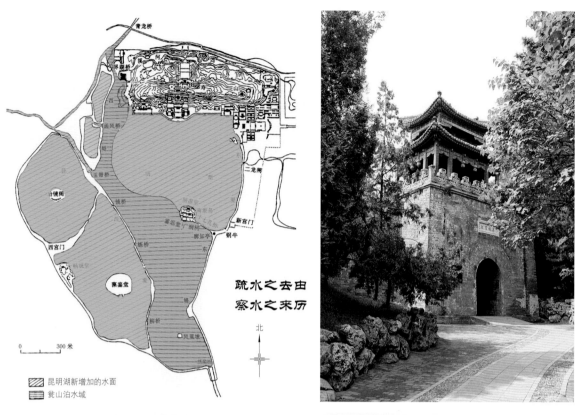

疏水之去由
察水之来历

北

0　　300 米

⬚ 昆明湖新增加的水面
⬚ 瓮山泊水域

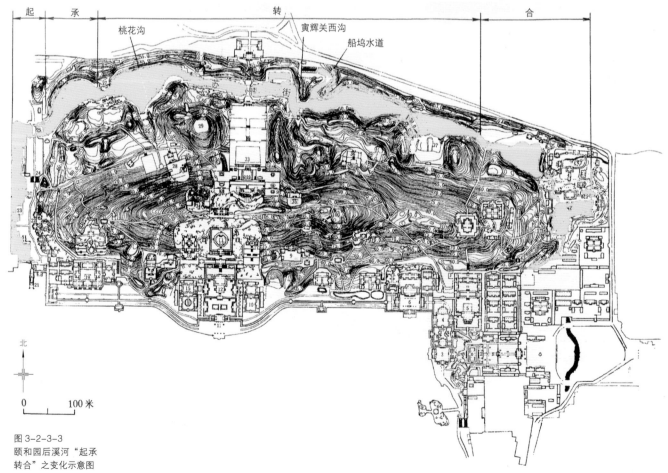

起　承　　　转　　　合

桃花沟　　寅辉关西沟　　船坞水道

北

0　　100 米

图 3-2-3-3
颐和园后溪河"起承
转合"之变化示意图

扬先抑，前置关隘将后溪河压缩到两米多宽，再顿置开阔，山洪得以消力。再东为岩基地，开凿宽度有限，只作少量曲尺形变化，作为买卖街。东汇水线山谷泄口在"寅辉关"（图3-2-3-2），《园冶》所谓"斜飞堞雉，横跨长虹"做法，山洪出口以顽夯石"参差半壁大痴"，再于对岸水边置小岛。山洪围岛旋转也得以消力（图3-2-3-3）。一收一放后，南以石涧迭泉贯玉琴峡流入谐趣园，北入霁清斋借天然石坡滑水，与谐趣园相辅成，构成细腻和粗犷的对比（图3-2-3-4～图3-2-3-7）。后溪荡舟，常会有"山重水复疑无路，柳暗花明又一村"之诗意。两岸以松栎混交为主的植物加以柏柳榆槐的自然种植，西眺玉泉山，却难知"混假于真"之妙也。

颐和园以万寿山为主景突出式布局的中心，以建筑层次弥补深远不足，离中心越远，中轴线控制性越淡，逐渐过渡到自然山林。基于"因山构室"和"以山为轴"之理，前山据山坡线、后山据山谷线。因自然的前坡、后谷线不重合，故前山后山轴线不重合。颐和园还点缀了清晏舫、知春亭（图3-2-3-8）、十七孔桥和凤凰墩。从绣漪桥乘舟入园，穿过气势恢弘的龙王庙、十七孔桥和廓如亭组成的水景到水木自亲上岸（图3-2-3-9）。置石、掇山也颇具特色。仁寿殿以寿星石为屏，兼障景及对景（图3-2-3-10、图3-2-3-11）。乐寿堂寝宫则卧青芝岫，石景与境吻合。仁寿殿西土石山为与耶律楚材墓有所分隔间作承转空间的障景（图3-2-3-12）。章法之"起"从木牌坊至东宫门。牌坊额题"涵虚"、"罨秀"，高度概括、一锤定音、令人寻味（图3-2-3-13）。涵虚朗鉴，罨秀强国。夕佳楼为玉澜堂寝宫后院西厢房。东晒、西晒固然不好，却辩证地捕捉到朝向的地宜，借陶渊明曾咏"山气日夕佳，飞鸟相与还"之佳句。楼东立假山谷口一卷，植参天乔木供鸟为巢，西借昆明湖东北角塘坳聚野鸭之境，从而得到联语"隔叶夜莺藏谷底，唼花幼雏聚塘坳"。有化不宜为宜之妙（图3-2-3-14、

图3-2-3-4
谐趣园宫门一瞥

图3-2-3-5
玉琴峡通湖出口

图3-2-3-6
谐趣园小水池石岸挑伸变化

图 3-2-3-7
凿石成涧、桥隐闸门、
松风罗月，玉琴峡师
八音洞而独辟蹊径也

图 3-2-3-8（左上）
知春亭：东宫门入园处
湖东岸，视线既远，视
角亦偏，湖岸起岛，岛
上安亭，成为远眺万寿
山的最佳视点

图 3-2-3-9（左下）
"水木自亲"码头，水
路入园至此登岸，进入
乐寿堂

图 3-2-3-10（右）
寿星石正面

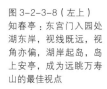

图 3-2-3-11 寿星石背面

图 3-2-3-12 仁寿殿西侧山谷

图 3-2-3-13 颐和园东宫门外牌楼

图 3-2-3-14 夕佳楼,面西建筑有西晒之弊,却又有"山气日夕佳,飞鸟相与还"之宜;楼东掇山为谷,乔木浓荫,鸟居其上,恰如楹联之上联所写"隔叶晚莺藏谷口",其西居昆明湖隅,正合下联"唼花雏鸭聚塘坳"之意

图 3-2-3-15 夕佳楼

图 3-2-3-16
圆朗斋、观生意、写
秋轩北山石挡土墙宛
自天开

图 3-2-3-17
以本山石材掇山石台
阶，平正大方，浑厚
雄沉，极近自然且与
宫苑性质相吻合

图 3-2-3-15）。

掇山之材多为本山之细砂岩，类黄石。佛香阁两旁大假山用以悬挂喇嘛教之布绘大佛像，高大宏伟、浑厚沉实。内为爬山洞，可登山入室。山阴西有云绘寺，伽蓝七堂中轴对称布置，却借掇山嶙峋、蹬道曲折而融入自然。前山东部山腰的圆朗斋、写秋轩的掇山挡土墙（图 3-2-3-16），分层置岗开谷，自然错落，剔除了人工垂直挡墙呆板、平滞之弊。写秋轩南面的谷蹬道、踏跺错落高下，两旁置石顾盼，极尽自然之能事（图 3-2-3-17）。充分体现了美学家李泽厚先生从美学概括中国园林为"人的自然化和自然的人化"的论断。

第四节　避暑山庄

中国文化有"四绝"之说，即山水画、烹调、园林和京剧。我国文化精粹虽不仅此，但这四门艺术的感染力却是被实践所证明的。从事园林工作的人总是有感于传统园林艺术的巨大魅力，但长时期却又为找不到相应的理论书籍而作难。明代郑元勋为园林名著《园冶》的题词一开始就说："古人百艺，皆传之于书，独无造园者何？曰：'园有异宜，无成法，不可得而传也'。"阚铎在《园冶·识语》中说："盖营造之事，法式并重，掇山有法无式，初非盖阙，掇山理石，因地制宜，固不可执定镜以求西子也。"实际上，成功的造园实践必有科学的理论为指导，而且还必须具备巧妙的方法、手法才能创作出"景"的形象，亦即具体的"式"。清《苦瓜和尚画语录》开篇就阐述："太古无法，太朴不散。太朴一散而法立矣。法于何立，立于一画。一画者众有之本，万象之根。见用于神，藏用于人，而世人不知所以，一画之法乃自我立。立一画之法者，盖以无法生有法，以有法贯众法也。夫画者从于心者也，山川人物之秀错、鸟兽草木之性情、池榭楼台之矩度。未能深入其理，曲尽其态，终未得一画之洪规也。"我们要深悟园林之洪规，随时代之演进，不研讨园林艺术创作的理法是难以掌握要领的。因此，中国园林艺术创作必有其理、法、式可寻。在此，"理"为反映事物的特殊规律的基本理论；"法"为带规范性的意匠或手法；"式"为具体的式样或格式。所谓"园有异宜，无成法，不可得而传也"，虽有些道理，但《园冶》之问世已说明"可得而传"。而掇山之"有法无式"实为"有成法，无定式"。明文震亨著《长物志》、清李渔著《闲情偶寄》等都涉及园林理法。现世的问题在于如何联系园林艺术实践来进一步理解这些传统的理论，使之系统化、科学化，以求在继承的基础上发展和创新。

承德的避暑山庄是博得中外园林专家和游人一致赞赏的古典园林。作为现存的帝王宫苑，它不仅规模最大，而且独具一格。其林泉野致使人流连忘返、回味无穷。经过三十多年来的修缮和重建，湖区大部分景点已恢复起来。山区被毁的景点，由于有遗址和资料可寻，亦不难复原。山庄创作之成功必然也包含着许多园林艺术的至理和手法。探索和分析这些理法，不仅有助于振兴避暑山庄之大业，而且对其他的园林建设，乃至风景区的建设都会有可借鉴之处，俾使避暑山庄之园林艺术有理可据，有法可循，有式可参。以此巩固学习所得，并求教于众。

一、继承传统，不断创新

我国向有"书画同源"之说。作为蕴含诗情画意的中国园林，自然也是一脉相承。园林虽有私家园林、帝王宫苑、园林寺庙等类型之分，但各类园林都有一种"中国味儿"。我国园林艺术的民族风格自三代之"囿"产生以来，加以在魏晋南北朝山水、田园诗和山水画相继产生乃至道学流行等综合影响的推动下，逐步形成了"写意自然山水园"的统一风格。这是在特定的历史条件下客观形成的。漫长的中国封建社会虽经朝代更替，但不论汉族或其他少数民族，各族的封建统治者都极力遵循统一的中华民族园林风格并加以丰富和发展。金灭宋，而所建琼华岛（今北京北海）有仿北宋汴京（今河南开封）艮岳意。清朝推翻明朝却依然崇尚民族传统的宫苑建制。直到现在，这条民族文化艺术长河还自推波向前，并将川流不息。

中国园林艺术这种"精神气儿"不仅可以感受，也可言传大意，微妙之处则由各人意会，给欣赏者以发挥遐想的余地。首先，中国园林所追求的艺术境界和总的准则是"虽由人作，宛自天开"。这是搞园林的人熟知的一句话，也是中国园林接受中国文学艺术和绘画艺术普遍规律的影响所反映的特殊属性，如何正确处理"人作"和"天开"的辩证关系呢？并不是越自然越好，甚至走向纯任自然的歧途。而是以人工干预自然，主宰自然。除了安置方便人们游息的生活设施外，更重要的是赋予景物以人的理想和情感，以情驭景，使之具有情景交融、感人的艺术效果。人的美感总是归结在情感上，任何单纯的景物，再好也不过是景物本身。而寓情于景以后，景物就再不仅是景物本身，而是倾注了理想人品的人化风景艺术了。我们的祖先以此欣赏风景名胜的自然美，同样也用以创作园林，把自然美加工成为艺术美。日本大村西崖《东洋美术史》谓流传到日本的《园冶》有"刘炤刻'夺天工'三字"。人力何以夺天工呢？就是人化的自然风景比朴素的自然风景更为理想。中国园林"以景写情"正是中国绘画"以形写神"的画理用于园林的反映；"有真为假，做假成真"的造园理论亦即画理所谓"贵在似与不似之间"的同义语了。因此，中国园林具有对外净化、美化环境和对内美化心灵的双重功能，用活生生的景物"比兴"手法激发游人的游兴。

中国园林不仅有高度的艺术境界，而且在长期实践中形成了一套园林艺术创作的序列。总是先有建园的目的或宗旨，再通过"相地立意"把建园的宗旨变为再具体一些的构思或塑造意图。草拟"景题"和抒发景题的"意境"。以上的环节基本上是属于精神范畴的。有了这种精神的依据便通过"意匠"即造园手法和手段树立景物形象，使园林创作从精神化为物质，从抽象到具体，这个创作上的飞跃是很难的。往往是有了具体的"景象"以后，再在原草拟景题和意境的基础上即兴题景和题咏，并作为"额题"、"景联"或"摩崖石刻"等。游人既至，见景生情。如果创作成功的话，游人和作者之间便通过景物产生心灵上的共鸣，引起游人在情感上的美感，从而形成"景趣"。游人亦可借景自由地抒发各自的心情，寻求不尽的"弦外之音"，不断丰富和发展园景的内容和景象，从不够完美到尽可能地完美。名园得名必须是广泛认可的，否则难以永存。

避暑山庄的主人深谙我国园林传统，而且在继承传统的同时着眼于创造山庄艺术特色，在创新和发展传统方面做出了贡献，这完全是符合当时的时代要求。山庄的特色何在呢？若说规模宏大，山庄并不比圆明三园大多少，论模拟江南园林风光，颐和园、圆明园何尝不是北国江南？这些并不是山庄独一无二的特色。山庄的特色在于"朴野"，就是那股城市里最难享受到的山野远村的情调和漠北山寨的乡土气息，包括山、水、石、林、泉和野生动物在内的综合自然生态环境。目前，在山庄的山区里还保存着一座石碑，上面刻有乾隆所书《山中》诗一首：

> 山中秋信来得真，树张清阴风爽神。
> 鸟似有情依客语，鹿知无害向人亲。
> 随缘遇处皆成趣，触绪拈时总绝尘。
> 自谓胜他唐宋者，六家咏未入诗醇。

"鸟依客语"、"鹿向人亲"写出了山庄野趣，说明园主以山庄之野色自豪，但也是有所本的创造。唐宋以降，清避暑山庄之兴建可谓达到古典园林最后一个高峰。

这所宫苑，始建于康熙四十二年（1703年），直到康熙四十七年（1708年）初具规模后才定名为"避暑山庄"，并由康熙亲书额题。这样名副其实以山为宫、以庄为苑的设想和做法并不多见。作为帝王宫苑，圆明园不愧为"园中有园"的巨作。

但就其园林地形塑造而言，无非是在平地上挖湖堆山，把原有"丹陵沜"改造成为有山有水的园林空间，终究难得山水之"真意"。颐和园虽有真山的基础，但由于瓮山（今万寿山）山形平滞，走向单调，具"高远"和"平远"而缺少"深远"，这才在前山运用布置金碧辉煌的园林建筑来增加层次和深远感；在后山开后溪河以发挥东西纵长的深远。唯独避暑山庄据有得天独厚的自然环境，可以说是于风景名胜中妆点园林，主持工程的人又充分利用了地宜，确定了鉴奢尚朴、宁拙舍巧，以人为之美入天然，以清幽之趣药浓丽的原则和澹泊、素雅、朴茂、野奇的格调，更加突出了山庄风景的特色。远到建园后300年的今天，历经几次浩劫以后，仍给人以入山听鸟喧，临水赏鹿饮的野景享受，可以想见当年生态平衡未遭到破坏时园中野致之一斑。

避暑山庄遵循哪些园林艺术理法才获得继承传统和创造特色的成就呢？以下试作一些不顾浅陋的分析。

二、有的建庄，托景言志

我们大多认为"山庄学"是综合的学问，这反映当初康熙是本着综合的目的兴建山庄的。无论从当时的历史背景或山庄活动的内容和设施来看，山庄确有"怀柔、肄武、会嘉宾"等方面的政治目的，一举而兼得"柔远"与"宁迩"。与此相联系的，山庄的地理位置又有"北压蒙古、右引回部、左通辽沈、南制天下"的军事意义。就其中活动而言，除了日常理政和接见、赏赐和赏宴外，还有祭祀、狩猎、观射和阅马戏、观剧和游憩等。问题是在众多的综合目的中，以何为主？有的学者认为肄武练兵，保卫边防是兴造山庄的主要目的，强调造山庄最重要的原因还在于更高的政治方面的考虑，其次才是避暑和游览。也有认为中国一般的古典园林为的是赏心悦目，但山庄却不然。诚然，在阶级社会中，任何统治阶级所从事的一切活动都必须强调为本阶级的政治服务，但作为一所宫苑，它在主要功能方面较之紫禁城那样单纯的皇宫总是有区别的。康熙经过始建后五年的酝酿才定名为"避暑山庄"，可以准确而形象地概括园主兴建山庄的主要目的，即合宫、苑为一体，追求山间野筑那种"想得山庄长夏里，石床眠看度墙云"（明祝允明《寄谢雍》诗）的诗意和似庶如仙的生活情趣。这说明"宫"是理政的，"苑"也是为政治服务的，与其分割为两种功能，不如视为对立统一的双重功能。这正是山庄不同于故宫的关键，须知封建帝王也有难言之隐。

帝王追求野致的精神享受，一方面反映人类渴望自然的普遍性，同时也突出地反映了帝王向往野致的迫切性。原始社会的人生活在大自然的原野中，就好比"身在福中不知福"。随着生产力的发展，人类逐渐从野到文，脱离自然环境建设起村镇和城市。人们改善物质生活条件的同时就开始失掉了自然环境，这才促进了风景名胜和园林的产生。随着城市工业化的发展，生活环境遭到严重的污染，环境保护和发展旅游事业就进一步提上日程。人们乐于郊游或远游原野。这便是人类由"从野到文，从文返野"的螺旋上升的发展过程。清代李渔在《闲情偶寄》中也论证过这个道理："幽斋磊石，原非得已。不能致身岩下与木石居，故以一卷代山，一勺代水，所谓无聊之极思也。"意即以山水为人们精神的依托。帝王就这一点来看，还不如一般庶民自在。禁宫有若樊笼，因此更迫切地要求享受到自然的野趣。三代帝王以圃游为主，人工筑台掘沼，显然是自然景物比重大于人工。秦汉宫殿虽也有山水景色，却转而着重在建筑的人工美方面发展。唐宋以降，则盛行宫苑，或宫中有苑，或苑中有宫，着眼于自然与人工的结合。唐懿宗便"于苑中取石造山，并取终南草木植之，山禽野兽纵其往来，复浩屋如庶民。"又如隋唐之西苑（今洛阳西郊）和北宋汴京之寿山艮岳等，皆融人工美于自然。唐宋以后，以突出自然美为主的园林逐代相传。清则多采用宫苑合一制。清代满族统治者来自关外，入京后不耐北京暑天之炎热，从顺治八年（1651

年）开始，摄政王多尔衮就准备在喀喇河屯（现承德市双滦区滦河镇西北）兴建避暑城，但未到建成他就死于此。清朝皇族亦有到塞外消暑的活动。康熙年轻时就喜欢去塞外游猎和休息，从北京到围场先后营建了约二十处行宫，终于确定在山庄大兴土木。康熙在《御制避暑山庄记》中宣称："一游一豫，罔非稼穑之休戚；或旰或宵，不忘经史之安危。劝耕南亩，望丰硕稔筐筥之盈；茂止西成，乐时若雨旸之庆。此居避暑山庄之概也。"这位创山庄之业的康熙还在《芝径云堤》诗中说："边垣利刃岂可恃，荒淫无道有青史。知警知戒勉在兹，方能示众抚遐迩。虽无峻宇有云楼，登临不解几重愁。连岩绝涧四时景，怜我晚年宵旰忧。若使扶养留精力，同心治理再精求。气和重农紫宸志，烽火不烟亿万秋。"他还在《御制避暑山庄记》最后强调："至于玩芝则爱德行，睹松竹则思贞操，临清流则贵廉洁，览蔓草则贱贪秽，此亦古人因物而比兴，不可不知。人君之奉，取之于民，不爱者，即惑也，故书之于记，朝夕不改，敬诚在兹也。"继山庄之业的乾隆到老年时又作《御制避暑山庄后序》，戒己戒后："若夫崇山峻岭、水态林姿、鹤鹿之游、鸢鱼之乐，加之岩斋溪阁、芳草古木，物有天然之趣，人忘尘世之怀。较之汉唐离宫别苑，有过之无不及也。若耽此而忘一切，则予之所为膻乡山庄者，是设陷阱，而予为得罪祖宗之人矣。"以上摘引说明了执政和避暑豫游之间关系。把"扶养精力"和谋求江山亿万秋紧密地联系在一起，主张以游利政而唯恐玩景丧国。因此，政治和游息可以在对立统一中变化，玩物可丧志，托物可言志，事在人为，不一而论。避暑山庄的兴造目的是在可以避暑、游览和生活的园林环境中"避喧听政"。山庄不仅是宫殿和古建筑，而且是一所避暑的皇家园林，其主要成就在于创造了山水建筑浑然一体的园林艺术。康熙咏《无暑清凉》诗中所说"谷神不守还崇政，暂养回心山水庄"应视为园主内心的真情话。

作为一所古典园林，山庄也是为了"赏心悦目"的，其不同于一般私家园林的是赏帝王之心，悦皇家之目。同样讲究因物比兴，托物言志，但为一统天下的"紫宸志"。康熙和乾隆在寄志于景、以园言志方面是作了不少苦心经营的。不论园名、景名都有"问名心晓"之效，这也是地道的传统。帝王不同于下野还乡养老的官宦，更不同于怀才不遇的落魄文人，而是至高无上、雄心勃勃、标榜以仁。皇帝的经济地位决定了他的志向和感情。山庄的一般释义是山中的住所或别墅，如湖南衡山中有"南岳山庄"，但是皇家用山庄之名却可以山喻君王，这是基于孔子之《论语·雍也》有"知者乐水，仁者乐山。知者动，仁者静。知者乐，仁者寿"之说，大意是：聪明的人爱好水，仁爱的人喜爱山。聪明的人活跃，仁爱的人沉静。聪明的人快乐，仁爱的人长寿。儒家在两千多年前就把人品和自然山水联系在一起了，将仁者比德于山。封建时代臣向君祝愿也以"山呼"相颂。按《大唐祀封禅颂》的描述："五色云起，拂马以随人。万岁山呼，从天至地。"因此"仁寿"、"万寿"都习为帝王专用的颂词。自北宋以来，几乎宫苑中之山都以万寿山为名。不仅颐和园的山称万寿山，北京北海的塔山和景山也称为万寿山。避暑山庄之景，或显或隐，大多有这方面的寓意，像如意洲上的"延薰山馆"。"延薰"除了一般理解为延薰风清暑外，更深一层的寓意就是"延仁风"。这与颐和园的"扬仁风"、北海的"延南薰"都是同义语。《礼乐记》载："昔者舜作五弦之琴以歌南风。"歌词是："南风之薰兮，可以解吾民之愠兮，南风之时兮，可以阜吾民之财兮。"迄后便成为仁君、仁风相传了。

古代的"封禅"活动也是借山岳行祭祀礼的。我国的"五岳"都和封禅活动息息相关，从有记载的史实看，自秦始皇朝东岳泰山后，七十二代帝王都因循此礼。这实际上是宣扬"君权天授"的思想，康熙常在避暑山庄金山岛祭天，每年于金山"上帝阁"举行祀真武大帝的祭祀活动，表示自己是上帝的子孙，并祈求上帝保佑风调雨顺，国泰民安，以这种活动巩固封建统治。因此这个岛上的另一建筑取名"天宇咸畅"，并列入康熙三十六景，意即天上人间都和畅。从另一方面看，帝王也唯恐这种享受遭人异议，甚至玩物丧志，故以"勤政"名殿。很有意思的是《御制避暑山庄记》中还有一方印章叫做"万几余暇"，这是帝王心理和制造舆论的流露。至于反映在总体布局和园林各景处理方面，托景言志，将志向假托于景物中，借景物抒发志向，以景寓政的反映就更多了。

三、相地求精，意在手先

（一）相地

山庄之设，在"相地"、"立意"方面是有所创造和发挥的。"相"是通过观察来测定事物的活动。建园意图既定，就要落实园址。"相地"这个造园术语包含两层内容：一是选址；二是因地制宜地构思、立意。我国园林哲师计成在《园冶》中对此作了精辟的、总结性的论述，他提出"相地合宜，构园得体"的理论，把相地看作园林成败的先决条件，还列举了各类型用地选择的要点。概括性强的理论难免有失之具体的一面，康熙却在吸收传统理论的基础上作了具体的补充。

康熙选址的着眼点是多方面的，但主要的两个标准是环境卫生、清凉和风景自然优美。相传山庄这块地面原为辽代离宫，清初蒙古献出了这块宝地。如前所述，康熙从年轻时就和塞外这一带风光有接触。他曾说："朕少时始患头晕，渐觉清瘦，至秋，塞外行围。蒙古地方水土甚佳，精神日健。"康熙十六年（1677年），他首次北巡到喀喇和屯附近。康熙四十年（1701年）冬，他来到武烈河畔，领赏棒槌峰的奇观，为拟建的行宫进行实地勘察。又二年，他在已建的喀喇和屯行宫举办五十大寿的庆祝活动，并在穹览寺这座祝寿的所在立了这样的碑文："朕避暑出塞，因土肥水甘，泉清峰秀，故驻跸于此，未尝不饮食倍加，精神爽健。"经过比较，最后才以建热河行宫作为众行宫之中枢。康熙为选避暑行宫,足迹几乎踏遍半个中国,他说:"朕数巡江干,深知南方之秀丽;两幸秦陇,益明西土之殚陈,北过龙沙,东游长白,山川之雄,人物之外,亦不能尽述,皆吾之所不取。"他相地选址是先选"面",再从"面"中选出最理想的"点"。当然只有皇帝才有这种条件,但也说明他本人卓有相地之见识。

他相地的方法是反复实地踏查,考察碑碣,访问村老,从感性向理性推进,他在《芝径云堤》诗中说:"万机少暇出丹阙,乐水乐山好难歇。避暑漠北土脉肥,访问村老寻石碣。众云蒙古牧马场,并乏人家无枯骨,草木茂,绝蚊蝎,泉水佳,人少疾。"又说:"热河地既高朗,气亦清朗,无蒙雾霾风。"这勾画出山庄当初一派生态平衡的环境卫生条件。据记载,当时山雨后,但闻潺潺径流声,地表不见水,也不泥鞋,整个山地都被一层很厚的腐叶层覆盖。山庄始建后第八年,热河地区人口增到十余万。由于毁林垦田的举动,森林植被遭到破坏,水土保持已不复当初,山庄外围环境质量便有所下降了。不仅有丰富的水源可保证生活和造景用水之需,而且水质上好。乾隆对我国南北名泉进行过比重分析,以单位体积内重量轻者为贵。他说:"水以轻为贵,尝制银斗较之。玉泉(北京玉泉山趵突泉)水重一两。惟塞上伊逊水尚可相埒。济南珍珠、扬子中泠(镇江)皆较重二三厘;惠山(无锡)、虎跑(杭州)、平山堂(扬州)更重。轻于玉泉者唯雪水及荷露云。"雪水指木兰围场的雪水,荷露是避暑山庄荷叶上的露水,这当然是皇帝的奢求,但山庄泉水佳是公认的。"风泉清听"之泉水亦有"注瓶云母滑,漱齿茯苓香"之赞语。另外,"山塞万种树,就里老松佳",指明了松林多而长势茂盛。松脂所散发的芳香确有杀菌之效。

如果单纯是环境卫生也不足可取,山庄更具有天生的形胜,其自然风景优美之素质又恰合于帝王之心理和意识形态的追求。揆叙等人在《恭注御制避暑山庄三十六景诗跋》中对踏查热河的原委有所说明:"自京师东北行,群峰回合,清流萦绕。至热河而形势融结,蔚然深秀。古称西北山川多雄奇,东南多幽曲,兹地实兼美焉。……"山庄这种地理形势现在即使乘火车前往也可以窥见一二,山庄要达到"合内外之心,成巩固之业"的政治目的,要符合"普天之下莫非王土"、"四方朝揖,众象所归"、"恬天下之美,藏古今之胜"的心理,而"形势融结"这点是最称上心的。从整个地形地势看,山庄居群山环抱之中,偎武烈河穿流之湄,是一块山区"Y"形河谷中崛起的一片山林地。《尔雅·释山》谓:"大山宫,小山霍。""宫"即围绕、包含之意;小山在中,大山在外围绕者叫霍。《礼记》说:"君为庐宫是也。"山庄兼有"宫"、"霍"及中峰之形胜。北有金山层峦叠翠作为天然屏障(明北京城造万岁山,即今景山,为皇城屏障),东有棒槌诸山毗邻相望,南可远舒僧冠诸峰交错南去,西有广仁岭耸峙。武烈河自东北折而南流,狮子沟在北缘横贯,二者贯穿东、北,从而使这块山林地有"独立端严"之感。众山周环又呈奔趋之势朝向崛起的山地,有如众山辅弼拱揖于君王左右,并为日后布置外八庙,使与山庄有"众星拱月"之势创造了极优越的条件。大小峰岗朝揖于前,包含着"顺

图3-2-4-1(左)
避暑山庄天桥山
图3-2-4-2(右)
太阳洞

君"的意思（图 3-2-4-1、图 3-2-4-2，参见图 2-4-1、图 2-4-3 ～图 2-4-7）。

　　形势融结的山水也是构成山庄有避暑小气候条件的主要原因。承德较北京稍北，夏季气温确有明显差别。物候期大致比北京晚一个多月。坐火车北上，一过古北口，窗风显著转为清凉。说承德无暑是夸大，但山庄的气温确实夏天热得晚，秋凉来得早，盛夏时每天都热得很晚，而傍晚转凉较早。如果傍晚从承德市区进丽正门，一下"万壑松风"，就会明显感到爽意。因为山庄北面、东面而南的河谷实际上是天然通风干道。西部山区几条山谷都自西北而东南，朝向湖区和平原区，这些顺风向的山谷不仅谷内凉爽，而且山谷风可把山林清凉新鲜的空气输送到湖区，驱使近地面的热空气上升排走，又如同通风的支线，加以湖区水面的降温作用和山林植被的降温作用，所以有消暑的实效。1982 年 5 月我们选择了地面条件相近的点测了气温和相对湿度，下列二表分别为

地点	温湿度		1982.5.20　15时
秀起堂	气温	干球	32.6℃
		湿球	17.1℃
	相对湿度		37 %
万壑松风	气温	干球	32.5℃
		湿球	17.1℃
	相对湿度		37 %
市区·（火神庙）	气温	干球	33.6℃
		湿球	18℃
	相对湿度		37 %

地点	温湿度		1982.5.24　20时
松云峡东谷口	气温	干球	22.4℃
		湿球	17.2℃
	相对湿度		65 %
万壑松风	气温	干球	25.5℃
		湿球	18.4℃
	相对湿度		58 %
市区·（火神庙）	气温	干球	28.9℃
		湿球	19.1℃
	相对湿度		48 %

1982 年 5 月 20 日 15 时及 1982 年 5 月 24 日 20 时所测记录。

　　我们测的时间虽不是盛夏，但可看出大致在每天气温最高这段时间各点的差别不显著，而当傍晚时山庄内气温显著下降，尤以松云峡为最，负责测火神庙（市区）的学生说测时尚有微汗，而我们在"旷观"附近测绘时却是凉风习习，爽身忘返，难怪有"避暑沟"之称。两处相对湿度也有显著差别。

　　选山林地造避暑宫苑也有利于反映帝王统治天下的心理。《园冶》谓："园地惟山林最胜。有高有凹，有曲有深。有峻而悬，有平而坦，自成天然之趣，不烦人事之工。"山庄这块地正具有在有限面积中集中地囊括了多种地形和地貌的优点。如何满足"莫非王土"的占有欲和统治欲呢？圆明园根据在平地挖湖堆山的条件，以"九州"寓意中国的版图。避暑山庄则有条件以高山、草原、河流、湖泊的地形地貌反映中国的大好河山。总的地势西北高、东南低。巍巍的高山雄踞于西，具有蒙古牧原的"试马埭"守北，具有江南秀色的湖区安排在东南，恰如中国版图的缩影。中国风景无数，这里却兼得北方的雄奇和江南秀丽之美。还有外围环拱的山坡地可作发展的余地。这又为恬天下之美、藏古今之胜提供了很理想的坯模条件。既有武烈河绕于东，又可引河贯庄。加以山泉、热河泉的条件，山水之胜致使茂树参天。招来百鸟声喧，群麋皆侣，鸢飞鱼跃，鹰翔鹤舞。构成好一幅天然图画。

　　在地形丰富的基础上又有奇峰异石作为因借的嘉景。纳入北魏郦道元《水经注》的"石挺"（即棒槌山）孤峙无依，仿佛举笏来朝。无独有偶，棒槌山南又有蛤蟆石陪衬。成为"棒喝蛤蟆跑"的奇观，还有用热河温汤濯足的罗汉山，"垂臂于膝，大腹便便"。僧帽山则以其递层跌宕的挺拔轮廓构成南望的借景。在山庄据山环视，有这么丰富的借景，实为"自天地生成，归造化品汇"不可多得的风景资源。

带着建避暑行宫的预想，再纵观这片神皋奥区。初步的规划设想也就油然而生了。北面和东面，自有沟、河为界。宫殿可设于南端平岗上，既取坐北朝南之向，又可据岗临下。大面积山林和平原则是巨幅添绘好图画的长卷。康、乾数巡江南的见识便大有施展之地了。

应该指出帝王所追求的"野"致也不是荒野无度的。比山庄更野的地方有的是。难得的是"道近神京，往还过两日"的交通条件和易于设防的保卫条件。这些都是不可忽略的选址条件。

（二）立意

相地和立意是互有渗透的两个环节。此所指的是立总的意图。相当于今天我们所谓规划设计思想和原则。山庄用以体现建庄目的、指导兴建构思的原则包括以下几方面：

1. 静观万物，俯察庶类

这显然是指最高统治者的思想境界和心情。标榜帝王扇被恩风，重农爱民。这反映在山庄许多风景的意境中。如山庄西南山区鹫云寺侧有"静含太古山房"。意含"山乃太古留，心在羲皇上"。所谓"静含太古"即表示要学习三代以前的有道明君。又如东宫的"卷阿胜境"就是在这种思想指导下形成的。卷是"曲"，阿是指山坳。卷阿原在陕西岐山县岐山之麓。其自然条件为"有卷者阿，飘风自来"（《诗·大雅·卷阿》），即曲"折"的山坳有清风徐来。其寓意为选贤任能，君臣和谐。周时召公跟成王游于卷阿之上。召公因成王之歌即兴作《卷阿》之诗以戒成王，大意是要成王求贤用士。"卷阿胜境"追溯几千年君臣唱和，宣传忠君爱民的思想正基于此。又如位于山区松林峪西端的"食蔗居"中有一个临山涧的建筑叫"小许庵"，说的是尧帝访贤的典故。许由为上古高士，拥义履方，隐于沛泽。尧帝走访并欲让位给许由。许由不受，便退耕于箕山之下，颍水之阳。尧又欲召他为九州长，许由不愿听，并在颍水边洗耳以示高洁。更有许由挚友巢父牵牛饮水过此，了解情由后把牛牵走，表示牛不愿喝这样的脏水。

许由死后葬于箕山，尧封其墓号为"箕山公神"。至于"重农"、"爱民"等"俯察庶类"的思想就不胜枚举了。从这点看，古典皇家园林也是封建帝王的宣传手段。其实山庄内外，君民生活天渊之别。所以民间有"皇家之庄真避暑，百姓都在热河也"的民谣。

2. 崇朴鉴奢，以素药艳

崇朴一方面是宁拙舍巧"治群黎"，缓和帝王和黎民间的矛盾，也出于因地宜兴造园林。后者是保护山庄自然景色和创造山庄艺术特色的高招。所谓"物尽天然之趣，不烦人事之工"并不单纯是出于节约。更着眼于创造山情野致。在这种设计思想指导下才能产生"随山依水揉幅齐"、"依松为斋"、"引水在亭"、"借芳甸而为助"和建筑"无刻桷丹楹之费"的做法。目前在"芳园居"西北山麓尚保存了一组山石，其主峰上有"奢鉴"的石刻。崇尚朴素野致是否就意味着简陋或不美呢？完全相反，"因简易从"的做法完全有可能达到"尤特致意"的境界。"宁拙"非真拙，而是要求做到"拙即是巧"。中国的书画、篆刻向有以古拙、淡雅、素净、简练取胜。山庄的设计也有此意，即是以清幽、朴素取胜，山庄建筑无雍容华贵之态，却颇具有松寮野筑之情。山庄中茅亭石驳、菱丛生的"采菱渡"比之桅灯高悬、石栏砌阶的御码头不是更具生意吗？那种乡津野

图 3-2-4-3
采菱渡

渡，甚至坐在木盆中荡游采菱的意味包含着多浓厚的乡情（图 3-2-4-3）！在这种思想指导下，山区有不少大石桥不用雕栏，以往湖区的桥多是带树皮的木板平桥。加以水位以下驳岸，水面上以水草护坡的自然水岸处理，那才是山庄的本色。乾隆所谓："峻宇昔垂戒，山庄今可称"说明园主有意识地创造朴素雅致的山居。

3．博采名景，集锦一园

中国万水千山，天下名景无数。欲囊括天下之美，谈何容易。康、乾二帝不仅有此奢望，也有数下江南和游览各地所积累的观感。人间"有意栽花花不发"的事是常有的。圆明园是博采名景的，也取得巨大成就。但就其所采仿之西湖十景而言，由于缺乏真山，有些失之牵强。更由于业已荡然无存而无从细考。山庄所采名景的数量不及圆明园多，但无论湖区或山区都有很肖神的几组风景点控制风景的局面，还有不少属于隐射的囊括。山庄不仅是塞外的江南，也是漠北的东岳。取山仿泰山，理水写江南，借芳甸做蒙古风光，可以说抓住了中国几种典型的风景性格。如果没有真山的条件，就很难建"广元宫"以象征泰山顶上的"碧霞元君祠"。再者，多样的采景都必须纳入统一的总体布局。仿江南并不是，也不可能是真正的江南，而是"塞外之中有江南，江南之中有塞外"。融各景为炉火纯青之一园，这才能保证格调的统一，这才有独特的艺术性格。诚如白石老人的一句名言："学我者生，仿我者死。"不结合本身的特长，一味死仿名家或名作是不会有艺术前途的。

4．外旷内幽，求寂避喧

避暑的要求反映在气候方面是清凉宜人。但园林风景性格又如何符合避暑的要求呢？中国向有"心静自然凉"的说法。风景性格就必须舍浓艳取淡泊、避喧哗取寂静以适应"避喧听政"的要求。"山庄频避暑"必然要求"静默少喧哗"。试看山庄的活动，狩猎、观射、观马技等活动都在秋季或夏秋之交举行。无论湖区或山区都以静

赏为主。"月色江声"、"梨花伴月"、"冷香亭"、"烟雨楼"、"静好堂"、"永恬居"、"素尚斋"。无不给人以宁静的感受，都是追求山居雅致的反映。

风景性格又可概括为旷远和幽婉。帝王为显示宫廷气魄必仰仗旷远而取得雄伟壮观的观赏效果。欲求苑之景色莫穷又必须以幽婉给人婉约之情。山庄之湖区和平原区为旷远景色，奠定了基础。而占园地五分之四的山区又以其深奥狭曲的条件创造了布置幽深景色的优越条件。这种有明有暗的造景意识也是和山水画的传统息息相关的。

四、构园得体，章法不谬

《园冶》所谓"构园得体"实际上指园林的结构和布局要结合地宜，使之得体。清代画家笪重光说："文章是案头上的山水，山水是地面上的文章"。诗文和绘画都讲究以气魄胜人。其中要诀便在"以其先有成局而后饰词华"。反对以文作文，逐段滋生。园林亦然，布局和结构可以说是以具体形象体现设计意图的首要环节。布局虽然是粗线条的，不是细致入微的，但都是具有纲领和规定性的意义。古代园林哲匠，往往严于布局，花很多时间考虑结构。一旦间架结构成熟，便可信手指挥施工。除了"地盘图"（相当于平面图）外，还要做"沙盘"（包括有建筑烫样的模型）供上面审批。大致和今日的规划阶段相仿。园林和文学一样具有"起、承、转、合"的章法，又具有结合园林特性的具体内容。要做到章法不谬，必须统筹造山、理水、安屋、开径和覆被树木花草、养殖观赏动物。

（一）先立山水间架

山水地形是园林的间架，自然山水园的构景主体是山水。这是园林区别于单纯的建筑群和庭园布置的主要之点。山水必须结合才能相映成趣。所谓"地得水而柔，水得地而流"。"水令人远，石令人古"、"胸中有山方能画水，意中有水方许作山"等画理都说明了山水不可分割的关系。就山庄而言，占地五分之四的山地自然是主体。自

然要以山为主，以水为辅，以建筑为点景，以树木为掩映。这也是宋代李成《山水诀》所谓"先立宾主之位，次定远近之形。然后穿凿景物，摆布高低"的布局程序。山庄已原有真山形势，姑且先谈理水，再议造山。

1. 理水

理水的首要问题是沟通水系。也就是"疏水之去由，察源之来历"。最忌水出无源和一潭死水。这是保持水体卫生的先决条件。康熙曾很得意地说过："问渠哪得清如许？为有源头活水来。"他引用朱子的诗句也就说明他深领理水的传统做法。山庄水源有三方面，主要是武烈河水，并按"水不择流"之法，汇入狮子沟西来之间隙河水和裴家河水；二是热河泉；三是山庄山泉。诸如"涌翠岩"、"澄泉绕石"、"远近泉声"、"风泉清听"、"观瀑亭"、"瀑源亭"和"文津阁"东之水泉和地面径流。康熙开拓湖区以前，里外的水道在拟建山庄范围内仅仅是顺自然坡度由北向南流的沼泽地。里面是热河泉和集山区之水造成"Y"形交合，外面是武烈河。二者又自然呈"V"形汇合。山庄据山傍水，泉源丰富，再加以人工改造就为之改观了。从避暑山庄乾隆时期水系略图（图3-2-4-4）可看出已由于武烈河自东而南递降，所以进水口定在山庄东北隅，以较高的水位输入。顺水势引武烈河向西南流。经过水闸控制才入宫墙。入水口前段布置了环形水道，需时放水，不需时水循另道照常运行。我们可以从道光年间《承德府治图》和现存山庄清无名氏绘《避暑山庄与外八庙全图》看到二者共同描写之概况。作为园林水景工程，和一般水利工程相比，除了必须满足水工的一般要求外，尤在利用水利工程造景。山庄之引水工程值得称赞之处也在此。这就是"暖流喧波"的兴建。《热河志》载："热河以水得名。山庄东北隅有闸，汤泉余波自宫墙外演迤流入。建阁其上，漱玉跳珠，灵润蒸蔚"。康熙记道："曲水之南，过小阜，有水自宫墙外流入。盖汤泉余波也。喷薄直下，层石齿齿，如漱玉液，飞珠溅沫，

犹带云蒸霞蔚之势。"武烈河上游也有温泉注入，也称热河。以上均指此。并非山庄境内之热河泉。可见，进水闸前引水道由于闸门控制而有降低流速、沉淀泥沙的功能。"喷薄直下"说明内外水位差经蓄截而增大。而且采用的是"叠梁式"木闸门。"层石齿齿"则说明水跌落下来有"消力"的设施以减少水力对里面水道的冲刷。康熙有诗中咏道：

> 水源暖流辄躅疴，涌出阴阳涤荡多。
> 怀抱分流无近远，穷檐尽颂自然歌。

"暖流喧波"上若城台，台上建卷棚歇山顶阁楼。有阶自侧面引上。水自台下石洞门流入。

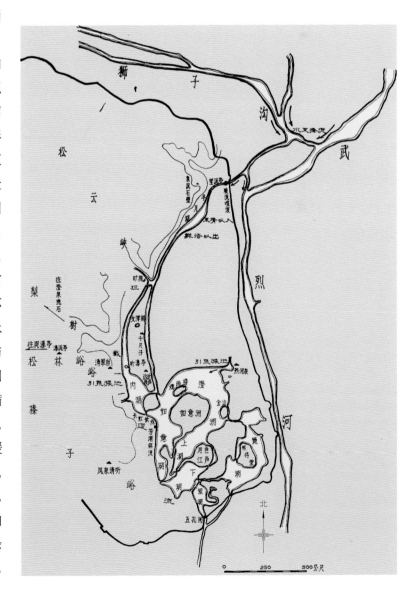

图 3-2-4-4
避暑山庄乾隆时期水系略图

自然块石驳岸，并有树丛掩映左右。登城台即可俯瞰流水喧波。其西安"望源亭"跨水。再西有板桥贯通。桥之西南，水道转收而稍放，开挖"半月湖"。并就地挖土起土丘于半月湖东南。半月湖北可承接"北枕双峰"以北的大山谷所宣泄的山洪和"泉源石壁"瀑布下注之水。西则汇集"南山积雪"东坡降水。鉴于山地地面径流掺杂了不少泥沙。半月湖在水工方面又成为沉淀泥沙的沉淀池，外观上又仿自然界承接瀑布之潭。此湖向山呈半月形亦利于"迎水"。

半月湖以南又收缩为河。形成仿佛扬州瘦西湖那样"长河如绳"的水域性格。在松云峡、梨树峪等谷口则又扩大成喇叭口形。长湖在纳入"旷观"之山溪后分东西两道南流而夹长岛，诚如长江或珠江"三角洲"的天然形势。居于长岛西侧的河道的线形基本和西部山区的外轮廓线相吻合。不难看出所宗"山脉之通按其水径，水道之达理其山形"的画理。为了模仿杭州西湖和里西湖的景色，又逐渐舒展为"内湖"。然后以"临芳墅"所在的岛屿锁住水口，将欲放为湖面的水体先抑控为两个水口。水口上又各横跨犹如长虹的堤桥，形成"双湖夹镜"等名景。其景序说："山中诸泉从板桥流出汇为一湖。在石桥之右复从石桥下注放为大湖。两湖相连阻以长堤，犹西湖之里外湖也。"为什么选这个地方作为界湖水口呢？

因为这一带有天然岩石可以利用，不用人工驳岸自成防水淘刷之坚壁。现在仍可从"芳渚临流"一带看到自然裸岩临水之景观（图3-2-4-5）。"双湖夹镜"诗咏也证明当初确有这种意图：

> 连山隔水百泉齐，夹镜平流花雨堤。
> 非是天然石岸起，何能人力作雕题。

山庄开湖的工程可分为两个阶段。康熙时的湖区东尽"天宇咸畅"南至"水心榭"，亦即澄湖、如意湖、上湖和下湖。至于其东之镜湖和银湖都是在乾隆年间新拓的。湖区水景布局包括湖、堤、岛、桥、岸和临水建筑、树木等综合因素。当初施工是由开"芝径云堤"为始的。总的结构是以山环水，以水绕岛。《御制避暑山庄记》说："夹水为堤，逶迤曲折。径分三枝。列大小洲三。形若芝英、若云朵、复若如意。有二桥通舟楫。"《热河志》还补充说："南北树宝坊。湖波镜影，胜趣天成。"芝英即灵芝草。如意头的造型亦形如灵芝或云叶形，是以仙草象征仙境的做法。自秦始皇在长池中作三仙岛以后，历代帝王多宗"一池三山"之法。中国的文化艺术传统讲究既有一定之法规，又允许在定规内尽情发挥，可以"一法多用"。正如同一词牌可作不同词，同一曲牌可用以伴奏不同的情节一样。杭州西湖有一池三山，颐和园有一池三山，北海、中南海有狭长水系中的一池三山。圆明园在福海中的"蓬岛瑶台"之三岛却相聚甚紧。山庄的三岛处理却别出心裁，从一径分三枝。如灵芽自然衍生出来一般。生长点出自正宫之北。三岛的大小体量主次分明。相当于蓬莱的最大的岛屿"如意洲"和小岛"环碧"簇生一起，而中型岛屿"月色江声"又与这两个岛偏侧均衡而安，形成不对称三角形构图，其东又隔岸留出月牙形水池环抱"月色江声"岛，寓声色于形。就功能而言，"以堤连岛"既有逶迤的窄堤为径，又有宽大的岛布置建筑群。就形式美而论，狭堤阔岛又具有线形和轮廓方面的对比衬托。从工程方面看，除了如意洲南端向西北凹

图3-2-4-5
芳渚临流：借水湄巨石为基，自成临流之芳渚佳境。亭以境出，重檐比例恰到好处

弯部经受风浪冲击略有塌方和变形外，三个岛基本上是稳定耐久的。池中堆岛山还可边挖边堆，就近平衡土方。至于烟雨楼和金山两个小孤岛坐落的位置亦与三岛相呼应。传说中也有五座仙岛之说，即除了蓬莱、方丈、瀛洲外还有壶梁、员峤。烟雨楼和金山平面面积不大，但其立面构图和空间形象却非常突出。

湖中设岛，就处理阴阳、虚实关系来说，和书法落笔要掌握"知白守黑"是一样的。堤岛既成形，加以岸线处理，湖的轮廓也就出来了。中国园林理水讲究聚散有致，所谓"聚则辽阔，散则潆洄"。再细一点即要求理水之"三远"，即旷远、幽远和迷远。山庄湖区面积不大，又取以水绕岛之势，多是中距离观赏。但也有三条旷远的水景线，它们的共同特点是纵深长而水道较直。一条是自"万壑松风"下面的湖边上北眺，视线可经水直达"南山积雪"。另一条为自同一起点至小金山，水面最为辽阔，有一时期曾从"月色江声"北端筑土堤通到如意洲，为了追求陆路的便捷而破坏了水景，经复原后才又得景如初。还有一条是自热河泉西望。如果自"水流云在"东望，则因热河泉收缩于内，东船坞又沿水湾北转，一目难穷，又有幽远、深邃之感。试想当初更可进内湖沿山上溯，山影时障时收，那又会有"山重水复疑无路，柳暗花明又一村"的迷远变化了。

康熙时期正宫东北有湖景可眺。乾隆以东宫为朝后，东宫东面也不能无景可观。可能由于这个原因，约在乾隆十六年至十九年这段时间里，

山庄湖区又往东、南扩展了一次，使武烈河东移一段，在腾出的地面上挖出了银湖和镜湖。同时开辟了文园狮子林、清舒山馆和戒得堂等风景点。目前从金山东面尚可见康熙时期石砌河堤的遗迹。扩建部分的新堤便建于旧堤之东，足见扩展了相当大的地面，宫墙也随之更改而向东南拱出，并在原水闸之位置建"水心榭"，出水闸则推移至五孔闸。

水心榭实际上是一个控制水位的水工构筑物，使新旧湖保持不同的水位。新湖水位略低于旧湖。但水心榭并不是水闸感觉，而是"隐闸成榭"的园林建筑，形成跨水的一组亭榭。特别是渡过万壑松风桥向东南望，石梁横水，亭榭参差，后面又衬有高山作背景，层次深远，爽人心目。如自银湖回望则又有一番意味。可以判断，这个水工构筑物和园林建筑的结合又胜"暖流喧波"一筹。究其成功之原因，布局位置得宜，夹水横陈，又把闸门化整为零，分闸墩成八孔，闸板隐于石梁内，从而又构成水平纵长的特殊形体。平卧水面，与水相亲，十分妥帖。加以水映倒影，上下成双，波光荡漾，曲柱跃光（图3-2-4-6）。正如乾隆所描写的一样。

> 一缕堤分内外湖，上头轩榭水中图。
> 因心秋意萧而淡，入目烟光有若无。

总观山庄之理水，源藏充沛，引水不择流。水的走向与西部山区汇水的几条主要谷线松云峡、梨树峪及松林峪、榛子峪近于垂直。便于承

图3-2-4-6
水心榭

接山区泉水和雨季大量的地面径流，成为天然的排放水体，从而得到"山泉引派涨清池"的效果。人工开凿力求符合自然之理，理水成系，使之动静交呈。由泉而瀑，瀑下注潭，从潭引河，河汇入池，引池通湖。还刻意创造了萍香沜、采菱渡等野色。在"旷观"附近水分两道，为的是西面一水道承接山区来水，东面一水道汇入"千尺雪"的泉水。内湖仿佛是蓄水库，可控制下游水量。自"长虹饮练"后才放开为大湖。热河泉的水自东交汇，径南至水心榭，后延伸至五孔闸泄水。因此水系的开辟受多方面因素影响，因势利导而成。山庄之理水也走过一些弯路。从嘉庆《瀑源歌》诗中可以看出不按自然之理处理水景便难以长存。这也说明山庄对水景工程的处理是很细致的。其诗曰：

> 一勺之多众山里，涓涓不仃注宛委。
> 盈科后进循自然，放乎四海皆如是。
> 瀑源本在此谷中，归贮木匣贮积水。
> 伏流洞底人不知，逐疑垂练伪造耳。
> 欲巧反致失其真，矫揉造作岂可持。
> 圣人凡事必求真，肯令浮言渎至理。
> 特命子臣率大臣，步步测量审远迩。
> 乃知此水在此山，易木以石流弥弥。
> 奎章巍焕泖亭阴，发明证实岁月纪。
> 高低互注九曲池，得源岂徒为观美。
> 伏必于而显斯清，澄澈泠泠去尘滓。
> 行藏用含皆待时，有本无求安汝止。

这诗虽不好，却是一段山庄理水的实录。在处理水工构筑物时，力求结合成景。从水的空间性格而言聚散有致、直曲对比、有明有暗（如"香远益清"和"文园狮子林"的水面都是藏于隐处的），把寓仙境、摹江南结为一体。水绕岛环、水盈岸低、木桥渡水、苇蒲丛生、荇萍浮水，给人以爽淡、清新、亲切、宁静之水乡野情，和一般宫苑所追求的金碧山水完全不一样，把水理出性格来了，很难得。

2．造山

山庄真山雄踞，无须大兴筑山之师。但借挖湖之土用以组织局部空间，协调景点间的关系以弥补天然之不足。如"试马埭"位于文津阁侧溪河之东，须筑防水之土堤，这就是"埭"的含义。万树园要求倾向湖面以利排水，也要垫土平整。金山岛仿镇江金山寺，如直接与如意洲上的宫廷建筑对望便有欺世之嫌，也相互干扰。因此如意洲由东而北都有土山作屏障。真的金山是与焦山相望的。焦山的风景特征正是"山包寺"而不见寺。如意洲以土山障宫室，自金山西望山不见屋，就协调了两个景点间的关系。如意洲的西部是敞开的，这样可以露出"云帆月舫"。前几年一度临时堆浚湖土于此，破坏了原有布置，现已移去。山庄筑山最好的是从"环碧"至如意洲这一段。其间土山交复，夹石径于山间，形成路随山转，山尽得屋的典型景象。另一处是由热河泉而南，路随土山起伏，土山交拥，形成狭长的低谷地。至于"香远益清"、"清舒山馆"和"文园"都利用土山范围空间。"卷阿胜境"之南又筑曲山两卷以象征景题所寓的地貌特征。上述筑山工程都在布局中起了重要作用。

在掇山方面，山庄不仅有合理的布局，而且饶有塞外山景的特色。宫区以"云山胜地"、"松鹤斋"和"万壑松风"为重点。湖区以"狮子林"、"金山"、"烟雨楼"和"文津阁"为重点。山区则以"广元宫"、"山近轩"、"宜照斋"、"秀起堂"等为重点。这些掇山虽不是同一时期所为，但如同文字一样，善于因前集而作风景的"续篇"，始终得以保持统一的风格而又不乱布局之章法。可以看出，山庄掇山是由乾隆扩建山庄时兴盛起来的。作为清代宫苑，完全有条件从外地采运山石，但并没有这样做，而是遵循"是石堪堆"、"便山可采"和"切勿舍近求远"的原则选用附近的一种细砂岩，其中有的还掺杂一些"鸡骨石"的白色纹层。这种山石有色青而润，亦有偏于黄色，体态顽夯、雄浑沉实，正好衬托山庄雄奇的山野气氛。这和以透、漏、瘦为审美标准的湖石完全是两种风格。乾隆是很有意识地要创造山庄掇山风格的，乾隆在《题文园狮子林十六景·假山》中说：

> 塞外富真山，何来斯有假。
> 物必有对待，斯亦宁可舍。
> 窈窕致径曲，刻峭成峰雅。
> 倪乎抑黄乎，妙处都与写。
> 若颜西岭言，似兹秀者寡。

另一首诗又说："欲问云林子，可知塞外乎"。可知山庄掇山是在宗法倪瓒画法的基础上结合塞外风景特性来布置的。倪瓒字元镇，号云林子，是元代著名山水画家。创用"折带皴"写山石表现体态顽夯之石，亦即江南黄石的景观，与山庄石石性很接近。他好作疏林坡岸，浅水遥岭之景，取意幽淡，萧瑟。山庄文津阁掇山就是刻峭成峰，以竖用山石取得峭拔之势，这也是"棒槌山"峰型的抒发。金山掇山则取"折带皴"以层出横云，跌宕高下而取得雄奇感。即既有统一的布局，又有各景点的山石特征。山庄很少用特置的单个奇峰异石取胜，而是着眼于掇山的整体效果，这也是高明之处。

从翻修"月色江声"岛院内的山石来看，其掇山结构取"以条石堑里"之法，用花岗石的长条石作骨架，外覆自然山石，石体中空。这和现代砌围堵心的结构是不相同的。

（二）结合地宜规划

园林不同于绘画之处，除可观外，也可居、可游。山水间架的塑造也是结合使用功能统筹的。山庄之分区基本上按地形地貌的类型划分。南部平岗地和平地用以布置宫殿区，取正南方向和通往北京的御道相衔接。仍然遵循前宫后寝，前殿后苑和"九进"等传统布置宫苑之制，有明显的中轴线相贯。由于用地面积有限，布置格外紧凑，宫殿建筑的尺度较小而比例合宜。正宫整个的气氛是庄严肃穆的，但又没有紫禁城宫殿之华丽感。建筑灰顶，装修素雅，不施彩画，木显本色。加

之两旁苍松成行，虬枝如伞，显得格外清爽、朴雅、淡适、恬静，正是行宫的特色。从前宫到后寝，从宫殿到苑园逐渐过渡。如主殿"澹泊敬诚"以北廊子的比重逐渐增多，山石布置的比重也逐渐增多。正殿南面还用石垂带踏跺，而殿北就过渡为山石如意踏跺了。直至"云山胜地"已是云梯垒垒，古松擎天，环视皆有石景了。正宫最北的"万壑松风"相当于一般私家园林的厅堂，据岗俯湖或远眺山色，可以粗览湖光山色之概貌。由此可以放射好几条主要风景线，直北可把视线拉到"南山积雪"、"北枕双峰"。外八庙居北之普佑寺尚可依稀在望。视线东扫，则金山岛之上帝阁显赫地蠹立湖际。再由东而南，远瞩"磬锤峰"及附近诸庙，近得水心榭斜卧水中，还有些景则半掩半露，逗人入游。在"起、承、转、合"的章法中，这可谓是园景之"起"了（图3-2-4-7）。这个起点选据岗临湖、居高临下之形势，较之一般宅园厅堂更丰富了山林野趣。解放后湖区插柳成行，难免阻挡了一些风景线。应按"碍木删桠"的道理全部恢复风景透视线。

湖区南起"万壑松风"桥，北止万树园南缘四亭。以"万壑松风"桥为起点，开辟了三条游览路线。一沿西岸、一沿东岸、一贯诸岛。在布局方面主要是确定如意洲的位置，因为这是别宫所在、洲居湖心众水口所归之处了，这里是湖区承接山风淑气最好的地方。康熙所谓"三庚退暑清风至"、"九夏迎凉称物芳"、"山中无物能解愠，独有清凉免脱衫"，乾隆所谓"洞达轩窗启，炎朝最纳凉"都是指这个岛。因此这个岛向西敞开，一为采风，二为得景。如意洲既采用北方四合院的格局布置主体建筑院落，又有从四合院派生的别院。若通若隔之邻院和与金山相呼应的岸亭点缀，加以"园中有园"之沧浪屿，移来江南余韵，亦乃大中见小，小中见大之作。

湖区主岛既定，"月色江声"岛上就仅有一个相当于四合院的布置。列为第三位的"环碧"则为更加简练的建筑组合。因青莲岛以全岛环水

图 3-2-4-7
避暑山庄总平面图

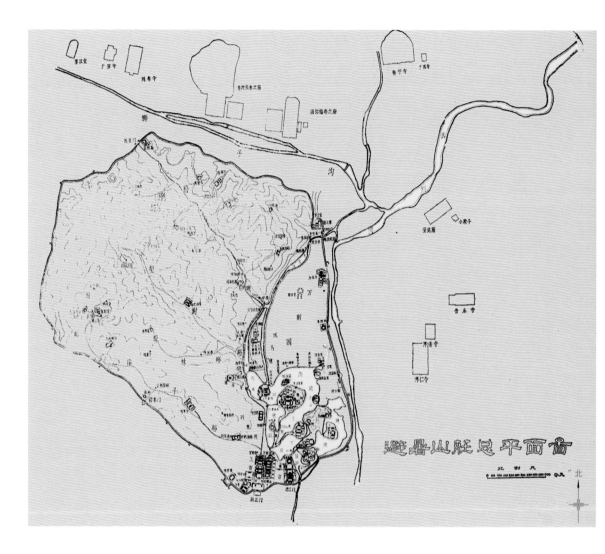

居澄湖中而设"烟雨楼",取金山岛峭立湖边而成金山。由于"堤左右皆湖"有碍水上游览的串通,这便"中架木为桥"。湖区北岸上的四个亭子,乍看时似乎等距相安,未免呆板。但按原水系的布局,"水流云在"把于水口,与烟雨楼、如意洲西部、"芳渚临流"借三叉水口互为对景。在水口附近集中布置园林建筑也是惯法,如瘦西湖等。"濠濮间想"也是突出水景的。"莺啭乔木"和"甫田丛樾"则按"承、转"的章法由湖区向平原区的"万树园"过渡了。这四座亭子一方面把湖区景色收住,一方面又向北掀开风景的新篇章。建了烟雨楼以后,登楼自西而东隔水观望,"绿毯八韵碑"居中正对,其东西各有二亭呈现在楼柱和挂落构成的框景中,有"步移景异"之妙,说明乾隆扩建时着意在已建基础上写"续篇",使湖区更臻完整。

紧接湖区的万树园和试马埭,无论在使用功能和空间性格方面都有转换,使游人再次兴奋。游者的心目从欣赏摹写江南水乡秀色转向一览地广而平、牧草遍野的蒙古草原风光。万树园是稀树草地景观,试马埭则处草原一角,二者以北还有扎有蒙古包的场地,国内外重要人物得以在如此别致之所朝见君王。

山区建筑在康熙时期建设不多,首先在四个山峰上安亭以控制整个山庄之局势和风景。"锤峰落照"控制湖区,"南山积雪"和"北枕双峰"控制平原区和北部湖区,居于山区第二高峰上的"四面云山"则可控制山区内部。高山安亭,在布局章法方面起了"结"的作用。适才所游之景,可尽收于目下。回忆游程,再审去处。

山庄范围依地势划分。北面的山脊线上架宫墙。随山岭蜿蜒有若小长城。西南也基本以山脊线为界。西面从谷线设界墙，故西南部常设排水口穿墙。东面则以武烈河堤为邻，整个形成一把"芭蕉扇"形，而扇柄则是正宫和东宫的所在。至于山庄总体布局有没有中心的问题，有的专家认为是"山骨水心"，有的专家认为山庄的中心是磬锤峰，都是有道理的。我认为作为采取"集锦式"布局而言，山庄并没有像颐和园佛香阁或北海白塔那样明显的构图中心。整个外八庙是朝向山庄的，山庄内山区和平原区交拥着湖区，而湖区还是朝向宫殿区。"芝径云堤"的生长点不就来自正宫的方向吗？这可以说是一种"意控"的中心。嘉庆在《芝径云堤歌》中就说："长堤曲折界波心，宛如芝朵呈瑶圃。"就湖区而言，金山岛可谓中心。随湖岸线演进至北部湖区则烟雨楼又成为局部的构图中心。所以说山庄是"山庄即水庄，无心亦有心"了。

（三）巧于因借，得景随机

"巧于因借，精在体宜"是我国传统园林极为讲究的布局要法。不仅用于总体布局，也用于细部处理。按计成的解释："因者，随基势高下，体形之端正。碍木删桠，泉流石注，互相借资。宜亭斯亭，宜榭斯榭。不妨偏径，顿置婉转。斯谓'精而合宜'者也。借者，园虽别内外，得景则无拘远近。晴峦耸秀，绀宇凌空。极目所至，俗则屏之，嘉则收之。不分町疃，尽为烟景，斯所谓'巧而得体'者也。"其中心内容是：精于利用地异便可得到合宜的景式，巧于借景方能创造得体之园林。足见"借景"和"相地"有不可分割的密切关系。当初选址之时就把周围的奇峰异石考虑在内，兴建时又着意发挥，此小山庄造景之要法。

山庄因借之精巧在于综合地利用了一切可利用的天时地利条件，按照"景因境成"的原则布置了不同观赏性格的空间。从布局方面看，以集中布置园林建筑组群和分散安排单体建筑相结合

的方式使之融汇于山光水色之中。其景点之景题、疏密、朝向、体量、造型乃至成景、得景力求与山环水抱的环境相称。某景之好只是在它所处的特定造景条件下而言，若孤立地抽出某一建筑群来看，则很难理解其形体之所凭。若颠倒其环境相置则必乱其造景之体裁而不成体统了。具体而言，山庄之因借可概括为以下几方面。

1. 因高借远

如前所述，《园冶》"相地"篇认为"园林惟山林最胜。有高有凹、有曲有深、有峻而悬、有平而坦"。山庄选林地造园，除了"因高得爽"借以避暑外，还在于这种用地地形地貌起伏多变，是运用借景手法最有利的地形基础，有事半功倍之效。其中"因高借远"对于处理园内外造景关系方面尤为重要。山庄山区位于山上几个制高点上的山亭正是这种因高借远的体现。"南山积雪"亭远借南面诸山北坡维持较长时间的雪景和僧帽峰等异景。"北枕双峰"亭远借金山和黑山雄伟的山景在于充分利用了西北金山，东北黑山，排空屹立，如"天门双阙"的形胜，并安亭翼然，与二山相鼎峙，可谓"精而合宜"。居于山区次峰上的"四面云山"于满目云山之巅安亭以环眺，登亭若有"会当凌绝顶，一览众山小"之势。远岫环屏，若相朝揖。须睛日，数百里外峦光云影都可奔来眼底。振衣远望，心境能不为之一振吗？这是远借的佳例，也可以使我们理解"宜亭斯亭"的含义。"高原极望，远岫环屏"则是远借的要法。

2. 俯仰互借

园林虽有内外之别方称"借景"，园内相互得景称"对景"，但若从"园中有园"来理解，即在园内亦有互相资借的手法。俯仰互借就是利用山林地"有高有凹"的有利条件的处理方式。如在"万壑松风"可俯览湖区风景之概貌，而自湖区"万壑松风"桥东来则又可仰观"万壑松风"雄踞高岗之上。自万树园可仰借山区外露之山景，而居山区高处又可纵目鸟瞰湖区和平原区的景色。作为山庄，山水高低俯仰成景是园内最基本

的一种借景、对景手法。因此山区常有"晴峦耸秀，绀宇凌空"、"斜飞堞雉，横跨长虹"的景观。

3. 凭水借影

景色更妙于从湖光水色中借倒影，这种间接的借景似乎有更深的意味。居于湖区西岸高处的"锤峰落照"和杭州西湖以往的"雷峰夕照"有异曲同工之效。棒槌峰固然远近观之多致，但居山俯湖，从荷萍空处隐现"锤峰倒置"的画影就更为难得。澄湖如镜时，峰影毕现。微风荡波时，峰断数截而摇曳，化直为曲、欲露又隐、逗人捕捉。除此以外，诸如"镜水云岑"、"云容水态"、"双湖夹镜"、"水流云在"无不取类似的意境和手法。

4. 借鸣绘声

游览园林要使各种感官饱领山林野趣方能领会绘声绘色之兴。借水声、禽声、风声都可以渲染园景的诗情画意。"月色江声"描绘了一幅多么富于诗意的图画。月色空明之夜，万籁无声，却于静中传来武烈河水滚流之声，似乎还可联想到居江边而闻橹声，这和"蝉噪林愈静，鸟鸣山更幽"的描写手法一样。江声并不吵人，而是显得月夜更宁静，不静哪能听到白昼所不会察觉的江声呢？此外，昔之"千尺雪"喷薄时伴有落瀑之声。乾隆在《千尺雪歌》中咏道：

> 问有雪声声亦有，矮屋疏篱筵风后。
> 无过骚屑送寒音，那似淋浪渲户牖。
> 何来晴昼飞玉花，玉花中有声交加。
> 人间丝竹比不得，似鼓和瑟湘灵家。
> 雪落千尺亦其素，乃中宫商胜韶护。
> 道之则来诡巧营，即之则虚堪静悟。
> ……

似这样充分利用地宜作绘声绘色的山水文章，从水引山音乐，再用清幽的音乐比拟"静悟"的人生哲理，创造最清高的"山水音"，在古典园林中是屡见不鲜的。山庄借声之景还有"玉琴轩"、"暖流喧波"、"远近泉声"、"听瀑亭"、"风泉清听"、"万壑松风"、"莺啭乔木"等多处。可

以说把立地自然环境中可借声的因素都利用起来，运用多种手段丰富园景，特别是"枞金戛玉、水乐琅然"的艺术享受。

5. 薰香借风

能在自然风景中嗅到植物所散发的芳香也能赏心怡神。但传统的中国园林往往把"嗅香"提高到"听香"的境界来享受。即并不是人主动去寻香，而是在大自然怀抱中自然有幽香借微风一阵阵地送来，撩人以醉。因此不求香气逼人而向往"香远益清"。山庄之"香远益清"正是以"翠盖凌波，朱房含露。流风冉冉，芳气竞谷"的景色著称。还有"曲水荷香"也是以"镜面铺霞锦，芳飘习习轻。花常留待赏，香是远来清"令人流连。其他如"冷香亭"、"萍香沜"、"甫田丛樾"、"梨花伴月"等景都是同类手法。

6. 所向借宜

在居住建筑的布置中往往争取朝南正座，而风景、园林建筑并不尽然。有时出于山水形势之朝向和得景的需要，也可取偏向甚至取"倒座"。山庄中"瞩朝霞"、"霞标"、"锤峰落照"、"清晖亭"等都朝东。因为东可以领赏红日冉冉破晓、武烈映带和磬锤峰、蛤蟆石、罗汉山的剪影风光。"西岭晨霞"同样可欣赏晨光，但却借西岭晨霞西射之景。"吟红榭"向东得寅辉，"霞标"又向西挹爽，"食蔗居"顺松林峪之谷势而向东南，"广元宫"和"山近轩"因山势而面向西南。因势取向，无所拘牵。

7. 遐想借虚

园林借景还讲究"收四时之烂漫"和"景到随机"。这个"机"允许在现实景物的基础上施展浪漫主义的遐想手段使园林的意境深化。按说作为一个寝宫并无景可观，但"烟波致爽"因其居四围秀岭之中，十里澄湖之上，致有爽气送自烟波，并想到整个山庄的"春归鱼出浪，秋敛雁横沙，触目皆仙草，迎窗遍药花"和"露砌飘残叶，秋篱缀晚瓜"的秋意，较之紫禁城内的御花园就爽心得多了。

雲帆月舫

图 3-2-4-8
云帆月舫

如意洲西临水处原有"云帆月舫"一景。这是一座临水仿舟形阁楼，很接近园林中常见的石舫或画舫却又别具风采。说是画舫，可并不在水中。说是一般楼阁，却又临水如舵楼造型。像这样称为"舫"而又不在水中的建筑在园林中并不多见。广东顺德之清晖园中尚可见到类似的处理，但手法却不一样。"云帆月舫"取"宛如驾轻云，浮明月"的意境，称得上是"得景随机"的示范作。"驾轻云"比较容易理解，即驾轻云横逸为船帆鼓风而进的写照。而"浮明月"并不是明月浮于天际，而是月光如水一般遍洒在大地上。舫坐落在月光笼罩的地面上，犹如浮在水面上。因为我国向有"月来满地水，云起一天山"之诗境，何况此舫距岸不远，与对岸的"芳渚临流"等互为对景，舵楼水影又有若真舟。似这样在具体的基础上又寓抽象，在写实的造型中又赋写意的意味的园林建筑创作实在是值得我们学习和借鉴的（图3-2-4-8）。乾隆有首诗很能说明此景贵在似与不似之间的创作意图和其中的诗情画意：

舟阁傍烟湖，浮居有若无。
波流帆不动，涨落棹如故。
牖幔披云揭，楼栏共月扶。
水原资地载，所见未月殊。

五、移天缩地，仿中有创

山庄造景真有"致广大，尽精微"的艺术效果。欲"移天缩地在君怀"也并非一蹴而就的易事，若无高度的造园意匠很可能落得个"画虎不成反类犬"的笑柄。天下何大，如完全采用现实主义的手法逐一堆砌哪能奏效。山庄能主之人从大处着眼，结合山庄的自然条件，提纲挈领地重点仿几处。有些景色略有所仿，更有的可作象征性的写照。于是分别以悉仿、小仿和意仿以求在有限的用地面积内可以包含更多的名园胜景，这成为山庄"致广大"的要诀。众所周知，康、乾二帝数下江南，看到称心的风景名胜便命随身侍奉的画师摹写作画，回到北京后再移江南景色于京都诸苑之中，因此避暑山庄有"塞外江南"之誉称。应该说仅以此来概括山庄的造景成就是不够的。山庄风景之胜不仅在湖区，更在于占全园

图 3-2-4-9
对松山图

图 3-2-4-10 妙高望月

用地总面积五分之四的山区，如说山区也是移写江南水乡之景那就牵强了，但山区造景确有所本。作为山区风景点最集中的"松云峡"是有明显摹泰山风景之意图的。最近从《故宫周刊》327 期中查阅到一幅名为"对松山图"的山水画。这是乾隆游玩了泰山以后授意李世倬作的一幅画，原作绢本，设色。纵六尺八寸四分，横二尺六寸五分。见摹此画大意如图 3-2-4-9 所示。原画右下方有作者写的画题和题字。其文说："青壁双起，盘道中施。石齿树生，云衣晴见。当泰岱之半景为最奇。"在原作上方居中位置还有乾隆亲笔题写的七言诗：

> 景行积恹望宫墙，视礼先期命太常。
> 讵为嘉陵驰立传，却携泰岳入归装。
> 天关虎豹常严肃，松磴虬龙铁髯苍。
> 便是明年登眺处，好教云日仰仁皇。

> 命李世倬视孔庙礼器，回路图此以献，因题一律。

这"携泰岳入归装"以后之举并未见在北京西郊三山五园中细表，却可以从山庄山区，特别是松云峡的布置中看到这种移仿的意图。将此画和松云峡的典型景观对照，二者何其相似。山庄之斗姥阁有若泰山之"斗母宫"，山庄居山顶之"广元宫"就是泰山极岭上"碧霞元君祠"的写照。至于乾隆所写咏山庄的诗句中"寒林穷处忽成峰，仿佛如登泰麓东。山葩野卉难争艳，五株疑是秦时松[1]"等都是上述意图的反映。

水景移江南，山居仿泰岱。这是提纲挈领地缩写我国江山。三山五岳之制素以泰山为五岳之首，同时也附合松云峡原有的地异。其余山景的缩写则可一带而过。诸如从"香远益清"的莲花可以联想到"华岳峰头"，从"玉岑精舍"可以联想到武夷九曲阿，从"远近泉声"的泉和峰可以联想到"泉堪傲虎跑，峰得号香炉[2]"。从"长虹饮练"引申出"武夷帐幄列云崖，为有虹桥可

① "秦时松"指秦始皇在泰山所封的"五大夫松"。
② 杭州有虎跑泉，济南有趵突泉，皆名泉。香炉峰为庐山名峰。

做阶"，"城是乾闼幻，乐是洞庭调"，这样既有重点移景，又有一般的仿造和想象，使之更致广大而不累赘。

摹名仿胜在古典园林中屡见不鲜，但也随作者之艺术水平而分高下。低者照猫画虎甚至画蛇添足，附庸风雅，弄巧成拙。中者如法炮制，有形无神。高者仿中有创，惟妙惟肖。以仿金山而论，扬州瘦西湖有"小金山"，虽在山与寺的处理关系方面有相似之处，但在游览的感染力方面并不很强，不能令人们产生内心惊服之感。北京北海之琼华岛虽有仿金山某些建筑性格如"远帆阁"和月牙廊的做法，但该岛山主要是仿北宋艮岳，所以就仿金山而言只有某些局部的效果。唯山庄之金山可以令到过镇江金山的人一见如故，承认它是镇江金山的缩影而又具有本身的特色，仿中有创，不落俗套。澄湖中的烟雨楼尽管条件有所局限，也不失为仿景佳作。从这两处成功之作可以总结出仿景之要点如下：

（一）推敲以形肖神的山水形胜

以山水为骨架的风景名胜，首先要把握住其山水形胜。属哪种山水类型？具有什么风景性格？和环境的关系如何？例如镇江的金山被古人称为"江南诸胜之最"。古代的金山和现在的金山在山水形胜方面有所差别。古金山雄踞长江近南岸江中，与南岸隔水相望。这里是江天一览，壮阔空明。金山在江中犹如紫金浮玉一般。金山又名金鳌岭、浮牛山、浮玉山。文学大师们最擅捕捉山水之形胜。唐《洞天记》用十六个字就概括了其要："万川东注，一岛中立。波涛环涌，丹碧摩空。"按县志记载，约在一百多年前的清道光年间，金山开始与南岸接，形胜不复当初。图3-2-4-10为临摹《鸿雪姻缘》中"妙高望月"的大意。妙高台为镇江金山一景，可见其成景环境之一斑。我们从图3-2-4-11中可以比较二金山所处的环境，便可看出山庄之金山向东让出一涧之地与岸分离。西面则有开阔的澄湖，于碧波环涌之势屹立山岛中。形势把握住了，环境特征

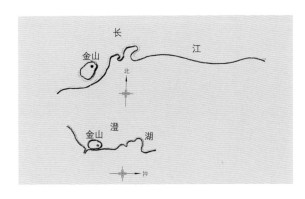

图3-2-4-11
金山位置图

抓住了，才好做细部文章。

烟雨楼仿的是浙江嘉兴南湖中的烟雨楼。南湖四周地势低平，河网密布。烟雨楼所在的岛明嘉靖二十七年（公元1548年）运浚河之土填出来的一个全岛，起平渚而居湖心，在烟波浩渺中矗高楼。虽然也有水平和竖直的线形对比，但轮廓线是比较平稳的。山庄烟雨楼原为如意洲北面的孤岛，从《御制热河三十六景诗》"濠濮间想"图中可见其概。此岛东、北、西三面都有较宽的水域，唯南向与如意洲相隔太近。但当时并无目前的如意洲桥。除于如意洲北端北望可察觉其形胜不足之处外，其余三面都有空蒙之特色。加以北面为地势低平的"万树园"，主体建筑烟雨楼因南面用地局促而居于岛之北沿。因此可以获得近似的环境条件。

（二）捕捉风景名胜布局的特征

大凡风景，都以各自不同的风景性格吸引游人。决定风景性格的因素除了形胜之外便是山水、建筑、树木之间的结构关系。镇江之金山寺由于山小寺大，建筑分层布置，递层而上。栉比鳞次，依山包裹。由于建筑密度大，远观见寺不见山。镇江焦山则正好相反。故素有："焦山山裹寺，金山寺裹山"的说法，给人印象较深。另外镇江金山的主要山门取西向，而南面向岸的一面又另辟门径。这些建筑都坐落在层层上收的自然裸岩上。建筑空处，山岩或横逸探空，或峭壁陡立。其间又有香樟、枫杨、桑、柳等大树参差上下。于是，形成宝垱临水、月牙廊环抱山脚水边、庞

图 3-2-4-12
镜水云岑

大殿堂傍山麓、山上有台、台上有楼塔矗山顶一侧（原为双塔）、爬山廊、石级相断续的宏伟寺观。如用这样的布局特征对比山庄之金山，便知主持工程之匠师完全把握了这些特征，烟雨楼亦可同理推敲。

（三）模拟特征的建筑

镇江金山最富有特征性的建筑是矗立在北部山顶上的慈寿塔。塔为七级，木结构。这座塔实际上已成为镇江地理标志。古时行船见塔便知已抵镇江。金山海拔 44.4 米（吴淞口标高），山之相对高度约为 60 米。慈寿塔高约为 30 米。因此，得山而立；山因塔而奇。山庄金山以阁代塔，尺寸虽小却与环境比例协调。除主体建筑以外，相当于码头的宝垲、月牙廊、爬山廊也都吸取来烘托上帝阁。"天宇咸畅"和"镜水云岑"（图3-2-4-12）一坐北朝南、一坐东向西，可谓以一当十，概取其要。加以辟台时也由缓而急，由低而高，以油松为参天古木，金山神韵油然而生。

（四）整体提炼，重点夸大

欲以少仿多，必然要"删繁就简"。即要在总体方面加以提炼，把握住造型的总体轮廓。山庄金山仅用了五个建筑便得其势。而这五个建筑已提炼到缺一不可的程度，否则难以再现金山亭、廊、楼、台、塔组合有致之形体。宋代王安石《游金山诗》中的"数重楼枕层层石"可说明镇江金山的石性，因此山庄金山用"折带皴"掇山就很得体。但是仅提炼是不够的。为了加强这种风景特征的感染力，在不破坏总形势和整体比例的前提下，可以允许作些艺术夸张。山庄金山在山与塔的比例关系方面作了大胆的夸张，一改镇江金山塔为山半的高度比例，成为阁比山高（山高约9 米，阁高约 13 米）。因此上帝阁雄踞山顶之气势更为鲜明。此外，其余几个建筑在与山的比例关系上都有夸大，而尺度又并不很大。目前重建之"芳洲亭"尺寸较原有的小了些，可以感觉出来在比例上与其他建筑不相称。为了保持山庄金山这个景点在园林艺术上尽可能的完美性，建议修改。如将图 3-2-4-10 和图 3-2-4-12 两相对照，便可领会其仿中有创的要领。

（五）创造"似与不似之间"的景趣

虽然真、仿二金山在环境和个体建筑方面不尽相同，但在景趣方面是有共同点的。从成景方面分析，二者都是观赏视线的焦点。镇江金山四面成景，山庄金山有三面多成景，其东面以土山相隔。从得景方面分析，镇江金山可登塔环眺，山庄金山亦然；北望永佑寺和远山远寺，东取棒槌峰诸景，南抱湖景，西则隔湖列岫。王安石游镇江金山那种"数重楼枕层层石，四壁窗开面面风。忽见鸟飞平地起，始惊身在半空中"的诗意在上帝阁上亦能得到。登阁俯远，面面有景。这可谓得金山之神韵了。

六、古木繁花，朴野撩人

避暑山庄因土脉肥、泉水佳而草木茂。原来的天然植被就很好，给人以朴茂之美。开发时又按照"庄田勿动树勿发"的原则兴建，基本上没有破坏原有的生态平衡的条件。一度灾民伐树，事后也得到补救，山区风景点兴建后，又从附近移植大量树木加以弥补。至今，山庄还保留了一些固有的特色。

适地适树的园林植物种植适于科学性与艺术性相统一的准则。山庄树木花草种植无不遵循土生土长的塞外本色，山庄给人印象最深的是油松（Pinus tabulaeformis Carr.），当初曾有"山塞万种树，就里老松佳。"这头一句是文学夸张，后一句说明当地的古木主要是油松。因为油松是乡土树种，强阳性、耐寒、耐旱、耐瘠薄土壤，喜欢生长在排水良好的山坡上。这些正是山庄的生态条件。就意识形态而言，油松因寿命长和四季不凋而含益年延寿的寓意。又因色彩稳重而肃穆，干挺拔而壮观，因龙鳞斑驳、老枝苍虬而富古拙、朴野的外貌，虽一棵树却极尽形态之变化。这些形象美的特征也正合建山庄的目的。因此，确定油松为山庄植被永恒的基调是很有根据的。山庄以松为景题的风景点也是屡见不鲜的。从各种角度品赏松树的美。整个山庄之山光水色因有油松为基调而得到统一。所谓"山庄嘉树繁，雨露栽培久。凌云皆老松，近水少杨柳"的观感可见一斑。虽以油松为基调，却又不是平均布置，在处理松树的疏密方面十分得当。山庄何处有景点呢？可以说哪里油松密集，哪里就是风景点的所在。这似乎是成为山区游览无形的指路牌。直至目前，我们尚可以作为寻找遗址的方法之一。

但是就山庄的内部而言，自然条件又有些小差异。自北而南，起伏渐减，土壤也由深厚、肥沃渐转为干旱瘠薄。因此自然条件最好的峡谷命名为"松云峡"，依次而为梨树峪，松林峪，最南为"榛子峪"。榛子可谓最耐干旱瘠薄的野生树种。在有成片、成林的山区绿化基础上又结合湖区水生植物种植和庭院内精细的植物配置加以分别处理。试马埭结合功能以大片草原点染蒙古风光。万树园又在绿茵如毯的草地上植以高大的乔木如榆、柳之类，形成稀树草地的景观。于是，植物种植配合功能分区而强调出各种空间的性格。"万壑松风"除了仿西湖万松岭外，似有仿元代何浩所作《万壑松涛》的画意。成为"踞高阜，临深流，长松环翠，壑镛风度如笙镛迭奏声"的景点。地面上还有"岩曲松根盘礴"的野趣。"莺啭乔木"以"夏木千章，浓阴数里"给人"林阴初出莺歌，山曲忽闻樵唱"（《园冶》）的联想。"试马埭"又可得"草柔地广，驰道如弦"之景观。

特别值得一提的是山庄的山林野致。它以区别于一般城市山林的做法逗人流连。《园冶·山林地》中，有"杂树参天"、"繁花覆地"的描写。后者实例鲜见，但山庄之"金莲映日"却是罕见的佳例。成片的金莲花（Trollius chinensis Dge.）覆盖山坡是华北小五台山的典型自然景观。山庄移景于如意洲广庭内植金莲花。晨曦之际，于楼上俯视，含风挹露，金彩焕目，观之若黄金布地，蔚为壮观。除此之外，"松鹤清越"香草遍地，异花缀崖，"芳渚临流"夹岸嘉木灌丛，芳草如织，都是得自此法的山林景观。山庄在水生植物配置方面也很讲究野致。"萍香泮"以野生浮萍为景，丰茸浅蔚，清香袭人。"采菱渡"因"新菱出水，带露萦烟"而得"菱花菱实满池塘，谷口风来拂棹香"的景趣。至于荷莲清香更是到处可寻。为了强化野趣，甚至连苔藓之类的地面覆盖都利用上了。如意湖有"藏岸荫林，苔阶漱水"的描写。"四面云山"所追逐的诗意达到"苔纹迷近砌，鹿迹印斜岐"的程度。

我国有巧于种植攀援植物的传统。《园冶》中提到"引蔓通津，缘飞梁而可度"。意即在有桥跨水的环境条件下，从两岸种植攀援植物，缘桥合枝交冠。这种"引蔓通津"的手法可以减少桥的人工气息而增添自然风趣。很可贵的是在山庄"文园狮子林"这组景中，尚有文字记载可寻。乾隆《题文园狮子林十六景》中之第六景为"藤架"，诗云：

> 藤架石桥上，中矩随曲折。
> 两岸植其根，延蔓相连缀。
> 施松彼竖上，缘木斯横列。
> 竖穷与横遍，颇具梵经说。
> 漫嫌过花时，花意岂终绝。

山庄植物种植还着眼于季相的变化，不同时令有合宜的游赏点。塞外春来晚且短，但"梨花伴月"却渲染了山间春意。由于有疏密相间的梨花陪衬，使这组辟台递升的风景建筑与植物种植结为一体，从而进入"堂虚绿野犹开，花隐重门若掩"的境界。那里"依岩架屋，曲廊上下，层阁参差。翠岭作屏，梨花万树。微风淡月时，清景尤绝。"因此乾隆很自得地咏道："谁道边关外，春时亦有花。"夏景当是山庄延续最长的季节。清代画师苦瓜和尚有谓："夏地树常荫，水边风最凉"。山庄"无暑清凉"、"延薰山馆"等建筑多取与"松轩"、"月榭"相近之式。以求"夏木阴阴盖溽暑，炎风款款导峰衔"、"松声风入静，花气露生香"。试看山庄水面种植，夏荷之景何多。

"冷香亭"、"观莲所"、"曲水荷香"、"香远益清"，无不以赏荷为主，但又是在不同环境中领赏不同的意趣。"嘉树轩"也以夏景为主。这也是"构轩就嘉树"的例子。有"蔚然轩亦古，秀荫笼庭除"之效。这和北京北海之"古柯庭"、苏州留园之"古木交柯"同属一类手法。山庄作为避暑的所在，在植物种植方面有不少盼秋早来的迹象。仿泰山"对松山"画意的松云峡俗称避暑沟，是山庄中秋色早来的地方。如果仔细品味一番，这也是很富于诗意的。张螾所作《过山家》诗可解其中意：

> 避暑得探幽，忘言遂久留。
> 云深窗失曙，松合径先秋。

应该承认，松云峡的诗意是很深的。这里秋来橙红乱染，称得上是真正的"寻诗径"了。山庄自有冬色，但冬景妙处还在"南山积雪"。它妙在平日藉遐想，一带而过。乾隆有诗云：

> 芙蓉十二列峰容，最喜寒英缀古松。
> 此景只宜诗想象，留观直待到深冬。

七、因山构室，其趣恒佳

山庄风景之特色更体现在那些依山傍溪的山居建筑的处理。南朝宋谢灵运《山居赋》说："古巢居穴处曰岩栖，栋宇居山曰山居，在林野曰丘园，在郊郭曰城傍。四者不同，可以理推言心也。"山庄取山居实为上乘。这是"以人为之美入天然"的中国传统山水园最宜于发挥的地方。在进入松

图 3-2-4-13
青枫绿屿

云峡的东向谷口有一城关式建筑，实际上有如山门。城门上有"旷观"额题。这可以说是山区风景建筑的共同"标题"，意即栖于清旷的景致。有人描写谢灵运就山川而居称为"栖清旷"。还说："其居也，左湖右江，往渚还汀，西山背阜，东阻西倾、抱含吸吐、款跨纡萦、绵连邪互、侧直齐平。"这也是山庄所追求的清旷境界。所谓"心远地自偏"的含义亦在此。进入松云峡以后还会给人以"喜无多屋宇，幸有碍云山"（苦瓜和尚画语录）的观感。山区的风景点大多在乾隆时兴建，乾隆深谙建筑结合山水的传统。他在北海琼华岛所立《塔山四面记》石碑中总结了建筑结合地形的理论："室之有高下，犹山之有曲折，水之有波澜。故水无波澜不致清，山无曲折不致灵，室无高下不致情。然室不能自为高下，故因山以构室者，其趣恒佳。"究竟用什么手法来体现这个理论呢？山居众多的风景点可以给我们以很宝贵的启示。以下就我们选测的几个风景点作初步分析：

（一）悬谷安景——"青枫绿屿"

这是始建于康熙时的一组园林建筑，处于松云峡北山东端之高处。这里是平原和山区接壤的所在，又和湖区有风景联系，因此是造景的要点。居此，南望湖区浩渺烟波，西挹西岭秀色，东借磬锤峰，具有得景和成景的优越条件（图3-2-4-13）。如图可知，此景所坐落的山南北矗起二峰，南峰顶安"南山积雪"亭，北峰顶置"北枕双峰"亭。"青枫绿屿"居于二亭间非等分之鞍部，于山景空处设景，似有"补壁"之作用。且有去之嫌少，添之嫌多之妙。这里所处的地形类似"悬谷"。悬谷属于冰川地貌之一种。在主冰川与支冰川汇合处，因主冰川的侵蚀作用大于支冰川，以致支冰川侵蚀的谷底高于前者而形成悬挂于高处的"谷"。这种地形外旷内幽，可兼得明晦之景。

"青枫绿屿"这个景题的立意也是很耐人寻味的。山庄主人羡慕"江作青罗带，山如碧玉簪"的桂林山水。此山麓半月湖萦绕，更东有武烈河

蜿蜒。山立水际有若水中之屿。如遇云岚缥缈如海，更可动"山在有无中"之情。这也是庾信"绿屿没余烟，白沙连晓月"的诗境。再者夏季的树荫，南方以梧桐（Firmiana Simplex W.F. Wight）和芭蕉（Musa basjoo Sieb.et lucc）最富有代表性。二者皆以色淡令人心爽。山庄虽无梧桐、芭蕉，但满山的平基槭（Acer trun catum）在夏天也是浅绿色叶。故称"北岭多枫，叶茂而美荫。其色油然，不减梧桐芭蕉也。疏窗掩映，虚凉自生。"

"青枫绿屿"虽在平原区可望，但并不可立及。游者受到佳景的引诱，须通过"旷观"取北侧山道攀登。目前从"南山积雪"南面山脊直上的路是后人抄近所取，不若原山道左壑右岩，回旋再登高远瞩，幽旷的对比感强，在完全暴露的山脊

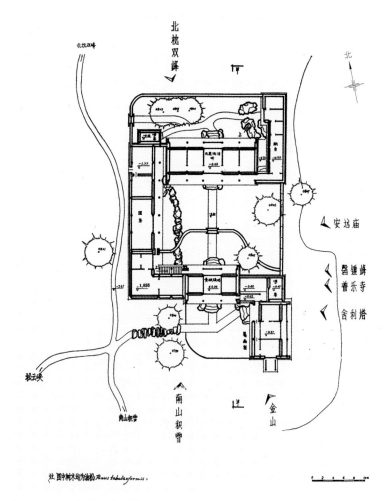

图3-2-4-14 青枫绿屿平面图

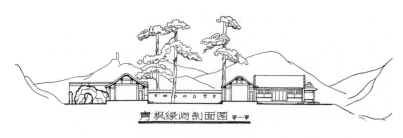

图 3-2-4-15 青枫绿屿剖面图、南立面图

图 3-2-4-16 青枫绿屿复原鸟瞰模型

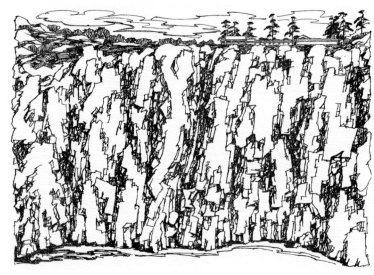

图 3-2-4-17 青枫绿屿东立面

则缺乏这种效果。由图 3-2-4-14~图 3-2-4-16 可见"青枫绿屿"的平面布局是北方宅园居四合院的变体。虽有轴线关系但东西不求对称。整个建筑群因基局大小分进。头进院落不落俗套，南面、西面以篱为墙，似有"编篱种菊，因之陶令当年"的联想，恰好近处"南山积雪"亭，正合"采菊东篱下，悠然见南山"的诗意。据康熙时期绘图看，篱门南向，头进东侧有屋三楹。论其朝向，为坐东向西。此地唯东、西两面景深最大，为了得景而不惜东西晒之不利。为了弥补此点，发挥东、西朝迎旭日，夕送晚霞的借景条件，故东向命名为"吟红榭"，西向定名为"霞标"。在这种特定的游赏时间里当可避开酷暑之扰。每当破晓之初，近树远山皆成逆光的剪影。武烈河得微明而映带，加以山岚横掠，薄雾覆村，俨然入画。园林中常见之榭，或凭水际，或隐花间，唯"吟红榭"居高临下，吟红日之初出，赏山林之赤染。西面之"霞标"又是欣赏夕阳西下，晚霞醉染的所在。近松苍虬成画框，西山交覆，丛林随山起伏。日虽没山，绮霞久伫，则又是一番风趣。这座硬山顶的建筑在康熙时南向山墙并无处理。而从遗址看来，后来又在此山墙加了一个半壁亭。类似北海静心斋外面突出"碧鲜"亭的做法。这样可以招呼南面湖景，使之更有所提高。

主要建筑"风泉满清听"坐落于主要院落中。此院地面并不平整，西边原地形低下，建院落时没有采取填平的办法，而是将西边低地安排为廊墙，随后又改为偏房供侍者用。南端一段爬山廊与"青枫绿屿"相接。院东远景纷呈，因此安置一段什锦窗墙以范围。这样不仅从窗窥景，而且也丰富了整个建筑群东立面的变化。此院原有园墙自"风泉满清听"东面梢间至"青枫绿屿"东山墙纵隔，遗址上已改为横隔。主要建筑东接眺台，后有东西向通道通达西后门。净房设在西北角隐处。这样西面基本上是服务性的通道，中为游息路线，互不干扰。

此景点植物种植简练有致。油松树丛有三

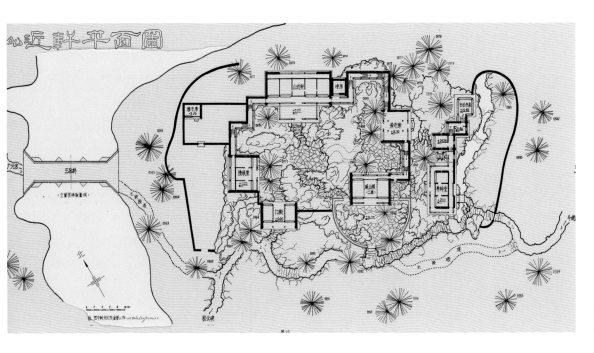

图 3-2-4-18
山近轩平面图

处。一丛在门外迎客。一丛东向挺立。由平原仰
视，造景效果特别显著。如今老松挺拔如故（图
3-2-4-17），当时盛景不难想见。另一丛则作为
主要建筑的背景树。另外就是成片的枫林。康熙
曾有诗一首，概括了风景的特性和托景言志之感：

石磴高盘处，青枫引物华。
闻声知树密，见景绝纷哗。
绿屿临窗牖，晴云趁绮霞。
忘言清静意，频望群生嘉。

此情此景是多么符合山庄建庄的目的和帝王
欲表白的情感，可谓作文切题了。

（二）山怀建轩——"山近轩"

如果说"青枫绿屿"是显赫地露于山表的话，
那么，"山近轩"这组建筑则是隐藏在万山深处
的山居了。无论从"斗姥阁"或"广元宫"下来，
或从松云峡北进都会很自然地产生这种感觉。特
别从后者傍涧缘山而上，山径透迤，两度跨石梁
渡山涧，四周翠屏环抱，人入山怀，山林意味深求，
山近轩这个景题自然因境而生。这一组建筑虽藏
于山之深处，但仍和广元宫、古俱亭、翼然亭组
成一个园林建筑组群的整体。后三景均成为山近
轩仰借之景。反之，它又是三者俯借的对象（图

图 3-2-4-19
广元宫

3-2-4-18）。

从山近轩仰望广元宫，山耸高空，楼阁碍云
（图 3-2-4-19）。自广元宫东俯则于茂松隙处隐
现出跌落上下的山居房舍。山近轩是在处理好环
境的造景关系的同时来处理本身建筑的布局的。

从图 3-2-4-18 可看出山近轩的朝向完全取
决于这片山坡地的朝向。因此并非正南北，而是
偏向西南。这样也利于承接自松云峡这条主线的
游者。但是，山近轩在建筑布局方面也照顾到自
广元宫往东南下山的视线处理。尽管主体建筑居
偏，但由"清娱室"、"养粹堂"构成的建筑组也
似乎构成以从西北到东南为纵深的数进院落。因

图 3-2-4-20
山近轩剖面图

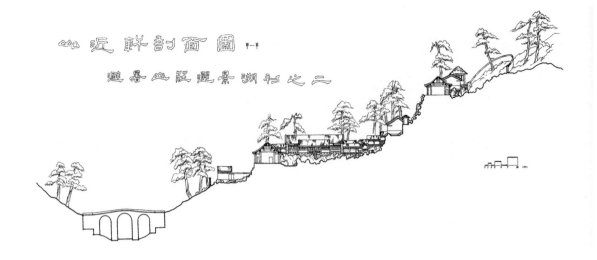

图 3-2-4-21 山近轩立面图

图 3-2-4-22 山近轩复原模型鸟瞰

此，它在总体布局方面做到了两全其美。这组建筑和"斗姥阁"未成直接对景的关系，因此仅以后门或旁道相通。

山近轩采用辟山为台的做法安排建筑，从复原模型的鸟瞰图上可以看出，台分三层。大小相差悬殊，自然跌落上下。这和 16 世纪的意大利台地园在手法方面极不相同。意大利的台地园以建筑为主体，开山辟台以适应建筑的安排。整个台地园有明显的轴线控制，自山脚一直贯穿到居于最高的主体建筑。整个气氛是以自然环境服从于建筑的人工美，突出建筑处理。山近轩则不然，总是千方百计地以人工美入自然，绝对不去破坏自然地形地貌的特性景观。这里原是西临深壑的自然岗坡，兴建后仍然保留了这一特殊的山容水态。通向广元宫的石桥，宁可把金刚座抬得高高的跨涧而过，也决不采取填壑垫平的办法。这样，山势照样起伏，山涧奔流一如既往。而桥本身也因适应深壑的地形构成一种朴实雄奇的性格。没有精雕细刻的石栏杆，却代以低矮简洁的实心石栏板，桥却由于跨度大、底脚深的要求而形成很壮观的气质。过桥则依山势由缓到陡辟台数层（图 3-2-4-20～图 3-2-4-22），桥头让出足够回旋的坡地。头层窄台作为"堆子房"，第二层台地是主体建筑"山近轩"坐落的所在，因此是面积最大的一块台地，由主体建筑构成主要院落，其与平地庭院的区别在于周环的建筑都不在同一高程上。门殿和"清娱室"都居低,主体建筑抬高两米多,"簇奇廊"更居于高处,再用爬山廊把这些随山势高低错落相安的建筑连贯合围,使之产生"内聚力"而形成变化多端的山庭。庭中并用假山分隔空间,以山洞和磴道连贯上下,以"混假于真"的手法达到"真假难分"的水平。

就在山近轩这座庭院的南角,有楼高起。此楼底层平接庭院地面,底层之西南向外拱出一个半圆形的高台。高台地面又与二层相平接,形成很别致的山楼。这种楼阁基的处理手法也是有传统可寻的。《园冶·立基》所谓:"楼阁之基,依次定在厅堂之后。何不立半山半水之间? 有二层三层之说。下望上是楼,山半疑为平屋,更上一层,可穷千里目也"。正是指此。既然景题为"山近轩",则除了轩居深山之中外,还要挑伸楼台以近山和远眺山色。按"近水楼台先得月"之理,近山楼台亦可先得山景,令人产生"山水唤凭栏"之感。因此,名为"延山楼"是很富于诗意的。这也是"山楼凭远"的一式。底层成为半封闭的石室,楼柱半嵌石壁而起,自外可沿园台口踏跺进入。另端又与"簇奇廊"相通。向门殿之一侧也可以设盘道攀登。台上下点植油松数株,散置山石。视线因此突破了居山深处之限制,得以远舒。整个山近轩西南面以台代墙,无需长墙相围,建筑立面也出现了起伏高下的变化。至于整个界墙,从遗址现状看只能找到如平面图所示的位置,断处何接,似难判断。

山近轩建筑的主要层次反映在顺坡势而上的方向。第三层台地既陡又狭。建筑即依此基局大小而设,形成既相对独立,又从属于整体的一小组建筑。"养粹堂"正对"延山楼"山墙,其体量虽比山近轩小,但因居高而得一定的显赫地位。东北端以廊、房作曲尺形延展。直至最高处建草顶的"古松书屋"外的围墙,水平距离不过约一百多米,地面高差却有五十多米。就从桥面起算也有四十多米的高差。这样悬殊的地形变化,在保持原有地貌的前提下使所有建筑都各得其

所,该有多难! 可是这正是"先难而后得",出奇而制胜。

就游览路线而言,山近轩周边成略呈"之"字形延展的路线和中部砌磴道迂回贯穿相结合的方法,这样既符合山路呈"之"字形蜿蜒之理,又可以延长游览路线。特别是最上一层狭窄台地的路线处理,避进深之短,就面阔之长。几乎穷于山顶,却还有路可通。从这里保存下来的松林,其居于外围的顺自然山坡而上,居于内的循台递层而上。其安排的位置多居建筑入口、庭院角落和建筑背后。在总观感上构成浓荫蔽日的山林。在空间动态构图方面又循游览路线不时成为建筑的前景和背景。此轩落成后,乾隆便迫不及待地赶早游赏,并即兴赋诗一首:

> 古人入山恐不深,无端我亦有斯心。
> 丙申初构己亥得,仲夏新来清晓寻。
> 适兴都因契以近,摛词哪敢忘乎钦。
> 究予非彼幽居者,偶托聊为此畅襟。

这说明取名山近轩是为了表达宏大的"钦志",既要享受山居幽趣,又怕旁人说闲话,因此再三表白。可见山近轩作为"园中之园"也是很切"避暑山庄"的总题的。

(三)绝巇座堂——碧静堂

在松云峡近西北末梢处,有一条幽深的支谷引向西南,这里分布了三个相隔甚近的风景点。虽近在咫尺,却因山径随势迂回而各自形成独立的空间,互不得见。含青斋安排的位置比较明显,坐落于支谷第二条分叉处,如沿支谷所派生的小支谷南行,便可逐步地展现出"碧静堂"。过含青斋欲西行时,又有数株古松,迎立道旁。从种植的位置和松枝伸展的动势来看,有如引臂南伸,指引入游。进入这条小支谷后稍经回转便来到一个翠谷环抱,荫凉娴静的山壑中。

一般常见的山壑是两山脊夹一谷,给人以空山虚壑之感受。这里的地形却是大山衍生小山,小山似离大山,形成三条山脊间夹两条山涧的奇

图 3-2-4-23 碧静堂立面图

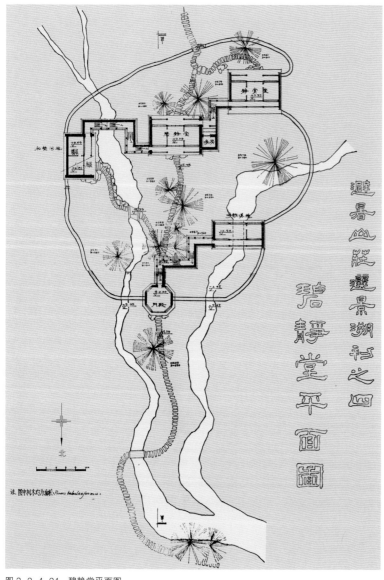

图 3-2-4-24 碧静堂平面图

观。这就是"嶻"的景观，意即大小成两截的山，小山别于大山。从碧静堂的立面图(图3-2-4-23)可见这种地形的概貌。碧静堂所在的这座小山从平面上看，由钝渐锐、曲折再三。从立面变化看由缓渐陡、未山先麓。由于这卷别致的小山穿插于大山谷中，山涧便先分于嶻末，再汇于嶻梢，形成"Y"字形水体。欲登碧静堂，过跨涧之石矼便可沿蜿蜒于山脊的磴道入游(图3-2-4-24)。

这里自然地形固然优美，但对于一般的建筑布置极为不利。地面破碎，零散不整。似乎欲求一块整地面而不可得，更难把零散的建筑合围成有机的整体。对于一般的建筑而言，可谓是不利于建筑的用地。但园林建筑却不然，深知"先难而后得"的道理，把保留这里的奇特自然地貌特色作为成功的要诀，因地制宜地、运心无尽地安排每一座建筑，使建筑依附于山水。碧静堂的门殿坐落在嶻之山腰，而且以亭为门，取八方重檐攒尖亭式矗立在小山脊上，用亭子作门殿的恐不多见，但在这里用得十分得体。试看这卷小山脊背，哪有足够的面阔位置来坐落一般的门殿，唯有亭子作为一个"点"坐落在脊上最合适。再者，皇家门殿也要稍有气势，亭虽小而峭立山腰，亭子的高度还足以屏障内部园景以增加游览的层次。游者自下而上，在本来可一眼望穿的山径上矗立高亭，视线及亭而止，但见门亭巍立，不知园深几许。门殿是动态构图的第一个特写镜头。

和门殿衔接的是一段爬山廊。此廊可三通。一条向南接磴道引上主体建筑"碧静堂"。另一条向东以小石径渡涧至"松壑间楼"。第三条循廊西跌，通向"净练溪楼"。净练溪楼是以建筑结合山涧的例子。楼枕涧上，跨涧而安。山涧通流依然，楼又架空而起，《园冶》中提到："临溪越地，虚阁堪支。"这也是此法之一式。山溪不仅不成为妨碍建筑之物，反成此楼得景的凭借。雨时净练湍急，无水时也似有深意。绝嶻居高之末端有较大地面，主建筑碧静堂坐落在这背峰面壑的显赫位置，可以控制全园。这里虽居极幽隐

图 3-2-4-25　碧静堂剖面图

处，但游者登到此堂却可极目北望。宫墙斜飞堞雉，伏在山脊上随山拱伏。墙外逸云横渡，远山无尽，令人顿开心襟。这种口袋式的地形于近处外不见内，但于园内可远眺远景。位于其西南之"静赏室"和它体量、造型都很相近却起不到这个作用。静赏室和净练溪楼却上下相对成景。居于东边山涧南端的山楼，在结合山势方面也颇具匠心。西面山涧既作架楼跨涧的处理，东山涧就要避免雷同而另辟蹊径。因此这座山楼取傍壑临涧之式，定名"松壑间楼"恰如其境。由于本园主体建筑体量已定，加以壑边可营建地面面积的限制，此楼仅有两开间。楼前与跨涧东来的石涧相接。楼上又以爬山廊曲通碧静堂。诚如《园冶》所阐述的道理："假如基地偏缺，邻嵌何必欲求其齐。其屋架何必拘三、五间。为进多少，半间一广，自然雅称。"

此园布局精巧、紧凑，疏密相间，主次分明。由于绝壑地形的限制，除主体建筑坐中外，其余建筑都循地宜穿插上下左右，因此门殿并不正对碧静堂。其间又贯以曲尺形的爬山廊，形成两组与绝壑走势互为"丁"形的行列建筑，后面还留出一块狭长的后院。这样就有了相当于三进院落的分隔，纵深虽不长，层次却不乏其变化。四周围墙分段与屋之山墙相接，极尽随山就水之变化，把这两小组接近平行的行列建筑拢成一个内向的

整体。围墙随山势陡起陡落。就水则于横截山涧处开过水墙洞。这些过水洞穿墙者薄，穿台者厚。六个过水洞上下曲折相贯，山居的情调就更浓了。

全园路线不算太长，却有上山、下涧、爬山廊、石桥等多种形式的变化。游览路线以碧静堂为中心形成"8"字形两个小环游路线。最南端尚有后门南通"创得斋"（图 3-2-4-25、图 3-2-4-26）。

这里的古松保存比较完整。松树主要顺绝壑之脊线左右错落交复。创造了"曲磴出松萝，阴森漏曦影。夹涧千章木，天风下高岭"的气氛。磴道尺度很小，道旁之古松参天而立，加以四周林木葱茏相映，山林本色自显。从门殿至碧静堂的五棵油松，在增添层次的深远感方面起了重要的作用。

山近轩以近山取幽深。碧静堂因坐落在背阴山谷中而从环境色彩之"碧"、山壑之"静"得凉意，手段虽异，殊途同归。乾隆因此景成诗一首，颇能说明这里所造成的情趣和自我表白"高瞻"之心：

入峡不嫌曲，寻源遂造深。
风情活葱茜，日影贴阴森。
秀色难为喻，神机借可斟。
千林犹张王，留得小年心。

（四）沉谷架舍——"玉岑精舍"

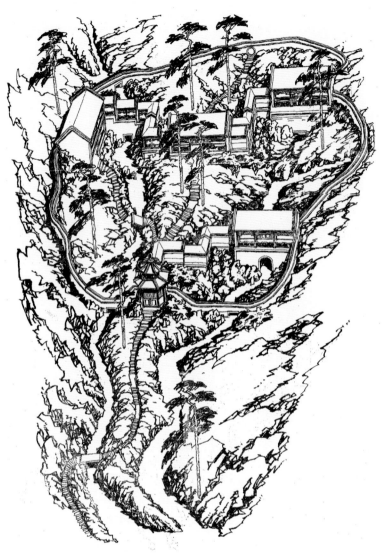

图 3-2-4-26　碧静堂复原模型鸟瞰

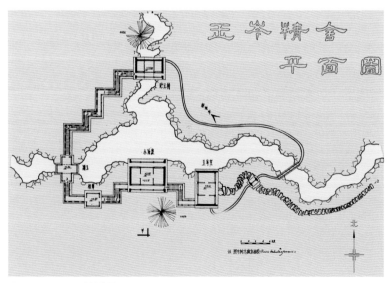

图 3-2-4-27　玉岑精舍平面图

若自含青斋西行则可引向"玉岑精舍"。这里的地貌景观有异于前面介绍的几个景点之处是由园外观园内俯瞰成景。它的位置近乎松云峡所派生的这条支谷的西尽端。这条东西走向的支谷线又与北面急剧下降的小支谷线垂直交会。交会处亦即此园之中心。夹谷的山坡露岩嶙岣，构成山小而高、谷低且深、陡于南北、缓于东西、"矶头"屹立如"攒玉"的深山野壑。这便是"玉岑"的风貌。在这样回旋余地不大，用地被山涧分割为倒"品"字形的山地里要构置建筑物谈何容易。创作者根据这里的地形确定了"以少胜多、以小克大、藉僻成幽、细理精求"的创作原则。亦即所谓："精舍岂用多，潇洒三间足"的构思。这和"室雅何须大，花香不在多"的哲理很相近。因此，于"玉岑"中架"精舍"是"相地合宜，构园得体"的又一范例，也构成了这个风景点的独特性格，大中见小，粗中显精。

在这个景点的遗址测绘中，我们遇到了一些困难。遗址破坏比较严重，有的还被开山洞的弃石所覆盖，难以摸清原貌。但由于这个景点特色的吸引，负责测绘的同学不辞辛劳掘地寻址，才算基本上摸清其概貌。按清乾隆时期避暑山庄外八庙总平面图上对玉岑精舍的描绘，我们发现"玉岑室"的位置与遗址不符。北部山上除了"贮云檐"和爬山廊以外，没有找到其他建筑的痕迹。我们终于找到在"小沧浪"的东侧"玉岑室"的遗址，并有短廊与"小沧浪"相接。也找到东、南两面围墙的基础。这才得到玉岑精舍的平面。经与《大清统一志》的记载核对，基本符合。即："山庄西北，溯涧流而上至山麓。攒峰疏岫如悬圃积玉。精舍三楹额曰'玉岑室'。右偏曰'贮云檐'。穿云陡径有亭二，曰'涌玉'，曰'积翠'。依山梁构室曰'小沧浪'。"可是，积翠亭遗址一时难清，只能循常理推测。日后弃石堆清理后，想必原迹可寻（图 3-2-4-27）。

总共三舍二亭，安排何精。主体建筑"小沧浪"南向山梁，北临深涧，居中得正，形势轩昂。

若论取"沧浪之水清兮可濯吾缨"之意，则较之苏州网师园"濯缨阁"各有特色。后者是城市山林，这里却是于山林真境中架屋濒水，野趣倍增。小沧浪相当于"堂"的地位。南出山廊，北出水廊，东西曲廊耳贯，成为赏景的中心。玉岑室迎门而设，以山石磴道自门引入，因此山墙面水。如自北南俯，建筑立面参差高低、围墙斜飞、山廊鱼贯，加以山景的背衬，景色十分丰富（图3-2-4-28、图3-2-4-29）。

贮云檐居高临下，体量虽小而形势显赫。若自涌玉亭上仰（图3-2-4-30），高台贮云，硬山斜走。台下石洞穿流，台前玉岩交掩，飞流奔壑。屋后背山托翠，孤松挺立，俨若边城要塞。《园冶》描写山林地景色特征之"槛逗几番花信，门湾一带溪流"、"松寮隐僻"、"阶前自扫云，岭上谁锄月"、"千峦环翠，万壑流青"，这里完全可以体现。特别是横云掠空的景色随时可得，取名"贮云檐"可谓画龙点睛、名副其实。园林中何乏"宿云"、"留云"一类景题。颐和园和避暑山庄都有"宿云檐"，可都远不及此处肖神。涌玉亭也有异曲同工之妙。这是一座坐西向东，前后出抱厦，左右接山廊的枕涧亭。自西而下的山涧穿亭下而涌出，所以叫"涌玉"。涌至山涧交汇处积水成潭，于是有"积翠"之称。积翠后才有沧浪之水。看来这里景点的布置是很有文学章法的。这里的爬山廊有两种可能

图3-2-4-28　玉岑精舍立面图

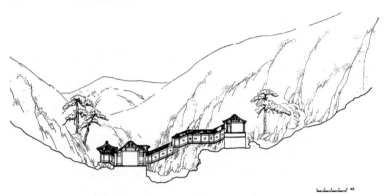

图3-2-4-29　玉岑精舍剖面图

性，一是层层跌落的爬山廊，一是顺坡斜飞的爬山廊。从廊的遗址看，原台阶痕迹清晰，台阶多至一连数十级。若为跌落廊，未免太琐碎。再者，前已有人作跌落廊的设想，姑且以斜走爬山廊试行复原，以供比较（图3-2-4-31）。

图3-2-4-30
贮云檐

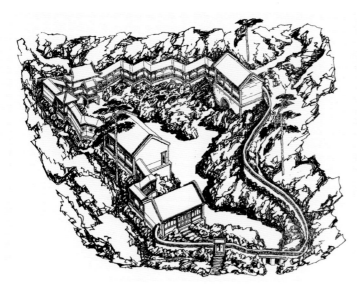

图 3-2-4-31　玉岑精舍复原模型鸟瞰

为了有一定的范围作用，这些爬山廊当是外实内虚，外侧以墙相隔，取景凿窗，内侧空窗透景，相互资借。另外，这里的廊墙配合围墙把南北两岸分隔的个体建筑合拢成为一个山院的整体。北面用墙嵌山陡降，似有长城余韵。跨山涧处，洞穿很大的过水洞，下支船形金刚座。除了通水的功能外，居然也可成景。

山近轩居万山深处之高坡，因高得爽。碧静堂因日影贴阴森得凉静。玉岑精舍却由于谷风所汇，山涧穿凉而得风雅。封建帝王应是至高无上、风雅自居的。但都有居此自感俗的感慨。可见此景僻静、优雅、朴野、可心了。录乾隆诗一首为证：

> 西北峰益秀，戍削如攒玉。
> 此而弗与居，山灵笑人俗。
> 精舍岂用多，潇洒三间足。
> 可以玩精神，可以供吟嘱。
> 岚霭态无定，风月芷有独。
> 长享佳者谁，应付山中鹿。

玉岑精舍在游览路线上兼备仰上、俯下的特色，不足之处在于必走回头路。若自贮云檐东，自台辟小石径陡下，再顺围墙越山涧接通南岸，则可环通。复原时应予考虑。

（五）据峰为堂——"秀起堂"

山庄山区的三条山谷都是西北至东南走向。惟山区之西南角，榛子峪的西端，有谷自北而南伸展，这便是西峪。榛子峪风景点的布置比较稀疏，但转入西峪后，万嶂环列，林木深郁。在这片奥妙的山林中集中地布置了三组建筑和两个单体建筑。如总平面图所示，鹫云寺横陈于西向之坡地，静含太古山房于高岗建檩，与鹫云寺卜邻并与静含太古山房东西相望的便是这个园林建筑组群中最显要的建筑组——"秀起堂"。在这组簇集的建筑组群以北又疏点了"龙王庙"和"四面云山"的山腰的"眺远亭"。秀起堂因从西峪中峰处据峰为堂，独立端严，高朗不群，环周之层峦翠岫又呈"奔趋"、"朝揖"之势，其统率附近风景点的地位便因境而立了。

秀起堂据有优美出众的山水形势，但也有不利于安排独立的园林空间的因素（图3-2-4-32）。一条贯穿东西的山涧将用地分割为南、北两部分。另一条斜走的山涧又将北部分割为东、北两块。地形零散难合。北部山势雄伟，有足够的进深安排跌落上下的建筑，而南部这一块只是一片起伏不大，横陈东西的丘陵地。除西端与鹫云峰有所承接和对景外，山岭纵长而南面无景可借。如何把"Y"形山涧所切割为三块的山地合为一组有章法的整体，发挥山水之形胜，并化不利条件为有利条件便成为此园布局的关键了。作者成功之处亦此。建筑之坐落因山势崇卑而分君臣、伯仲之位。北部山地面积大、朝向好、位置正、山势宏伟，峰峦高耸，自然是宜于坐落主体建筑"秀起堂"。筑台耸堂也更加突出了"峰"孤峙挺立、出类拔萃的性格。据峰为堂以后，更增添山峰突兀之势。而南部带状山丘便居于客位，成环抱之势朝向主山，构成两山夹涧，隔水相对，阜下承上的结构。而北部山地之东段也就成为由次山过渡到主山，依偎于主山东侧的配景山了。清代画家笪重光在《画筌》中说："主山正者客山低，主山侧者客山远。众山拱伏，主山始尊。群峰盘互，祖峰乃厚。"画理师自造化，建筑布局又循画理，自是主景突出，次景烘托。用建筑手段顺山水之性情立间架，更加强化了山体的轮廓和增加了"三远"（高远、平远、深远）的变化。整个建筑群没有中轴对称的关系，而是以山水为两极，因高就低地经营位置。

大局既定，个体建筑便可以从总轮廓中衍生。秀起堂宫门三楹因承接鹫云寺东门而设于园之西南。东出鹫云寺便有假山峭壁障立，游者必北折而入秀起堂，假山二壁交夹，其间又有磴道沿秀起堂南东去。秀起堂宫门不仅造型朴实如便家，就其所寓意而言更加高逸不俗。这宫门取名"云牖松扉"。众所周知，在宫殿称金阙，城市富

家谓朱门，村居叫柴扉。如果以云停窗，古松掩门那当然是世外仙境了。南部这一带山丘有两处隆起的峦头，"经畬书屋"和宫门东邻的敞厅就坐落在这两个峰峦的顶上。削峦为台后再立屋拔起，仍然是原来的山势而更夸大了高下的对比。敞厅几乎正对秀起堂，而经畬书屋居园之东南角。一方面与主山顾盼，偏对主山上的建筑。背面又以半圆围墙自成独立的小空间。用半圆的线性处理这个园的东南角显得刚中见柔，抹角而转北，构成南部这段文章的"句号"（图3-2-4-33）。

位于南部有数折山廊。在山居的游廊处理中可以说达到了登峰造极的境界。开始从图面上接

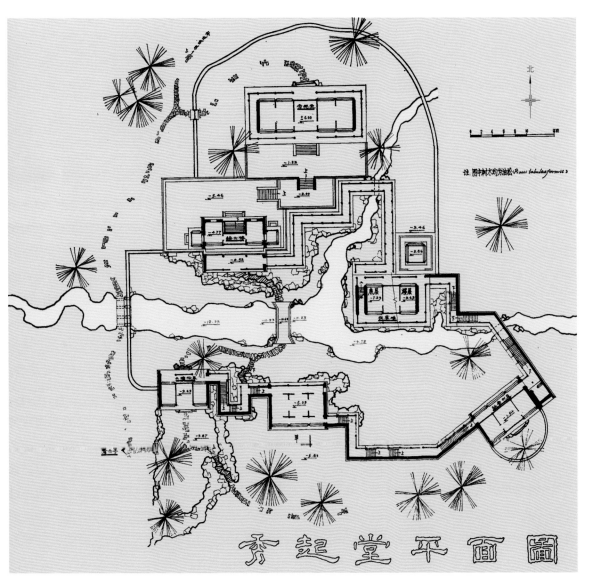

秀起堂平面图

图 3-2-4-32
秀起堂平面图

图 3-2-4-33
秀起堂南岸立面图

图 3-2-4-34
秀起堂北岸立面图

触时就令人叹服其变化之精妙。身历其境更理解其变化的依据和艺术加工的功力。宫门引入后，一改一般宅园"左通右达"之常套，径自东引出廊。廊出两间便直转急上，在仅仅十一米的水平距离间经过四次曲尺形转折才接上敞厅。如果不是顺应地形的变化，按"峰回路转"布线是不会出奇制胜的。此廊前接敞厅前出廊，后出敞厅后出廊，这才以稍缓和的坡降分数层高攀经畚书屋。南部山廊按"嘉则收之，俗则屏之"的道理，南面设墙，面北开敞。

在跨越山涧处，回廊又从高而降。廊下设洞过水，这才抵达北部。北部的廊子多向高台边缘平展。为让山涧曲折，构成回旋廊夹涧之势，两山涧汇合处，"振藻楼"于山凹中竖起。这里可

顺山壑纵深西望，隔石桥眺远，亦是"山楼凭远"的效果。楼东北更有高台起亭，如角楼高耸，两者结合在一起，成为主景很好的陪衬（图 3-2-4-34～图 3-2-4-36）。

铺垫和烘托均已就绪，主体建筑秀起堂高踞层台之上。这里除一般游览之外，还常在此传膳。由于采用了背倚危岩，趁势将主体升高，其前近处又放空的手法，显得格外突出。坐堂南俯，全园在目，既是高潮，又是一"结"。堂前设台三层，正偏相嵌。堂前的"绘云楼"中通石级，东西山墙各接耳房。归途必顺楼前磴道下山，越石梁南渡出园。秀起堂占地面积 3725 平方米，其中建筑面积不过 1005 平方米（约占全园面积 27%），山林面积为 2430 平方米（约占 65%），露天铺地

图 3-2-4-35
秀起堂剖面图

面积为 290 平方米（约占 0.8%）。园虽不大，章法严谨，构景得体。

全园的游览路线主要安排在游廊中。这条路线明显而多变。另外也有露天石级和山石磴道相互组合成环形路线。进园时按开路"有明有晦"的理论，宫门北面本有踏跺北引渡涧，但初入园必被山廊吸引而作逆时针行，避本园进深之短，扬修岗横迤之长，出园时才知有捷径。如无明晦变化，直接渡桥北上，那又有什么趣味可寻呢？秀起堂后院西侧设旁门通"眺远亭"。西面过境交通则可沿西墙渡过水墙外的石梁相通。目前遗址上古松保存不多，惟山水形势基本保持，创作意图可寻。

乾隆对秀起堂也很满意，因成一诗：

去年西峪此探寻，山居悠然称我心。
构舍取幽不取广，开窗宜画复宜吟。
诸峰秀起标高朗，一室包涵说静深。
莫讶题诗缘创得，崇情蓄久发从今。

（六）因山构室手法析要

我国的风景名胜和园林何止万千，就中也自有高下之分。可以供我们借鉴和发展的造景传统极为丰富。泰山后山坞中的尼姑庵"后石坞"、广东西樵山中之"悬岩寺"、峨眉山麓之"伏虎寺"、洛阳之南的"风穴寺"、西湖之"西泠印社"、千山之"龙泉寺"乃至"悬空寺"等，都不乏因山构室之佳例。我们同时也可以看到在新起的园林建筑、风景建筑，特别是旅游宾馆之类的服务性

图 3-2-4-36 秀起堂复原模型鸟瞰

建筑，既有承传统特色而建的，也有因构室而破坏山水风景的。山顶上可以高矗起摩登的高楼大厦，湖滨可以乱立火柴盒式的高级宾馆。更有甚者，干脆把摩天大楼直接插入古朴自然的风景区或古典园林近旁，形成两败俱伤、令人痛心的局面。试看山庄山区之建筑处理，不仅不因构室而坏山，而且创造了比纯粹朴素的自然更为理想和完美的园林景观。似有必要推敲一番，就中有哪些共通的理论和手法。

1. 须陈风月清音，休犯山林罪过

这也是《园冶》上的一句话，概括了处理山居建筑的至理，这就是明确兴建山居的目的。主要是要使人在一定的物质文明基础上重返自然的怀抱，饱领自然山水之情。建筑是解决居住、饮食、赏景和避风雨不得不采取的手段而不是根本的目的。把山水清音和人的志向、品格联系在一起，以情感寓于风景，再以风景来陶冶精神。这是造景的根本。舍本逐末则必犯山林罪过。岂止

毁林是犯山林罪过，因建筑而破坏自然的地貌景观同样是犯山林罪过，甚至是不可弥补的山林罪过。因为这是对风景骨架的摧毁。因此，体现在手法上，必须将建筑依附于山水之中，融人为美于自然美中。就风景总体而言，建筑必须从属于包括园林风景建筑在内的山水风景的整体，绝不可将自然起伏的坡岗一律开拓为如同平地的广阔台地或填平山涧，切断水系，而是以室让山，背峰以求倚靠，跨水为通山泉。

可以看出，整个山区的风景点都是隐于几条大谷中的。除山顶有制高借远的建筑外或傍岩、或枕溪、或跨涧、或据岗。凡所凭借以立的，非山即水。虽经建筑以后，山水起伏如故，风貌依然。甚至可运用建筑来增加山水起伏的韵律。其结果互得益彰，相映生辉。建筑得山水而立，山水得建筑而奇。

2. 化整为零，集零为整

建筑在整体上服从山水，山水在局部照应建筑。建筑因实用功能而有面积和体量的要求。由于建筑体量过大而破坏山景的情况屡见不鲜。建筑要体现从整体上服从山水就必须化集中的个体为零散的个体，使之适应山无整地的条件。再用廊、墙把建筑个体组成建筑组。风景集中之处，再由几个建筑组构成建筑组群。在安排个体建筑时必须有宾主之分，而宾主关系又因山水宾主而宾主，因山水高下而崇卑。上述这几个风景点都共同地说明了这一点。就个体建筑而言，总是需要一块平地的。除了支架、间跨的手段以外，还须进行局部的地形改造，使之符合于兴造建筑的需要。而这种局部地形整平就不会破坏山水之基本形势了。

在集零为整的手段中，廊子和墙起了很大的作用。它们能将分散在被山水分割的个体建筑合围内聚，拢成一体。有景设廊，无景或地势起伏过剧之处设墙。墙可顺接建筑之山墙，也可以围在建筑以外另成别院（如秀起堂之经畬书屋、碧静堂和秀起堂后墙等）。廊子在造景方面很重要，

诚如《园冶》所示："廊者，庑出一步也，宜曲宜长则胜。古之曲廊，俱曲尺曲。今予所构曲廊，之字曲者，随形而弯，依势而曲。或蟠山腰，或穷水际。通花渡壑，蜿蜒无尽。"山庄廊子的运用，较之江南私园更为雄奇。所取多曲尺古式，个别地方也有稍变化一些的。总的风格是虽有成法但不拘其式，虽为山居野筑而又不失皇家之矩度。观之与山一体，游之成画成吟。

3. 相地构园，因境选型

山水有山水的性情，建筑有建筑的性格。山居建筑之"相地"即寻求山水环境的特征，然后以性格相近的建筑与山水配合才能使构图得体。例如两山交夹的山口狭处，势如咽喉。在这里设城堞、门楼就很能起到控制咽喉要道的作用。如松云峡口的"旷观"城楼，扼要口而得壮观。"堂"居正向阳，有堂堂高显之义。在山庄西峪"中峰特起，列岫层峦，奔趋拱极"的山势中据峰为秀起堂，二者在性格上是极为统一的。峰峦和堂一样具有高显和锋芒毕露的性格。碧静堂作为堂的一般性格是居正踞高的。但又有立意"碧静"的特性，所以取倒座不朝南，居深隐之处而不外露。"轩"以空敞居高而得景胜。山近轩虽居万山丛中，但也居高而视线开敞。"斋"、"舍"和"居"又都是一种"气藏而致敛"、"幽隐无华"的性格。所以在幽谷末端多建"居"，诸如松林峪西端的"食蔗居"，松云峡支谷末端的玉岑精舍都是因境界幽隐、深邃而设的。建筑的屋盖形式、覆瓦和装折也无不具有不同的性格，硬山顶总是比较朴实的。卷棚歇山比一般歇山顶就显得柔和和自然一些。古建筑类型和屋盖并不是很多，但因地制宜地排列组合起来便有因境而异的无穷变化。总之，按山水不同组合单元诸如峰、峦、岭、岫、岩、壁、谷、壑、坡、岗、巘、坪、麓、泉、瀑、潭、溪、涧、湖等选择以合宜的建筑诸如亭、台、楼、阁、堂、馆、轩、斋、舍、居等，性相近而易合为同一个性的园景整体。在安排个体建筑的具体位置时，首先安排"堂"一类的主体建筑，其次穿插

"楼"、"馆"，点缀亭、榭，最后联以廊、围以墙。围墙犹如小长城，陡缓皆可随山势，尽可随意施用。

4．顺势辟路，峰回路转

园林中路的形式多样，山区有露天的石级、磴道，也有廊、桥、栈道、石梁、步石等。游览路线的开辟必须顺应山势的发展。因有深壑急涧而设山近轩西北的大石桥。秀起堂浅壑窄溪则用小券拱石桥。山势一般是"未山先麓"由缓而陡的。山居无论辟台、开路也都要接受这一自然之理的制约。路折因遇岩壁，径转因峰回。山势缓则路线舒长少折，山势变化急剧则路亦"顿置宛转"，就像秀起堂的山廊走势一样。山地不论脊线或谷线，很少径直延伸的，因此山路也讲究"路宜偏径"。因为上述几个风景点引进的道路没有一条是正对直入的，这完全符合"山居僻其门径，村聚密其井烟"的画理。从路的平面线性和竖向线性来看，不论真山和假山都有"路类张孩戏之猫"的特征。意即路线有若孩童戏猫时，猫儿东扑西跌的状态。在图画上反映为"之"字形变化，如山近轩的游览路线和秀起堂的游览路线等。人们在名山游览时，可以观察一些负重物登山的运输工人的登山路线是"之"字形的，为的是减少做功而省登山之力。山区造园追求真山意味，而且所圈面积有限。如果路线完全和等高线垂直则其山立穷，没有深远可言。而时而与等高线正交，时而斜交，时而平行，更可以延展游览路线的长度，从而也增加了动态景观的变化。笪重光所说："一收复一放，山渐开而势转。一起又一伏，山欲动而势长"、"数径相通，或藏或露"、"地势异而成路，时为险夷"，以及山形面面观、步步移的理论都是值得心领神会而付诸实施的。

5．杂树参天，繁花成片

山林意味，一是山水，二是林木。山居若缺少林木荫盖之润饰，便不成其为山居。山林是自然形成的，但于中兴建屋宇后多少会破坏山林，必须于成屋以后加以弥补。有记载说明，即使像玉岑精舍这样小的景点，也从附近移植了不少油松。杂树包含自然混交的意思，有成片的宏观效果。山中有草木生长才有禽兽繁殖，才有百鸟声喧的幽趣。但杂树中要有大量树龄很长的古木，否则难以偕老于山。唐代王维的辋川别业的遗址上面今尚保留八人合抱的古银杏。中岳书院中有著名的周柏。山庄林木破坏了不少，目前仅有古松。繁花覆地既包括草花，也包括花灌木，开时繁花若星满。在山庄搞花坛绿篱一类的种植类型肯定是不得体的。山树并不乏其种植类型。所谓："霞蔚林皋，阴生洞壑"、"散秋色于平林，收夏云于深岫"、"修篁掩映于幽涧，长松倚薄于崇崖"、"凫飘浦口，树夹津门，石屋悬于木末，松堂开自水滨，春萝络绎，野筱萦篱。寒鹜桐疏，山窗竹乱"等都是典型山野种植类型的描绘。其中山庄也应用了不少。总之，无论是山水、屋宇、路径、树木、花草、禽兽同属综合的自然环境，按"自成天然之趣，不烦人事之工"的原则，在"意"和"神"的驾驭下多方面组合成景，俾求千峦环翠，万壑流青，嵌屋于山，幽旷两全。

后记

避暑山庄已是一位具有三百岁高龄的山水老人了。在经历兴衰后又得以享振兴之福，真是值得庆贺。我仅以从山庄学到的心得体会聊成此文，略表后辈敬仰之心。我并愿以此求教于各位专家和广大读者，诚望得到指正和教益。

在我们进行题为"避暑山庄选景溯初"的毕业论文时，承蒙承德市文物局的大力支持。在绘制测绘图纸时得到金承藻先生和金柏苓同志在建筑方面的指导。成文过程中又烦谢叔宜同志代绘"刈松山图"、宫晓滨同志代绘山区风景点模型鸟瞰图和广元宫仰视图。在遗址测绘工作中，本院七八级学生夏成钢、贾建中、苏怡和广州市园林局进修生沈虹、董迎都付出了不少心力。在此一并致以诚挚的感谢。

第四篇

设计实践

第一章　相地合宜·构园得体——深圳市仙湖风景植物园设计心得①

一、概说

如何学习、继承和发展中国风景园林的民族传统是我们从事风景园林设计的人经常思考和付诸实践的命题。在基本理论具备一定基础后就要力图通过设计实践加以运用，从中小结得失的体会以求进一步提高。总的感受不是以前所想将古代名园扩大或抄袭一点成功之作的单体，而是继承并发展传统的设计理论和手法。

深圳市仙湖风景植物园坐落在城市东北的梧桐山西北山麓。东经 114°10′，北纬 22°34′。占地 590 公顷（8820 亩）。1982 年应深圳市之约，孙筱祥教授主持规划设计工作，确定了园名、性质、内容、园址，并提出总体设计初步方案。之后，由笔者主持总体设计，施工设计中的园林建筑设计和结构设计由白日新教授和黄金锜教授承担。在深圳市党政领导、规划局和市园林公司刘更申总经理的大力支持下，全体设计人员通力合作于 1987 年完成主景区（湖区）设计（图 4-1-1）。1992 年又应植物园之约进行了其他的景点设计。该设计项目荣获 1993 年深圳市优秀设计一等奖，

图 4-1-1
仙湖植物园总平面图

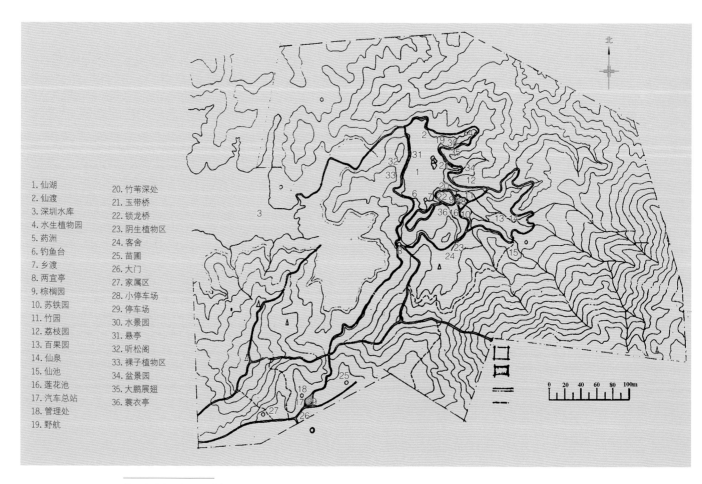

1. 仙湖
2. 仙渡
3. 深圳水库
4. 水生植物园
5. 药洲
6. 钓鱼台
7. 乡渡
8. 两宜亭
9. 棕榈园
10. 苏铁园
11. 竹园
12. 荔枝园
13. 百果园
14. 仙泉
15. 仙池
16. 莲花池
17. 汽车总站
18. 管理处
19. 野航
20. 竹苇深处
21. 玉带桥
22. 锁龙桥
23. 阴生植物区
24. 客舍
25. 苗圃
26. 大门
27. 家属区
28. 小停车场
29. 停车场
30. 水景园
31. 悬亭
32. 听松阁
33. 裸子植物区
34. 盆景园
35. 大鹏展翅
36. 蓑衣亭

北

0 20 40 60 80 100m

① 原文发表于《中国园林》1997 年第 13 卷第 5 期。

后又获 1995 年建设部优秀园林设计三等奖。

二、明确园旨·相地合宜

首先要正名，明确建园目的和性质，再寻觅一个理想的园址，这是相互联系的几个环节。鉴于深圳地近广州，广州已建立了以科研和科普为主的华南植物园，深圳没有必要再建同性质的植物园，孙先生提出了风景植物园的设想，大家受到启发并都表示赞同。因为深圳市是经济特区，与港澳毗邻，是当时对外开放的风景旅游城市，深圳植物园要创造自己的特色。可以将普及植物科学的内容园林艺术化，但也有专门用地供科学研究。我们决定要建设一座具有中国园林传统特色、华南地方风格和适应社会主义现代生活内容需要的风景植物园，于是园的性质确定为以风景旅游为主，科研、科普和生产相结合。甲方提出园林建筑风格要吸取北方平正、稳重、大方的某些因素，我们也采纳了。

经过初步了解和对原定园址进行踏查和访问，发现原址基本上不符合建设风景植物园的条件，主要问题是缺少水源和植被的基础。于是我们采取外来"和尚"和当地"和尚"相结合的方式。经熟悉深圳情况的园林公司园林科科长冯良才先生推荐，发现了梧桐山背海面山这块风水宝地。这里山高入云，峰峦竞翠，谷壑争流，山林野趣横生，既有大地形的变化也有微地形变化。山中溪流奔涌，终年不涸，葱郁的林木和奇花异果，加上裸露的岩石，确是一处建造风景植物园的理想园址。《园冶》中"相地合宜，构园得体"的理论是千真万确的，有望获得事半功倍的效果。除了自然风景资源外，这里已有前人开发，留下了一座小庙和一些传说。梧桐山是这里的镇山，并是新安八景之一。有说"凤凰栖于梧桐，仙女嬉于天池。"梧桐山东南为浩瀚无边的南海，梧桐山以西是清澈洁净的深圳水库，此处宛如世外桃源，幽涵其间。当时深圳以湖为名的风景园林很多，可还没有以仙为名的"仙湖"，这里早有仙意，便顺理成章地定名为"仙湖"。孙筱祥教授在相地、命名、定性等方面的确具有真知灼见。

相地有两层意义，一是选址，二是因地构园使布局得体。说是仙湖，可原本无湖，只有山间的一块低塘地原名"大山塘"。借山溪而于山之隐处筑坝拦水便形成众山环抱中的一块碧玉。以山环水抱的湖区为主景区，沿山腰和一些小山头布置景点，内向有心，外向可借，集中与分散相结合，因山构室，就水安桥，组合成一座写意自然山水园。此园着重创造风景游览的优美环境气氛，通过赏心悦目的游览活动使游人学到植物科学的一般知识。根据地带性植物条件，选择具有代表性的植物构成景区划分的骨架，而不完全受植物进化和分类的约束。以植物材料为分区内容，因地制宜地赋予景区有传统意味的新名称；游人通过"闻名心晓"的过程，品赏风景和领略其中意境。

三、巧于因借·精在体宜

园名、性质、内容、园址既定，便在方案基础上开始着手总体设计和景点的设计。我们学习"巧于因借"、"因境成景"等传统理法并作了实践与探索。以往对借景理解比较狭隘，认为自园内借园外景物才称借景。逐步深入学习，发现古汉字"借"同"藉"，借因应理解为借因造景。地与人皆有异宜，故要善于用因。由于借景纵贯构思、立意、布局和细部处理，所以，明末造园家计成说："夫借景，林园之最要者也"。其理论概括性极强，即"借景无由，触情俱是"。循此理法造园，当收因地制宜之功效。传统理法还必须伴随时代前进，我们以现代生活为内容，按自然与人文交融的"天人合一"总则行事，深感"从来多古意，可以赋新诗"。

我们借梧桐山仙女之传说正名，借不涸之山溪蓄水为湖。为增加水景变化，在仙湖东侧设长岛，借植物园有药用植物内容和华南古代名园"九曜园"中有药洲一景，而且药洲也寓仙意，故名岛为"药洲"。岛首立汉白玉石坊，坊两面皆镌刻具有地域形胜特色和歌颂现代生活的景联。作者是已故去的汪雪楣先生。正面上联是"梧山园影葱茏在",下联为"海浪宵声断续来"。背面上联为"一望尧天舜地",下联是"四围水色山光"。"虽由人作,宛自天开"的名言要求景物形象极尽天然之趣,而内蕴寓教的人化意境。仙意为人们对美好理想的追求,把园内游览的环境装点得犹如向往中的仙境一样。梧桐山因其高峻而终年云雾缭绕、扑朔迷离,深山老林、溪声潺潺,本身已有几分仙意,加以巧施人工,使之与城嚣气氛反差大。用山、水、石、路、建筑、植物等造景因素来表现人们追求的高尚品质。"莫言世上无仙,斯住世之瀛壶也。"

图 4-1-2
芦汀乡渡立面图

湖区东南高处有长岗横出,路绕岗而迂回。人立岗上,上可仰观梧桐山巍峨入云石,下可俯览深圳水库碧波曲岸。人们因上仰山下俯水而触情。于是我们按"宜亭斯亭"之理,安长亭于长岗山。重檐方亭后座,自亭伸出单檐廊,亭名"两宜亭"。额题"仰秀"、"俯虚"。因环境而确定较大尺度,不但园内远近俯仰皆成景,而且从市内某些角度也可远览其势。

反映岭南地带性植物特征的棕榈科植物安排在湖区东南面低山上。低山西北为向湖倾斜的缓坡地。水边已有零星点缀,由水至山逐渐加密。在疏朗的缓坡草地上散植棕榈科乔木,取其枝叶潇洒、婆娑多姿。丛植则作前置框景,造型上带棕榈科特色的"棕风阁"高踞山头,山下辅以"蓑亭",都是借棕生景。临湖地面芦苇丛生、汀石星点,颇有一些乡情。此处又是渡船码头,因之景区名曰"芦汀乡渡"。岸上设供候船、休息的景观小品,水亭"挹露亭"由汀石引上(图4-1-2)。

其北宽广的谷地上接山区,下临湖水,为湖区注目所在。谷地上竹、苇丛生,取"竹深留客"之意,取名"竹苇深处",作为湖区主景(图4-1-3)。借山为屏,引溪贯院,园廊出水,竹院合围,设置主要服务餐饮和停留、休息的景点,远眺湖光山色,近挹药洲浮水。主建筑"竹苇深处"有"泪碧堂"和"远翠馆"交拥。"泪碧""泪碧"影射山溪分流穿院,"远翠"点出背山高大的竹林。分流后按"疏水若为无尽,断处安桥"的手法做石拱桥扼水面水口,故名"锁龙桥",而恰成景点入口,临湖面布置带仙意的月牙廊。这里景色满目,应接不暇,实为"秀色堪餐"之境,取名"秀餐廊"。其向院内面做"尺幅窗"赏"无心画"。在廊中或坐或游,外眺波光,内挹竹石小品。廊尽端设"芳润亭",山溪分流处跨水,这跨水之亭自然名为"枕流亭"。这是一个建筑组,大小兼有,高低参差地围合成一个水石庭院。

更北的一山谷呈"丫"字形,交汇后向西延展为三面封闭的大壑,自成空间而且十分幽静。

0 2   5   10m

图 4-1-3
竹苇深处西、南立面图

宜借以兴造盆景园，景点名"盎然清趣"。引流水穿谷而下，向西汇入仙湖。山地造盆景园学习避暑山庄山区建筑"因山构室"之法组成互为对景可合为一体的园林建筑群，自然光线采光条件好的一面，布置树桩盆景展室名"缩龙成寸"。相对一面坡地做山水盆景展室，名曰"卷山勺水"（图4-1-4）。山谷的中锋位置作为精品展馆，取名"萃锦堂"。于是宾主有位，高下相属，穿岩迳水，并以爬山廊串联，是一所山林气氛很浓的山地盆景园。

植物园有展览水生植物的内容，借仙湖东岸最北一条山谷曲折多变之因，采取分段截水于谷，形成不同水位、不同深度的水生植物展览区，并定名为"曲港汇芳"。岸坡自成湿生、沼生植物的植床。又汲取河南省百泉在水中架窄石梁穿水游览之法，为在水边、水中尽情地游览和观赏水生植物创造了良好的条件，恰与隔山邻谷之山地盆景园情趣迥异。

仙湖南渡口已有"芦汀乡渡"，北面还要设一渡口。借北岸山势陡峭，小辟山脚，填伸平台，借原址名"人山塘"而称为"山塘仙渡"（图4-1-5），寓"八仙过海，各显神通"之意。各显身手，用不同手段达到同一目的还是有现实意义的。平台铺地便借八仙手持的器物为形。

图 4-1-4
卷山勺水馆立面图

为了增加仙湖水面的层次感、深远感，同时就地平衡一部分土方，决定在湖中设岛，以形成山环水、水环岛之势。湖中设岛，因云雾所得虚无缥缈感更可平添仙意。有鉴于水面的尺度不大而深度深，不宜抄袭"一池三山"制，可以少胜多地安置一个透迤曲折的长岛低贴水面，位置居偏而引人注目，与周岸环境皆有协调和相互成景的关系。如前所述，借华南现存最古老的园林——南唐时之"九曜园"，园中药洲园与植物园药用植物相关，可以展示华南

特产药用植物，便造药洲山岛，蜿蜒回曲，尺度与环境相称并采取岸几与水平的低岸处理。建成后自水边观药洲，有若漂浮的仙山。主景区仙湖既成，围绕主景区上下左右，各借地宜造景，"景以境出"的理法避免了"千景一面"。

山塘仙渡和曲港汇芳间设一餐舫，"食在广州"反映这一带人民的生活特色。餐舫逆水湖泊而泊。舫分两体，母子相随。母舫两层，为营业空间，子舫为厨房。子舫居岸，母舫入水，舫之造型借民船气质，借航于山野间而称"野航"（图4-1-6）。

四、因地成景 · 组合成章

造园有布局，风景区也有布局，只是不同于造园多叨人力安排。风景区已具风景骨架，不是可以随意挪动的，顺其自然之理而成格局。仙湖是在梧桐山的环抱里造园，应据植物园分区内容和主要景点按因借之法选合宜的位置，使之各得

图4-1-5 山塘仙渡之南北立面图

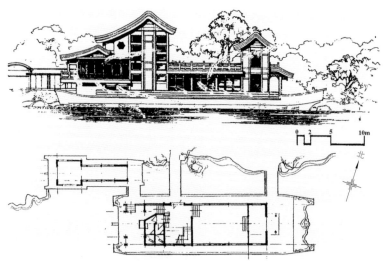

图4-1-6 山塘野航之平、立面图

其所。另一方面也要先立山水间架，而后施润饰细作，只不过这里是以动不了的真山为主，因此，湖岛和微地形处理要循山脉之走向，务求顺应自然。溪流是真的，仙湖是人工的，而只要遵从"疏水之去由，察水之来历"便可以进行分流、汇集、改水型等人为的艺术加工。最后将山水、建筑、园路、场地和植物山石等组合成一个整体，犹如文章一样，起、承、转、合，章法不谬。

五、运心无尽·精益求精

仙湖初步建成并开放后，得到同行和广大游人的赞许。1992年春，邓小平同志和杨尚昆同志来视察时也称赞这里环境优美。植物园后来又委托我们完成其他单项设计。如原来在西岸松柏区制高点上只设计了个"听涛亭"，并未攀上顶峰，只是想象松林听涛罢了，总觉未尽如人意。后来由植物园主任陈潭清和北京林业大学深圳分院院长何昉陪同，冒着酷暑攀岩穿林。待登顶一观，近俯水库曲岸绿水，港汊掩映，远眺市区，高楼广厦、绿树蓝天悉在眼底，极目远舒，顿开心境，自当借景发挥，故决定改亭为阁，景名"听涛挹爽阁"。因山势作南急北缓三层叠落的园林建筑组，主阁两层，下通陡岩，并出双廊合抱，亭、廊、台、阁、洞浑然一体，以人工之美入天然，气势恢弘而与山林环境相称。松柏区入口，本拟开山，出于保护自然山水资源，稍将入口南移退西，与两宜亭一明一晦，交相生辉（图4-1-7～图4-1-16）。

图 4-1-7
深圳仙湖植物园全景

图 4-1-8 仙湖湖景

图 4-1-9 仙湖黄昏

图 4-1-11 芦汀乡渡

图 4-1-10 仙湖黄昏

图 4-1-12 盆景园内景

图 4-1-13　仙湖秋色

图 4-1-14　仙湖药洲

图 4-1-15　竹苇深处

图 4-1-16　仙湖竹苇深处

第二章　奥林匹克森林公园之"林泉高致"

"林泉高致"是中国风景园林设计中心端木岐同志请笔者共同设计的奥运公园假山。以"林泉奥梦"为景题，强调中国传统园林中的堆山理水，师法自然。山为"呢喃山"，湖为"奥湖"。首先改直沟为逶迤而下的溪谷，以减少山洪地面径流的冲刷；以奥梦洞为重点，众泉自各处汇为一潭，寓世界各国健儿汇聚于此；循"玉宇澄清万里埃"之意，取名"澄潭"，寓同一个梦想——和平；石壁镌刻"异域同天"，以表示同一个世界。先设计模型，按模型施工，便于控制尺度、形象示意。这是有所创造性的设计方法（图 4-2-1～图 4-2-4）。

一、林泉奥梦

笔者与中国风景园林设计中心的端木岐同志

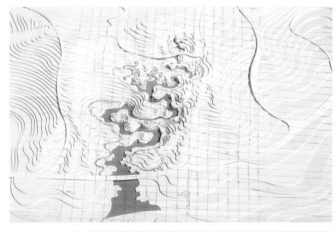

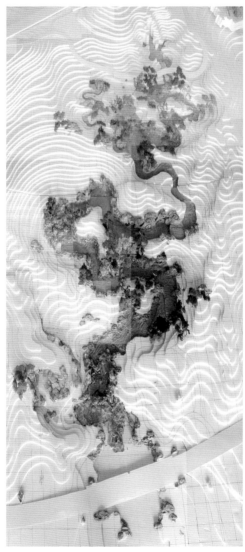

图 4-2-1
模型照片

合作承担了奥运会"林泉高致"的景点施工，设计并制作了设计模型。按照"同一个世界，同一个梦想"的主题，拟改景名为"林泉奥梦"。

二、同一个梦想

一个梦想是和平。凡是奥运会停办的时候都是战争的年代，如何用山水象征和平？借毛泽东的诗词"玉宇澄清万里埃"，就用这个澄清的"澄"，把下面这个水潭命名为"澄潭"，用这个"澄"来寓意澄清、和平。

三、同一个世界

用摩崖石刻的传统把"异域同天"四个字刻在石头上。大家还共戴一个天就代表一个世界。控制洞口喷雾的粒径形成人造的虹，

这个水到一定粒径后反映出来的就是人工虹。这个虹跟这个"奥梦"是统一的，就是有着梦的色彩。

"林泉高致"叠瀑位于"仰山"的西南余脉，景区环境相对幽静，设有三潭两峰，景区蜿蜒曲折，全长约370米。随山势形成一条溪涧瀑流，自北向南汇入"奥海"，构成山水相依的空间格局。其名取自北宋画家郭熙的画论名篇。此处为活水源头，清流顺势而下。

景区中山石层层叠叠，水流蜿蜒而下，落差20多米的景观中泉、小潭、溪、瀑一应俱全，人们在游览中移步换景，不仅能体验蜿蜒曲折的山石路，而且还能享受亲水、戏水的乐趣。

图 4-2-2
山溪入大湖处就微小
高差做成石滩，跌宕
湍急，水花翻白

图 4-2-3
山头以下松柏交翠处
叠石成峦，峦下洞出，
空灵莫测，漆泉广源，
汇聚澄潭，澄者"玉
宇澄清万里埃"，水
境之清平世界也

图 4-2-4
山溪中段，石岗分水，
递层下跌，谷静溪响，
天籁自成

第三章　2013 年北京花博会"盛世清音"瀑布假山设计

"山水心源"设计院承担了 2013 年北京花博会的总体设计和中国园林博物馆内外山水环境设计任务。2012 年初夏，该院院长、笔者的学生、好友端木歧君到家里向笔者布置了这项设计任务。特别欣慰的是他再三强调，不要着急，没有时间限制，慢慢做。笔者便领会设计质量第一的追求，急功近利出糙活，慢工出细活。这也是学生对年近八旬老师的关心和照顾，要笔者定心潜钻，贡献一份世代接力的文化。于是决定在家里做，朝夕相处，反复推敲，随时修改（图 4-3-1 ～图 4-3-7）。

此地何宜，山水环境天成，太行山、永定河的自然山水，大块文章并不因永定河水之不存而断绝了山水情意，石景山和鹰山作为太行余脉对峙东西两岸，山环水抱的大环境中寻觅瀑布假山的意境和地形物境。这里原来是永定河西岸的垃圾坑，尺度大而坑又深，经过初步填埋把高差降为 16 米，土山谷中汇水，自山上下跌为瀑布。便以"盛世清音"为名，以水来"广润苍生"。地球上需水的不仅是人类，凡有生命的生物都要水来滋润。还有一个新意就是响应北京市政府提出"化腐朽为灵奇"，体现了垃圾坑改造为园林的意境。其如"上善若水"、"无弦水乐"之类的传统诗意，也都可作为摩崖石刻布置，有了统一的诗境就可以融会多样内容。

有道是"有真为假，做假成真"，太行山总体浑璞磅礴，但雄中有秀。心中之山必然是大气磅礴、雄中见秀，不是江南玲珑剔透之秀，而是上房山、黑水潭、樱桃沟之秀。不以石皴取空灵，而以石洞涵空灵，石洞要有深远的特色，水从洞顶跌落而下。这其中必然又外师广西"德天瀑布"、

阳朔三向石洞之造化。为此将总高度划分为三段，山上落差 3 米，山腰落差 5 米，流程长而高差小，水势必缓，宜作递层跌水而下。而将山脚作 8 米高差的陡崖处理，洞先立主洞，借崖而起，独立端严，再以岩洞辅弼主洞，主次分明而又相依一体。山洞人化之处在于虚胸襟以求吸纳万物，渊源深远而流之不竭。南边层跌多重，北边却一弯滑落，性格相异而合为一体。

山的结构是"土山戴石"，先要在第一次地形设计的基础上进行第二次土山设计，主要是深化、曲化山谷并迴折山坡抱谷，务必将瀑布假山

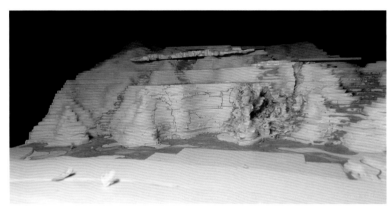

图 4-3-1　"盛世清音"瀑布假山模型设计：就势掇山，上瀑下洞

图 4-3-2　"盛世清音"瀑布假山模型设计：两维放线，三维烫形

嵌入土山谷中。借土山以为共鸣箱，以谷线汇水流，降水时自成排洪水道，土山、石山都要林木深蔚，水草丛生，生机盎然。

从胸中之山到眼中之山，从眼中之山到手中之山。总工程量约 1.1 万吨的石材，唯用烫制石山模型才能完成设计任务，再由假山师傅据模型空间结合实地、石材变模型空间为实际山水空间。

这在传统掇山工艺中是承前启后，与时俱进，是有所创新的。

古代传统假山模型是示意性的，不能指导施工，而统一于假山师傅抒发胸中所蕴。为了追求尽可能逼真和重量轻易于搬运，笔者用电烙铁烫聚苯乙烯酯，表面质硬如石，这也是与时俱进的创新设计工艺。

图 4-3-4　"盛世清音"瀑布假山模型设计：主洞端严，次相辅弼

图 4-3-3　"盛世清音"瀑布假山模型设计：因境筑山，谷中出瀑

图 4-3-5　"盛世清音"瀑布假山模型设计因山成水

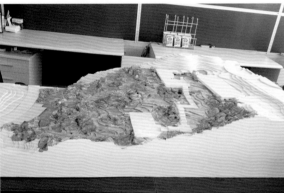

图 4-3-6 "盛世清音"瀑布假山模型设计

图 4-3-7 2013 年北京园博会"盛世清音"（孟兆祯设计，韩建伟施工）

第四章　杭州花圃设计

一、定性、定位与问名

（1）城市生产绿地发展为城市公共绿地。

（2）由以生产、科研为主，游览为辅的功能转为以展示花卉、结合休闲的游览休息功能为主，定为市级花园。

（3）名称由杭州花圃改为杭州花园，名与实符。

二、现状分析

1. 优势

（1）区位上乘。居西湖风景区中心西缘，西湖西进扩展水域首当之处。东有杨公堤车行道，西有龙井路，交通方便且与曲院风荷、金溪山庄水上花园、郭庄毗邻，共同形成水、陆游览线。

（2）西借南山南北两高峰，北有栖霞山为屏，山环水绕的宏观环境为借景提供了优越的条件。此处为西湖西部山区的冲积沉积的缓坡地，西高东低，与西湖水系的流向一致。在淤积土中尚保存有零星水面，具有扩充水面的潜质和人造微地形变化的基础。

（3）钱塘江引水可引至本园西南角作为补充水源，有改善水质和创造动静交呈水景的基础。

（4）本园已有盆景园、兰园、玫瑰园婚庆活动场地，有桂花夹道、广玉兰路和蒴花广场的建设成就；又有小隐园、天泽楼史迹的文化积淀。西湖西进总体规划在金沙涧中又辟小洲，兴建眺望双峰插云的观景楼等内容，为本园的发展创造了有利的总体关系。

图 4-4-1
杭州花园总体设计总平面图

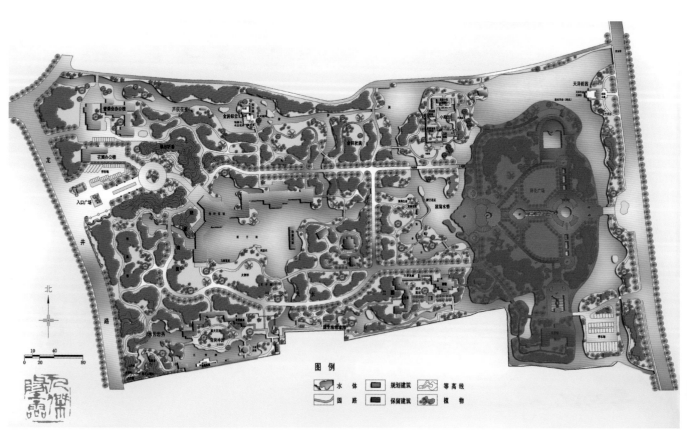

图例

水体　规划建筑　等高线

园路　保留建筑　植物

（5）杭州风景名胜区管理局、杭州园林设计院、杭州花圃对花圃的发展极其重视并具求实作风，杭州园林设计院和杭州花圃还提供了他们考虑的设计方案。

2．不足之处

（1）现状用地虽东西有数米之高差，由于坡长过大，地形上下起伏并不明显，基本是平坦的。西边桂花路一段南北皆较高。有互不贯通的零星水面，下接地下水而地面上不疏通，使水体自净能力差，且水景景观并不突出。

（2）原为生产性花圃，道路横直相贯以便捷为主，缺少自然迂回的变化。

（3）盆景园、兰园等原有建筑建设年代较久，数十年前的纯展览性内容不能适应社会生活的实际需要。对游人的吸引力不强，游人量相对也不是很大，土地资源利用有很大潜力未发挥。

三、山水间架与园路系统

西湖西进的项目宜以水为本，挖出的土方就地筑山平衡而无需外运。把原来从西面山上冲蚀下来沉积的淤土疏浚出来人工筑山，以西面山林为主体，向东衍生余脉。于西入口尽端和西南引水点两处筑山，结构都是土山戴石，以土为主，主要作为种植床布置木本和草本花卉。就造山理水的艺术而言，山有回接、环抱之势，兼得三远，岗连阜属，脉络相贯。西南墙角改泛漫而下的原地形为双坡夹谷。水有潆带之情，有聚有散，动静交呈。聚则辽阔，如鑑芳湖，散则潆洄，如汇芳漪、山花溪。山花溪落至11.5米的高程衔接汇芳漪，并以此水位北延至鉴芳湖，自鉴芳湖东部逐级跌水，至菰蒲水香水位达到8.2米。汇芳漪从东端水汊也逐级跌落与东面之水相衔接，水亦向北输入金沙涧东转（图4-4-1）。

布局是以集锦式为主，"地久天长"为中心景区。道路保留桂花路和广玉兰路，基本采用杭州园林设计院提供的方案，但在西南环线上作小改动。次路在尽可能利用原道路的基础上作自然式园路处理，成为三小环连接的大环（图4-4-2～图4-4-16）。

图4-4-2
杭州花园总体设计园路系统

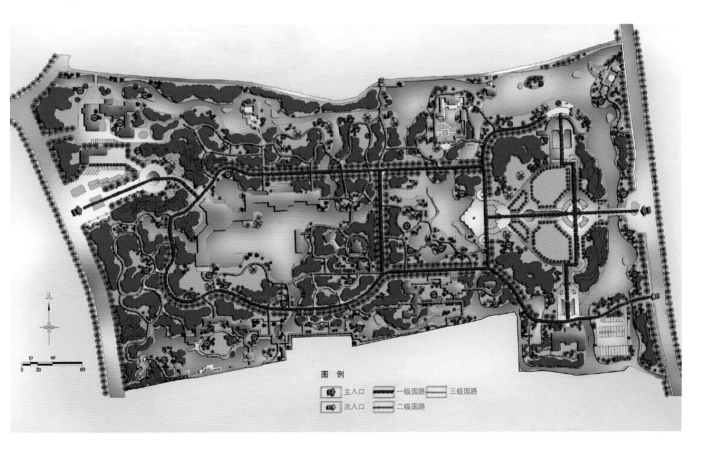

图例

🚩 主入口　▬▬▬ 一级园路　▬▬▬ 三级园路

🚩 次入口　▬▬▬ 二级园路

图 4-4-3 天泽栀茜

图 4-4-4 菰蒲水香

图 4-4-5 金涧仰云

图 4-4-6 芦荻花寮

图 4-4-7 小隐园

图 4-4-8 四时花馆

图 4-4-9 岩芳水秀

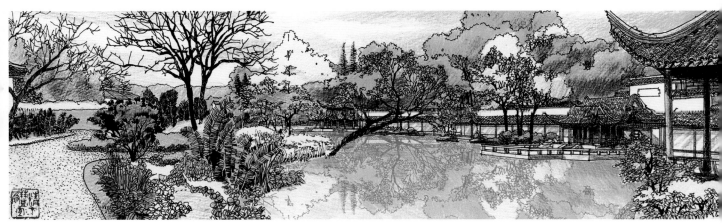

图 4-4-10 汇芳漪

图4-4-11　岩芳水秀建成实景（孟兆祯设计，楼建勇施工）

图4-4-12　小隐园建成实景

图4-4-13　汇芳漪建成实景

图4-4-14　天泽栀茜建成实景

图4-4-15　金涧仰云建成实景

第五章　河北邯郸市赵苑公园总体设计

一、概况

邯郸市位于河北省南部，晋、冀、豫、鲁交界地区，是河北省的第三大城市，属暖温带半湿润大陆性气候，四季分明，年平均气温 13.5 摄氏度，年日照时数 2297 ～ 2593.5 小时，无霜期为 181 ～ 202 天，主导风向夏季为南风，冬季为北风。年平均降雨量 592 毫米，雨量主要集中在 7 ～ 8 月，土壤全年蒸发量为 1826.2 毫米，对植物的正常生长不利。

邯郸是一座历史文化底蕴深厚的城市，距今已有 3000 多年的历史。战国时期为赵国都城，西汉时为全国五大都市之一，历史悠久，文化积淀深厚，为园景的创造提供了良好的文化背景。

赵苑园址位于联纺路以南，京广铁路以西，园内有插箭岭、梳妆台、铸箭炉等文物古迹，并建有九宫城、成语典故园、十二生肖园等景点。园内布局零乱，主题混杂，缺乏整体感，文物古迹多已残破不堪，极需整合；树种单调，生态效果不佳。

总之，在有如此悠久历史的文化名城中心留有如此规模的公共绿地确属不易，对此公共绿地的合理设计与运作，不仅可以体现邯郸赵文化的特色，展示邯郸市历史文化的魅力，而且有利于改善城市中心区生态条件，长久地造福于邯郸市民。

二、现状分析

（一）优势

（1）区位适中，效益明显。本园用地位于邯郸主城区南北向轴线主干道中华大街与东西向主干道人民路交会点的西北。四周分布人口集中的居民区并有方便抵达的交通条件。在城市热岛效应比较高的市中心能保留 70 余公顷的公共绿地，对于邯郸市大气环流带在生态环境方面有良好、显著的效益。同时在城市景观方面以大面积的自然环境调剂了过于人工化的市容，有利于发挥城市园林的综合效益，为市民提供优美的游憩环境。

（2）虽然已形成公园并投入使用，但对园内重要的历史文物遗址基本保护完好，保持了自然发展的状态而未进行重大破坏性的开发。诸如插箭岭、梳妆台、照眉池都属于这种情况。只是铸箭炉的遗址有所破坏。这便有利于总体设计的全面开展。

（3）园内地形地貌有自然起伏的变化。插箭岭逶迤曲折，具有动势的变化。梳妆台台地尚存，高下俯仰有所变化。台之东、南、西都有较低洼的地带可就低凿水。本园西北面又可引来水质较好的高水位人工水源，入园应用后可从园东南引出，来有龙去有脉，在理水方面也有较好的条件。有望建成具有中国传统特色和邯郸地方风格的写意自然山水园，从城市生态和景观而言也是十分有利的。

（4）邯郸历史悠久，文化积淀丰厚，为园林借景手法的应用提供了独特、优秀的素材来源。

（5）已经开发的公园和以前的规划方案为我们提供了大量的实践经验。由于尚待开展全面建设，地下、架空的设施不多，便于新的总体设计。

（6）邯郸市人民和领导寄厚望于赵苑，重视和支持此园的建设。

（二）劣势

（1）经长期的天然冲蚀，古代遗址的地形地貌遭到自然水土冲刷的破坏。丘陵和台地的高度有所降低，坡断谷堵，地形现状破碎不整，有些荒芜景象，亟待整理。

（2）有些原景点题材抓得不够准，设计欠精求，施工材料和质量不高，不能满足游人日益增长的游览休息要求，形成留之无用，弃之又可惜的局面，如九成宫和成语园等。

（3）园路直且平，有的路段还过于宽大，人工化整形布局的气氛太浓，缺少自然式布局，因此比较平板、呆滞，须进行大力改造。

（4）植物种类不够丰富和多样化。基本无古树名木，种植有些杂乱，未形成群落关系，在景观方面也成不了气候。

（5）土壤比较贫瘠，须更换部分种植土。

总的看来，优势是本质的和主要的，不足之处可以补足或尽可能补足。

三、设计依据

（1）邯郸市绿地系统规划；

（2）甲方提供的地形图及相关材料；

（3）与当地城建、园林、文物各单位专家领导座谈记录；

（4）公园设计规范。

四、定位、定性与问名、立意

此园在城市绿地系统中属于公共绿地的类型，而且应该是邯郸市中心公园（图4-5-1、图4-5-2）。症结点在于用地内有较多的历史文化遗址，是作为古代的苑来定性，或是具有古文化遗址的现代公园呢？经过分析，我们认为尽管此地有大北城的部分土城遗址，梳妆台、插箭岭的遗址比较确切，而铸箭炉、照眉池位置并不是很确切的。另外，遗址上除梳妆台有点卵石散水的痕迹外，几无所存。还有些历史情况不清楚，如丛台西界何处，丛台中的妆台是否就是这里的妆台等，尚很难定。因此作为古代的苑来复原缺乏科学和艺术的历史依据，不可能，也不必要建一座古苑。而作为有历史文物古迹的现代公园是现实的，如同北京陶然亭公园、上海新建的古城公园一样。后者并没有恢复明代古城墙，只是象征性地做了一点叠雉墙和吊桥，而且是完全用现代建筑处理的。我们的思想与之相近而又有所不同。园之名称宜反映园的性质。古并无赵苑的名称，现代当然也可以新名赵苑，但总觉未尽如人意，诚如在邯郸专家座谈会上有些专家的意见，是以

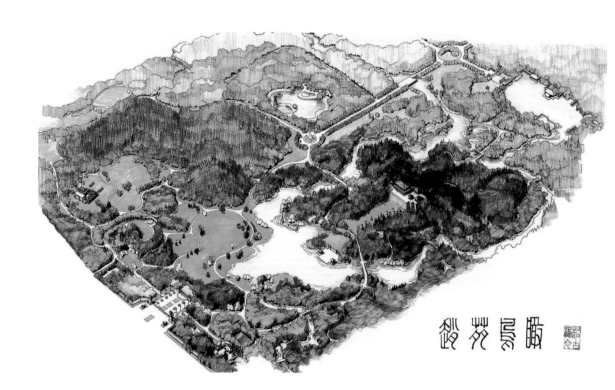

图4-5-1
赵苑公园鸟瞰图

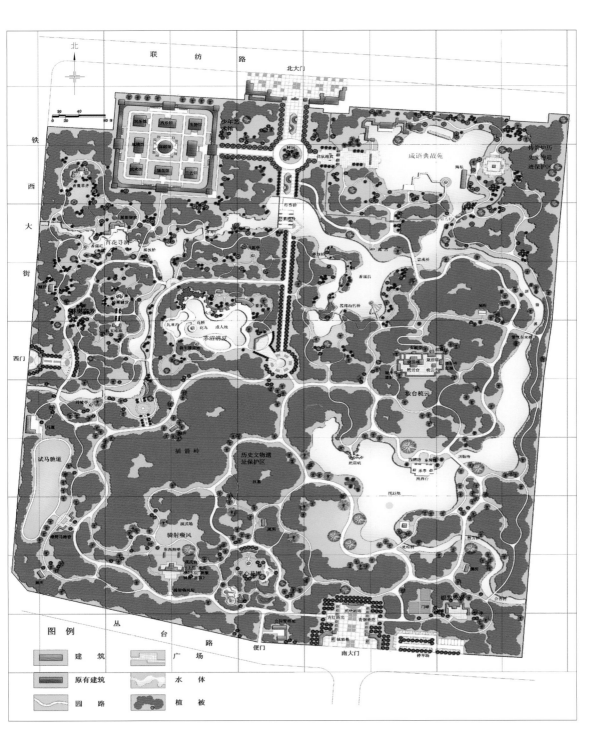

图 4-5-2
赵苑公园平面图

古景名称今园。从总体看，梳妆台当是构图中心，是公园主景，莫如称为邯郸市梳妆台公园更为相宜。我们为公园立意："人与天调，茹古涵今。"就是在人与自然相协调方面，将古代文化和现代文化结合在一起，交相辉映，创造具有中国特色，密切结合现代社会生活的需要，具有邯郸地方风格的城市公园。

五、功能分区

根据本园实际情况对功能分区设想如下：

（一）历史文物遗址保护区

禁止兴建活动，游人可观赏而不准入游，包括汉墓群及铸箭炉。大北城墙址不准兴建建筑物和构筑物，可以种植植物，开放游览。

（二）历史名迹开放区

包括梳妆台、照眉池、插箭岭。在遗址上重建或新建景点，对游人开放游览。

（三）新建文化休息游览区

1．老年人文化休息区——银发松寮

2．儿童活动区

（1）儿童游戏场——童心花圃；

（2）少年儿童艺术宫。

3．青少年文化休息活动区

（1）茅沼消夏（设儿童泳池）、箭靶场、跑马驰道、斗鸡场等；

（2）陶心嗟艺（陶制品作坊、展厅）。

4．表演区——照眉台、大草坪

5．安静休息区——林樾宿芳

（四）公园管理区

（五）门区

南门为主（图4-5-3），保留北门和南门西侧的管理用门，新辟西门。

六、布局

（一）塑造自然山水园的间架（图4-5-4）

用地内有丘陵、台地高矗，也有低洼下沉地带，具有山水园的地形基础。造山理水的目的在于根据多样化植物的不同生态环境条件要求创造干、湿，阴、阳，向、背，各得其所的地形地貌。落实生物多样化首先要创造多样化的环境，同时借以划分和组织空间，构成山环水抱的自然空间和气氛。主要内容是回坡还谷，将自然冲蚀的破碎地形按自然地形的规律恢复原貌，并在此基础

上创造人工微地形变化，组织地面排水和空间性格的变化。一切景物均从地面上产生，有了优美的山水地形，建筑借以发挥"因山构室，其趣恒佳"之妙，植物种植得以有高下的变化，园路也随地形而迂回曲折。

按"独立端严，次相辅弼"的主次、先后顺序，先把梳妆台的形胜树立起来。其位置居中而偏东，有高下变化而欠突出。采用"据峰为台"的做法，按古代当时"明台高堂"之制，在山顶上立起高约9米的包石填土台。台按照考古成果公布的南楼北台的位置和尺度定位地盘。将原南、北两楼三台提炼为一个南楼北台，以石栏和墙作范围。梳妆台既起，四周山形按脉而下，以陡坡与台衔接，取负阴抱阳之势，向照眉池再拉为缓坡草地，低平入水，以造就照眉平台伸出水面之势，近水楼台先得月。

主山端严已形成，插箭岭和北面的小山就呈客山之势向主山奔趋。在利用自然地形的基础上稍加改造便可奏效。梳妆台还要借水势而显赫。将宽阔的照眉池置于台之南向，兼用主景升高和主景前留空的手法使台地更突出。从水势而言，取两水夹山之势，环山皆以水为带。既有"聚则辽阔"的照眉池，又有"散则潆洄"的胭脂溪，使其兼得阔远、深远、迷远的水景三远变化。

再生水自西北来。考虑到公园北面道路已成而西边道路尚未建成，引水自西面偏北入园。这里自然地形与照眉池水位有约10米之差可以利

图4-5-3
南大门实景

用，使水景"动静交呈"。水源以涌泉出水，据地形做成谷，由深而浅，跌宕而下，自然山石掇成溪岸，沼生植物散布石间。自梳妆台西北即成照眉池水面，照眉台西有照眉矶平伸岸边。照眉池设计水位为59.5米，池底标高为57.5米。

临照眉池南面的草地向池倾斜，从东西两面合抱水池，这对主景梳妆台也是前呼后拥的陪衬。原东北水面衔接后用闸桥控制。

北门对景改假山为树坛（图4-5-5）。以土山中隔，向南北两面回抱，山上植树群，乔、灌、草一体。"茅沼消夏"以钢筋混凝土塑山为更衣室，更衣室北接土山，透迤而下。

（二）园林建筑布置结合创造赵苑八景

1. 妆台梳云

塑造阴柔之美，表现邯郸的妇女文化，带有脂粉气。张昱《美女篇》诗咏："燕赵有美女，红莲映绿荷，佩环雕夜玉，团扇画春罗，流盼星光动，曳裾云气多，回车南陌上，谁不住鸣珂？"由此可见一斑。

台上根据考古资料的位置和面阔设梳妆楼。由台之北偏东"红妆门"进入妆台，台之东西亦有山路南下照眉池。梳妆楼东出廊与"黛眉馆"相连，北出平行的东西廊与北边廊衔接。黛眉馆正对红妆门。红妆门东接廊南折居东面西而为"霞标吟红榭"。西接廊南转居西面东而安"晓丹晚翠轩"。轩接廊东出又与梳妆楼相连。台东南秀出"梳云亭"。整个建筑组主次分明，大小相济，高低相承，廊墙凑合，高台明堂。《古今图书集成·考工曲·宫殿郭》说："可知图说曰于室之四阿皆为重屋。郑锷曰其屋则重檐，以深密故因此名之焉。凡上代之制大抵学者相传皆谓之明堂。"台上散点四卷山石，各镌"闭花"、"羞月"、"沉鱼"、"落雁"，以物我交融的中国传统理念渲染古代邯郸美女的写意境界。台外石内土，台上种植松柏和花灌木。梳妆台为登眺市容和园景的所在，兼备得景与成景。

梳妆楼实用功能为展示古代邯郸宫女在梳洗、装扮和服饰方面的文化成果并作为现代美发、美容和服饰设计研究中心。游人可以参与活动，并有服装模特表演。余为服务兼游息性建筑。建筑用现代材料，屋盖木构。在形制、比例、尺度、色彩、质感方面吸取古赵园建筑的某些因素。四阿顶收山，大斗栱大出檐，土墙黛瓦，但并非夯土墙，只是新材料给人以夯土墙色。

妆台下照眉池设两牌坊东西对称作为水平台背景。元代无名氏《峰案齐眉》第一折有"懒设设梳云掠月，意迟迟傅粉施朱"句，故东石牌坊南额题"梳云"，北额题"掠月"。西石牌坊南额题"傅粉"，北额题"施朱"。"妆台梳云"的景名亦由此来。东西两牌坊间为照壁，前引曲尺形平台伸出水面，作低石栏，平台西侧有照眉矶与之呼应（图4-5-6、图4-5-7）。

2. 骑射嘶风

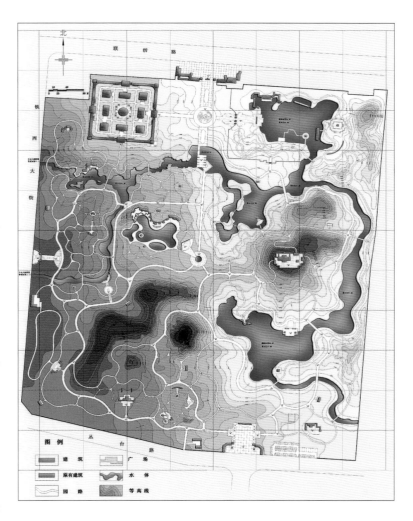

图4-5-4
赵苑公园竖向设计

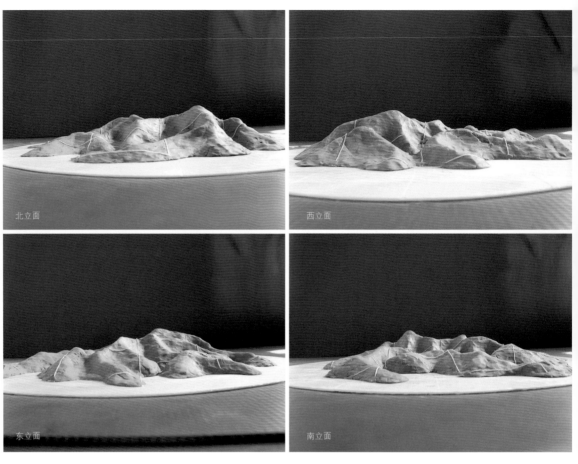

北立面　西立面

东立面　南立面

图 4-5-5
北门树坛立面图

　　与妆台梳云相对应，展示阳刚之美，带有威武盖世的甲胄气氛。主路西引可见转折处的骑射坊，正面额题"啸风"，背面额题"咤云"。观武台高据台上（图 4-5-8），为上轩下室式重屋，坐南面北，有跌落廊引下。下层展示胡服骑射的碑刻，以文辅图。按王问肥仪、制冠惠文、上褶下袴、贝带双履、革华靴跨、大招小腰、白虎纹剑、所向披靡、兴国强邦的顺序展开。观武台北两边有引向演武场的东、西照壁墙。东镌"胡服骑射"、"定国安邦"；西刻"战马嘶风"、"铜箭啸云"；观武台额"万乘强国"。二壁导向演武场。场上古兵器陈列，洗王石（即上马石）稳安，绿毯衬靶的，弓弦啸箭。西设马厩和试马驰道封闭性的试马场，中心部位有"绿野马蹄香"的服务点供应餐饮（图 4-5-9）。胡服骑射不仅是宣武，更在赵武灵王锐意改革的思想，他说："夫服者，所以便用也。礼者，所以便事也。圣人观乡而顺宜，因事而制礼，所以利其民而厚其国也。故礼世不必一道，便国不必法古。"

　　3. 银发松寮
　　南门东侧土阜环抱、松柏交翠之处设专为老年游人晨练、弈棋、遛鸟、度曲、卵石脚疗和室内品茗、阅览之所。主建筑银发松寮东西出廊，西厢有天寿亭与松鹤斋。室外有草地门球场和石桌石椅。松柏荫翳，鸟语花香。

　　4. 童心花圃
　　南门西侧，山前坪地，树林围合，林缘花境。以自然式小路划分儿童游戏场，游戏器械和场地散布其间。器械下面人造软塑铺地。北端有集中的阅览和服务设施。中心部位设花架供成人带儿童休息。

　　5. 茅沼消夏
　　改原矩形游泳池为园林式游泳池。池岸自然流畅，岛、堤相拥。既有足够的直线距离，又可穿堤登岛。池北有茅茨土风廊供休息和观赏（图 4-5-10）。沿廊衍生出单栋茅亭则供钟

图4-5-6 照眉矶

图4-5-7 照眉矶模型

图4-5-8 观武台

图4-5-9 绿野马蹄香

点租用。廊东头设香茅酒吧提供冷餐、冷热饮服务（图4-5-11）。更衣室外罩黄石塑山，石山北连土山，高林巨树边缘繁花盛开。更衣室东出为消毒池、儿童池和成人池。池南设救生瞭望塔，土风廊北有医务室。现代生活、现代文化与古文化交相辉映。

6. 林樾宿芳

记载中的丛台有果园之说。本园插箭岭西北一带，地势平缓，稍加微地形起伏的变化便可具备低阜、缓坡、浅谷、平坝的地形基础。按照地带性植物群落分布的特性种植植物。商周时期河北省山地与平原密布原始森林、低湿洼地和沼泽、湖泊。湿地周围分布着喜湿的乔灌木和草本植物。战国末期只剩下天然次生林。太行山前的平原常绿针叶树以油松、侧柏、桧柏、云杉、冷杉等为主，阔叶树以银杏、槐、桑、栎、榆为主。河北有核桃（麻核桃）、栗树、枣树、柿树、枸杞、山楂等水果和干果。以乔木为骨架，灌木为林缘和林

下种植，再运用宿根花卉在林缘路边作四时演替的花境种植。在林樾浓荫中透赏莳花，这便是"林樾宿芳"的总体构思（图4-5-12）。自北而南可片带结合划分为榛栗罅发（榛栗峪）、丹柿红云（丹柿坡）、红实皓齿（石榴坪）等干果与专类植物、宿根花卉结为一体的散步休息区。游人可参与采果、鲜花馔等领赏自然的活动。每个小区都有相应的服务性建筑和设施。其间园路、铺地也以花果为装饰拼花块料的题材。适当布置因境生情的合宜小品，如银杏树下公孙弈等。

7. 百花弄涧

这是一篇引水入园的溪涧文章。所谓"未必丝与竹，山水有清音"。土山戴石的山谷不仅成为山水清音的共鸣箱，而且石间湿地是喜湿的乔灌木和湿生、沼生花卉生长和繁衍的温床。直矗如剑的苍蒲、水葱，箭叶舒张的慈姑，花如飞蝶的鸢尾，浮叶生金的荇菜以及与流水相依的西洋菜，可以欣赏百花弄涧的山水清音。水得地而流，

图 4-5-10　茅沼消夏

图 4-5-11　香茅土风吧

图 4-5-12　林樾宿芳

地得水而柔。山石为岸为砥，扩岸出水，加以百花掩映，为人们的游息活动平添了兴致，也为百花生息创造了永续发展的环境条件（图 4-5-13）。

8. 陶心嗟艺

制陶艺术是邯郸自古至今的地方特色文化。现代社会生活中不少人对参与制陶有十分浓厚的兴趣。从选泥、揉泥、制坯、整形到着色、烧窑，再到陶艺品出窑，人们便领赏到陶艺的成果。利用原成语园的水面，新建与水园相称的建筑组，以伏驼迎宾开始，历经陶艺史馆、陶艺精品馆和

陶艺作坊等可以尽情欣赏和参与陶艺行为（图 4-5-14）。借陶艺之陶亦陶冶之陶，取景区名为"陶心嗟艺"。原园岛称为"陶岛"。因水为石舫以供应香茗和陶茶具。人赏陶艺犹如信航于陶海，故茶舫名"陶航"。

赵苑八景即：

1. 妆台梳云

（1）梳妆楼；（2）黛眉馆；（3）霞标吟红榭；（4）晓丹晚翠轩；（5）梳云亭；（6）东石牌坊（南额题"梳云"，北额题"掠月"）；（7）西石牌坊（南额题"傅粉"，北额题"施朱"）；（8）照眉矶；（9）照眉池。

2. 骑射嘶风

（1）骑射坊（正面额题"啸风"，背面额题"咤云"）；（2）观武台（额"万乘强国"）；（3）东照壁墙（镌"胡服骑射"、"定国安邦"）；（4）西照壁墙（刻"战马嘶风"、"铜箭啸云"）；（5）试马驰道；（6）绿野马蹄香。

3. 银发松寮

（1）银发松寮；（2）天寿亭；（3）松鹤斋。

4. 童心花圃

5. 茅沼消夏

（1）茅茨土风廊；（2）花岛。

6. 林樾宿芳

（1）榛栗镈发；（2）丹柿红云；（3）红实皓齿；（4）香曼草茅。

7. 百花弄涧

（1）摇影绿波；（2）怀素抱朴。

8. 陶心嗟艺

（1）伏驼迎宾；（2）陶心漪；（3）陶岛；（4）陶航。

9. 南大门

（1）古灯新光；（2）青铜新葩；（3）镇邪兽。

总的思路是园中有园，景中有景。

原九宫城在建筑物可利用的时期内改建为少年儿童艺术宫，中心建筑作展馆，余为民乐宫、西乐宫、舞蹈宫、书画宫、武术宫、工艺宫、插

图 4-5-13　百花弄涧

图 4-5-14　伏驼迎宾

花宫、生物宫。

（三）园路和场地

总的原则是可以利用的原园路尽量利用，但不因迁就原有园路而损害园路新系统的格局。如北门南北向中轴路和部分东西向的直路都加以利用，并在利用的基础上进行改造。破除原来南北和东西轴线十字形、丁字形交叉的整形式道路布局，建立了自然式道路布局的体系。主路 5 米宽，次路 2.5 米宽，小路 1.5 米宽，主次分明，导游清晰。鉴于公园面积大，主路以景区环路为主，环间连贯，向北归于北门中轴道路。园之东北铸箭炉遗址要保护，陶湖沿岸有园廊导引，主环路就不穿过这一带了。梳妆台由主环路引入，次路导于山上，基本上是大环包小环的园路结构，自然式园路布局，场地有正有变。北门内假山改为树坛，错轴处改为水上广场怀素抱朴（图 4-5-15），"茅沼消夏"前改为水景广场。园路与地形的关系不是园路切割地形，而是路随地形而高下回转。主路和次路皆为整体路面，"林樾宿芳"景区的次路和全园小路都是块料路面。园路与水面相邻处，不是一味地近水，而是若即若离，重逢如初见（图 4-5-16）。

七、植物种植

1. 种植规划原则（图 4-5-17）

（1）河北省在历史上曾是森林繁茂，气候宜人，景色秀丽的富庶之地。随着人类的繁衍，社会的进步，农业的发展，大规模的垦殖和工业兴起，特别是频繁的战争，森林受到大面积的破坏。全省生态环境进一步恶化。因此，在城市建设风景园林绿地过程中，必须遵循适地适树的原则，根据地带性植物分布的区系，反映北温带南部植物群落景观，选用适宜树种，充分体现北温带植物景观风貌，本园地形设计已有溪、涧、池、湖和湿地、坡地、谷地的生态环境，要选与之相宜的植物种植。采取因地制宜，借景而植，巧于因借的艺术手法。主要是自然式种植，孤植、丛植、群植各得其所。

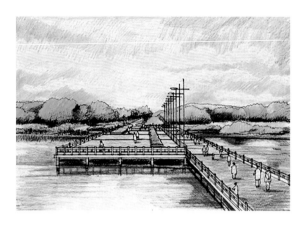

图 4-5-15
怀素抱朴

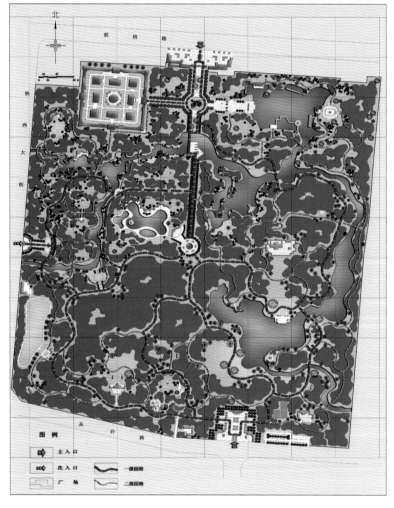

图 4-5-16
园路系统

择方面，尽可能多样化，初步考虑全园植物种达到 1000 种。

（4）从古诗中追溯植物种植的景象。

2.分区规划

根据景点的意境及使用功能，种植规划按植物特点进行安排：

（1）骑射嘶风之插箭岭：地势高燥，阳光充沛，宜以侧柏与油松为基调，下木为耐旱灌木，荆条、枸杞、山枣、绣线菊属等为主。

（2）梳妆台：油松、白皮松、桧柏、侧柏与梧桐、合欢、元宝枫、金银花、紫花地丁、凤仙、牡丹、芍药等为主。唐代诗人刘言史《春过赵墟》有"古柏重生枝亦干"句，明代文人白南金《丛台吊古》有"妆阁名花照罗绮"句。

（3）古丛台南为漳水，唐代诗人岑参《邯郸客舍姬》有"客舍门临漳水边，垂杨下系钓鱼船"句。溪池水系周边，以垂柳、银茅柳、水杉、乌桕、枫杨为主。

（4）园址临京广铁路线界边，主要考虑隔离噪声和天际线变化。以高大乔木青杨、河北杨、麻栎，下木伴有桧柏、云杉，速生与慢生混交林为主。消除噪声主要通过摩擦减噪，因此要选取枝叶密生、枝密叶小、叶面粗糙的树种以加强减噪效果。

（5）林樾宿芳：以华北地区的干果类为主，如山楂、李、君迁子、柿树、杏、沙果、樱桃、石榴为主，乔木以银杏、桧柏、白皮松、油松、麻栎、栾树、元宝枫等为主。灌木以丁香、碧桃、紫薇、月季为主，秋色叶灌木以黄栌、盐肤木为主。

花卉园布置成地形起伏土山带石的自然式丛植宿根花卉园，如鸢尾、萱草、石竹、芍药、羽扇豆、矮牵牛、美女樱、蜀葵、晚香玉、荷兰菊等。

（6）沼生及水生植物园：自园西北百花弄涧，引入曲折的小溪，随地势地形高低起伏，水位高低不同，种植沼生、湿生、水生的植物，如睡莲、荷花、鸢尾、水葱、菖蒲、千屈菜等。

（7）其他部分：如主要出入口，景点主体建

（2）赵苑在历史上属于赵国的皇家园林，有着悠久历史，在树种选择及种植方式上需体现历史景观特色，创造情景相融的交汇。

（3）赵苑在城市建成区中心环境条件下，因此又要为城市居民创造一个绿树成荫、生态良好的休憩游览场地。特别对青少年一代，要在给予文化科学知识方面，"寓教于乐"。在植物种类选

筑等重点部分，种植中国传统的油松、白皮松、银杏、白玉兰、蜡梅、朴树、榉树，以自然生长、树姿优美的庭园树为主。

3. 种植群落结构

突出北温带南部地带性植物群落组合为主的常绿落叶混合林型。建议吸取如下地带性植物群落结构。

（1）太行山南段低山平原区

侧柏、油松、锦鸡儿、沙枣、荆条、黑胡子草。

（2）冀南低山平原区

杨属＋山楂＋木瓜＋麻叶绣球；

油松＋侧柏＋荆条＋枸杞＋山梅花。

（3）太行山南段低山

栓皮栎＋槲树＋鹅耳枥＋黄栌。

赵苑种植方式以树群、树丛、树林（混交、纯林），孤植、草坪、花丛、花境等形式组成，以与中国传统园林艺术风貌相呼应，相协调。

4. 植物种类规划

（1）乔、灌木树种名称

银杏（*Ginkgo biloba*）、油松（*Pinus tabulaeformis*）、白皮松（*Pinus bungeana*）、白杆（*Picea meyeri*）、水杉（*Metasequoia glyptostroboides*）、圆柏（桧柏）（*Juniperus chinensis*）、偃柏（*Juniperus chinensis* var. *sargentii*）、侧柏（*Platycladus orientalis*）、千头柏（*Platycladus orientalis* 'Sieboldii'）、千头椿（*Ailanthus altissima* 'Qiantou'）、小叶杨（*Populus simonii*）、青杨（*Populus cathayana*）、银芽柳（*Salix × leucopithecia*）、馒头柳（*Salix matsudana* 'Umbraculifera'）、栾树（*Koelreuteria paniculata*）、枫杨（*Pterocarya stenoptera*）、麻栎（*Quercus acutissima*）、榔榆（*Ulmus parvifolia*）、朴树（*Celtis sinensis*）、牡丹（*Paeonia suffruticosa*）、紫叶小檗（*Berberis thunbergii* f. *atropurpurea*）、紫玉兰（*Magnolia liliiflora*）、玉兰（*Magnolia denudata*）、荷花玉兰（*Magnolia grandiflora.*）、黄栌（*Cotinus coggygria*）、蜡梅（*Chimonanthus*

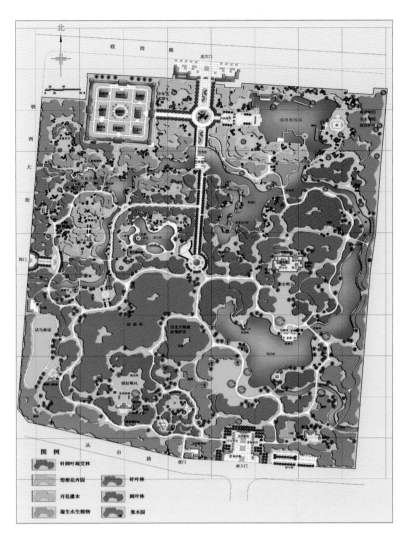

图 4-5-17
种植设计平面图

praecox）、山梅花（*Philadelphus incanus*）、贴梗海棠（*Chaenomeles speciosa*）、山楂（*Crataegus pinnatifida*）、重瓣棣棠花（*Kerria japonica* 'Pleniflora'）、沙果（*Malus asiatica*）、杏（*Prunus armeniaca*）、毛樱桃（*Prunus tomentosa*）、重瓣榆叶梅（*Prunus triloba* 'Multiplex'）、樱花（*Prunus flowering cherry*）、黄刺玫（*Rosa xanthina*）、珍珠梅（*Sorbaria sorbifolia*）、麻叶绣线菊（*Spiraea cantoniensis*）、合欢（*Albizia julibrissin*）、紫荆（*Cercis chinensis*）、槐（*Sophora japonica*）、紫藤（*Wisteria sinensis*）、锦鸡儿（*Caragana sinica*）、楝（*Melia azedarach*）、乌桕（*Sapium sebiferum*）、火炬树（*Rhus typhina*）、黄栌（*Cotinus coggygria*）、扶芳藤（*Euonymus fortunei*）、元宝枫（*Acer truncatum*）、栾树（*Koelreuteria paniculata*）、

五叶地锦 (*Parthenocissus quinquefolia*)、梧桐 (*Firmiana simplex*)、紫薇 (*Lagerstroemia indica*)、四季石榴(*Punica granatum* 'Nana')、柿(*Diospyros kaki*)、君迁子(*Diospyros lotus*)、暴马丁香(*Syringa reticulata* var. *amurensis*)、紫丁香 (*Syringa oblata* var. *oblata*)、白丁香 (*Syringa oblata* var. *alba*)、迎春花 (*Jasminum nudiflorum*)、枸杞 (*Lycium chinense*)、楸 (*Catalpa bungei*)、金银木 (*Lonicera maackii*)、金银花 (*Lonicera japonica*)、刚竹 (*Phyllostachys sulphurea* var. *viridis*)、淡竹 (*Phyllostachys glauca*)。

(2) 宿根花卉类

山荞麦 (*Fallopia aubertii*)、石竹 (*Dianthus chinensis*)、皱叶剪秋罗 (*Lychnis chalcedonica*)、华北耧斗菜 (*Aquilegia yabeana*)、芍药 (*Paeonia lactiflora*)、荷包牡丹 (*Dicentra spectabilis*)、紫罗兰 (*Matthiola incana*)、黄羽扇豆 (*Lupinus luteus*)、红花酢浆草 (*Oxalis rubra*)、宿根亚麻 (*Linum perenne*)、千屈菜 (*Lythrum salicaria*)、宿根福禄考 (*Phlox paniculata*)、忽忘草 (*Myosotis sylvatica*)、美女樱 (*Verbena* × *hybrida*)、矮牵牛 (*Petunia* × *hybrida*)、桔梗 (*Platycodon grandiflorus*)、半边莲 (*Lobelia chinensis*)、荷兰菊 (*Aster novi-belgii*)、矢车菊 (*Centaurea cyanus*)、大滨菊 (*Leucanthemum* × *superbum*)、

大花金鸡菊(*Coreopsis grandiflora*)、大丽花(*Dahlia hybrids*)、百合 (*Lilium brownii*)、风信子 (*Hyacinthus orientalis*)、萱草 (*Hemerocallis* hybrids)、郁金香 (*Tulipa gesneriana*)、石蒜 (*Lycoris radiata*)、晚香玉 (*Polianthes tuberosa*)、唐菖蒲 (*Gladiolus hybrids*)、鸢尾 (*Iris tectorum*)、射干 (*Belamcanda chinensis*)。

(3) 水生花卉类

①湿生、沼生、水生花卉

宽叶香蒲 (*Typha latifolia*)、水葱 (*Schoenoplectus tabernaemontani*)、菖蒲 (*Acorus calamus*)、金钱蒲 (*Acorus gramineus*)、水芋 (*Calla palustris*)、马蹄莲 (*Zantedeschia aethiopica*)、德国鸢尾 (*Iris germanica*)、荷花 (*Nelumbo nucifera*)、睡莲 (*Nymphaea tetragona*)、千屈菜 (*Lythrum salicaria*)、慈菇 (*Sagittaria trifolia*)、芦苇 (*Phragmites australis*)。

②浮水 (水生花卉)

槐叶萍 (*Salvinia natans*)、浮叶慈姑 (*Sagittaria natans*)、莼菜 (*Brasenia schreberi*)、萍蓬草 (*Nuphar pumila*)、芡实 (*Euryale ferox*)、菱 (*Trapa bispinosa*)、荇菜 (*Nymphoides peltata*)、西洋菜。

八、用地平衡表

九、投资估算表 (略)

十、建成实景 (图 4-5-18、图 4-5-19)

用地平衡表

序号		用地名称	用地面积 (亩)	所占比例 (%)
A		陆地用地	1046.21	90.3
	1	原有建筑用地	8.97	0.86
	2	新增建筑用地	9.38	0.90
	3	道路广场用地	100.62	9.62
	4	绿化用地	927.24	88.62
B		水体用地	112.59	9.7
C		总面积	1158.80	100

图 4-5-18
赵苑公园实景

图 4-5-19
古迹公园与现代生活
皆放入赵苑中

第六章 中国工程院综合办公楼园林绿化环境设计

一、遵循的理念

中国传统文化理念强调"人与天调，天人共荣"，落实到现实就是城市环境的协调统一。

二、现场分析

场地坐北朝南，居高临下。仰德胜门独立端严之古城风貌，俯北护城河碧水东流之风情。依德胜门之西北而自成独立之空间。环境之大要可概括为：南敞、北狭、西寂、东喧。有自然地势高下，保留了国槐等老树，建筑设计已成空间划分与性格的基础等优势。建筑占地面积大，绿地率相对小，自然地面被人工切割而不完整则是需面对的不足之地。要尽可能地"彰瑜掩瑕"，俾求尽可能地完美。

三、设计立意原则和目标

意在手先。作为总体的专项建设务求与建筑相协调，共同构成力求完美的整体。院士是人民的儿子，以天下为己任，从园林环境而言，塑造"平

凡院士，砥柱栋梁"之家的意境。总原则是建设具有中国特色和北京地方风格，密切结合中国工程院综合办公、工作和休息的现代社会生活需要，融生态环境效益、造景和丰富的文化内涵为一体的单位专用园林绿地。充分发挥中国园林艺术"盖以人为之美入自然故能奇，以清幽之趣药浓丽故能雅"的优势和潜力，力争达到国内和世界先进水平，这是要以实相符的，要倚仗设计、施工和养护管理的三次环节的实践(图4-6-1，图4-6-2)。

四、园林环境设计举要

大致可分以下几个景区和景点：

1. 南门环境

由于有"代征绿地"的接济，现在南面很开敞。虽自北入院，可从景观而言是南面为主。北京的不利生态因素是干燥，因此要尽可能地在有限的土地资源条件下扩大绿量和绿视率。寻觅"将城市和建筑建在绿色中"的向往。原地形从东、

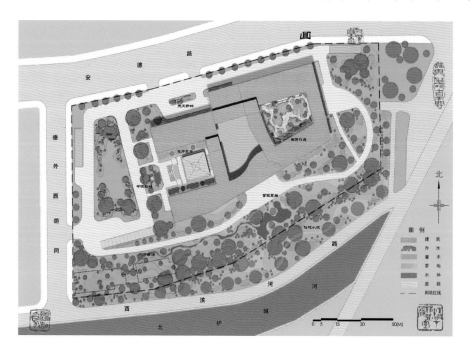

图 4-6-1
中国工程院平面图

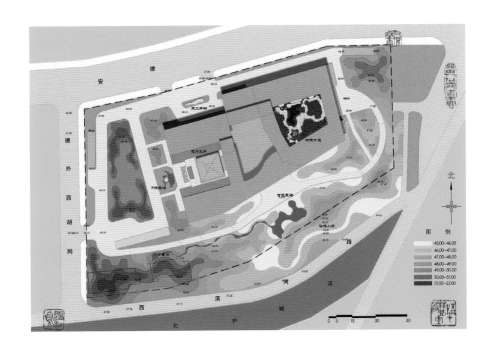

图 4-6-2
中国工程院竖向设计图

西两面向南门倾斜。西约比南门外地坪高 5 米多，东约比南门外地坪高 3 米多。如将人工平坡改为"平坂小岗"的自然地形，地势自东而西逶迤而下，交错环抱，可形成翠岗交拥、左右逢源之自然形胜，以调剂庞大的建筑。土阜的表面积大于底面积，这无疑增加了植物种植面积。就景观而言，大楼前面两山交夹而将建筑烘托为山林楼宇。建筑正面迎人而绿地左右斜插，山林迤岭交覆，借以充分发挥"两山交夹，石为牙齿"的画理。在大楼背景的衬托下，植物的天际线轮廓变化突出，富于旋律和节奏的变化。以乔木组成常绿与落叶混交的北京地带的植物群落。针叶树种主要选用油松、桧柏、侧柏、云杉和少量白皮松。落叶树选用杨、柳、榆、槐和楝、栗等。林缘花灌木春有碧桃、连翘、海棠，夏有月季、紫薇和花石榴，秋有银杏、槭和黄栌。自然式种植可充分发挥以人造自然协调庞大建筑物的优势，体现以人工美入自然和以素药艳及浑然一体。东、南两面城市噪声喧哗，高架道路横空，借隆起之土山和浓密的树林为屏障。

本方案已作出相应的平面与竖向设计，以及南立面的综合效果图，景名"松槐小坂"（图 4-6-3）。全院最低高程处定常水位为 44.00 米，

在南门前的水池和山坞中汇雨水为自然形水池，名为"甘霖池"，以收集地面雨水和调剂局部空气湿度并为湿生、沼生、水生植物提供多样化的生态环境，体现植物多样性。山林招鸟栖息，水池和浆果供鸟餐饮，生物多样性应境而生。

2. 北门景物

北门为避风而向西，从景观而言还在于四柱架起的建筑空间。有宽约 5 米，长约 10 余米的隔离绿带可借以为自然式影壁或屏障的处理，从生态而言可以减缓北方的风沙侵袭。从景观上成为导入北门的屏扆和对景，与规划的安德路构成合宜的视觉关系，塑造北门的形象。这块绿地上四根柱子北面尚有宽约 2.5 米的地面可量体裁景。70 厘米高的汉白玉须弥座上填装种植土以为台景的基座，选北京房山石之顽夯者头东尾西地横陈于须弥座上，昂首向东而伏背于西，为北门导向引路。石前金银花以藤攀附于石顶洒叶点花，根穿石洞，叶覆石面。台缘以石为背景，以石为缘的萱草、玉簪引人入画。石后见缝插针地种植丁香和桧柏，形成树石一体的山石台景。石上镌刻"天工开物"。这本是古书之名，含义却是以人工协调自然去开发物质资源。这与中国工程院研究的内容是相符的。此景点后来改为中国工程院门

图 4-6-3
中国工程院南立面图

图 4-6-4
中国工程院北立面图

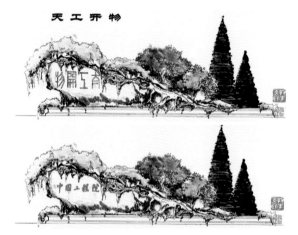

图 4-6-5
中国工程院大门图

图 4-6-6
中国工程院石扉

扉特置山石，外轮廓有如奋耕之牛，东陡西缓，导引至建筑入口成为门景（图 4-6-4—图 4-6-6）。

3. 西花厅景物

西花厅是建筑师对园林环境的召唤，必须作沟通性响应。由于西花厅面西，宜有相应的对景，因此将局部的道路作了相应的建议性小修改，以求西花厅有与之相应的对景用地。花厅周近地面比西面的路高出 80 厘米，建议南、北台阶上设玲珑精致的小石坊，以紫藤盘石柱而上，花时紫气氤氲。南石坊西额题"夕佳"，北石坊西额题"挹爽"，东额题名为"晨好"、"霞标"。南北浅土地带作为宿根花卉的花境，按节令此起彼伏，莳花送馨，芳姿可人。景名"西厅花信"，花信风为中国传统赏花文化。

西花厅的对景利用 17 米面阔和 13 米进深的用地做成东低西高的台池地形。东面的水池名为"布衣沼"，汉白玉栏杆围合东面。台上为房山顽夯石假山。师法自然石柱山洞加以概括和局部夸张成为南急北缓之势。由壁成洞，山前出岩，下落成浑厚、粗壮的石柱。洞中滴水汇泉，由石柱两侧跌宕湍濑。石柱上镌"砥柱"，以合"平凡院士，栋梁砥柱"之意境。景名"中流砥柱"（图 4-6-7）。山南种植点春意的垂枝碧桃，山北为渲染夏意的紫薇，西有秋意的栾树和冬耐雪霜的油松，以点植种植方式写四时。因投资未落实，只建了基础而未掇山，做土山载石景取代。

4. 二期建设工程备用地

建议作为绿地和停车场。一种设想是起 2 米多山带状土山自然合围，在山林浓荫下设停车场。停车数量约30辆。另一设想是停58辆，上空做钢架网，种植中国地锦和美国凌霄。数十年后地锦盘根如虬龙，景名"玉龙凌霄"。本方案按此绘图。

5．北缘

由于北面狭窄而大乔木种植按规范应距墙面8米，因此选用北京耐荫的小乔木金银木，分枝点低，基部有些丛生，枝叶潇洒。春有小白花或黄花，秋有小红果挂在树上。栏杆上可攀援野荞麦。5～11月皆有小白花群，可以起一定挡尘和减噪的作用。

6．内庭

东临之德胜门，不用"得胜"而用"德胜"，说明以德取胜。因此工程院的内庭立意问名为"尚德竹庭"，以竹石和花卉为院（图4-6-8）。因为屋顶花园而要起约80厘米土壤的花台。外石内土，按篆刻艺术让心、占边、把角以及宽可走马、密不容针等平面构图理法布局，花台间形成自然曲折、收放多致的园路，有道是"道莫便于捷而妙于迂"。溜达散步休息的路，做块石冰纹路，意在走玉洁冰清之路。路之宽处设根雕座椅供休息。内庭充分考虑四周从室内外望和走廊眺台南望的视觉关系。窗下种植箸竹。花台以丛生的孝顺竹为主调，有聚有散。中等高度的有箭竹等，"有此君不可无此丈"，因以石伴竹。"水令人远，石令人古"，"石不能言最可心"。置石和假山又是中国园林最灵活、最具体、最生动的手法。石上镌文则可表现文法、书法、刀法的三绝，以下景物均运用这些手法表现，寓情于景，情景交融。

1）润物无声

于北侧起高约1米的石台，东西有步石和山石踏跺引上。台檐向里缩为岩岫，内为滴水岩顶，地面铁线蕨新绿可人。亦有大片石岩卜垂，上镌"润物无声"。传说尧舜时就有"天地有大德而不言"之说。

2）荣辱不惊

山石花台边缘注目处以红木为架，中嵌战国"和氏璧"复制玉器，方圆四边的衔接以"荣辱不惊"篆字。璧下置瓦缶并木棒。当初秦王欲以击鼓辱赵王，蔺相如毫不以为惊，反逼秦王击缶。完璧归赵后被封为宰相，亦不惊于殊荣。这也是院士应有的品德。

3）滴水穿石

庭之东南隅有小沼，有斧垂形石倒垂为滴泉，下承之石由于久滴而成石窝欲穿。石上篆刻"滴水穿石"，鼓励刻苦攻关。寓意有志者事竟成。

4）未出土时已有节，纵临高处尚虚心

以石笋培高干之孝顺竹，卧石铭文。

五、中国工程院综合办公楼八景

（1）甘霖复始；（2）尚德竹庭；（3）水芳弄涧；（4）天工开物；（5）松槐小坂；（6）玉龙凌霄；（7）中流砥柱；（8）花厅觅芳。

六、技术经济指标

（1）建设用地13922平方米，其中绿地面积：896.74平方米，绿地率：6.44%。

（2）总用地面积：20612.43平方米（加代征绿地），其中绿地面积：7586.74平方米。

（3）规划设计绿地面积：10861.26平方米。

图4-6-7
中流砥柱

图4-6-8
中国工程院尚德竹庭图

第七章 邯郸市紫山灵境风景名胜区总体规划

一、中国特色的规划理念

紫山灵境规划以"天人合一"的中国宇宙观和文化总纲为指导理念，这是人的自然性和社会性的统一，是科学的。坚持人与自然和谐发展的宗旨，并在此前提下发挥"人杰地灵"的地域特色和"景物因人成胜概"的哲理；建设一个具有中国特色和邯郸风格的风景名胜区，以"承前启后，与时俱进"为目标。

现代中国是建立在传统之上的。传统也是要延续和持续发展的，要有所创造性地实现。古代哲人管子提倡："人与天调，然后天地之美生。"现代美学家李泽厚先生总结中国园林为"人的自然化和自然的人化"。尊重自然，尊重紫山是此次规划实践成败的关键。顺之则事半功倍，违之则事倍功半。具体来讲，紫山灵境美域之规划建设，是与紫山的特色相协调的体现，是与紫山的地形地貌、土壤植被、文化历史相协调的过程，是实现人们现代生活需要与紫山资源开发、利用相协调的一次实践。也是实现天人合一的宇宙观与以人为本的世界观的统一，将社会美融入自然美从而创造风景艺术美。

二、定性定位

根据紫山的历史文化渊源、现今的发展和将来前景、用地的定位和定性宜为风景名胜区。较之城市公园，风景名胜区自然的成分更多，是朴野的山林气氛。城市公园是人造自然，风景名胜区是真正的自然，城市公园把自然请入城市就近享受，风景区则是走出城市，投入自然，虽有人工名胜，但自然风景是本体。

三、相地

相地是古代在规划设计阶段对相度、踏察、选址和寻觅用地地宜的称谓。本项目用地选址既定，主要寻求地宜。用地有宜也有不宜，规划是要保护、利用、发挥地宜，也要弥补不足之处。

（一）优势分析

1. 区位优势

紫山灵境风景名胜区相距邯郸市中心仅15公里，就邯郸市来说在近郊有此一方境域作为风景名胜区，以风景园林的综合效益而论，将大有益处。

紫山位于邯郸市西北，处于邯郸城市上风向。通过山林生态恢复，紫山将成为邯郸市的一叶绿肺。紫山高地富含负氧离子的新鲜清凉的空气将随地形下滑，而使邯郸市热空气上升，如是城市大气环流可促进城市与郊区山林空间形成对流，改善邯郸市热岛效应，优化城市生态。

2. 便捷的交通条件

紫山交通便利，309国道（新邯武公路）贯山而过。自驾车、公交、自行车均可便捷抵达，且在数十分钟至一个半小时内便可到达，当天可返回。

3. 富于变化的地形地貌条件

紫山为丘陵地形，风貌奇特，山势耸拔，雄峰峙立，岗峦回转，具有典型的山林地高下、曲深的特征，也是紫山用地最大的地宜。山林地是造园首选用地。"景以境出，因境成景"，表达的就是园林中景与境的关系，体现了自然环境在风景建设中发挥的重要作用。在此，无须人工塑造地形，地形天成，唯须将人工破坏的部分修复。

紫山的山林地形，高低变化，俯仰成景，多峰石裸岩。这是紫山自然条件最大的优势与长处。

如何利用好紫山自然天成之"境"，是规划建设成败之关键，尤其是对阴坡、阳坡、山峰、山谷、山坡地利用，并使之各得其所。山石材料既要保护，也要充分地利用，因地制宜，就地取材，也同时创造了紫山建筑和风景独一无二的特色。

4. 丰富的文化蕴含

中国风景园林文化的特色是人的自然化和自然的人化，突出中国特色风景园林的建设以文学、绘画为基础，将风景园林的综合功能化为诗篇。紫山丰富的文化蕴含为规划设计奠定了良好的内容基础。要谋求适当形式彰显文化内涵，"寓教于景"。

1) 紫气西来

据《邯郸县志》记载：紫山"春夏有紫气蓊郁"，"时有紫气郁郁覆其上"。紫山生紫气的奇异景象，与其山色有关。紫山的"岩间有紫石英"，其石质脆硬，呈紫金黄色。山上有多处紫黄巨岩裸露，数丈峭壁耸立，丽日阳光映照其上，紫光闪烁，霞彩千条，如祥云瑞气升腾，加以洺河在夕阳下抹金辉映，远在城内的丛台上都可以望到紫气西来的独特风景特色，而特色是艺术的生命，要下工夫大做文章。因此，在丛台西壁的墙上，镶嵌有"滏流东渐，紫气西来"八个大字。

紫山"紫气西来"与洺河存在着一定的关系。紫气实际上是蒸腾上升的水汽，春夏季洺河水涨，夕阳西照，金光四射。因此，规划设计必须要统筹洺河与紫山的关系，重点放在西向借景。

另一方面，紫气是指祥瑞之气。从今天紫山现状以及紫山日后对邯郸城的重要作用来看，此祥瑞之气实则落实在紫山的山林植被清淑之气。故而，恢复紫山山林植被、野生花卉等物种群落，重建紫山良好的生态环境，将是此次规划建设的头等重要任务，也是最重要的目标。由此，我们就可以将紫山"紫气"景观的实现落实到了植被景观恢复建设的具体任务中。此次规划建设的主题意境也油然而生——"紫山芳踪"。这是根据紫山的传统文化内涵在与时俱进的方针下的发展，是原创性的独特创造。风景名胜区有了这一明确的意境、内容和现代发展的方向。

2) 道教思想和佛教文化

紫山山顶曾建有 73 座道观，山下还建有道教名刹玉宝观。旧时道教盛行，道教思想传播影响深远。考虑到山顶地形地貌现状，宜作为微缩景观布置。

据史书记载紫山上曾经有佛光寺，毁于清末，旧时山南有竹林寺。"南竹林，北佛光"香火鼎盛，可谓胜迹。目前佛光寺已有部分重建，但施工工艺和建筑风貌尚有待调整。

3) 名人名事

马服君：赵国大将赵奢，功勋卓著。赵惠文王封赵奢为马服君，地位与廉颇、蔺相如相等。赵奢是汉族马姓的始祖，已被姓氏专家认同。目前入口太空旷而失控，石阶的尺度过大，而最后在空场上一个雕塑压不住阵，须在原基础上进行合宜的改造。

刘秉忠：元朝中书令刘秉忠以紫山竹林寺为隐居之寓，建有隐室，并在此开办"紫山书院"。在元初，紫山书院在研究天文、数学、水利工程、土木建筑等方面，都取得了重大成就。

王乔：在紫金山半山腰，有一天然山洞，因日晒雨淋和人为破坏，山洞已变得很狭小，洞深、高宽不足 3 米，当地人叫"王乔洞"。

(二) 不足之处

1. 生态环境破坏，水源枯竭

由于长期人类活动的不良影响，紫山山体不断被蚕食，遭受到了严重的生态破坏。伐木、采石、挖煤、开矿等行为，导致了紫山局部地形破碎、荒土裸露。而今山林缺少水源、有山无水，植被覆盖率低下成为了紫山今天生态退化和景物环境最大的问题。

解决关键：在人类干预的条件下有序恢复紫山生态环境的良性发展。培育茂盛山林是紫山治山之本。大力修整破碎的地形，大量植树造林，恢复紫山葱茏、浓荫的山林生态环境，更有三季开花之景，恢复与自然风景区相符的郊野生态林地和公园游憩地，从而为邯郸市民休闲生活服务。

2. 自然植被品种单一，森林覆盖率低

地处重工业城市邯郸西北方的紫山山脉，为武安、邯郸、永年三县市所辖。从植被分布来看，紫山西坡多自然分布生长的花椒、荆条等阔叶树种，东坡主要为人工造林所植柏木、火炬树等。森林植被覆盖率西坡优于东坡。山麓以人工种植杨树为主。

3. 小气候环境恶化，地质灾害隐患

由于山体植被条件差，水源涵养林少，紫山水资源匮乏。从而影响了山林植被的生长，直接导致了小气候环境恶化，地质灾害的频发，产生了诸如水土流失、滑坡、崩塌、泥石流等环境地质问题。

4. 不合理的规划，导致破坏性建设

现在核心区道路布局和景点建设，没有遵循山林地形的特点，布局随性，空间尺度也欠推敲。随性而设的登山道破坏了紫山的自然地貌景观，也增加了山体滑坡等地质灾害的发生概率。

四、规划目标

贯彻科学发展观，通过科学合理的规划建设，制定长期的生态恢复计划，实施封山育林工程，避免"急功近利"，考虑树木生长期的特性。力求建设一个国内一流的生态环境良好、景观优美的新型的风景名胜区，体现中国特色并融入邯郸地方风格，以满足人们现代休闲生活需要服务为目标。拟从 15 年、30 年中分解为五年计划以适应国民经济五年计划，30 年初步建成，50 年以后随着山林生态良性循环将日益成熟和达到建成的效果，此前 1～3 年可完成建筑、道路和植物种植工程。

紫山灵境风景名胜区全境面积约 35.5 平方公里，涵盖了紫山整个山体及其余脉。同时，紫山灵境规划建设，必须抓重点，突出核心区建设，使之成为游览集中区和紫山胜境的典型代表，而其他区域建设应该结合地宜突出以治山造林为主

要手段，实现以生态恢复和森林植被培育为主要任务。

五、景观核心区

紫山灵境核心区位于 309 国道以北，以南北向大谷为中心，由南而北，包括紫峰周边用地，总面积约 4.86 平方公里。核心区作为全区的景观核心、景点集聚区、"紫山芳踪"立意中心，是近期建设的重点。核心区主要景点因山就势，随曲合方布置，形成以"花神紫氲"为首的紫山新十景（图 4-7-1、图 4-7-2）。

1. 核心区总体规划

1）规划布局与理法

清代画家笪重光说："文章乃案头上的山水，山水为地面上的文章。"中国风景园林规划讲究起、承、转、合章法的运用。

现状核心区入口布局不太合理，入口离城市干道过远，视线太空旷，缺少景深和层次。

"起"：规划将核心区入口设于国道北侧，与外界形成便捷的交通联系。结合邯郸市游客出游需要，综合未来发展要求，设有数量充足的自驾车、自行车和公交车停车场，以满足游客停车需要（图 4-7-3、图 4-7-4）。

作为紫山入口，山门择地于山脚关隘谷口位置，形成扼咽之势，因地之势，设墙门成关隘形制。就地选取景石，置石成影壁，成入口对景又有所屏障。景石南刻"紫山胜境"，北书"紫山芳踪"。山门墙体关隘采用毛石干砌做法，做工粗犷，体量尺度与环境相宜（图 4-7-5）。

"承"：指游览山道与游线的设置与组织，体现了游览中步移景异、序列依次展开的过程。山林地形中，谷线因其是雨水集中处，是植物生长相对良好的生境。核心区规划因循谷线设道，有别于现状沿山坡线设道的方式，使游人在游览中有入山怀之体验。谷线山道更易夹绿成景，如海棠峪、丁香谷、桃花沟等，有利于丰富游览过程中景区设置与环境的转换，并给游人带来游览乐趣。

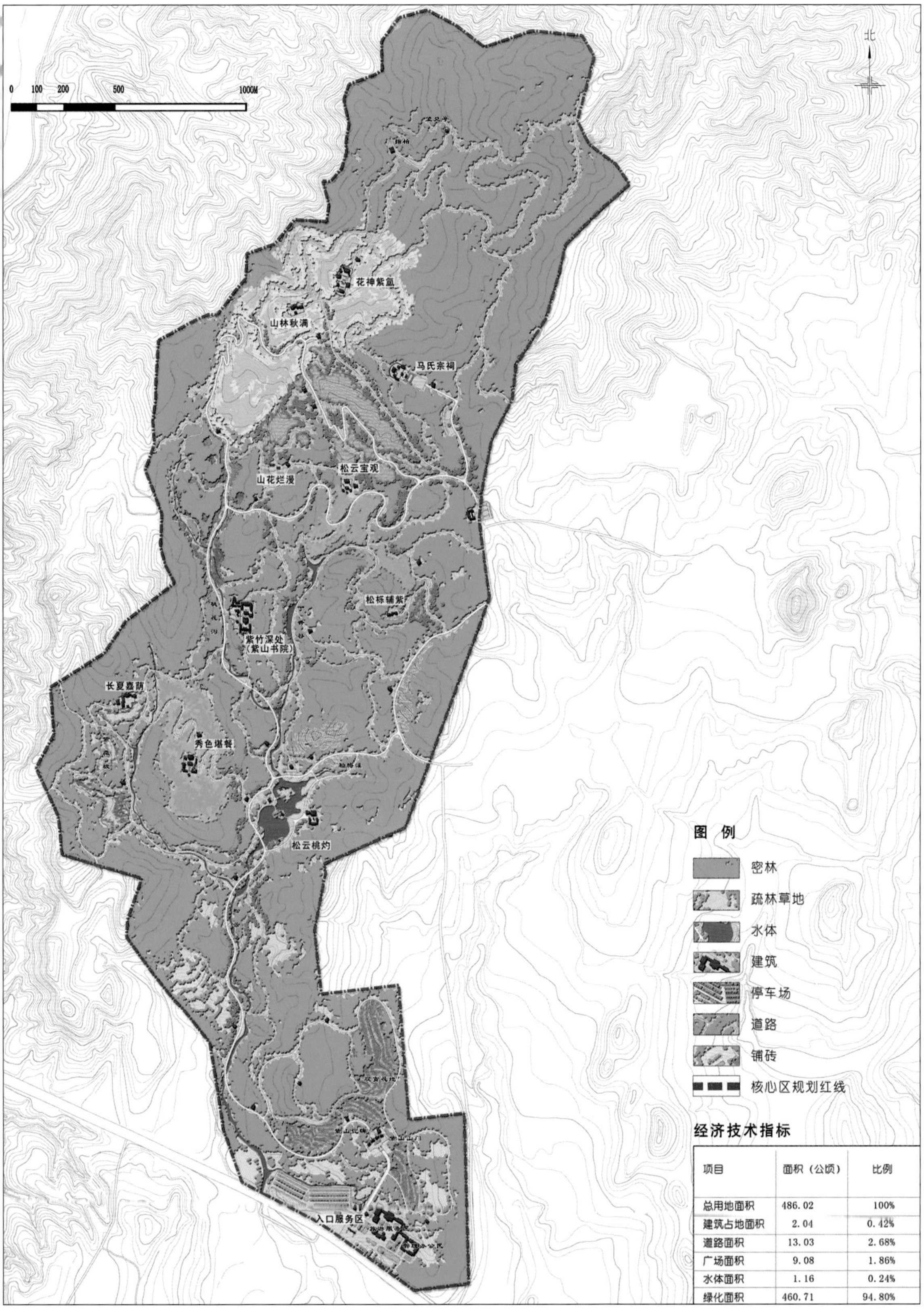

图 4-7-1
总平面图

北

0 100 200 500 1000M

花神紫茄

山林秋满

马氏宗祠

松云宝观

山花烂漫

松林铺紫

紫竹深处
（紫山书院）

长夏嘉荫

秀色堪餐

松云桃灼

入口服务区

图　例

	密林
	疏林草地
	水体
	建筑
	停车场
	道路
	铺砖
▬ ▬ ▬	核心区规划红线

经济技术指标

项目	面积（公顷）	比例
总用地面积	486.02	100%
建筑占地面积	2.04	0.42%
道路面积	13.03	2.68%
广场面积	9.08	1.86%
水体面积	1.16	0.24%
绿化面积	460.71	94.80%

图 4-7-2 核心区总体鸟瞰图

"转"：指行进过程中依次呈现的景点，相互山林空间的性格特色与相互渗透。景点因地制宜，布局精妙得体，体现地宜之利，布局之妙。因地布景，核心区有松云峪之中的"松云桃灼"，据峰为堂的"秀色堪餐"，东丘之上的"松栎辅紫"，依岭而设的"长夏嘉荫"，紫竹深处的"紫山书院"，东西向漫长谷壑处的"山花烂漫"，蹲据紫山次峰的"山林秋满"，深藏谷间的"松云宝观"，依台而建的马氏宗祠等九处。

"合"：随着游览承转，迎来游览高潮部分的紫山制高点——花神紫氲景点。该景点据峰造景，俯览邯邑形胜，与邯郸城互为对景，为历代地标之处。

在核心区内有一大壑南北向贯区直达主峰山脚，规划以适应当地瘠薄的松柏类植物为常绿背景，建设松云峪景区，并于林缘、山谷向阳开阔处，遍植适应性强的山碧桃、山杏、梨树等蔷薇科花木，突出紫山春季景观，形成春来花满山，花山花海惹人醉之情境（图 4-7-6、图 4-7-7）。

（1）松云桃灼

避风向阳子午沟，遍植桃花品种优。
春来满山白红粉，灼得心花难自收。

松云峪中部有一集水湖，三面环山。湖中建有绯桃岛、凝梅珠玑、文杏岬等，环湖因地制宜设有桑竹垂荫、杏林内运、云钻松虬等多处景点。

位于游览主路中下部小山丘上，有峰为堂，高台纳景，为秀色堪餐景点，也是餐饮服务建筑。

图 4-7-3　景区主入口平面图

图 4-7-4　景区主入口效果图

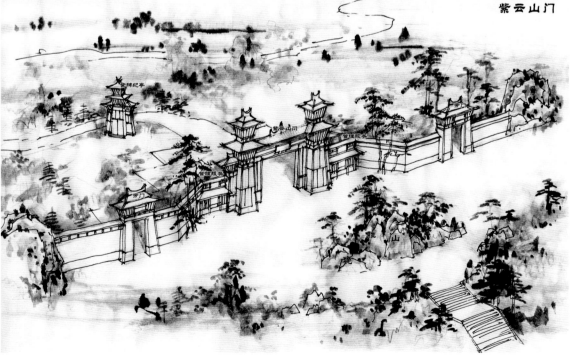

图 4-7-5　紫山山门效果图

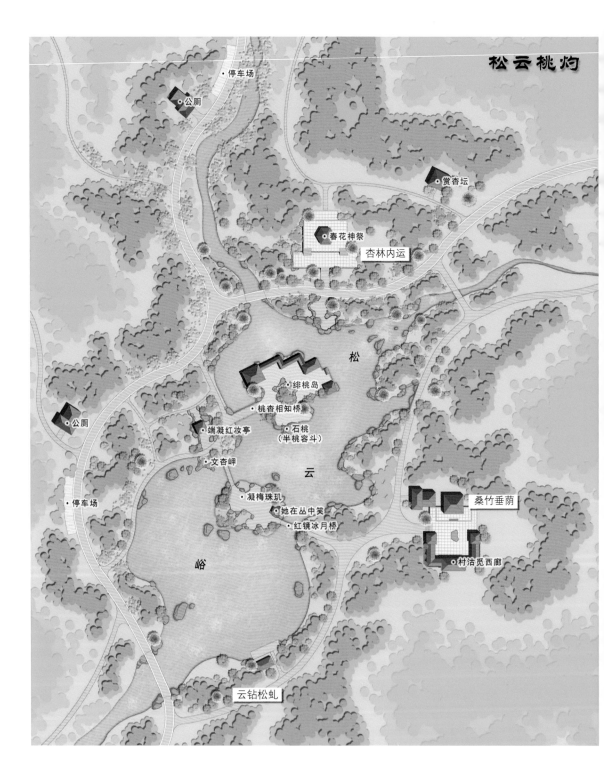

图 4-7-6
松云桃灼平面图

高台上亭台楼阁高架，围峰成院。

（2）秀色堪餐

山林深处露高台，餐饮宜傍野景开。

花销自助尊君便，周环秀色堪餐哉。

染青廊环其南，宜膳斋守其东，双清石阁立其北，秀色堪餐轩居其中，不言亭镶其西北隅。其南更有远把亭，独立峰头，揽景撷秀。作为一处山野餐饮服务建筑，兼顾游客自带食物入院享用与点餐服务相结合。把选择权交给游人，我们创造自然环境景观和建立方便的服务设施（图 4-7-8）。

图 4-7-7
松云桃灼鸟瞰效果图

图 4-7-8
秀色堪餐鸟瞰效果图

长夏嘉荫景点位于秀色堪餐景点西部，隔谷相望。本景点在立意上突出夏季浓荫纳凉、碧静可心主题，植物景观以松、槐、栾、臭椿等冠大荫浓植物为基调树种，配以紫薇、晚香玉、紫花苜蓿等夏季开花植物，营造夏季消暑观景之景境。

图 4-7-9　长夏嘉荫平面图

图 4-7-10　长夏嘉荫效果图

（3）长夏嘉荫

丛槐葱茏张浓荫，栾树紫薇花新清。
暗香晚玉野香草，长夏碧静人可心。

长夏嘉荫主题风景建筑横向坐落于东西向山坡之上，因山构造，随山势高下而安，由北而南分别为爽心亭、凉廊、嘉荫馆、听香亭。可心亭位于东南部平台上，立亭东望，山风致爽，翠谷青山，满目绿意，生机勃勃。同时，结合景点立意，以相适应的楹联、摩崖石刻，丰富游览内容，如在山坡裸岩刻"高山来爽气，大地展东风"楹联，体现了"从来多古意，可以赋新诗"的设计理法（图4-7-9、图4-7-10）。

（4）山林秋满

山台远瞩，平楚苍然。
林染山丹，醉颜秋满。

紫山地处华北，植物景观以秋色见长。规划在紫峰南一配峰上，以制高借远之法因山筑台，据峰构屋，凭台远瞩，成山林秋满景点。在风景林培育上，突出秋色叶植物如黄栌、色木槭、漆树、核桃楸、柿树等，营造林染山丹，醉颜秋满风光（图4-7-11、图4-7-12）。

（5）山花烂漫

数峰架屋控高望，东西谷壑漫且长。
乔灌野花盖地满，山花烂漫神怡旷。

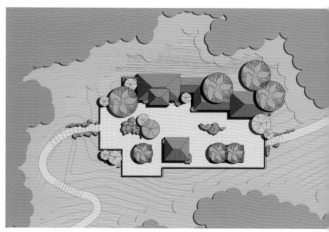

图 4-7-11　山林秋满平面图

山花烂漫是以新意表现山林花卉之美的景区，位于紫峰南部山谷、山脚区域，为 M 形山间大壑，南向阳坡，土层条件较优。规划以撒播和栽植乡土山野之花，如开花的泡桐、海棠、玉兰、山杏、丁香、荆条、华北绣线菊、连翘、野蔷薇、马蔺、紫花地丁、二月兰、点地梅等乔、灌、草群落。在高处山峰、坡顶安亭架堂，为俯仰眺望之处。繁花怒放之际，登堂驻足，放眼望去，铺天盖地，烂漫神怡，醉人忘返。

（6）松云宝观

松桃谷藏玉宝观，三进三藏清虚幻。
清静无为法自然，情景交融神灵山。

玉宝观作为紫山历史遗迹之一，位于登山道上，规划将此景点予以恢复，为游人参观、休息停留之所。建筑布局依山就势形成三台三进格局，清虚阁正对大门入口，主建筑玉宝观位于最后一进高台上。玉宝观景点布局和植物景观以突出道法自然的思想，做到情景交融。

（7）马氏宗祠

马蹄深谷迎人向，缩小石阶夹绿妆。
宗祠院落让虚心，服君坐相屋内藏。

马氏宗祠是紫山最为重要的景点，规划在充分分析现状景点布局不足之处的基础上，提出了改造方案，旨在因山建祠，借地宜与建筑布局体现马氏宗祠的尊严与马氏家族文化。选址于现状马蹄形山谷台地，以石墙围合成院落。同时对现状石台阶进行改造，缩小宽度和台阶数。循阶而上，并见一照壁上刻祭始祖奢公马服君文。照壁两侧有表功铜柱，纪念马服君的丰功伟绩。前行不远便可进入宗祠内院。

马氏宗祠院落内建筑依山起台，把角让心，成二台格局。第一台地东西分别为绛纱、扶风二馆，为马服君纪念堂。第二台中央为主建筑马氏宗祠，内有马服君塑像，其东西两侧分别有文韬、武略两亭守卫（图4-7-13）。

图 4-7-12
山林秋满效果图

图 4-7-13
马氏宗祠效果图

（8）花神紫盒

花神紫盒纳吉彩，据峰楼台各抒怀。
下俯金带映紫气，唯我紫气自西来。

紫峰作为景区的制高点，现状建筑布局稍显杂乱，与紫山声名不相符。规划决定拆除现有塔，新建百花多宝塔。以花神紫盒为立意，进行整治提升。在建筑布局上以"近水楼台先得月"，为先得紫气向西出挑建台，成纳紫台，台上建紫气西来阁、紫盒亭、瞰紫亭，临台观洛河夕照、紫光四射之景，体会紫气西来的祥瑞之兆（图4-7-14）。

山顶庭院南北向布局风信花馆、万紫楼（万紫千红总是春）作为主要建筑。风信花馆为科普馆，普及风信花的知识，将每个物候期的花卉生

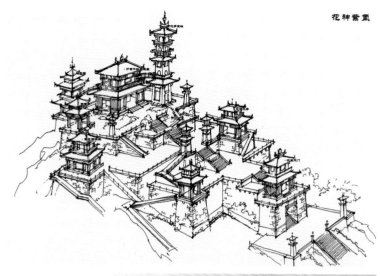

花神紫氲

图 4-7-14
花神紫氲鸟瞰图

长特性展示给游客。

万紫楼是以介绍 12 个月的花神为主要内容的两层建筑。同时，将历史上记载的紫山顶上的 73 个道观，以微缩景观形式，因势利导地在次山头上进行恢复，再现七十三洞天景观。

2）建筑特色

（1）建筑布局

紫山灵境建筑布局，遵循总体规划中提出的化整为零、集零为整，相地构园、因境选型的理法。强调因山构室，根据峰、峦、坡、谷、垫、峡、涧不同的地宜，选择相应的建筑与之协调、配合，如松云峪中跨涧而安的石拱桥，据峰建堂的花神紫氲，隐于山谷之中的玉宝观，坐于高台之上的马氏宗祠等。力求建筑与山水相辅相成，达到建筑因山水而立，山水得建筑而立的造景效果。

（2）建筑材料

紫山盛产石材，建筑材料宜就地取材，以石材干砌之法，体现北方仿古建筑粗犷、简朴之美。

2．规划理法

1）须陈风月清音，休犯山林罪过

将建筑依附于山水之中，融人为美于自然美中。就风景总体而言，建筑必须从属于包括园林风景建筑在内的山水风景的整体，绝不可将自然起伏的坡岗一律开拓为如同平地的广阔台地或填平山涧，切断水系，而是以室让山——背峰以求依靠，跨水为通山泉。

风景点都是隐于山谷之中，除山顶有制高借远的建筑外，或傍岩，或枕溪，或跨涧，或据岗。凡所凭借以立的，非山即水。虽经建筑以后，山水起伏如故，风貌依然。甚至可运用建筑来增加山水起伏的韵律，其结果互得益彰，相映生辉。建筑因山水而立，山水得建筑而立。

2）化整为零，集零为整

建筑要体现从整体上服从山水，就必须化集中的个体为零散的个体，使之适应山无整地的条件，再用廊、墙把建筑个体组成建筑组。风景集中之处，再由几个建筑组构成建筑组群。在安排个体建筑时，必须有宾主之分，而宾主关系又因山水宾主而宾主，因山水高下而崇卑。

3）相地构园，因境选型

山水有山水的性情，建筑有建筑的性格。山居建筑之"相地"即寻求山水环境的特征，然后以性格相近的建筑与山水配合，才能使构图得体。例如，两山交夹的山口狭处，势如咽喉。在这里设城堞和门楼就很能起到控制咽喉要道的作用。如核心区入口处的山门墙体，扼要口而得壮观。核心区"山林秋满"、"秀色堪餐"两景点在"中峰特起，列岫层峦"的山势中据峰为堂，二者在性格上是极为统一的。峰峦和堂一样具有高显和锋芒毕露的性格。

3．道路规划（图 4-7-15）

4．竖向分析与道路（图 4-7-16）

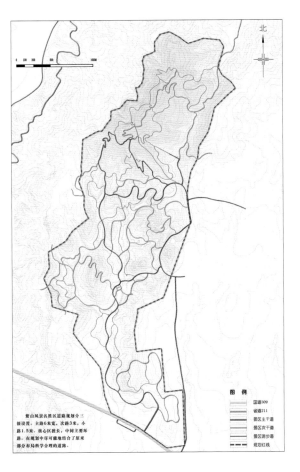

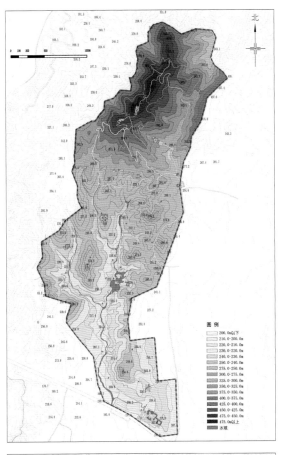

图 4-7-15(左)
核心区路网

图 4-7-16(右)
竖向分析

经济技术指标表

项目	面积（公顷）	比例（%）
总用地面积	486.02	100
建筑占地面积	2.04	0.42
道路面积	13.03	2.68
广场面积	9.08	1.86
水体面积	1.16	0.24
绿化面积	460.71	94.80

5. 旅游服务设施（图 4-7-17）

6. 植物景观规划

以治山为手段，结合风景林建设，对针阔混交林、落叶阔叶混交林植物群落进行恢复。根据阴阳坡生境不同，坚持因地制宜、适地适树的原则，采用乡土植物、耐旱耐贫瘠植物，建设主题植物景观与专类植物园。

（项目主持人：孟兆祯；主要设计人：孟兆祯、白日新、陈云文、孟彤、张延、胡洋、刘莉、薛晓飞、朱梅安、晋亚日）

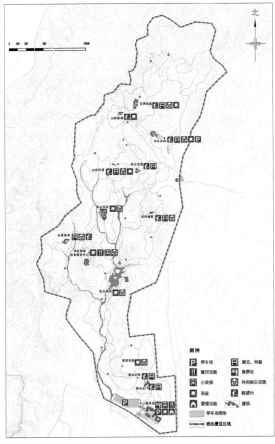

图 4-7-17
服务设施规划

第八章 上海辰山植物园方案设计

"数百年来，植物园一直是植物多样性科学研究的主要中心，它是一个植物引种机构并为农、林、园艺和药物提供各种新的植物。"

——海伍德（Heywood，1985）

《大加那利宣言》

植物园要有"科学的内容，艺术的外貌，文化的展示"，要体现人与自然和谐共存的哲理。

——《植物园学》

一、园林

（一）现状概述

1. 项目背景

上海是世界上享有一定声誉和地位的现代化国际大都市，植物园是城市文明与城市文化的重要标志与窗口，对保护植物资源和强化植物科研能力有着十分重要的意义。为进一步提升上海的国际形象，增强城市的综合竞争力，体现上海城市经济、文化、科技和市民素质的综合水平，拟在 2010 年上海世博会前，初步建成上海辰山植物园。

2. 区位

项目位于上海市松江区佘山山系中的辰山，总规划面积约 202 公顷。东北面与著名旅游景点西佘山相望，南邻松江大学城，与直达市中心的 318 国道相连；佘天昆公路将基地分为两部分，路南侧面积约 172 公顷，路北侧面积约 30 公顷。佘天昆道路为市级道路，辰山塘为市政主要河道，两者均不可改动。西边已规划千新公路，可与市政大交通相贯通。

3. 自然条件

1）气候

辰山位于北亚热带季风湿润气候区，四季分明，年平均气温 15.6 摄氏度，无霜期 230 天，年平均日照 1817 小时，年降水量 1213 毫米，年陆地蒸发量为 754.6 毫米，极端最高温度 37.6 摄氏度，极端最低温度零下 8.9℃，本区属季风区域，风向随季节变化。4 ~ 8 月，以东南、偏东、偏南风为多；10 月至次年 2 月，以西北偏北风为主；3 月和 9 月是季风转换过渡期。本区年平均风速为 3.5 米／秒；各月平均风速，以 3 月最大（3.9 米／秒），9 ~ 10 月最小（3.0 米／秒）。

春季（3 ~ 5 月）：天气冷暖多变，骤寒骤暖。气温回升快，温度会从 10 摄氏度以下猛跳到 20 摄氏度，增幅大，日温差大。又因冷暖空气交替，易出现连续阴雨天气，有时春雨可达 43 天。

夏季（6 ~ 8 月）：前期易发梅雨，一般 6 月 11 日入梅，7 月 9 日出梅，天气阴雨潮湿。盛夏冷暖气团活动频繁，晴天多而酷热，时有雷阵雨，局部地区偶降冰雹。后期则常出现伏旱。

秋季（9 ~ 11 月）：季节短，降温快，从初夏开始到晚秋，台风活动频繁，常夹暴雨，如再逢大潮汛，易造成灾害。9 月下半月，是寒露风活动时期，常使日平均气温连续下降到 20 摄氏度以下。10 月，秋高气爽，年际气温变幅大，个别年份气温可回升到 30 摄氏度以上，少数年份受强冷空气袭击，有时可见早霜。11 月受冷高压控制，气候稳定地向冬天过渡。

冬季（12 月至次年 2 月）：雨雪较少，多北风，天气干燥。12 月下旬至 1 月底，是寒冷季节，常有冷空气南下，可出现零下低温天气，但持续不了几天，气温即可回升。有时夜间辐射温加强，次晨易形成多雾天气。

2）土壤

松江地区历史上曾为"泽多菰草"之地，土壤养分贮存丰富，有机质平均含量 2.79%，土壤呈中性或微碱性（pH7.0～7.9），基本适合植物生长。

松江境内土层 1 米体内有两个特殊土层，即腐泥层（或泥炭层）和黄泥层。腐泥层多埋于 50 厘米以下，呈水平状，厚度在 20 厘米左右，土灰褐至黑色。这一土层有机质含量很高，有的还残留着植物遗体，含碳量达 20%～30%。黄泥层在腐泥层之下，不透水，土棕黄色，多铁结核，大的直径 4～6 厘米，表明其曾经历了漫长的淋溶淀积，干湿交替频繁，与现代成土过程形成的淀积层迥然不同。黄泥层是早年草甸土的发生层，后来被沼泽覆盖而埋藏。

3）水文

辰山及其附近的松江地区水资源十分丰富，平均年际地表径流量 2.12 亿立方米，客水径流 36.5 亿立方米，江潮径流 57.6 亿立方米，合计地表水总量达 8.9%～9.3%。

所有水系均为劣 V 类水质。常水位 2.6 米，警戒水为 3.3 米，危险水位为 3.5 米。

辰山塘最高潮水位为 3.43 米（1977 年 8 月 23 日），最低潮水位 1.41 米（1970 年 2 月 17 日）。

4）地形地貌

基址现状为村庄、农田与水塘、河道，地势平坦，平均地坪标高为 3.0 米。辰山位于基址的中北部，山顶海拔约 70 米。

5）绿化植被

上海处北亚热带湿润气候带，典型地带性植被为常绿、落叶阔叶混交林。据推断，上海的地带性植被应是以壳斗科和樟科为主的常绿落叶阔叶混交林。

20 世纪 60 年代初在辰山种植的常绿、落叶阔叶树已蔚然成林，以樟科、壳斗科为主；山北坡多毛竹，山体周边的基址场地植被种类较少，除局部以樟科为主的小乔木林外，临水或道路栽植的水杉、池杉林是其主要植被特征。

6）市政水、电、燃气条件

通过咨询松江水务局给水排水管理部门，佘山已建有日供水量 6000 吨的水厂，九亭已建有松江污水厂，均在沈颠公路有预留接口。具体预留口位置和标高需咨询佘山水厂和松江污水厂。

据松江电力有限公司介绍，现有已建设使用中的预留线路仅 1 万伏，不能满足植物园用电量要求，将根据植物园规划用电量需求，新建供电系统。

在沈颠公路、佘天昆路口预留有一个 Φ350 中压燃气管道接口，可沿着佘天昆公路铺设燃气管道并建立减压站，满足植物园供气需要。

（二）设计研究

1. 现状分析

现状环境是创作之源，植物园的目标与现状的差别便是我们的设计。园林主要创作理法之本"借景"依托于认识和掌握园之异宜，因此至为重要。

1）自然和人文资源评价

长江三角洲不仅富庶而且秀丽。江南水乡水资源特别丰富，"湖泊星罗棋布，河流密如蛛网，前水后街，以舟代车"，在这里得到充分体现。据太湖下游、天然降水充沛，水源水量有保障。不利条件主要是水质，缺少截污设施导致水质恶化，对环境造成严重污染。从景观方面看基于农渔生产发展，水体分散、零碎，缺乏集中的水面和贯通的水系。水岸线变化少，土岸靠自然形成水生植物保护，大多数都有冲刷、崩落、流失的现象，原生水体遭人为破坏，后来得到应有保护以求持续发展。但其中虽然有一口居污而不染的井，质净味甘，弥足珍贵。江南水乡之平畴绿野能有自然的山林蓦立那真是得天独厚，何况辰山有石，山南为针阔叶混交林，山阴成片毛竹林和混交的杂木林郁郁葱葱。"山因水活，水得山秀"。

辰山天然山水资源的基本条件原本是优越的，但经野蛮采石的破坏，断壁残坑令人痛惜，给本园的设计出了一道高难的考题。

辰山历史人文资源也是丰富的，集中地体现在《嘉庆府志》所载的辰山十景：①洞口春云——半山石洞，巨石如门，传云出其中。②镜湖晴月——山西边有水潭名"西"，按此景又作"西潭夜月"。③金沙夕照——山西麓有坡对景天马山，夕阳斜照时沙坡抹金。④甘白山泉——山原有蠡庵，庵后一泉，味甘色白故名。⑤五友奇石——在山西麓，原为诸嗣郢等探幽休息处。⑥素翁仙冢——山半彭真人墓。⑦丹井灵源——彭真人平时修炼之处有一水井，传为吕纯阳遭迅雷所凿以助修炼。⑧崇真铸钟——山上原有崇真道院，为彭真人构筑并铸钟。⑨义士古碑——元朝有义士夏椿，散家财，发粟赈济饥民，死后墓葬立碑以旌。⑩晚香遗址——山上有"晚香亭"，遗址为名士夏友文莳菊处。此外尚有多篇诗文表述辰山风景，诸如清代诗人周茂源《细林八咏》（辰山又名细林山）、《细林山》，明代文渊阁大学士徐溥《细林八咏》序略，清代文人徐在田《游细林山》等。辰山原属松江，松江文化所传，明代董其昌等名人雅士皆出自松江。

2）场所特性分析

（1）辰山植物园与周边环境的关系

辰山属余山山系一部分，该区域的地貌特征可以用"九峰三泖"来形容，远观为一幅群峰耸立于水网纵横的宽广大地的美丽景象。辰山与周边余山、钟贾山、天马山相距不过2公里左右，登高远眺，周围山景一览无余。

余山已是国家旅游度假区，辰山植物园也建设在即。为加强辰山与周围山体联系，拟在辰山与各山之间建立生态安全走廊，用绿色纽带有机联系起大自然留给我们的宝贵山体。一方面使得这些孤山有了景观与生态上的联系，并有可能成为生物安全通道，另一方面也让游客更安全便捷地往来于各山体之间，促进地方旅游经济的发展。

造园讲求"巧于因借，互为借景"，辰山与周边山体间的视觉景观联系正是"借景"的佳例。因此，辰山与其他山体之间所形成的三角区域是景观与生态的敏感区，应在城市规划中控制其建设规模，尤其是建筑高度。该区域只能建设低密度的低层建筑，将城市建设对自然景色的负面影响减到最低。

（2）基址场地分析

A．优势

• 有山有水，水资源充足。

• 除辰山外的其余场地较平坦宽广，便于造园建设。

• 周边交通便利，利于将来的植物园建设和方便游人游览。

• 现场植被生长良好，气候、土壤等条件有利于植物的生长发育。

• 与周边景点的对景关系好，视野开阔。

B．劣势

• 辰山因历史上的采石而形成的断壁残坑对景观影响很大，不利于植物园建设。

• 辰山周围场地地形变化相对较小，形成不了多样性植物生长发育所需的高、低、阴、阳、干、湿等生长环境。

• 现状水质为劣V类，不能直接利用。

C．应对策略

• 辰山的两大采石坑不单是美观问题，也直接影响生态环境质量，甚至危及安全，必须加以整理，变劣势为优势，可考虑将其改造为独特的植物专类区，成为辰山游览亮点。

• 现状水系统加以整理，园内景观水源可选择外部河道，但须设生化处理站进行净化处理，再通过人工湿地净化后流入园内水体。

• 通过理水造山，塑造植物园的山水骨架。同时利用挖湖堆山形成各种不同的阴、阳、高、低、干、湿、客风、藏风等。

（三）总体设计

1．设计范围

根据招标方提供的辰山植物园范围图，植

物园北面以沈颛公路为界，西面至规划的千新公路，南临花辰公路，东面以现状河道为界，总面积 202 公顷。其中佘天昆公路为市级道路，辰山塘为市政主要河道，均不可改动。

2. 设计依据

1）招标方提供的设计招标文件（招标编号：05312101）；

2）招标方提供的电子地形图,现状基础资料、项目造地批文以及历史文化背景资料；

3）《公园设计规范》（CJJ 48—92）；

4）国家及地方其他相关法律法规。

3. 项目总体要求

1）功能定位

辰山植物园是以华东区系植物收集、保存与迁地保护为主，国内外其他植物收集为辅，融科研、科普、景观和休憩为一体，具有科学内涵和一流的园容景观的综合性植物园。

辰山植物园的整体理念为"华东植物、中外融会、江南山水、精美沉园"。

2）设计原则

景观是根本，科研是基础，特色是关键，文化是灵魂。

3）建设目标

辰山植物园的建设目标为"国际一流，国内领先"。按照国际一流植物园的共性特征，上海辰山植物园的建设发展方向为：收集华东区系植物和国内外其他植物 1 万种以上；形成以生物多样性物种迁地保存为主的保育中心，并有按 4A 或 5A 标准设计配置的科普教育、旅游景观及服务系统。

建成后的上海辰山植物园应具有三大特色：

（1）收集、展示华东区系植物最齐全的植物园；

（2）高水准的水生植物收集和展示中心；

（3）精美的沉床花园。

4. 案例分析

辰山植物园的建设目标为国际一流植物园，因此，对国内外一些建成植物园的案例比较分析有助于我们取长补短，明晰具体发展方向。

为增加案例的可比性，我们选取了国内与辰山植物园地域接近的上海（龙华）植物园与杭州植物园，国外选取世界一流植物园英国丘园和美国纽约植物园。

通过对国内外植物园的了解，我们认为要建设成"收集华东区系植物和国内外其他植物 1 万种以上"的国际一流植物园，首先必须有正确的认识：

1）植物是植物园的主体。丰富的植物种类，是植物园达到"国际一流，国内领先"的必备条件。每种植物有它特有的生态要求，要使上万种来自各种不同自然条件下只适应它们原生境的植物能集中在 202 公顷的面积上欣欣向荣地生长发育，必须一方面在这块有限的土地上创造出多种多样的生态环境，另一方面还要对这些有各种各样不同要求的种类进行长期的驯化工作，使他们适应新的环境条件。植物是有生命的,不是"收集"起来就万事大吉，条件不适应就会死亡或生长不良。因此可以说种类丰富是植物园引种驯化水平和栽培管理水平的标志。种类的多寡，反映出这个植物园的水平高低。

2）植物种类的多寡，取决于植物园的性质。植物园以其引种对象的地区来分，可区分为两类。

（1）地区性的植物园：这类植物园引种植物的对象以本地区系植物为主，或只要本地系的植物种类。因此它的植物种类，注定超不出几千种。例如多数温带地区，其区系植物充其量 3000 种左右。以这 3000 种为"主"，加上为"次"的其他植物 2900 种（"次"不能超过"主"，否则主次不分），一共也最多 5900 种。这类植物园除非有特异功能,否则很难达到"国际一流"的水平。

（2）世界性的植物园：这类植物园引种对象遍布各地，绝不给自己画地为牢。国际一流的许多著名植物园都属此类。例如活植物万种以上的英国皇家植物园邱园（Royal Botanic Garden,

Kew）有活植物 5 万种，英国皇家植物园爱丁堡园（Royal Botanic Garden, Edingburg）有活植物 1.5 万种左右，俄罗斯齐钦总植物园（Tsitsin General Botanic Garden, Russia）有活植物 1.8 万种，澳洲的皇家植物墨尔本园（Royal Botanic Gardens, Melbourne）有活植物 1.2 万种，美国密苏里植物园（Missouri Botanical Garden）有活植物 3 万种，美国纽约植物园（New York Botanic Garden）有活植物 1.5 万种等。有些植物园虽然面积不太大，植物也不够万种，但因它们收集了来自全世界出色的专类植物，也是当之无愧的闻名世界的国际一流植物园。例如美国费尔柴尔德热带植物园（Fairchild Tropical Botanical Garden）有最丰富的棕榈科植物种类等，美国塞尔比植物园（Selby Botanic Garden）有最丰富的凤梨科种类等。这两个植物园都在美国佛罗里达州，但收集佛罗里达州区系植物并不是它们成为国际一流植物园的原因。

由上可见，要立志成为万种植物园和国际一流植物园，必须立志成为面向世界的国际性植物园。

我们认为辰山植物园既然目标是"国际一流"和"万种"，它的引种驯化方针应该是"立足本地，放眼世界"，而"本地为主，其他（外地）为辅"的主张会阻碍植物园迈向目标的脚步。

3）认识到达到"万种"目标的长期性和艰巨性。

世界上万种以上的植物园，都是经过长期艰辛工作，历经千难万险得到的成果，以邱园为例，并不是建园成功之日就是万种到手之时，而是经过 200 多年的时间，不断采集，引种驯化。一次又一次失败，一次又一次总结和累积经验，经过无数的挫败，终于有了今天的辉煌。美国密苏里植物园主任彼得·雷文（Peter Raven）于 2005 年 9 月 18 日下午访问北京植物园时谈道："全世界目前有 30 多万种植物，其中已有 10 万种'走进'了植物园。"试想，全世界自有植物园至今，已

超过 250 年，而全世界的植物园数量在这期间也是数以千计。这么多植物园，做了 250 多年的工作只引种了 10 万种。如果有人想在举手投足之间取其 1/10 谈何容易！1 万种是一个雄心勃勃的伟大目标，这个光辉的目标鼓舞我们奋勇前进，努力建园。我们应明白这个目标是长远目标，不能"一蹴而就"，只有长年艰苦细致的工作，踏踏实实，一步一个脚印，才能达到这个目标！

4）关于"种"的认识：我们争取达到的 1 万种，是真正植物学意义的"种"（Species）。有人将国外植物园公布的"分类单位"（Taxa），甚至"入园号"（Access Number）也译成了"种"，这就使"种"的数量大为增加，造成混乱。其实 Taxa 是"种"及其很多种以下分类单位（如亚种、变种、品种）的总称。仅水稻一种就可以有许多品种。而 Access Number 则是每一个入园登记号，就是一个"入园号"。同一种植物，不同时间或不同地点采集回来都有不同的号。我们虽然也收集植物的变种或品种，由于我们的"万种"只计算真正的"种"，故达到目标更为艰辛。因为栽培品种来源容易，只要花钱订购，就可成批买回，而且适应性也较强。而要增加"种"，则主要靠野外采集，困难得多。有些还得由种子开始，通过采集、保存种子、育苗等一系列关口，成活率也比栽培品种低得多。

关于辰山植物园成为国际一流植物园的建设方向的思索：

（1）达到万种目标的一些措施

A．增加种类，必须逐步进行，在"立足本地，放眼世界"的原则下，首先栽培本地及华东区系种类。然后再逐步引种驯化较难引种和栽培的外地种类，如此由易到难，既可使建园工作立竿见影，又可通过工作逐步提高工作人员的采集引种驯化和栽培管理技术，为进一步收集更多更难的种类创造条件。

B．专类收集：以种类丰富的大科、大属为目标进行专类收集，建立专类温室及专类植物区。

如此既可增加种类，又可以形成以某科或某属为对象的研究中心，配备该科、属的标本及文献资料，吸引国内外研究该科、属的专家来本园进行研究工作，从而提高本园在国内外的影响。

a. 木本专类植物：适于本园引种栽培的木本专类植物，首推樟科及壳斗科，这两个科有不少种类分布于本区系，可以露地种植，而且种类繁多，经济价值高，有较高的研究价值。这两个科我国其他植物园尚不见有全面系统的引种栽培，可以避免重复，突显本园特点。樟科全世界有45属，2000余种，我国有24属，430种左右，其中樟属、钓樟属、木姜子属、桢楠属、新木姜子属、油乌药属、檫木属等均有种类在华东地区生长。壳斗科全世界有8属，900种，我国有7属，300种，其中栗属、栲属、青冈栎属、山毛榉属、石栎属、栎属等在华东区均有分布。壳斗科的种子储藏相当困难，分类也存在相当困难，这些都是研究的好题材。

b. 草本专类植物：木本专类植物体量甚大，在用地面积有限的情况下，利用它们来增加种类，其效果大不如草本，现将主要的草本专类植物列举如下：

• 蕨类：世界12000种，中国2600种。其中温带蕨可用以布置露天的蕨园，热带蕨则可植于热带蕨温室。蕨类中之膜蕨类，叶子只有一层细膜，透明如膜，颇为珍奇，但生态条件要求较高，只能种于密封的玻璃室或玻璃框中。

• 兰科：世界700属，17000种，中国173属，1200种。大部分为亚热带及热带种类，宜种植于温室中。

• 凤梨科：46属，2000种，宜种于温室。

• 棕榈科：210属，2500种，宜种于温室。

• 菊科：世界900属，23000种，中国164属，2000种，大部分可露地栽种，部分需要温室甚至高山温室。

• 秋海棠科：世界5属，1400种，中国1属，130种，宜栽温室中。

• 天南星科：世界115属，2000种，中国35属，206种，宜栽温室中。

• 莎草科：世界90属，4000种，中国29属，600种。

莎草科种类繁多，分类困难，如能集中布置专类园对于该科的研究将提供极大方便。辰山植物园的地势低平，湿地面积甚广，极适于莎草科植物的生长。若能收集莎草科植物，建成莎草园，将成为一大特色。但是多数种类区分困难，容易混杂，而且冬季景色不佳，有待研究解决办法。如果由于技术力量有限，不能作整个科的专类收集，也可先专门收集其中的一两个大属的种类，如苔草属（Carex）、莎草属（Cyperus）等，如果能收集到该属的大部或全部种类进行栽植，布置美观有特色的专类园，也同样是一大成果。通过实践训练，使技术人员和工人学习技术积累经验，达到一定技术水平，再进行扩大引种。

其他如锦葵科、木兰科、姜科、鸢尾科等也都是很好的专类园或专类温室材料。只是这些专类内容在其他植物园已较普遍，如果本园空间有限应尽可能避免雷同。

C. 人员的招聘和培训

要成功地进行引种采集和栽培以增加植物园的种类，人员的招聘和培训是一大关键。增加种类主要靠野外采集，如果采集人员没有一定的分类知识，无法区分形态相近的种类，则往往造成采集重复浪费，有时则误以为已经采过，而错过了需要的种类。种子的保存、储藏和苗木的包装，都关系到今后的成活。植物园植物的栽培管理，也与一般的农作物或栽培植物不同，有其特殊的技术。在一些种类繁多，难于区分的专类园，如禾本园、莎草园等，就算除杂草这样的"粗活"，如果没有鉴别相近种类的能力，也会犯把不要的种类留下，把要的种类当作杂草拔掉的错误。因此植物园的有关人员都必须经过再教育，掌握引种驯化的基本功，才能保证万种植物园能真正实现。

（2）多数大型现代植物园总体布局以自然式园林风格为主，且因地制宜布置道路、水系和植物展示园区。

辰山植物园的总体布局可考虑山体与水网的关系，构建自然山水园林。现状地形过于平坦，通过堆山理水，可为来自不同自然生态条件下的多样性植物营造不同类型的生活环境。

（3）辰山植物园应建立有别于其他国内植物园的特色植物园区，利用石壁、石坑、水系创造如岩石园、水生植物区等国内领先的特色园区，并成为某些植物的研究中心，吸引国内外学者进行科研与学术交流。

5. 总体理念

运用恢复生态学原理，因地制宜，保护与利用现有的场地特征。对因采石而形成断崖峭壁的山体和受工业化污染呈劣 V 类水质的水系进行生态恢复和生态重建，保护遗留的群落片段，并保护和恢复地带性植被，回溯"辰山十景"的历史文化，建设辰山的新景观。

运用植物科学的科研成果，展示丰富、奇特和珍贵的具有科学或科普展示价值的植物，成为在个别领域活植物的博物馆。

创建海派园林江南水乡新景观。植物园的风格应和谐统一，在"大统一"的前提下求变化，创特色。发扬海纳百川、追求卓越的海派精神，融会多种风格的园林形式，创造新颖、优美的园林景观。

坚持科学发展观，体现环保与循环经济。温室和科研科普建筑宜使用节能技术，最大程度选用环保、无污染及可循环使用的材料及可再生能源（如太阳能、风能）。

6. 设计主题

"人非过客，花是主人"——"植物与健康"体现人与自然和谐共处。

7. 设计立意

中国风景园林意在于先。此地山水大环境曾概括为"三泖九峰"，"泖"为水面平静的湖荡，元代画家、诗人倪瓒《正月廿六日漫题》诗曰："泖云汀树晚离离，饮罢人归野渡迟。"故本园立意为"辰山泖水，广衍群芳"，即保护和研究发展植物多样化，促使持续发展。人们首先要为多样植物创造适于各自生长发育的生态环境，人在享受植物的繁荣为人创造的生态环境，并从游览中自然地感受到教益和欣赏以植物为主要因素的风光美景。《辞海》中"辰"并无东南的词义而是指日月的交会点，即夏历十二月的月朔时太阳所在的位置。《左传·昭公七年》谓："日月之会是谓辰。"实际是指好时日。《楚辞·九歌·东皇太一》说："吉日兮良辰。"这对进一步深化意境大有好处。以日月同辉象征吉祥、吉利、祥瑞（图4-8-1、图4-8-2）。

8. 总体布局

1）山水间架和竖向规划

（1）造山

自然本有辰山，遭采石破坏后山体残破不全。后山尚有山林风景，前山简直是煞风景。不单纯是美观问题，也直接影响生态环境质量，甚至危及安全，必须加以治理。大自然的山是老师，是造山的生活依据。而人造山不是单纯地模仿，要总体上概括、提炼，局部夸张。中国造山的总则是"有真为假，做假成真"。

• 石山：要解决峭壁残体和采石坑的难题就必须造石假山。以传统"凿山"为主，"掇山"为辅。在理念上要认知"先难而后得"的道理。遇难而后得较之轻易获得更宝贵。绍兴东湖也是古代采石场，但采石后留下一个风景名胜区，统筹兼顾，一举多得。杭州西泠印社不仅以刀刻石章，也以治印的刀法凿石为洞和水池等。前人采石未完成造景的功业，我们继续完成，把峭壁、石坑视为未完工的天然雕塑加以完成，尽可能则事必成。辰山东段南山的现状可改造为观赏温室区。山南大面积低石坪宜布置陆生植物的大温室。峭壁有巨大石脉嶙峋高空，两侧为浅谷石沟，雨时自然顺流而下，以人工开凿加深石沟谷则飞流可直泻

图 4-8-1　辰山植物园平面图

而下。

　　受山西悬空寺的启发，拟将部分需高燥环境的沙生植物、岩生植物和需高湿的阴生植物温室按"因山构室"理论"因山构煋"。如瀑布落下的潭作为湿生、岩生、阴生植物温室，山脚岫处加深为阴生蕨类植物温室，西瀑布半山谷壑加深为岩生、阴生植物温室等。从峭壁现状可见一石纹自东而西上升至顶，据此可凿石为阶，穿坡为洞，据岩设栈，这样峭壁可以化为通途。

　　西面的采石坑约 30 多米深，坑中积水为潭，惟余运石坡道与地面相通。首先考虑以山洞沟通东西，使峭壁与石潭相通。由于石坡道尺度巨大、

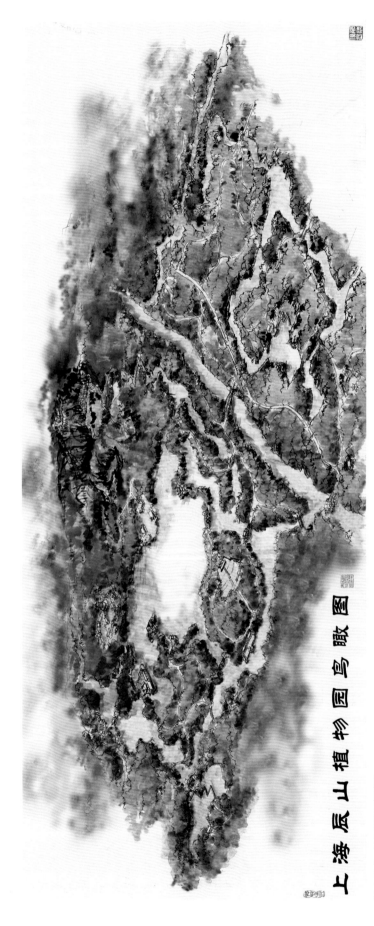

上海辰山植物园鸟瞰图

图4-8-2 辰山植物园鸟瞰图

臃肿。循"山臃必虚其腹"的山水画理，将石坡道下面开洞作岫。有洞则空灵，有岫则隐晦。不仅游览路线贯通而且景观奇绝，若入仙境，故为了与游人沟通心灵和发挥摩崖石刻"三绝"（文绝、书绝、刀绝）之美，石壁面阴设石壁篆粉绿色"仙境"二字，其旁山岫涵水则镌"仙泉"。南壁面阴设石作茶室、桥殿跨壑、石栈道。北壁面光，地面植乔木，石间挤出苏铁，垂枝蔓者自顶下垂，攀缘植物由下攀上，岩生花卉在坡道两旁。挖近300米的路堑式坡道自然迂回而自西下到潭底。所凿之石掇为花台随蹬道交拥而下，种植岩生植物和宿根花卉。水面据岩作水生植物种植池，无石水面以浮桥贯通。莫道世上无仙，此住世之壶也。造石山归总一法："凿石造山"。

• 土山：辰山西部保护是比较完整的，然而孤掌难鸣。故以挖湖土做土山环抱西山，西山脚亦顺山势以土山补山脚，于是形成两山夹谷的坞。引水贯通，曲折迂回、逶迤幽深，借以弥补辰山深远之不足。这也是竹类专类园最佳生态环境。巧在现存甘水井正好在这块用地内。《三辅黄图》说："竹宫甘泉祠也。"由此得景题"竹坞甘泉"。

此外主要是微地形处理，为植物创造阴、阳、高、低、干、湿、客风、藏风等不同小气候环境。诸如"疏荫天香"、"木兰吭露"、"蔷薇瑰香"、"金桂秋满"等，维持填挖土方平衡。

（2）理水：择上游设单独入水口进水，首先流入生化处理设备进行净化处理，再通过水生植物净水水道输入园内。出水口设节制闸控制。

水景也有三远：阔远、深远、迷远。辰山现状缺乏宽广的水面。正好现状也有几块大水塘所在，加以拓宽便可。宽广的尺度基本与山相称，使水面得山藏风聚气之宜，同时得山水相映成趣之景。水陆犹如黑白，挖水也就成陆。洲、渚、岛、岬、汀、滩、堤因理水相应而出。基于"辰"的词意关联天象，故以天、地、日、月、星名辰山近前的洲岛。其他也是根据环境、性质，再结合植物特色来定景名，尽可能使游人在提高文化水

平的基础上达到"问名心晓"。因境成景，借不同的地宜和历史人文造景。

2）功能分区

以"科学的内容，园林的外貌"为设计准则，按科学的植物分类系统为分区的框架进行全园的植物分区。东部以南北向河道辰山塘划分，其东为春花区，春花区又以环水而得交拥的木兰科植物为中心，木兰区以北为忍冬科植物专类园和裸子植物区，以南为梅花专类园；河西夹堤水港用作春花区延展的桃花源，以陶渊明桃花源记为其文化内涵，布置视觉观赏效果比较集中的夹港夭桃、浓樱艳李，体现"桃李不言，下自成蹊"的意境。花景虽一时，情景却难忘。大湖因花木环绕而名汇芳湖，汇芳湖以南诸专类园为夏花区。专类园因环境而类聚，我们据现状自然条件塑造的微地形满足各类植物的生态习性所需的生活环境，在园林艺术方面又可抒写"园中有园"的篇章，因此以专类园作为总体布局的基本单元。汇芳湖以西为秋景区，涵"金桂秋满"的桂花园与"西潭馨月"的芳香盲人植物园。其北而辰山之西的竹坞为"竹坞甘泉"的竹类园和溪水石上的菖蒲园。西潭以南的曲港为水生植物园区等。辰山前山东为观赏温室，西为沉床岩石园。此山为樟科、壳斗科与山阴毛竹、枫香等原生植物组织的人工植物群落"樟栎洽原"。隔公路以北为相对独立的科研试验区。

3）主要专类园景区设计构想

本着"回溯'辰山十景'的历史文化，建设辰山新景观"的总体理念，结合植物园专类园区的展示，拟建辰山植物园新十景：

（1）石潭沉芳

辰山西面石坑因采石深坑、运石坡道和积水等地宜，以"先难而后得"和"有真为假，凿石还山"的理念为指导。出入口有三，一主二次。主入口设一石坡道于地平交结之口，立独间石坊为门，攀以紫藤与凌霄。西坊额题"紫霄"，东坊额题"丹崖"。石坊延以障墙、粉墙、黛瓦、

石潭沉芳

图 4-8-3
石潭沉芳

粟柱、墙面透窗俯妆潭景。循路堑式山石蹬道，两旁山石花台顺势跌宕分层而下。花台中种植岩生花卉、垂枝花灌木与花卉。坡脊要处安置"壶中九华"单檐园亭，既可穿绕而过，也宜坐下停留赏景。下到坡底承接以浮台，左通右达，浮栈导路，穿岩、过洞、径水，宛如世外之境，洞左岩壁大幅摩崖石刻"仙境"应心注目。浮栈道分割水面并观赏潭边水角之水生植物。次要入口在地平西侧。顿石成门，垂枝花灌木借石为架，石蹬道迂回而下。两旁山石花台错落高下，岩生植物与宿根花卉种植其间。下到潭底地面后引入石潭南壁。南面壁负阳面阴，安置得景的"伴岩茶寮"，乃壁石做建筑，前出"俯碧台"作室外延伸。几经转折后跨"石虹花栈"过涧壑，再穿山洞，至岩下栈道而与东入口相衔。东入口为凿通的自然式山洞，洞口额题"嘉岚挹爽"。穿洞可达山前东部观赏温室景区，向东洞口额题"紫气东来"（图 4-8-3）。

（2）因山构煊

中国古代温室有称"唐花"者，唐本作煊，"煊"为烘培花木之意。辰山东石坑由现状石坪和矗立的峭壁组成，由于此地面南向阳，可作展览温室需高温展区。热带雨林温室需高温高湿展示共生、寄生、绞杀等模拟森林景观，面积大而高达近 30 米，作为独立端严的主体温室。余则支陇旁连组成温室的建筑群。飞瀑落下引入湿生植物温室，更西为小型热带水生植物温室。西侧靠山壁处设垂直升降梯直达辰山山顶，既解决垂直交通，又使游客在空中动观周边美景（图 4-8-4）。

（3）玉兰乡梦

春花区中有环水回洲的佳境，北起土山低屏，山上种植木兰科常绿和落叶大乔木，如广玉兰、乐昌含笑、厚朴、木莲等。山之左右臂向南伸出回抱濒临三叉水港（名曰玉壶湾）之辛夷坞，用以布置木兰科植物。鉴于白玉兰为上海市花，因此名曰"玉兰乡梦"，以表上海的前程是一份美好的乡梦。山林之南浅盆形草地托出"玉兰池馆"。冰镜台突出水面，东引"春风洗妆桥"——曲尺形贴水石板桥，中部角隅扩展而安置"吮露亭"。屈原在两千多年前《离骚》里谈到"朝饮木兰之坠露兮，夕餐秋菊之落英"，应视为最早"鲜花馔"的历史记载。有关木兰的文化，以吮露亭和碑记表达。《述异记》载："七里洲中有鲁班刻木兰为舟，舟至今在洲中，诗家云木兰舟出于此。"借水乡之地灵，水湾木兰荫下泊木兰，表现刻木为舟的形象。岸上尚有木兰坪倚岩洞，山上有"霏白玉

图 4-8-4　因山构煃

图 4-8-5　玉兰乡梦

洁亭"，岩下木兰坪花台拥有山石舞台，洞暗成天幕，可用作团日、队日小集会表演（图 4-8-5）。

（4）疏荫天香

南面主入口对景为牡丹、芍药园。牡丹喜排水良好的土坡和疏荫条件。起土山主峰在西北高5米，向东南环抱缓坡而下，东南相应回环。山顶攀头与山腰、山谷皆以黄石起花台跌宕而下。牡丹、芍药相对分布集中。有些植于自然土坡上，并植少量臭牡丹防虫害，雪松植于山脊高处。枫

香、无患子等作疏林草地，牡丹台下接以宿根花境和少量一年生草花。天香亭高踞疏荫之上。

（5）竹坞甘泉

原辰山十景有"甘白山泉"和"丹井灵源"两处水泉景观。甘白山泉不可求。现山后西部山阴有一水井，水质特佳。清冷甘洌，可直接饮用。比较接近丹井灵源的记述，但也无从求证。《三辅黄图》记载："竹宫甘泉祠宫也，以竹为宫。"巧在此井亦在竹坞中，于是成"竹坞甘泉"之想。

竹 坞 甘 泉

图 4-8-6
竹坞甘泉

故以竹林层层在山溪土坞中围绕，可收集竹类一百多种，地下做地墙以防串根。溪畔草地上丛生竹有聚有散布置，宏观有竹海之意。竹宫门联："竹绿浦以被绿，石照涧而映红。"另有"浮筠馆"、"天籁榭"左右辅弼。井居竹院中焦点，井台、井墙、井盖、井铭俱全，旁置巨石，摩崖石刻。"丹井灵源"和诗咏以兹回眸辰山十景。竹构或拟竹建筑展示人与竹的文化主题，兼作竹坞茶寮，园景与休闲结合一体。除一般竹类，专设珍竹谷展示方竹、刺竹、藤本竹、垂枝竹等。古书载"竹大可为舟"，竹溪畔做孤竹舫传递巨竹知识。石岗高处有竹枝垂于地面，清风徐来，竹枝自扫，石刻"天帚"。依据《荆州记》载："天门山角上各生一竹倒垂拂拭谓之天帚。"《高士春秋》说："王微之以菖蒲映竹。"我们在竹溪中置石润土，做菖蒲园于石上，石以石堤、平桥连贯，便于游赏（图4-8-6）。

（6）鸢蒲水香

水生植物之于水乡肯定是重头戏。含湿生、沼生、水生等，约有二百余种。大湖植荷种苇，特指可高4米之江苇。水面则种蒲植萍。西潭以南的水港专作鸢尾和香蒲类的水生植物专类。平静的泖湖特别适应水生植物驳岸护坡。由苇蒲空岸处入口，水陆皆可游。左侧湿地是见湿不见水的陆地，宜鸢尾而不宜步行，故以木板垫板小径引入俯览鸢尾品种。有的做石堤有如平板浮桥在水边穿绕。桥亭坐息赏荇。另设"水香晶亭"避雨不挡光。亭柱立于礁石，礁石又可低平伸展为石矶、石矼以串通游览路线及小型精美水生植物（图4-8-7）。

（7）樟栎洽原

樟科和壳斗科在华东植物区中占有重要位置，当设置较大面积的樟科和壳斗的专类园。辰山之阴现状将自然山开发为民用建筑。将来建筑拆除后首先塑造深山大壑的地形环境，依托现状立岗作岭、开谷展壑，形成虚实相映成趣的山林野致，山林意味深求。在此基础上因山构室设置必要山门，豫樟山宫（介绍樟科植物）、橡斗房（介绍壳斗科植物）。《拾遗记》记载：岱于山北"有沙棠、豫章之木，木长千寻，细枝为舟犹长十丈"。于石岩顶凿石为"天舟"高踞，石碑介绍以樟为舟的历史记载。据岩还可刻黄庭坚书《南溪樟隐记》（祝穆）。《列子》载：杜厉叔"居于海上，夏日则食菱芡，冬日则食橡栗。"唐代诗人皮日休："橡实养山禽，藤花蒙涧鹿。"据此做半岩亭"居安思危"，石刻"橡可赈饥"（图4-8-8）。

图 4-8-7　鸢蒲水香

图 4-8-8　樟栎洽原

（8）金桂秋满

秋花区以"金桂秋满"的桂花专类园为主，"西潭馨月"共谋秋景。唯展现"人的自然化和自然的人化"无以突出，其中包含神话文化。首先以文化积累捕捉如庶似仙的地形地貌，为不同品种桂花创造合宜的生态条件，包括适当改良土坡以适应桂花需要。然后精点建筑，以意境导引景物，然后连以廊墙，贯以园路，精于细部处理和植物种植设计。从组成因素单体严要求，才可能促成整体协调，做到尽可能地完美。从宏观而言择地辰山西山之阳坡，以上还辰山的西山南麓。贯以三叉的主路后南延次路跨水与"西潭馨月"、"花洲香航"石茶舫相承转。在周环山秀、幽壑迂回的环境中布置"小广寒"和"婵宫"、"桂院"。《晋书陆机传论》说："桂花幽壑终保弥年之丹。"《小山篇》说："仰幽岩而流昐。"杭州满觉陇也是幽

图 4-8-9
金桂秋满

岩地形，故于土山谷中掇石为岩，以岩组壑，飞梁横空，额题"清香境"，摩崖石刻"拥碧乘金"。"小广寒"之设基于神话嫦娥奔月。《酉阳杂俎》："旧言月中有桂，有蟾蜍。"《本草拾遗》："惟植一株桂树，树下置药杵臼，使丽华衡驯一白兔。"《学斋呫哔》："花中惟岩桂四出，惟乃月中之木，居西方地，四乃西方金之成数，故花四出而金。"据此，做"金粟四出"铜亭，尽展现代中国铜亭之精湛工艺。桂花是此地主人。《客座新闻》说："衡神祠其径绵亘四十余里，夹道皆合抱松桂相间，连云蔽日。人行空翠中而秋来香闻十里。计其数，云一万七千株，真神幻佳境。"本区具有主路、次路、小路 1 公里有余，集中夹道植桂，有望桂香秋满（图 4-8-9）。

（9）西潭馨月

与"金桂秋满"隔潭相衔。辰山十景原有"西潭夜月"，以水作西潭是必然的，鉴于改为辰山植物园后划为秋花区之红叶树与芳香植园结为一体并作盲人花园。盲人靠嗅觉和触觉认知植物。故宜改名为"西潭馨月"，以针叶、阔叶常绿树为背景，水边水杉、池柏、池松作树丛散植，有色叶树种成带成丛。由于一般槭树在上海无骤冷相激而不变红，要以盐肤木、野漆树、麻栎、银杏等红黄相间，再以红枫作焦点种植，芦白风清，水边相衬，描绘辰山秋景。

（10）红毹瑰香

蔷薇为一大科，攀援月季宜作架，层层叠落，蔷薇花架又宜与露天绿化剧场相结合。蔷薇特色是既形体瑰丽，又气味芬芳，故景区名为"红毹瑰香"（红毹为舞台上红色地毯）。南高北低，逶迤而下，坡度因剧场视线往后排抬高。花架可布置几乎所有华东的攀缘月季。东部草坪另设休息亭架。另一运用攀缘蔷薇法是"蔷薇香洞"。《浙江志》载："蔷薇洞在虞县东山之半。李白诗：不向东山久，蔷薇几度花，白云还自散，明月落谁家。"蔷薇香洞以钢架造型，内为休憩设施供人流连。位于剧场舞台北端路岛，满盖蔷薇、月季。南台水边有蔷薇台、香瑰坊发展蔷薇映水景观。反映文化的诗咏以摩崖石刻方式镌刻于散植山石之上，因境而设。诸如"狂艳"，"润琼膏于夕露兮，漱金芽于朝阳"，"密枝阴蔓不争开，薄红细叶尖相斗"，"绣难相似画难真，明媚鲜艳绝比伦"，"似锦如霞色，连春接夏开"，"波红分影入，风好带香来"，"剪碧排千萼，研朱染万房"。香瑰坊还可展示月季家族谱系以及香精、香料的制作工艺流程，并可让游人亲身参与动手制作玫瑰干花、香料提取等活动，寓教于乐（图 4-8-10）。

红瑜瑰香

图 4-8-10　红毹瑰香

9. 游人容量

根据招标文件中总体容量的控制要求，园内日最高游客量为 3 万人，瞬时游人量为 1 万人，日平均为 5000 人。

10. 道路交通组织

现代植物园的道路系统是植物园的骨架。植物园中的植物种类繁多，分类布置的方式复杂，大量的植物被科学布置和有序排列时，各种等级的道路就是分隔各大小区域以及游览参观的导向体系。

1) 道路规划设计原则

(1) 园内主园路应与城市道路相衔接。

(2) 道路组织应与植物园地形、水体、植物、景点、服务设施、建筑等相结合，因地、因景制宜，适当利用原有合理的道路，组成有机便捷的交通网络，满足游览及园区发展需要。

(3) 根据辰山植物园自身特点，开辟富有特色的游览道路，或入谷寻幽，或登高览胜，或临水漫步，让游人体验空间游览与植物游览的特点。

2) 外部交通

植物园外部交通较为便捷，北边是沈砖公路，佘天昆公路从园中穿过，南侧是刚建成的花辰公路，与上海市区相接。西侧有规划的千新公路，东向可设轻轨站点与 3 公里之外的市政轨道交通 M9 线相衔接，2007 年通车后，从辰山植物园到徐家汇中心城区仅需半小时。

上海市民由市区从东乘车或轻轨可方便到达植物园，来自附近江浙省市的外地游客可由沪青平高速、沪杭高速下同三国道或嘉淞南路再转沈砖公路或花辰路抵园。

3) 道路设计

园内交通系统采用人车分流的模式，外来机动车辆在外围停车场集中停放，各游览区禁止机动车辆进入，只有园务后勤车辆或紧急情况下的车辆才可进入。园内交通以电瓶车和步行为主，辅以水上游览，充分结合环境使游览充满情趣及视觉美感。

园内道路分三级：

(1) 一级园路

全长约 5460 米，路宽 6 米，总面积 32760 平方米。成环状布置，局部段可适当放宽，一级园路连接了各入口区、园林植物展示区，是游览全园便利、高效的最佳游线。

(2) 二级园路

全长约 18721 米，路宽 3.5 米，总面积
65523 平方米。二级园路沟通穿行于各景区，是
体会自然、近赏植物的多元景观游线。

(3) 三级园路

全长约 6100 米，路宽 1.5 米，总面积 9150
平方米。通过三级园路，游人可深入景区内部，
从不同角度、高度欣赏园区美景。

园区各类道路总长度为 30281 米，总面积
107433 平方米。

4) 停车场

植物园停车场分布于各门区，采用地面停车
的方式，集中和分散相结合。停车场以绿化相围
合，突出生态型停车场的特点，种植浓荫乔木为
车辆庇荫，停车场以透水地砖和植草砖作为铺地
材料。本植物园停车场规模采用瞬时游人量 1 万
人与日平均游人量 5000 人计算。根据 2004 年上
海市国民经济和社会发展统计公报，上海市汽车
拥有量 83.51 万辆，其中私家车 31.77 万辆，每
百户拥有汽车 16 辆。按 2010 年经济与人口发展
规模推测，有 30% 的游客乘小汽车、旅游巴士前
来植物园，70% 的游客乘市内公交工具、轨道交
通到达。按 4 人／车计算，则需停车位：

$$(10000 \times 30\%)/4 = 750(辆)$$

按日平均游人量 5000 人计算，设日周转率
为 1.5，则每日平均只需停车位：

$$(5000 \times 30\%)/(4 \times 1.5) = 250(辆)$$

规划考虑停车场的设置与季节性观赏园区结
合灵活使用，故全园设 640 辆固定车位（其中南
主门区 250 个车位，西侧门区 200 个车位，北入
口 150 个车位，管理处 20 个车位，植物研究中
心 20 个车位），另设 150 个临时车位，位于植物
园西侧，以绿地形式设置，高峰期可用于临时停
车，基本满足游人停车需求，平时作为绿地。

5) 植物园出入口规划

根据植物园周边市政道路条件与园内布局要
求，主园区共设出入口 8 处（含管理处单独出入
口 1 处）。

主入口位于植物园南边的花辰路上，花辰路
为新建双向四车道市政路，两侧有非机动车道和
人行道，与市区连接方便，且南向为辰山最佳观
赏面，故将主入口设于此。

西侧规划的千新公路上设次入口 1 处，佘天
昆公路上设北次入口 3 处，方便与北侧科研区相
联系。东面规划市政路尚不明晰，但有规划市政
轻轨站于东 3 公里处，可考虑由轻轨站接小轨道
交通将游人由东引入，根据现状跨河桥位置设次
入口 2 处。

6) 游览路线组织

由于辰山植物园面积大，展示植物众多，故
按游客不同的游览需求规划 5 条游览路线，游人
可按不同的游览内容、方式和时间自行选择。

(1) 游线 1

以南边主入口为起点，乘电瓶车沿主园区一
级环路游览，全程耗时约半小时，适于时间有限、
快速浏览的游人以及老弱病残等特殊游客群体。

沿途经过主要景区有：疏荫天香、红蕤瑰香、
科普中心、桃花溪、展览温室区、沉床岩石园（石
潭沉芳）、金桂秋满、西潭馨月、鸢蒲水香，基
本可领略植物园风光。

(2) 游线 2

线路与游线 1 一致，采取步行方式沿主环路
游赏，全程耗时约 1 ~ 2 小时。沿途经过景区与
游线 1 相同。

(3) 游线 3

采取步行方式，以南大门为起点，沿线途经
疏荫天香、儿童植物园区、红蕤瑰香、科普中心、
梅园、玉兰乡梦、忍冬园区、桃花溪、展览温室区、
沉床岩石园（石潭沉芳）、竹坞甘泉、金桂秋满、
西潭馨月、紫薇栀茜、鸢蒲水香。全程耗时约 4 ~ 5
小时，基本游览了主要专类园区。

(4) 游线 4

步行方式，由南大门经过疏荫天香、儿童植
物园区、红蕤瑰香、科普中心、梅园、玉兰乡梦、
忍冬园区、松柏园区、珍稀植物园区、桃花溪、

展览温室区、辰山山顶、樟栎洽原、竹坞甘泉、石潭沉芳、金桂秋满、西潭馨月、紫薇栀茜、鸢蒲水香，全程耗时约 7～8 小时，游人可达辰山山顶一览植物园美景，并可体会山林野趣，适合体力较强的游客。该线路为植物园深度游。

（5）游线 5

该路线为水上游览，自采菱渡起航，或荡舟于大湖，或穿行于蒲苇深处，充分感觉丰富多变的水域空间与水生植物的魅力。途经景区有紫薇栀茜、红莼瑰香、桃花溪、金桂秋满、鸢蒲水香等。耗时约 1～3 小时，自水上观赏植物园与辰山，又有别番意境。

11. 竖向规划

竖向规划中保持现有辰山地形地貌，针对园区内较平的现状进行地形处理——挖湖堆山，从而在园区内形成一个良好的山水关系。在合理保护、合理开发的宗旨下因地制宜，大范围自然粗犷，局部精致合理。规划后做到步移景异，功能与景观融合为一个整体。

设计原则：

• 安全、适用、经济、美观；

• 不破坏山体植被，节约用地；

• 土石方平衡遵循"就近合理平衡"的原则，合理利用地形、地质条件，由园区内水体的挖方来平衡设计山体的填方，并充分利用周围有利的取土和弃土条件进行平衡并减少防护工程量；

• 保护生态环境，增强景观效果。

具体设计须符合国家有关规定。

1）道路竖向设计

按照《公园设计规范》的要求，山地公园园路的纵坡应小于 12%，超过 12% 应作防滑处理。支路和小路，纵坡宜小于 18%；纵坡超过计划 15% 路段，路面应作防滑处理；纵坡超过 18%，宜按台阶、梯道设计，台阶踏步数不得少于 2 级，坡度大于 58% 的梯道应作防滑处理，宜设置护栏设施。

主、次干道按照《公园设计规范》的要求，纵坡均小于 12%；个别地段原有标高过低或过高，难以满足《公园设计规范》的要求，则在尽可能减少土方量，保持原有地形的前提下，采取适当增加或降低原有标高的方法，达到《公园设计规范》的要求，保证行车安全。

步行道按照《公园设计规范》的要求，在保持原有地形，尽可能减少土方量的前提下，随地形或缓或陡，上下起伏。在坡度过陡，不能满足相关规范要求的地方，将会通过加设护栏、扶手等方式来保证登山道的安全。

2）场地竖向设计

场地竖向规划主要是满足场地排水和建筑物布置的要求，场地的标高一般较周边道路最低点稍高。

12. 种植规划设计

1）植物现状

辰山现存植被主要以樟科、壳斗科植物为主，有香樟 Cinnamomum camphora、栗 Castanea mollissima、栓皮栎 Quercus variabilis、刺槐 Robinia pseudoacacia、槐 Sophora japonica、无患子 Sapindus saponaria、栾树 Koelreuteria paniculata、胡桃 Juglans regia、榆树 Ulmus pumila、二球悬铃木 Platanus acerifolia、南酸枣 Choerospondias axillaris、桂花；山北主要是竹林，以毛竹 Phyllostachys edulis、淡竹 Phyllostachys glauca 为主；灌木丛有八角金盘 Fatsia japonica、杨梅 Myrica rubra、夹竹桃 Nerium indicum、石楠 Photinia serratifolia；林下地被有很多石蒜 Lycoris radiata、麦冬 Ophiopogon japonicus、络石 Trachelospermum jasminoides；山下农田水网主要有水杉 Metasequoia glyptostroboides、落羽杉 Taxodium distichum、池杉 Taxodium ascendens、夹竹桃 Nerium indicum、红花檵木 Loropetalum chinense var. rubrum、黄杨 Buxus sinica、构树 Broussonetia papyrifera、桑 Morus alba 等。

2）植物分区规划

（1）植物分类区（树木园）

裸子植物区按照国内通用的郑万钧系统（1978 年）布置。其中松科、杉科、柏科、罗汉松科、三尖杉科、红豆杉科、银杏科、苏铁科等，总计约 50 属，550 种，园中主要收集华东地区及其他同气候带的裸子植物约 300 余种。它们大多是常绿乔木，树体坚挺通直，给人感觉厚重、隽永、浓翠、挺拔，而且松柏类能挥发气体有杀菌作用，产生的负氧离子多，因此是最好的大森林氧吧。为了避免松柏类密植造成的阴森之感，应疏密有致，夹植一些匍匐性松柏类，疏林下增加杜鹃花 Rhododendron simsii、蜡梅 Chimonanthus praecox 等开花灌木，增加冬春季节观赏性。

香榧群落：香榧 Torreya grandis cv. Merrillii ＋银杏 Ginkgo biloba——罗汉松 Podocarpus macrophyllus ＋蜡梅 Chimonanthus praecox——云南黄馨 Jasminum mesnyi ＋杜鹃花 Rhododendron simsii ＋矮紫杉 Taxus cuspidata 'Nana' ＋麦冬 Ophiopogon japonicus。

柳杉 Cryptomeria fortunei、日本柳杉 Cryptomeria japonica 群落：柳杉 Cryptomeria fortunei ＋日本柳杉 Cryptomeria japonica ＋银杏 Ginkgo biloba ＋水杉 Metasequoia glyptostroboides——日本珊瑚树 Viburnum odoratissimum var. awabuki ＋圆柏 Juniperus chinensis ＋蜡梅 Chimonanthus praecox——杜鹃花 Rhododendron simsii ＋玉簪 Hosta plantaginea ＋麦冬 Ophiopogon japonicus。

白皮松群落：白皮松 Pinus bungeana ＋柳杉 Cryptomeria fortunei ＋红皮云杉 Picea koraiensis——铺地柏 Juniperus procumbens ＋红花檵木 Loropetalum chinense var. rubrum——麦冬 Ophiopogon japonicus ＋紫金牛 Ardisia japonica。

被子植物区采用美国学者克龙奎斯特（Arthur John Cronquist）1981 年以后的新的分类系统，以便能更好地反映被子植物的进化亲缘关系。将被子植物分为单子叶植物和双子叶植物两个纲。单子叶植物主要收集棕榈科约 10 种，禾本科约 280 种，百合科约 100 种左右。

双子叶植物按进化程度分木兰亚纲、金缕梅亚纲、石竹亚纲、五桠果亚纲、蔷薇亚纲、菊亚纲，其中木兰亚纲主要布置了蜡梅科、樟科、毛茛科、小檗科等，金缕梅亚纲主要有悬铃木科、金缕梅科、杜仲科、榆科、桑科、胡桃科、杨梅科、壳斗科等，石竹亚纲主要有蓼科（约 40 种）、紫茉莉科等，五桠果亚纲主要有芍药科、山茶科、猕猴桃科、藤黄科、杜英科、椴树科、梧桐科、锦葵科、大风子科、杨柳科、杜鹃花科等，蔷薇亚纲海桐科、八仙花科、蔷薇科（含绣线菊亚科、蔷薇亚科、李亚科、苹果亚科）、含羞草科、苏木科、蝶形花科、胡颓子科、千屈菜科、瑞香科、桃金娘科、石榴科、蓝果树科、山茱萸科、卫矛科、冬青科、黄杨科、大戟科、鼠李科、葡萄科、无患子科、七叶树科、漆树科、槭树科、苦木科、楝科、芸香科等，菊亚纲主要有夹竹桃科、木樨科、茜草科、忍冬科、菊科等。

（2）专类园区

• 牡丹芍药园

牡丹 Paeonia suffruticosa，为我国特产的名花，花大色艳，花姿优美，号称"国色天香"，象征中华民族热爱和平，追求繁荣昌盛的精神。唐代刘禹锡诗云："庭前芍药妖无格，池上芙蓉净少情。唯有牡丹真国色，花开时节动京城。"目前国内就有 800 多个牡丹品种。

芍药 Paeonia lactiflora，在我国栽培历史悠久，至少有 2000 余年，是我国最古老的传统名花之一。《诗经》中有"维士与女，伊其相谑，赠之以芍药"，说明 2500 多年以前芍药就作为礼品赠给即将离别的情人，故芍药又叫作"将离"。当今世界芍药品种已经发展到上千种，我国约 500 余种。

牡丹芍药同为 Paeonia 属的，花期在 4 ～ 5 月间，牡丹花开在前，芍药在后，诗人杨万里将牡丹比作"花王"，芍药比作"花相"，故将牡丹、芍药安排在一起。牡丹、芍药的习性相似，"宜冷畏热，喜燥恶湿，栽高敞向阳而性舒"，因此利用园内挖湖的土堆成起伏的小地形，在园中创造适宜其生长的小环境，位于大门口瑰香湾南岸，利用水滨坡地形成的冷凉小环境筑成花台种植牡丹 Paeonia suffruticosa 和芍药 Paeonia lactiflora。周围用楸 Catalpa bungei、梓 Catalpa ovata、无患子 Sapindus saponaria 等稍遮荫，避免中午曝晒和下午西晒即可。

• 月季园

月季 Rosa (China rose)，花期长，花色多，有香气，深受人们喜爱，被评为十大名花之一。我国是月季故乡，全世界蔷薇属植物 200 种，我国原产 82 种，绝大多数都能在上海生长，因此，在辰山植物园中布置一个月季园。

月季喜日照充足，因此，在汇芳湖中一个开阔的岛上种植月季。岛中心是一个下沉式的绿荫剧场，剧场周围是月季栽培品种展览园，全面展示现代月季的六大类：杂种香水月季 Rosa (Hybrid Tea rose)、丰花月季 Rosa (Floribunda rose)、壮花月季 Rosa (Grandiflora rose)、微型月季 Rosa (Miniature rose)、藤本月季 Rosa (Climber rose) 和灌木月季 Rosa (Shrub rose)。

周边坡地上展示蔷薇属的野生种，按照英国剑桥遗传学家赫斯特 (C.C.Hurst) 博士确定的亲缘关系，展示蔷薇属演化进程。我国野生的月月红 Rosa chinensis、香水月季 Rosa (Tea rose) 是现代月季的祖先。这种展示方式，游客可以学习生物进化的轨迹及由简单到复杂的进化规律。

配置时微型月季作镶边材料，地被月季铺地，藤本月季 Rosa (Climber rose) 和蔓性月季 Rosa (Rambler rose) 爬在棚架、格子架和建筑周围，树状月季 Rosa (Standard rose) 如行道树一般等距离排列在广场周围。

• 儿童趣味园

在主入口附近安排一个儿童趣味园，园内"食虫植物温室"专门展出能捉虫子的捕虫草、猪笼草等趣味性植物，引发儿童探索自然的好奇心。外围种植一些害羞的含羞草，怕痒痒的紫薇 Lagerstroemia indica，花色会随土壤酸碱性而改变的八仙花，犹如小金鱼嘴巴可以动的金鱼草 Antirrhinum majus，如蝴蝶般的三色堇 Viola × wittrockiana 等。

另外，留有一些花田，儿童可以在此亲自参与种植、管理、收获花卉，通过园艺劳作，放松身心，认知自然，体验耕作的辛劳和收获的喜悦。还可以在此制作花卉标本，进行插花比赛和花艺交流。

• 梅园

梅 Prunus mume，是我国特有的传统花果，已有 3000 多年的应用历史。中国是梅花的起源中心和栽培中心，也是变异中心和遗传多样性中心。世界梅花品种国际登陆也是在中国。现在我国已栽培应用的梅花品种有 300 个以上，按进化与关键性状可分为 3 系、5 类、16 型：真梅系、杏梅系、樱李梅系，直枝梅类、垂枝梅类、龙游梅类、杏梅类、樱李梅类。梅多集中于长江流域一带，在寒冷的 2 ～ 3 月傲雪而开，吸引人们"踏雪寻梅"。

梅花，傲雪凌霜，不屈不挠的精神和顽强意志，历来被人们当做崇高品格和高洁气质的象征。元代诗人杨维桢赞曰："万花敢向雪中出，一树独先天下春。"梅花的神、韵、形、姿、香、色俱佳，开花独早，花期甚长，因此常列于中华名花之首。在梅花的花文化发展过程中，出现了大量有关梅花的诗词歌赋、书法绘画、传说故事。在梅花欣赏方面，自古就形成了中国的文化传统，如"梅以曲为美，直则无姿；以欹为美，正则无景；以疏为美，密则无态"。宋代文人范成大在《梅谱》中说："梅以韵胜，以格高，故以横斜疏瘦与老枝怪石者为贵。"宋代张功甫在《梅品》中提出了赏梅最佳的 26 种情景，如赏梅宜清溪、小桥、竹边、松下、明窗、疏篱、林间吹笛、膝上横琴等情况下，更有赏梅意境。这也为梅园配置提供了参考。

• 木兰园

木兰，在我国有 2000 多年的栽培历史，木兰属约有 90 种，我国约产 30 种，均为优美的观花树木。木兰科是最原始的有花植物类群，其他亚纲都直接或间接由它发育而成，因此，木兰科也是展示植物进化进程很重要的一个科。

木兰园内当地典型性植物群落：玉兰 *Magnolia denudata* ＋厚朴 *Magnolia officinalis* ＋凹叶厚朴 *Magnolia officinalis* subsp. *biloba* ——紫玉兰 *Magnolia liliiflora* ＋茶梅 *Camellia sasanqua* ＋夜香木兰 *Magnolia coco* ——雪钟花 *Galanthus nivalis* ＋水仙 *Narcissus tazetta* var. *chinensis* ＋麦冬 *Ophiopogon japonicus*；鹅掌楸 *Liriodendron chinense* ＋玉兰 *Magnolia denudata* ＋木莲 *Manglietia fordiana* ＋二乔玉兰 *Magnolia × soulangeana* ——含笑 *Michelia figo* ＋紫玉兰 *Magnolia liliiflora* ＋火棘 ——八角金盘 *Fatsia japonica* ＋麦冬 *Ophiopogon japonicus* ＋紫金牛 *Ardisia japonica* ＋沿阶草 *Ophiopogon japonicus* ＋吉祥草 ＋大吴风草 *Farfugium japonicum*；荷花玉兰 *Magnolia grandiflora* ＋二乔玉兰 *Magnolia × soulangeana* ——罗汉松 *Podocarpus macrophyllus* ＋鸡爪枫 *Acer palmatum* ＋香榧 *Torreya grandis* 'Merrillii' ——蜡梅 *Chimonathus praecox* ＋火棘 *Pyracantha fortuneana* ＋棕榈 *Trachycarpus fortunei* ＋胡颓子 *Elaeagnus pungens* ＋黄杨 *Buxus sinica* ——紫金牛 *Ardisia japonica* ＋石蒜 *Lycoris radiata* ＋玉簪 *Hosta plantaginea* ＋金钱蒲 *Acorus gramineus* ＋麦冬 *Ophiopogon japonicus*。

• 山茶杜鹃园

山茶 *Camellia japonica*，是中国十大传统名花之一，全世界山茶属植物约 220 种，中国约 195 种，中国是世界山茶属植物的分布中心，也是世界栽培中心。目前山茶花 *Camellia japonica* 的园艺品种已达 15000 余种，中国山茶花的品种约 300 多个。

杜鹃花属全世界约 900 余种，亚洲约 850 种，其中中国有 530 种，占全世界种类的 53%，是世界杜鹃花的发祥地和分布中心。全世界有杜鹃品种数千个，中国栽培的约 300 种左右，是栽培历史悠久的传统名花，被誉为"花中西施"。

山茶杜鹃园里的群落：木荷 *Schima superba* ＋山茶 *Camellia japonica* ＋滇山茶 *Camellia reticulata* ——厚皮香 *Ternstroemia gymnanthera* ＋紫茎 *Stewartia sinensis* ＋茶梅 *Camellia sasanqua* ＋杜鹃花 *Rhododendron simsii* ——雪片莲 *Leucojum vernum* ＋麦冬 *Ophiopogon japonicus*；杨梅 *Myrica rubra* ＋山杜英 *Elaeocarpus sylvestris* ——山茶 *Camellia japonica* ——杜鹃花 *Rhododendron simsii*。

• 忍冬园

忍冬科 *Caprifoliaceae* 的六道木属 *Abelia*、锦带花属 *Weigela*、忍冬属 *Lonicera*、荚蒾属 *Viburnum*、双盾木属 *Dipelta*、七子花属 *Heptacodium* 等大多夏季开花，是夏花园的重要组成部分，秋冬时节挂红果，不仅可观果，也是很好的引鸟树种，对增加植物园生物多样性有重要作用。目前上海栽培应用的忍冬科植物达 50 多种，植物园中专门辟一忍冬园，收集、应用、展示忍冬科植物。

• 珍稀植物区

植物园是植物收集与研究中心，植物保护和利用研究是植物园发展战略的重要目标，尤其是珍稀濒危植物，植物园的迁地保护显得尤为重要。

此植物园收集、保存和展示珍稀濒危植物如香果树 *Emmenopterys henryi*、珙桐 *Davidia involucrata*、黄杉 *Pseudotsuga sinensis*、华东黄杉 *Pseudotsuga gaussenii*、红豆杉 *Taxus wallichiana* var. *chinensis*、金钱松 *Pseudolarix amabilis*、银杉 *Cathaya argyrophylla*、银杏 *Ginkgo biloba*、凹叶厚朴 *Magnolia officinalis* subsp. *biloba*、凹叶木兰 *Magnolia sargentiana*、沉水樟等，通过挂牌介绍，使全社会都能认识到保护植物以及人类赖以生存的环境重要性，借此提升全民综合素质。

• 碧桃海棠园

桃花 *Prunus persica* (flowering peach)，蔷薇科李属之落叶小乔木，是中国传统名花。品种达 3000 种以上，我国约 1000 种。

海棠花 *Malus spectabilis*，蔷薇科苹果属观花小乔木，被誉为"花中神仙"，原产我国，是著名的春花秋果树种。海棠同属植物约 35 种，我国约 20 余种，目前已栽培出约 200 个品种，其中常见的有垂丝海棠 *Malus halliana*、西府海棠 *Malus micromalus*、湖北海棠 *Malus hupehensis*、山荆子 *Malus baccata*、海棠果 *Malus prunifolia* 等。

桃花芳菲烂漫，妩媚可爱，植于水滨，形成桃红柳绿、柳暗花明的景观；海棠树态婆娑，娇柔红艳，远望犹如彤云密布，令人叹为观止。碧桃和海棠共同构成春日胜景。

• 紫薇栀茜园

紫薇 *Lagerstroemia indica*，千屈菜科落叶小乔木，夏季开花，花大色艳，花期长达 3 个多月，故又称"百日红"。紫薇在中国有 1500 多年的栽培历史，被认为是天上的花木落入人间。《全芳备祖》载："紫薇异众木，名与星垣同，应是天上花，偶然落尘中，艳色丽朝日，繁香清晓风。"中国是紫薇自然分布与栽培分布中心。紫薇属 *Lagerstroemia* 植物共 50 余种，中国现在栽培 18 种，其中中国原产的 16 种，我国紫薇品种有 40 多个。

栀子 *Gardenia jasminoides* 洁白如雪，清香馥郁，是茜草科 *Rubiaceae* 栀子属常绿灌木。中国人早在 2100 年前就有栽培栀子的记载。花期 4 ~ 5 月，与紫薇先后开放。

• 禾草园

莎草科植物，全世界有 90 属，4000 种，中国有 29 属，600 种。禾本科和莎草科的植物中，有的花穗突出，洁白飘逸，到秋季金黄一片，成为观赏类禾草。但目前很多观赏禾草的价值还没有被发掘，设计一禾草园集中收集展示观赏草，引导人们认识和欣赏禾草之美。

• 木樨园

桂花 *Osmanthus fragrans*，又名木樨，开花高洁雅清、香飘四溢、沁人肺腑，"独占三秋压群芳"，自古深受我国人民喜爱。在中国栽培已有 2500 多年的历史，最早记载桂花的是屈原的《楚辞·九歌》："援北斗兮酌桂浆。"

桂花 *Osmanthus fragrans* 由于遗传的保守性和进化的限向性，虽栽培 2000 多年，在花形上的演化幅度有一定的限度，所以形态上变化不甚显著。木樨属植物全世界共 40 种，中国是其分布中心，共产 27 种，拥有全世界 85% 的木樨属（又名"桂花属"）植物资源，全世界所有木樨属植物的命名都须由我国来进行权威认证。建成后的辰山植物园将承担起木樨属植物品种国际登陆的重任，因此需建立全球收集桂花品种最多最全的桂花园。

秋季另一大展示种类是菊花，菊科，全世界有 900 属，23000 种，中国有 164 属，2000 种；全世界菊属约 30 余种，中国原产的菊属植物有 17 种，是世界菊属植物的起源地、分布中心和故乡，有 2500 多年的栽培历史，战国时屈原《楚辞·离骚》中有"朝饮木兰之坠露兮，夕餐秋菊之落英"的诗句。菊花经过 2000 多年的栽培、选育，已成为一个有近万品种的大家族，菊花的演化程度很高，品种类型丰富，色系全，是目前世界花形最为丰富的植物之一。每年秋季大多数城市都进行菊花展，不仅有菊花新品种展示，还有塔菊、树菊、大立菊、扎菊、盆景菊等艺菊展示。在木樨园内布置菊展，增加秋季观赏内容。

桂花 *Osmanthus fragrans* 是常绿的，为突出秋季景观特色，木樨园内夹植一些秋色叶树种如：银杏 *Ginkgo biloba*、鹅掌楸 *Liriodendron chinense*、五角枫 *Acer mono*、三角枫 *Acer buergerianum*、枫香 *Liquidambar formosana*、鸡爪枫 *Acer palmatum*、白蜡树 *Fraxinus chinensis* 等。

• 竹园

竹，在全世界约有 120 属，中国原产的竹亚科约有 37 属，617 种，占世界竹种的 1/3，是世界主要产竹国家。中国大部分土地上都有半野生或栽培的竹类，长江流域是我国竹林面积最大、竹子资源最丰富的地区，大多数竹能在上海成功栽培。

竹在我国有悠久的历史，有文字记载，便有竹的记载。苏东坡有诗云："宁可食无肉，不可居无竹。"我国园林更是"无园不竹"。

竹子对水分要求较高，大都生长在山谷或溪流之间，因此，本园中沿溪流布置竹园。利用辰山北坡自然分布的竹林，增加竹的种类，将其布置成一个竹园。其中既有高大的毛竹 Phyllostachys edulis、刚竹 Phyllostachys sulphurea var. viridis、淡竹 Phyllostachys glauca，也有低矮的凤尾竹 Bambusa multiplex 'Nana'、阔叶箬竹、鹅毛竹，还有可以作为地被的菲黄竹；有竹竿奇特的大佛肚竹、方竹，也有竹竿色彩与众不同的紫竹、黄金间碧玉竹。

（3）植物生态区

• 水生园

根据地形特点和原有的水系，在园子西侧设计了一条溪流，沿溪流种植水生植物，作为一个水生植物收集和展示中心，观赏价值高的水生花卉沿溪流布置，形成一条"花溪"。

鲜洁湾里种植芦苇 Phragmites australis、水葱 Schoenoplectus tabernaemontani、旱伞草 Cyperus involucratus、慈菇 Sagittaria trifolia、泽泻 Alisma plantago-aquatica、再力花、香根鸢尾 Iris pallida 等野生的净化水质能力强的水生植物，沿竹溪两岸种植花叶芦竹、千屈菜 Lythrum salicaria、鸢尾 Iris tectorum、菖蒲 Acorus calamus、鸭跖草等与岸边的竹林相映成趣；西潭种植宽叶香蒲 Typha latifolia、黄菖蒲 Iris pseudacorus、蝴蝶花 Iris japonica、溪荪 Iris sanguinea、丁香蓼等芳香的水生植物与"西潭馨月"景点相符，岸边种植枫香 Liquidambar formosana、枫杨 Pterocarya

stenoptera、黄栌 Cotinus coggygria、复羽叶栾树 Koelreuteria bipinnata、马褂木等，鸢蒲浜里种植鸢尾 Iris tectorum、菖蒲 Acorus calamus、燕子花、溪荪 Iris sanguinea、宽叶香蒲 Typha latifolia、凤眼莲等，东岸种植香果树 Emmenopterys henryi、流苏树 Chionanthus retusus、栀子 Gardenia jasminoides、水栀子 Gardenia jasminoides 'Radicans'、六月雪 Serissa japonica、夹竹桃 Nerium indicum、云南杨梅 Myrica nana、大叶柳等夏季观花的植物，西岸结合禾草园种植灯心草、芦苇、千屈菜、旱伞草等单子叶植物，在步芳桥上映入眼帘的是荷花 Nelumbo nucifera、睡莲 Nymphaea tetragona、菱 Trapa bispinosa、芡实 Euryale ferox 等水生花卉，岸边是樱花 Prunus (flowering cherry)、海棠花 Malus spectabilis、木芙蓉 Hibiscus mutabilis 等花木。

湖岸两边的水杉 Metasequoia glyptostroboides、池杉 Taxodium ascendens 群落给予保留，原有农田水网的特征在植物园中仍有体现。

水杉群落：水杉 Metasequoia glyptostroboides——罗汉松 Podocarpus macrophyllus + 桂花 Osmanthus fragrans + 紫薇 Lagerstroemia indica——八角金盘 Fatsia japonica + 杜鹃花 Rhododendron simsii + 南天竹 Nandina domestica——菖蒲 Acorus calamus + 鸢尾 Iris tectorum。

池杉群落：池杉 Taxodium ascendens——紫薇 Lagerstroemia indica + 鸡爪槭 Acer palmatum + 四季桂 + 山茶 Camellia japonica——杜鹃花 Rhododendron simsii + 海桐 Pittosporum tobira + 十大功劳 Mahonia fortunei + 火棘 Pyracantha fortuneana + 云南黄馨 Jasminum mesnyi——白芨 Bletilla striata + 金钱蒲 Acorus gramineus + 鸢尾 Iris tectorum + 石蒜 Lycoris radiata + 吉祥草 + 麦冬 Ophiopogon japonicus。

• 岩石园

利用原有采石留下的山体剖面，设计成岩石

园。根据岩生植物要求的生境分为 3 个小区：

深潭北坡阴面，临深潭少日照，这种生境对生长在高山，因风大、低温而成伏地、矮生状态的高山植物很适合，如报春花 Primula malacoides、虎耳草、杜鹃花 Rhododendron simsii、龙胆、金钱蒲 Acorus gramineus、金莲花 Trollius chinensis、紫金牛 Ardisia japonica、翠雀、秋海棠、红皮云杉 Picea koraiensis、香柏等。

岩生植物生长在瘠薄、干旱环境中，岩石园中布置对叶景天、疏花蔷薇、宽刺蔷薇、二色补血草、蓝刺头、瓣蕊唐松草、委陵菜、金老梅、马蔺 Iris lactea 等与山石相配。

另有一类岩生植物生长在石灰岩风化土上，如：石碱花 Saponaria officinalis、怪柳、枸杞 Lycium chinense、小干菊、海棠花 Malus spectabilis、香莢迷、南天竹 Nandina domestica、石竹 Dianthus chinensis、碎米荠、庭荠等，布置在岩石园。

另外，也可以将一些矮生的鸢尾 Iris tectorum、桔梗 Platycodon grandiflorus、石蒜 Lycoris radiata、水仙 Narcissus tazetta var. chinensis、雪片莲 Leucojum vernum、杂种伏地杜鹃 Rhododendron simsii、六月雪 Serissa japonica、瑞香、番红花、龙胆、茵芋、野扇花、金莲花 Trollius chinensis、围裙水仙 Narcissus bulbocodium、毛地黄、旋复花等点缀在岩石园中，四季花开不断。一些矮生松柏类（如垂枝铁杉、矮花柏、矮紫杉 Taxus cuspidata 'Nana' 等）、紫茎 Stewartia sinensis 等营造高山环境。

• 樟栎洽原——自然植被保护区

辰山上原有植被主要以樟科、壳斗科植物为主，保留原有的自然植物群落，作为人工次生林逐步向当地地带性植被发展的一种过程展示。适当增加樟科和壳斗科植物。现有的群落：香樟 Cinnamomum camphora ＋ 二球悬铃木 Platanus acerifolia ＋ 栗 Castanea mollissima——红花檵木 Loropetalum chinense var. rubrum ＋ 夹竹桃 Nerium indicum—— 石蒜 Lycoris radiata ＋ 麦冬 Ophiopogon japonicus。

樟科全世界有 45 属，2000 余种，我国有 24 属，430 种左右，其中如樟属、钓樟属、木姜子属、桢楠属、新木姜子属、油乌药属、檫木属等均有种类在华东地区生长。

壳斗科全世界有 8 属，900 种，我国有 7 属，300 种，其中如栗属、栲属、青冈栎属、山毛榉属、石栗属、栎属等在华东区均有分布。

• 温室区

植物园以温室区最富于诱惑力，温室群作为全园的主景。依据植物需要的温度、湿度条件，设计不同的温室，以满足不同地带植物的需求。

（4）引种驯化区

在佘天昆公路北侧的科研区，利用现有农田熟土安排，安排引种驯化区。

二、建筑意向设计

（一）上海植物园建筑设计定位

上海植物园建筑设计秉承科学、艺术设计理念，贯彻高效、节能的设计原则，设计充分考虑地形地域特色及植物园建筑特点，力求营造一个富开拓与标新立异精神的现代植物园建筑环境。

（二）科学理念

1）上海植物园展览温室、植物研究中心、科普中心建筑因其特殊专业需求，必须具有功能的科学性，要求建筑具备各种植物在不同环境温度、湿度、光照条件下健康生长的可行性，凡此种种是建筑设计时所应遵循的科学原则。

2）针对植物园建筑空间环境要求的特殊性，在进行建筑设计时采取了与之因应的处理手法。这些手法表现在植草种植屋面的使用及蓄水屋面的使用上，一方面能美化建筑外部生态空间环境形象，体现植物园花开四季特点，另一方面又能节约利用与使用太阳能及自然雨水，起到高效的节能设计效果。

（三）艺术理念

植物园建筑在满足科研工作者工作研究的同时，相对于社会群体来说，又属于一个科学普及基地，应还能满足参观游客的学习与休憩要求，作为一个观众休憩学习的场所，其建筑本身也应有一些艺术追求，能成为游客心目中赏心悦目和具自然魅力的休闲地。本建筑在这些方面试图进一步尝试科学与艺术相结合处理方法，种植斜屋面的使用使建筑本身能比较自然地与周围环境融为一体，人上去信步触目所及能听其音、闻其香、观其色，回味无穷，充分体现植物生态之美。

（四）展览温室

建筑面积约 1 万平方米，一般高度在 15 米以内，共分热带雨林温室、棕榈及苏铁类温室、热带经济植物温室等 11 个温室，合并为 8 个不同温区，建筑将 8 个不同温区依其不同要求散置在多组温室建筑里。建筑能源首选太阳能，体形以尽可能吸收太阳能为前提，并具有调控温度、湿度和通风的装置，具备加温、喷雾和通风的功能，有的还可通过灌溉系统进行自动化施肥，雨水收集系统与屋面绿化的结合，使水系及水景既可自然调节室内湿度，又为改善与美化环境作出了贡献。

建筑设计充分考虑用地内辰山特点，将温室建筑群放在山体旁原采石区内。总体布局上可降低冬季北风对温室的降温影响，能高效地节约能源，同时各温区建筑因地制宜，体形有大有小，仰覆有序，能最高效地利用与使用自然再生能源，使科学性与艺术性统一在一个建筑体里。

（五）植物研究中心

植物研究中心和学术交流中心建筑包括实验室、图书馆和网络中心等，总体布置在佘天昆公路北面的科研实验区里，建筑面积 9560 平方米。建筑布置结合科研试验区水田巷陌特色，平地临水展开，体形相对端庄秀丽，其植草屋面及蓄水顶与环境浑然一体，人工气候室里植物生境春意盎然。

（六）科普中心

科普中心在植物园园区以内，主要是面向青少年团队科普展览和成人教育的培训教室，建筑面积 6000 平方米。考虑到其作为一个科教基地的功能，建筑在形式上采用一种相对活泼生动的表现方式，种植斜屋面的使用使建筑能比较自然地与周围环境融为一体，其生土建筑冬暖夏凉的构造特点及雨水收集系统本身也是一种节能演示，结合场地周围不同生境安排的一些水生、旱生植物种群，试图营造一种更自然及人性化的建筑环境气象。

三、给水排水规划（略）

四、电力、电信规划（略）

五、科普与旅游规划

科普工作的目标：向公众普及植物学知识，进行环境教育，提高国民素质。

上海辰山植物园建成后，将依托其丰富的物种、优美的自然环境和雄厚的科技力量，成为上海市乃至整个华东地区的科普教育基地和观光旅游点。

科普工作是植物园的一项重要功能，该植物园中将通过一系列现代的科普设施和科普手段实现这一功能，另外，为把经济效益和社会效益、生态效益三者结合，还需将科学知识的普及融入到旅游中吃、住、行、游、购、娱等各个环节当中，充分利用游客旅游求知的需求，宣传科普知识，促进旅游发展，使科普与旅游两者相辅相成，有机融合。既体现以人为本的原则，又提升植物园的文化品位。

（一）科普规划

1. 植物园科普的对象

明确植物园科普的对象是制定植物园科普规划的基本依据，通常科普的对象有三类：一类是幼儿和学生，包括幼儿、中小学生、大学生；一类是成年人，包括不同层次的决策者和管理者、年轻父母、老年人、农村干部和农民、教师；还有一类是特殊人群，主要是残疾人。

2. 上海辰山植物园科普的形式

上海辰山植物园的科普形式主要规划了在植物园中看得见摸得着的硬件措施和辅助性科普手段，具体的硬件措施有：

1）科普中心

科普中心是面向青少年团队科普展览和成人教育的培训教室，这里将利用植物园丰富的植物资源和栽培技术优势，举办多种类型的科普讲座。可以定期组织或临时对外公告。内容要有针对性，对象是普通公众，是中小学生，同时可以给听者自己参与的机会。这里也将有组织、有计划地对老师和家长进行植物知识的培训，发挥他们对青少年儿童的科学引导作用。另外科普中心还将开办关于人与地球、人与自然的科学展览，在无形中激发人们对身边环境的认识。

2）儿童植物园

在一个以植物科普为重要目标的植物园里，要真实地达到科普的目的，首先要从儿童抓起，对儿童的启蒙能帮助他们从小建立热爱自然，关心和爱护自然，保护周围环境的良好意识。要吸引儿童的兴趣，就要抓住儿童心理的特点，为他们这个特殊的群体开辟具有儿童趣味的植物园。在儿童植物园的植物配置方面，必须选择对儿童没有伤害的种类，而且还要在适当位置配置一些激发儿童好奇心的植物，如痒痒树（紫薇）、含羞草、蒲公英等，以及多用花形和果色美观艳丽的植物；在科普设施设计方面，必须迎合儿童的生理和心理特点，如植物标示牌要设计在儿童容易注意和易于触及的地方，特别是要与其他元素结合，增加其独特性和趣味性；在休息和娱乐设施设计方面，则要和植物园的气氛相结合，把植物植株的部分夸张成各种设施，将带来戏剧性的良好效果。另外还将在儿童植物园中开辟一块参与性强的动手园地，让儿童亲手种下"希望的种子"。

3）盲人植物园

盲人作为特殊的残疾人群体，对植物的感知方式与其他人有很大差别，他们无法通过看，只能通过听、闻、触来感知植物，因而他们成为我们最为关注的对象之一。在这里将规划一个听的植物园，一个闻的植物园和一个触摸植物园。听的植物园设在空间流通的树丛旁，目的是让盲人在此能听到微风吹动树丛发出的悦耳声音，闻的植物园与芳香植物区融为一体，触摸植物园将通过把多种质感特殊的植物配置在人容易触及的位置，并通过盲文指示牌引导盲人去触摸。即使是眼睛完全正常的游客，来到这里也能别有一番滋味。

4）温室与专类园

植物科普和展示的主要部分，也是整个植物园的大部分内容，在这两处将通过设计独特的宣传栏、植物名牌和休息服务设施，增加科普的科学性与趣味性。同时也运用空间变换的手法，让人的视点在植物的基部和中部、冠部之间变化，让人不局限于在一个平面上观赏植物。在某些专类园也根据该园植物的特点，规划了让人对植物有更深了解的内容，如在松柏园结合松柏类植物散发的香气对人体有保健作用，因而有松柏健康步道，步道两侧更设有植物保健讲解牌；在蔷薇园有一个香料提取的作坊，可供游客参观香料的提取过程，甚至参与制作；在桂花园有一个花餐厅，可以品味美食，增进与植物的了解。

另外，还要通过一些辅助手段对以上的科普措施加以补充

5）导游图和门票的设计

这些虽然看似无足轻重，但是对游人而言，都是一份很好的科普宣传材料。

6）科学导游

通过旅行社、地方社团、单位、集体、学校等组织团体参加活动，并配有专门的经过业务培训的科普人员进行科学导游。

7）科普展览与花展

各种科普展览是公众喜闻乐见的宣传形式，植物园中可以根据不同开花时令，定期或不定期

举办花卉展览,如春季可以在该植物园中赏桃花、梅花,夏季蔷薇园中可以展出月季品种,秋季可以观桂,而温室内的植物品种也可以因时而异地展出。

8)夏(冬)令营

通过组织集科技活动与休闲娱乐于一体的青少年科学夏(冬)令营,丰富青少年的寒暑假生活,同时也把学生课堂搬到室外,充分利用植物园的良好生态环境,丰富的植物种类,多学科的专业人才优势和注重实践的特点。

9)科普竞赛

是加强公众参与性的另一种手段,如发给来植物园参观的学生和游客一份有关植物知识的问答卷,根据答案,视情况给予一定奖励。

10)科普读物和传媒介入

通过出版科普书籍等广泛传播植物资源的合理利用,人类与环境,植物物种保护,植物园与环境保护等科学知识。

此外还有建立咨询信箱、咨询热线,与学校建立合作关系,国际合作与交流等。

(二)旅游规划

在蓬勃发展的旅游市场中,"科普旅游"是个新亮点,科普旅游融科普教育与休闲于一体,科普教育是主题,休闲旅游为形式,有机融合,相得益彰。以"科普旅游"为主题的科普宣传活动,能拓展旅游内涵,提升旅游品位。因此上海辰山植物园除了要达到植物展示和科普的基本功能外,还应迎合市场,努力打造出符合植物园特色和时代特征的"植物科普旅游"品牌,包括旅游活动项目的开发,科普解说系统,特色的游客服务系统和旅游商品。

1.旅游活动项目的开发

要打造"植物科普旅游"的品牌,就应从"植物文化"入手,开展多元化的旅游活动,充分挖掘植物可赏、可嗅、可食、可画等文化内涵,是旅游项目开发的方向,要吸引广大游客参与到植物园中,提升植物园的旅游品位和知名度,并通

过创造多种让游人参与的方式使这种植物文化渗透到人的生活,成为与社会精神文明建设相融合的组成部分。

1)可赏的植物园

植物园本身的优美山水环境和特殊的多样化的植物风光以及温室将吸引众多的观光游客,同时每年开展各种以赏花为主题的活动,如"玉兰节"、"桃花节"、"梅花节"等,或利用某些珍稀植物的特色景观进行展览,如铁树开花或昙花一现这些植物的特有自然现象,通过这些展览活动定期为植物园"升温"。

2)可嗅的植物园

植物除了可供观赏外,还有很多值得人们欣赏的特性,如植物的芬芳,在以桂花为主的盲人芳香植物园就是为游人,尤其是盲人,提供了另一个角度的赏花途径,可用"桂花节"来提升活动的主题。在蔷薇园中的香料作坊中将设置专供游人品味香料的特殊装置,此处还兼顾展示制作过程,供人参与和挑选购买的三种功能。

3)可食的植物园

植物的美食是完全绿色的食品,花餐厅中将把植物的各个部位和一些不常食用的植物搬上饭桌,如某些植物的花、茎、叶、皮、根和一些野生草本植物,或称"野菜"。这种饮食既健康又有新鲜感,在品尝的过程中也对植物有了更深一层认识。

4)可描摹的植物园

自古以来艺术家对植物都有一定的偏爱,从艺术的角度展示植物也是对植物文化的一种更深层的认识,因此在植物园内也将开办以植物为主题的书画艺术展、摄影展,同时游人更可以成为展览参与的一分子,他们不但作为参观的一分子,还可以把拍摄的植物相关的照片进行投稿,而植物园则将定期展出来自艺术家和群众的艺术作品,这也是把整个城市的文化气氛搞活的一条相辅相成的途径。

5)可参与的植物园

除了在以上的活动中体现了游人的参与性外，整个植物园本身都是参与的对象，主要的参与类型有两种，一种是认知性的参与，它以科普中心的教育形式为重要特征，可在一些学习的过程中增加游人的动手机会，如插花盆景制作，还有利用植物园中的某些分类园特征，如松柏园，开展植物保健知识传播；另一种是休闲性的参与，如在"植树节"组织市民种植纪念林，发动家庭认养植物等。儿童植物园则兼具这两种参与性，既提供学习的条件，也创造休闲娱乐的活动内容。

2. 科普解说系统

科普解说系统包括特色详尽的植物园简介、专类园介绍、重点物种介绍、植物名牌、宣传橱窗、科普画廊、科普模型等。

3. 特色的游客服务系统和旅游商品

特色的游客服务系统包括与植物园的特点相结合的各种服务设施，包括电话亭、商亭、座凳、游乐设施等，并开发独特的旅游商品，如香料作坊提取的天然香料，礼品部制作的纯天然植物材料的手工艺品，这些都是对旅游品位的一种提升。

六、技术经济指标

（一）上海辰山植物园用地平衡表（见下表）

（二）造价估算（略）

七、分期实施计划与对策（略）

本项目承笔者同窗好友唐振缁先生参加指导和具体工作，北林苑设计院选派得力领导共同合作，李昕绘制效果图，经评议获三等铜牌奖。

用地平衡表

	面积（平方米）	百分（%）
总规划面积	2020000	
水　体	425990	21.09
建　筑	39143	1.94
铺装广场	64820	3.21
停车场	15985	0.79
园　路	107433	5.32
绿　地	1366629	67.65%（其中辰山占地 91690 平方米）

第九章 邯郸市梦海公园总体设计

一、项目背景

作为"十一五"规划主要内容的邯郸市总体规划明确了城市性质为"国家历史名城，河北省新型工业基地之一，区域商贸物流中心，风景园林城市"。在城市特色方面，强调历史文化和自然环境相结合的原则，形成以"赵文化为特色的历史名城和宜居为目标的中原绿城。东部新区由新区公园、行政中心、文化中心、商业中心、商务办公中心、商贸会展中心、体育中心共同构成的新的城市中心景观控制区，北部梦湖风景区景观控制区，西部赵王城遗址景观控制区，南部高教园区滨水景观控制区"。

现状构成了以邯郸主城为中心的核心城镇群，实行"突出中心，依托轴线，辐射全城"全方位发展策略。

本园为主城区相邻的东北新城区，务求公园之实要与城市性质之名相符。

二、用地性质

规划将其定为城市的滞洪区和梦湖风景区，延展邯郸的梦文化。定性的方向基本正确，落实到专项还要继续深入。

滞洪区是单纯的排放水体，有洪可容，无水则涸。这对于作为新城区中心而言，无论从生态环境和景观、社会休闲游览和文化内涵都是不相宜的。生态学家提出城市中心地带是大气环流带，最宜用作开辟水面和建设绿地。因此将滞洪区和风景区结为一体的思路是科学的决策，值得肯定。问题在于风景区的性质不符合现状的实际情况。风景区是以自然风景资源为主体而赋予少量的人为加工，但这块用地并无天然风景资源可言，也不可能建成风景名胜区。这里需要在平地上开辟水面和塑造人工地形，然后布置建筑，开辟园路，种植宜生的植物，为市民休闲游览生活服务。用地性质就应为城市公共绿地中的城市公园，更具体地讲是新城区的中心公园。不仅纳入城市绿地，以绿线划定，而且纳入公共绿地以提高人均占有公共绿地的指标，为落实风景园林城市而创造条件。作为公园水体，宜将滞洪区改为城市蓄水库，不仅保持终年有水，而且要变合排雨污水为仅排水质良好的雨水。

三、建园的理念、原则和目标

中国人的宇宙观和文化总纲是"天人合一"，把人看成是自然中的一员和以劳动生产创造社会的特殊一员，主张"人与天调，天人共荣"。在此，是如何与这块地面上以水为主的自然资源协调。但人可以在与自然协调的前提下发挥人的主观能动性。"人杰地灵"、"景物因人成胜概"等理论都说明这个辩证的观点。从东岳泰山、杭州西湖、北京颐和园乃至现代诸园无不以实践印证这一理念。就社会观而言是"以人为本"，宇宙观是以自然为本。美学观是管子提出的"人与天调，然后天下之美生"。他还说："（人之所为）与天顺者天助之，与天逆者天违之；天之所助虽小犹大，天之所违虽成必败。"我们败坏了三江水源的森林，就要受到"低流量高水位"水灾的报复，惹起天怒便要承受自然对人类的惩罚。人与自然协调则天人共荣。

我们遵循十六大提出的"继往开来，与时俱进"的原则。我国总目标是建设具有中国特色的社会主义社会，中国风景园林有深厚的、独特的、优秀的历史根基，当继承和发展传统。因为社会发展了，传统不够用，所以要与时俱进地发展。明代计成的造园名著也强调"古式何裁，时宜得致"。我们要建设具有中国特色和邯郸地方风格的，符合现代社会休闲游览生活需要的和富于文化内涵的新型公园，以民族特色自立于世界民族之林。

科学性与艺术性统一，艺术性要"情理之中，意料之外"（谢添）。

强调尽可能发挥风景园林的综合功能。在环境功能方面要以地形设计为当地的地带性植物创造不同的生态条件，为植物的生长和发育提供合宜的自然环境条件，人类于其中才能享受到相宜的人居自然环境。在社会功能方面要力求满足现代社会休闲游览生活在物质和精神方面日益提高的生活要求。把各项休闲服务设施和风景园林景观融会一体，并"寓教于景"，反映出内在蕴涵的邯郸地方文化和中国风景园林艺术的文化。

尤其要继承和发展中国风景园林艺术理法，突出地运用"相地"和"借景"的至要理法。在与城市周边环境协调的基础上，意在手先地塑造意境，将意境落实到功能分区、景区和景点的建设。首先创造出人造地形环境，再按"景以境出"、"因境生景"的传统理论结合与时俱进来设计景点。必须有所创造才能适应时代地发展。

四、现状分析

（一）区位

邯郸市位于河北省南部，晋、冀、鲁、豫接壤地区。西依太行山，东临华北平原。邯郸市地势西高东低，是太行山隆起与华北平原沉降区之间的过渡带。梦湖位于邯郸市北部，城市水系下游，交通便利，南临北环路，北邻青红高速公路，西侧有城市主干道中华大街。

（二）气候

邯郸市属暖温带大陆性季风气候，气候四季分明，气温变化较大。多年平均气温13.4～13.9摄氏度，年内变化明显，1月份最低，平均零下2摄氏度，7月份最高，平均26.3摄氏度。冬季干燥寒冷，春季干旱少雨，夏季炎热多雨，秋季天高气爽。多年平均降水量550毫米，但年内分布很不均匀，大部分集中在夏季，6～9月的降水量约占全年75%以上；年际变化也很大，年最大降水量为最小降水量的3.5倍以上。多年平均日照时数2600～2500小时。大于等于0摄氏度的积温为5000摄氏度，大于等于10摄氏度的积温为4500～4347摄氏度，无霜期一般200～210天。雨季主导风向东南风，冬季次主导风向为西北风，最大风速19米／秒。

（三）土壤

场地内旱作土层较单一，为均匀地基。根据勘察揭露的地层，在可见深度内地基土为第四系冲积而成的松散沉积物，据岩土特性之不同，将地基土层划分为3层。第一层壤土：黄褐，棕黄，松散，可塑，软塑，饱和，厚度约4.3～8.2米，其表层为耕植层，可见植物根，厚度约0.4米；第二层壤土：黑灰，褐灰，可塑，软塑，饱和，土质较均匀，可见生物贝壳、旋螺，厚度约4.5～9.4米；第三层细砂：灰黄，褐黄，松散，稍密，饱和，分选差，含少量粗砂，该层未穿透。

（四）水文及防洪对策（由邯郸市规划局提供水文设计数据）

沁河（齐村大坝以上）洪水经齐村大坝调蓄后顺溢洪道与输元河洪水汇合，由输元河进入黄粱梦滞洪区。而邯郸史料记载"吾乡屡被漳灾，几成泽国"所反映出来的邯郸历史上大的自然灾害主要是水灾。"善为国者，必先除水旱之害"（管子）。邯郸市区防洪按100年一遇设计（滞洪区行洪标准），滞洪区20年一遇洪水标准运用滞洪。根据《邯郸市黄粱梦滞洪区综合治理工程可行性研究报告》，入滞洪区洪水设计洪峰流量为100年一遇标准1458立方米／秒，50年一遇标准1067立方米／秒。防洪对策：

（1）水体根据现有资料和相关的水利设施建设要求，确定了常水位线高程（49.00米）、洪水位线高程（56.00米）。满足该地区20年一遇的蓄洪要求，主要建筑都在水位线以上。

（2）水体中划出200米宽的行洪水道，满足

100 年一遇行洪的要求。

（3）提倡生态型驳岸设计，利用各类水生、湿生植物覆盖、稳固土壤，抑制因暴雨径流对驳岸形成的冲刷。水体中不仅有植物，还布置当地的水生动物，以期形成良好的生态系统。个别水体冲刷比较大的地方采用干砌石、卵石笼、大块石等更为通透的材料来防止水流的冲刷，并可在这些材料之间和表面覆土，促进植物的生长。

（五）地形地貌及植被

梦湖滞洪区的标高与滞洪区外黄粱梦镇的标高基本持平，有的甚至高于镇区的标高。基址为泄洪道，地势平坦低洼，有天然黄土防水层阻隔地表水和地下水。原有的防洪工程体系经过 40 多年的人为和自然损坏，年久失修。现状以自然植被为主，在泄洪道周边主要为野生草本和地被植物，在外围区域有地带性乔灌木。

五、立意

邯郸市提出延续梦文化是正确的。黄粱梦的道教文化的追求反映在黄粱梦胜地墙面上醒目的四个大字"蓬莱仙境"，在风景园林传统程式为"一池三山"制或"海中五仙山"。现实人间也追求"香格里拉"之美的仙境。黄粱梦的名胜古迹没有大水面的条件，只能把仙景的向往写在墙上。而梦湖有大面积水面，自当体现这种境界。我们树立的意境当是："梦海蓬瀛，住世瀛壶"，从现

实中憧憬未来，作为美好的带浪漫色彩的追求（图 4-9-1）。

六、总体布局

（一）山水骨架和地形的塑造

从科学性而言，都江堰从理论上总结了水利工程经验。一是"安流顺轨"，即要安定水流就须要提供水道。二是"深淘滩，低作堰"，即清除河底淤泥，维持科学的河底高程，这是主要的，而以堤堰拦洪就不必很高，使蓄洪的底面符合科学地下沉，从而获得一定蓄洪量的低水位，也就不致形成"低流量，高水位"的洪水灾害。这就要求足够的水道面积、通畅的水流路线和合理的水道断面以适应常水位和百年一遇的高水位约 7 米的巨大变化。设计的水面积为 1476388 平方米，平均挖深为 3.82 米。在这方面须水利专家领衔设计，我们只是将基本水型定为长河型，保证畅流无阻的水道，于长河主水道外作其他水型变化，外旷内幽，外深内浅，在保证滞水功能的基础上进行水体的艺术设计。

给我们提供的水名是"梦湖"，结合仙海神山的意境和河北省有随内蒙古称湖为海的地方特色，加以梦文化的浪漫性，我们认为"梦海"更贴切。仙海中的五神山为蓬莱、方丈、瀛洲、壶梁、圆峤。在我们的方案中，蓬莱为主山岛，放在地幅和水域最大的地方，坐北朝南，负阴抱阳，

藏风聚气，主景突出，前临梦海，两水湾左右逢源。在约 30 米高的土山上，矗立起十余米高的台，台上起二十余米高阁。从"洪波台"可想见起台是为防洪的，顺应邯郸居太行山冲积扇之地势。丛台之"连聚非一"是多台聚合为一台的组合。我们尊重邯郸古代文化传统而在蓬莱山上起高耸之丛台名为"梦海秋寤台"，并造醒阁成为全园的主景和新城区的地标。碧海、青山、金阁令人一见钟情而永世难忘，这并非妄想。

既已确立"独立端严"的主山，"次相辅弼"的客山和配山岛也就相应而生、迎刃而解了。方丈岛以一带水湾之隔，若即若离地伴随在东北侧。瀛洲隔水相对，壶梁安西北，而与圆峤隔水相望。一池五山也是因地制宜而定的，因长河型而居水边。这与南京玄武湖为块型湖，五山岛居池中同属异曲同工之作。这些山岛的造型都吸取了自然山岛的成山因素而又以人工提炼，使具山之高远、平远、深远之"三远"，俾求"有真为假，做假成真"之造山理法和"虽由人作，宛自天开"之崇高境界。

水则有聚有散。大水大聚，小溪小聚。湖中有岛，岛中有湖的复层山水结构，以求充分展现水之阔远、深远、迷远"三远"之境界。吸水上山，再从山上引泉作溪而下。形成局部循环水系，不仅可造"山因水活"之水景，同时也有利于水的氧化和净化（图 4-9-2 ~ 图 4-9-5）。

（二）景区划分和景点建筑设置

我们主要不靠雕像反映梦文化。"人面不知何处去，桃花依旧笑春风"，说明景可以表达情。欲融良好生态环境、休闲游览活动、动人的景观和丰富的文化内涵为一体，就要从"见景生情"反推到生情之景，再从"景以境出"反推到出景之境。境是由意而生的，因此在总体设计山水骨架中，山形地形均是有意之境，于中再根据所创造的地形地貌以生态、景观和文化为主划分景区。本园水体居中，自然分出东、南、西、北四个相对的方位。中国古画屏常以春、夏、秋、冬，渔、樵、耕、读概括人居自然环境中的活动，时代只是人的活动变了而四时照常运行。再者中国的文化传统"四方"和四时是相通而统一的。东春、南夏、西秋、北冬，由是本园景区划分为春花梦区、夏荫梦区、秋叶梦区和冬态梦区，并按春生、夏长、秋收、冬藏的自然生长阶段和特色与人生基本相应的阶段相融合，如春生不限于出生，春梦意味爱情的梦。梦分生活现实的梦、科学解释的梦和文学艺术的梦，作为梦文化当全面纳入，而造园景所宗则是影响广泛而深远的著名文学艺术梦，并以类聚、以主带次的方法丰富梦文化的内容（图 4-9-6）。

1. 春花梦区

东面城市次干道相应处辟东入口，宽广的

图 4-9-1
鸟瞰图

图 4-9-2
平面图

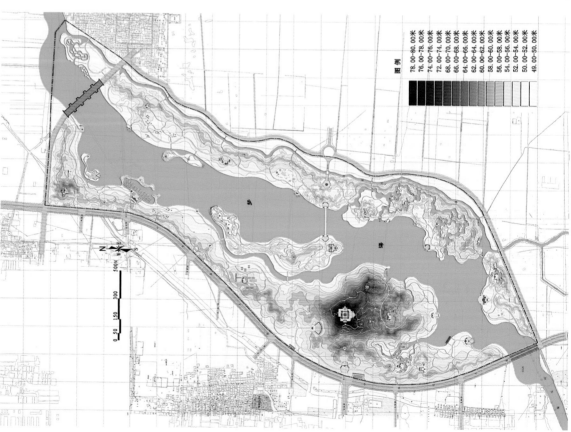

图 4-9-3
竖向设计平面图

图 4-9-4
交通分析图

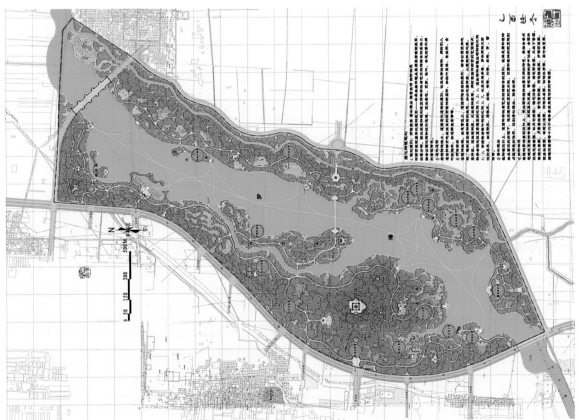

图 4-9-5
种植规划图

图 4-9-6
景区分布图

图 4-9-7
桃源春梦

石平桥跨滏阳河而引入园内的桃花广场。春花的代表是桃花，人称爱情的机遇为"桃花运"。桃花广场中心的桃花梦亭为攒尖五瓣出檐屋盖，节日为乐亭，平时为休憩和观四周景物之亭。瓦作粉红琉璃，仿桃木柱，台亦桃花瓣，乃"宜亭斯亭"之发挥。南行过"桃源桥"。春花梦区开辟了桃花溪纵贯南北而欲极尽曲折、回环、深远和迷远的变化，形成两山交夹、一水中通的山水景观。桃花溪是根据东晋陶渊明的《桃花源记》化文学为园景的，故桥名"桃源桥"。以桃花溪为长藤，顺藤势结了三个瓜，从水生园的三个梦文化主题和春花植物专类园结为一体，形成景点（图4-9-7）。

1）庄周梦蝶景点（图 4-9-8）

自北而南第一个景点是"庄周梦蝶",是哲理性的梦。庄周为战国人,是老子哲学的继承人,一心追求人与宇宙万物逍遥游的境界。想知万物是否有共同本源而未解决,在百花盛开的春天坐在花丛中思考未解之谜,突然飞来大小、颜色各异的蝴蝶吸引了他。当晚梦见仍在花丛中,但自己变成又大又美的蝴蝶飞舞,忘却自己是庄周。在梦与醒的变化中领悟到宇宙万物在本源上是同一的。当即写下:"昔者庄周梦为蝴蝶,栩栩然蝴蝶也。自喻适志欤! 不知周也。俄然觉,则蘧蘧然周也。不知周之为蝴蝶欤,蝴蝶之为周欤? 周与蝴蝶则必有分矣。此之为物化。"

因此主题是反映"万物齐一"的思想。从主路东边由谷口石坊(两面额题"清静"、"无为")引入,北转入一山壑,四面青山环抱,北出"蝴蝶泉"、"逍遥溪"缠绕壑中。居北正中有竹篱茅舍三间,草廊相贯。正房"栩栩庵",东配"日丽室",西有"风和所"。屋后有石作"蝶亭",柱刻庄周梦蝶轶事。南可出"物化洞",西出"齐一洞",洞侧石壁镌庄周感悟所得的文字。壑南壁浮雕梁祝化蝶之图文。

2) 牡丹亭梦景点

更南,渡敞神桥自路东引入"牡丹亭梦"景点。这既是文学名著,又是久演不衰的昆曲名剧。宋代杜家生女名杜丽娘,才貌端妍,在听讲《诗经·关雎》篇时感慨"关关雎鸠尚有洲渚之兴,何以人不如鸟乎"勾起怀春柔情。在丫鬟春香陪同下偷偷到邻家后花园领略春色。阳春三月、百花争艳春意盎然。触景生情地感慨:"原来姹紫嫣红开遍,似这般都付与断井颓垣。"然后凭几入睡。梦一书生手持柳枝翩翩地对她说:"小生那一处不寻访小姐来,却在这里。"并请她题诗咏柳,扶她过芍药栏,绕过太湖石来到牡丹亭,在花神护卫下情意绵绵。醒来自此茶饭不思、春容日消,便照镜自画像并题诗(自感婚姻与柳梦梅有关):

近睹分明似俨然,远观自在若飞仙。

图 4-9-8　庄周梦蝶

他年得傍蟾宫客,不在梅边在柳边。

因病自知不久于人世,央母将她葬在后花园梅树下,又嘱丫鬟将自画像珍藏于紫檀木盒中,怀着"月落重升灯再红"之希望逝去。杜家买下后花园命名"梅花观"。三年后岭南秀才柳梦梅赴京应试寓居梅花观养病,拾得杜丽娘画像,感到似曾相识。读到题诗,爱意顿生,依韵和吟一首:

丹青妙处却天然,不是天仙即地仙。
欲傍蟾宫人远近,恰需春在柳梅边。

阴间判官知杜丽娘死因,放魂归阳。柳梦梅在画像旁卧,梦呓"美人姐姐"。杜丽娘感动,叩门而入,互诉衷情,发誓偕老。柳君掘墓,偎热其身,丽娘回生结为秦晋。这是神话,却十分感人。据此,应后花园之境,主建筑"梅花观"背山面水,亭台突出,东傍"梦梅所",西厢"丽娘观",池唤"再生池",台取"重生台"。桥名"天仙"、"蟾宫",亭有"牡丹"、"惊梦"。向阳山坳辟芍药栏。两首和韵之诗作摩崖石刻。

3) 神女梦景点(图 4-9-9)

瀛洲岛最南端安置神女梦景点,涵高唐神女梦和赵武灵王梦处女两个内容。

楚怀王游云梦泽,于高唐观中梦见貌若天仙的妇人对他说:"妾是南方天帝之女,名叫姚姬。未嫁即死,葬巫山之南,又名巫山之女、高唐之客。

神女梦
高唐梦馆，朝云室，暮雨所
孟姚沂，苔亭，玉琴桥

图 4-9-9
神女梦

听说大王来游，愿荐枕席，特来伺候。"立即与姚姬亲热一番。事毕姚姬告辞说："妾在巫山南高山最险峻的地方。旦为朝云，暮为行雨。朝朝暮暮阳台之下。大王如思见妾，可早晚视之。此次与大王幸会，妾终生难忘。"次晨楚怀王果然见到姚姬所说那样，于是建"朝云庙"以寄怀念之情。楚怀王死后，其子楚襄王带着大夫宋玉游云梦泽的台观，见云气飘动瞬变，宋玉告以巫山神女所说"旦为朝云暮为行雨"和建朝云庙的前情。楚襄王很高兴，命宋玉作了《高唐赋》。后楚襄王几次梦会神女并向宋玉说明了这段奇事，宋玉说："待臣以赋为大王记述之，歌颂之。"宋玉又写了《神女赋》，这二赋成为中国梦幻文学的奇葩传世。后世引高唐神女梦，或称巫山云雨梦以喻男女挚爱结合。

赵武灵王游大陵于离宫饮佳酿入睡。闻奇妙琴歌声，穿山涉水，处处奇异花草，见山前额题"苔花园"的小门楼。入园若神仙境界，苔花盛开。苔花一说苇花，可做扫帚，另说凌霄和紫薇。亭中女柔嫩的玉指抚琴，口里歌唱，婉转动听。歌词是："美人荧荧兮颜若苕之荣，命乎命乎，曾无我赢。"武灵王爱慕，伸臂欲抱时一惊而醒。

向群臣描述仙女音容，未料吴广认为赵王所梦与女儿孟姚相符。孟姚入宫，武灵王说就是梦中女，赐名惠后，终生所宠。

此园引土山"小巫山"自东山向西南合抱，山头起若巫峰。山前主建筑"高唐梦馆"，东配"朝云室"，西为"暮雨所"，水为"神女池"，北出"阳台"，台上有《高唐赋》、《神女赋》碑刻，西南隅安"朝朝暮暮亭"。池中自艮位出"苕花堤"、堤东北水面"孟姚沂"，堤上种植紫薇，起石作"苕亭"，凌霄攀柱，堤南有"玉琴桥"连南岸。

春花梦区借桃花溪回环相贯，溪东土山以原东堤为基础加填到防洪水位，溪西土山则平均 3 米高。两山抱溪，时收时放。水游自桃花桥入桃花溪，旁过"狂艳惊露桥"，经"忘忧消恨坞"而西临"深柳桃花巘"。穿"灼华桥"到"灵运精舍"，为纪念谢灵运梦中得佳句的景点。南朝诗人谢灵运以山水诗著称，其《登池上楼》中有"池塘生春草，园柳变鸣禽"句成为传世名句，他却因梦而得。向北穿"雪桃桥"便见土山跨溪的"桃花石洞"，再过"丹葩桥"便到了"桑林渔舍"。石墙茅顶渔舍数座供租售渔具和茶饮休息。

瀛洲岛南有"巽津春渡"码头，西有"春华舞池"，其东草坪可作时尚展台，提供时装、街舞等展示场地。

2. 夏荫梦区

处于梦海南端，包括正南和西南两块陆地。正南这一块面积不大可是位置显赫，可放眼环扫北面水面、主岛、主景、消夏湾、梦海仙航大石舫；近觑西边临水之"媚香舞池"；东北眺望春花梦区诸景，直北是一望无际、两岸夹景的水域，是得景的佳处。

1) 致远台景点

在南土堤的基础上起土山屏障南头，唯留两山间一壑作为南门入口，洪水时关闭藏于土山内的活动闸门以供滞洪之需。依据半岛形势自取由门至台的短轴线。循"石令人古，水令人远"之意向北伸出环状"致远台"，台上立石作"叶茂思根"坊，点出夏长、夏荫的特色。而思根、思源的内涵是很广泛的，今日乃至将来邯郸的发展都有如根深叶茂。石坊东西设二石亭相辅，西为"紫气西来亭"，东为"滏水东渐亭"。南起4米高台，压轴坐落"秀餐拱穹"圆拱玻璃顶冷餐饮部。秀餐双义：秀食堪餐和秀色堪餐，居高临下，极目远舒。落地大玻璃窗门，山水唤凭窗。游人可在此享受中午冷餐和热汤，冬夏两宜。而不需接受餐饮服务的游人有足够室外空间休息。

2) 南柯一梦景点

夏荫梦区第一景点为世人皆知的"南柯一梦"。唐淳于棼结交侠义，在宅院南槐下饮酒。醉后入梦，二紫衣使者说："槐安国派小人传旨请你上京。"宅南槐树下有洞容车径入，门额"大槐安国"，国王以女金枝公主赐婚，招赘驸马。此后由顺转逆，无心于政，饮酒为乐。国王遣其还乡，走出树洞，醒后一切如归。深悟人生如梦，功名利禄过眼烟云尔。临终前留诗：

位极人臣权震都，功名祸福总虚无。
达人知命游仙去，不作南柯一梦图。

据此，北引梦海之水为曲溪自成环山之"槐荫潭"。槐安堂坐北向南，东置"东华馆"，西设"虚无榭"。前出南柯台，巨槐荫被。西起石壁，下若槐洞，壁刻《不作南柯一梦图》诗，是为此园主要内容。

小黄粱梦说的是山西进士蒋仲翔因弹劾不法权贵贬到江西为地方官。至严州新安江李白诗境出处，汲江水烹茶。梦中来了小渔船，容貌娇美的十六、七岁女郎翡翠驾舟。二人互相同情不好的遭遇，在月光波影里同拜天地。夫妇捕鱼为生，快乐自在。生女秀娥，又生男云上。蒋生常坐船头饮酒高吟：

富春山中苦笋生，子陵滩下鲈鱼多。风掀笠，雨披蓑，月明归去笑呵呵。

庐西有老渔翁，双方结为亲家，儿孙满堂，心满意足。忽听水沸声，惊醒一梦。他从中领悟："贵不如贱，富不如贫。一切向平婚嫁，利欲萦怀，尽是危机祸水。"借水中一湾，泊小黄粱渔舟，岛边伸出"渔罟茅舍"，又有"荇芷交呈"之亭于水陆间。以素药艳，自然雅称。

为融入"夏地树常荫，水边风最凉"的四时诗意。东水湾北岸设小而精的"菡芳榭"，有"蒙络廊"跨水，连"香远亭"及"雪香亭"。槐荫荷风，荫里传荷香。

这块地面是临梦海南端起点。除以上内容设施外，山林坡地和草地可提供晨练、纳凉等多种现代社会休闲游览活动。从此与西边陆地在陆路方面的交通联系因中华路桥而断，是否还应通过此桥综合解决园外交通呢？

3) 媚香舞池景点

西南角隅第一景点为月季园的环境与露天舞池相结合并有服务设施的景点。月季在花卉中兼形、色、香之美，故名"媚香舞池"。舞池北座主建筑"朱衣客舍"为茶、冷饮服务休息和聆乐赏舞建筑，抄于月季花廊东连"红男所"，西连"绿女所"为更衣、化妆用房。中心的"月朗风清台"

梦海仙航

图 4-9-10
梦海仙航

可兼顾南北两舞池的伴奏，亦可作小型歌舞表演台。北池呈"心"形抱南池，南池低平伸入水中。霓裳灯影，倒影入水，曲折无常，彩光乱射，自成夏夜水景。

4）梦海仙航景点（图 4-9-10）

露天舞池北面为冷、热、酒饮结合休息观景之所。选择"柳林夜泊"的石舫形式，宽十余米，长约五十余米。上为露台，下为底舱，还有后楼高座，名为"梦海仙航"。石舫虽不移动，心驰神往却任发挥。

5）梦笔生花景点

往北，小山壑中为"梦笔生花"景点。借"斗酒百篇"之誉作"诗酒联欢"之现实休闲生活想，作为酒文化的服务点。少年的李白勤于作诗写字，屋外水池因洗笔而竟成墨池。入梦仍在挥毫飞书，笔头上忽生洁白莲花、丹红莲花，到无数妙莲。莲花堆满书房，洒于池中又生茎发叶，竞相开放。伸手欲摸时苏醒，自此才华出众，后世便以梦笔生花为祥瑞先兆。因此以"太白居"为堂，"诗仙馆"辅东，"斗酒窟"配西，更东设"洁白丹朱馆"。梦笔生花院中设"妙莲墨池"，池壁、池底皆天然黑石所造，彩色莲花展植其中。

6）曹植梦甄后景点

"曹植梦甄后"景点，京剧大师梅兰芳演出的《洛神》以曹植之《洛神赋》为剧。魏时有甄女早慧，长成后才貌出众。本只想嫁如意郎君，不想逼嫁袁熙。曹操得城后允配于其子曹丕，后为魏文帝。曹丕胞弟曹植年方十三。与年长十岁的甄嫂互赏文采，如同姐弟。兄弟间因袭位和猜忌矛盾日增。魏文帝曾以七步内作诗欲逼曹植一死，曹植作"煮豆燃豆萁"之五言名诗脱险。甄后为人忠厚却被陷由曹丕下旨赐死。植闻噩耗后带着兄赐嫂之遗物玉缕金枕回封国，沉浸于深深怀念中入梦，甄后说："我受郭后陷害，打散头发，用糠塞口，以布蒙面而葬，辱我于死后。我虽只活了不到四十岁，别无遗憾，只是牵挂你。"又抚摸玉枕说："这只玉枕是我心爱之物。是嫁前赠夫为定情之物。夫君转赠给你，了却我心愿。我俩有情无缘，是我终身恨事。"植欲拉甄后衣角，倒地而醒。

曹植因作《感甄赋》，他熟知典故。洛水之神名宓妃，传为上古宓羲之女，未嫁，戏于洛水，溺亡，被天帝封为洛水之神。曹植以甄后为形象代表，细描洛神之美丽、善良和尊贵多情，受时

梦 海 秋 寤
醒阁

图 4-9-11
梦海秋寤

人流传赞美。魏明帝乃甄后子，重厚葬母，改称《洛神赋》。是为文学名著，感情充沛，辞章优美，栩栩如生。

有这么高尚、优美的梦文化，为造景打下了很丰富的基础。在两山交夹的消夏水湾中，取上游，引水入山前坳地。长带洛水，聚为神池。池水以"相慕堤"分隔，堤上"烁金桥"应甄后临终作《塘上行》"众口铄黄金,使君生离别"之句。堤上有"别君亭"，山嘴上坐"洛神楼"，南平原上出七步台，铺地嵌曹植《七步诗》：

煮豆燃豆其，豆在釜中泣。
本是同根生，相煎何太急。

中国文学的"比兴"手法达到出神入化。

台北起"有情无缘堂"，左配"相慕所"，右辅"会心馆"，东南有"玉枕斋"，西陈"洛神赋碑亭"。给游人提供游览、休息和陶冶文化修养的山水风景园林空间。

7）屈原梦登天景点

夏荫梦区与秋叶梦区以跨消夏湾之"辞夏迎秋桥"相衔接。其北，于消夏湾上游，立前昂后伏之折带形巘岛夹水，是为"屈原梦登天"景点。

屈原离楚后浪游沅湘流域，以岛分水在于塑造"若湘水"与"疑沅流"。其作品"书楚语、作楚声、记楚地、名楚物"。故以更上游之跨水"四楚亭"，攒尖四方四出抱厦亭以纪。他在《九章》中描述梦境："昔余梦登天兮，魂中道而无杭。吾使历神占之兮，曰有志极而无旁。"于是小山上的高耸建筑物为"登天亭"，抄手廊东连"忧民室"，西接"九章馆"。"无桥"跨天河，前堂为"志天堂"。因登天的自描是天上有天河无桥可渡，请历神占卜，神说你的志向过于远大，得不到别人的帮助。

3．秋叶梦区

为本园主景区。南临梦海最广阔的水面，西与中华路相邻。近处则东、西抱以二水湾，东西隔水与东岸遥望。

该景区包括醒波台、溪神梦、梦溪圆梦、小广寒、梦海秋寤、金秋梦堂、信台夕照、春秋桥、林间草寮、歌舞升平、绿荫梦幻等景点。

1）梦海秋寤景点（图4-9-11）

在两水夹一山的形胜下起"萦梦山"土山高

醒 波 台
圆梦坊. 如庶似仙堂

图 4-9-12
醒波台

约 30 米。据峰为丛台"梦海秋寤台"，台由三层台组成，下低上高。总高约 15 米。然后循"高台明堂"之法起"醒阁"高 25 米。台基坐落在圆柱形蓄水池上，蓄水池从梦海吸水作梦溪跌落而下，自成充氧净水循环。同时也是全园高水位浇灌绿地的水源。山东麓设"梯云室"由隧道水平进入阁底，再以电梯垂直送上。是为无障碍登山上阁通道，仅供残疾人和老弱者使用。山路引导至山顶。南台有小石坊"梦海秋寤"，东有"欲寐馆"、西对"入梦斋"。转上二层台为西—南曲尺形台，南面东南隅有"虚影亭"，西南隅有"幻音亭"。东角殿"拥云"，西角殿"抱雾"，西北角殿"合岚"。第三层为北—东曲尺型台，东台"同世共梦馆"展现"同一世界，同一梦幻"的时代内容。东北角殿"圊氲"。北台"云梦台"北出"玄梦馆"。最高一层台四合，四角亭自东南而西北分别为：矇亭、苏亭、甦亭、清亭。四重檐殿自南而西分别为："去矇"、"怯眬"、"尚苏"、"猛醒"。台中立五层高的"醒阁"，南门联曰："此景只应天上有，斯人莫道世间无。"东门联："一园占尽梦海月，万树争开醒世花。"北门联曰："高山来爽气，大地展东风。"西门联曰："邯郸古来佳丽地，梦海今往神仙境。"登阁四眺，居高临下，邯郸时景奔来眼底。品茗小酌，精神为之一爽。就造园章法而言，这是起、承、转后之合。

2）醒波台景点（图 4-9-12）

"梦海秋寤台"依山自为轴，东西轴远连黄粱梦胜迹，南北轴起于岛端水际之"圆梦坊"。作六柱五间，色彩绚丽多变却以金黄为主，借以渲染梦幻色彩。南北额题各为"住世瀛壶"、"梦海醒波"。南联曰："金榜得中空欢喜，洞房花烛假夫妻。"北联曰："背依梦幻终醒地负空，面对现实始悟天酬勤。"坊北有"如庶似仙堂"综合服务休息和观景。两边"绿簾醉颜"花架抱堂而起。

3）梦溪圆梦景点、溪神梦景点

顺主路北上来到"梦溪圆梦"景点。北宋科学家沈括《梦溪笔谈》的古代百科全书传世。沈梦中得一风景秀美之地，山明水秀，登小山，花木如覆锦，山之下有水，澄澈悦目。心中乐之，因欲谋居。醒后于镇江故里买地，又见恰如梦中之景，沈说："宛如梦中所见的地方。"因借梦所见建"梦溪园"。另一为唐宋八大家之柳宗元的梦溪神梦。溪神认为柳改冉溪为愚溪，以愚字侮辱他，名不符实。柳回答说，你不愚而我是愚人。有人以广州"贪泉"而贪污，难道为泉之实吗？而愚人爱愚溪乃自然之事。柳又回复溪神愚到何程度，溪神心悦诚服。本园梦溪以裂隙泉自"梦巘"发源，聚而成"云梦潭"，湍濑曲折而下，至山腰渐平缓而为"愚溪"。于敞南处设"溪神梦所"，"愚人亭"和"辩愚庵"。下游为"梦溪"。主景还是沈括梦溪园。如今遗址尚存，按记载："于大山中起小山，庭园依山缘溪而筑。花丛翠竹环绕，亭台楼阁点点。有梦溪泉、白花堆、壳轩、岸老堂、苍峡亭、竹坞、杏嘴、萧萧堂、远堂、深斋等景点，十分优雅。"尤其白花堆，艳而不俗，香气四溢。被宋代诗僧仲殊推为京口十景之一。词曰：

> 南徐好，溪上白花堆。宴里歌声随水去，梦回春色入门来，芳草遍池台。

据此在蓬莱岛主山麓与草滩衔接处划为"梦溪园"，西以滩岛抱台，东以百花堤分隔水面，其余诸景因境而安，成为重点景区的重点景点。

4）小广寒景点

梦溪园东北，青巘略耸，两溪抱巘，建立唐明皇梦游月宫之"小广寒"。居北高处坐落"广寒清虚殿"、东有"乘云驾鹤斋"，连"吴刚亭"，西有"广袖妆楼"、"天蟾亭"门殿。南有"桂花亭"。

5）金秋梦堂景点

东西轴线向西承接城市新区次干道，西入口设有停车场，入门对景"金秋梦堂"，旁抱金葫芦架，东岗上有"遥参亭"。

4. 冬态梦区

本景区涵水边东西两岸，陆地比例窄而长。沿中华路开了4个便门，东岸东面也有4个便门。

该景区包括养生所、家庭高尔夫、水上运动俱乐部、释梦恳谈、孔子梦周公、圆峤耸云、露营寻梦、沙湄野炊、新竹众扶等景点。

1）养生所景点

自秋叶梦区之"绿荫梦幻"露天剧场迤北，或由便门进入来到"养生所"，为老年人设置的室外运动场有草地门球场和羽毛球场。庭院则作为阅览、棋牌、茶饮之所。主建筑"鹤梦馆"，"松斋"、"柏堂"在东西两厢旁衬。室外运动场间设休息花架。

2）家庭高尔夫

"家庭高尔夫"运动场，为平民高尔夫创造条件，南端"奋臂挥杆"俱乐部出租球具和提供指导、服务、休息。向东岸挑伸石台，安亭"烟迷远柯"得景隔水东岸景色。

3）水上运动俱乐部

水上运动俱乐部单辟入口供车载运动用具入园。水边由防浪堤环护出水码头。岸上"十字如意亭"为提供一般游人服务休息之所。

4）释梦恳谈景点

本园西北隔起土山遏制洪水位并遮挡寒冷的西北风。土山上下由三组园林建筑构成互相呼应的建筑组。主庭院位于山腰，山庭中主建筑"明堂释梦"为科学普及及现代梦幻生理科学之所。"疑梦恳谈"为有指导的游人梦幻交流空间。庭池称"迷湖"，跨有"回梦桥"。而"幻虚馆"、"梦趣亭"为休息和服务性建筑。西北出跨院设"奇梦斋"专事收集和展示古今中外奇梦。山之高处由爬山廊连接"云梦庵"。山之东麓有为老年人阅读休息之"颐乐院"，院内青砖硬山主屋"不惑堂"，东耳房"心平斋"，西耳房"气和所"，院南开"仙健门"。

5）孔子梦周公景点

东南壶梁岛为"孔子梦周公"景点。孔子在梦中向周公请教治国之道和礼乐制度的内容，周公回答说：是为文明盛世，重点在"任贤用能"和"礼贤下士"。临水平台起"礼乐坊"，东"礼贤亭"，西"任贤亭"，主建筑"治国济民堂"，东辅"祖述室"，西配"宪章馆"。岛尾南转有"梦周亭"。

6）圆峤耸云景点

北部东岸有"圆峤岛"，设"圆峤馆"服务休息。

北起小岗，"耸云阁"其上。

7）露营寻梦景点

青少年夏令营地中设置的管理和服务建筑有"星晨乐"、"野帷居"、"迎风馆"和"抱露亭"，都是帐篷形式。

8）沙湄野炊景点

"沙湄野炊"是烧烤服务休息的沙吧。树荫下结绳为吊床。建筑有"燧人堂"、"返朴所"、"还真房"和"野香馆"。人工沙地可藏污纳油垢，是烧烤实用的地面。

9）新竹众扶景点

"新竹众扶"儿童游戏场为软地面组合式儿童游戏场器械与林荫结合。

"原是大片滞洪场，欲添秀美衍梦乡；山水清音庶民乐，梦海蓬瀛永流芳。"

梦湖开挖后，由于和地上水贯通，碧波荡漾、水质清澈。

（以上梦文化文字资料源于中国城市出版社出版，梁辰、刘寅生编著《名城邯郸·邯郸之梦》）

第十章　虎丘风景园林区规划方案

一、规划性质

在 1998 年举行的两次专家座谈基础上，这次规划的性质还是以策划性概念规划为主，将规划策略和规划大纲的逻辑思维用规划方案的形象思维表现出来。

二、规划目标

（一）规划用地的性质和规划指导思想

1. 性质

在约 5.3 平方公里（据地形图用计算机计算的用地面积）的规划用地上包括三部分。首要部分是虎丘，性质是风景名胜区，具体而言是风景寺庙名胜。因为作为虎丘风景主体的海涌山是自然风景资源。前人开发利用了这一自然资源，在利用的基础上创造了丰富的"天人合一"的人文景观。因此称为风景名胜区。第二部分是山塘，它是由虎丘衍生的水街景观。这条水街开发的目的主要是沟通与运河之间的水运而同时也开发了七里山塘的水街，集结了许多手工艺作坊而吸引人们观览。山塘虽然也有五人墓之类的名胜，但就其整体而言还是属于民居、民俗一类的游览地。第三部分是占地面积大，现状为水道、农田和少量建筑的规划用地。这块用地现在并不具有自然风景资源，但可以通过人工塑造地形和种植大面积植物等手段来创造一座理想的城市园林，属于城市公共绿地。苏州市正向东、西两方建设新城，这无疑是改善苏州市城市宏观环境的大举措。今朝建设，利在千秋。纵观这三部分性质相近而不完全相同的单元要组成一个有机、协调的整体，其总名称必须包含这三种性质，并明确地分出风景名胜区和城市园林两部分。据此，我们认为宜总称"虎丘风景园林区"，其性质为风景名胜区、民居民俗游览地和城市公园组成的综合性风景园林区。虎丘是古代的风景名胜，山塘是在古代由虎丘衍发的公共游览地，余下的部分则是继承和发展传统风景园林艺术的现代城市文化休憩公园。三者以虎丘为首，另两部分的建设必须在构景方面从属于主体。虎丘独立端严，要永续地保持下去，余下两部分则是"次相辅弼"的问题，作为虎丘的客位和配体来建设。

2. 指导思想

"严格保护，统一管理，合理开发，永续利用"的方针是正确的。贯彻到规划的指导思想则是以严格保护为前提，保护历史上前人传下来的虎丘这一艺术结晶，保护这一带的自然资源。要探讨现在与历史结晶之差，从而明确保护的方向和对象。合理开发是手段，而永续利用是我们规划的目的，要让这块国土发挥综合效益，并且千秋万代地流传下去，永盛不衰。

（二）主题

总的主题是"人与天调"。虎丘是利用自然的海涌山加以适当的人工改造，历代继承和发展，积淀成为以自然风景资源为主体，将人工建筑等人文景观融汇其中，从而形成风景名胜区的精品。其核心是"天人合一"，以天为本。山塘是借虎丘之风景名胜，开辟人工河道以利水运和观光，同时借以发展了古代手工作坊和商品交换市场。其核心为天人合一，以人为主。拟开辟的城市公共绿地的核心也是天人合一，以人工创造园林为主。但人文的性质不是依托手工作坊和商品经济方面，而是见诸于人造第二自然的人文主题。三者有共同的主题而又各有侧重面和特色（图 4-10-1）。

虎丘和山塘均有主题，新建部分要有与之总体相协调的主题。概括到统一的最高主题，古代称之为"天人合一"，现代称为"人与自然相协调"。虎丘从自然的海涌山到著名的风景名胜区，成功之处在于"人与天调，相得益彰"。吴王治塚为什么要"以十万人治塚，取土临湖，葬经三日"呢？海涌山原为海岛石山，为了植物种植创造土壤条件，利用自然的石山改造为石山戴土的山，这才形成虎丘松、竹成片和茶树丛生的植物景观。而且这是正式记载的中国历史上最早的人工造山活动，弥补了天赐的不足。白居易有远见卓识而开辟人工水道，使之与运河沟通而形成水系。同时也创造了七里山塘的风景。归根结底都是人与自然相协调的成就。今天我们在虎丘北面、西面、东面开辟城市公园，也必须继承和发展中华民族文化的总纲"天人合一"，按照现代社会生活的实际需要来建设。从来多古意，可以赋新诗（图4-10-2）。

（三）功能

1. 环境效益

苏州城市发展突破了旧城范围向东西两翼发展。虎丘临近旧城西北和西部发展区正北。在古代虎丘是苏州城的镇山，现代喻苏杭为天堂，实际上人的健康长寿主要受居住环境的影响。虎丘和山塘限于面积而难当重任。现在要开辟为5.3平方公里的风景园林区就完全有条件担此重任。将以集中大面积乔、灌、花草组合的多层植物群落，结合水体、土壤、空气等生态基本因素，还包括部分动物和微生物，集生物多样性于一体，共同组成一个永续性良性循环的绿地环境。从园内外两方面向周围的城市居民提供有利于健康长寿的物质环境效益。让人们不仅从物质上而且从心理方面有安居和生活的美感，真有天堂感。是为首要的居民健康长寿的生理基础。不仅与造景不矛盾，而且将呈现生机蓬勃、生意盎然、葱葱茏茏、鸟语花香、鸢飞鱼跃的水乡福地。因为人们对风景园林建设的根本需求是对自然环境的需求，一定要从宏观和微观上满足人们对自然的需求。

2. 社会效益

本区在创造良性生态循环的环境基础上，还必须满足人们现代社会生活的实际需要，安排活动的内容和设施。这是积极主动的而不是消极被动的。在调查研究的基础上，提出活动内容的主题和预估成效。风景园林艺术和其他门类的艺术有共性，即要创造特色。特色是艺术的生命，而我们本身的艺术个性则是结合自然环境的艺术特色，不是把与自然环境不相干的活动硬往风景园林里搬，而是借自然环境之因来创造人活动的特色。有了风景景观的特色，有了活动的特色才有吸引力，这是很客观的。

3. 经济效益

风景园林是社会福利设施，从长远讲可能是无偿开放的，不宜片面强调市场经济效益。但从目前国内的实际看，这么大面积的城市用地投入使用，不从综合开发的角度来对待风景园林建设，也是脱离实际的。开辟水面要结合动植物的水产，种植树木花草可结合干鲜水果和健身饮料，并开辟种植—加工—销售一体的花卉市场。加上门票和服务设施的收入，必然会有可观的经济效益。服务和旅游商品也要创特色。现在有什么可买？如果借吴王宝剑精工制作多品位的"吴

王剑"领带夹，发展虎丘传统的"花露"（原称花露水），服务的效益就改观了。风景园林受市场经济制约但本身不是市场，还当把重点放在最大限度发挥综合效益方面，绝不可舍本逐末片面追求经济效益。

4. 艺术外貌

风景园林的内容和效益必借助风景园林的艺术外貌才能发挥。明代造园先哲计成在名著《园冶》中提出的"虽由人作，宛自天开"是城市园林的总则。对风景名胜区则是"虽自天开，却有人意"。上升到美学而言，正如美学家李泽厚先生所概括的，即"人的自然化和自然的人化"。风景园林艺术应着重表现自然美，并将必要的人工建设融汇到自然环境中去。

（四）特色

创造具有现代生活内容、中华民族形式、苏州地方风格、泽国花乡情调的人文写意自然山水园。这是独一无二的。

（五）水平

虎丘稍经整理使其保持历史的主要内容和面貌，不仅有望获得国家一级文物单位的水平，而且有条件申报世界遗产。山塘建设成功将来有望成为国家级文物单位。新辟园林建成后 3～5 年有望达到国内先进水平，至 2050 年可以成为具有国际先进水平的城市公园。而且其综合价值与岁月同增值。数百年后虎丘风景园林区将从整体上成为具有国际先进水平的风景名胜古迹。这是千秋万代的建设，绝非一代之功。现在要打下高水平的基础。

三、新景区问名

名不正则言不顺，言不顺则事不成。要成园林之事必须立意问名，令人"问名心晓"。园林艺术犹如文章一道，有了题目才能行文。因此实际上是从命名的高度来捕捉园林特色。从地形地貌来看苏州，古称泽国，现称水乡。从南宋开始有正式文字记载说这一带有专门从事建造假山和种植花木的"花园子"，私家园林大量出现。而虎丘是花农集中之地，除了露天栽培外还建温室控制花期，其中花农陈维秀被民众敬为花神。虎丘的花神庙就有供奉陈维秀的神位。每岁农历二月十二日为百花生日，举办大型花市庙会。《虎阜志·蔡云〈吴歈〉》描写道：

> 百花生日是良辰，来到花期一半春。
> 红紫万千披锦绣，尚劳点缀贺花神。

又有诗云：

> 行尽白公堤七里，万花丛里是青山。

有花就有花卉生产，此地历史上有一种祛病健身的"花露水"饮料驰名饮誉。针对十余种常

图 4-10-1
鸟瞰图

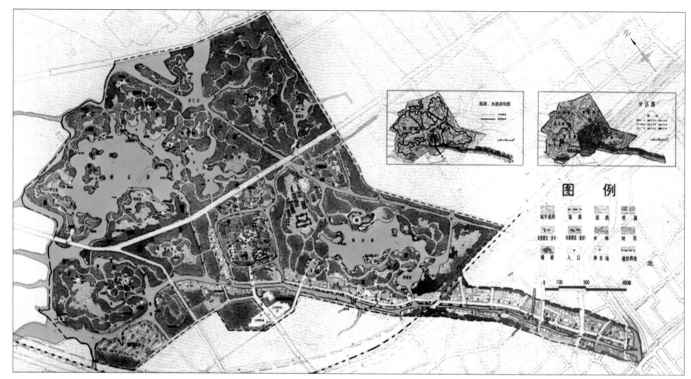

图 4-10-2　平面图

见多发病而有相应种类的花露水。清代施位《虎丘竹枝词》记载：

> 韦苏州后白苏州，侥幸香山占虎丘。
> 四面红窗怀杜阁，一瓶花露仰苏楼。

石钧《山塘春泛》写道：

> 白公堤畔柳，春云尚依稀。
> 短棹日初午，花林暑气微。
> 歌声飘水阁，塔影落渔矶。

再从虎丘对北面、西面观眺的观感者，是"千顷云"、"平林远野"、"西溪环翠"，那就是水和苍翠欲滴的植物。就现代而言，强调风景园林的生态环境功能，主张以布置植物材料为主。苏州是全国农业生产的榜样，属于农业的园艺事业必将蓬勃发展，前景可观。综上所述，我们对这片园林问名为"群芳水庄"。虎丘、山塘、水庄就俨然一体了。

四、分区规划

（一）虎丘

既有的虎丘主要不是重新规划的问题，而是如何恢复风景特色的问题。虎丘成功之诀何在？首要的是"巧于因借，精在体宜"。其造景奏效又一次证明了计成在《园冶》中辟篇论借景，并说是第一要法的正确性。综观虎丘形成之历史，春秋吴国时借山治塚，借山形为名。吴王以剑为宝，因而寻剑开池名曰"剑池"，乃至试剑石等。东晋王珣、王珉兄弟借丘建别墅，后舍宅为寺亦是借山为寺，形成东、西两寺的结构和前山、后山的区划，以琴台巨杉名噪一时。唐时生公讲经，又借涧侧石坪为"千人石"。有生公才有白莲池，有生公讲经才有"点头石"。白居易又借虎丘开环山河和山塘以通达运河。至清光绪年间朱修庭又借憨憨泉西坡为"拥翠山庄"，是为中国台地园精品，借清帝多次幸此而建"万岁楼"。总之，借景随机，触情动心，有不少都达到了臆绝灵奇的最高境界。

对于虎丘的风景结构和典型景物应予保护，而对于与虎丘无关的后建景点应从"正本清源"的角度考虑予以适当时期拆除。要点如下：

（1）在塔附近重建王珣琴台和补植大杉一株。因塔建在琴台旧址上，故需就近择当处重建，以成"剑胆琴心"之合。

（2）拆除"万景山庄"，重建"花神庙"。与虎丘无关的盆景园可移至新建"群芳水庄"之"流花洲"中。

（3）拆除剑池东面的"悟石轩"，重建"万岁楼"。

（4）恢复剑池西端峭壁上之剑阁和北面凌空的双井廊，使现存桥面之双井洞有个交代。

（5）环山河16亩地收回后划归后山区。东建"白云茶寮"，西移建园山东南角之"仰苏楼"，名楼不可湮没，用以花下品饮花露。白云茶和花露为有虎丘特色的两种饮料，苏轼评白云茶为精品，色白如玉，香味如兰。花露为健身祛病饮料，二者值得发展。游人于此可结合园景品茗饮露。

（6）逐渐恢复虎丘以万松和竹林为特色的植物群落。

（7）考虑西部职工食堂拆除后是否建"虎丘先贤祠"，以表虎丘的创业史迹和有功之臣。要慎重地对照世界遗产对历史文化遗产的要求是否相违。

（8）新辟停车场、管理处、香道和山门外餐饮服务水街。

（二）山塘

> 自开山寺路，水陆往来频。
> 银勒牵骄马，花船载丽人。
> 菱荷生欲遍，桃李种仍新。
> 好住湖堤上，长留一道春。

由唐代白居易诗《武丘寺略》可知山塘的环境是以水乡为基础的，但不是一般纯为水运的运河，而是具有水中的菱荷、岸上桃李的风景游览地。在山塘宏观上一定要恢复这种格局，同时要兼辟水陆游线，并突出春景。恢复上塘、半塘、下塘的划分。择其典型建筑重建，如半塘之半塘寺、指南轩。上塘、半塘以参与、参观并行的手工作坊为主，以竹制品为重点。下塘结合水运的商贸活动。桥之于山塘是重要的水景组成，择其要者恢复盛时面貌。诸如普济桥、斟酌桥、桐桥、半塘桥。没有必要按《盛世滋生图》全部复原，但如五人墓、葛贤墓、与虎丘衔接部分、白堤花市、山塘园林、繁华市廛山塘街段、山塘商肆等要尽力恢复。建得好，可以达到高水平，事在人为。但整个面貌不仅是河、桥与建筑，柳桃夹岸，松柏层出的植物景观不是点缀，而是要成气候，浑然一体。《盛世滋生图》明显地反映了这种宏观景色。

（三）群芳水庄

是相当于白纸上绘新图的新型园林，是依托虎丘为主景区发展产生的，温故而知新，发扬传统特色。

1.相地（现状分析）

1）优势

（1）区位优越，近旧城而连新区。陆路交通便捷，水上交通有很大潜力。

（2）面积广大，土壤肥沃且用地范围内基本没有永久性大型建筑，具备陆生植物和水生植物种类发展的优越条件。

（3）地下水位高，地表水上有所承下有可通，水资源丰富。

（4）有虎丘为借景。

（5）在花卉园艺和花卉市场交易方面有深厚的历史根基，花文化资源丰富。

（6）江南富庶之区，农副产品丰富，服务供应有基础。

2）不足之处

（1）用地被东西向的高速公路和目前的国道切割，不仅园内交通联系受到不良影响，而且在噪声、尾气、扬尘等多方面造成环境污染。南面则有铁路线的噪声和烟尘污染。

（2）地面范围内除了老温室外并无其他人文资源的建成品，也少古树名木。

（3）水未形成完整水系，具有深远和潆洄的变化而缺乏聚水之辽阔变化。

（4）地偏低湿。

2. 立意

根据用地瑕不掩瑜的优良条件，群芳水庄因境立意为：

水泽润群芳，暄卉耀水庄。
炜芬葩扬英，拥翠蓓发苍。

3. 性质与功能特色

用地性质为城市公共绿地、综合性文化休憩公园，特色为观赏游览性植物公园。以植物为主要素材和景观，但并非植物园。植物园以科研为主，结合科普与游览。"群芳水庄"是以游览为主，寓教于游。植物不按纲、目、科、属、种的系统布置，而按花文化的民族传统结合现代社会生活内容发展。花应时现，四时各有代表季相的植物，因而有十二花信风之说。同时根据地带性植物群落分布的规律来布置树木花草。其中就有条件表现苏州地区植物特别是花木、花卉和水生植物的特色。在以上环境的基础上穿插相应的儿童、老年人、残疾人和一般成年人水上和陆地的文化休息活动，并辅以方便的活动设施。赏心悦目，生气毕现，为人们所追求的健康长寿创造优美舒适的物质和精神环境，耐人寻味，让人流连，一见钟情，永世难忘。

4. 布局

为了保持虎丘独立端严之势，本园宜采用集锦式布局类型，人文写意自然山水园的形式。

1）山水构架

以水为主，以山为辅。园林建筑因水就山、聚散有致地从属于山水，陆地大面积植被覆盖，小品有所点缀。

①理水

根据对现状分析的认识，宏观上形成水乡中的水庄。以湖泊星罗棋布，河流密如蛛网，前河后街，以河代路，以舟代车的现实生活为素材，进行提炼和加工构成园林艺术的水庄。遵循"疏其去由，察其来历"的理水手法，由高速公路北和园之西北引水，自北而南，由西向东顺流而下至阊门。又循"聚则辽阔，散则潆洄"之理法，沟通小水面，贯通河浜，扩大水口，汇于巨浸，形成长堤纵横，洲岛点缀的复层水景。于虎丘西北积翠为辽阔的水面，因"千顷云"而取名为"烟云泽"。泽中"仙花洲"是传统的"一池三山"制的创新。古代皇家园林可随意仿效民之宅园，民园却绝不容许逾制仿皇家。海中仙山又有三山、五山之说，仙山还有陆海之分。苏州被誉为人间天堂，完全可以借水乡创造"住世瀛壶"，即现代的天堂，形象的天堂。集陆海仙山之说，表为三实为五的仙山群岛，从西北向东南对虎丘有奔趋、朝揖之势。在构图上和虎丘相协调呼应。"烟云泽"以下则按湖、池、沼、河、浜、溪的水景系统逐级结合植物花木的主题命名，构成完整的水系。大中型的泽、湖边浅中深，其深度结合水产多层养殖的方式，并保证游人的安全。边浅可结合沼生植物布置保护土岸。水系关系如图4-10-3所示：

②造山

鉴于虎丘对北面环境要求体现在"平林远野"，因此要为虎丘保持"平畴"的环境。故造山思路要仿山水画中之"江山小平远"的画意。造山目的一为改善低湿的不良用地条件，丰富微地形变化。二为植物创造不同的小气候，分阴阳，别干湿，使之藏风聚气。三为隔离高速公路和国道之干扰，自成独立空间。开大水面的挖土得以应用使之土方得以平衡。一般仅是 2～3 米高的土丘，小到可以 1 米高的土阜，最高的竹园土山也不过 5 米。山虽不高，但脉络连贯。岗连阜属，俨然出自一脉。不论单体土丘或组合土山都从画论之三远极尽变化。起伏顾盼，寸土生情。

2）景区划分

基本上以水为界，可将全园东、南、西、北划分为季向与方位统一的春花洲、夏花洲、秋花洲、冬花洲和仙花洲、流花洲。由于面积大，功能方面要穿插在各景区内。以景区划分为纲，功能结合景区划分。如儿童游戏场、少年活动室、生物学小组，成人之诗会、书画会、健美健身运动、露天舞池、垂钓之家，老年人门球场、赛鸟场、太极拳班、气功班等。但活动力求结合文化，如钓鱼结合钓虾、捉蟹，并有浑水摸鱼、鱼标、竹笼等多种文化回顾（图4-10-4～图4-10-7）。

3）建筑布置

不要因强调植物造景而视建筑为反面对象，似乎建筑越少越好，这是不全面的。人类从穴居发展到室居也是人与自然协调的手段。园林建筑又从民居衍化而生。人们的游览活动无论从避晒、避寒、避风雨等方面或者游览中休息和"成景"、"得景"方面，园林建筑都是不可少的基本因素。苏州宅园由于历史生活需要形成建筑较多，特别是避风雨的廊子较多，而且形成粉墙、黛瓦、栗柱和花街铺地的地方特色，割断历史传统是无法凭空创新的。但今日之园林建筑在公园中占的比重是减少了，建筑总量有了控制。而建筑艺术理法特别是"因景成境"、"因山水构室"等仍值得继承发扬。形式可借鉴，但忌抄袭。本园在以上原则指导下布置了数十处建筑。将建筑群、建筑组和单体建筑统筹布置，因境命名，因名赋形。当采用现代材料结构，仿清式园林建筑，屋盖尚需木构，石作宜用石材。建筑从私家建筑到公共建筑，尺度变大了，但仍然保持"营造法原"的合宜比例关系。建筑景名更新了，尺度变了，部分材料更新了，但依然是粉墙、黛瓦、栗柱。空间大了可仍有恰当的视距和比例关系。让人看了有似曾相见和见所未见的交织观感，这就是有所创新了。以舫形建筑为例，拙政园主追求"野航"到"香洲"，表达了在逆境下洁身自好的心志。舫的造型也很好。而今人民生活水平逐步提高，向往小康甚至世外桃源的环境。心情是积极向上的。反其意而命名为"香云仙航舫"，不仅尺度大，而且造型也有变化，以敷现代公园餐饮舫之实用功能。

现将规划园林建筑布置系统、名称列于后，

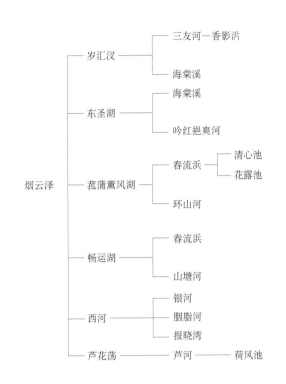

图4-10-3
水系关系图

顾名思义可得其概：

（1）春花洲

竹坞、竹里馆、已节亭、尚虚室、高风篱、翠筠榭、瑞竹轩、筱林深处、不易亭、不阿馆、个楼、怀虚坊、梅岛、暗香渡、逊雪馆、候梅亭、问梅院、梅渊馆、冰凝室、妙香亭、梅庄、流连水云、友梅阁、独梅亭、慈香亭、经纶亭、并蒂亭、菰蒲薰风亭、国香馆、野梅坡、一缕香、疏影室、素馨亭、海棠屿、垂丝厅、笑粲阁、私意独、赤棠、花仙馆、朝醉暮吟阁、胭脂馆、海红、牡丹坪、兰谷

（2）夏花洲

蔷薇架、表吴述芳坊、积翠布玉坊、香云仙航舫、远香堂、绿荫红榴榭、清榭、清馥馆、香远亭、潋荷榭、新浴亭、碧玉亭、不染亭、紫薇岛、黄华亭

（3）秋花洲

小广寒、吴刚馆、玉兔馆、嫦娥馆、月桂馆、玉盘榭、闻鸡树、金鸡墩、出土文物陈列室、醉颜阁、韵丹厅、吟红馆、金叶亭、枫赋亭、紫薇榭、金风馆、平沙岛、笠亭、西门

（4）冬花洲

图 4-10-4　春花洲一瞥

图 4-10-5　夏花洲一瞥

图 4-10-6　秋花洲一瞥

图 4-10-7　寻诗径

雁奴榭、千顷云亭、月里娇榭、丹砂亭、玉茗亭、曼陀罗厅、玉馨馆、赤玉馆、媚雪斋、香腊馆、清瘦亭、梅香馆、蜜脾、黄腊馆、醒神榭、香浓亭、春来榭、冬去亭

（5）仙花洲

蜃楼、住世瀛壶、蓬莱亭、方丈亭

（6）流花洲

栽培温室、观赏温室、盆景园、五人墓、花卉市场、戏台、手工艺精品展馆、咨询中心、水门、东门、水上活动站、不孤岛、畅亭、鸿运舫、出租园地、农具室、迎来亭、如归榭、送往亭、艮榭、金榜乐（评优榜）、清歌馆、餐秀馆、畅风馆、流花榭、无欺厅

（7）虎丘

虎丘、千人石、白莲池、养鹤涧、断梁殿、琴台、剑阁、双井廊、万岁楼、虎丘先贤祠、花神庙、虎丘塔、致爽阁、拥翠山庄、白云茶寮、清心馆、茗香院、随风渡（码头）、花露饮坊、仰苏楼、吮露厅、挹芳亭、饮食服务街、南门、香道、公交停车场、公共停车场、虎丘风景园林管理处、席场弄博览村

（8）山塘

山塘街、普济院、普济桥、星桥、阜塘桥、西山庙桥、虎西桥、万点桥、便山桥、斟酌桥、白公桥、桐桥、瑞云桥、山塘桥、梧风桥、毛家桥、白姆桥、游览码头、发展保留地、商业购物游览区、手工作坊游览区、搬迁居住区。

4）园路及场地

新规划的整个虎丘风景名胜区将虎丘、山塘、水庄间以及与阊门的联系建立在以水上交通为主、陆路交通为辅的体系上，而水庄内部游览也以水上游览解决纵贯全园的环线。人们游赏逐一的景物时为步行游览。因为首先可以充分发挥水乡水网四通八达的潜在优势。同时显著减少停车场、陆路交通堵塞以及汽车尾气、噪声和扬尘的污染，有利于改善风景园林区的环境质量。最重要的还在于发挥水游的魅力，创造游览的特色。陆游是不可能领会水乡风景的。清代金逸在《山塘春泛》中描绘的诗意现代不仅可重现，还有条件发展。

> 青山图里画，双桨溯湖中。
> 野水沿春市，晴峰压酒楼。
> 云埋神剑古，花近美人愁。
> 落日篷窗下，高歌起鹭鸥。

有所发展之处在于水域扩大，增加了辽阔水景、陆地景物，特别是植物"群芳荟萃"，加以从水居文化、渔文化、桥文化、船文化、水生植物等全方位展示人与水协调的文化，想必可以构成游览的特色。以船为例，古代约有近十种，现代还可发展，人在舟中，视点降低，篷窗为框景，俨然画中游。水上交通自阊门外游览码头开始，分公共水上交通和包租水上交通多项服务设施，丰俭自选。人在岸上走，遇舟招手泊。

主路宽 6 米，次路宽 3 米，小路宽 1.5 米，采用自然式园路布置。建筑附近有集散和休息的场地。场地结合水景和绿化。花街铺地在传统基础上增加新材料和式样。仍然是以砖瓦为骨，以石填心。

5）植物种植规划

苏州的地带植物群落处于长绿阔叶与落叶混交林的过渡地带。植物规划以苏州地带植物群落的树种，特别是典型体现地带性特色的植物为主，少量引入邻近地带即经苏州气候、土壤等条件考验后保持稳定的树种。以自然地带性植物群落为依据，创造适应城市的人工植物群落。乔、灌、草、花复层结构相结合，争取尽可能大的叶面积和绿量，但同时也保持实中有虚的一定面积的草花地被和草地。种植形式为自然式，以树林为主，树群为辅，建筑旁或路边有树丛和孤植树点缀。处于铁路、公路旁的园地除了土丘从地形上隔离外，还要选择抗性强的树种如广玉兰、香樟、乌桕、臭椿、法国冬青、龙柏等。利用抗性强的树林隔离和保护抗性弱的树种，以建立体现苏州地方风貌的风景林建群种群优势的植物群落。把植物种植的艺术性建立在科学性基础上。

同时要创造游览的特色，发扬人与花的文化传统。鉴于"春秋多佳日"，因而春花洲与秋花洲面积相对大些。又由于春和初夏是这一带历史上游览的好季节，故春花洲占有最大的面积。公历计时统一方便，而农历计时与植物生长密切相关。传统的花文化集中反映在"花信风"。古之所谓"二十四番花信风"，说明花的信息按时令而发，花的芳香借风而传称花信风。这才有狮子林额题"听香"之说。按支干纪年体系，岁分四季，一季三月，每月都有重点的花称为花盟主。以春季为例，正月花盟主为梅花，二月花盟主为西府海棠，三月花盟主为牡丹。四月花盟主芍药，五月花盟主石榴，六月花盟主莲花，七月花盟主紫薇，八月花盟主桂花，九月花盟主菊花，十月花盟主白宝珠茶梅，十一月花盟主红梅，十二月花盟主蜡梅。因此引出相应的另一传统特色就是专类园。为了调剂过季的问题，各季花洲均以本季为主，他季为辅，四季有景。专类园也以一类为主，另外再配一些相关的种类。各花洲都有景区立意。如春花洲意境为生机萌发，仅靠传统的三个花盟主还不足以表现春季的特色。因此春花洲有竹坞、兰圃、梅庄、牡丹园、海棠园、水仙园和春生水生植物。各有相应的地形、地貌和建筑。《岁时杂记》载："一月二气六候，自小寒至谷雨，四月八气二十四候。"每候一种花，实际上是观赏花的旅游日历。

围绕植物和花的主题还可以组织相关的游览活动。研今必习古，无古不成今。现将传统赏春花活动联系现代社会生活举例如下：

（1）花雪面。《史略》："春日以桃花和雪与儿靧面"，即现代美容健身。

（2）花下饮酒。《国史补》："无人不接花园书宿，到处皆携酒器行"，即现代野餐、饮酒。

（3）花饰赠友。《曲江春宴录》："翦百花装成狮子互相送遣。狮子有小连环，欲送以蜀锦流苏牵之，曰春光莫去，留于醉人看"，即现代花卉装饰。

（4）花裀。《开元天宝遗事》："聚落花铺了坐下。曰吾有花裀，何消其茵"，即现代野餐、花卉装饰。

（5）移春槛。"每春至之时，求名花异木植于槛中。以板为底，以木为轮，使牵之自转。所至之处，槛在目前"，即现代花卉装饰、流动展览。

（6）宴幄。"游春野步，遇名花则设席藉草。以红裙递相插挂，以为宴幄"，即现代花间野餐、服饰。

（7）春时斗花。"戴插奇花，多者胜"，即现代时装比赛。

（8）荻芽河豚。"春洲生荻芽，春岸飞杨花。河豚食絮肥，荻芽为羹香"，即现代绿色食品。河豚尽除内脏和血，经专门厨师烹调是无恙的。

再穿插儿童、老年人、成年人的其他游览活动，足以创造独一无二的风景园林游览特色。

常用植物名录：

常绿树种：苏铁、银杏、雪松、铁坚油杉、云杉、华山松、白皮松、赤松、湿地松、马尾松、日本五针松、海岸松、黑松、金钱松、杉木、柳杉、日本柳杉、水杉、池杉、落羽杉、日本花柏、线柏、绿杆柏、柏木、刺柏、侧柏、千头柏、圆柏、金叶桧、尤柏、塔柏、铺地柏、铅笔柏、香柏、罗汉松、紫杉、榧树、棕榈。

落叶乔木：小叶杨、垂柳、河柳、银芽柳、旱柳、龙爪柳、薄壳山核桃、胡桃、化香树、枫杨、江南桤木（水冬瓜）、苦槠、青冈、石栎、麻栎、槲树、白栎、栓皮栎、糙叶栎、小叶朴、朴树、榔榆、红果榆、榉树、柘树、桑、鹅掌楸、玉兰、广玉兰、辛夷、合欢、栾树、七叶树、樟树、月桂、紫楠、檫木、枫香、檵木、杜仲、二球悬铃木、重阳木、乌桕、泡桐、楸树、梓树、黄金树、楝树、三角枫、五角枫、复叶槭、鸡爪槭、红枫、青枫、元宝枫、无患子、梧桐、木荷、柞木、喜树、君迁子、油柿、柿、乌饭树、刺槐、龙爪槐。

灌木：无花果、十大功劳、阔叶十大功劳、南天竹、海桐、蚊母树、含笑、蜡梅、绣球花、贴梗海棠、枇杷、垂丝海棠、西府海棠、海棠花、石楠、红叶李、杏、梅、樱桃、樱花、日本樱花、蔷薇、十姊妹、粉团蔷薇、月季、玫瑰、紫荆、山麻杆、黄杨、冬青、木芙蓉、木槿、山茶、金丝桃、结香、紫薇、石榴、八角金盘、杜鹃、迎春、茉莉、桂花、枸杞、栀子花、忍冬、珊瑚树、琼花、海仙花、锦带花、阔叶箬竹、菲白竹、慈竹、刚竹、早竹、紫竹、粉绿竹、孝顺竹、凤尾竹、罗汉竹。

攀缘植物：薜荔、紫藤、地锦、爬山虎、中华常春藤、常春藤、络石、凌霄、木香、扶芳藤。

水生植物：苋科：空心莲子草（水花生），睡莲科：莼菜（蔬菜）、芡实、莲（荷花）、萍（蓬草）、白睡莲、睡莲，香蒲科：水烛（蒲草），眼子菜科：菹草（虾藻）、眼子菜（鸭舌草），泽泻科：矮慈姑、慈姑、黑藻、水鳖、水车前、苦草，莎草科：伞草、荸荠、水虱草、水葱、荆三棱（野荸荠），雨久花科：凤眼莲（水葫芦）、雨久花、鸭舌草，石蒜科：水仙，鸢尾科：鸢尾，菱科：二角菱、乌菱，禾本科：芦苇、菰（茭白）。

6）小品点缀

小品亦不可少，贵在因境而生，托物言志。少有人物雕像。为了表现春生萌发的意境，在竹坞入山口前作石雕《春笋破石》：不可阻挡的春笋破土穿石，茁壮而出，石为之断裂。摩崖石刻"生机"点题。秋花洲立意"醉颜秋满"：以人们熟知的"菊黄蟹肥时"为素材，于红林黄菊衬托下，以铜雕作二蟹，似出自石罅。园林小品雕塑离开环境则无从依附故不能单独存在。

7）预留用地

有鉴于群芳水庄有拆迁房屋的实际问题。特在东南部规划供拆迁用的居民区。其东为预留用地，以供不时之需。

5. 用地分析（略）

五、虎丘风景园林区保护规划

目标是争取将虎丘风景园林区建成环境指数为零等级的风景名胜，达到世界文化遗产级别的标准。为了实现此目标，便于操作，切实可行，特制定此保护规划，即将保护区域分为特级、一级、二级和三级（图4-10-8）。

（一）特级保护区

其范围为虎丘中心区。在本区内，现存的文物古迹、古建筑和主要景点均应严格保护。其保护原则为保护原状及按文物政策整修。主要有：虎丘塔、二山门（包括双井）、剑池、第五泉、

千人石、五十三参、小吴轩（包括姑苏台）、致爽阁、拥翠山庄、冷香阁、小武当等一批建筑，以及白莲池、双吊桶、试剑石、古石幢、大雄宝殿、平远堂、御碑亭、东丘亭、二仙亭、真娘墓、养鹤涧、塔影园、陈去病墓等。已毁古迹或建筑的恢复，应经专家研究论证，修旧如旧。与虎丘历史原貌无关的建筑或景物，逐渐迁出。古树名木保护，尽量采用生物防治，施用农家肥，新栽树木也要作历史考据，对现有绿化树种适当改造。在保持和发展以松竹为特色的前提下，丰富植被，以利招引鸟类入园。区内污水全用管道组织排入城市排污管网。

（二）一级保护区

其保护范围：北临312国道，东以春流浜及畅运湖西岸及盆景园东面小路为界，南面以规划停车场为界，西面至抱爽河为界。区内现有文物古建及大树要妥善保护，本区现有建筑及居民点

图 例

■ 特级保护区

▨ 一级保护区

□ 二级保护区

□ 三级保护区

北

图 4-10-8
保护规划

将分期分批拆迁至安置居住区，有些建筑近期利用，中远期逐步拆除。建设项目严格按规划进行，建筑高度一般控制在 2 层，个别经审批准许，可建 3 层。未经处理的污水不得排入水体，服务业应该用液化气为燃料，以减少污染。区内按规划广种植物并尽量使用有机肥和实施生物防治，以防止对水和空气的污染。区内生活污水全用管道组织排入城市排污管网。

（三）二级保护区

其范围以现有规划范围为基础，南面扩至京沪铁路边，山塘街沿规划界线再外扩 500 米作为二级保护区，保护区内现有文物如五人墓等及大树、有历史价值的古建、典型民居建筑等要妥善保护。区内建设项目应严格按规划进行。

保护区内不建有污染源的项目，居住区建筑不超过 6 层。区内水体封闭使用，水中不走燃油机动船，以防污染水体。所有污水均应经处理合格（即达到二级处理标准）方能排入水体。

本区植物较多，按规划绿地率应达到 60% 以上，植物的养护、管理应尽量采用生物防治，减少化学药物的使用以减少污染。以培育良好的生态环境，逐步形成鸟语花香、彩蝶纷飞的"自然"境界。

（四）三级保护区

它是本次规划用地的外围保护区。保护区西以京杭大运河为界，西南角为寒山寺，南以吴枫浜向东沿枫桥路、上塘街、西中市、东中市到人民路，东以人民路向北过平门桥经汽车北站、苏虞立交桥延至东升钢窗厂公路立交桥，穿桥而过，沿斜屋浜北行延至牌楼头，沿市区与吴县市分界线西折，北面以市区与吴县市区界为界，西北则以长春乡政府前公路到沪宁高速立交桥为界。

本区主要不设污染性工业，农田少用农药，污水经处理排放或设管排走。以虎丘塔为圆心在半径 2 公里内不得建 15 层以上塔楼型建筑，层高由内至外逐步增高，建筑物体量、密度、造型、色彩等方面应与景区相协调，在区内尽可能多设绿地。

在景区范围内尽量少用汽车，区内游览车可用电动车，以减少氮氧化物对大气的污染，保持空气清新少尘。保护区水的上游及上风方向，不安排诸如制革、造纸、屠宰及化工等工业企业，以免污染空气。景观上保"平畴蠹塔"的风景原貌。

六、分期实施规划（略）

七、经济效益（略）

八、投资估算（略）

（本方案为中标方案，合作者有黄庆喜教授、梁伊任教授、林箐教授）

第十一章　烟台市芝罘山、崆峒岛风景名胜区总体规划

芝罘山

一、现状分析

(一) 概况

芝罘山位于黄海之滨，烟台市芝罘区北端，隔海与市中心、开发区相望，距市中心仅 5 公里，是世界上最大的陆连岛之一，也是人类宝贵的自然文化遗产。面积 9.08 平方公里，形如扁长三角形，全岛东西狭长，全长 9 公里，最窄处约 200 米，最宽处约 2.2 公里，三角形顶点位置面南而居中。主峰老爷峰居岛之中部北缘，海拔 289.5 米，登峰北望，无风海静，波平如镜，可洗尘心、涤俗虑；有风则怒涛万顷，击石淘沙，心胸为之豁然。南眺则远山前高楼，或映于水中，或隐于云间，乍隐乍现，给游人以遐思。岛之北坡峭壁如削，构成天然屏扆。嶙峋礁石，形态各异。由于海浪与潮汐长期对海岸岩石冲击、溶蚀，经物理与化学作用的结果，出现海蚀崖、海蚀柱、海蚀穴等海蚀微地貌景观。断崖、礁石造型神奇，鬼斧神工，变化万千，险绝异常。从海上看去，礁石错落有致，危岩林立，由于海水侵蚀露出水面的石洞幽深静谧。崖下有几处碎石沙滩，色泽光滑可心，形如珠玑，面临浩瀚黄海，景色绝佳。南坡为较为平缓的坡地，负阴抱阳，南为芝罘湾，山麓土层较厚。

岛上南侧一带有三个村庄（东口村、西口村、大疃村），规模较大且有不断扩张之势，对芝罘岛的风景名胜开发很不利，岛东南沿岸平缓地几乎被多家单位如救捞局、造船厂等所用，影响到整个东南海岸线的景观的开发利用，造成对海岸及海水不同程度的污染及破坏，与风景游览气氛

极不相称，必须逐步迁移改造。中南部已开发的游乐设施，野战馆体量大、造型呆板，类同一般城市建筑，极不协调。缆车的建设不仅没有达到实际的运营效果，且对整体的景观及环境造成直接的破坏。此外，岛中尚有军事设施（图4-11-1）。

(二) 历史名胜

据《史记》记载，秦始皇统一中国后三次登上芝罘山。《史记卷六·秦始皇本纪第六》记载："于是乃并渤海之东，过黄、腄，穷成山，登芝罘，立石颂秦德焉而去。"时始皇二十九年（219年）。三十三年"筑亭障以逐戎人"。又说："方士徐市等人入海求神药，数岁不得。费多恐谴乃诈：'蓬莱药可得，然常为大鲛鱼所苦故不得至。愿请善射与俱，见则以连弩射之。'始皇梦与海神战，如人状。问占梦，博士曰：'水神不可见，以大鱼蛟龙为候。今上祷祠备谨，而有此恶神当除去，而善神可致。'乃令入海者赍捕巨鱼而自以连弩大鱼出射之。自琅邪至荣成山（即莱州成山）弗见。至芝罘见巨鱼，射杀一鱼，遂并海西。"

图 4-11-1
芝罘山、崆峒岛现状

《史记·封禅书第六》记载："于是始皇遂东游海上，行礼祠名山大川及八神，求仙人羡门之属。八神将自古而有之，或曰太公以来作之。齐所以为齐，以天齐也。（苏林曰：当天中央齐）其祀绝莫知起时。八神：一曰天主，祠天齐。天齐渊水，居临菑南郊山下者。二曰地主，祠泰山梁父。盖天好阴，祠之必在高山之下，小山之上，命曰'畤'，地贵阳，祭之必于泽中圜丘云。三曰兵主，祠蚩尤。蚩尤在东平陆监乡，齐之西境也。四曰阴主，祠三山。五曰阳主，祠芝罘。六曰月主，祠之莱山。皆在齐北，并渤海。七曰日主，祠成山，成山斗入海，最后齐东北隅，以迎日出云。八曰四时主，祠琅邪，琅邪在齐东方，盖岁之所始。皆各用一牢具祠，而巫祝所损益，珪币杂异焉。"

由是可知芝罘山不仅自然风景资源独特优美，而且人文资源积淀深厚，正史记载足以信赖。综上所述历史名胜计有：阳主祠、始皇古道、秦碑、秦始皇射鱼台及现代发现的春秋战国古墓群、汉唐石井、康王墓等。其主要内容反映古代对自然的崇拜和人杰地灵。

但遗憾的是主要的历史文物仅能从记载反映，而在现状用地内荡然无存。如何发挥历史名胜的优势使之产生综合的效益，这是规划必须提

到首位来策划的。

（三）植被现况

芝罘山植被覆盖较好，南坡尚有一些成片的黑松林和松栎混交林，东南端背风坡有自然生长良好的栎树林，北坡植被相对稀少。主要树种有黑松、刺槐、国槐、构树、悬铃木、银杏、柳、苹果、泡桐、鼠李、荆条、臭椿、侧柏、石榴、麻栎、柏树、合欢、女贞、核桃和梨等。北部多石，南部山顶和山腰土层较瘠薄，而山麓土层较厚，山林以黑松为主，长势良好，但林相有单调的一面，植物品种有待尽可能丰富以利于生态环境持续发展（图4-11-2）。

（四）交通

芝罘岛与城区有便利的交通连接，岛内有直达主峰老爷岭的道路及连接西口村与东口村和南部沿岸各单位的道路。山区也开辟了上下山的公路和小路。此外，还有一些自然的土路可以利用。就水路而言，山岛东西皆可通水路。问题在于水路不能构成贯通山岛四周的环，北山景点通达不便。

总之，芝罘岛需要论证的问题如下：

1）名称和用地定性相关。用地的性质和功能是首当其冲的问题。从现状看用地性质混杂不

图 4-11-2
芝罘山北坡植被现状

清。就城规而言是作为城市的一个行政区中的一部分。现在是海水养殖业、码头、仓库、居住用地、旅游建筑和设施都有，工、农、兵、学、商都占全了。1998 年，中华大洋洲文化经济协会与烟台市人民政府达成协议，要把这里建成"台湾宝岛风光园"。放弃本地的资源特色，盲目仿效他地，把风景名胜地建为风光园，实不可取。我们认为从芝罘山的自然风景资源和历史文化资源来看，应划为城市风景名胜区向建设部上报。"风景旅游度假区"作为用地性质是不明确的。因旅游是一种行为而不是用地性质。风景名胜区、公共绿地、专用绿地、学校、居住区甚至胡同都可以提供旅游，但这些用地的性质不同，风景旅游度假区并不是一种城市用地。如不划为风景名胜区（其中沿内海岸带可作为公共绿地），则为一般城市用地，就要城市化，要完成城市化进程。这对此地精湛的风景名胜资源和历史文物资源无疑是毁灭性的破坏。从现状看，炸山毁林以建屋修路已经很严重了。本来可以建成的生态健全、环境优美的城市风景名胜区就会沦为喧嚣嘈杂的市井。目前三个居民村占据了很好的位置。中国人口按每年一千万自然增长人口计算，这三个村人口会越来越多，面积逐渐扩大，将来楼房代替平房，这么得天独厚的一块风水宝地就永远埋没了。

风景名胜区是不宜作为一般居住用地的。目前湖南张家界为了确保用地性质，将原居住人口大量外迁。建议烟台市深思熟虑而后行。我们为了实事求是地论证芝罘山的前途，本着地尽其用的原则，不惜与任务书"风景旅游度假区"用地定性相违抗。实话实说，我们投标的目的是对人民长远的根本利益负责，而不在于中不中标。居民外迁要论证可行性而后逐步实现。上海在市中心撤屋建绿地，城市有再创造才有生命，这是首当其冲的前提。

2）芝罘山的形胜是"天然屏障"，我们宣扬最大的陆连岛与这里的固有形胜特色相违。全岛陆连后将变成半岛。如不改善这种积淀成陆地的趋势则全岛变成半岛，由半岛变成岬，由岬变成一般海岸，这样芝罘天赐的形胜就不复当初。因此我们在规划中提出有关还原全岛形胜的策划。

3）由于炸山开石、毁林建屋，山地的地形和植被遭到严重破坏。日后水土冲刷、水土流失、土层变薄、肥力下降，甚至会出现山崩滑坡等灾害。因此要尽可能还原南面山麓的地形，改目前陡直的挖方土壁为自然缓坡，加强植物护坡和其他水土保持工作。把南山建成高干巨树、浓荫蔽日、鸟语花香的山林风景区，确保健全的生态环境和持续发展的独特风景。

4）芝罘山区位有极佳的优势，成景和得景两相宜。南顾烟台市容，北眺浩瀚黄海，东有"芝罘日出"古景诗意，中有婆口胜景，西得日落醉霞，上仰高山入云，下瞰峭石金滩。加以四时各异，晓晚景观随时而瞬变，阴晴雨雪，遐想妙生。这实是全国第一流的风景资源，但目前局限于朴素的纯自然风景资源。我中华民族特色见诸于风景园林是人与天调，人杰地灵，景物因人成胜概。要用淳朴的自然美融入社会美而争取创造风景名胜的艺术美。从现状看，现有的风景建设从内容、选址和形式等方面都很不理想，更谈不上有什么意境和章法。至于现有的军事设施和风景名胜区也有一些矛盾要解决（图 4-11-3）。

5）用地上缺少山林绿化的人工浇灌设施和防林木火灾的设施。应当加强生产用水和消防用水设施。

6）水上交通不能成环，东西水上交通极不方便。

二、规划的总目标

根据芝罘山的客观条件，如果设计得宜，高质量施工，完全可以建成一所具有中国民族特色和山东烟台地方风格，密切结合现代社会生活需要的风景名胜区。水平将可以达到国内一流，约在 2050 年可以产生和发挥最佳的效果。初步建成约需 5 年时间。由于大多数文物古迹要从零开

图 4-11-3
芝罘山、崆峒岛丰富
的风景名胜资源

始重建，风景名胜的形成需要有历史的积累。树木在此地条件下，辅以人工养护，也要 50 年才能形成山林葱郁、林深失曙的妙景。此乃慢功远利，绝非急功近利可一蹴而就，实际上是为下代创造福荫。待到古木森森、山花烂漫时估计可以达到世界先进水平，谁知百余年、数百年后是否成为世界文化遗产。我们只能展望 30 ~ 40 年的前景（图 4-11-4、图 4-11-5）。

三、关于风景名胜区名称的探讨

中国有"名不正则言不顺，言不顺则事不成"

的理念。目前称呼的"芝罘岛"就错了两个字。根据《史记》、《地理志》记载都称为"芝罘山"。"之"为一个虚字，意即属于某地的。改为"芝"则篡改了原义。"罘"为"罘罳"的简称，是古代一种国防设施的建筑物。词义容后详议。《封禅书》称"芝罘山在海中"，这才有以后"天然屏障"的赞语，同时说明八神都与山的环境有关。因此从地形地貌的景观而言，芝罘山是一座岛山而不是一般的岛。虽一字之差却有关词义和意境等一系列的设计创作。因此建议名称为芝罘山风

图 4-11-4
现状图

景名胜区。

四、立意

弄不清"芝罘"就无从立意。罘是"罘罳"的简称。罘罳亦称浮思、罦思、罘思，是古代设在宫门外或城角的屏障，上面有孔形似网，用以守望和防御。《尔雅》、《释名》、《古今注》皆解释为门外之屏。"角浮思者，城之四角为屏以障城。"章炳麟《小学答问》说："古者守望墙堞皆为射孔……屏在最外，守望尤急，是故刻为网形。"由此可见芝罘的词义是"屏障"，含保家卫国之意。立意宜为"居安思危"，但这仅是一方面。另一方面优美的自然风景资源要靠人去保护、开发和养护管理。人要与自然协调，但人可以作用于自然，中国的理念是"景物因人成胜概"，简化一下可为"景因人胜"。这是中国的文化总纲"天人合一"结合到风景名胜区的理念。由是可得芝罘山之立意为："居安思危，景因人胜。"

五、总体布局

根据芝罘山的实际情况，自然形成北岸峭壁沙滩景区、中部山林景区和南岸沿内海风景旅游景区，由北至南三条带。从章法着眼（图4-11-6）：

（一）山门的设置（图4-11-7）

屋有屋门，山有山门，犹如文章一道。清代画家笪重光说："文章是案头上的山水，山水是地面上的文章。"足见文学、绘画与中国风景园林有千丝万缕的渊源关系。山门选址何处呢？结合芝罘山的意境可初拟为"金城汤池"中"金城"的衍生形象。城关宜居入山之口，而且有高台的地形。现开入山道路由南而北，北端恰有一小高台地宜作山门之址。山门依山为轴，前辟山门广场，向北推移而令避开东西分道扬镳的车行道，成独立的步行游览空间。广场上竖立"芝罘坊"作为轴线上第一节点和起端。坊上南向正面额题"芝罘胜境"，背面额题"赏心悦目"。坊北，东列放大尺度的阳祖祠铜钟，据现存文物放大复制，上铸"居安思危"。实物那口钟则作为镇山之宝的吉祥物。祭神之钟可衍化为警钟，现处和

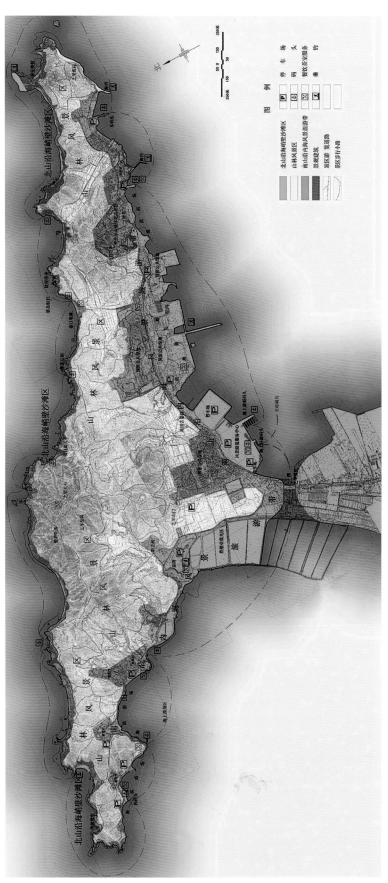

图4-11-5　总平面图

图 4-11-6　景观体系规划

图 4-11-7　芝罘山山门意向

平而不忘卫国。其相对的西面则横陈巨石如屏，镌刻"天然屏障"。更北为芝罘台块石高墙前轴线上第二个节点，即芝罘胜境的微缩景，用作导游的橱窗。城台上高耸"芝罘间想"的城阁和左右相辅的重檐亭，厚重沉稳。东西皆有门洞循阶可登，有两方案供探讨。高墙上横刻篆体"芝罘山"。山门高远的背景和城之三面皆为松柏林所环绕。《汉书·文帝记》载："未央宫东阙罘灾。"颜师古注："芝罘谓阙曲阁也。"山门之设和建筑特色据此构思而来。

（二）芝罘天台（图 4-11-8）

章法中与"起"相对的是"结"。在芝罘山制高点可综观左右高下。同时考虑到日后人工灌溉山林和风景区消防等用水，宜将淡水储于高位，保证对山上最不利点正常输水，故设立"芝罘天台"。天台因山成形，角隅山石抱角，台内即封闭的蓄水库和登台蹬道。钢筋混凝土结构其内，自然块石贴面其外，俨然自然山势垒台。下自罘恩门进，上由朝天亭内出。天台宜广而平敞，同时可容数百人登眺和停留休息。台南缘有罘恩廊折而向北接以罘恩亭，主建筑罘恩阁悬匾"极目海天"，前有精小石坊"撷云摩天坊"。台垒石而起，台内除却蓄水池和蹬道便是填土。石台上可点植黑松等抗海风的树木。

（三）阳主祠与秦碑（图 4-11-9）

根据《史记》记载，应称"阳主祠"而不是阳主庙。两千余年的历史名胜而今已无象可循。为了展示我国自然崇拜的文化并结合现代科学普及的解析内容，唯有重建阳主祠才能形象地展示古代文化的光辉，同时作为现代旅游参观、陈列、游览和休息的场所。按照现存对阳主祠的记载，将环境描写为"秀丽之山数扇锦屏遮阳主，幽阳罘水一条玉带束梁王"的楹联，可知阳主祠以丛山为屏扆，有带状的水环绕。据此选定地址为芝罘山西部一条向南较大的山谷。山谷是汇水线，有条件创造历史描写的环境。

由阳主祠北端分山洪为东西两边的溪流顺谷

图 4-11-8　芝罘天台景观意向

图 4-11-9　阳主春祭景观意向

而下，至庙门再合抱为宽带形的水体，构成玉带环绕的地形特征。由于居于山麓，其上众峰拱伏，俨然天然屏障而成"负阴抱阳"的吉祥风水环境。有了这样的环境再布置阳主祠就迎刃而解、顺理成章了。鉴于秦始皇祭祀过阳主，设想把始皇立的石碑置于阳主庙隔路相对的南向场地上。现况是碑址不存，另选它址则孤碑难立。而碑文是有《封禅书》记载的，其辞曰："维二十九年，时在中春，阳和方起。皇帝东游，巡登芝罘，临照于海。从臣嘉观原念休烈，追诵本始。大圣作治，建定法度，显著纲纪。外教诸侯，光施文惠，明以义理。六国回辟，贪戾无厌，虐杀不已。皇帝哀众，遂发讨师，奋扬武德，义许信行，威燀旁达，莫不宾服。烹灭疆暴，振救黔首，周定四极，普施明法，经纬天下，永为仪则。大哉矣，宇县之中，承顺圣意，群臣诵功，请刻于石，表垂于常式。"

图 4-11-10 秦皇挽射景观意向

图 4-11-11 婆岛盼归景观意向

图 4-11-12 婆口苇滩景观意向

据上引证可知此碑是秦始皇统一中国的史记。原文无标点符号，字体应为小篆。背面宜用正楷，碑之另两面为白话译文，令大家易读。

路北即坐落阳主祠，据文献描述："庙门前是两根高高耸立的旗杆，长长的杏黄旗飘扬。朱漆大门上分别镌写着'灵著之山'和'恩覃环海'八个楷书大字。山门高大崔嵬。东西门殿各塑有两尊将军，俗称'拉马将军'。穿过山门是第二进院落，东西各建有钟鼓楼一座。大殿在第三进院落，供奉着阳主——梁王大帝的石像（现存）。梁王大帝是主管水旱瘟疫的神祇。大殿东西两侧有陪殿和东西两廊。从大殿到后殿有封闭式走廊相通。后殿在第四进院落。"

我们忠于以上描写作出阳主祠的想象图。由于现存军营东南角有明代戏台的实物存在。故将戏台组织在第三进与正殿相对的位置。鉴于祭祀阳主在春季，景点名称为"阳主春祭"和"秦碑鉴古"。

（四）秦皇挽射（图 4-11-10）

秦始皇妄想长生不死，"至芝罘见巨鱼，射杀一鱼"是有正史记载的史实，反映古代帝王迷信方士之说，妄求不死之药的愚昧思想和行动。用现代的科学观点对照，指出科学地进行健康长寿活动的现实性，具有"鉴古知今"的教育作用。设想塑造一座名为"秦皇挽射"的石雕。鉴于秦代弓箭的射程约合 200 米，而又无确切的地点记载，我们选择了现称射鱼台的海滩作为创作环境。这里突兀而顶平的山崖探向海面，于其东有一片礁石嶙峋的沙滩，以崖壁下部虚暗的山洞为背景，于一平浑低石上树立始皇挽射的形象。雕像与正常人的尺度比为 5：1，约高 8 ~ 9 米。秦始皇聚精会神、张弓搭箭而显得十分自信的样子，正是箭将离弦的瞬间。而雕像脚以下融会到礁石上。天然石座上篆刻"秦皇挽射"景名、史料和科学生死关的简明提示。像前考虑到从各方向有合宜的视距提供摄影和观赏。

（五）"婆口苇滩"与"婆岛盼归"（图 4-11-11、

图4-11-12)

婆婆口与婆婆岛不仅流传久远，而且具有优美的风景资源形象，是芝罘山峭壁沙滩和海岛礁石的风景重点。至于婆婆口和婆婆岛的具体内容则没有。我们本着保护和开发风景资源的原则，以及"景物因人成胜概"的传统理念进行风景名胜的再创造。婆婆口实一山谷通向海滩的谷口。鉴于家喻户晓"苦口婆心"的通常情理，巧借为"婆口苦心"。苦心何在呢？这就是把婆婆口和婆婆岛从意境的创立方面融为一体。海边的婆婆当是渔家，儿孙出海打鱼，老人深情地望着盼家人平安返航。苦心所在是"盼归"。进而遐想，作为中国人的心愿也是盼台湾回归，完成一个中国的统一大业。因此盼归的内涵是很深远的。小自家人团圆，大可江山统一。创同"寓教于景"的古意得以赋新诗。

景以境出，有了意境和立地的环境，具体景象则油然而生。婆婆口山崖上竖镌"婆婆口"。将峭壁脚下的天然石洞扩大加深成洞屋，洞屋间有石洞和半壁洞贯连，只在洞口或沙滩上起石亭、石廊。这样可以提供游人在洞屋饮茶、休息和在石亭石廊观景。婆婆口东部石壁上有横书的"婆口苦心"摩崖石刻。海滩上引种芦苇，构成"婆口苇滩"的景点。

婆婆岛不仅是主峰独立端严，而且周近有礁石辅佐。但由于水位潮落时隐时现，不能相对稳定地结为一体。为此在礁石散点的天然基础上采用"舟浮式支墩"搭以贴水索桥，随水涨落，有所险意而万无一失。于是将主岛与小岛连贯一体，游人登岛后可散步于岛上，别是一番风韵。主岛上于峰石下起一块石墙、石板瓦的渔舍。主屋带小炊房，篱落半围，俨然孤岛上的渔人独舍。劢能尚结合游人小憩。屋后石麓摩崖石刻竖排"盼归"二字，画龙点睛。人、境相融，虽不见婆婆，可令人感悟老人家盼归之苦心。

（六）春秋战国古墓群（图4-11-13）

用以表示本山古代的墓葬文化。可分古墓

图4-11-13　古墓博物馆意向

图4-11-14　芝罘摩崖景观意向

发掘现场和春秋战国墓葬博物馆，运用室外、室内两种环境相辅相成地展示。这所小型博物馆的建筑形式吸取了古代墓葬冥器——陶楼的某些因素，比较全面系统地展示墓葬历史文化。除布置展室外，尚有放映厅、办公室、文物仓库和提供游人导游、休息、服务等设施。

（七）北海岸峭壁摩崖石刻（图4-11-14）

这部分峭壁陡峭险峻，既不宜建筑也无条件种植物，却是发挥"自然的人化"——摩崖石刻最佳的境界。中国传统摩崖石刻有三绝：文一绝、书一绝、刀法一绝。其中文一绝在于因地制宜地抒发对风景的赞美，提高游人的游赏深度。在此

图 4-11-15　玉岑松岗景观意向

图 4-11-16　极目海天亭景观意向

图 4-11-17　陡岩栈亭景观意向

如"吞吐烟云"、"威严坚壁"、"崔嵬爽垲"、"摩挲星斗"、"海云自舒卷"、"绝顶俯大千"、"石骨疏烟"、"石门清虚"、"海敞九霄"，以及"盛世恩同山与海"等。在现代科技条件和攀岩技艺下，工程技术也有望实现。

（八）因地制宜、因境成景的风景建筑

鉴于本风景区面积广大，除了比较集中的建筑群、建筑组以外，还需要分散地布置一些单体建筑，使人在风光妖娆之处不仅有立足之地，而且可以在避晒、避雨和雷的条件下尽情地观景和停留休息。除了得景以外还可借以成景。具有令人为之美入天然，有天然之美的风景艺术效果。因地制宜而设，因山构室，通过相地立意而给予画龙点睛的景名。

1. 玉岑松岗（图 4-11-15）

主峰西南山腰以上有石岗朝西南向横斜探出，有黑松散布四周。这样好的自然石景却因无人立足之地而不得近赏和停留。选石岗上坡，就山坡形式造"玉琴松岗亭"。重檐立亭稳坐坡上，平伸平顶长亭入岗，远眺近赏莫不相宜。

2. 极目海天亭（图 4-11-16）

主峰东北临海有高峦，据峦为亭，极目海天。上仰则风云瞬变，下俯则波涛无垠。

3. 陡岩栈亭（图 4-11-17）

北部海岸东侧邻近婆婆岛处，有峭石独立端严，崖前滩石嶙峋，滩浅曲折。于崖麓开凿石麓，亭自有台柱而亭顶嵌入石内。内有石洞，出洞则有栈道通达陡岩北侧的小台地。台地上立亭以为结。

4. 俯碧听涛亭（图 4-11-18）

主峰西北部临海绝顶，借顶置亭，有连贯的坡廊顺山势迤逶东下，可俯瞰碧海，聆听巨浪击石的涛声。

5. 芝罘霞标（图 4-11-19）

选山之东端坡顶，安亭并向东伸出长亭，是供观赏芝罘日出之所。每当江日从海面上冉冉升起之时，霞标万道，映红碧波。芝罘古有"芝罘日出"之景，据此发挥。

6．绝处逢生（图4-11-20）

岛山北沿西端有一湾小沙滩，滩虽小而景特精。而芝罘山西端偏北部位，峭石陡立，石脉嵌空。这样"云与客争径"的险绝之景人却无地可栖，因此没有驻足深品大千世界之生机。设石亭廊穿岩逐洞，上通下达，令游者有立意"绝处逢生"的观感。

（九）南部沿内海风景旅游带

南边海岸朝向好，相对于北岸，这里风平浪静。它和烟台陆岸夹峙，形成东、西两个海湾。东侧海湾离烟台市区较近，已形成港口和修造船厂用地，岸线多被占用，海上养殖业占用部分水域，海上交通较忙。而西海湾则相对较偏，占用岸线较少，有较长和质地较好的沙滩。

1）东海湾原有道路（通往东口村）较好，规划拟扩宽至27米，可作为游览干道。主要的游览设施：

（1）旅游服务中心入口处南侧（靠海一侧）设旅游服务中心名曰"南薰苑（院）"。这里除旅游管理机构外，设有外部来车停车场和内部游览车停车场（包括汽车、电瓶车、租用自行车、畜力车等）、游览码头，餐饮服务设施和旅游纪念品购物店、医疗救护站、派出所等。

（2）青少年山地体育活动场（位于烟台造船厂北侧山地）。主要内容有滑道、轮滑、滑雪场、山地车、溜索等。利用山势设置一些青少年可以参与的项目。

（3）海钓区利用造船厂或救捞局。现有码头或防浪堤作为海上钓鱼区，也可以乘小船出海钓鱼。

（4）东海湾休闲度假村共有两处，一处在原东口村址名曰"丽湾"，另一处在东头（原幸福造船厂），称"紫晖"休闲度假村。设多种规格度假居所，有融入山林的别墅小屋、森林木屋、童话故事小屋，如蘑菇房、风车房，还有帐篷等，不同消费水平和兴趣的游客，可以各得其所。

图4-11-18　俯碧听涛亭景观意向

图4-11-19　芝罘霞标景观意向

图4-11-20　绝处逢生景观意向

图 4-11-21　游览交通规划

（5）海滨浴场。东部沙滩较少。在两度假村之间设一处海滨浴场。场地不够，可设海上浮台式游泳场。浴池除更衣室外，还要设灯塔、救护站等。

2）西海湾岸线占用较少。相对于东海湾，西海岸清静许多。沙滩较多。海面浪小，适宜开展海上运动项目，在西海湾主要设置多种海上活动项目：

（1）海上运动区：位于西海岸三个度假区不远处，海上运动区除了游泳外，海滩上可进行日光浴、沙滩排球等。铺装小路，供爱好轮滑和滑板的青少年活动。还可以辟出一块作沙雕区。海上运动区有快艇、水上摩托、帆板、滑水、水上滑翔伞和潜水等。这些项目的设施在陆上设置一些保管和租赁的场所。

（2）养殖业参观：养虾和养鱼、养海带等。

（3）海钓区：也是利用现有的一些设施，如栈桥等，作为钓鱼场所。

（4）休闲度假区：西海湾共有三处度假区，档次较高。度假村一处在原西口村处名曰"延荫"。另两处在西口村西，居中者曰"云居"，西端则称"吟红"。这三处度假村各有特色码头。"延荫"处的度假区最靠近海上运动区和海滨浴场，较大众化，面积也最大。"云居"度假村是个花园别墅当提高消费的要求。最西边的"吟红"度假村是蜜月度假村，环境清幽，适应新婚夫妇的需求。

六、游览交通道路规划（图4-11-21）

芝罘山的自然景观主要分布在北山沿海，陆路虽有所通达，可远不如水路游览称心，加以与崆峒岛方向的联系唯水路可通，所以水路游览交通的开辟显得格外重要。当岛是全岛时，水上交通可以连成沿岛环线。那时因未连陆，与烟台陆路的陆路交通倒是不便。变成陆连岛后情况恰相反。水路交通不得成环，岛自东至西的水路不能直通而要绕岛一周方可到达。又鉴于全岛的"天然屏障"形胜破坏后有进一步从半岛沦为一般海岸的不利趋势。为了恢复芝罘山隔海成屏障的天然形胜，使水路交通围岛成环，我们大胆地提出了从东西向打开芝罘湾的构想。于芝罘山南端开凿100～200米宽的海湾水道贯通内湾东西，于其上搭钢结构大桥保持南北向陆运交通的沟通。桥的宽度为规划道路红线27米加上东西两边的人行翼桥13米，共约40米宽。桥面高约距高水位十余米，由两端有桥洞引桥完成与原路衔接的高差。中间车行道，两边散步道。南北各有桥亭守口，上有单面花架和人造地面绿化，形成新型的游览风光桥，定名"芝罘霓虹"。白天钢拱入云，夜间霓虹映海，自成一景（图4-11-22）。

陆路交通内外衔接，充分利用山上已开的公路和小路，串联成小环。除游览干道路宽27米外，风景区主路7米，支路4米，小路2米。

（一）外部交通

要求快捷、顺畅。从市区原规划建设的27米宽的城市车行道路，经"芝罘霓虹"桥，进入芝罘岛，北行约400米为一交通广场，在此分三路：一路为山门大道；一路往东延伸至原造船厂处后改为路面宽7米的景区双向车行路直至岛之东端，全长约6.3公里；还有一路向西行至岛的最西端，路面宽7米的景区车行道；长约5.2公里。

（二）景区内道路交通

1）山南部沿海滨修筑30米宽的滨海景观游憩绿道，东侧长6700米，西侧长4800米。道路的断面采用自由形式，绿道内含有较宽的绿带，以分隔车行与人行道之用。而人行道的路线不与车行道平行，采用自由曲线。道路与广场相结合，创造灵活的滨海娱乐休闲空间。

2）与东西滨海大道相连接，通向各景区、景点，4米路面的单向车道，主要提供便捷的内部交通。在主要景点间设局部环路，间距约1公里左右设一局部环状路网，既为游览活动提供交通便利，也为种植作地块划分以及树木防护提供条件。这一级为游览支干道，有若干段是利用原建道路，其他为新辟的规划路，路面宽4～7米，视景点及地形坡度而定。在各环网间还有一定的

图4-11-22
芝罘霓虹

链接干道，总长27.3公里，基本上形成环岛路网。

3）利用原有山道，小道适当改造，形成1～2.5米宽的游憩小路网，总长约28公里，主要用作登山、康体、览胜、游憩之用。

4）岛上共设广场4处，门前广场2处，大小停车场16处。

（三）海上交通

在芝罘岛南侧，利用原有救捞局码头设施，辟建、改造成海上游船主码头，另于岛之东西端分别设立东码头，西码头，均为游轮码头，以便与市区及"崆峒仙境"联系。此外在岛的东西侧各有码头2处，沿岛北侧也建设规模不一的6个码头，以便于乘坐游船游览。

七、芝罘山土地、岸线用地规划

（一）土地利用规划（图4-11-23）

1）芝罘山总用地面积为1040.3公顷，对其整体而言，游山应是最重要的游览项目之一。芝罘山除有山峦谷壑，北面礁石陡岩更是奇观。岛上还有不少历史文化遗迹，如阳主庙、秦始皇挽射处、婆婆口（岛）等。这些景点陆上游、海上游均可，各有不同情趣。

2）在土地利用方面，北部峭壁沙滩与中部山林景区是整个风景区的用地主体，面积为732.45公顷。在这一区域内应加强山体绿化，建立海岸防护林带。保持山体、海岸自然地貌和景

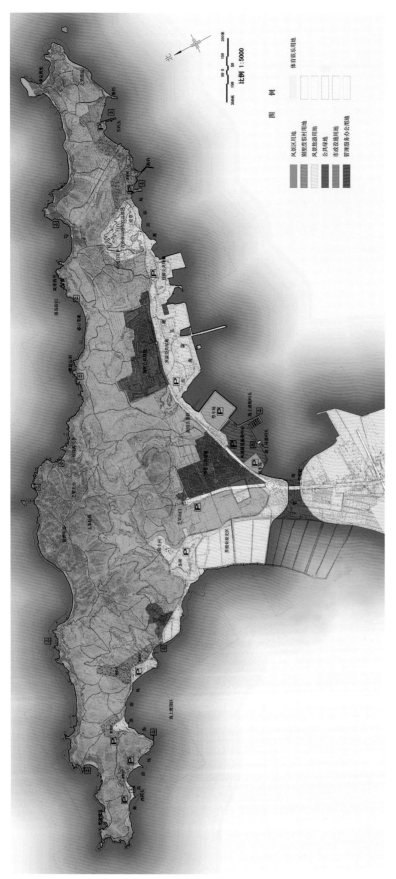

图 4-11-23 土地利用规划

观，作为自然地质地貌展览区，除必要的游览道路及景点建设外，不准进行与景观无关的建设，建筑密度控制在 1‰。

3）南部沿内海风景旅游区内用地多为较平坦的坡地，可适当进行旅游建设，但其开发力度要适应风景区的发展，其土地利用分为以下几类：

（1）公共绿地。东海湾原有修造船厂和救捞局均应迁出，让出的部分地段作为公共绿地以改善芝罘山风景游览区的环境质量。此外也增加了烟台市的公共绿地。公共绿地总用地面积为73.44 公顷。在公共绿地内主要建设一些游览路和少量景观及服务建筑，绿地率应不小于 80%，建筑占地面积应小于 3%，建筑层数为 1～3 层，容积率控制在 0.06 以下。

（2）旅游度假村用地。原有居民点大疃村，东口村及西口村应逐步迁出，空出地块规划度假村，总占地面积为 37.7 公顷。旅游度假村用地根据度假村的服务对象的不同采用不同的建筑密度。其中丽湾度假村面积为 9.9 公顷，建筑密度为 0.3，容积率控制在 0.8 以下；紫晖度假村占地面积 11.4 公顷，建筑密度为 0.25，容积率控制在 0.6 以下；延荫度假村占地面积 10.9 公顷，建筑密度为 0.3，容积率控制在 0.8 以下；云居度假村占地面积 3.4 公顷，建筑密度为 0.15，容积率控制在 0.5 以下；吟红度假村占地面积 2.0公顷，建筑密度为 0.15，容积率控制在 0.4 以下。旅游度假村的建筑风格与形式应与风景区的整体风格相协调。

（3）市政设施用地。主要包括大型停车场及为风景旅游服务的其他市政设施，占地面积为12.08 公顷。位于主环游码头东西两侧。

（4）管理服务办公用地。位于原救捞局址南部，面积为 14.10 公顷。在此用地内建设有南熏园，是芝罘山的风景旅游服务中心及主环游码头所在地。

（5）体育娱乐用地。位于烟台造船厂北侧山地开辟为青少年山地体育活动场，面积为 21.13

公顷。

（6）风景旅游用地。南部沿内海风景旅游区其他用地为风景旅游用地，占地面积为149.4公顷（不含大桥南部土地），包括有沙滩水质较好的地段的海滨浴场、海上活动区，部分地区可设海钓区、海上养殖区、游览码头、海岸防护林等。在风景旅游用地内可以设置适量的旅游服务建筑，如淋浴室、观景台、瞭望塔、餐饮服务、救护站等。

（二）岸线利用规划（图4-11-24）

在土地利用的基础上，岸线利用规划分为自然岸线、旅游观光岸线、港口码头岸线、观光水产岸线、生活岸线、海水浴场等。

八、植物规划原则（图4-11-25）

根据芝罘山的自然资源的分布状况、景观特色、地形地貌特点，以风景区功能分区的特点，坚持因地制宜，合理布局。突出山东半岛地带植物群落景观的地方特色，以黑松为基调，改善现状植物群落，以充分发挥海岛森林景观自然特色。

坚持以保护为主，开发为辅的原则，维护海岸线生态环境协调，改善人与自然和谐共存的空间。改善、减少水土冲刷，尽可能保持水土和考虑引鸟的水源果树和蜜源植物。

山东本属暖温带落阔叶林区，主要森林建群树种以松与阔叶树栎类为主，但由于山林反复破坏，水源枯竭，土壤日趋干旱瘠薄，需水肥较多的阔叶林逐渐被耐干旱瘠薄的松柏针叶树取代。人工植被也随着森林植被、自然环境的变化而变化，由于森林破坏，水源失去涵养，加上水土流失，一些河流逐渐成了季节性河流，森林破坏后，加重水、旱、风、雹和水土流失。山东全省水土流失面积占山丘地区3%，山区林业田地土类多为岩性粗骨土，冲刷严重，土壤瘠薄，土壤厚度小于15厘米面积占37%。

在大面积沿海沙滩，根据沙粒粗细及地下水的深浅，总结了黑松、刺槐、紫穗槐、杨柳的造

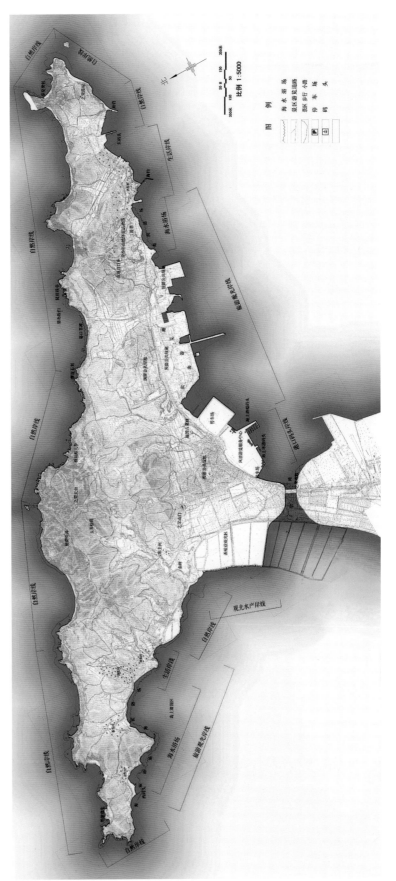

图4-11-24　岸线利用规划

图 4-11-25　种植规划

林经验，沿海滩建立大面积改造沙滩变果园片林的样板，以刺槐、黑松、紫穗槐等树种为主的沿海防护林带。

漫长的封建社会历史，也是一部森林破坏史，除胶东地区留残存一部分赤松林，大部分演替成了荆棘灌丛或童山秃岭。由于立地条件的改变，树种资源也发生变化，不少栎类等阔叶树逐渐为耐干旱的针叶树所代替。

国内外的树种引入，如刺槐、黑松、法桐、紫穗槐及欧美的杨树类，使造林树种更加多样化。

历史上胶东丘陵区以栽培赤松林、麻栎、栓皮栎、柞栎等组成的栎类林常见，其他树种还有光叶榉，法桐、楸、槭、黄连木、枫杨、臭椿等，以及人工栽培的各杨树品种，胶东丘陵还是著名的水果产地，盛产苹果、梨、葡萄、桃、杏、板栗、山楂等。

推荐植物名录：

黑松、侧柏、桧柏、刺槐、国槐、构树、悬铃木、苦栎、泡桐、麻栎、杨树、合欢、臭椿、苹果、梨、桃、杏、樱桃、珍珠梅、柽柳、冬青、枸杞、鼠李、荆条、紫穗槐、大叶黄杨、黄栌、元宝枫、盐肤木、野漆。

山林风景区植物景点构成：

1）幽谷槐柏：

自冈至坡：黑松林、侧柏林。

谷底：刺槐林、国槐林、侧柏丛、枫杨、树丛。

春花多主灌木：碧桃、杏、榆叶梅、迎春、杏。

2）芝罘群芳：黑松、侧柏、混交林、刺槐、栾树、合欢、银杏、林下百合、鸢尾、萱草、石竹、玉簪、地被菊。

3）松柏为朋（干旱阳坡）：黑松、侧柏、桧柏混交林。

4）呼筠响应（湿润阴坡）：黑松、竹类片状混交。

5）杞梓藏妍：黑松、梓树（林缘）、枸杞，下木：片状枸杞林。

6）古藤联姻：（阳坡）黑松、紫藤、凌霄、

7）槐烟凝翠：黑松林（坡下）、国槐林岩谷，下木：紫穗槐。

8）玉树青葱：黑松、刺槐混交、山麓多刺槐林。

9）翻橡叶鸣：黑松、麻栎混交林，林缘枸杞、紫穗槐。

10）无损尽天年：臭椿林、千头椿（山腰以下）。

11）垂碧吐绿：山麓溪水塘边、林口、路边。

12）青幢碧盖：侧柏林（干旱阳坡）、桧柏林（阴坡）。

13）绿被红茸：黑松、侧柏混交林为背景，合欢、黄栌（树林、树丛、孤植）。

14）桧楫松舟：桧柏林。

15）炤然红华：黑松（背景）、石榴、杏、樱桃。

16）赤柽仙柳：黑松、侧柏为背景过渡到银杏林、元宝枫、柽柳、黄栌、火炬树、盐肤木、野漆林。

九、芝罘八景

以上景点从温故知新和好中选精的角度得出

芝罘山各景区用地统计表

景区名称	面积（公顷）	百分比（%）
总面积	1040.30	100.00
峭壁沙滩景区	88.10	8.47
山林风景区	644.35	61.94
南岸内海风景旅游景区	307.85	29.59

芝罘山用地平衡表

		面积（公顷）	百分比（%）	备注
总面积		1040.49	100	
建筑		16.22	1.56	
其中	风景点建筑	2.93	0.28	
	旅游管理建筑	13.29	1.28	含管理建筑
道路广场		32.29	3.09	
绿地		895.80	86.11	
其他		96.18	9.24	含沙滩、礁岩等

注：根据甲方提供地形图量算总面积为 10.40 平方公里，而甲方提供的文字材料中面积为 9.08 平方公里。

"芝罘八景"：

阳主春祭、秦碑鉴古、秦皇挽射、玉岑松岗、芝罘群芳、芝罘霓虹、天台览胜、婆岛盼归。

十、用地平衡

崆峒岛

一、现状分析

崆峒岛海岛群位于烟台市芝罘湾东侧海面，距离陆地约 8 公里，千百年来的风吹海蚀造就了崆峒岛、担子岛、马岛、夹岛、柴岛、豆卵岛、头孤岛、二孤岛、三孤岛等岛屿，各岛怪石林立、奇洞幽深，呈现出迷人的自然风光，让游客尽情领略大自然的鬼斧神工，群岛布列形成优良的天然海洋博物馆（图 4-11-26、图 4-11-27）。

崆峒岛本岛既有平静平坦的沙滩海滩，又有岩岸礁石，位于本岛北山顶上的白塔（崆峒岛灯塔）是极佳的观景点，该塔 1866 年由英国传教士福来尔设计并建造，初称卢逊灯塔，1905 年烟台山灯塔建成后，始改为崆峒岛灯塔，塔东南是当时英国传教士福来尔和灯塔职员住宅，砖石结构，保存较好，外墙上斑驳的苔痕诉说着烟台这座城市的历史，现为山东省省级重点文物保护单位，是重要的人文景观，在白塔东侧还新建有一座高二十多米的新灯塔。岛上林木葱郁，植被覆盖良好，主要树种有黑松、刺槐、国槐、构树、悬铃木、银杏、柽柳、泡桐、鼠李、荆条、臭椿、侧柏、石榴、麻栎、杨树、合欢、梨、苦楝、冬青、石竹、鸢尾、迎春等。林分简单，须加强绿化景观改造。本岛中部有一渔村，现状布局比较杂乱，

图 4-11-26　崆峒岛现状（一）

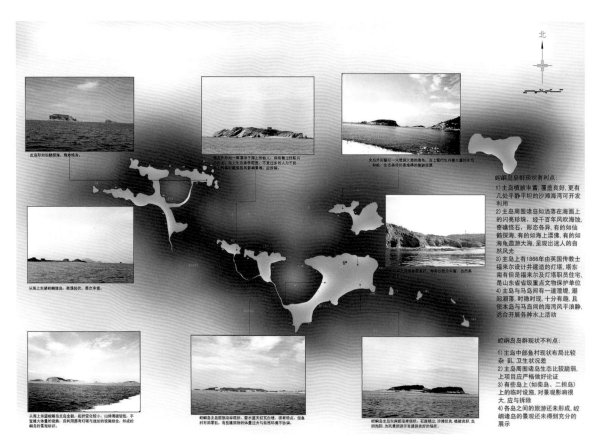

北

此岛形如仙鹤探海，楚楚悟肖。

脆岛外形如一篁渡于海上的仙人，保佑着过往船只的安全。岛上生态条件较佳，不过过多的人为干扰，约将破坏其影响景观，应控制。

女兔岛外形宛如一只遨游大海的海龟。岛上繁衍生存着大量的水鸟、和蛇，生态条件好是难得的旅游资源。

崆峒岛岛群现状有利点：
1）主岛植被丰富、覆盖良好，更有几处平静平坦的沙滩海湾可开发利用
2）主岛周围诸岛如洒落在海面上的闪亮珍珠，经千百年风吹海蚀，奇礁怪石，形态各异，有的如仙鹤探海，有的如海上漂佛，有的如海龟遨游大海，呈现出迷人的自然风光
3）主岛上有1866年由英国传教士福来尔设计并建造的灯塔，塔东南有但是福来尔及灯塔职员住宅，是山东省级重点文物保护单位
4）主岛与马岛间有一道潜堤，潮起潮落，时隐时现，十分有趣，且使本岛与马岛间的海湾风平浪静，适合开展各种水上活动

从海上东望蛟蝠岛主岛全貌，起伏变化较小，山体湾被较乱，不宜建大体量游乐设施，应利用原有灯塔与规划的设施组合，形成崆峒岛的景观标识。

崆峒岛岛群现状不利点：
1）主岛中部鱼村现状布局比较杂乱，卫生状况差
2）主岛周围诸岛生态比较脆弱，上项目应严格做好论证
3）有些岛上（如柴岛、二担岛）上的临时设施，对景观影响很大，应与拆除
4）各岛之间的旅游还未形成，崆峒岛的景观还未得到充分的展示

蛟蝠岛主岛东南部渔业现状，整水蓝天红瓦白墙，很有特色，但鱼村布局零乱，有危建筑物的体量过大与自然环境不协调。

蛟蝠岛主岛东南部海港现状，石崖峭立，沙滩伏兔，植被良好，负阴抱阳，为风景旅游开发提供良好的场所。

图 4-11-27
崆峒岛现状（二）

卫生状况较差，必须重新规划改造，展现海岛民俗特色，同时，严格控制人口数量，改善卫生条件，杜绝与旅游观光无关的建设。

崆峒岛与马岛间有一道潜堤，涨潮时一片汪洋，落潮时人们可踏堤通过，实为奇观仙境，崆峒与马岛之间的海湾风平浪静，水光山色，可作为天然的海上运动场所。

主岛以北的夹岛，外形酷似一只遨游大海的海龟，其上繁衍生存大量的水鸟和蛇，生态条件好，是难得的旅游资源。

其他诸岛外形独特，且保存较好的生态环境，应以保护为主，适度开发，小的岛屿生态条件比较脆弱，应完全保护，以远观为主，严格控制游客上岛，大的岛屿可适当地开展一些生态观光游览项目。有些岛（如柴岛）上的临时设施，对景观影响很大，应予拆除。

目前，各岛之间的游线还未形成，崆峒岛岛群的景观还未得到充分的展示。

二、立意（图 4-11-28）

崆峒岛因岛岩多空洞，由谐音而发展为崆峒岛，与山西之崆峒山道教文化并无牵连。顾虑岛"约定俗成"的影响，就用此名。鉴于群岛与市区距离比芝罘山远，有岛在虚无缥缈中的感受。加以烟台市已有"烟台仙境"之誉称，其中有岛如仰泳的飘仙，有岛如鳌如鹤，颇有些神幻色彩，因此立意为"崆峒仙境，住世瀛壶"。烟台已有蓬莱而尚无瀛壶。海中仙境乃仙岛，有蓬莱、方丈、瀛洲、员峤和壶梁五仙山之说。既有蓬莱，可取瀛壶。海市蜃楼可见而不持久，我们设想以海市蜃楼来凝固仙境。海上多有云遮雾蒙之时，琼楼也就有蜃意了。就崆峒主山而论，不仅面积比芝罘小，而且山形地势远不如芝罘丰富。这里山头连成起伏的岭线。欲借人工造景加速这种起伏感，这和崆峒山造景的主要手法竟有异曲同工之妙。

三、主岛总体布局（图 4-11-29）

可划分为三个景区：山顶海市琼楼景区、山腰山林景区、沿岸峭壁沙滩景区。

1）造景的主要景观放在山上，远观有势，

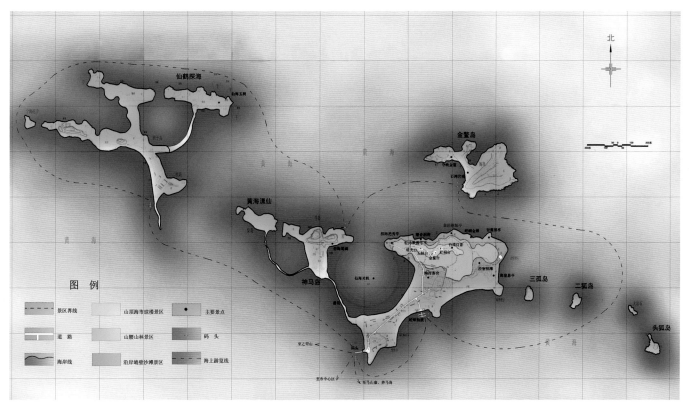

图 4-11-28　崆峒岛平面图

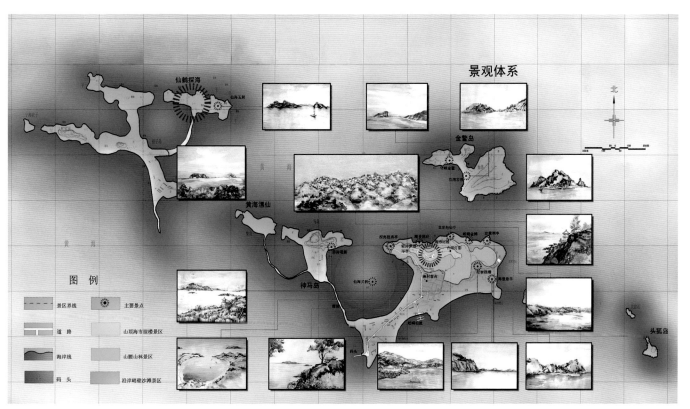

图 4-11-29　崆峒岛景观体系

近赏有质。借人工以改善山形宾主不清之不足，同时为游人提供眺望、观赏、休息的台地空间。台地内也用以高位蓄水以提供消防和灌溉淡水。

主要连续性台地的开辟依峰势成东西向，山脊线即建筑轴线取向，随山势折转。自西而来，从瑶光台上起"轻涛漱碧亭"作为序幕。继而东登玉蝀台，台上设氤氲亭和玉蝀阁。出玉蝀门东接松风廊随坡跌宕而下达到紫光坊。由紫光坊转宝云坊循东上苍涛廊即可上到金鳌台。入金鳌门见双鳌轩，经圆朗亭而转上崆峒台。这里山势折转，轴线随之承转，圆朗亭正好适合这种折转的造型。崆峒台居主峰位置，台高而广。主建筑海市琼楼于台上又起三层形势控制全岛的主景。西侧的"心醉神迷亭"的衬托，更显主景突出。游人既可登楼一望，极目远舒，又可坐下来品茗休息。崆峒台东通白塔。白塔保持原有格局，把几株老黄杨亮出来。至此可循山道而下。

2）沿海峭壁沙滩区内含原有约1200人的居民村。宜半迁半留。腾出用地在周围设置渔村客舍的一日度假村。原居民除从事管理外，从中选拔部分人从事旅游导游业。村中设急救、通信、餐饮设施。

崆峒岛是群岛中面积最大的岛，岛上有渔村，岛的最高处有灯塔，崆峒岛东北向和西南侧都有很好的沙滩。尤其是东北面和鸟岛围合形成内海，内海中风浪较小，水质好，适宜开展海上运动项目。

3）崆峒岛旅游是以海岛游（或海岛生态游）为主要游览项目。

（1）渔村民俗游，参观渔民生产过程，海产加工、吃海鲜渔家饭，访问渔民家庭等。

（2）休闲度假区，在林间设林中木屋、吊床、躺椅、帐篷等，供游人在此休息。

（3）海游区，在崆峒岛东北有突出部分设海钓区，供钓鱼爱好者在此活动。

（4）水上运动区，利用崆峒岛西岸和马岛之间形成一处"风平浪静"的内海，适合开展滑水、海上滑翔伞、水上摩托、帆板、潜水及游泳等活动。沙滩面积较大可开展沙滩排球、沙雕等活动，东岸还有两处沙滩，均可开辟为海滨浴场。

（5）岛上最高处海拔59.14米，可登高远眺，对岸烟台市区历历在目。

4）其他岛屿：除了崆峒岛，其他岛屿由于平时人迹罕至，生态保护较好，开展旅游必须在保护环境的前提下进行。少设人工设施，可做一些招鸟工程主要是招引海鸥等海鸟，有的岛屿可放养如日本猕猴等较耐寒的猴类等以招引游客。滩涂游览，只看不捡，以维持原貌。在礁石多的岛屿，可适当地利用礁石，因势造型，做成海滨雕塑区。

四、崆峒本岛游览交通规划

1）崆峒主岛利用原村民修建的道路作适当的修改，形成航运码头至岛内的主要车行路，路宽8米。

2）从岛山前绕行至山上一侧环行至车行道上，构成环形景区游览车行道。此级路宽基本上是4米，采用单向控制通行的方式设置。

3）游览小道路宽1～2米，是景点间自由连接的步行通道。

4）环岛沙滩、礁岩地段开辟滨海游览路，此路禁车行，宽狭不一，3～18米不等，可因地势、地形而异，为游人的步行游览天堂。

5）海上交通：在主岛南侧设一个海上游览码头，用以与芝罘山、烟台山、蓬莱岛、养马岛等处联系，构成海上交通枢纽。崆峒诸岛各设码头一处，供旅游者选择登岛活动，并构成本景区的海上交通网。

五、植物种植（图4-11-30）

沿海岸线：

北线以耐旱低矮类植被为主：柽柳、荆条、紫穗槐等。

南线以阳性耐旱低矮类植被为主：石竹、鼠李、紫穗槐、柽柳等。

山谷缓坡地：合欢、泡桐、刺槐、臭椿、黄栌、麻栎等。

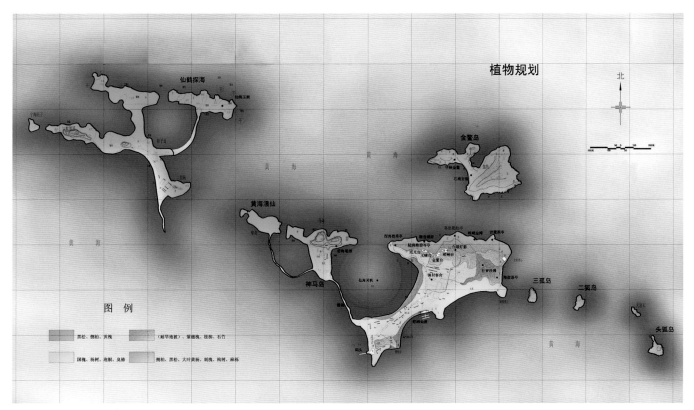

图 4-11-30　崆峒岛植物规划

渔村周围:国槐、悬铃木、泡桐、油松、合欢、杨树、栾树、银杏、刺槐、山杏、樱桃等。

山岳顶峰：黑松、侧柏等。

白塔：黑松、大叶黄杨等。

六、岛和群岛其他风景点的设置

1）崆峒仙渡：在半月湾东侧设客运新码头。马蹄形高杆悬灯，管理小筑供候船休息。

2）海滨浴场：设半月湾。有眺望塔、救生、更衣、淡水淋浴、小卖设施。

3）水产养殖场：提供旅游参观。

4）松寮柽滩：利用本岛东侧滩涂和沙滩，成片种植柽柳，其间错落设置松寮客舍。

5）崆峒金滩：本岛北洋沙滩，略成小筑，足称大观。

6）潮音洞府：本岛如画，有天然岩洞，稍扩展，洞内设楼亭，尽赏潮音。

7）探海挹秀亭：本岛西端山麓向西借景。

8）海崖悬亭：本岛北部，就崖立亭。

9）石麓洞亭：石麓借洞安亭。

10）靠崖挹仙境：本岛西端有崖，施亭靠崖跌宕而下，西眺芝罘山，俨然海上仙岛。

11）黄海飘仙：柴岛因形更名。

12）金鳌岛：鳌岛更名。

13）仙鹤探海：有巨礁神似仙鹤长喙入海。

14）仙海玉阙：本岛西北，二岛守海如门。

七、崆峒八景

1）海市琼楼（图 4-11-31）；

2）白塔纪古；

3）黄海飘仙；

4）仙鹤探海（图 4-11-32）；

5）松寮柽滩（图 4-11-33）；

6）黄杨知年；

7）金鳌蛰海（图 4-11-34）；

8）潮音洞府（图 4-11-35）。

八、用地平衡

附录　烟台市芝罘山、崆峒岛风景名胜区景名一览

一、芝罘山风景名胜区

图 4-11-31　海市琼楼景观意向

图 4-11-32　仙鹤探海景观意向

图 4-11-33　松寮桎滩景观意向

图 4-11-34　金鳌蜇海景观意向

图 4-11-35　潮音洞府景观意向

用地平衡表

用 地 名 称		面 积（公顷）	百分比（%）	备　注
总 面 积		102.56	100.00	
建 筑		3.55	3.46	
其中	风景点建筑	0.28	0.27	
	旅游管理建筑	3.27	3.19	含管理建筑
道路广场		2.88	2.81	
绿 地		80.75	78.73	
其 他		15.38	15.00	含沙滩、礁岩等

（一）山林风景名胜区

1．芝罘山门

（1）芝罘石坊；（2）居安思危钟；（3）天然屏障石；（4）芝罘微缩导游景；（5）芝罘台；（6）堡亭；（7）芝罘间想

2．阳主春祭

阳主祠

（1）芝罘河；（2）旗墩；（3）祠门；（4）东门殿；（5）西门殿；（6）钟楼；（7）鼓楼；（8）戏台；（9）大殿；（10）东廊；（11）西廊；（12）东陪殿；（13）西陪殿；（14）后殿；（15）封廊

3．秦碑鉴古

4．芝罘天台

（1）芝罘天台；（2）罘罳门；（3）朝天庭；（4）罘罳廊；（5）罘罳亭；（6）极目海天阁；（7）撷云摩天坊；（8）摩天亭

5．春秋战国古墓群（古墓博物馆）

6．玉岑松岗

7．极目海天亭

8．俯碧听涛亭

9．芝罘霞标

10．植物种植

（1）幽谷槐柏；（2）芝罘群芳；（3）招柏为朋；（4）呼筠响应；（5）梓杞藏妍；（6）古藤联因；（7）槐烟凝翠；（8）玉树青葱；（9）翻橡叶鸣；（10）无损尽天年；（11）垂碧吐绿；（12）青幢碧盖；（13）绿被红茸；（14）桧楫松舟；（15）炤然红华；（16）赤桎仙柳；（17）芝罘醉颜

（二）北山峭壁海滩风景区

1．秦皇挽射

2．陡岩栈亭

3．婆口苦心

（1）婆口苇滩；（2）婆岛盼归

4．芝罘摩崖

5．绝处逢生

（三）南山沿内海风景旅游区

1．芝罘霓虹

2．游览服务中心

3．青少年山地体育活动区

4．海钓区

5．海滨浴场

6．度假村

7．停车场

8．海滨公园预留地

9．东码头

10．西码头

二、崆峒岛

（一）山顶海市琼楼风景区

1．瑶光台

2．轻涛漱碧岑

3．玉蝀台

（1）玉蝀门；（2）紫光坊；（3）氤氲亭；（4）玉蝀阁；（5）松风廊；（6）宝云坊

4．金鳌台

（1）苍涛廊；（2）金鳌门；（3）双鳌轩；（4）圆朗亭；（5）珍海坊

5．崆峒台

（1）崆峒门；（2）心醉神迷亭；（3）海市琼楼

6．白塔灯影

（二）海滩风景区

1．崆峒仙渡

2．渔村旅游客舍

3．海滨浴场

4．水产养殖

5．松寮桎滩

6．崆峒金滩（图4-11-36）

7．潮音洞府

8．探海挹秀亭（图4-11-37）

9．海崖悬亭（图4-11-38）

10．岩麓洞亭（图4-11-39）

11．靠崖挹仙境（图4-11-40）

三、诸群岛

1．黄海飘仙

2．金鳌岛

3. 仙鹤探海

4. 仙海玉阙（图 4-11-41）

（本项目未中标，合作者有白日新教授、黄金锜教授）

图 4-11-36　崆峒金滩景观意向

图 4-11-37　探海挹秀亭景观意向

图 4-11-38　海崖悬亭景观意向

图 4-11-39　岩麓洞亭景观意向

图 4-11-40　靠崖挹仙境景观意向

图 4-11-41　仙海玉阙景观意向

第十二章　柳州市柳侯公园改建总体设计

一、概况与改建总要求

柳侯公园由地方名流倡议，始建于 1906 年。因公园内有柳侯祠、三绝碑和柳宗元衣冠墓等名胜古迹，是纪念唐宋八大家之一的柳宗元的所在,故名柳侯公园。本园在清代宣统元年（1909 年）即定名柳侯公园。新中国成立之前隶属柳江县政府建设科农业推广所。20 世纪 40 年代公园面积为 3.07 公顷。1951 年 4 月划归柳州市园林管理处管理。1956 年筹建后在园中发展一部分动物园。1961 年开始实行购票入园。1969 年改称人民公园，1975 年恢复原名。迄后于园中开辟游乐场。1999 年柳州市定为文明旅游示范点，并由自治区初评为二级旅游区。园内的人工湖是组织义务劳动挖掘的。现全园包括名胜古迹区、儿童乐园、动物园、盆景园、游乐场、植物培育区等七种不同功能的分区。园中的绿地率不高，但绿地中绿树已成荫。胸径 30 厘米以上的大树有 75 株，最大胸径达 2.1 米。这些植物分属 16 科，16 属。公园已发展成为综合的文化休息公园。

公园位于柳江环抱北岸之古罗池地区，现居城市中心地区，柳州古城之东北近郊，属于城市规划中风景走廊的范围。公园用地呈不规则矩形。南北长，东西短。东临湾塘路，南界文惠路，西临解放北路，北为友谊路。除南、北、东三门区临城市街道外，公园周边与多层居住建筑和临街商业建筑直接衔接。

公园现状用地平衡为湖面 37118 平方米，约为总面积的 41%。以陆地面积 118082 平方米为 100%，则建筑为 12.87%（15195 平方米），园路场地为 27.48%（32436 平方米），绿地为 59.65%（71451 平方米）。公园收入由 1992 年 100 多万元增长到 1999 年的 634 万元。年上交从 2 万元增加到 35 万元，并每年自筹资金 30 余万元用于公园建设。

鉴于柳州城市的发展，自然环境和人文资源被提到重要地位，现状的柳侯公园不能适应发展形势的需要。无论从城市中心地区对生态环境要求或公园文化内涵的要求而言都有必要进行改建，使柳侯公园成为名副其实的纪念性文化休息公园。为此，柳州市园林处决定迁出动物园和一些游乐设施以提供改建需要的用地。同时也希望对公园现状园路系统进行改造并在保护原有大树的前提下丰富种植设计，使柳侯公园改建成为能发挥园林综合功能，为柳州市市民服务和国内外旅游者观光游览的一个亮点。以健全的生态环境、丰富的文化内涵和优美的园林景色成为耐人停留和游览休息，使人一见钟情和游览后留下深刻印象的城市园林，达到全国的先进水平。我们对此有共识，乐于接受改建本园的总体设计任务。设计任务书强调"调整布局，增加内容，强化特色以适应现代旅游业发展的需要"，"设计指导思想尊重历史，照顾现状，调整布局，扩大外延，增加内容，强化特色"，即"以突出柳宗元文化为主线，进行充实包装"，"整个公园定性为具有现代气息的文化纪念公园"。

二、公园问名

开始我们没有深入了解公园命名的历史，只是认为"侯"为官称，以此为园名显得不够亲切，因此一度想改为柳宗元公园。因为像唐宋八大家这样品位的文学家能以地名为自己取别名的可谓鲜矣，说明柳宗元与柳州亲密无间的挚情和文学独特的造诣。令不知情的游人问名以后，初以为误，最后心晓其中"柳州柳"和"柳侯"之三昧。但通过来柳州进行咨询的院士们提出因园名令人费解而不宜的意见后，我们进一步学习园史，得知唐代在罗池旁建柳侯祠后相得益彰，罗池因此更加闻名遐迩。清代光绪三十二年（1906年）柳州知府道霖曾赴日本考察。对日本明治维新后因国力强盛导致文化发达的经历深有所感。因此到柳州上任的第三年（1909年）春便与柳州绅商议定，在当地名流于柳侯祠附近种树植花的基础上创建了以祠为中心的公园并命名为"柳侯公园"。道霖认为欧洲各国及日本重视公园建设说明公园有"舒和民气、宣泄解郁、与民同乐"的作用，而"园以柳侯名之，从民望也"。

鉴于这个认识过程，更加领悟了这个来自历史传统的园名只宜保留继承而不宜更动的道理。

三、现状分析

改建设计不同于新建设计，不是在白纸上画图画，而是在现状的基础上进行改造。这就必须认识现状的优势和不足之处（图4-12-1）。

此园优势在于：

1) 区位适中。地处居民稠密的市中心，不仅在改善城市小气候方面有明显的健全生态环境的作用，因为生态学家认为城市中心用地如从城市生态环境着眼，应当首选开辟水面和公园，而本园兼备这两方面的用地性质。由于四周交通便利，市民利用公园的频率也相对高些，可以充分体现为市民服务的宗旨。

2) 此公园具有极其宝贵的名胜古迹，有一千余年的开发文明史。柳侯祠、罗池都是全国著称的文物古迹。依托这些文物古迹发展起来的公园具有深远的历史根基和纪念性的主题。由于柳宗元博大精深，使纪念公园具有丰富的文化内涵来表现主题，可发挥源深流长的文化艺术的优势。

3) 公园具有大面积的水面，水陆比例基本合宜且湖岸线比较自然，为改造建成为山水相映的中国传统写意自然山水园提供了良好的基础。

4) 公园在园林植物种植方面已形成很好的基础而且长势较好。有不少大乔木和长势很好的桂花，树种亦不很单调。

欲建成理想的纪念性公园，不足之处在于：

1) 公园四周的环境关系不好。城市建筑与公园间缺乏绿化的隔离。以致高层建筑和多层居住建筑在公园四周基本暴露无遗，从而使公园缺

图4-12-1
现状图

图 例

北

0 10 40
0 20   80m

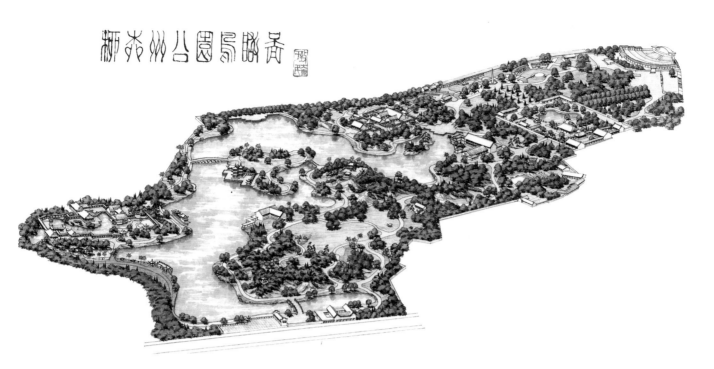

柳侯州公园鸟瞰图

图 4-12-2
鸟瞰图

乏成为独立空间的封闭性。特别是柳侯祠正门已被机关建筑紧逼，而破坏了古建文物的完整性。门区用地不多，开辟相应的停车场有困难。

2）公园内容设施杂乱无章。除柳侯祠相对保持完整外，只是加了几座雕塑以兹纪念，纪念性公园的纪念主题未能充分体现。设施也比较陈旧。

3）公园水面比重较大，周边陆地有不足之嫌。以致园路不能成环，公园不得周游。水景类型不够丰富，只有岸壁直墙而缺乏缓坡驳岸，水景多静少动。而且有水少山，缺乏小地形之起伏变化和不同性质的空间变化。现状黄泥山造型欠自然，不能形成山水相映生趣的自然山水间架和不同的生态环境。这就影响到植物种植的丰富性。

4）建筑比重过大，临湖的两座建筑体量过大而造型缺乏园林的意味。盆景园建筑较好但组合欠完整，缺少封闭性的围合感。

5）园路未构成完整的系统，全园未成环，主次也不够分明。通畅能力和迂回之妙尚未尽如人意。

6）植物未形成人工地带性植物群落。没有体现生物的多样性和种类尽可能地丰富。纵有一些好的局部植物景观，但未能形成以乔木为骨架，乔、灌、草、花和其他地被共同组成形体、质感、色彩富于季相变化及层次变化的植物景观。

四、构思立意

柳侯公园的立意首先要解决公园的内容和形式。纪念柳宗元应突出什么？根据现状要扩大什么内容？用什么形式来表达这些纪念内容？历史对柳宗元的评价是全面、综合的。纪念性公园应结合公园的特殊性纪念柳宗元。在纪念他文学艺术成就的同时从他"致大康于民"的世界观中突出他带领柳州民众治山治水、建设城市、种植树木的行为和理论。因此本园立意为"人与天调，致大康于民"，并力求在公园内容设施方面都能体现柳宗元这种伟大和科学的思想。结合公园迁出动物园和游乐设施的用地情况，拟定了历史名胜古迹、东亭觅踪、柳文寓景、愚溪神游、清荫岛和儿童游戏场——玉笋园、老年人的颐养天年园等景区，将生态、纪念和文化游憩活动结为一体（图 4-12-2）。

五、布局类型的选择

园林布局类型可概括为主景突出式和集锦式。就纪念性公园而言一般都采用主景突出式，以一个纪念性景物为构景中心，然后根据构景中心开辟轴线。诸如清代之北京颐和园、金代北京之北海和现在广州之烈士陵园等。上海的鲁迅公园则采用纪念性的节点景物组成时明时晦的轴线。鉴于本公园所纪念的柳宗元酷爱自然山水，在柳州曾以《柳州山水近治可游者记》为题撰文表达他对柳州自然山水的厚爱。加以本园现状有自然式人工湖的基础，故基本上采用集锦式布局的类型，像清代北京的圆明园和承德的避暑山庄一样，没有控制全园的明显主景，但作为纪念性公园如果结合现状的实际条件塑造一个相对中心景物，那便是很理想的。现状中的百花岛恰如所

想地可望改建为中心景区。就布局形式而言当以自然式布置为主，适当用一些局部整形式的布置，以期形成适应现代社会生活需要，具有中国园林传统特色和柳州地方风格的纪念性现代文人写意自然山水园（图4-12-3）。

六、设计的依据和原则

柳侯公园的设计依据主要是：柳州市城市总体规划、设计任务书，以及甲方提供的历史资料如柳宗元文集和1：500的公园现状图。

设计原则总的是从理想的纪念公园着眼，从公园的现状着手，历史文物和大树是无条件保护的。当改造设计意图与现状产生矛盾时，首先要

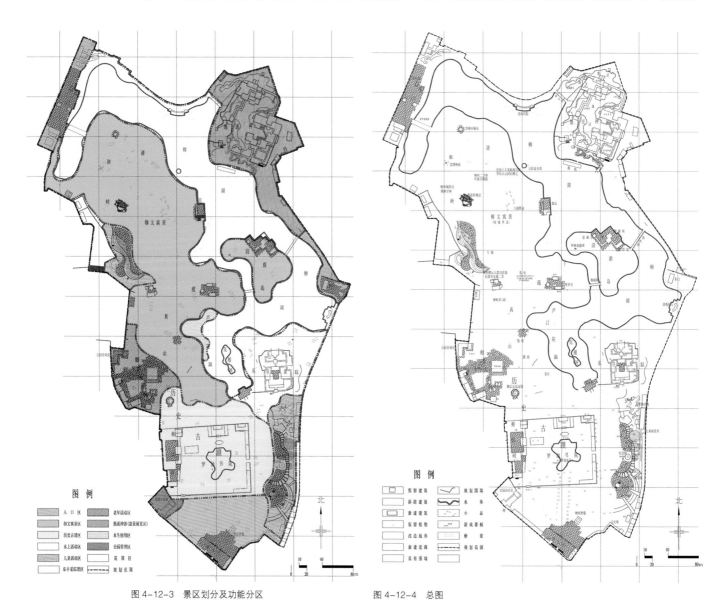

图4-12-3　景区划分及功能分区　　　　　　图4-12-4　总图

从长远的公园理想质量出发，结合现状进行切实可行的改造。深刻地认识本园之异宜并作为借景的依据，力求继承和发展中国园林艺术传统"巧于因借，精在体宜"的理法，向往"虽由人作，宛自天开"的园林艺术境界。对于西欧特别是英国自然式树木和草花种植的先进经验也要按"外为中用"的原则加以汲取和运用（图4-12-4）。

七、布局

柳侯公园景区景点名称：

（一）柳文寓景景区

谐和岭

1. 雷塘祷雨
2. 登柳州峨山
3. 蚿蝂（传）
4. 柳州二月榕叶落尽偶题
5. 柳州城西北隅种甘树
6. 叠前和叠后
7. 八骏图（说）
8. 浩初上人见贻绝句欲登仙人山因以酬之

蕴真山

1. 瓶赋
2. 井铭
3. 牛赋
4. 酬贾鹏山人郡内新栽松寓兴见赠二首
5. 商山临路有孤松，往来斫以为明，好事者怜之编竹成援，遂其生植感而赋诗
6. 捕蛇者说
7. 鹘说
8. 柳州山水近治可游者记

清荫岛

1. 种柳戏题碑
2. 柳柳阁
3. 蕴碧馆
4. 思柳亭

（二）愚庄神游

1. 壶中九华馆
2. 若愚草堂
3. 汇神亭
4. 缩龙馆
5. 愚泉
6. 愚沼
7. 愚涧
8. 愚
9. 愚溪
10. 愚航
11. 愚风桥

（三）东亭觅踪

1. 忘尘馆
2. 阴室
3. 阳室
4. 中室
5. 味紫亭
6. 望南荣

（四）玉笋园

1. 纪念碑
2. 故事栏

（五）历史古迹景区

1. 罗池书院
2. 柳侯祠
3. 柳宗元衣冠塚

（六）颐养天年

1. 听鹂坪
2. 仙奕坪
3. 昙书坪

（七）柳湖景区

1. 芦汀花淑
2. 先履洲
3. 玉肌金丸墩
4. 清风泻影
5. 青丝绿波桥
6. 柳荫桥
7. 清风桥

清代画家笪重光说："文章是案头上的山水，山水是地面上的文章。"中国园林讲究起、承、转、

合的章法。明代造园哲师计成在《园冶》中强调"独立端严，次相辅弼"，即先把主景树立起来，再考虑如何使用其他景物衬托和陪衬主景。

1. 改百花岛为清荫岛，确立公园纪念性的中心景区

基于白花岛位置居于全园和水景的中心部位，岛虽不大但形胜突出。于相对广阔的水面中孤岛傲立于水心且现状主要是一些棕榈科的乔灌木而并无古树名木，既有改造的必要性也具备改

图 4-12-5
竖向设计

图例

保留建筑	
新建建筑	
水　体	
新建道路	
改造地形	
规划范围	
90 米以下	
90—91 米	

91—92 米	
92—93 米	
93—94 米	
94—95 米	
95—96 米	
96—97 米	
97 米以上	
地面及建筑标高	

北

10　40
0　20　80m

造的可能性。纪念柳宗元有两个重要因素，首先他是开发柳州、为人民创造世代相传"余荫"的先贤。同时他又是值得人民爱戴的父母官。人民对官的鉴别概括为"清"和"贪"。柳宗元为官一任，两袖清风，除为人民留下幸福外几乎一无所有。因以"清荫岛"立意而名。岛以柳荫桥和清风桥与东、西岸衔接。岛上立"种柳戏题"石碑，将"柳州柳刺史，种柳柳江边。谈笑为故事，堆移成昔年。垂荫当覆地，耸干会参天。好作思人树，惭无意化传。"富于教育而又十分风趣的诗晓以游人。柳柳如此亲密不可分，将这种文意转化为二元合一体的柳柳阁。三重檐套方阁矗立在伸出湖面的柳台上，将传统的套方亭发展为套方阁。蕴碧馆、思柳亭（沿用历史中曾有的思柳亭）左呼右拥。再用折廊相连，构成主次分明、高低错落、大小相间的园林建筑组。统一于同一主题立意而变化在各自的形体。改建后的清荫岛孤岛上地形微有起伏，硕大的柳树疏环岛边。绿荫中高阁傲立，为公园树立了纪念性的中心景区。

2. 山水间架的确立（图 4-12-5）

本园已有很大比例的湖面成环带状布置，无须重新大做水的文章，只需略施改造和丰富水景。柳文《柳州东亭记》中有"凭空拒江，江化为湖"之说，他指的是柳江。因此湖以"柳湖"名之以兹纪念。按传统发挥这是一组"柳"的系列景观。按此园现状，湖面潆洄有致而开阔不足。理水之法"聚则辽阔，散则潆洄"。为了突出清荫岛的主景地位，其南和北的水面皆放空，主景前空自然突出，取消现状的亭桥与九曲桥，因为它们将本来不小的水面划分得零碎而辽阔不起来。然后将亭桥西端的岸线适当地向西推移，南岸也略退一点。这样，柳柳阁北面的湖面便显得宽绰且深长了。这里牵涉到西岸的一棵大龙眼树。为求两全，专门为树做一圆形土墩加以有效的保护。景名为"玉肌金丸墩"，画龙点睛地道出了龙眼之美。

目前湖之北岸无路可通，这是园路不能成环的一个主要因素。因此将北岸垫出数米向南拱

出。一则可贯通园路和以绿化隔离北界，二则可与清荫岛构成对景之势，从北向向主岛拱揖。在拱端设双亭中贯长廊的一组休息和成景、得景的园林建筑组名唤"清风泻影"，欣赏清荫岛与水相映的倒影。现状湖南端居西的岸向西扩展，改岸壁直墙为缓坡岸渐渐入水。创造 10 ~ 20 厘米及 20 ~ 50 厘米水深的湿地植物种植床，用以发展湿生、沼生和水生的各种丰富的植物群落。其东有两个点状的岛，二岛合并为履形，取名"先履洲"，寓意我们要踏着先人的足迹前进。

鉴于原盆景区地势居高，有引溪下流的地形条件，按"疏水之去由，察水之来历"的传统手法，结合柳宗元有数篇文章中对愚溪的怀念，将心比景，溪人皆愚，又因盆景园宜保留，故取景名为"愚溪神游"。园林以身游为主，盆景只能神游。从而从水景方面构成愚泉、愚沼、愚溪的水景系列，形成动静交互的水景系列，形成动静交呈的水景。

水贵有源，流水不腐。已有水的基础便要依水造山。画论有谓："山脉之通按其水径，水道之达理其山形。"公园虽是一两米到三五米高的土丘，但也要遵循"岗连阜属，脉络相贯"的造山理法。现状之黄泥山不仅景名立意过于现实而且造型呆滞，缺乏山舞银蛇之动势，有坡无谷，有旷无奥，降水散漫流下，也没有很好地组织地面排水，应予改建。

此园造山并非单纯纪念柳宗元酷爱山水，还有多方面的意义。一则土山之坡面积大于土山之底面积，可以增加植物种植的地面面积。二则大地形升降造成大气候，公园中改善小气候条件也有赖于小地形起伏变化。有微地形起伏才有阴、阳、向、背、干、湿等生态环境条件的变化。我们生态园林的内容主要是保持生物的多样性，按照植物的生态习性布置植物和维持生态环境持续发展。要种植尽可能多的不同生态要求的植物群落，就首要用地形设计手段创造不同的生态环境来安置这些植物。适者生存便可以维持持续发展。至于地形在造景方面创造不同性格的空间以兼备开阔和幽婉的空间变化，那就可以增强公园的可游性。步移景异，耐人寻味和停留。

主要利用现状湖南端东岸布置"东亭觅踪"。现存有《柳州东亭记》可考而并无遗址留存，所以景名"东亭觅踪"。其意义在于纪念柳宗元改城市废弃用地为良好的人居环境，以自己的精心设计不仅表达了对人居环境理想的追求，而且树立了改造城市不良环境，为人类谋福利的典范。他的居住建筑设计以与日光照射相协调为原则，要在采自然之光和风。他说："朝室以夕居之，夕室以朝居之，中室日中而居之，阴室以违温风焉，阳室以违凄风焉。若无寒暑也，则朝夕复其号。"其文对环境特征的描写即"众山横环，跋阔濴湾"。我们便以回环的土山从居住建筑四周环状相围，北边的水弯曲转而辽阔。俾使景如其境，景因境出。内容则作为柳宗元的诗碑展览。柳宗元的诗也是他作品中的瑰宝，有位院士听汇报后再三强调要纪念柳诗。

罗池古时描写为："更开筑道路，堆积土山。"从《书院图》可以了解池南有土山。于是结合按旧时柳侯祠入口的位置开门与现南门相衔接，为导游柳侯祠提供明显的路线，而且在地形变化的基础上开自然式路，以土山从南向围绕罗池，尽现《书院图》描绘的环境特色。

本园最完整而又可以改进的陆地在湖之西部。是一块南北向长、东西向短的随湖弯转的陆地，约占公园陆地面积之半。现有设施迁走后形成大面积空旷的平地，北接北门，南通清荫岛和柳侯祠。这块地就用作"柳文寓景"，是为扩大的主要两项内容之一。常言"文如其人"，但一般是"文借景生，景借文传"，而我们则是从柳宗元的文学作品中，以寓言文体为主，选择十几篇既富有教育意义而又用园林景物可以体现的材料造景，按"借景识文和见景生情"的反馈逻辑来纪念柳宗元。这样便于将纪念的内容融会到园林景物中去。这里同时也是生态环境建设的重点和造园林植物景观的重点。南、北两端都以土山封闭外面，而里面从陡到缓形成大面积的草地。植物景观立意为"绿匐翠盖"，即外围上空乔木翠盖，里面环抱一块大草地。南端的土山与"东亭觅踪"相呼应。柳宗元对山水美的认识和修养在于寄情山水，其山水文章中蕴含极丰富的人情和教育思想，是山水的人化，使人与自然协调，故以"蕴真山"、"谐和岭"明之。

柳湖设计常水位定为88.25米，陆地上第一根等高线高程为90.00米，等高线高程差为1米。

图 4-12-6
设施图

图 例

- ▬ 游憩文化设施
- ▬ 服务设施
- ▬ 管理生产设施

- ▲ 游憩观赏设施   ⊡ 配电设施
- □ 展览设施   ◆ 小卖
- ⊡ 游船码头   ⊟ 厕所
- ⊠ 管理设施   ⊠ 餐饮娱乐设施
- □ 生产设施   P 停车场

北

3．园林建筑布置（图 4-12-6）

对现状中园林建筑较好者如南门和盆景园之建筑，以及原临湖的两座建筑——倚云楼和茶社原拟保留利用，在向院士们汇报的会上，院士明确指出这两座建筑占地面积和单体的体量都过大而且造型呆板因而建议拆除。我们结合本园用地平衡中建筑总面积占本园陆地面积的12.87%，比重超过一般城市公园建筑比重太多，因此尊重院士的意见同意拆除，改为园林植物种植用地。动物园的笼舍建筑与大型、陈旧的游戏设施一并拆除。

原盆景园改建"愚溪神游"后，除水体有所变更外，园林建筑在利用原有的基础上，添头加尾并增加盆景史展室使组成相对封闭和独立的园中园。鉴于园之东部缺少服务性建筑并结合盆景园因封闭而成景和得景的作用不强，故于盆景园南端湖边增加"愚航"石舫。功能为冷热饮料和小卖部，就园景而言从东岸呼应纪念性主建筑柳柳阁。当以柳江之木船为生活依据来创造园林石舫。

东亭觅踪景区建筑按柳宗元《柳州东亭记》文意："乃取馆之北宇，右辟之以为夕室；取传置之东宇，左辟之为朝室；又北辟之以为阴室；作屋于北牖之下以为阳室；作斯亭于中以为中室。"——按原文布置。尺度以民居为参考，比例使与用地环境相称。但这不是生活真实的居住建筑而是仿名人故居的园林建筑，因此要满足游览休息的需要。馆名"忘尘馆"，表达改造城市不良环境的意志。门外有《柳州东亭记》的石碑，室内馆藏柳宗元诗集，廊间壁嵌柳诗石碑刻。另设"味紫亭"（向东）、"望南荣"（面南）和回廊供游人游赏和休息。

蕴真山之高处设一组供眺望、休息用的园林建筑组名曰"望乡台"。柳宗元既爱柳州而更思家乡。台上建筑以柳宗元论欣赏风景的三个层次名之。初上为"谋耳亭"，再转入"谋目轩"，最后登上"谋神馆"。建筑大小相同，高低错落，回廊贯连，合于一楼。

名为"玉笋园"的儿童活动区立意新竹玉立需老竹扶持。中有：

（1）儿童戏水池：利用北部土山高处设小型瀑布作为水源。水顺势而下汇为池。池以不同材料作出高低、形状的变化。水深20厘米而稍有流动的净水。

（2）幼儿活动场：为学龄前儿童服务的浓荫铺装场地。种植池边做成可坐的园椅供照料儿童的家长休息。场地上散设各式游戏器械。铺装统一采用彩色塑料块料铺面层以保证幼儿安全。

（3）砂坑：做三个由小到大的沙坑序列。小沙坑至中沙坑设滑梯和吊索的组合。中沙坑与大沙坑以索桥相连。坑缘有的可做成峭壁供蹑足擦背而过，有点险意而万无一失。

青少年活动区：利用原音乐台于东侧造凹凸不均的台阶式座位。高处平台设故事廊。廊向高矮不同的矮墙有一些引导性的图画，而大部分留给儿童作壁画发挥。

西部还设小型儿童活动区。采用流线型铺装广场组织空间。上设攀登架，下有游戏性的旱地喷泉。踩到开关即喷，数秒即止。广场右侧为树荫广场，也设塑胶彩色块料铺地，安置一些游戏组合器械。广场左做2.5米高的勇敢者天地，其下为大沙坑，爬、摸、滚、跳、攀、钻的趣味性活动均在其中。

"颐养天年园"的老人活动区，室内有画报阅览、健身和娱乐设施。重点活动设在室外露天场所。"听鹏坪"供老人欣赏笼鸟，聆听鸟语和观赏鸟自发的比赛等。仙奕坪上石桌石凳，捻须弈棋。设有草地门球场供练习和比赛。

4．园路系统

本园主路宽5米，次路宽3米，小路宽1.5米。除柳侯祠和罗池主要按"书院图"作直线道路处理外，园中道路都采用自然式布置。结合现状园路已形成的实际状况确定采用分景区自成小环，由小环串联可成大环的模式。鉴于园之东部用地狭窄，不宜开辟5米宽的主路，东部主要以3米宽的支路承担全园成环的任务。这样，历史古迹区有内环和外环，东亭觅踪景区有内环和外环，柳文寓景景区也有顺畅和通达方便的园路。清荫岛也只能以3米宽的次路为环。形成湖面以主路为环，湖东以次路为环的特色。次路亦作为主环路横贯的联络，小路多分布在土山上和山麓地带（图4-12-7）。

图 4-12-7
园路系统图

图例

主路　　建筑
次路　　水体
小路　　新建道路
广场　　改造地形
规划范围

北

5. 植物种植设计

柳州地处桂中地区。属亚热带气候地带。温暖而湿润，最适宜植物生长。地带性植物种质资源极其丰富而目前用于城市公园中的却为数不多，是值得挖掘，发挥特长和公园特色的所在（图4-12-8）。

种植设计原则：

• 严格保护和保留原有大树，个别要挪动的必须妥善处理，保证成活。

图4-12-8
种植设计图

图 例

- ▨ 保留建筑
- ■ 新建建筑
- ∿ 水 体
- 保留植物
- 改造地形
- 新建道路
- ╌╌ 规划范围

- ◐ 孤植树
- ● 树 丛
- 密 林
- 疏 林
- 疏林草地
- 开旷草地
- ♧ 水生植物

北

0 20 40 80m

• 从科学性而言，要选择以地带性植物群落和树种为主，按"适者生存"的道理充分发挥生态环境的作用并体现桂中柳州的特色。从艺术性而言要力求结合历史景色的特征并与纪念性密切结合，将园林植物的自然美化为包含社会美的园林艺术美。

• 尽可能扩大公园总用地面积中绿地的百分比。在绿地上要力求提高绿量，以乔、灌、花、草和水生植物组成以桂中、桂北地带性植物群落为基础的人工植物群落，形成以乔木为骨架，以灌木散生带状与丛状结合的树丛衔接林间与林缘，以多年生宿根花卉为片块状色彩点缀，引种外来植物只作为一种发展的探索和辅助。

各景区植物突出的种类根据历史资料记载，探讨原有树种及种植方式，结合现状实际进行补充和调整，尽可能体现历史景观特色。

1）罗池书院

（1）罗池夜月

"丹荔迎神有旧碑。"（清·郑献甫）

"黄蕉丹荔有残碑。"（清·阮元）

"蕉花明晓月，榕叶起秋烟。"（清·王拯）

"罗池水涸荷映贝，唯有穿碑照夕阳。"（明·解缙）

"隔座桃椰风瑟瑟，近檐橄榄露垂垂。"（元·傅若金）

"柑树植经名士手。"（佚名）

由此可知罗池植物之一斑。

（2）柳宗元衣冠墓

"落落疏松隐墓门。"（明·谢少南）

"墓旁不见罗池月，唯有萧萧蓑草声。"（清·阎兴邦）

以常绿树柳杉、柏木为补充。

（3）柳侯祠

"窈窕山门入柳堂，阴阴松桧溢秋香。"（明·戴钦）

"城春湘岸杂花木，洲晚渔歌清竹枝。"（明·严嵩）

"青青松柏枝，不见龙城柳。"（清·钱楷）

2）东亭觅踪

"其内草木猥奥。"（唐·柳宗元）

"树以竹箭松枸桂桧柏杉。"（唐·柳宗元）

土山以密林蔽之，庭院乔灌木树丛与孤植、对植结合。

3）清荫岛

疏植柳树，间以梅花、杜鹃、山茶，取消过密的棕榈科乔木。

4）愚溪神游

"小阁当乔木，清溪抱竹林。"（宋·陈与义《愚溪》）

"独坐弹丝桐，爱此溪流曲。"（宋·乐雷发《愚溪》）

补充沼生、水生植物，特别是流水中的菖蒲、西洋菜和大量观叶的阴生植物。

5）芦汀花淑

从湿生的萱草类到沼生的慈姑、鸢尾、芦苇（意大利银芦等观赏性高的芦苇）、水葱、香蒲等到水生的睡莲荷花等，水面上还有浮生的凤眼莲等，按水由浅到深地自然式带状种植。

拟采用主要植物名录：

裸子植物：落羽杉、池杉、池柏、水松、水杉、柳杉、南洋杉、罗汉松、小叶罗汉松、柏木、马尾松、桧柏、侧柏。

被子植物：荫香、白兰花、大叶榕、小叶榕、印度胶榕、高山榕、垂柳、枫香、银桦、龙眼、荔枝、朴树、木棉、柳桉、鸡蛋花。

小乔木、灌木类：桂花、蒲桃、水翁、含笑、番荔枝、华南十大功劳、紫薇、大花紫薇、海桐、山茶、洒金榕、九里香、米兰、杜鹃、黄婵、夹竹桃、栀子花、金丝桃、八角金盘、柑、橘、柠檬、柚、金粟兰、八角莲。

攀援植物类：常春藤、炮仗花、紫藤、三角花、常绿油麻藤、金银花、绿萝、薜荔、络石、铁线莲、西番莲等。

单子叶植物类：棕竹、鱼尾葵、芭蕉、海芋、一叶兰、孝顺竹、凤尾竹、佛肚竹、箭竹、黄金间碧玉竹、罗汉竹、地被竹等。

草坪、地被、水生植物类：结缕草、细叶结缕草、假俭草、螃蜞菊、沿阶草、阔叶麦冬、酢浆草、广东万年青、景天、费菜、虎耳草、葱兰、韭兰、马蹄筋等。

沼生、水生植物类：萱草、水仙、鸢尾、睡莲、荷花、芡实、水虎尾、水蜡烛、蒲草、慈姑等。

种植比例：常绿阔叶∶针叶∶落叶＝7∶2∶1

乔木∶灌木∶草本＝5∶3∶2

八、柳文寓景的创意

在岗阜起伏于环周、绿篸翠盖于中的环境里布置柳文寓景是将健全的生态环境、优美的植物造景和纪念柳宗元的景物融为一体的创意。从柳宗元文集中挑选了既富有教育意义而又可能以园林景物来表达的 16 篇文章，以寓言文体为主。主要介绍如下：

1.《商山临路有孤松，往来斫以为明，好事者怜之编竹成援，遂其生植感而赋诗》

因文题作景名有过长之虑，景名简称"孤松"。草坪南端入口，主路向东分出次路，正对主路自南往北方向有土阜拱起，巨石压顶。石上有孤松横空而出，傲然挺立。石上镌刻隶书"孤松"。石上宽处刻柳宗元《商山临路有孤松，往来斫以为明，好事者怜之编竹成援，遂其生植感而赋诗》之全文。意在松因能照明而遭摧残，而仁人君子置竹篱保护后，孤松承雨露而展新颜。柳宗元将己比孤松，自叹有才和能但遭流放。

2.《叠前和叠后》

刘禹锡收到柳宗元《重赠二首》后，又寄作答二诗，述及他家子弟发愤练书法情况并问宗元幼女练书法成就如何。因此柳宗元很高兴再赠二诗，称赞刘家两辈人的可贵精神，鼓励刘禹锡狠下工夫，争取他们二人双成，像古人一样获得"一台二妙"的荣誉。

草坪西部由次路引入万绿丛中的隙地，地面

做沉床圆形如石砚，北有蓄"墨"小池，南为砥笔平砚，地面用方块水泥仿青砖铺砌。蓄墨池东西镌"叠前"、"叠后"。文题下镌刻诗文。书法乃中国传统文化艺术，要永远流传下去。不少城市早上公园里有书法老人自提小水桶，木杆绑上麻丝或塑料构成大笔，以水为墨，以地为纸，巨笔地书，往往吸引很多游人欣赏和交流。柳侯公园更当发扬柳宗元苦练书法的精神，向儿童和青年人普及地书练书法，场内仿墨池中有水供应。

3.《柳州二月榕叶落尽偶题》

榕树落叶的自然现象勾起柳宗元身为放逐客的凄楚之情。由此可见他身处愁境而仍然从事"致大康于民"的壮举。

草坪近北端，园路拱曲。路旁小叶榕丛植浓荫覆地，板根、气生根、缠藤构成"一树成林"的地方景色。树下铺装乱块石，人造块石上和石间做成满落榕叶的铺装花纹，恰如榕叶落地之状态，其中大榕根穿大岩石上镌刻此文。

4.《蝜蝂传》

蝜蝂是一种黑色小昆虫。背上有隆起部分可负物。这篇寓言以生动的语言和辛辣的手笔描绘了贪得无厌、好往上爬的蝜蝂，借以讽刺这一类人，认为这些人"智则小虫也"。

5.《瓶赋》

芦汀花溆之西，主环路各自东西，蕴真山逶迤而下横亘路间，山之北麓于小块嵌草块料铺装地面上布置"瓶赋"。

地面上中部置 2.5 米高饰瓶，铜胎锦面。其旁卧置盛酒之皮囊（玻璃钢放大尺寸仿皮囊）。

瓶之向阳面镌刻《瓶赋》全文。表现瓶虽"动常近危"而"愚"，却"光明磊落"而不惜"身破"。鸱夷（即一种盛酒之皮囊）虽"常为国器"而"智"，却缺乏高洁坚定的品格和意志。

6.《牛赋》

位于柳文寓景景区中部偏西。做 1：1.5 倍大石水牛于草野环境之小沼中，铺地做抽象羸驴图案于嵌草块料铺装中，表现与羸驴对比，牛之"毫不利己，专门利人"的贤能品格。

7.《鹘说》

置展翅欲飞的不锈钢制凶猛的鹘雕于岩石上凌空。石壁刻原文，揭露当时社会上有些人忘恩负义、互相倾轧、道德败坏的恶风。

8.《捕蛇者说》

因《捕蛇者说》为文体名，景名称"捕蛇者"。石壁上有自然石龛。于中贴壁造捕蛇者蒋氏 1：1.5 浮雕造像，破衣烂衫，身背竹篓，面黄肌瘦，双眼深陷，旁有催税官兵。揭露当时统治者横敛暴政造成的苛政重税比猛虎毒蛇更为凶猛，同情三代捕蛇者的苦难遭遇。

另八项柳文寓景为《柳州城西北隅种柑树》、《浩初上人见贻绝句欲登仙人山因以酬之》、《登柳州峨山》、《雷塘祷雨文》、《八骏图说》、《酬贾鹏山人郡内新栽松寓兴见赠二首》、《柳州山水近治可游者记》。除最后一文用微缩景观表达以外，其余皆如上述，景从境生，形式多样，在此不赘述。

九、用地平衡（见下表）

十、造价估算（略）

柳侯公园现状用地平衡表

序号	用地名称	面积（平方米）	百分比（%）	
0	总面积	155200	100.00	
1	水体	37118	23.92	
2	陆地	118082	76.08	100.00
2—1	建筑	15195	9.79	12.87
2—2	道路广场	32436	20.91	27.48
2—3	绿地	71450	45.38	59.65

柳侯公园规划用地平衡表

序号	用地名称			面积（平方米）	百分比（%）	
0	总面积			155200	100.00	
1	水体			38739	24.97	
2	陆地			116461	75.03	100.00
2-1	其中		建筑	8691	5.60	7.46
			保留建筑	5865	3.78	5.04
			新建建筑	2826.0	1.82	2.42
2-2	道路广场			26889	17.33	23.09
2-3	绿地			80881	52.11	69.45

各区用地统计表

用地名称	面积（平方米）	百分比（%）
	155200	100.0
柳文寓景区	40080	25.8
水上活动区	37955	24.5
历史古迹	16341	10.5
寓溪神游区	13072	8.4
入口区	12408	8.0
东亭觅踪区	8707	5.6
管局物业区	8688	5.6
儿童活动区	8359	5.4
老年活动区	5469	3.5
花圃区	2055	1.3
水生植物区	1161	0.7
公园管理区	905	0.6

（设计人：孟兆祯、黄庆喜、杨赉丽、梁伊任、王沛永、许先升、邓音）

第十三章 内蒙古达拉特旗白塔公园总体设计

一、公园的性质和规划目标

根据市总体规划和公园设计任务书规定,白塔公园应为达拉特旗(市)级中心、综合文化休息公园。在城市绿地系统中为首要的公共绿地。服务半径为4公里。

白塔公园主要服务的对象是本市的居民。鉴于达拉特旗为对外开放地区,因此也有为国内外旅游者服务的任务。公园的建设目标应为具有社会主义现代社会生活内容、中国传统的人文自然山水园的民族风格和内蒙古地方特色的综合性文化休息公园。远期建成后达到自治区先进水平,并以公园独特的园林艺术特色给国内外游人留下难以磨灭的美好印象。不仅是临近荒漠的一片绿洲,环境清新,生态良性循环而且将达拉特旗的文化作为内涵,寓教于景,借景生情。在人与自然协调的前提下,创造人化自然的美景。可游性强,能触动游人的游兴。以葱茏的绿原驱退原有的沙地,余荫后代,稳定地持续发展,发挥园林在生态效益、社会效益和经济效益方面的综合功能。

二、用地分析

(一)优势

1.优越的区位

达拉特旗地处黄河中游的南岸,与草原钢城——包头市隔河相望,是伊克昭盟(现称鄂尔多斯)的北大门。旗的行政中心设于树林召镇,其位于达拉特旗北部、鄂尔多斯高原以北的黄河冲积平原区、库布齐沙带北侧,濒临黄河。地理坐标东经110°01′、北纬40°04′。镇区东西长4公里,南北宽3.2公里,总面积12.8平方公里。210线国道(包头—西安)穿镇而过。包神铁路从镇区西侧通过,距包头28公里,东胜88公里,而且与包头飞机场仅距25公里。本园位于镇中偏西,与达拉特旗火车站毗连(仅距0.45公里),与镇中心市民广场一路之隔,真可谓是位于黑金三角腹地中的心脏位置(图4-13-1)。

2.基本上是一张白纸,好画美丽的图画

公园用地面积为53.1公顷,面积比较宽绰而不过大。近年在东北部距公园北界约200米处新建白塔一座。作为永久性的主体建筑,布置的位置是恰当的,并不占据公园的几何中心,且在其南向留出视距长的大片空地,有利于作主景突出的布局。园内现有机井两口,公园围墙已建成。除此外没有永久性建筑,上空和地下亦无城市市政管线通过,植被除人工种植的防护林带和杨树、沙柳、柠条外,主要以自然生长的沙蒿为主。总之,进行人工改造的限制性小,有利于建设一座理想的公园(图4-13-2)。

3.具有特色的土产(如沙地蔬菜、黏土等)有条件发展具有地方特色的餐饮和制陶工艺。

图4-13-1
区位分析图

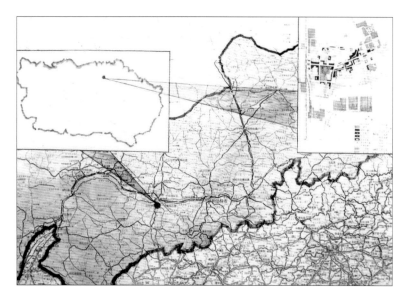

（二）不利的因素

1）位于中温带半干旱大陆性气候区。年平均降水量302毫米，雨量小而集中在夏季，春天干旱，缺乏地面水调节湿度。夏季在室外无遮荫的情况下感到炎热。冬季气温低，最大冻土深度为1.76米。

2）园内土壤为微碱性沙地，土壤结构不良，肥力差，对植物生长不利，必须进行适当的改造。种植地面的表土有条件时，应争取客土。

3）园内地形虽有数米之差，但由于坡长、大，基本上是平坦的沙地地貌景观。由于有深浅不一的沟壑纵横交叉，地形显得零碎不整，必须进行彻底的改造。

4）公园南面是发电厂，电厂的烟囱对于公园而言是不协调的，成为煞风景的因素，应尽可能设法弥补。

三、立意

中国传统文化讲究意境，而且是意在手先。中国园林由诗画而来，因此重在立意。所谓意境，通过一定形式可以表达人的志向，对内足以抒己，对外足以感人。中国文化的根基和总纲是"天人合一"，即人与自然相协调。此地临近沙漠，人与自然的协调主要表现为治沙。本园也是一块沙地，当地多年的经验总结为"人进沙退"。兴造园林是用集中而优美的绿地来改造沙地。于中设置不同年龄人的游憩活动内容，满足人民日益提高的生活要求。把这一块金三角腹地建设成为幸福的人间福地，而且要把造福于人民的社会福利事业千秋万代传下去。根据以上构思，公园塑造的意境为："葱茏退沙，余荫隽永。"

四、布局

（一）布局类型与公园造景的形式（图4-13-3）

鉴于白塔已建成，是为全园的主景和构图中心。布局类型宜为主景突出式。有一段轴线处理，而全园为自然式布局。

此地地面水少见，而且主要的不良气候因子是干旱。单纯用绿化手段调节空气相对湿度还不

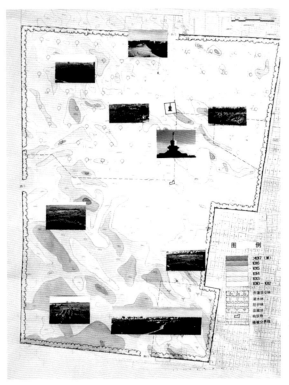

图4-13-2　现状图

图4-13-3　总图

够，宜开辟人工水面，蒸发大量水汽，再以绿地包围。这样水面的蒸发和植物的蒸腾作用可以在公园范围内和附近有效范围内比较明显地改变相对湿度，以利于人民健康。而且挖出来的土可以用作堆山和作微地形起伏。此地地面景观主要是草原，纵目百里，开旷之至。因此，公园宜组织中小空间和起伏的地形。一方面有利于开展各种游憩活动，同时也为不同生态要求的植物提供良好的生长条件，从而丰富植物景观。这正好继承和发展中国园林传统的形式——人文写意自然山水园。

联系到立地的条件，要实现这一理想是不容易的。沙地对水的渗透率高，要蓄水必须对池岸和池底作防渗漏的工程处理。沙作为堆山的材料，土壤安息角小，在坡度方面不宜太陡。在绿色地被尚未形成以前，难免会出现冲刷和水土流失。但只要方向正确，这些难题是会逐一解决的，金三角腹地的世外桃源也是有可能实现的。

（二）山水骨架（图 4-13-4）

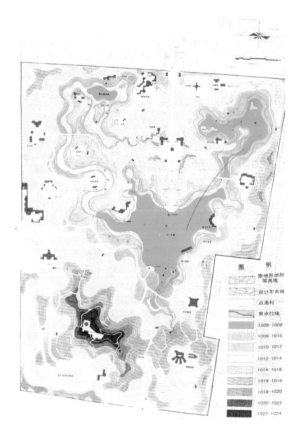

图 4-13-4
竖向图

1. 理水

利用现有机井为水源，北井水量小，作涌泉，引长溪，直通天然游泳池。南井水量较大，作趵突泉，自东南引入，水贵有源，疏水之来源，察水之去由，水源有不同源头景观。

地形塑造要因高造山，就低凿水。本园自海拔 1011.00～1013.00 米的高程都属于低地，基本在此范围内划为水面，这样用约 1/7 的用地开辟水面，尚有 6/7 作为陆地。从水陆的比例来看是适中的。

从改善相对湿度而言，水体宜集中与分散相结合。理水的传统理法强调聚散有致，"聚则辽阔，散则潆洄"。还讲究水之三远，即旷远、深远和迷远。循此理并结合本园的具体情况，宜在白塔的南面开辟广阔的水面，并把现状两个取土的坑包含在内。运用主景升高和主景前面的空旷来突出白塔的主景。有蔚蓝的天空衬托的白塔最美，故主景名"白塔苍穹"。用降低水面高程来相对升高白塔主景。常水位定为海拔 1010.00 米，白塔所在地的高程为 1016.00 米，加以塔身矗起，自然就突出了。由于要创造一种朴野和开旷的特色，水体的总面积为 7.55 公顷，而这一块开阔的水面就占 4.18 公顷。水位降低则可相对增加山的高度。

水面轮廓造型是观赏美感的重要环节。为发扬"虽由人作，宛自天开"的传统境界的特色，取白塔南北向轴线与东北、西北带状水体中线的交点作为开阔水面的中心。再向东南延展曲港，水口布置蜿蜒的岛屿。主水面隐约形成三角形，再与三个方向的曲水相连，使有金三角腹地的联想，形成阔远的水景为中心，深远和迷远的散带状水与之相连的水景。景观从形式上看则完全是自然水面，金三角腹地之水面。按内蒙古称湖为海子的地方性称谓，取名为"金海子"，成为仅次于白塔的名景"金海玉澜"。

2. 造山

按中国山水画之理法，"胸中有山方许作水，

"胸中有水方许作山"的道理。在设计水面的同时考虑到整个自然山水的布局。全园原地形最高的地方在西南部，正好是我们想起山遮挡发电厂烟囱的地方。因此，主山的位置就确定下来了。山的高处设计成"山顶"的形式，高程为海拔1023.00米。考虑到沙的土壤安息角小，最陡的坡度也控制在1：4～1：5之间。此山北向留出尽可能大的空间，从陡到缓一直延展到金海子南岸，用大手笔勾画和再现绿色草原的风光，景名"绿原退沙"，碑石为记，显示达拉特旗人民的意志和让后代了解这葱茏一片的绿原原本是沙地。因水名金海子，与金相配的唯玉，也按内蒙古的习惯称谓命名为"玉龙梁"。玉为苍翠的树林，龙形容是蜿蜒的形象，那么山之高处就叫"玉龙顶"了。从山到草地，满目苍翠欲滴，故形成"玉龙积翠"之名景。

主山既立，次山、配山及岗阜相应顺脉络分布，岗连阜属。南入口呈两山交夹、一路中通之势。峰回路转，从两山交叠处进入，出山则见汪洋一片的金海子，豁然开朗。白塔四周的土山主要是交拥白塔而四散。旱冰场的土山是为了控制噪声而使之不致影响附近的景点。其他的土山务使脉络相贯、极其自然地符合地形地势之变化，从而为布置园林建筑，开辟园路和场地，种植植物打下了地形骨架的基础。

（三）功能分区和白塔公园八景（图4-13-5）

为了便于管理和减少管线的长度，我们将结合文体活动的园林设施集中在西门公园管理处附近，而且将功能相近的安排在一起，如儿童乐园和幼小动物角、老人活动区与垂钓区等。计有：

（1）儿童活动区：包括儿童游戏场、儿童阅览室、幼小动物角、迷园等。

（2）老人活动区：包括四个门球场及中心休息亭廊、松鹤院老年文娱活动等。

（3）天然游泳区（图4-13-6）：包括儿童涉水池、浅水池、深水池、更衣室、淋浴室、医务室、救生瞭望塔以及小卖部等。

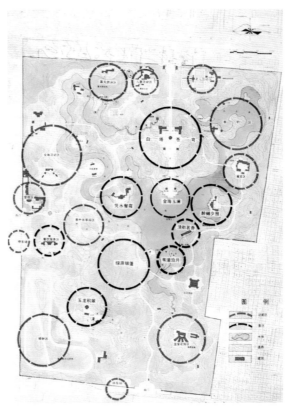

图4-13-5
分区景点图

图4-13-6
天然泳池

（4）文体活动区：包括旱冰场、露天舞池、露天影剧场、清娱院等设施。清娱院内有琴、棋、书、画以及乒乓球、保龄球、台球、陶艺等内容。

（5）管理用房：包括管理处办公室、电力、电信中心、派出所和车房、仓库等。

（6）餐饮服务区：集中与分散相结合，设餐饮服务中心和分散在山顶、湖边的小卖部和冷热饮室。着意安排在靠山近水、风景优美的园林环境中。

（7）骑射区：蒙古人民有好骑善射的传统。在以摩托车和汽车为主要交通工具的现代，还应发挥优良的民族传统，特辟玉龙顶西南山下一角

图 4-13-7
白塔苍穹

图 4-13-8
金海玉澜

图 4-13-9
绿原银莲

图 4-13-10（左）
凭水餐霞

图 4-13-11（右）
醉樾夕照

图 4-13-12（左）
清舫茗香

图 4-13-13（右）
苇濠泊月

为骑射区，景名"塞外策骑马蹄香"。

（8）温室花园区：设观赏温室、栽培温室和观赏花圃。

（9）塞外百草园：景名"杏林问草"。布置具有塞外特色的百草园。

（10）停车场：西门、南门各一。北门建议在预留的 50 米宽的公建用地中留出停车场。

白塔公园八景，就园中景之精粹构成八景，即白塔苍穹（图 4-13-7）、金海玉澜（图 4-13-8）、玉龙积翠、绿原银莲（图 4-13-9）、凭水餐霞（图 4-13-10）、醉樾夕照（图 4-13-11）、清舫茗香（图 4-13-12）、苇濠泊月（图 4-13-13）。

（四）园林建筑布置

中心景区"白塔苍穹"由于采用轴线处理，自北门至"葱茏唤凭栏"建筑都采取对称处理。建筑形式与白塔相协调但又有一定的新意，例如北门的处理，作为城市街景而显得更重要。白塔为喇嘛教建筑，与之相匹配的是藏式红台、白台的建筑。我们参照白台的造型和色彩特征设计了北门的售票房和为售票人员生活服务的用房。东西对称，平面为矩形，室内建筑面积各 15 平方米。立面竖长，墙角成 1：10 坡度倾斜。朴实而稳重，屋盖是酱红色并有凹凸变化的线条，其余墙面通体白色。盲窗改为挂檐真窗，参照现存展旦召建筑，窗上方设窗檐。上窗采光、通风，下窗售票。为了显示公园大门的特点，自白台墙面起两层花架，跌宕而下，然后用伸缩钢栅栏门封口，露出园内大道两侧的乔灌木和花草。中间矗立蓝天衬托下的白塔，"白塔苍穹"之景给人留下对公园的深刻印象。

自南向北望，轴线首端平台伸出水面，因对岸为"玉龙积翠"，故平台称为"葱茏唤凭栏"。平台边缘作石栏杆，整个以白塔为轴心的半岛呈半圆凸出水面。这是传统月牙河做法的变体。临水广场上有"园记亭"记载建园的背景和情况而流传后世。东面则是为摄影服务的亭。两亭都是黄琉璃攒尖方亭，亭北路口两边设白色曲尺形花架供游人休息和观赏。白塔广场两侧设两个商亭（小卖部），为单檐歇山顶黄琉璃方亭。广场北为两座曲尺形歇山顶，角点出歇山顶耸起的做法。东侧为历史纪念馆，西侧为自然博物馆。所有建筑以北塔为中点，构成建筑群，从两侧烘托和陪衬北塔主建筑，使之融为一体，从造型、质感和色彩方面与白塔取得协调。

其余建筑也是因山就水布置。园林建筑创作之源是环境，公园有山水高下的变化，乾隆曾总结了一个理论"因山构室，其趣恒佳"。在金海子四周，除了"葱茏唤凭栏"平台稳坐向南主宰水面外，其西南有半岛出水，布置"凭水餐霞"游憩服务性建筑，限制炊烟，仅供冷餐和冷热饮。中国传统中对朝向东方的景多称"霞标"，在此于水中欣赏朝霞映影，云霞如此秀美，令人可餐秀色，故称"凭水餐霞"。金海子东岸临水也有一组阅览和冷热饮结合的游赏服务性建筑。陶渊明有诗句曰："山气日夕佳。"夕阳西下之时，此地映照一片红光。本来就种植的秋色叶树林，夕阳一照，红上添红，故景名"醉樾夕照"。

金海子东南岸，水泊石舫，景名"清舫茗香"，舫名"清心茗舫"，是品茗、弈棋和欣赏音乐的

所在。从传统的歌舞舫借鉴而来，船体通长30米，宽6米，客舱两层，上层为有栏杆的平台，下层为降低的船舱，舵房重檐黄琉璃歇山顶，皆吸取展旦召建筑的特色。

金海子南有水湾，"环翠岛"分水为两支。水际芦苇丛生。环翠岛上设圆形茅亭，环境朴野。每当皓月升空便形成"苇濠泊月"的夜景，淡泊、宁静。

古召神游：为了展示七十二召的历史盛况，特在园的东南部设置七十二召微缩景观。根据我国微缩景观建设的经验，认为露天条件下展品易受日晒及风沙、雨雪的破坏，维修费用太高，且本旗气候干燥，昼夜温差大，宜建自然采光之棚馆以展览微缩景观。

玉龙山顶上有一组游憩服务性建筑供应茶水。以"玉龙瞰碧阁"为主，正六方攒尖顶楼阁，前有平台。其余建筑有硬山和卷棚歇山顶。玉龙顶建筑组主要提供俯览全园的观赏点，犹如文章之"合"。起、承、转、合，章法不谬，看完了园子，登高纵览，总结一下，回味一番。玉龙山下，绿原旷野，山下点缀适当的蒙古包，还有散点的"游羊"白石雕，再现草原风光，景名"绿原银蓬"。蒙古包以钟点出租的方式供游人小憩。

本园园林建筑拟采取仿清官式建筑形式。结构为钢筋混凝土结构。屋盖采用木构。细部处理结合地方特色。

（五）主入口及园路（图4-13-14）

全园共设北、西、南三个入口，北入口为主入口。按城市规划原来划定的公园红线，白塔公园北面是作为主要的街景而直接面临树林召大街的，这无疑对城市的自然环境是最好的展示。后来决定公园北缘向南让出50米的宽度作为商业建筑用地，只给公园留出了一个南面面阔为30米，北面与树林召大街相邻处为面阔60米的出入口。须知，这是白塔公园的主要入口。白塔台基边长为30米，仅留30米宽的大门，显然在比例方面与公园主体建筑失调。而且，若以整个公园北面

图 4-13-14
设施及道路系统

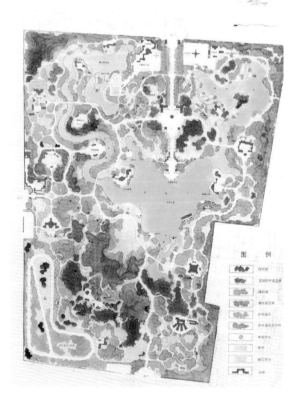

图 4-13-15
种植图

作为城市街景，就如同从胡同口观公园，绝不会有好的城市景观效果。因此建议将面街处开口扩大为 200 米，公园大门面阔为 100 米。因为不仅要建公园大门，还要有大门两旁的绿地标志用地的特色，最理想的方案还是不要以商业建筑掩盖、遮挡白塔公园北面表露出的自然环境——有天际线和深厚层次变化的树林。

主路宽 5 米，支路宽 2.5 米，主入口中轴大道宽 10 米。全园要景以环路串联，入口再与环路连通。自然式为主，整形式为辅。路面为混凝土结构，需要时，增加 1.5 米宽的小路。除山上园路外，均作无障碍通行。主路长约为 2.28 公里，支路长约 3.54 公里，部分小路总长约为 4.38 公里，全园道路总长约为 10.20 公里。

（六）植物种植（图 4-13-15）

内蒙古地处亚洲大陆温带半干旱及干旱地区。故草原植被成为本区地带性植物群落的主体，荒漠植被比较发达，而森林植被仅在东部及一些山地分布。本市处于内蒙古高原，阴山山脉之南坡，海拔高度 700～1100 米之间。地势由南至北，从西向东逐渐倾斜。土壤以厚度不等的沙层和沙砾层为主。植被景观主要为地带性草原植被。局部沙地上有樟子松疏林、灌丛与半灌丛植被。阴山山脉南坡则形成与华北地区植物群落成分相似的山地森林和灌丛。城市中近年引种植物尚可。

本公园原则上依据地区地带性植被为主体，同时采用已适应本地区的园林植物。根据城市公共绿地功能需要和本园各景区意境与活动内容的要求布置不同类型的植被群落。针叶常绿树与落叶乔灌木之比约为 1：3，以乔、灌、草的组合为主，仅在玉龙顶临金海子的一面保持大面积草地。种植类型以成片树林为主，树群和树丛为辅，并稍有点植类型。现就主要的植物种植方式举例说明如下：

1. 常绿针叶树混交林

红皮云杉＋沙地樟子松＋油松＋侧柏、桧柏。

2. 常绿落叶混交林

1）华北落叶松＋云杉（青杆）＋偃松＋地被植物。

2）黄花柳＋杜松＋西伯利亚柏＋沙地柏。

3. 落叶纯林

钻天柳、旱柳、沙柳、杞柳、胡杨、意大利杨、新疆杨、北京杨、小叶杨、钻天杨、胡桃楸、家榆、垂枝榆、桑、蒙桑、蒙椴、糠椴、香雪柳、桂香柳、刺槐、文冠果。

4. 落叶乔灌木混交林

1）椴树＋白桦＋槭树＋小叶忍冬。

2）垂柳＋杞柳＋珍珠梅＋下木。

3）白桦＋落叶松＋鼠李＋酸枣＋下木。

5. 单株乔木（孤植树）

梓树、大果榆、蒙椴、国槐、臭椿、中国白蜡、胡桃。

6. 开花灌木丛植

春季：紫丁香、丁香、太平花、连翘、沙棘、柽柳、紫穗槐、黄刺玫、榆叶梅、毛樱桃、沙冬青、杜梨、山荆子、西府海棠、海红、山杏、山楂、越橘。

夏季：木槿、珍珠梅、玫瑰、月季、耧斗叶绣线菊。

秋季：宁夏枸杞、柽柳、火棘、匙叶小檗、金银木。

7. 草地及缀花草地

以禾本科为主：茇茇草、蒙古剪股颖、黑麦草、细叶早熟禾、见为碱茅、鹅冠草。

8. 草花

紫菀、波斯菊、石刁柏、山天门冬、野百合、萱草、藜芦、地被菊、石竹、瞿麦、马蔺、鸢尾。

全园乔木∶灌木∶草本（含草坪）的用地比例为每100平方米中2∶5∶20平方米。园址内绝大部分为沙地，需要通过人为改造措施，创造人工植被，如最先锋的草本植物阶段（沙米、棉蓬或籽蒿）→灌木植物阶段（沙枣、锦鸡儿、紫穗槐、胡枝子、柽柳）→乔灌木阶段（榆树林下伴生耐荫灌木及草类）使植被向正常方面发展，使植被得到尽管可能是缓慢的，逐步的适宜条件和人为的措施可使固沙绿化过程大大加速。

（七）小品布置

小品中的雕塑不同于室内陈列的雕塑，依据一定的环境存在。结合地方特色的园林环境，作了如下安排：

1. 昭君出塞

汉代的王昭君是一位深明大义的美貌女子。在汉族和蒙古族人民心中都留下美好的印象。内蒙古地区有不止一个昭君墓，说明人们对王昭君的怀念和以拥有昭君墓为荣，值得塑像纪念。用三人一骑的提炼手法，马童引路，昭君戴斗篷骑马行路，御弟伴行。这组石雕布置在入南门后两山交夹的山脚，平易近人。

2. 摔跤

布置在"塞外策骑马蹄香"的中心部位。以粗犷的铜雕表现蒙古男子汉豪爽、勇猛的形象。

3. 饮马

于金海子南岸，绿原倾斜而下的水边，石雕母子马渴饮湖水。将动态的内蒙古草原常见景观，化为凝固、稳定的景观供人欣赏。

4. 游羊

在玉龙梁山麓，草原起伏之处，攒三聚五地布置游牧的小羊群，白色石雕，各具情态而互有顾盼。加以"绿原银蓬"的景观组成生动的画面。

除雕像外，餐饮中心广场可按北京团城现存实物复制"玉瓮"。物如其人，可以想象以玉海瓮饮酒的成吉思汗的气魄和海量。

五、管线规划（略）

六、用地平衡

七、公园的容人量

根据《公园设计规范》的规定，以人均游览面积60平方米为计量单位。

公园容人量 ＝ 公园总面积／单位游览面积

＝ 531000/60

＝ 8850（人）

白塔公园用地平衡表

序号	用地名称	面积（公顷）	百分比（%）		
1	总面积	53.10	100.00		
2	水面	7.55	14.20	100.00	
2-1	金海子	4.18	7.87	53.36	
2-2	钓鱼池	1.67	3.14	22.12	
2-3	游泳池	1.25	2.35	16.56	
2-4	五当湾	0.45	0.84	5.96	
3	陆地	45.55	85.78	100.00	
3-1	建筑	0.92	1.73	2.02	
3-2	道路广场	5.27	9.93	11.57	
3-3	绿地	39.36	74.12	86.41	

公园的日使用系数为 3.2，故：

公园日游人量应为 8850×3.2 =28320（人次／日）

八、设施用地面积及估算（略）

九、分期建设与估算（略）

十、经济效益预测（略）

1998 年 8 月 26 日，我们应内蒙古自治区达拉特旗人民政府园林站的邀请，前往达拉特旗树林召镇考察，受到达拉特旗人民政府各级领导的热情接待。本着支持民族地区环境建设事业的精神，我们接受委托承担达拉特旗白塔公园的总体规划工作。规划工作自 1998 年 8 月开始，首先对现场踏勘，现状资源调查，所广泛收集到的资料，从历史沿革、现状特点、区位条件、民族特色、建设前景等方面进行了系统研究和综合分析。在此基础上，于 1998 年 9 月底完成白塔公园总体规划方案阶段的工作，并于 10 月 8 日进行了方案汇报，经旗各级领导及专家审核及评议后，提出修改补充意见。依据评审意见，我们对总体规划作了进一步的修改和完善，并于 11 月 18 日全部完成。共编制总体规划图纸 8 张，景点效果图 8 张，规划说明书 1 份。

达拉特旗各级部门对白塔公园规划建设非常重视，由旗人民政府牵头成立了白塔公园建设领导小组，参与白塔公园总体规划的编制工作。在白塔公园总体规划编制期间得到旗各级领导和有关单位的大力支持，热情帮助，谨此致以衷心感谢并深切致意。

（项目主持人：孟兆祯；联系人：梁伊任；主要参加人：黄庆喜、杨赍丽、冯宇钧、魏民、李建宏、韩旭、姚玉君、杨一力）

第十四章　山东省海阳市海阳公园总体设计

一、海阳市概况（图 4-14-1、图 4-14-2）

原为烟台市域所辖海阳县，地居胶东半岛南陲。由于黄海在市之阳面，故称海阳。其地兼得山海之形胜，所谓"枕山襟海"，"壮于山而雄于海"，并据此成为"镇疆屏藩"。清雍正十三年（1735 年）设县，因群山围绕的平坝地形如头北尾南的凤凰，故县城名为"凤城"。1996 年由县改市，性质为该区域的政治、经济、文化中心，以发展高新技术产业，为核电工业服务的各类产业和旅游业为特色的海滨港口城市。现状建成区面积 6 平方公里，人口 10 万，其中城市人口 6.86 万。至 2000 年，城市建设总用地 14.03 平方公里，城市人口 12 万。2001 年增为 22.08 平方公里，城市人口 20 万。城市结构以东村老城区为依托，以海阳港为龙头，以东风大道为轴线，贯通北山南海；以东村河、青威高速公路和自然山体为自然分隔带，形成东村、中村、凤城三大组团有机结合，山、海、城融为一体的组团式空间结构。

海阳市的山脉皆为崂山山脉分支。有海拔400 米以上的山峰 9 座，较大的河流 7 条，均系以排山洪为主要功能的季节性间歇河流。属大陆性气候带，四季分明，春秋短、冬夏长且寒暑对比显著。极端最高温度 36.4 摄氏度，最低零下20.3 摄氏度。每年平均降水量 787.8 毫米，年最大降水量 1661 毫米，最小 390.7 毫米。主要的自然灾害有旱灾、水灾、风灾、雹灾等等。

境内矿藏较多，海产资源丰富，堪称得天独厚。野生动物 51 种，海洋鱼类 78 种，虾类 14种，潮间带栖生生物 189 种。植物资源亦相当丰富，草本药材 278 种，树木分属 65 科，共 364 种。久负盛名的土特产有海阳香豆、平岚秋桃、杨台大葱、秋口苹果、情泉乔板栗、九岭乔山楂、牟家黄烟、朱吴芋头、大庄淡竹、山西头楸树、何家缢女（蚬）、丁字嘴蟛虾等。海阳的自然资源是丰富的，尤以山水资源为最。大海旷远、峰峦起伏、山水交错相衔，谷坝以山为屏。

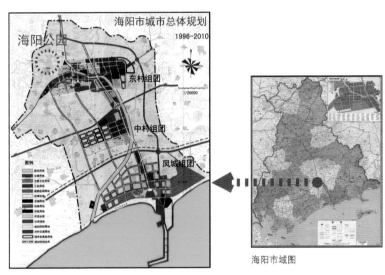

图 4-14-1　区位图

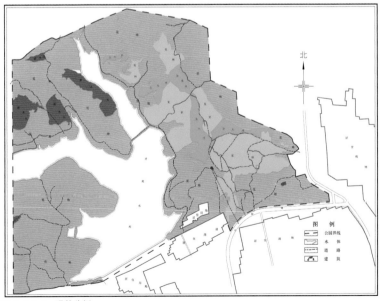

图 4-14-2　现状分析

海阳的人文资源相佐自然环境而生。宋代开发，明清逐渐昌盛。"民俗淳朴，士习娴雅，彬彬乎质有其文。"这从海阳名景"千里仙岛、丛麻古寺、招虎晴岚、菩顶仙迹、桃源山水、平岚瀑布、古藤攀柏、丘陵干池、昌水飞虹、巨龙锁海"的创意可见一斑。明初即有诗社、艺苑、乐班、社戏。民间艺术具地方特色。清代辛谋才应选建筑宫殿，获工部"巧比公输"金章。今后唐家村"秧歌、龙灯串、黄河阵"独树一帜。海阳人自古尚武，设多处拳房练功。清咸丰年间，螳螂拳师梁学乡赴省城比武获"亚元奖"。民国初年刘庆福的八卦掌、虎头双钩蜚声京师。1984年山东省体委授予海阳"武术挖掘先进县"称号。近年已成为我国武术运动员主要产生地。

海阳自古务农为本，1982年发城公社忠厚大队的"海花一号花生"亩产创全国最高纪录。建国前林木繁茂，1933年有林地面积83万亩。因战争和虫害，1949年仅剩林地24.7万亩，森林覆盖率为8.9%。1984年国家将山头乡定为万亩桃树丰产林基地，1985年有林地面积52.29万亩，森林覆盖率达19.8%。由于多种原因，历年林业产值仅占农业总产值的1%～2%。大片宜林地未充分利用。果业发展尤为迅速，从建国初1951年2000亩的302万斤提高到5545万斤，桑园、柞园面积也相应发展，近年来发展更大。

在建筑材料方面采石业很发达，产花岗石、大理石、青板石。尤以嵩山、龙山、晶山、玉皇山的石质为优。石材加工也有很好的基础，产品销国内外。

二、设计任务

海阳市欲建一公园，市有关领导提供南山、北山两处考察并选择。经初步现场踏查后，选中有山有水的北山。海阳市规划局、园林处聆听了论证以后表示同意并划定红线范围。

公园总体设计要求给公园定性质，确定其主要功能，塑造意境，功能分区，利用山水地形和局部改造，布置园林建筑，确定园路系统，选择主要园林植物，安排园林植物种植形式和布置园林小品的总体意图。

设计应交文件为山东省海阳市海阳公园总体设计区位图、1∶2500的海阳公园现状图、总体设计平面图、种植布置图、景区及功能分区图、道路分析图、设施分析图、总体设计意向及公园鸟瞰图、公园总体设计说明书。

三、设计依据

1）《海阳县志》；

2）《海阳市城市总体规划》（1996年3月）、《海阳市总体规划说明书》、《海阳市总体规划评审意见》；

3）海阳市规划局提供的用地测量图；

4）现场踏查的录像、摄影和座谈资料；

5）中国园林艺术传统理法。

四、用地分析评价

公园所在地所处的区位是优越的，居海阳市城市结构作为依托的东村老城区之西北。毗邻城区而居上风的位置。园之东有海阳向北对外联系的公路，至公园东南隅成为公园路，由北转西与城市干道相衔，市内外交通联系尚算方便。

公园用地面积宽绰且具有峰峦起伏、岗坡逶迤，以山环水和大面积自然缓坡等地形、地貌的变化。地面经植树造林后，大面积居上风的山林将和缓坡地上集中的绿地对城市在环境效益、社会效益和经济效益方面产生明显的综合作用，使城市不仅生态环境优越而且环境优美。能在体现"旅游为特色"的城市性质方面产生重要的作用。

用地内的自然山水景观资源尤以西部"才苑水库"所在之山水最为难得。水面自北而南延展，港汊纵横、水口变化，不仅有众山环抱之势，更于中锋的位置展现了"两水夹一嶝"的天然妙境。自然构成负阴抱阳、藏风聚气、孤嶂傲立的形胜。为在此基础上的人为加工提供了极好的自然山水地形基础。

用地的主要矛盾在于风景最优美的地方"才苑水库"为城市饮用水补给水源，按照城市水源

山东省海阳市海阳公园现状用地明细表

用地名称	面积		百分比（%）	
	平方米	公顷		
总面积	3134737	313.5	100.00	
水面积	722062	72.2	23.03	
陆地	2412674	241.3	76.97	100.00
建筑	14647	1.4	0.45	0.58
绿地及荒地	2398027	239.9	76.60	99.42
其中　果林	353403	35.3		14.63
杂木林	132596	13.3		5.51
灌木林	109803	11.0		4.56
荒地	1802225	180.3		74.72

环境保护而言不宜作为开放性群众文化休息的场所。如果绝对禁止游览活动，那作为公园风景最优美的地段又得不到应用和发挥。唯一之计是在建设和建成后开放游览时，杜绝水上游览活动并尽可能对径流面积中的游览山地采用全封闭式的排污方式，绝对保证水源不遭受地面和地下的污染。在此前提下开放观光和晨练，欣赏风景，坐憩品茗，摄影留念应该是可以的。这就取决于水源保护措施和管理水平了。游人只在陆地上活动，水面上是禁止游人活动的。

公园用地具有自然山水地形的变化，但也不可能尽如人意。特别是东南部缓坡地带，可以在利用的基础上进行适当的改造，顺自然山脉创造微地形变化，以便组织游人活动和创造人造自然景观。鉴于目前山林尚未形成，在兴造山林的过程中先有封山育林的阶段以保证林木生长良好。

五、公园名称、性质和特色

下达任务时公园名为"北山公园"。鉴于城市以东风大道为轴线，公园并非居东村正北，且正北尚有形胜似屏障的大山。再则公园的功能和性质宜为海阳市的中心公园，因以"海阳公园"为名较妥，是为综合性文化休息公园而具有森林公园的特色。自然、朴素，于野趣横生的景色中适当穿插一些文化休息活动，以满足不同年龄市民在游览休息方面的社会生活要求。试图创造一座具有中国传统特色、海阳地方风格和具有现代社会生活内容的新型文化休息公园。

六、立意

根据海阳的自然资源和文脉的特色，本园塑造的意境是"有凤来仪，住世瀛壶"，意即有凤呈吉祥，是为现代人间仙境。

七、总体布局（图4-14-3、图4-14-4）

1．功能分区（图4-14-5）

按照自然山水的地形地貌可以顺应自然地势

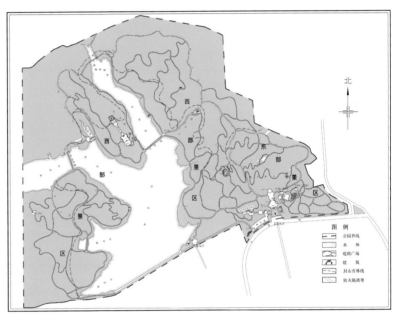

图4-14-3　平面图

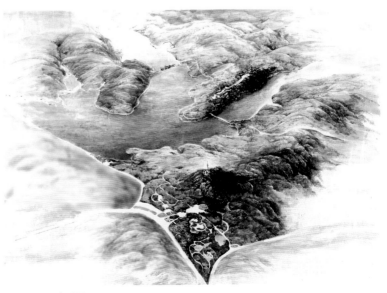

图4-14-4　鸟瞰图

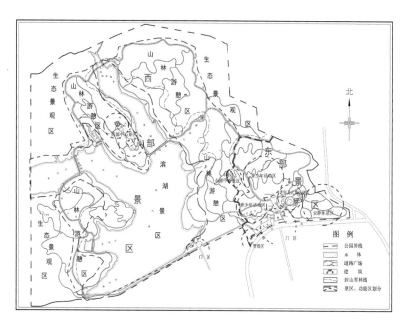

图 4-14-5
景区与功能分区

将用地划分为两大景区，即东部景区和西部景区。现电视塔所在的山之南北分水岭以东的用地是以坡地为主，岗地为辅，为大面积比较平缓的用地，尤以园之东南最大而相对比较平缓。这个径流面积上的地面水顺坡东下，一般情况下不致污染水库的水源。并且由于有大面积缓坡用地，适宜安排公园的各种文化休息活动。而西部地区则是以水库为中心，众山分水岭向水面所围合的自然山水空间。宜布置水源涵养林和利用两水夹一嶂的形胜创造形象形山水景观的所在，使成景和得景都有最佳效果的风水宝地。但只宜观景、游览和坐憩，要严格控制污物、污水排放，截污于水库水面以上，设专门污水处理设备处理后排放，以确保水质的标准。

　　2. 构图中心景区的塑造

　　著名的园林总是给人以难以磨灭的印象。游览过北京颐和园、北海和天坛的人在脑海里深深地留下了万寿山佛香阁、琼华岛白塔和祈年殿的艺术形象。这便是园林构图中心产生的游览心理效果。本园所区划的东、西两个景区不在同一视域空间内，故选择具有很好的自然山水基础的西部景区布置主景，形成主宰西部景区的构图中心。

　　既然全园树立的意境是"有凤来仪，住世瀛壶"，分区的意境也就油然而生了。才苑水库的主水面名为"浴凤潭"，处于山水中峰位置的孤嶂名为"丹凤岭"，其东的水域称为"吟凤涧"，其西水域称为"金凤夼"，再南的东西向水域称"翠凤夼"，再南的小水域"巇凤夼"。以"问名心晓"的传统理法，首先把山水环境人化的诗情画意气氛渲染起来。以环境烘托主景的产生，即运用传统"景以境出"的手法，制造万事俱备只欠东风的局面。

　　遵循"独立端严，次相辅弼"的创作顺序，先布置独立端严的主景丹凤岭。其位置居中峰而朝向基本上是坐北朝南。孤嶂自水面缓起而渐升，升到一定高度下俯而再升至更高。此岭东陡西缓且东坡多为自然山岩。游人来向自东而西，故将引导游人的入口安置在岭之东南隅。设"引凤桥"跨水沟通东西。桥为百余米长之浅拱多孔石桥，引用"横跨长虹"之理法。桥西头有自然形场地石阶盘旋而上。建筑布置依山取轴，使与山脉同向。引上天然石坪后再转北进入以南北轴线控制的建筑群。石坪设对称的 2 座四方重檐石亭供山麓收览水景和停留休息之用。东曰"金钟亭"，西曰"玉琴亭"。传说中的仙境和人间的皇宫多有乐亭奏乐，一般都描写为"金钟响，玉琴吹"，故以名东西二亭，其正南可见四柱三间石坊，南面额题"有凤来仪"，北面额题"住世瀛壶"，画龙点睛地点出意境，再由数级石阶引上首层台地院落。一体三座门引入，东西长廊曲尺形转角，内墙外廊，便于从东西两侧眺望风景。堂上设茶座及冷热饮，一边啜茗一边指点风景。出院北门循轴线略下坡再陡起石阶引入二层台地的上院。上院后端，石栏层台迭起，台上坐落"翔凤阁"。阁三层，十字脊歇山屋盖，底层四出抱厦。以高台崇阁作为主体建筑形成凝固的高潮。四周松柏虬枝惊涛，融会在苍翠满目的山林中。

　　丹凤岭主体景物既立，次要因素就力求简练了。主要是布置联系游览路线的跨水园桥。"引凤桥"已如前所述，自丹凤岭西坡下山后又设"迴凤桥"，为石作亭桥，充分发挥海阳产石材和精于石材加工的地方优势和特色。其南东西向水流跨水设"夕阳金凤桥"，为长木亭廊桥，是自西观赏丹凤岭和东岸山林很好的视点。

作为主景的丹凤岭和翔凤阁不仅成景卓然，而且得景丰富。上可仰山，下可俯水，居中向周边环视，据高眺远，极目远舒，四周景色奔来眼底。南面远眺海阳市景，夜赏万家灯火。近觑则浴凤潭碧波荡漾。西望山林葱茏，滨水林地与竹林伸入水面。东望则电视塔高耸入云，山林满目苍翠。山腰各种植物专类园隐现于上下，沿东岸水杉纯林曲绕回环。其间不乏空旷的草坡，花灌木片植，多年生草花带状、块状、点状穿插，春夏香气袭人，色彩斑斓。

3. 东部景区布置

东部景区地广而且兼具陡坡与大面积缓坡地，宜于适当安排不同年龄需要的一些文化休息活动，如儿童游戏的"雏凤苑"，老年人活动的"颐凤园"，青少年人活动者山坡林间滑道、山地车。

公园除水库外，便是低山丘陵，平地和缓坡地很少。在这里安排需要较大场地的活动显然很困难。因此如何因地制宜，利用好地形地势十分重要。这里的坡度大都在25%以上，利用地形高差安排一些登高、滑道骑乘、蹦极和攀岩等极限运动，这些活动参与性强，富有刺激性。通过这些活动可以锻炼青年人的体力、胆量和意志。在国内国外都很受年轻人的欢迎。

海阳公园规划根据地形和区位，决定设置滑道、山地车骑乘等项内容：

滑道：滑道的起点在海阳电视台微波转播塔东侧向东蜿蜒下降穿行于疏林草地之间。玩者坐在滑槽内的滑道车上利用重力顺坡下滑，坡度控制在10%～15%之间，下滑速度可以控制。

山地车顾名思义适合在起伏不平的山地骑乘，借此显示骑手的技术、胆量和应变能力。本园山地车道分难易两档。

以上这些项目将会受到青少年的欢迎，也会

给公园带来一定的社会效益和经济效益。

尚有发展海阳优秀传统的"海阳武林"和"海阳本草"。餐饮服务设施力求发扬海阳特色。为了和海滨地区各有所长拟以"海洋山珍"为题，诸如海阳香豆、平岚秋桃、杨台大葱、秋口苹果、清泉乔板栗、九岭乔山楂、朱吴芋头等"因料设餐"。一般性的餐馆则无需设在园内。

东部景区的主要内容还在于各种植物专类园的设置。由山麓至山腰，在充分利用自然地形的基础上，进行适当的人工改造，改一面旷坡为有小岗坡起伏的微地形。因地制宜地布置东部乃至全园的植物专类园。

景名设施一览（图4-14-6）：

1）东部景区

（1）主要入口

车行道、人行道、存车处、停车场、公共汽车站

有凤来仪铜雕、照壁景墙、凤凰广场（枕山襟海　镇疆屏藩　雄山壮海　半壁花架）

凤仪门　雏凤园（儿童园）　颐凤园（老年园）林间滑道　山地车

电视塔（观景平台）海阳武林　海阳本草园海阳山珍

（2）春景植物专类园

图4-14-6
设施

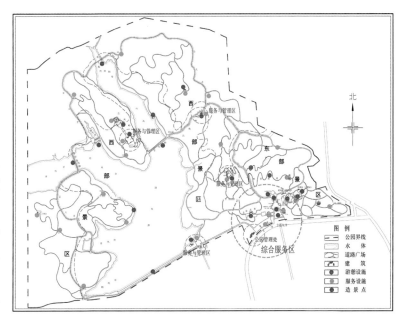

蔷薇园 木兰杜鹃园 牡丹芍药园

（3）夏景植物专类园

楸木园 合欢丁香园

（4）秋景植物专类园

醉颜秋满园 金菊园

（5）冬景植物专类园

双梅园 竹园

2）西部景区

浴凤潭、丹凤岭、引凤桥、石坊、金钟亭、玉琴亭、下院、携凤蹬、吮露台、翔凤阁、迴凤庼、迴凤桥、吟凤涧、水生植物种植带、金凤庼、夕佳金凤桥、翠凤庼、栖凤庼

八、种植规划（图 4-14-7）

1. 主要造林树种

山东地处温带南部，与植物区系丰富的亚热带毗邻。一些亚热带成分的树种只存在于山东南部。从大风、暴雨和冰雹给林木造成的危害来看，泡桐、刺槐受灾最重，杨榆类较重，而松柳受害较轻。侧柏生长虽慢但树龄长于千年，对本园干旱、瘠薄带石的山地是最理想的树种。无论作先锋型树种和永久性树种皆相宜。

山东属暖带落叶阔叶林区，栎类为代表性树种。只是由于遭破坏后被耐干旱的松柏所替代。主要树种有麻栎、栓皮栎、白栎及少量引种的沼生栎。

海阳公园是以水库为中心，水库周边为低山丘陵地，其东南部靠近城市，依据公园的地势及区位，公园的植物总体布置采用远离库区的地段以封山育林的形式，营造山林地。而面向库区及市区部分则以植物专类园形式构成风景林地。

山林的营林树种，以松、柏、橡针阔混交为主，松柏类以赤松、油松、华山松、黑松、湿地松、侧柏、桧柏等。橡树类（壳斗科）除前述外，以当地生产良好的槲栎、辽东栎、蒙古栎等。除上

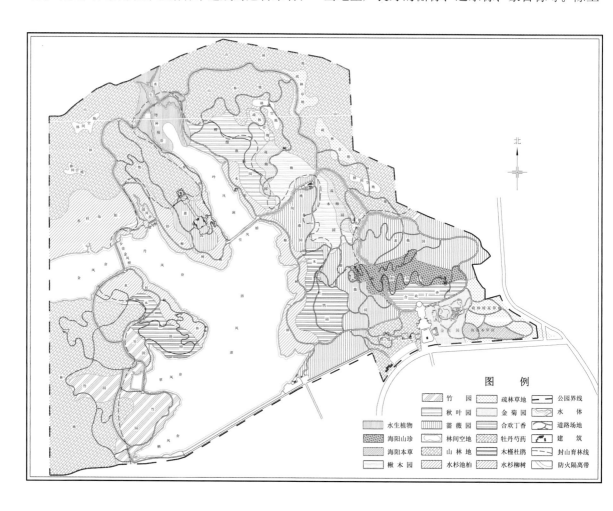

图 4-14-7
植物种植

述主要树种外，还应间植一些耐半荫、耐贫瘠的开花或秋色叶乔木或灌木（如枫香、山合欢、火炬树、紫穗槐、黄栌、乌桕等）及浆果、坚果类植物，以丰富山林地的景观，招引鸟类和小兽类，这将大幅度地改善林地的生态环境。山林地应按照造林的规范留出防火道，设置瞭望塔。此外还应该留出一些林间空地，这些空地的边缘可以形成较好的植物景观外，对防火、防病虫害都有好处。

2．植物专类园

植物专类园是中国传统的特色之一，根据季相变化分为春景区、夏景区、秋景区和冬景区，令同类相聚，异种互补。

1）春景区有蔷薇园、木兰杜鹃园和牡丹芍药园。

（1）蔷薇园：除梨、李、苹果、桃、杏、樱桃外，以花繁色艳的蔷薇科植物，如海棠类、樱花类、碧桃类、绣线菊、蔷薇、月季，以及早春开花的其他科植物，如迎春等。

（2）木兰杜鹃园：木兰科有广玉兰、白玉兰、紫玉兰、二乔玉兰及马褂木等；杜鹃以当地土生土长的迎红杜鹃为主，加上一些管理较粗放的栽培杜鹃。

（3）牡丹芍药园：以牡丹、芍药为主，间植其他毛茛科植物，如花毛茛等等。

2）夏景区包含楸木园、合欢丁香园和水生植物种植带的荷塘。

（1）楸木园以楸树为主，黄金树、梓树、栾树为辅。

（2）合欢丁香园以合欢、山合欢、暴马丁香、紫薇、石榴及木槿、木芙蓉、蜀葵、蕺葵等锦葵科植物。

（3）荷塘则以荷花、睡莲为主，间有风信子、水生鸢尾、芦苇、千屈菜等。

3）秋景区有秋叶园和金菊圃。

（1）秋叶园植物主要以秋季叶子能变红或变黄的树种，如银杏、槭树类、枫香、黄栌、火炬树等为主调，间种一些色叶木，如紫叶李、紫叶小檗等。

（2）金菊圃：主要以大片当地生长良好的金鸡菊、波斯菊、紫菀、一支黄花、向日葵、地被菊等较粗放的菊科植物构成主调，加上其他菊科植物和品种菊形成菊花的世界。

4）冬景园包含双梅园和竹园。

（1）双梅园以梅花和蜡梅为主，再配置山茶花、小桃红等品种。

（2）竹园中选种当地可生长的刚竹、淡竹、紫竹、早园竹和箬竹等。

专类园虽已考虑季相变化，但要其冬季不枯燥，在种植规划时应该在各专类园中配置适当比例的常绿针叶树和阔叶树，如雪松、龙柏、云杉、白皮松、沙地柏、鹿角桧等；阔叶树，如蚊母、海桐、大叶女贞、小叶女真、大叶黄杨、小叶黄杨和枸橘等。

海阳公园的种植应该着重在大效果，实行大片种植。

水库边缘的滨水地带应种植耐水植物，如水杉、池杉、柳、桑、枫杨、乌桕等。岸坡上可种须根发达的树种，例如紫穗槐，接骨木，芦苇等。

九、出入口和园路总体设计（图4-14-8）

根据城市交通和道路的规划以及公园两大景

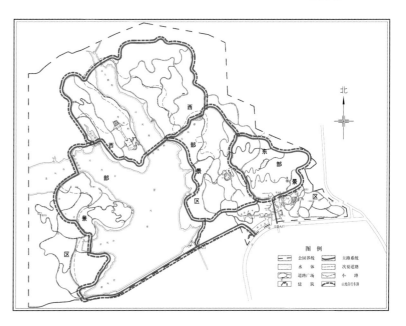

图4-14-8
道路系统

山东省海阳市海阳公园总体设计用地平衡表

名称	面积		百分比（%）	
	平方米	公顷		
总面积	3134737	313.5	100.00	
水面积	722062	72.2	23.03	
陆地	2412674	241.3	76.97	100.00
道路场地	108570	10.9	3.46	4.51
建筑	2561	0.26	0.08	0.1
绿地	2301543	230.15	73.43	95.39

种植用地明细表

用地名称			面积		百分比（%）
			公顷	亩	
全园绿地			236.85*	3552.75	100
专类园			95.99	1439.85	40.53
其中	春景区		47.80	717.00	20.19
	其中	木兰杜鹃园	11.58	173.70	4.90
		牡丹芍药园	4.76	71.40	2.01
		蔷薇园	31.46	471.90	13.28
	夏景园		16.28	244.20	6.88
	其中	合欢丁香园	3.12	46.80	1.32
		楸木园	6.46	145.35	2.73
		水生植物种植带	6.70	100.50	2.83
	秋景园		11.18	167.70	4.72
	其中	金菊园	2.32	34.80	0.98
		醉颜秋满园	8.86	132.90	3.74
	冬景园		11.86	177.90	5.00
	其中	双梅园	3.23	48.45	1.36
		竹园	8.63	129.45	3.64
	海阳本草园		2.67	40.05	1.13
	海阳山珍园		6.20	93.00	2.62
林地			129.42	1941.30	54.64
其中	柳树水杉林		13.62	204.30	5.75
	水杉池柏林		17.34	260.10	7.32
	山林		98.46	1476.90	41.57
疏林草地			9.23	138.45	3.90
林间空地			2.21	33.15	0.93

注：* 含 6.70 公顷水体。

区功能性质的分工，拟从公园路北侧相对平缓的用地上开辟主要出入口。次要出入口设在浴凤潭东南隅。两个出入口之间不论从园外或园内都有方便的交通联系。建议在次要出入口东南部收购一块三角形地划为城市绿地。

公园大门居缓坡高处而面向南开名为"凤仪门"，由公园路北引支路分东、西二道，西道走机动车，东道走非机动车及行人。人车分道，一路双向行。东西道间夹一块大型绿地以分隔。绿地北端土岗逶迤，岗林荫翳。林缘花灌木和山花草本，草坡南端布置一个"有凤来仪"的青铜雕塑。北上，东为存车棚，西为停车场及公共汽车站。公园外广场使二道合一，块石园墙前作半壁石花架，角隅抱石并有摩崖石刻"枕山襟海"、"镇疆屏藩"、"雄山壮海"等画龙点睛之词，指点海阳形胜所在。大门内入口轴线终端为"凤城微缩景"。人造山林为屏。

公园主路宽 4 米，支路宽 1.5 米，出入口则有足够集散和停留观览的面积。

十、用地平衡

十一、投资估算（略）

我们于 1999 年 7 月受海阳市城市建设委员会、海阳市园林处的委托，承担了海阳公园的总体设计任务。经过反复踏查、论证，提出初步方案，并向有关市领导及部门作汇报，得到首肯后，我们依据纪要精神，修改设计、定稿，现已完成本总体设计。在此对在我们工作期间给予鼎力协助的海阳市城市建设委员会、海阳市园林处的领导、专家同仁表示由衷的感谢。

（项目主持人：孟兆祯；项目联系人：杨赉丽；主要设计人：孟兆祯、黄庆喜、梁伊任、杨赉丽、王沛永、邓音、朱育帆）

第十五章 中国苏州国际园林花卉博览会概念规划

盛世万事兴，园博相与竞，苏州称天堂，人杰地又灵。俗话说"扬州胭脂，苏州花，常州梳篦第一家"，足见苏州不仅以古代园林著称，而且花卉有自然和历史的基础，在现代社会可以"继往开来，与时俱进"地发扬光大。

一、相地合宜——区位和地宜

用地在苏州中心城北部，太湖西来之西塘河自成西界，呈西北向东南流向，再从东转南。沪宁公路由西北向东转构成南界，人民路北沿线与高速公路相交构成东界，再西出之规划路构成北界，西为西塘河向东分支小河构成西界，形成以三角嘴为中心的水网地带。

这是一块弓心在西南而面向东北的弓形用地，拟兴建以园博园为中心，近邻为水乡别墅，外围接以多层公寓，再外围处建高层公寓。形成以水为心，园博园环水，别墅和居住小区围绕园博园的总格局。公益性的园博园应为用地主要构成。用地以社会公益环境为主，兼顾房产，各赢其宜，相得益彰，永续利用。居住小区以水体和绿地为心，尽享生态学家所谓"大气环流"清新之境。生态优越，环境优美，宜于休闲游览并有丰富的文化内涵。

地宜首在水资源。保护自然水乡经人工开发后形成的水体的精髓。湖荡星罗棋布，河湖密如蛛网。现代工农产业奠定了很高的产值，水乡环境又提供了发挥江南风韵的优势，要以科学发展观指导园博园建设——"园博园既成，江南水乡依旧"（图4-15-1）。

二、定性与定位

拟建成第九届中国苏州国际园林花卉博览会，属于园林花卉展览性公园，会后定位为苏州水乡花园。以文化休憩游览为主，花卉生产展销为辅的水花园。苏州风景园林实际上也是上海的后花园。上海世博会红花虽好，还需绿叶陪衬，相映生辉。

三、园博园红线的划定

建设部规定园博园要50公顷以上的陆地。王向荣教授在作厦门园博园规划时提出，除去水域面积，70～100公顷即可满足国家级园博会的需要。

据此，结合用地的实际，划定南以沪宁高速北侧水域为界。东面让出已建人民路以西建筑及水镇民居，以南北向水道为界。北面以规划路为界。园博园用地总面积175.8346公顷，其中水域占58.7334公顷，陆域117.1012公顷。

四、主题和意境

主题为"人与天调，天人共荣"。塑造的意境是"花木情缘易逗，园林意味深求"（图4-15-2）。

五、概念性总体规划

概念车有意有形，园林概念规划理应涵空间形象的概念意向，为后续规划设计打下可行的基础（图4-15-3、图4-15-4）。

此处地宜是江南水乡环境和景观。"水可载

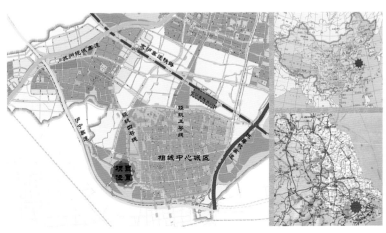

图4-15-1 区位图

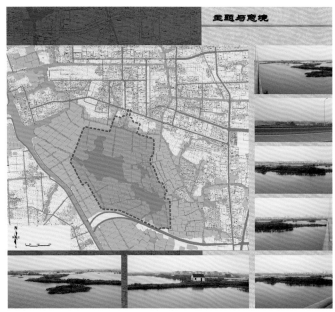

图 4-15-2　主题与意境

图 4-15-3　总平面图

舟，亦可覆舟"，如何兴水利减水弊，成为中心问题和评价标准。

1. 理水（图 4-15-5）

治理水系和划分水空间是融会一体的构思和运作，把"疏水之去由，察水之来历"与园博园之综合功能作为理水的首要因素，体现"治水乃国家大事"的中国观念，把人与水协调提高到"人与天调，天人合一"的宇宙观和指导规划的理念。两千多年前李冰父子不仅成功地创作了四川都江堰成功实践，而且以石刻总结了治水的真谛

"安流顺轨"和"深淘滩，低作堰"。即安定水流，就要为水提供必要的水流轨道——河床。从过水断面分析，由于上水流域水土冲刷，泥沙沉积在水床底而逐渐升高，过水断面随之逐渐缩小。错误的办法是不疏浚而只加高堤堰，导致"低流量高水位"的水灾，因此疏浚水底沉积的泥沙是治水之本。都江堰至今有效，主要靠每年的"深淘滩"的疏浚而得以持续发展。沼泽地为城市排水滞洪区，欲填部分水域为陆域，就必须要适当扩大和加深现有水域，使之能满足滞洪和排洪的水

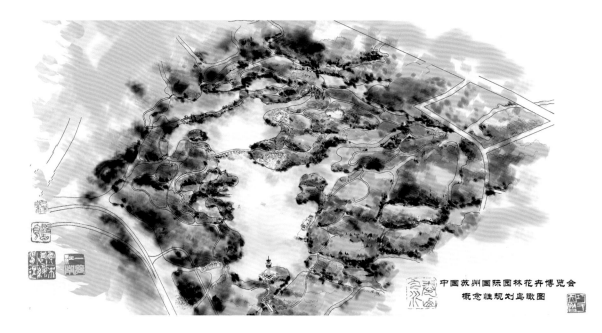

中国苏州国际园林花卉博览会
概念性规划鸟瞰图

图 4-15-4
鸟瞰图

利要求，维持水系生态平衡，这是保证人民生命安全的大事，是首要的。但水利是综合的，而且载体就是水，因此还要把水产、水运、水域生态环境的良性循环和秀美的水乡景观结合为一体考虑。苏州相城是古代城规实践伍子胥"相土尝水，象天法地"而来的。中国园林哲匠明代计成也是吴人，传世作《园冶》总结的要诀是"相地合宜，构园得体"，"巧于因借，精在体宜"。说明相地要合乎地宜，借景精在体现地宜。在此，历史上因水增产，因水建城，因水成园，苏州因水为天堂。而今要继往开来，与时俱进，持续发展水资源的综合利用。

　　这里的中心水面是东西两条南北向的河浜与南水面汇合形成的三叉水口，故名"三角嘴"，汇为一处大水荡。"三角嘴"的两个水荡，既大且深，现大水荡水最深约8米，平均为3米深，只宜扩展加深而不宜填为陆地，亦自成将来园博园之中心水面。参展单位来自四面八方汇于一处，故按"问名心晓"之理法取名"汇芳荡"。观此自然中心水面，也有不尽合人意之处，二水面相衔处几成封闭状而有损"聚则辽阔"之理水法，也缺少"散则潆洄"。西水面若有水湾而不明显，就自然水湾与北来二河疏通则形成东西两港湾拥抱一岬之形胜。岬即半岛，这样主洲岛就勾画出来了。东水湾取名"红蓼湾"，西水湾取名"绿萍湾"，红绿相抱出主岛。东北来之水称"艮芳泾"，西北来水称"乾香泾"。

　　中心水面沟通后纵长一千数百米，成为远视距、水纵深的大视野。二是宏旷有余而层次不足。为达到水景"三远"即阔远、深远、迷远的要求，进一步循"聚则辽阔，散则潆洄"的理水至法划分水空间。东西纵长的大水面宜多层次组合，在中偏西的位置跨以百米浅拱石桥名为"仙鳌玉蝀"桥，更西则变换南北沟通方式以长堤相贯。居西为秋景，以秋色叶取胜，故名"醉颜（丹枫）堤"。更西入北之水湾同属秋景而另有特色，冠名"芦白风清湾"。水境最高意境是瀛壶，此园为住世仙境也。拟设三岛增加水岸层次而不名蓬莱。有

图 4-15-5
理水

岛长而蜿蜒者名"长洲"（武周万岁通天元年，即公元696年将吴县东部划为长洲），对岸有半岛勾向主岛者名"勾吴"岛，西有全岛成团状，取名"苍璧"（《周礼·祭祀》苍璧礼天，苏州称天堂）。水空间尺度大，结合餐饮服务的石舫相对也大，为了充分展示水乡特色，东西各设一舫，东大西小，东石舫名"秀色堪餐"，西石舫名"菊黄蟹肥"。

　　2. 造山（图4-15-6）

　　拟取"江山小平远"画意，并无高山。但基于防洪、地面排水和露天剧场之需也有堆土和造山。三角嘴常水位3.30米，最高水位4.3～4.9米，桥面3.8～5.42米以上（结合舟游），本园水岸平均高程为4.5米。露天剧场以人工土山为谷坡以为观众席，也是土山为绿色背景。土山另一面南坡则可作园区"负阴抱阳"之背景。

　　经人工辅助自然的环境规划，创造出承上游、通卜游的独立水域。主岛因水湾拥抱，堤岛奔趋，众渚辅弼，自然独立端严。水以静观为主、动观为辅，既具辽阔之水荡，又有潆洄之散流，深远迷离，欲觅水乡真味。有了既统一而又具变化的水乡环境，"景以境出"的景区和景点便有了依托了。

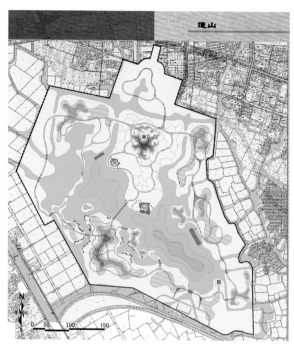

图4-15-6　造山

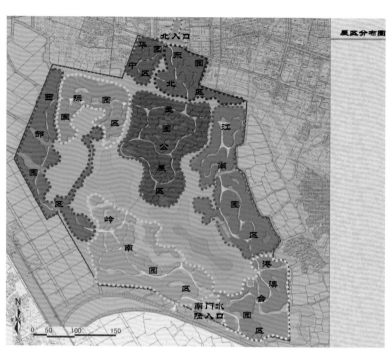

图4-15-7　园区分布

图4-15-8　群芳综览

图4-15-9　万紫千红总是春

3. 园区布局（图4-15-7）

园区布局基本符合国家行政区划而稍有变通。主岛布置主要公共建筑"群芳综览"（花卉综合展馆）（图4-15-8）、"晶糖群芳"（人工气候室涵冷、温室）、"万紫千红总是春"（室内花卉展馆）（图4-15-9）、"丛樾小天地"（露天剧场）（图4-15-10）。集中布置有利于自城市规划路引入市政管线设施，如上中下水、电力、电讯、供暖、通风等。主岛名为"异芳同天"，也是东北、华北、华中园区所在。

主岛隔绿萍湾为国际园展区，西为西部园区，主岛南为岭南园区，东为江南园区，东南为港澳台园区，其北为华中、东北园区。

4. 出入口和园路布局

苏州城因水设水门（盘门），园博园也设水陆结合的出入口。自南面沪宁高速公路引东西二小环路而下。双向交通，乘客在入口下车后，车辆有环岛转向、三个停车场停车。西塘河引水入口，过境水道多有水路可通，自动电控铁栅门控制。南水口为水陆园门。以五孔拱石桥为水门，汉白玉桥上亭阁成景、得景。三种水拱门高提供大（7.5米）、中（4米）、小（2.5米）水运客船出入。两旁接以粉墙黛瓦的陆门，高漏花窗，"以墙为纸，以石为绘"的竹石、花卉小品布置壁山。园墙设180度旋转门，可墙可门，以适应不同游人量。桥之主门有石刻楹联在水门洞两旁："人非过客，花是主人。"额题"人花共荣"。北规划路开北门引入，有联曰："偕友无间，与花有约。"额题"友花诚信"。

主路宽6米，次路宽3米，小路1.5米，呈自然式道路网布置。随自然地形做路堑式园路，山随水移，水迴路转。滨水、跨水、穿渚，因境而设（图4-15-11）。

5. 公共建筑设计意向（图4-15-12）

鉴于空间辽阔，建筑立基多向水，将大型公共建筑化整为零并引入水组成江南水院落，宏观以水院建筑群或建筑组出现，微观才见单体建筑物组合，为充分发挥苏州园林水景文化创造优越的规划基础。"万紫千红总是春院"由综合展室和温室组成。主楼3层，两厢2层，院门及园林建筑1层，高低参差，围合为四合院的变体，引水贯院。花木水石点缀，温室外形伸入水面上，而底层与水面分开，以便保温。"群芳综览"为水乡大院，引水入院，经温室入"汇芳荡"。主室3层，西厢2层，东厢疏室长廊，东南尽端与"晶糖群芳"相衔。室内花卉展馆取名"万紫千红总是春"，借以表现中国园林以诗情画意塑造空间的民族特色和苏州地方风格。以水院为心，构室向水，2层布局，局部出3层花阁。回廊联系单体建筑合围为建筑组并与单体建筑"蒲香亭"组景。水、石、水生花卉相映生辉。

露天剧场置主岛北端，以与地面成39°倾斜角，人工筑山构成草地谷坡以为观众席。舞台技术设备先进，运用山林为舞台自然背景。山顶设"馆娃阁"东西出空廊随地形叠落而下，尽端接以"乐亭"。廊皆以陶罐置基层上。上铺定龙骨，再铺以响木地板，是为苏州独一无二之"响屐廊"，女舞艺者着木屐，戴佩环银钗，随乐婆娑起舞，实为踢踏舞之始祖，并作为镇

图4-15-10　丛樾小天地

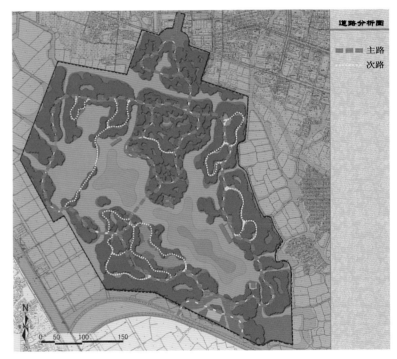

图4-15-11　道路分析图

台的保留节目。

建筑材料现代化，苏式屋盖木瓦作，依然粉墙、黛瓦、栗柱，而制式随时代前进。水乡桥为要，取江南水乡桥梁之古意而赋结合时代与立地环境之新诗。因境出景，必然丰富多彩。

游船以玻璃钢为材料，仿木舟形，分十人竹篷船、百人篷船和五百人木舟，分别承担定点摆渡

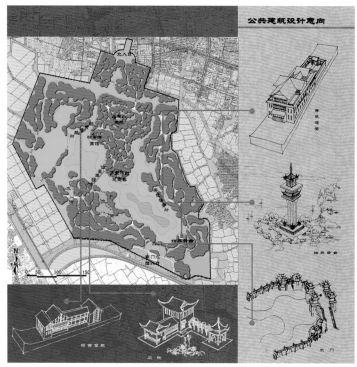

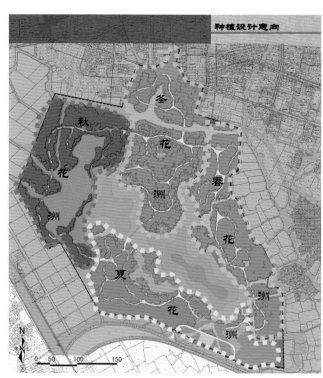

图 4-15-12（左）
公共建筑设计意向

图 4-15-13（右）
种植设计意向

和舟游全园，充分发挥水乡"前水后街，以舟代车"的特色。"便宜出水"，理当充分利用。拟半数以上游人以水游解决游览交通。画舫漫游，异趣横生。

6. 植物种植设计意向（图 4-15-13）

有水乏树则闷热难熬，生态学家提出城市中心地带为大气环流带，最宜作水和绿地。作为以公共绿地的公园陆域绿地率应在 80% 以上。浓荫匝地，大树底下好乘凉。因此以常绿和落叶乔木为绿地骨架。岸边 3 ~ 5 米内，水深 10 ~ 50 厘米，以便岸边种植各种挺水植物，1 米水深以下宜植荷花。主调是深柳疏芦，加以水杉、中山杉、水松、池柏等地带性耐水乔木，参考地带性植物群落，成带成片的基础上布置树林、树丛和孤植树。湿生、水生浮生植物在 50 品种以上。尤其重在水生花卉，用以布置水生植物花境与石组景，倒影成两，新颖顿生。

种植形式：密林、疏林、疏林草地、开旷草地、树群、树丛、孤植树。

（设计人：孟兆祯、杨赉丽、魏菲宇、阴帅可、李昕、邵丹锦、马岩、陈云文、杜雁、张延、孟彤）

第十六章　河北冀州市清享湾乡里风景设计

一、相地觅宜

1.天然水资源

全国一半城市缺水，衡水湖淡水资源丰富，为太行山下的低洼地，衡水为水衡在之意，生态家说法：城市中心是大气环流带（冷、热空气交替）。

水和绿地是生态环境优越地带，水产资源也很丰富，景观价值很高，人感觉舒服，碧波万顷，一望无际。

二铺村抱衡水湖一角，水湾风景宜人，每当水雾蒸腾，会产生迷蒙的感觉，容易勾起人们对世外桃源、人间仙境的联想。自然环境虽然经过人工的改造，例如围湖、造地，总体上人为破坏有限，而自然风光依然很吸引人。由于有大面积的水，气温在华北平原的条件下显得宜人。

2.历史悠久

冀州历史上为"九州"之首，现在虽然不存在了，但历史内涵犹存。当地虽然没有瓷器文物，却自古有收集博物的传统，正在建设的博物馆是乡农主办的私家博物馆，藏品极为丰富，镇馆宝藏何止一二，这种"识洽"对优良传统发扬光大极为重要。

3.用地不足之处

人工干涉水面，画自然为方正，土壤带有碱性。

4.交通状况

陆路交通非常便利，水路交通有待开发，用地为典型的江湖地。

二、用地定性与定位

1.定性

淡水资源需水源涵养林保护，蓝线应与绿线结合，减少水土流失，固土涵养水源以求持续发展。从此角度看，应该是一个以植物种植为主的公园（图4-16-1）。

2.定位

这里最宝贵的是乡里风光，一定要把此特色保存下来，作为公共绿地公园，建成后乡里依旧，水光绿树清享其中。乡里以生产为基础，水体可分层养殖水产，但水面不宜外露人工养殖设备而影响水上游览，岸边作为湿生、沼生、水生花卉养殖基地。

三、布局章法（图4-16-2）

"相地合宜，构园得体"，"巧于因借，精在体宜"的中华民族风景园林艺术的优秀传统如何在现代社会继承发展，这是一次实践。纵观用地现状，北边的大岛坐北朝南，并负阴抱阳，是这片水域的景观焦点，且具有约2公顷的面积，宜于作为主景突出式布局的所在。两边的客岛略加修饰，与北边大岛相"呼应"，"独立端严，次生辅弼"。更西边的水面，单点墩式小岛以为点缀，构成"一池三山，住世之瀛壶也"（图4-16-3）。

水有三远，阔远，深远，迷远。在此阔远天成，而深远不足，尤其是中小尺度亲人的深远水景不足，因此，将原来南北向的两个直堤，改直为曲，形成"芝迳云堤"的自然土堤，此二堤的南端，镂岸为内湖，自然翠堤分湖为内外，中间小岛石矼连岸，原来的外堤，除交叉处略有扩大外，基本不变。于是，形成大湖中有小湖，长堤纵横，仙岛星点，湖中有岛，岛中有湖的自然山水骨架，为布置景物打下地形的基础。

自然资源以水景和植物为主，人文资源以博物文化为主，二者融为一体。主岛北筑土山，名

图 4-16-1
总平面图

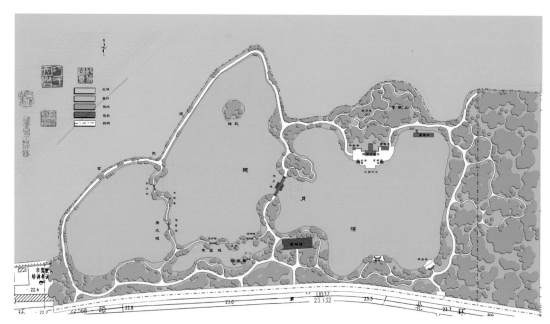

图 4-16-2
鸟瞰图

图 4-16-3
竖向设计图

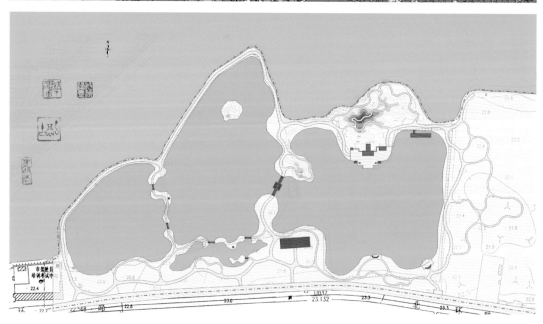

为掌眼山，文物学习研究都要请高手把关，术语称为"掌眼"。山上建重檐园亭，环望尚可得景，故称"捡漏亭"，这也是文物研究的术语，佳品易得，在此意为环洲可得佳境。岛南端起石栏堤台，居中眺望湖景，同时也是客船码头，以本村为名，称为"二铺津口"，东西起亭供候船和休息，观景之用，东亭名"寅辉"，意即早晨的光辉，西亭名"挹爽"，意即挹取太阳西下之爽。主建筑为"得闲清享馆"，集品茗、品酒、冷饮和小吃为一体的服务性休憩建筑，三朋四友，以文相会，一家几口围坐话家常，得闲人间清福。东配紫霞榭，迎紫气之东来，西点红亭，韵晚霞之西去，主客建筑，间以游廊相贯成为一个独立的建筑组。东北水岸边造乡土形石坊供乡土热餐，周近风景宜人，秀色亦可餐。原湖中直堤改为二半岛连一桥，湖名"镜月湾"，意取"涵虚朗鉴"，桥名"镜月桥"，桥上四亭"春、夏、秋、冬"，桥下拱券石洞皆为赏月佳处，游人登桥，居高临下，左右逢源，湖景尽收。

按"五行说"西方属金，故西堤名为"金水堤"，北为"蓼汀桥"，取《红楼梦》蓼汀花溆之意，堤之中部临水建"芳渚亭"，取避暑山庄芳渚临流之意，更南为"蒲香桥"，言菰蒲生香也。

南方属朱雀，故名为"朱雀堤"，东有"深柳桥"，西有"疏芦桥"，深柳疏芦乃江湖地植物种植之要。两桥间有"笠亭"，"草亭问玄"。北方属玄武，故名"玄武堤"。沿北环路，开辟三个入口入园。东入口为主要入口，接"博望亭"和"紫云"花架，主路6米，支路3米，小路1.5米，自然式道路网，可成大环，亦可成两个小环。东边红线有两条，一条用地比较拘谨，向东延伸更为理想，东面是专类植物园，如枣园、柿园、栗园、柽柳园、枸杞园、丁香园、紫薇园等，适地适树。建筑内为钢筋混凝土，外贴石块和稻草，保持其乡土风味（图4-16-4）。

四、植物种植

有水乏树则闷热难熬，浓荫匝地，大树底下好乘凉，因此以常绿和落叶乔木为绿地骨架。参考地带性植物群落，成带成片的基础上布置树林、树丛和孤植树。岸边种植耐盐碱和耐水湿等地带性乔木。在园区东部建立专类植物园，如枣园、栗园、柿园、柽柳园、枸杞园、丁香园、紫薇园等。以深柳疏芦为基调，在堤内种植大量的水生植物，用以布置水生植物与石组景，倒影成双，新颖顿生。

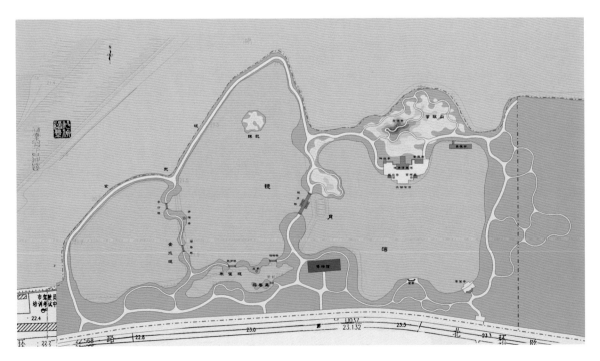

图4-16-4
道路场地设计图

1. 常用植物名录

1) 常绿乔木:银杏、白皮松、华山松、油松、水杉、侧柏、桧柏、云杉。

2) 落叶乔木:毛白杨、山杨（河北杨）、榆树、旱柳、柽柳、馒头柳、板栗、柿树、刺槐、刚竹、千头椿、元宝枫、杏树、合欢、苦楝、黄山栾、梧桐、桑树、白蜡、毛泡桐、枣树、火炬树、香椿、国槐、臭椿、沙枣、苹果、槭树、榛子、绦柳。

3) 灌木：紫薇、紫叶小檗、二乔玉兰、紫玉兰、玉兰、红叶李、珍珠梅、山楂、西府海棠、贴梗海棠、白玉棠、黄刺梅、山杏、碧桃、榆叶梅、紫藤、黄栌、红瑞木、木槿、五叶地锦、石榴、丁香、金银木、盐肤木、月梅、迎春、连翘、紫荆。

4) 水生植物：芦苇、菖蒲、水葱、香蒲、千屈菜、鸢尾、慈姑、萍蓬草、芡实、荇菜、再力花、水葱、红蓼。

2. 种植形式

密林、疏林、疏林草地、开旷草地、树群、树丛、孤植树。

五、用地平衡

设计红线 1 用地平衡表

名称		用地面积（平方米）	占总用地（%）
设计前总面积		502700	100
设计后总面积		502700	100
设计前水面面积		175400	34.89
设计后水面面积		170000	33.81
设计前陆地面积		327300	65.11
设计后陆地面积		332700	66.19
其中	设计前道路场地面积	127300	25.32
	设计后道路场地面积	27400	5.45
	设计前绿地面积	198500	39.49
	设计后绿地面积	302460	60.17
	设计前建筑面积	1500	0.30
	设计后建筑面积	2840	0.57

设计红线 2 用地平衡表

名称		用地面积（平方米）	占总用地（%）
设计前总面积		433700	100
设计后总面积		433700	100
设计前水面面积		175400	40.44
设计后水面面积		170000	39.20
设计前陆地面积		258300	59.56
设计后陆地面积		263700	60.80
其中	设计前道路场地面积	78300	18.05
	设计后道路场地面积	25900	5.97
	设计前绿地面积	178500	41.16
	设计后绿地面积	234960	54.18
	设计前建筑面积	1500	0.35
	设计后建筑面积	2840	0.65

第十七章　汇佳融真池记

北京汇佳学校校园策划有方，散置的教研建筑以水为心，环绕分布，已成众星拱月之势。画龙还须点睛，这就是预留的风水宝地，建议用地定性为汇佳学校中心山水花园，为师生员工和来宾创造朝读、晨练、室外洽谈交流和游赏休息的人工自然环境。健身、养心、赏心悦目，涉园成趣，更是校园的绿肺以为生息之根基。培养人才也必须有造就人才的优美环境，所谓"人杰地灵"也（图4-17-1、图4-17-2）。

审度用地，址在北京北郊昌平，燕山南麓余脉逶迤之低丘错综而开展成为冲积平原的过渡地带。有真山和天然积水池，这种天然高下的地形变化为此地之异宜。由于认识和利用不当，断坡填谷而成人工挡土墙台地的现状，真山主峰与水池构不成山水相映成趣之势。原因在山不抱水，山远水而乏高。欲以现水中山北移，屏池西北而与真山环围成自东南谷口进入的谷壑，于壑中坐北朝南之处起主人山宅——"抱素山居"。山居居高临下可远舒园池风景，而人但可远观而不得近觑，盖人与近处视距甚短为山所障，但见山林葱郁而不见宅之所在耳。只在此山中，林深不知处。

校中心花园以水为主，山林屏宸西北而向东逶迤。池借校之名汇佳而问名为"融真池"。中国园林"有真为假，做假成真"。美学家李泽厚先生从美学角度总结为"人的自然化和自然的人化"。因此本园不追求"逼真"，而求索"融真"，以人融于自然，以诗情画意创造山水园林空间。托物言志、寓教于园，发挥风景园林的综合效益，为现代校园创造生态良好、宜于现代校园生活和游息并将文化融为一体的山水中心花园。

中国园林由文学绘画而来。清画家笪重光说："文章是案头上的山水，山水是地面上的文章。"是文章就有起、承、转、合的章法。现况是唯西南角原拟作幼儿园深入水面的平台宜为一"起"，左右远瞻近赏皆宜。立"汇佳融真"石坊，背面额题"赏心悦目"，正方单檐石亭各居东西。东石亭迎朝霞而名"霞标"，西石亭送晚霞而名"吟红"，低石栏既可凭望，亦可坐息。石坊额题"出蓝胜蓝"，有上联曰："汇佳才名师高徒壮国力"，下联曰："融真意芦岸芳汀可人心"。石坊东侧置

图4-17-1
平面图

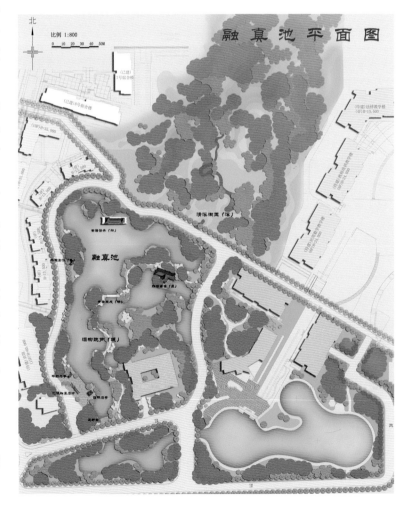

汇佳融真碑记。

"林樾勤径"自然承接而北引，教师公寓外又有"秀餐亭"成景与得景，重檐方石亭。随水岸东移，有"黉学苦舫"泊于北岸，逆水泊于芦岸。此二景由"书山勤为径，学海苦作舟"的艰苦读书求学的楹联衍化而来。寓教于景，又是为校园社交的共享休息场所。清茶冷饮、无烟饮食，边饮边赏景。借水景之阔远和深远，寓意宁静致远。有远志宏愿者有缘共舟，或议事洽谈，或久别叙旧，或朋友小聚，栖清旷而学习和工作，人生一大快事也。此亦融真池中之主景建筑。

东行北山南水间，有山溪自山坳叠落而出，曲折舒展入池。溪乃掇山成溪的水石景，景名"碧溪漱玉"。水激石出水花，石得水而滋润，水草溪边丛生，山花弄溪成趣。

过溪南转步入"深柳疏芦"，柳荫为乔木骨架，芦蒲为护岸水草，芝径云堤构成复层水面。由"映芳水香"水榭转入池中制高点"青云玉成"汉白玉石拱桥。映芳水香以湿生、沼生、浮生多年生花卉带状、片状种植，是为水生花境。学校希望学生"平步青云"。欲上升到人生高处取决于学校与学生的和谐。以圆拱石桥提高视点，但桥洞只是半月，另一半要映水成影合为圆满，即学校育成人才之喻。因桥洞高大而南北池水景得以渗透沟通，人上桥为峰，俯览池景，又是一番风趣。

见功之笔在地形设计。山形水势，曲堤珠岛，所谓"岩峦洞穴之莫穷，涧壑坡矶之俨是"。入奥疏源，浚一派之长流，筑山置石起一卷起葱郁之屏岱。如是高低、阴阳、向背、干湿之生境皆有，多种微地形起伏创造了宜于多种植物生长发育之生境。管子曰："人与天调而后天下之美生。"景不厌精，人先为植物创造合宜的生态环境，植物还人以花木情缘意逗之景观。此乃融真池之大要也。

图 4-17-2
鸟瞰图

第十八章　襄阳市市民文化中心景观规划设计

一、缘起

我们处在共筑中国梦的时代，工程院周济院长托人传达了要我为襄阳咨询的任务，又值"襄阳市市民文化中心景观规划设计"征集方案，我以做方案表达了咨询意见。

二、项目概况

（一）规划背景

根据湖北省委省政府关于把襄阳市建设成为"都市襄阳、产业襄阳、文化襄阳、绿色襄阳"的定位，建设成为鄂渝豫陕毗邻地区中心城市和省域副中心城市的目标，东津新区是区域中心城市功能的承载之地。市民文化中心位于东津新区的核心区，北临金融中心，东临总部办公区，西临汉江，是展示区域性中心城市形象以及现代城市先进理念的重要场所，是襄阳市未来城市空间、城市生活和城市精神的中心所在。

（二）项目区位

基地位于湖北省襄阳市东津新区，地势开阔平坦，北临唐白河，西临"黄金水道"汉江，与城市"绿心"鱼梁洲隔江相望，南面被鹿门寺国家森林公园环抱，环境得天独厚，与襄阳古城襄城及老城樊城、襄州隔江相望，是襄阳市城市空间发展战略"一心四城，拥江发展"城市格局的重要组成部分，承担区域中心地位，辐射带动东部地区发展，形成市级新中心。从地理位置上看，东津在汉水的东边。西汉以前，襄阳是荆州的北边陲，史书上称北津戍。1981年出版的《说文解字》中对"津"的解释是"水渡也"。叶植称，东津的"津"的释义，在这里是"渡口"之意。东津在襄阳以东，"东津"的意思是说"一个东边的渡口"。东津新城建成后将改变襄阳市现有的"两城夹汉江"的城市格局，而形成"四城环洲"的新版图。

基地位于东津新区的核心区，包括中央商务区南北绿轴和生活区西溪东西绿带，是核心区生态景观体系架构的主体部分。距离现有市中心约5.5公里，距离古城约7公里，距离刘集机场约6公里，区位优势明显，是襄阳市新城的门户地带（图4-18-1）。

（三）规划范围

沿金沙路、滨河路、开福路、汉江大道、科技馆路、楚山大道、襄阳大道、内环东线、长吉路、楚山大道接金沙路的围合区域，规划面积约为175.84公顷（图4-18-2）。

（四）规划依据及参考

《中华人民共和国城乡规划法》（2008）

《城市规划编制办法》（2006）

《城市、镇控制性详细规划编制审批办法》（2010）

《城市用地分类与规划建设用地标准》（GB 50137-2011）

《公园设计规范》（CJJ 48-92）

《城市居住区规划设计规范》（GB 50180-93）（2002年版）

《城市道路交通规划设计规范》（GB 50220-95）

《城市道路绿化规划与设计规范》（GJJ 75-97）

《城市水系规划导则（SL 431-2008）》

《城市绿地设计规范（GD 50420-2007）》

《襄阳市城市总体规划（2010-2020年）（2012-2030年）》

《襄阳市城市空间发展战略规划》

《东津新区起步区城市设计》

图 4-18-1 襄阳卫星照片

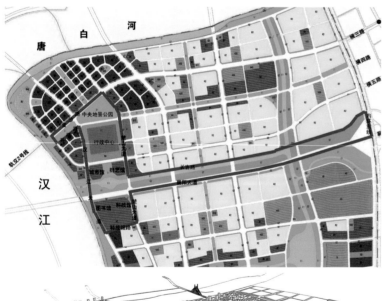

图 4-18-2 周边用地性质及规划范围图

东津新区水系规划图

市民中心、规划馆、艺术中心、图书馆、科技馆建筑设计方案

《襄阳市东津新区浩然河景观带景观方案设计》

《襄阳市东津新区滨江景观带景观方案设计》

《湖北省城乡建设统计资料》（2006）

《襄樊市志》、《襄阳府志》、《襄阳县志》

《历代咏襄阳诗集注》

《襄樊名胜》、《襄阳好风日》、《襄阳旅游楹联选》

《隆中志》、《鹿门山》、《酒诗词名句赏析与运用》

《均州水下文明》、《神奇的文化丹江口》

地块现状 CAD 地形图

其他相关国家及地方设计规程、规范、规定

现场调研及甲方提供的相关资料

（五）用地现状分析

用地为汉江由西向东南转，汇入唐白河之水口东岸，向东约成"T"字形地带，为新扩建的东津区新市府大楼驻地所在和襄阳市四大公共建筑所在的核心地带，与襄阳老城隔汉江东西遥相对应。襄阳的自然环境从卫星照片显示出山环水抱，林木苍翠，若狂草书法龙飞凤舞，行云流水，山舞灵蛇，风卷落叶，弯转随天意，舒展而无拘。"襄阳六山、二水、二分田"充分显示了楚天汉水之自然大美，印证了祖先兴造襄阳时"相地合宜，构城得体"，我辈当传承和创新发展。

现代城市化发展至今，以方格网控规城市，道路和管线"莫便于捷"。从节约城市土地资源出发，摩天大楼林立，人工环境平直方正、整齐划一，因自然环境相对势弱而减少了人工氛围，使自然山水环境彰显了人居环境的合宜性。

这一"T"字形用地居新城之核心部位，若高楼大厦林立中之绿洲，生态学家认为这是城市的大气环流带，最宜开辟水域和绿地。市中心不洁的热空气上升后，可补入来自水面和绿地的新鲜空气，以维持正常的大气环流。以人的切身感受而论，过多的硬材建设、单调的平直线型特别需要人造自然山水和绿地的调剂。"随方合曲，以素药艳"，原应"随曲合方"，城市规划后只有"随方合曲"了。为不断满足市民日益提高的生态环境和美化环境的要求，要兴造具有中华民族特色、襄阳地方风格，且与时俱进，适应现代社会休憩生活需要的城市园林绿地。中国园林具有"景面文心"和"寓教于园"的传统特色。在用地环境中"亲民"是核心，如何从立意到树立具体形象，是为深知欲达的设计目的（图4-18-3～图4-18-5）。

三、总体设计构思

地域广大总体上要先化整为零，然后再集零为整。重点应在以市府大楼为中心的南北一线的地块如何呼应和陪衬"天圆地方"的市府大楼。大楼已定，正在施工建造。大楼的环境要在"坐南朝北"，"负阴抱阳"亦即"负山抱水"的南北绿地交捧中托出行政中心。襄阳因居于"襄水之阳"而闻名。故市府大楼北面一块宜建为山林地，而大楼南面一块宜建为水景园。按"意在手先"的传统，山林地问名为"清荫公园"，政清则民享荫，余荫长宜子孙，促进持续发展。如何保持清廉之风？必须"一日三省吾身"。借此水景园问名"朗鉴公园"，气澄水清如镜，水镜能客观反映为官从政的真容。多照镜子，镜鉴真容。西溪的地宜在于"长河如绳"，可借以建一座纪念襄阳光辉历史节点的水上公园。人们常称历史为"历史长河"，故长河宜作城市发展要点。上游可溯源，下游可发展。"西"在五行中属金，故借之以问名"金溪襄靓"。不要建博物馆去追求全面，而应是历史上个别的、有典型意义的光辉节点，又适合用园林景物来表现的内容，以"雪地爪痕"纪念性回顾，从思古之意勾起爱国主义筑中国梦之情。

还有一东、一西两块大小不同之地。东边大块用地拟建"小小园丁之家"，培养儿童崇尚自然、顺应自然、保护自然之心苗。西边一小块地宜作专类花园。襄阳市树为女贞，市花为紫薇，正好建女贞紫薇园，简称紫薇园（图4-18-6～图4-18-9）。

图4-18-3　现状地形图

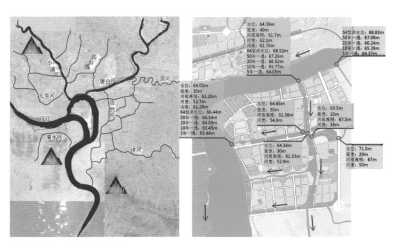

图4-18-4　上位水系规划图

图4-18-5　行政中心建筑方案

四、分区规划与设计

（一）清荫公园与行政中心

概而言之，我们做的都是现代文人写意自然

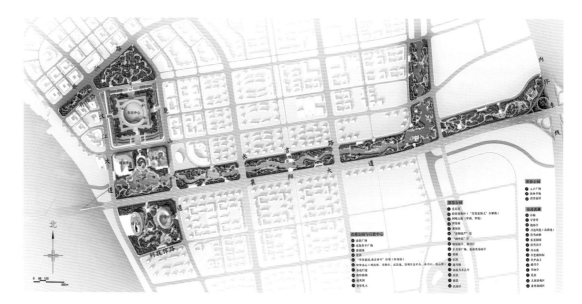

图 4-18-6
总平面图

图 4-18-7
功能分区图

图 4-18-8
日景鸟瞰图

图 4-18-9
夜景鸟瞰图

山水园，遵循"天人合一"的宇宙观和文化总纲。而今崇尚自然、顺应自然和保护自然为"天人合一"之今释，中央已明确提出"天人合一"。在此前提下还可充分发挥人的主观能动性，主张"人杰地灵"，"景物因人成胜概"。人造自然那堪比大自然，但朴素的大自然只是纯自然美，而我们要用"比兴"和"借景"的理法将人居环境融入自然而创造园林艺术美。已故美学家李泽厚先生从美学角度高度概括中国园林为"人的自然化和自然的人化"，用现代语言诠释了传统理论"有真为假，做假成真"。人的自然化是世界园林的共性，而自然的人化是中国特色。中国以中华民族的特色自立于世界园林之林。

园林是人居环境与自然调和的理想最佳点。人的大气候环境由地球表面的大地形成，人的小气候环境由微地形条件造成。园林要造景首先要造依托景的环境，这便是"景以境出"的道理。境由人工塑造的自然山水地形和寓于其中的意境构成，形象是微地形造成的小气候下的景物。中国人的居仕建筑提倡"天下为庐"，但要"各适其天"。因此，襄阳园林还要体现襄阳的地域性特征和地方风格。

《园冶·相地》言："园地惟山林地最胜，有高有凹，有曲有深，有峻而悬，有平而坦，自成天然之趣，不烦人事之工。"这与中国百分之六十以上的国土是山地有关。天上降水从山上下泻，水无道可走便成洪灾。襄阳上游有大禹治水的古迹，禹以疏导引水入海而奏效，疏浚河道之土堆建了"九州山"，生民上山得以活命。上升到哲学是"仁者乐山"的儒学基础。这与西方文化产生于尼罗河，继而发明了几何学，上升到哲学成"一切美都是符合数学规律的"是各有千秋的。在中国可称江山为社稷，高山流水是最高的文化境界。襄阳西邻武当山，又为丹江水库所在，汉江为天然护城河，山水还孕育了诸葛亮、孟浩然、米芾等先贤。《园冶》说"构拟习池"充分说明了襄阳山水园习家池的水平。

历史发展注定了中国文学、中国绘画对中国园林千丝万缕的影响，有诗为证：

综合效益化诗篇，
诗情画意造空间。
相地借景彰地宜，
景以境出美若仙。

清荫石坊额题"清荫"，石柱有联曰："山明水秀利黎庶，政清民荫宜子孙"，石坊框景引出"粉壁绿梦"，茹绿壁之古意，涵绿化建设之今梦，壁北隐没了"清荫台"，可供休息和承接到主景。

清代画家笪重光说："文章是桌面上的山水，山水是地面上的文章"。有人说"文同山水不喜平"。乾隆在北京北海《塔山四面记》中总结了"因山构室，其趣恒佳"。中国园林"景面文心"首先体现在依旨立意和章法不谬。首先在布局造势上要以气魄胜人。

"起"若文章之开篇，好的开始就是成功了一半。园景既起，连以"承"、"转"，进入"歌舞升平"广场，转入主景。道法自然，汉江之水的特色在于清，市府的环境不仅要宏伟庄严，更要清心亲民。在万民拥护的前提下方更显宏伟和官民相亲之鱼水情。要兴造高山流水诗情画意的境界，向市民提供青山绿水，林泉树石的休闲环境。这要从问名开始，孔子曰："名不正则言不顺，言不顺则事不成。"襄阳市的中心公园自当以家乡为豪，山效荆楚，水若汉江。因而名山曰"楚山"，水为"汉清池"。文天祥有"留取丹心照汗青"，汉江以清为本，故名汉清池。襄阳之山有"千秋屏国"之誉。在山的组合单元中惟"壁"宜屏。结合水镜台和香瀑的历史名胜印象于中锋要处立峭壁，壁东"听香瀑"下泻，壁上摩崖石刻用汉隶镌八个大字："孕育楚汉，承古开今"，表现历史成就和历史任务。以壁为依托，靠壁出一组建筑"华梦清心"。正门柱联曰：

心贪行秽自作孽
神清气爽共园梦

"清观生意"平台铺地，有壶盖圆盘，利用圆形"周而复始"书写五字，各起皆成句。主句："可以清心也"，顺下为"以清心也可"、"清心也可以"、"心也可以清"，并伸展石栏平台入汉清池中。东室"风清所"西亭号"月朗"，"月朗风清"又一座右铭也。曲廊相衔。平台贴水名为"清观生意"，峭壁上老藤穿洞贴壁，池中锦鲤闹红，山林百鸟"空山鸟语"，荷花四时应约而开，好一片锦绣光景。主景的背景为山林葱茏一楚山，华梦襄阳负山抱池，峭壁陡起，因壁安榭，洗心亭桥西引，

步月石矼东出，山林、石瀑、镜水、亭台错落，加以长夏紫薇映日，红白相间，地面风物倒映于池水，捕光弄影，恍入蛟宫，远飘荷香，近听微风。莫言世上无神仙，此住世瀛壶、襄阳市民之天堂也。景深贵在层次深远，山林、峭壁、屋宇、平台、池水、草坪，共奏一曲山水清音，平正中有险奇，最后归于平正大方，清和之境也。清则和，以和为贵。"有朋自远方来，不亦说乎。"（池中石碣）与国际接轨，反映襄阳欢迎远朋。

山体由公园周边两三米高的山丘、土阜与中间的大型土山组合而成，构成多种组合的山谷谷道，入谷之人进入山林之怀抱，有亲切的山林感，山林意味深求。东面山谷属春，立意"春花烂漫"；西面山谷属秋，立意"秋叶醉颜"。山势曲折回环，构成不同朝向的山壑，供不同年龄的游人从事各种休闲活动，包括各式晨练，静坐气功，创造"入静"的环境。为太极各式拳势创造平缓的草坪，练歌习武各得其所。儿童游戏和老年人静养各有相宜场所、琴棋书画、提笼架鸟、地书都有多种室外设施，在此不加赘述。

主路宽6米为双向两车道，支路3米、小路1.5米。路皆因山就水自立联络。路口放大自然转折，除水面外，陆地绿地率85%。山林以地带性落叶乔木和常绿乔木组成地带性植物群落，四时季相除东春、西秋外，主山夏季以市花紫薇为主要花灌木，冬季以苍松翠柏、竹林、蜡梅、山茶等应时。石壁、池边有水生植物因境而设，山林中有各种种植类型和色彩变化，总体上要体现"清荫"的意境。

人工筑土山除具有历史文化根源外，还可在一定的占地面积上扩大绿地的表面积，从而增加绿量、绿视率和叶面积系数，从而增加绿地的综合效益。生态文明借以发展的平台主要是绿色植物，我们先要为多种多样的植物创造宜于生长发育的环境。植物和其他生物才能为人类创造优良的生态环境。平地造山使微地形创造出高低、干湿和阴阳不同的人造微地形，能满足多种植物对

不同生态环境的需求。借助于造山园林也被分隔成不同功能和尺度的空间。再则现代城市开辟城市水系、开通地铁和建造地下车库等都将产生大量的挖方，为了就地平衡土方，堆筑土山也不失为上乘举措。借土山阻挡西北冷风，接纳日光和东南风，止风聚气有益于提高环境质量。故本方案普遍运用了筑山工艺，使山水自然相映，并兼有"山因水活，水因山秀"之利。

造山理法主要是山之三远，即高远、平远、和深远，难在深远；而造谷、建壑正是增加深远层次之法。三远既得，"山之面面观和步步移"也就迎刃而解了。

起、承、转、合的章法最后是合，据峰建阁，名为南熏阁。全园景物悉奔眼底，立意也在亲民。上古舜帝制五弦琴，自弹自唱南风歌：

> 南风之熏兮，
> 可解吾民之愠兮（愠为疾病）。
> 南风之时兮，
> 可阜吾民之财兮。

阁下山中设蓄水池，为听香瀑循环用水库，高水位自流浇园。

市府圆楼中绿地为机关单位专用绿地，圆楼外部四边角绿地应划为公共绿地，由清荫公园经此通达朗鉴公园。这四角绿地的主要功能是作为自然环境衬托天圆地方的人工建筑。中国有"苍璧礼天"之说，宜以松柏常青树林为主，鉴于建筑拔高挺出，绿地也宜以 3～5 米的土山举绿增高，树林边缘四季花木和草地，这样便很自然地向南进入朗鉴公园的水景园（图 4-18-10～图4-18-15）。

（二）朗鉴公园

南北山水公园都应与大楼的中轴线有所衔接，或架空桥，或通地道与中轴相衔。中轴节点立石坊强调，使中轴线消融于自然山林或自然山水环境之中。

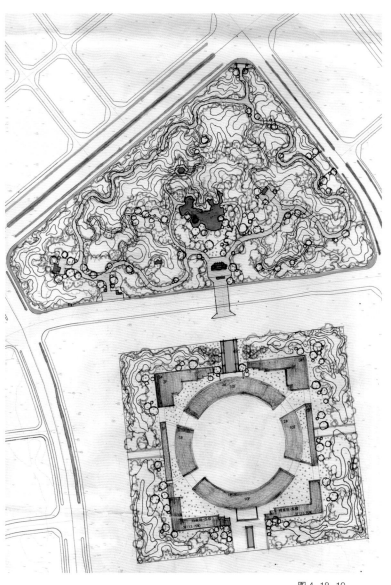

图 4-18-10
清荫园与市民中心周边景观手绘草图

这块用地长于东西向而短于南北，因此南北向的水空间层次一定要丰富，要变单层水面为复层水面，约成一比三、四成的长形水面，六成陆地。理水之法也有三远，即阔远、深远、迷远，"聚则辽阔，散则潆洄"。因此居中要一块辽阔的水面，但既辽阔又不能失其深远，必借助于堤、岛、桥划分合宜的空间。临水眺望平台居偏一点，中锋位置出岛而逶迤瘦堤将水面划分出丰富的东西向景观层次。堤岛何以要瘦，胖则堵心而达不到理想的效果。西湖苏堤因尺度大而顺直，在此则以立地空间环境尺度为依据，瘦堤逶迤中贯，追求火候之极致。水景园何以为主体建筑呢，襄

图 4-18-11　清荫园效果图

图 4-18-12　四角抱葱茏土丘，烘托建筑

图 4-18-13
政清民荫石坊

图 4-18-14
清荫公园效果图

图 4-18-15
孕育楚汉、承古开今

阳作为七省通衢，而且从"南船北马"中找出了彰显地方特色的"船"。以汉江为命脉，船为载体，襄阳古诗中有"日晚上楼招沽客，轲峨大艑落帆来"，"轲峨大艑"就是我们所寻找的历史依据，园林建筑本有石舫，但不是北方皇家园林的石舫，就是江南园林中的石舫，我们要创造一卷襄阳的石舫，故采用了诗中语句"轲峨大艑"为景名，以突出地方特色且与时俱进地归于中国梦。船头刻以"梦航"，后舱标出"梦洲"，长50 米，宽 8 米，茹古涵今石船逆水泊于深柳疏芦之水岸，作为水景园的主体建筑。舫上楼层平台可供民众凭栏眺望，楼层内可作为茶饮和冷餐的画舫。

各式大小、材质、形式不同的园桥，均按"疏水若为无尽，断处安桥"之理法随境而设，东有过境城市之"翼桥"，西侧城市道路景名"瞳憬桥"为"金溪襄靓"之末端，园内主桥居东，名"朗鉴桥"，额题"朗鉴"，桥联曰"漫天晴朗襄水影，一片清澄鉴真容"。在桥上向西俯望，"雁奴矶"，雁为湖荡常客，雁奴为雁群夜眠时负责警卫的雁，有人捕雁，诡计多端。首犯境雁奴即惊叫，群雁皆醒，人却消声隐迹；一而再，再而三，雁群因认为雁奴谎报军情而群起攻之，雁奴掉羽破皮，但并无抱怨之情，只有守职之心，终至雁群为人所获，似这种雁奴的精神值得表彰。雁奴矶寓此为教。湖中南北向的堤问名"深柳疏芦"堤，有正方重檐四面粉墙开圆洞之"画中游"亭。南柱有联"一心诗情画意，满目水墨丹青。"南有芦影桥，芦白风情既是秋色又寓清廉。桥头处置山石一卷，上镌芦花诗一首，为明代陈继儒作：

芦花做主我做客，芦花点头我拍膝。
白鸥衔住绿蓑衣，使我欲行行不得。
我醉欲请芦花扶，芦花太懒可奈何。
不如呼出青天月，大家跃入金葫芦。

这是一首生态文明的诗，天人合一，物我交融，生动别致，朴中出奇。

南水湾西转，凭水架步月桥，月影入境随人移动，宛若水上步月。西有自在石矴，更西则"瞳憬桥亭，居高远瞩，前程锦绣"。

西部北岸与公共建筑相衔，有半月形广场深入水面，主位有延南熏扇面亭，寓意弘扬亲民传统，功能为茶亭小卖，适应喝省时、省钱的大碗茶。凭栏宜远眺，景物错落有致，主次分明，充分发挥堤、岛、桥在水景中的作用。水湾中静水宜栽植水生挺水植物，花影入水景成双，朗鉴自然美。

此园设计遵循《园冶》的"构拟习池"。习家池皆面水，景丰富且极精简。游览路线围绕主景作三百六十度环游，步移景异、变化无穷。从视线关系处理而言，忠实传承并有所发展。

清荫公园与朗鉴公园布局类型都是主景突出式。清荫以山为主、水为辅，主景为南熏阁；朗鉴以水为主、山为辅，主景为中国梦航——轲峨大舳。这些山水景物意取襄阳名胜而又有与时俱进的创新性，给人似曾相见，却又不曾相见的印象，合乎"情理之中，意料之外"。（谢添语）池中水石碣镌刻孔子名言"有朋自远方来，不亦乐乎"，国际化视野可见一斑（图 4-18-16 ～图4-18-19）。

（三）碧静公园

四大公共建筑北边两座融于朗鉴公园，两建筑间有大面积的浓荫草地供人员集散和休息；南边为偏宁静的两大公共建筑，考虑到中午休息而为市民创造用餐、休憩和室外阅读的条件。专设独立的小公园，核心地形为山林环抱之"坞"，集全园地面降水于此并有地下蓄水库存水。主山倒座，林翳葱茏，故问名"碧静公园"，以适应图书馆对环境的基本要求。中心圆形场地，半边为池、半边为场。池南设小腰鼓木石矮栏杆。池北为半圆形餐厅所环抱。餐廊略低于地面，落地玻璃窗明净透亮。餐饮时向南望，池水清澈，挺水植物与浮生睡莲沿池边散聚布置，锦鲤跃鳞，秀色堪餐。餐饮以冷热饮为主，不设明火，微波炉可做热汤、热菜。四周山林皆以其为核心，问名"碧潭晶馆"，有联曰（图 4-18-20、图 4-18-21）：

坡迤谷隐瑞景可掬，
林荫水影秀色堪餐。

（四）金溪襄靓

这是将襄阳历史名人古迹精选别裁寓于园林景物中的创作。顺引水方向北入西出，上游为北，西转入汉江，内容以史为本，以历史名人为依托，一概化为景物供市民和广大游人瞻仰和游憩。循

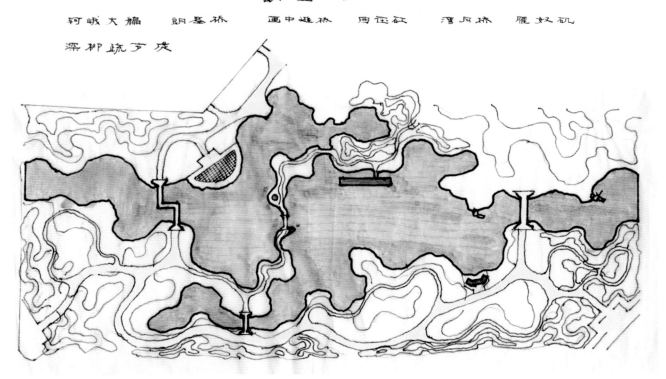

图 4-18-16　朗鉴园手绘草图

图 4-18-17　朗鉴园效果图

图 4-18-18
深柳疏芦堤效果图

图 4-18-19
轲峨大艑效果图

图 4-18-20
碧潭晶馆效果图 1

佛教三世佛之想，划分为襄阳的过去、现在和将来三大篇章。有突出的内容浓墨重彩，一般内容一带而过，无突出者可省。不求其全，但求其精，精在相地合宜、构景得体，与园林滨水环境融汇一体而又各具变化。

这是水陆交汇的环境，水上公园贯穿于城市街道中，为城市道路所分割，但又要连贯为整体。为使线性的水上公园不为城市道路所切割，

图 4-18-21
碧潭晶馆效果图 2

保持水流和游览的连贯性。有两件事要与城规洽商，一是与水上公园交叉的道路主要功能是城市交通，但不是单纯的交通，还有展现城市风貌的功能。由此想到局部加宽两旁的人行道作为人们停留和观赏的用地，宽约两边各 4 米。用以布置驻足休息和观赏的亭、廊、花架之类设施。另一件是由于高约 3 米、宽约 20 米的河道通过，河南边有约 4 米宽的游览通道，这影响到城市道路纵坡等设计内容。

将城市道路涉水段概括为过去、现在、将来三段，三段的中、后二段都是变体。过去时段肇自西汉建襄阳县，树立方城石幢上刻"相阳"、"邓城"、"太平兴国"、"铁打的襄阳"。魏晋南北朝以前就突出纪念诸葛孔明，自然山林地形，建"学业堂"反映躬耕苦读十年。修茅庐彰显"三顾"之亲贤重士，安"抱膝亭"纪念当年抱膝长吟之孔明。仿明碑置亭中，正刻"草庐"、背刻"出师表"。用董必武联：诸葛大将垂宇宙，隆中胜迹永清幽，及郭沫若联：志见出师表，好为梁父吟。

这一段的另一处景点为"习池风范"。作山冲延堤抱水为池，山腰翠鉴雨泉、临池建融月亭、石刻《习家馆碑记》和明代薛瑄诗："谷口一径入，苍山四面开，中有习池水，水碧无尘埃。泉源初喷薄，交流遂萦回。飞鸟镜中度，行云天外来。微风一荡拂，林影久徘徊。寒光空心性，俯玩何悠哉。爱此不能去，载歌写中杯"，景点也要体现此诗意。

> 融月亭北柱联：翠翠鹿门山中瀑，
> 　　　　　　　融融习家池上月。
> 　南柱联：道法自然，构拟习池。

池畔石刻"高阳池"。

国学家陈寅恪说"中国古代文化造极于赵宋。"襄阳文化亦以唐、宋为造极，故以唐宋为面积大，水体变化大，设置精要的重点景区，充分利用北水西拐之角隅大做文章。

孟浩然，唐代诗人，居城南汉水东岸，在此亦择址金溪东岸。其境循孟诗"山色翠微，岩潭屈曲"的诗意创造。作"浩然画舫"，头北尾南，迎寒风逆水而泊，据他"喜为乡里救患解纷"之生活真实化为民船竹篷半圆卷顶，船头刻"浩航"，后舱刻"浩洲"。将李白羡称他的"风流天下闻"和杜甫赞誉他的"往往凌鲍谢"，作为中舱、后舱名并木扁大书精刻。并将他的名联"微云淡河汉，疏雨滴梧桐"，以创作"桐荫夜泊"为主题的木雕挂落门，门旁悬此联，岸上建"浩然诗亭"，石柱、石舫遍刻其《夜归鹿门歌》、《春晓》、《夜幕归南山》等诗句，将其清新淡泊、长丁写景、洁身自好、归隐终老的人品烘托出来。

金溪水对岸坐北朝南的岬岛用以布置"米襄阳园"。米芾乃"宋四家"之一，六岁已读百诗，及长，博集洽闻，好法爱石，有"米癫"之称，又称襄阳漫士、鹿门居士。习颜书有李北海意，不蹈前人陈法，自立独家特色。书法"风樯阵马，深着痛快"雄浑刚劲，放浪不羁。绘画在传承中突破传统，以米皴、米家山称世。于溪山中竖奇石，作米芾拜石像，石刻"拜石仰高风"，起屋宇展示三十四碣米法帖。屋前地坪为现代社会之"地书坪"，有高空摄像设备、保存和展示瞬间名迹，发扬书法传统，安"米襄阳石亭"，南柱联曰：艺尚能传，癫不可及。

南宋绍兴四年（公元1134年）岳飞率兵北伐，收复襄阳，襄阳遂成南宋抗金重要军事据点，据此在金溪西岸设纪念岳飞的景点"尽忠报国"，以岳飞书"满江红"为影壁，岳书"还我河山"布满粉墙，同名石亭为入口。雉堞墙为壁，南书"还我河山"，墙背大书"尽忠报国"，不仅是家庭母训，也是爱国主义的全民教育，金水桥跨汤池导入"岳武祠"，纪念内容见诸四壁，室内空间为市民休息服务的场所（图4-18-22～图4-18-31）。

五、种植规划设计

襄阳地处我国南北方交界处，四季分明且气候温和，雨量适中，土层肥沃且深厚，地形地貌多姿，因而适宜多种树木生长。此亦地宜所在，尤其常绿阔叶树种类丰富，生长良好。当地历史记载森林资源丰富，并以生产楠木、银杏、白榆、泡桐等优良树种而著称，其中还不乏果木类的名种。如冬桃、花红、梨、樱桃、枣等佳品而闻名于世。地方名产当要发挥。

在历史上由于历代王朝征用木材无度，加之明清末年及民国初期战乱中，对树木滥砍滥伐，大片森林被破坏，以致如银杏、黄楸等珍贵树种几近绝迹，其他优良树种也所剩无几。故要抢救历史植物资源。

新中国成立后，虽进行城乡绿化建设，大大推进植树造林，但由于当时政策多变，林权不稳，加之经营管理不善，尤其在"文革"中，遭到破坏和摧残。出现滥砍滥伐的现象，城乡绿化遭到较大破坏，因而绿化建设进展缓慢。20世纪80年代之后，开展"国家园林城市"评优工作，城乡绿化建设步伐加快，城市绿地面积增加，质量提高。同时在城市周边，广大山区，林木保护加强，护林防火，防止滥砍滥伐，使城乡山林的自然资源得到存续。

襄阳地处湖北西北部，包括襄阳周边山林地，在历史上甚至清代还有记载"钟祥境内皆多松栎混交林，大多高数丈……"当年湖北东部低山丘陵地区还有部分自然林遗存。沿长江西部一百里许山水迂回，两岸交山重嶂、林木繁茂，加之南北气温差异较大，地形复杂，地带性植被是亚热

图4-18-22
金溪襄靓效果图

图 4-18-23　相阳石幢效果图

图 4-18-24　草庐高士效果图

图 4-18-25　浩然画舫效果图

图 4-18-26　浩然诗亭及浩然画舫效果图

图 4-18-27　米襄阳园、米芾拜石效果图

图 4-18-28　尽忠报国祠效果图 1

图 4-18-29　尽忠报国祠效果图 2

图 4-18-30　金溪襄靓西段效果图

带常绿阔叶林为主的植物群落。同时本地区竹林品种丰富，在生产用材及观赏方面有地域特色的如花木兰、山茶林等。

本地区树种相当丰富，它们在本地区的生长和繁殖有极强的生命力，也说明本地区适宜特有植物的生存及持续发展。华中地区又是中国特有植物的核心区，也是很多种属的主要产区。例如当年在湖北利川镇发现的史前植物水杉，曾经轰动世界。同时华中地区也是一些北温带植物区系的发源地、分化和扩散中心。在充分认识本地区优势的基础上积极挖掘，尽可能运用多种特有树种，体现地方特色，以提高地区和人民群众科学文化水平。

新城位于襄阳旧城区东郊，汉水中部流水由西转南处。该地形地貌多样，土层深厚。地区日照充足，雨量适中。襄阳地区历代地方志及相关资料显示，襄阳地区不仅在历史上"茂林深树，四时郁葱"，并且是有着有利于各类树木生长的资源。依据新区的地宜，提出如下各类规划供参考。

（一）树木、树群类

水杉（纯林）、大叶女贞

马尾松＋青岗栎（混交林）

香樟＋雪松＋火炬松（混交林）

枫杨＋旱柳＋银杏（混交林）

火炬松＋广玉兰＋香樟（混交林）

重阳木＋三角枫＋柿树

松＋竹类

竹纯林

侧柏纯林

（二）行道树类

香樟、银杏、梧桐、七叶树、楸树、毛白杨、枫杨、旱柳、刺槐、泡桐、枫香、重阳木、元宝枫、泡桐、栾树、大叶女贞

（三）滨水乔木

水杉、竹类、垂柳、刺槐、湿地松

（四）观赏花木

海棠花、杏、杜鹃、樱花、山桃多品种、紫薇多品种、桂花、山茶花、夹竹桃、玉兰、山楂、榆叶梅、黄刺玫、金银木。草本有荷兰菊、鸢尾类、蜀葵、芍药、石竹类、栀子花

（五）绿篱及攀援植物

紫穗槐、木槿、雪柳、大叶黄杨、紫藤、常春藤、五叶地锦、金银花、凌霄、爬墙虎、攀援卫矛、小叶黄杨、雀舌黄杨

（六）竹类

毛竹、紫竹、凤尾竹、孝顺竹

（七）水生植物

芦苇、荷花、睡莲、菖蒲类、水葱、鸢尾、慈姑

（八）草坪

天鹅绒草、羊胡子草、野牛草、结缕草、狗牙根草

植物种植类型以树林为主，乔木为骨架、林中空地和林缘植以花灌木，面积小者种树群，再小植树丛，并留大空间种孤植乔木。草地总面积不大，但局部集中布置，并因水种植水生植物，就石种岩生植物，芦苇护水岸。

六、园林建筑设计

总占地面积约为 1.5% ~ 2%，少而精良，言简意赅。建筑形式以襄阳园林建筑和民居建筑为主。材料用钢筋混凝土作基础，屋盖局部用木材，墙柱在外层包 3 毫米厚防火木材面层。建筑皆因山就水、随境合势而建。建筑色彩乃取粉墙、黛瓦、栗柱，但色度较古式淡雅。

七、道路与场地

园路宽度因环境而异。清荫公园与朗鉴公园主路宽 6 米、支路宽 3 米、小路宽 1.5 米。金溪襄靓公园主路 4 米、支路 2 米、小路 1 米。园路多为自然式因山就水布置，并为路堑式断面，绿地高于园路，园路顺纵坡排水到园中水面，园路皆迂回通达，路口放大，正反皆顺。主路为整体路面，支路与小路皆为块料路面，用透水材料铺砌，可充分利用废旧材料而出新。

八、园林小品规划

清荫公园南入口东西草坡上各有铜鹿护卫，驱邪趋吉，"鹿门"为襄阳特色，清观生意台隅有石雕吉祥水兽护水，池中水石碣书"有朋自远方来，不亦乐乎"，听香瀑布下有石鱼、梁，池东边设"留醉山翁"石雕像，轲峨大舻石坊上有"桂棹沙棠船"模型。

朗鉴公园大草坪有"笑煞襄阳儿"石雕像，画中游亭畔"芦花歌"自然石碑及"玉山自倒非人推"。堤上有"渚边游汉女"石雕和"大堤诸女儿，花艳惊郎目"现代人物石雕。

米襄阳园中有"笏袍痴怪天然石"、"山月癫

狂书画亭"。孟襄阳园中有"浩然画舫"内装修诗墙及岛端浩然诗亭石作。

总之，如说"兵不厌诈"，那么园林中则是"景不厌精"（图 4-18-32 ~ 图 4-18-34）。

九、专题研究

（一）如何在景观设计中体现东津新区的现代化风格、国际化视野以及文化意识

风格源自内容的表述及特色要求，我们认定建成具有中国特色和襄阳地方风格的园林，尊重历史传统文化与时俱进地发展，意在手先，以"天人合一"的宇宙观和文化总纲为理念。崇尚自然、顺应自然和保护自然并落实到保护城市的山水自然资源，从中捕捉襄阳的自然山水特色。结合现代社会休闲生活的实际，寓教于景，发扬中国园林传统，塑造意境，借助山水环境的优势。景名为诗意的结晶和主题，清荫公园意境为"政清民荫"。以屏风之国和襄阳山水名胜的形象特色创新地树立人造楚山和汉水形象。汉水化为汉清池，峭壁陡立，听香瀑旁落。峭壁上的摩崖石刻八个大字概括了襄阳历史成就和历史任务："孕育楚汉，承古开今"。峭壁前"华梦清心"伸"清观生意"平台入水。再以楹联深化意境：

> 风入楚山古，月出汉水新。
> 三楚风光奔眼底，万民安乐到心头。
> 华梦清心联：心贪形秽自作孽，
> 　　　　　神清气爽共园梦。
> 政清民荫坊联：山清水秀利黎庶，
> 　　　　　政清民荫宜子孙。

朗鉴公园立意："清朗明鉴"，要多照镜子，知道不洁，才要洗澡。因"南船北马"确定水景园以船为主题建筑，又从历史中查到襄阳有"轲峨大舻"之说，用原名塑造"梦航"的新型石舫。上平台供公众眺望湖景，前后舱供应茶饮、冷餐。有联曰：

> 万顷碧波涵日月，一船华梦拓胸襟。

图 4-18-32
竖向规划图

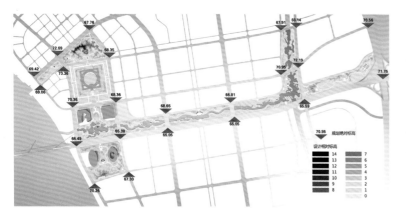

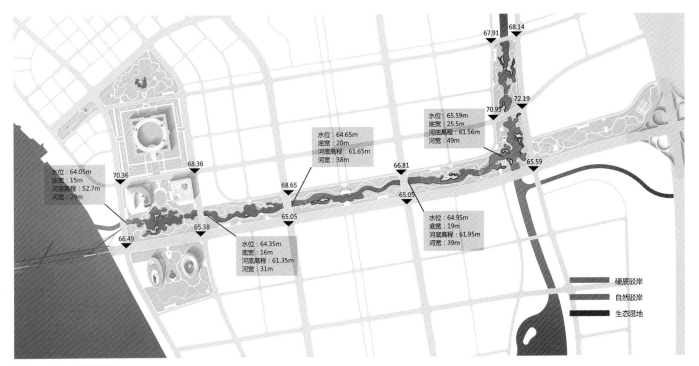

水位：64.05m
底宽：15m
河底高程：52.7m
河宽：29m

水位：64.35m
底宽：16m
河底高程：61.35m
河宽：31m

水位：64.65m
底宽：20m
河底高程：61.65m
河宽：38m

水位：64.95m
底宽：19m
河底高程：61.95m
河宽：39m

水位：65.59m
底宽：25.5m
河底高程：61.56m
河宽：49m

硬质驳岸
自然驳岸
生态湿地

图4-18-33　水系规划图

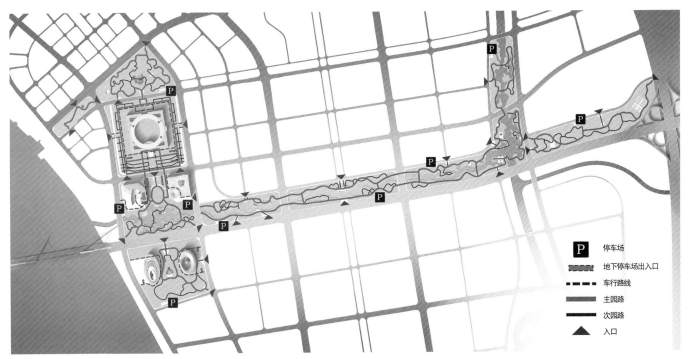

P　停车场
地下停车场出入口
车行路线
主园路
次园路
入口

图4-18-34　交通规划图

一池澄水淳清晏，四季清风拂廉心。

临清流能思操守，离闹市好洗俗尘。

据意境造山水环境，按景以境出，设计了铝合金为骨架、玻璃窗和钢筋混凝土基础的新石舫，现代风格是由综合因素构成，从具象景物中得到现代感受，一切为公众着想，除茶座外还有大众茶亭供应大碗茶，一切现代休闲活动可在公园中寻到依托环境。

（二）景观设计如何体现行政中心的庄严性和亲民性

庄严性以亲民性为基础，亲民性以庄严性为依托。天圆地方的宏伟建筑奠定了庄严性的物质形象基础。庄严为庄民之严，亲民才庄严。周环绿化园林环境体现为民服务的精神并交拥衬托主体建筑。绿地若水，建筑为水中鱼，二者如鱼得水的关系，调剂规整的人工建筑。行政中心建筑内的绿地为单位绿地，以外则都划归公共绿地。庄严性反映在为政清廉则为人民谋福利，人民享受余荫，人民拥戴才显庄严性。庄严的本质是为民服务。中央城镇化会议新近指示"让居民望得见山，看得见水，记得住乡愁"。城市规划有了正确的方向。钱学森先生1985年在人民日报发表建立山水城市的文章，一是绿地率提高到50%，二是将传统的山水诗、山水画融汇到城市建设中去，我们实现这个方向就是彰显亲民城市的形象，以爱国主义的现代内容入诗凝画，渗透到城市人造的自然环境中去，亲民是最根本和最长远的，要从宏观和微观方向不断深入地了解他们对现实休闲生活的要求，我们要千方百计从设计角度去满足人民根本和长远的需求，并视之为终生天职。

（三）"汉江公园"及"西溪"水系景观设计构想及分析

中央城镇化会议最近指示"城市依托山水，融入大自然"。

传统和现代观念都归于"不是河流服从城市，而是城市服从河流。"从唐白河引水贯城的战略思路是正确的。但如何在旧河床的基础上像北京以天然的水型拥戴紫禁城那样，概括到平面构成上就是"随曲合方"，而今要以方格网为基础的平行、直线的城市道路网来限制水体，我们只有"以方合曲"来作为"以素药艳"的手段。"盖以天然美入人工，故能奇；以清幽之趣药浓丽，故能雅。"（《园冶》）

"道法自然"是我们遵循的理念，"有真为假，做假成真"是我们努力的方向，楚山汉水是我们的老师，外师自然之造化，内得为民服务之心源。我们更汉江公园为清荫公园，无城市地面水系通过，故以山为主，以水为辅。作"汉清池"与山相协调，南薰阁下建高水位的地下蓄水池，与听香瀑水组成内循环并借以浇园中绿地，自流灌溉。水池北以山为屏，南集草地往北坡下之水，开电井利用较高的地下水位。

西溪更名为"金溪襄靓"，借长河如绳的地宜精写历史亮点。采用自然式溪河水型，顺藤结瓜。水流如带自然收放，以角隅面积大而作为水景变化的重点，亦唐宋历史名人纪念园景所在。水港潜藏、水湾曲岛，极尽表现水之阔远、深远和迷远，以水为主、山为辅。"山脉之通按其水径，水道之达理其山形。"再结合造园功能而筑山理水，令山水相映成趣，水上桥梁和建筑皆成水景。筑宇向水心，安桥求"疏水之无尽"，而水生植物若毛发之润饰，石舫逆水泊于深柳疏芦之间。

（设计人：孟兆祯、杨赉丽、齐羚、夏宇、张冬冬、高恺、张峻珩）

附录　园林论文英译的尝试

　　要与国际接轨，开展国际交流就必须写英文论文，而我只有中学英语的底子，大学时代正值建国初期执行"一边倒"的外交政策，所学外语只有俄语；加以园林内容与古代诗文联系紧密，更增加了英文写作的难度。但是一想到因语言不通而限制了中国园林艺术的对外交流，那就一定要尽我所能去尝试，不怕有人笑话。于是，我就查字典写，写出中国式英文的草稿再请人修改，而且最后一定要请英文水平高的人过目。一些难翻译的经典语句我利用旅行的机会与外国客人交谈，多方比较而后确定。在国际会议上做英文报告前我会先请外籍专家念一遍，我利用零星时间听录音，反复练习。但最终，从外国专家听完报告或看完论文后的反映，我认为功夫不负有心人。谨拿出以下三篇论文供大家批评指正。

Theory and Method of Chinese Garden Art

1 The state of the Chinese garden art: "although artificial , it appears natural".

Every country in the world has its own national landscape which is able to reflect the thought of local people. The key point is to choose a kind of artistic standard which is good for the creation of landscape. Chinese landscape architecture, as a part of Chinese culture, has its own features and it is different from that of other countries.

The great landscape architect, Ji Cheng, from the Ming Dynasty (1368-1644) wrote a famous phrase in his book *Yuan Ye* called The Craft of Gardens: "Although artificial, it appears natural". This phrase not only sums up the historical experiences of landscape architecture before the Ming Dynasty, but it also indicates that this concept has been well carried on and widely accepted by today's Chinese landscape architects.

The action of people's sight-seeing consists of only two parts: nature and people. The relation between these two is that nature serves people and people protect nature. People come from nature and master nature. Therefore, there is such an old saying regarding the art of Chinese landscape architecture. "Natural landscape can be all the more delightful only if it goes through the hands of people". We never think landscape should always be most natural. If being natural is the best thing, nothing can be more beautiful than pure nature. In this case, there is nothing for landscape architects to create.

The principal reason why people enjoy nature so much is not only the need for keeping a balance of ecology but also the need for enjoying art.

Certainly the great nature is very nice for people's seeing, and the art of landscape has to learn from nature. This is because nature is the only and forever lasting source of landscape art. We can get a great deal of source materials from nature. But nature in pure state can not express any feelings of people, because there is no human creation on it.

For these reasons, both gardens and scenic spots in China contain a process of creation by human beings. The difference between gardens and scenic spots only lies in the degree of this process of creation. For gardens, the state which we seek to attain is "The garden is created by the human hand, but should appear as if created by nature." For scenic spots, the state is "Although natural, it appears feelings". That is why Chinese scenic spots can not be separated from historical relics.

But how do we combine the artificial with the natural in Chinese landscape art? For the outward appearance what we seek to attain is "The more natural, the better". For the artistic conception and the feeling of scenery, we seem to pursue " The deeper the feelings are, the better". This feature of Chinese landscape is of long-standing. In ancient China, the poet, painter and designer of gardens could be the same person. The method they used for constructing a landscape was very complex and comprehensive.

In order to get the best artistic effects, they tried to use a variety of methods in many different fields as much as possible.

Of course it is easy to say but actually very difficult to practise. The art of landscape is more difficult to express feelings compared with the art of acting. All the elements in landscape construction cannot speak a word nor express feelings with action just like a play. Some of the natural elements we used in gardens are alive but do not have any spirit or sound like people. Some of them have neither life nor voice. They are actors with no sound and no feeling. So we must do something to put feelings into landscape and make the landscape express feelings as people do.

In order to attain this purpose, we have to borrow the artistic power of Chinese literature, painting, calligraphy, and also stone and wood carving.

I would like to explain the details of Chinese landscape construction methods with a few examples. The easiest way to put feelings into a landscape is to give a name to a scenery. Chinese make a careful study of names. Only a name consisting of a few words can be used to express the principal subject of a scenery.

On the forehead part of the memorial archway located in the front of the east gate of the Summer Palace, you can see two phrases, one on the outside, another on the inside, each phrase consists of two words. The phrase facing the west means "Collecting Excellence". This phrase refers to collecting worldwide most excellent scenery and beauty of ancient and modern items. It also means gathering people of most extraordinary ability. The other phrase facing the east is called "Containing Emptiness". One meaning of "emptiness" is water scenery. It tells people that the main scenery in the Summer Palace is a lake. Another meaning is modesty. Chinese like to modify noble moral character as "To have a mind as open as a valley". Water is almost equal to a mirror, which can reflect objective things as what they are. Emperors always used the thought described above in order to sing his own praises. This way of expression is called "Terse but comprehensive".

The main point is " To understand by reading a name".

There is a monkey-like rock on the peak of Mt. Huang in southeastern China. As it is very high above the sea level, the clouds usually float elegantly under this rock. Someone named this place as "Monkey looks down at the sea". Here the sea means the sea of clouds (Fig. 1).

For the same reason a sharp ridge of a mountain which is dangerous to go through is called "Carp Back". Hearing this, tourists can easily imagine how sharp and slippery the ridge of the mountain is.

There is a sword-like rock on the middle of Mt. Taishan. Because it is very high, the clouds usually turn into rain when they touch the rock. It is a natural phenomenon. People know that the higher the place is, the colder the temperature gets. Except for watching the natural change of the weather, there is nothing else to enjoy. So a designer gave a wonderful name to the scenery as "A sword to cut off clouds", and carved these words on the rock. Only after human processing of landscape art, scenery can produce the kind of effect that is able to afford food for thought.

The Mountain Villa for the Summer is located in a deep secluded valley in Chengde. The valley winds through two hills facing each other.

At the end of a deep valley there is a group of simple, quiet and secluded houses built at different heights. The location of the buildings is at the most wonderful place in the valley. The designer of this Mountain Villa gave the scenic spot this name "The residence with the meaning of eating sugarcane". Everyone knows that the sweetest part of the sugarcane is the end, so eating the end of sugarcane is an illustration of enjoying the most beautiful scenery at the end of the valley. As soon as we hear the name of the scenery, we can associate it with the artistic conception of the garden.

There is an artificial river along the back of Longevity Hill (Wanshoushan) in the Summer Palace. The river has two functions. On one hand, the Back River was built to put the water of Kunming Lake into Yuanmingyuan. On the other hand, the Back River greatly improves the scenery of Longevity Hill, for the hill is very high and wide from east to west, but extremely narrow from north to south.

According to the theory of classical Chinese painting, "Mountains become alive because of water". The Back River was built from the west to the east, which is the longest direction of the

Fig. 1   The stone monkey looks down at the sea

mountain and artificial hills were built on the north bank of the river sitting opposite to the Longevity Hill. The river comes from the south and turns eastward and the entrance of the river begins with a wide expansive width.

The artificial river needs to be made very narrow where a bridge is built to go cross the river. The hills on both sides of the river are built into sharp cliffs, whose surface is covered by natural rocks to avoid the hills to collapse. On the area with such sharp cliffs, it is most suitable to build strategic pass-style construction.

The river is built to open up to its widest where the water of the hill valley rushes down into the river, in order to lighten the water force. In the middle area along the foot of Longevity Hill, there used to be only natural rocks, but the construction of the river has to go on. In order to make digging easier, the river was again made very narrow here. This very place makes people feel as they were in a region of rivers and lakes. On the eastern side of the river there is another area where the water rushes down from the mountain. This time the designer used another style different from the first one, and built a small and narrow island inside the river, closer to the northern bank. Two small bridges were built on two ends of the island, connecting the island with the bank. Here often the current of the mountain valley flows down into the river, it then goes around the island in a circle. This particular design is also suited to reduce the water force. This artistic method is called "One method, various usage"(Fig. 2). The river narrows into a small stream at the eastern end, looking very much natural and flowing into another garden.

Many of the hills on the south are real while the hills on the north side are artificial. With trees being planted on the hills and peaks of West Mountain in the background, it is almost impossible to distinguish which are the real hills and which are the artificial (Fig. 3). A poet wrote a short verse describing a scenery similar to the one I just described. It reads "while looking down the hills and the river seems to end, but one can turn the corner and find another scene appear, within dense willow trees and bright flowers".

2 A refined selection of a site brings about appropriate construction of a garden

In China, there are two ways of selecting a suitable site for landscape. One is to use low quality sites such as bad drainage areas, garbage areas, etc. This, of course, is meaningful in a city construction plan. However, it is not the best consideration for landscape. Some of the Chinese landscape architects pay greatest attention to selecting the best site for their scenery making. They believe "A refined selection of land brings about an appropriate construction of a garden".

For example, Emperor Kang Xi (1622-1722) spent a lot of time on finding the best site for his summer home, Mountain Villa for Summer in Chengde. His footprints spread over almost half of China, and finally he succeeded.

The main point of his site selection for the garden was the topographical features of the landscape. The area he chose is mountains with a river flowing through it. The mountains and valleys are covered with rich plants. The most prominent plants are pine trees, especially *Pinus Tabulaeformis*. Fine topography is the key to find either cool weather for summer or landscape for sightseeing. Another important thing was that topographical features had to make the emperor feel satisfied and also reflect his deep desire "the emperor was the most respected man in the world".

The Mountain Villa is nestled among the numerous high mountains with clean streams flowing through. The relationship between mountains and rivers is one form of harmony.

The mountains cover four fifth of the whole area. There are several valleys which run from the northwest to the southeast. The direction of the prevailing wind is in this direction. The wind comes from the north , bringing in fresh cool air and driving

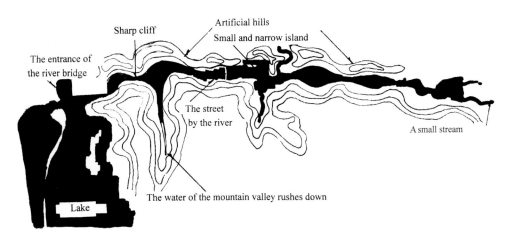

Fig. 2   An artificial river along the back of Longevity Hill in the Summer Palace

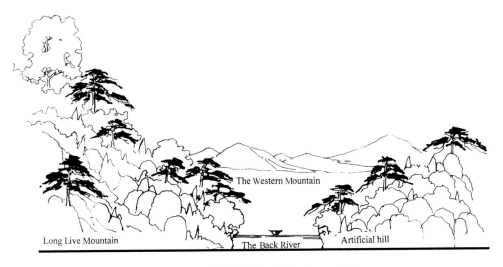

Fig. 3   A view of the Back River in the Summer Palace

out the hot and dusty air.

Because of this climatic feature, summer comes late and autumn comes early, and the summer days turn hot later in the day and become cooler earlier than those in other regions in the area. Apart from having such an ideal climate during the summer, the villa is also full of rich scenic spots and water. Having good water and soil creates a good environment for plants to grow in. Beautiful birds and small animals like squirrels and rabbits are also attracted to the forest.

Here an ecological balance is formed, so in an atmosphere like this one can enjoy an ideal environment that is both cool and healthy.

The mountain district of the villa rises abruptly and extremely in the midst of the basin surrounded by other mountains. Such a topography looks as though the emperor is sitting in the middle of his kingdom with his officials around making a bow with hands folded in front, showing their respect to the emperor.

The Chinese phrase "A myriad of stars surrounding the moon" exactly expresses the idea and feeling of the emperor.

The main method Emperor Kang Xi used in selecting the site was his personal investigation. He would inspect old stone tablets and talk with the old people in the region. In this way he found that the soil of the region was fertile, it was full of spring water but with very few households, trees and grass were in abundance, and also there were no mosquitoes and scorpions. The climatic conditions were found to be ideal as well.

He began his investigations in 1701 but did not decide to build the "Mountain Villa" until 1705. In his four-year-long study of the area, he understood the area very well. Soon after the site selection had been made, the design of the overall layout was planned. There was a large natural terrace in the southwest part of the Villa where the Palace would be built. The lake area was used to imitate the famous river and lake region from Southeastern China. Slopes and flatland were used to set up scenery of typical Mongolia grass land, and the large

mountain area was used to set up some groups of buildings in different styles. If one asks what is the first step to design Chinese gardens, I would like to give the above answer. At the same time while selecting the site, the creative ideas are constructed in the designer's mind before starting to place them on paper.

3　Creating landscapes with a clever method of borrowing scenery

Another important theory is "a clever method of borrowing scenery". Here the word "borrowing" has two meanings. One is to borrow some views from the outside of the garden. The other is that a successful creation of landscape art can only be made through a method of borrowing not only scenery but also some related subjects, such as historical elements, poems, stories, etc. A designer must be good at grasping the relationship between scenery and other things involved, such as the purpose of the design and the features of the environment. He must also pay great attention to seek an opportunity which will allow him to utilize the scene to its greatest advantage. To say this in short: "borrow scenery in a clever way and suitable measures in line with local conditions". The details of this method are as follows:

3.1　Borrowing images to create scenic spots

There is a famous scenic spot called "moon hill" in Yangshuo, a small town near Guilin. In the beginning there were two hills close to each other, one is lower than the other one, which is located right behind the lower one. The lower hill had a circular cave. Through the mouth of the cave you can see a part of the back hill and the sky. The part of the sky in the cave seems to form a shape of the moon. This place is as it is at the beginning and nothing else. But being processed by human beings it became even more interesting than before. The important thing is not only giving the scenic spot a name but also the fact that visitors are led to fully enjoy the changing shape of the moon , that is, the part of the sky in the cave that looks like the moon. As we all

Fig. 4 The pavilion of the Club Peak reflections

know, the moon changes its image from full moon to crescent moon. The wise designer caught the feature of changing moon and designed a path on the hill. As one walks along the path, looking at the cave, he can see an imaginary moon at different phases at different points along the path. A visitor can watch the whole process of the moon changing in front of him as he walks along the path.

3.2 Borrowing a reflection of scenery in the water

In the east part outside the Mountain Villa, there is a dangerously steep rock. It is about 58 meters high and flat on the top. It stands tall and straight in a form like a club, so the local people called it "the Club Peak". About one thousand and five hundred years ago in Beiwei Period (386-534), there already was a description of this club peak in a book. In order to borrow the excellent view of this club peak in a clever way, the designer built a big pavilion on the top of a hill opposite the Club Peak. People can enjoy the sight of the Club Peak (Fig. 4) through the frames of the pavilion and also appreciate the reflection of the Peak on the surface of the lake. In the empty surface of water without lotus, the reflection of the Peak shines very bright. Sometimes the whole Peak is reflected in the water, but sometimes its reflection looks like being divided into several parts because of the breeze. It is very hard to express how happy people must have been when they saw the reflection in this way.

Another example is a scenery called "watch the moon light in the day-light". Not very far from "the pavilion of the club peak reflection", there is an artificial rockery with some caves in it. To get light into one of the biggest caves, the designer made a hole in the roof of the cave in shape of a crescent moon. When the reflection of the cave is on the pool, the opening of the cave is dark but the hole in the shape of a crescent moon is bright, giving a strong imagination as though there was a crescent moon at night. So one can clearly see a reflection of the moon in the daylight.

3.3 Borrowing sound to describe feeling

The sound of water, birds, wind and so on, can be used to add some interesting features to the garden. There is a group of houses on an island near a river called "hearing the sound of the running river under the moonlight". The scene depicts a very poetic picture: the quiet moonlight and some soft sounds of the oars make people feel quietness and elegance in the garden. A cascade scene in the Mountain Villa is named "one thousand chi snow". (Chi: a length unit which almost equals to 1/3m) "one thousand chi" exaggerates the height of the cascade and "snow" is used to modify the waterfall.

A poem written by Emperor Qian Long says "How we can see the snowflakes on a fine day and hear the sound of the snowflakes". Borrowing scenery here contains form, sound and color.

In the Northwest of "The Garden of Entrusting Happiness" in Wuxi, there is a cascade in a rockery. The designer separated the waterfall into several parts, composing of different heights. With the waterfall being composed of different size falls the sound produced is like a cord of music being played. That is why the scenery is named "The Waterfall with Eight Music".

3.4 Creating scenery by borrowing imaginative association

In many historical Chinese gardens the hosts usually like to build a marble stone boat on the lake near the bank. But there is a strange marble boat sitting not on a lake but on the ground by a lake. The scenic name for the boat is "a boat in the moonlight with a sail of clouds". The artistic effect of the scenery can only be developed by using one's open mind and associating the mind with the scenic spot's name. People who have a good understanding of Chinese literature can understand it very well. The boat does not have a sail but the name of the scenery tells us the white clouds passing over the boat acts as a sail instead. Even if there is no water around the bottom of the boat, but when the moonlight shines on the ground, the boat seems to be floating on the water. Mr. Zheng Banqiao, a famous painter in the Qing Dynasty wrote some phrases in a poem about the moonlight and water "The water will spread all over the ground when the moonlight comes to shine on it, and the mountains will arrear all over the sky when the clouds rise up". This is what I mean by borrowing imaginative association. The principal point is "suit measures to local conditions, and adapt the creative ideas to the changing conditions".

4 Create the artificial from nature, make the artificial true to nature

The title above gives us both the theory of refining, extracting and bettering, and the method of the creation of Chinese landscape art. It not only depends on how to recognize nature but also on how to refine the most typical natural views. A simple refining is not enough for landscape construction. On the basis of natural landscape a designer has to use the method of exaggeration. Some successful practices of the ancient Chinese gardens can fully prove this method.

I would like to state my views with a famous Chinese rockery garden. Its name is "Mountain Villa Embracing Beauty". This garden is in Suzhou. It covers an area of only about 600 square meters, but it gives people a feeling of high mountains just like it would appear in nature. The whole rockery was made of "Taihu stone", a kind of limestone. The designer, Ge Yuliang, a famous artisan in the early Qing Dynasty knew deeply the rule and characteristics of the limestone's development. As it is well known, the natural view of limestone is formed by a function of corrosion. Water with carbon dioxide makes the surface of limestone change in different forms. By using the technique of corrosion, the rock can be formed into a myriad of shapes. If water is applied to a point, a nest can form. If it is applied in a circular pattern, a ring structure will form. If the process is repeated at one point long enough, a hole will appear representing a cave. If water is applied in a line down the stone, a crevasse will develop, representing a ravine or valley. By this method many forms can be made such as peaks, hills, rounded summits, valleys, cliffs, walls, gullies as well as forms to hold water as wells, springs, waterfalls, deep pools, streams, rivers and lakes.

We call the forms mentioned above "unit" which we can use to construct a mountain.

I do not agree that we should move some natural rock views from nature directly into a garden. It is easy to move several stones but impossible to move a mountain. For such a small garden can not have space for a whole mountain. The only way to solve the problem is to use the artistic method of refining (extracting & bettering) and exaggerating. The artist must use a method of concentration, that is, to grasp the most typical features but give up the less important. This concept is the most important for rockery design. The theory mentioned above is often found in the traditional Chinese painting.

One of the secrets for success is that the designer must first have a very good grasp of an overall arrangement of the garden before he starts to build. Painters say "Peaks and Valleys Already in Mind". And the overall arrangement is embodied into two parts. One is to decide which element in gardening construction is the most important and how to arrange the relation between the most important and the less important elements.

An example is as follows with the master element being rockery, the second is a pool which is constructed in the rockery. Trees and other plants are only an embellishing of a rockery garden.

The major arrangement of the rockery is to put the main hill in the center with a little deviation in order to make it more natural, keep the main hill in the arms of the pool and set up a "guest hill" at the corner in the northwest. The unit becomes very clear which hill is the main and which is the secondary. The details of the main hill are as follows: there are two peaks with a deep, winding and secluded valley

through it (Fig. 5).

A good effect of rockery does not depend on one stone or peak but on the complex overall effect. We must understand what is the essential difference between the natural and artificial rockery. The natural rockery, after its formation, was separated into small pieces, even into sand, gradually by the influence of the environment. As the opposite situation, the artificial rockery has to be constructed from a number of stones.

Therefore the most important thing is how to combine one stone with another and create the feeling as though it is one.

The level we hope to reach is "Fine view to be seen from a distance, good quality to be found close up". The main hill in the garden stands very steep in the western side but somewhat smooth in the east.

The top of the main hill in the garden faces the west. And in the far western end outside the city stands a group of high natural mountains. These mountains can be considered as the mother of the

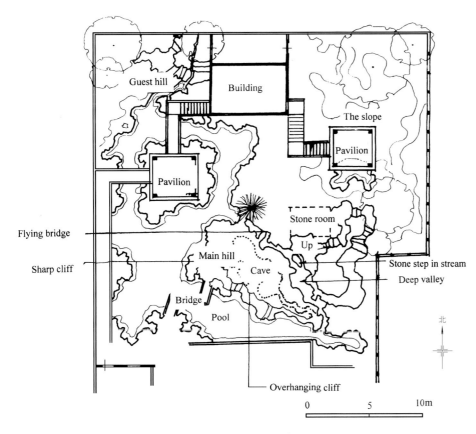

Fig. 5　Mountain Villa Embracing Beauty

manmade hill. In this way, it looks as if the artificial hill is turning his head and looking back at his mother mountain.

Groups of rocks in different forms can also express the type of terrain in Chinese rockery. By using different types of rocks, we can express a sharp cliff, deep valley, overhanging cliff, quiet cave or slopes.

The texture of the artificial rockery is also very nice to look at closely. When observing the rockery up closely, you do not see the individual rocks. We have a method of putting the stones together which makes the stones look as one.

During the construction of a cave's roof, we usually do not use a roof beam and column but use an arch design. The features of the limestone are expressed much better in this way.

The small garden has a winding path more than 75 meters long. The path is arranged so that it crosses the lake by a flat stone bridge, then turns east to a plank path built along the face of a cliff, then goes through a winding cave, then to a small bridge leaps over a stream between two sharp cliffs and finally ends at a stone room. Then one can spiral up to the top of the hill by a stone's staircase and cross a bridge overlooking a wide valley. Vistors are surprised when they turn a corner and find themselves at the peak. Looking through the arch of the cave at the top of the main hill, you can see another cave far away.

Near the main hill there were three trees: *Pinus Massoniana, Lager Stroemia indica* and *Acer Pictum*. Each of them can represent a feature of a season, and all of them were not big but very rich in posture just like in Chinese landscape paintings. This is an artistic method of "defeating the many with the few". After the summit, the path leads people to a very perilous flying stone bridge which looks like a natural barrier. From here people can look down a deep valley. When people in the valley look at the flying stone bridge, another view will appear: at the bottom of the valley floor there is a stream which winds up to some cliffs of the valley and disappears. There are some loose rocks at the foot of the cliffs

and standing up between two cliffs which is the flying stone bridge. The view is not overdone as if to show off but is done with much elegance. The designer also build low stone walls along a bank of the stream to protect the bank of the river. The designer slanted the wall inward at its base so the observer can not see where the water meets the wall. This situation is what you would see in many natural limestone river scenes.

It is not easy to build an artificial rockery that looks natural and does not have the look of man's work involved.

Water arrangement is also very good. The rain water falls down onto the roof of houses and down into the narrow streams. These narrow streams make waterfalls and deep pools as they move down to become large streams and finally rush down to a lake. There is a system of movement of natural water. The order of the system is: source, waterfall, deep pool, stream, pool or lake. All of these we learn from nature and we apply these systems in our artificial scenes. The only difference is we concentrate the scenes in the artificial situation when compared with the natural one.

5 Put the poetic feeling and the artistic conception of painting into garden

A famous poet and calligrapher, Su Shi in the Song Dynasty (960-1279), gave a high value to the great master, Wang Wei who was both a painter and a poet in the Tang Dynasty(618-907), and said this about him "One watching the painting of Wang can always find the poem within, and he will find the conception of painting in Wang's poem."

As to the art of garden, the garden must contain both a poetic feeling and an artistic conception of painting. But its appearance may be simpler and more concentrated than literature.

The forms usually used to get the two points across in gardens are the scenic name, on the front and top sign board and the antithetical couplet. Sometimes a stone carving is used to express a poem especially in certain scenic spots. It brings people more interest when they visit it. With this method, to make a simplest example, you can enjoy the singing of birds and the fragrant smell of flowers. If we build a carving stone with such couplets as: "look at who flowers laugh at, listen to what the birds say". Then people can enjoy both nature and human feeling. As I write, I think of an interesting couplet on the side of a stone Buddha sculpture at Lingyin Temple in Hangzhou. The name of the Buddha is Maitreya who always keeps a smile on his face and has a big belly. The couplet says "The Buddha always keeps laughing, he laughs at the people who ought to be laughed at all over the world". "The big belly can hold what is difficult to endure in the world". With such a couplet the scene will never be forgotten in one's mind.

Even a road for visitors can express man's feeling. In the Mt. Taishan there is a section called "eighteen sleep hairpin bends of staircases". This area is very difficult to climb. There is another section, which is much easier to climb, called "eighteen gentle hairpin bends of staircases".

After these two sections there appears a flat area where people can relax after traveling, a distance of 3 Li (equal to 1.5km), therefore its scenic name is "three Li of happiness".

At the foot of Mt. Taishan there is a beautifully landscaped temple named "Pu Zhao Temple". An old and tall standing pine tree stretches its thick branches and leaves downward. The most beautiful view here is when the moon is up. The moonlight shines through the leaves of the tree and is separated into innumerable light beams which are thrown onto the ground. A nice stone was set up and two words in Chinese were carved on it: "sifting moonlight". What a wonderful poetic feeling!

The designer built a pavilion near the tree, but the pavilion does not follow the normal Chinese traditional rules in building layout. The pavilion is named:" the pavilion of sifting moonlight". The construction is so reasonable that the moonlight can enter the pavilion easily. The corners of the pavilion is designed in a Southern China style where the tips of the corners of the pavilion are arch upward to a great extent, and there are no side walls. The couplets on the main side of the pavilion are written as: "make the roof corners stick up high in order to get moon light", "set no walls abound so as not to hide the hills from view". The couplet poem explains that every aspect in constructing a pavilion has to have its reason (Fig. 6).

The best example to show the method is an ancient private garden in Yangzhou, and its name is "Ge-garden". People can understand by its Chinese name that there must have a lot of bamboo trees in the garden. For the shape of "个"looks like the leaves of bamboo. This is the only garden in China which features the four seasons with Chinese artificial rockery. The garden is a poem in itself with great artistic mastery.

The first season is the "spring rockery". It is set up in front of a white wall. The gate of the garden

Fig. 6　Sifting moonlight

is something special—a gate without a door. In this way, people can look through the gate to enjoy the beautiful scenery inside the garden. The top signboard of garden's name on the wall above the gate is "opening in the wall" or "full moon gateway". There are also some "leak windows" in the wall. The Spring Rockery is set up in front of the wall on both sides. On the low terrace there are green bamboo stretching their stems and leaves into the air. And there are a few stalagmites, looking as if they were breaking the surface of the earth. According to traditional Chinese ideas, it means that every season has its own feature.

"Spring is a season of sprouting". And bamboo is the most typical example to express the feature of spring. In the middle of a spring evening, people can even hear the sound of the growing bamboo shoots clearly. The designer caught the most typical feature in the growth of the bamboo shoots. Rocks resemble the bamboo shoots which were set up near the root of bamboo, expressing the growing shoots. Visitors can easily associate the scenery with one old saying: "to spring up like a bamboo shoot after a spring rain". There is a poem written by Shi Tao, a famous landscape painter from the Qing Dynasty (1616-1972). It says "When spring comes, sedge germinates, we can always see clouds and water join together. In the summer, trees often create cool shadows on the ground, the wind blowing from the surface of water makes one feel cool".

The next one is the Summer Rockery. Summer is a season of growing. The Summer Rockery is made of Taihu Stones, which look just like summer clouds. In front of this rockery there is a pool with some lotus flowers. The Summer Rockery provides protection from the sun by having big trees all around casting their cool shade. A flat and winding bridge made of slate leads people across the pool and to climb an artificial hill through a big cave. Visitors can go up the stairs to the top of the hill and enter the pavilion. A cool breeze with a fresh smell of lotus flowers comes from the surface of the water. The Summer Rockery creates an elegant atmosphere just as it is described in the above poem.

Now let me explain the details of the Summer Rockery. Artificial caves usually get some daylight through the holes in the cave wall. There are some differences between natural holes and windows. In setting up the pillars of the cave, we combine a stone with another. This is to imitate a limestone cave. One important thing about the process is to make holes.

I would like to explain how stone pillars are made in detail. There is a pillar in a shape coming down from the roof of the cave at the entrance of the cave. There are two supporting rocks which lean against the pillar. The arrangement of the rocks results in the development of holes. One supporting rock is placed at the base of the pillar leaving a hole. The second supporting rock begins from the ground and arches up to the top of the pillar. The second rock also touches the first supporting rock. In this way the second rock forms 2 large holes. The first supporting rock is not very large, and to increase the size of the bottom hole, another rock is between the first supporting rock and the pillar. The pillar complex mentioned above is what one would see in making limestone formation(Fig. 7).

The climax of the garden is the Autumn Rockery. It was set up beside the main building on the right side. Autumn is a season of golden color. The ancient artisan created the feature by using yellow stones and some plants in autumn color. The following part of this poem tells us the feature of autumn "It is proper to have a bird's view from a hill in autumn. The field has turned golden color". The Autumn Rockery is built in accordance with the sentiment of this poem.

The artificial hill is outstanding both in area and height. There is a very small pavilion of the finest quality on the top of the Autumn Rockery. People can get there through a staircase in the cave. The staircase is built around the center column in a spiral form. The cave is separated into a lower, middle, and upper section. A skillfully made bridge connects the middle cave with the path. Underneath the bridge there is a large empty space. You may wonder why the pavilion on the top of the hill and the bridge across the valley is so small. It is because an artificial hill cannot be built on a 1 to 1 scale as it is in nature. If the pavilion and bridge are too large, they will destroy the balance of the scenery. The entrance of the caves has a variety of forms. All of these changes indicate the appearance of natural sandstone. The natural formation of sandstone is somewhat squarish. It is quite different from that of limestone. So every kind of stone must be built in a different way. Between some sharp cliffs there is a deep gully. One can enjoy the rockery from every angle when standing and looking up from this gully. You can feel as if you were in the real thing. But as a matter of fact, you are in an artificial setting and the total height is only seven or eight meters high. People can also enjoy different forms of scenery in the cave. Inside the caves, it is designed in order to make one feel as though fairies used to live there with some furniture. A stone bed is set up against the cave wall. A stone table is beside a stone screen. Seeing all these perhaps makes you remind of heaven.

Winter is a season of hiding. Here is another ancient Chinese poem: "Spring mountains are so light and simple, it looks as if smiling. Summer mountain is in dark green, it looks green, it looks about too below. Autumn mountain is so bright and fresh, it looks as if it has a new make-up on. Winter mountain is so desolate and dull, it looks about to go to sleep." As one can see from the content of the poem, the Winter Rockery is small and quiet. The designer chose a particular kind of stone which contains several minerals and whose surface is covered with a layer of quartz. White powder quartz in appearance is quite similar to snow. What surprises people most is the fact that one can hear the sound of the north wind blowing in through the holes in the wall and echoing back much more magnified. On the terrace stands an irregular *Chimonanthus Praecox* is planted.

Winter is the last season of the year but is soon followed by spring. Seasons change in turn according to the rule of nature. There is a big, round hole carved in the wall between the Spring Rockery and the Winter Rockery. In this way, through the hole one can see a part of the Spring Rockery while

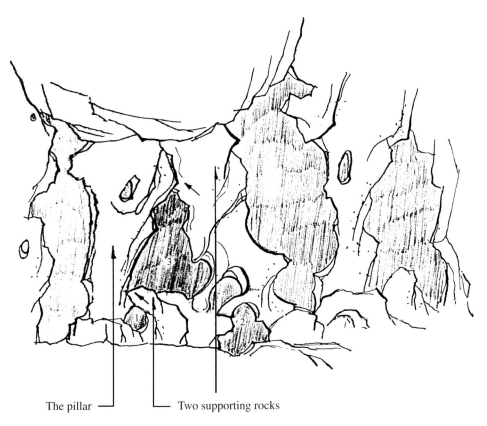

The pillar ──┐   ┌── Two supporting rocks

Fig. 7   Construction of cave in Summer Mountain

standing on the side of the Winter Rockery. One can be in winter, also can anticipate the coming of spring.

In short, the method of Chinese garden-making is just like the technique used in the Chinese literary composition. According to the Chinese way of thought: "Literary composition is a landscape on the desk and a landscape is literary composition on the ground". Garden-making is also like a drama. In every drama there must be an opening scene, a climax and an ending. Here the Spring Rockery is equal to an opening scene in a drama, the Autumn Rockery is equal to a climax and the Winter Rockery is equal to an ending.

I would like to say that various elements of a garden such as hills, lakes, waterfalls, rocks, plants, etc. are just only forms of a garden, and the real spirit of a Chinese garden lies in the sentiment of a poem and the meaning of a painting. Both poems and paintings express the will of human beings. Therefore, landscape in China is not only beautiful but also very rich in the educational meaning by expressing feelings in a poem and the artistic conception of painting.

6 Set up construction according to the nature of the mountains, hence gardens stay interesting and excellent forever

A complete garden must be constructed artificially but with a natural element involved. The artificial and natural elements need to be embodied into one integrated mass. If there is something wrong with the arrangement between natural topography and the artificial construction of the site, the natural element will not be expressed, thereby destroying the scene. The great artisan, Ji Cheng, left an aphorism "Do not damage mountains and forests. One ought to create more scenic spots with elegant music on a breeze with moon". We can find easily in many locations that a scenic spot or garden in China has been destroyed by construction of buildings outside. Building a huge and modern tourist hotel right by a natural lake with some ancient spots nearby destroys the natural views. Cutting the ridge of a mountain into a big stair-case to build a highway so that the rock can be used for construction also destroys natural features. But how can we build and modernize in the correct way with traditional approaches?

Emperor Qian Long solved the problem, and that can be found in a record of events inscribed on a stone tablet named "the record of events on tower hill on all sides". The stone tablet is still in the North Sea (Beihai) Park, Beijing.

It says "Buildings differ in height according to different locations, just as a mountain has a changing, winding shape of a ridge, and as water has waves to change its forms. Water cannot express beauty without waves. A mountain cannot have a spirit without changes in a shape of a ridge. So buildings also cannot express feelings without changes in height. But buildings cannot change the height themselves, therefore construction must be made according to the natural conditions of the mountains, hence gardens will stay interesting and excellent forever".

The best examples to show the theories mentioned are some garden buildings hidden in the valley at the Mountain Villa for the Summer, from which we can obtain some valuable experiences of mountain buildings.

First of all, we regard that mountain views with some landscape buildings must be created as a whole. The fundamental method is to put the landscape buildings in the mountain and make them combined into complete harmony just like milk and water. We must not reduce the natural rise and fall of the slope of the mountain and make terraces in a geometric style except in some formal designs. We had better keep the geomorphic view of the natural mountain and the buildings should be built in the proper proportion.

This theory is called "put the artificial beauty into nature".

In order to realize the theory we cannot build huge, single garden buildings. I am not saying that a large building will always destroy the natural topography. But in many situations we have to divide the whole big building into small buildings according to the size of the environment. When designing the roofs on each building: some roofs are different from others, we always make a traditional Chinese style. This method is most suitable for buildings in the mountains.

However, the position of each building is different from others. One of them is a main building just as a leading actor in a film. And the others have to be matched with the main buildings. After determining the arrangement of several buildings, we always set up some corridors to link the buildings and surround the complex with a wall. All of these buildings must be set up according to the conditions of the topography and geographic styles.

Although we set up more buildings in the mountain, we do not destroy the natural view of the mountain. Peaks will stand as what they did. Streams in the valley can flow forward as usual. If there are some contradictions between nature and the artificial constructions, we will make the artificial subject to the nature. In such way we are going to build a tourist road across a deep valley. We do not like to fill and level up the bottom of the valley with earth. We prefer to add a flying bridge. If the wall we build on the mountain blocks the stream from running down, we make a hole in the wall. In order to make a building on the slope, we prefer to fill with stones as to make a platform for the building, and also make some narrow but high arches to let the water pass. All of these ways can create more atmosphere of a natural mountain forest.

The master key to solve the problem of the contradiction between the nature and the artificial construction is "make the artificial construction subject to the nature on a whole, but make the nature topography suit the artificial in part".

Certainly the best direction for setting up buildings is facing south. If the valley is facing north, we could also make the building face north. It is difficult to find a big piece of flat land in a mountain. However, it is possible to find some small pieces of flat land in a mountain which can be used to build without destroying nature. That is why we separate a whole garden building into parts. A part of a hill or valley can be flattened and still does not produce a bad influence on the natural view. The difficulty lies on how to find such place in a mountain which seems impossible

to set up a garden but can be successful by racking one's brains. It is the difficulty itself that can make the gardens even more wonderful than ordinary. There is a phrase in Chinese philosophy "meet difficulty first and succeed later". It is quite easy to find excellent examples from Mountain Villa for the Summer.

Chinese architects usually divide traditional Chinese buildings into several kinds. One of them is a main hall called "Tang", which is the biggest one in the garden and can get the best views. Another kind of building which is open on all sides is called "Xuan". A building which is somewhat hidden in a quiet atmosphere is named "Zhai". A simple but elegant building which imitates a residence of a village is called "She".

Each building has its own position as people do."Tang" expresses an impressive position which is quite outstanding. But both "Zhai" and "She" must be very deep and quiet, and not too obvious. We can also find different positions for different parts of a mountain. The peaks have a high position which is noticeable. They also give people an impression of being tall. So the position of peaks is very much like that of the main hall "Tang". A valley or a col of the mountain has a position of mountain residence. It cannot be seen directly from outside and it is quiet and secluded. A terrace stretching out in the mountain is always open on all sides, from which one can watch the views all around. Then we find the parts of the mountain have similar positions as buildings.

Peak's position is similar to "Tang". Valley's position is similar to "Zhai" and "She". And the position of the stretching terrace is similar to "Xuan". If we combine a building with the part of the mountain which has a similar position with the building, the feature of the both two will be strengthened and make harmonious with each other. But if not, it is impossible for us to get excellent effects.

The ancient artisans of Chinese landscape architecture understand this deeply. That is why the scenic spots or gardens they designed could succeed through an artistic effect of using something very new and extraordinary.

Brief Discussion on Scenery Supporting From

As a later scholar, I would like to sincerely commemorate the 430th birthday anniversary of Ji Cheng, the master of ancient Chinese landscape architecture, and I thank him very much. *The Craft of Gardens* (Yuan Ye) written by Ji Cheng is the book which I have been studying in all my life. It established the cultural basis of traditional Chinese landscape architecture, and inherited the tradition of Chinese landscape architecture. The principle in the book "Select ancient style to suit for current needs" expresses the idea that landscape architecture should develop with time. It is scientific and correct.

1 The Approach of Scenery Supporting From

The Craft of Gardens has a chapter especially discusses about scenery supporting from and emphasizes "scenery supporting from is the most vital part in landscape design". At first I believed from his theory that scenery supporting from means borrowing sceneries outside a garden. For instance, the Summer Palace borrows scenery of the tower on the Jade Spring Hill. This is obviously different from Ji's idea of scenery supporting from. Such difference pushed me to further

my understanding the meaning of scenery supporting from in Chinese ancient writing. The word jie has the meaning of "to support". Thus, the true meaning of borrowing scenery is "scenery supporting from" site conditions. Therefore, I firstly created the order of traditional Chinese landscape design with the hexagon model at six angels which are conception setting up, site observation, name asking, scenery supporting from, general arrangement, and detail design. Finally I improved it by adding idea development and centering scenery supporting in the model (Fig. 1). It is nearly close to the original meaning of the book.

The core theory of scenery supporting from is that "skillful design depends on basis of supporting; exquisite points depend on embodying the strong points". Namely, the most skillful part is to recognize the causality of the universe. In "set up bridge between the unfordable torrents" and "construct stairway over flying cliffs", torrents and cliffs are the causes, bridge and stairway are the effects. "Build bridge because of torrents" and " set stairway because of cliff" demonstrate causality.

The inscription of *The Craft of Gardens* states that sites and constructers are different, but no one can compare to Ji Cheng in using the supporting approach. The exquisiteness is to demonstrate the appropriate conditions of the site. The basic condition for design is future of site, and the basic approach for site is appropriateness. To show the different appropriateness in garden-making needs "to appropriately analyze the site, and then obtain the fine result of the garden".

There are three thought-methods which can be adopted to implement scenery supporting from. Firstly, scenery is coming with opportunity. The start of the chapter" On Garden" states that "scenery is coming with opportunity", namely, scenery supporting from

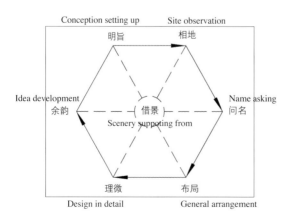

Fig. 1
Theory of scenery
supporting from

Fig. 2   Splendid Sunset Building

Fig. 3   Silver mice race in climbing

is based on site conditions with opportunity. Time, place, and any beloved thing can be used as references in scenery supporting from. Scenery supporting from can be implemented when opportunity occurs, and in different ways because of different opportunities.

An example is "Splendid Sunset Building" in the court, Hall of Jade Ripples, in the Summer Palace. It faces both east and west, so it is always exposed under the sunshine. The designer cited a poem by ancient poet Tao Yuanming, "The mountain view is splendid at sunset, while birds fly back to nests together", and named it Splendid at Sunset Building. The building made the best of site condition that it faces westwards Kun-Ming Lake, and an artificial rockery valley was constructed on its eastside where huge tree crowns attract birds. A poetic couplet on the building describes such fantastic scenery "Nightingales behind leaves hide at the bottom of valley, and baby ducks eating flowers on surface of water gather at the corner of pond". This is a good example that a designer found a perfect concept from the imperfect (Fig. 2).

A stone in a mosque in Xi'an City is about one meter high, and does not match the traditional aesthetic standard of stones, namely, "penetrating, porous, slim, wrinkled, and boorish". The stone is in dark grey with dense white papillae. It looks like enlarged goose bumps; no one can find any beauty of it. However, the stone is under the corner of roof, and when it rains heavily, rainwater runs between the papillae. Because of the optical illusion, it creates a vivid spectacle that "silver mice race in climbing"(Fig. 3).

Secondly, "there are no specific reasons for scenery supporting from, but that is all right by making one move". It is hard to touch one's heart by artistic approaches, but it can be done. Artist Xie Tian summarized the principle as "Unexpected but reasonable". For art anything unreasonable is not sound. Something reasonable, however, is not good enough. The only "effective" approach is "unexpected". Artistic creation requires that a designer has innovative ideas beyond others.

Here is a Tang Dynasty Buddhist temple named

Fig. 4   Tall pine sifts out the moonlight

Shining Anywhere Temple at the foothill of Mt. Tai. A thin, tall, lush and branch-twisted pine tree is located at the northeast corner of the temple hall. It is the most beautiful time when the moon light passes through the branches of the pine into numerous limes, just like sunshine in a forest in early morning.

Such image is beloved and admired. It is not only a simple natural beauty, but also fits to site condition. The designer should be good at melting social beauty into natural beauty and creating the artistic merits of landscape architecture.

First of all, find a name for scenery supporting from. "Tall pine sifts out the moonlight" straightly expresses the meaning of the scenery. Sifting by sieves is reasonable, but sifting moonlight is unexpected. A pavilion called "Sifting Moon" is built nearby, the couplet states as following "In order to obtain the moonlight, roof-ridges lift high, no walls are erected because of avoiding to hide mountain views". Lifting roof-ridges is compared to obtain more moonlight, and empty enclosure is for watching vista. This pavilion definitely matches the principle " build a pavilion where a pavilion is suitable; build a shed house where a shed house is suitable"(Fig. 4).

The West Lake in Hangzhou was built as a site of waterscape, so it followed the principle of site observation, " dredge the water ways up and down, and observe the history of them". The West Lake was a lagoon, the water came from the Golden Sand Creek where water was from Ling Yin cold spring at the foot of Mt. Tian Zhu (means India) and surface water merges. Mountains surround the lake from three sides, and provide a remarkable landscape resource, in accordance to the traditional water management approach, "to control water by setting waterway, deeply dredge beach, build low weir".

In order to dredge the West Lake, to connect the Lonely Hill with the west bank of the lake, and to divide the water, the east-westward Bai Dyke and Broken Bridge were built in Tang Dynasty.

In Song Dynasty, mud dredged from the lake was used to build the south-northward Su Dyke with the Six Bridges on it. In Ming Dynasty, mud from the lake was used to build the main islet, Small Wonderland, and the guest islet, Lake Central Pavilion. In Qing Dynasty, mud from the lake was used to build the adjunctive islet, Ruan's Frusta. Thus, the landscape layout of the West Lake has finally formed like a painting reel: the lake is surrounded by mountains; the islets are surrounded by the lake; long dykes are crossing the lake; the lake is separated into inner and outer water space; and islets spread in the lake. Ancient Poet Su Dongpo praised it that no one can see the whole West Lake. The scenery had been formed as a scroll of landscape painting during 5 dynasties for thousands of years. This explains that the site develops its own natural attractions without

Fig. 5   Map of the West Lake, Hangzhou
Fig. 6   Half Pavilion of Faithful Cypress
Fig. 7   Be loyal and patriotic

much human construction. Furthermore, it shows the philosophies of "outstanding people and wonderful land" and "wonderful resorts because of human being" under the cosmic view that human is an integral part of nature. That is why landscape in China is always a famous and historic area(Fig. 5).

Not only macro planning is based on scenery supporting from, but also designing for scenic spots. The Tomb of Yue Fei in Yue Fei Temple shows "skillful design depends on supporting, and coming with opportunity". A half-pavilion was built between two entrances which allocated a wood fossil called "faithful cypress". Legend says that the cypress withered to show its faith after it witnessed the murder of General Yue Fei (Fig. 6). The fossil is real, and humanization of the fossil is romantic. The wall against the pavilion represents Yue Fei's back with the words "be loyal and patriotic" which Yue Fei's mom tattooed on, so that patriotism education passes (Fig. 7). Since Yue

Fei was known as a military hero who protected China and consolidated national defense, and Chinese national defense was described as "Golden city wall and boiling water moat" (Fig. 8). A stone wall divides the cemetery into 2 parts(Fig. 9). In the outer, there is a pond and a bridge called Golden Water to represent moat. Therein, a well called "Faithful Spring" is located at the northwest corner. At the stone entrance of the inner, there are the kneeing statues of Qin Hui and his partisans who murdered Yue Fei, these bad persons have been hated for almost one thousand years. There is a couplet on the both sides of gate saying "The verdant mountain is lucky to be the sepulcher of an illustrious man, whereas innocent iron is unluckily to be used to cast a treacherous courtier" (Fig. 10, 11).

The third and the highest level of scenery supporting from is that "clever and resourceful result comes from the deepest thoughts". The best artistic effects of scenery supporting from comes from deepest

Fig. 8　Boiling Water Moat
Fig. 9　Stone wall at the west of the Golden Town
Fig. 10　Poetic couplets at the Temple of Yue Fei and the Mutilated Cypress
Fig. 11　Tomb of Yue Fei

thoughts.

The scenery in the Tomb of Yue Fei does not only praise the loyalists, but also repudiates the betrayers. The designer found out the most spiteful thoughts of Chinese to enemy, "The hate won't lessen, unless the enemy is chopped into pieces".

Furthermore, a cypress is used to represent Qin Hui because cypress and Hui is the same word in Chinese. The most brilliant thought is that the trunk of a cypress is split by thunders and its branches fall down to the ground, called "Mutilated Cypress ".

Unfortunately, the original cypress died and the alternate one does not have the same effect. You may find four cypress trees in Mudu, Shuzhou which are damaged by thunders with delicate, strange, pristine and quaint images, and therefore we can image the strong artistic effectiveness of the original Mutilated

Cypress (Fig. 12).

2 Analyze Famous Gardens and Attractions Using Scenery Supporting From Theory

It goes easier to understand and analyze ancient famous gardens because of the scenery supporting from theory in *The Craft of Gardens*. The theory can help to understand "Although artificial, it appears natural", and the true essence of Chinese landscape architecture which creates poetic and pictorial spaces.

The Resign and Rethink of Fault Garden in Tongli, Suzhou expresses the meaning that the owner had fatal fault so that he had to resign and rethink of his fault in the garden (Fig. 13). The front title of the moon gate is "Hut for Resign and Rethinking of Fault", and rear title is "Locked by Cloud and Drizzle". The words show the

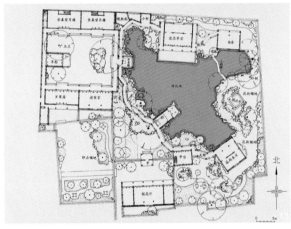

Fig. 12   Four Cypress Trees: Delicate, Strange, Pristine and Quaint
Fig. 13   Plan of the Resign and Rethink of Fault Garden
Fig. 14   The entrance of the Resign and Rethink of Fault Garden
Fig. 15   The gate of the Resign and Rethink of Fault Garden
Fig. 16   The entrance court of the Resign and Rethink of Fault Garden
Fig. 17   Boathouse of the Resign and Rethink of Fault Garden

Fig. 18   Nine windows in the Resign and Rethink of Fault Garden

harmony between human and environment, placid and blear (Fig. 14~17). The Water Fragrant Pavilion behind the gate uses wooden grilles to block views, and then landscape leads visitors turn right. The past owner, Ren Lansheng, had an unfavorable official career, and finally resigned, so he had much complaint but could not speak out, so that the Nine Turnings Corridor is used to hint the owner's experience. Nine turns with nine windows, and each window has one word. The nine words shows the thoughts of the owner, "Sweet breeze and brilliant moon is splendid view without payment"(Fig. 18). The words have similar meaning of the words in the Blue Wave Pavilion, "Sweet breeze and brilliant

moon are no price, faraway mountain and nearby water are affectionate". The owner of the Blue Wave Pavilion was in leisure, while the owner of the Resign and Rethink of Fault Garden was full of grumbles but could not say a word. My position is dismissed, and my salary is cut, but I still have sweet breeze and brilliant moon to enjoy without any payment. There is a stone boathouse called "Disturb a Boat in Red" beveling out of the corridor (Fig. 19, 20). In literature, the name means red golden fish scrambling for food, but the owner used it to express his hope of reappointment. Later, he was really reappointed position. He wanted to express his mind in the garden, "I have no achievement but I really put in a lot of sweats. Why I was treated in such indifferent way?" Thus, the high Laborious Stage and the plummeted Autumn Rain Causing Coldness Pavilion were built. A half-corridor is built outside the gate of the garden, full corridors are used in the garden, and a storied corridor is constructed near the Laborious Stage. The dramatic descent from the storied corridor to the building "Water plants make one cold", and the aquatic plants under the stage create a drear state, demonstrating "scenery is from bourn" (Fig. 21). The Sleeping with Clouds Pavilion on rockery hole expresses the negative emotions of no desire to compete with others and nothing to worry about, but the name is elegant (Fig. 22). The Music House means enjoying happiness in a sorrow life, and then a hall is made of straw.

How could a small private garden keep exciting

Fig. 19   The Water Fragrant Pavilion

Fig. 20   Laborious Stage implying hard work, is linked to a storied corridor, which goes down dramatically and reaches Autumn Rain Causing Coldness Pavilion

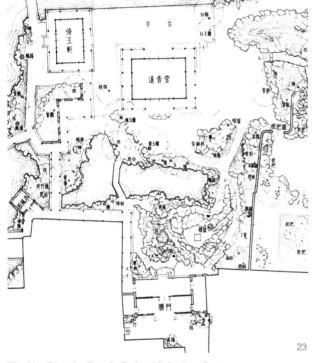

Fig. 21   Disturb a Boat in Red and Laborious Stage
Fig. 22   Sleeping with Clouds Pavilion
Fig. 23   Plan of Humble Administrator's Garden (eastern part excluded)
Fig. 24   "You must get a feeling when you stand at the top of the mountain"

though it is visited daily? One approach is "to delight visitors through openings in the wall". The cluster of openings in the wall in a garden is the reason to cause the affect. The chapter "Site Analysis" says that "the site of a garden you would face any direction with high or low topography; the shape of the ground will have its natural highs and lows. Delight visitors through openings in the wall, gain scenery according to the shape. The site could be close to mountain with forest, or connect to stream and pool."

The Humble Administrator's Garden has good site condition that it is located at lowland. When visitors go though the wicket, the routine goes down clearly. Inside the wicket, there are eastern and western corridors, and a rockery in the north used to block the view. A pond north to the rockery solves the layout that the Hall of Faraway Fragrance faces south, and is in the situation of embracing Yang against Yin. Visitors can go though the two corridors, named as "Left Connecting" and" Right Reaching", or along the eastwards and westwards ways between corridors and walls, or over the rockery and though the cave. The different routines with

Fig. 25   South Gate of Heaven, Mt. Tai
Fig. 26   Steps to South Gate of the Heaven
Fig. 27   Peek of Jade Emperor
Fig. 28   Summit of Mt. Tai

specific spatial characters match the standard of "to delight visitors through openings in the wall" (Fig. 23).

Mt. Tai was a sacred place in ancient China to worship the Heaven and the Earth. It is hard to create a landscape in the sky. The designer did not set sky gate at the mountaintop, instead he used long steps between two cliff peaks to build the South Gate of Heaven at the end of the sight from foothill, as if the gate is in the sky. It definitely fits to the impression from fairy novels so that tourists inwardly acclaim. The mountain roads are named "Hasty Eighteen Bends" "Slow Eighteen Bends" "Moderate Eighteen Bends" and "Happy Three Miles". The water collecting from streams falls down from a projecting stone. The sentence on it means moistening all creatures, saying "to spread all benefits to the common lives". At last, the stones at the peak are enclosed in the courtyard, where visitors can look down at the rocky landscape, and experience the ambition that human being is the peak of high mountain when climbing up to the top of mountain, which means human being can triumph over nature under the theory that human is an integral part of nature (Fig. 24~28).

3 Contemporary Design Practice Guided by Scenery Supporting From Theory

In 1980s, a botanical garden was proposed to build in Shenzhen. Prof. Sun Xiaoxiang named it Shenzhen Fairy Lake Scenic Botanical Garden, and I took in charge of the design. The Fair Lake was proposed based on the two hill streams, which are never dry, and previous site name was Big Hill Pond. Herb Islet was built close to the north bank. The main view of the lake called the Depths of Bamboo and Reed was built at the slope with bamboo, based on site survey, and following the principle, "Settling wherever is suitable, and gain scenery by opportunity", which implied "to accommodate guests in the depth of Bamboo". Two wharfs were built in the east and west banks, named the Rural Wharf in Reed Land, and the Immortal Wharf in Valley Pond. The East wharf emphasizes rural landscape, while the west wharf implies "Eight immortals crossing the sea with their own magical power". An aquatic botanic garden was designed in the lower valley where water is coming, and named Flowers Clustered in Curving Gulf.

A hilly miniature garden called Visual Tour in A Small World was supported from the streams running through the hill. The Pavilion Good for Both was built on the ridge at the border of hill and lake, for facing upwards to mountain, and looking down at the reservoir. All the scenery was designed based on the different site conditions, and now, it has become Shenzhen citizens' favorite place for leisure (Fig. 29~34).

In Hangzhou, a productive flower nursery was proposed to turn into a garden for leisure and visit, and build a new vista point to appreciate the view of Twin Peaks Reaching Clouds. We designed an island in the midstream of Golden Sand Creek, with a pavilion in the front and a high building in the rear. The major attraction, Looking Cloud Building, has a poetic couplet, saying "Look down from east to west of the Golden Sand Creek; look up at the clouds surrounding the twin peaks in both south and north". The southwest corner of the garden rises 9 meters high, and is close

Fig. 29   Fairy Lake Botanical Garden, Shenzhen
Fig. 30   Bird Eye View of Fairy Lake
Fig. 31   Depths of Bamboo and Reed
Fig. 32   Herbal Medicine Islet in Fairy Lake
Fig. 33   Bridge to Lock Dragon
Fig. 34   Pavilion of Good for Both

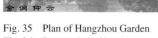

Fig. 35   Plan of Hangzhou Garden
Fig. 36   Perspective of Looking up at Clouds from Golden Creek
Fig. 37   Looking up at Clouds from Golden Creek

to an intake of the Qiantang River, therefore, a scenery attraction called Elegant Water on Beautiful Rock was created to show rockery and water fall, as well as water plants. The miniature garden is designed in circular routine instead of in the style that scenery is on one side, while wall is on the other side, so the citizens in Hangzhou love it very much(Fig. 35~39).

The chapter "Rockery" in *The Craft of Gardens*

Fig. 38　Spirit Tour of Cleansing Waterscape
Fig. 39　Elegant Water on Beautiful Rock

says, "make artificial view according to nature and make artificial become natural", and "make a part of artificial rockery full of interest and a little stone showing feeling". I finally mastered the basic rules of rockery construction by learning from rockery craftsmen at the construction sites. The main entrance of the Chinese Academy of Engineering faces to northwest, so that after they enter, people have to turn east to go inside the building. Obviously, the entrance needs an opposite setting and guide people eastwards, so I proposed a Screening Rock with Logo.

In order to express that an academician serves people, I proposed a theme called "bowing like a willing ox for people". I went to Fangshan by myself and found a rock which looks like an ox ploughing energetically. The rock was placed horizontally with bowed part facing east and lower part facing west, acting as a trend facing east, so that it naturally guides people to enter the building. In addition, plants are incorporated in harmony with rock (Fig. 40).

The Elegance of Landscape in the 2008 Olympic Forest Park, transformed the topography from a straight slope into a valley with a bend stream. The grade of the slope was halved in order to avoid soil erosion by runoff. Cave was selected as a basic element for rockery because of the meaning of deep valley. How deep are the caves? Springs with multiple sources flow down to a clear pond. "Clear" implies peaceful. Athletics from countries all over the world get together here to compete in the Games because of peace. Springs imply countries around the world, and clear pond implies the peaceful place where they gather (Fig. 41, 42).

In the site of 2013 Beijing National Flower Expo, a large rockery called Elegant Sound in Prosperous Age is designed to deal with a huge dump pit of 18 meters high. The 16 meter-high rockery has 8 meters slow water flow and 8 meters steep water fall. Slow flowing water consisted of cascade and slipping water.

The main waterfall includes a multi-layered cave, stalactites hanging upside down, water curtain in front of the cave, and large cliff with stone inscription, saying, "for all the lives", "make the ugly beautiful (previous dump pit)", "musical instrument with no string", and "may not require instruments of stringed and woodwind, there is cool music in landscaping". There is an islet in the waterfall with dense tree on it

Fig. 40   The Screening Rock with Logo, Chinese Academy of Engineering
Fig. 41   Model of the Elegance of Landscape

and aquatic plants along water, which perfectly matches the plants (Fig.43).

In order to easily pass the plan and supervise construction, I invented a skill of making rockery model which uses iron to burn polystyrene resin. The rockery model looks like real, and has similar texture to stone. This skill is an obviously new development and innovation, compared with the pass skills of rockery model (Fig. 44).

Master Ji Cheng had drawn a concise and poetic summary on Chinese landscape architecture. We ceremoniously commemorate him, and do our best to inherit and develop his academic thought. Master Ji Cheng is immortal!

Fig. 42   Model of the Elegant Sound in Prosperous Age

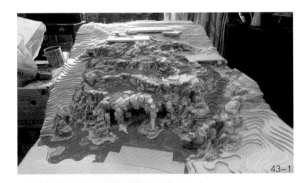

Fig. 43   The Elegance of Landscape
Fig. 44   Model of the Rockery of Watching Eyebrow in Mirror Pond

Traditional Chinese Gardens in Suzhou

Suzhou was firstly built in 514 CE. The city is located in the south of Lake Tai and the north of the Yangtze River. The affluent water resources, coupled with undulating hills and greenery make Suzhou a city of gardens. Traditional Chinese gardens are classified as private garden, royal garden, garden in the temple, and garden in the historic or scenic place. Private gardens in Suzhou are typical in the southern area of the Yangtze River and reach the summit of traditional Chinese landscape architecture. There is a Chinese saying "the gardens in the *Jiang Nan* are the best ones in China, and the gardens in Suzhou are the best ones in *Jiang Nan*." Water is the soul of traditional Chinese gardens, along with ornamental plants and the beautiful *Tai Hu Stone* (a kind of limestone from Lake Tai used to construct artificial hills in the garden). Since Suzhou is located at the subtropical monsoon region, the climate is temperate, humid, and rainy. The ancient gardens in Suzhou are characterized by the white-painted wall, black tiled roof, brown pillar, and corridor-linked building. It is a style of simplicity and elegance (Fig.1~3).

An intellectual in ancient China could play multiple roles: poet, painter, and gardener. Moreover, an ancient Chinese philosophy of "unity of heaven and human beings" determines certain aspects in literature, painting, and garden-making. In literature, said philosophy determines the state of "to merge oneself into the surrounding" and a creating method of "*Bi* (metaphor)" and "*Xing* (heart-expression by metaphor)". In painting, said philosophy determines the state of gaining "inspiration from insight by thinking," gaining "from the outside by learning from Nature," and creating a method of "seeking all amazing peaks to sketch a painting". In garden-making, said philosophy determines the state of "artificial, but looks natural" and a creating method of designing "according to site conditions (*Jie Jing*, literally means borrowing scenery)". Aesthete Li Zehou praised Chinese Garden as an experience of "naturalizing human being and humanizing nature". The latter means using approaches of literature and painting to create gardens. Philosopher Guan Zi (719-648) said, "Human being shall harmonize with mother nature and consequently beauty will follow." The landscape architect extracts ingredients from society to form ideas, then integrates those ideas

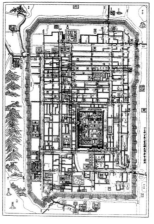
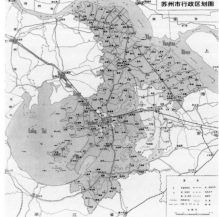

Fig. 1   The map of Suzhou ancient region   Fig. 2   The map of Suzhou 800 years ago   Fig. 3   The map of Suzhou region

with nature to create gardens. In order to build a superb garden, we must take natural surroundings and people's perception into consideration (Fig.4~7) .

The design process of the traditional Chinese garden with the principle of Jie Jing can be summarized as task analysis, site analysis, conceptual design, layout arrangement, detailed design and post construction improvement. Moreover, the name of the scenic spot is able to allow visitors to realize conceptual ideas behind the design. *Cang Lang Ting* (Pavilion of Dark Blue Wave) ,built in Song Dynasty, is an example of imitating artistic conception of *Chu Ci* (Elegies of Chu). Furthermore, the Garden of *Zhuo Zheng Yuan* (Garden of Humble Administrator) is one of the best gardens in Suzhou. It was named after a famous Chinese poetic essay named "Ode of Leisure Life" by poet Pan Yue. Since the owner of Zhuo Zheng Yuan praised lotus's merit of unstained after sprouting through filthy mud, most of the scenic spots of this garden are related to the lotus, such as the Hall of Distant Fragrance (*Yuan Xiang Tang*), the Boathouse of Fragrance (*Xiang Zhou*) and the Pavilion of Fragrant Snow and Rosy Cloud (*Xue Xiang Yun Wei Ting*). The Lingering Garden (*Liu Yuan*) got its name because it was the only garden remaining (in Chinese *Liu* means remain) after a major warfare. Song Zongyuan of Qing Dynasty named his garden the Garden of the Master of Fishing Nets (*Wang Shi Yuan*) to express his tendency towards seclusion. Most of the scenic spots' names in the garden are derived from the activities of fishermen, woodmen, farmers and scholars where the majority of ancient Chinese hermits are from. For example, the Woodman's Breezy Path (*Qiao Feng Jing*), the Studying House Facing Five Peaks (*Wu Feng Shu Wu*) and the Open Hall for Enjoying Pines and Appreciating Paintings (*Kan Song Du Hua Xuan*). The Mountain Villa Embracing Beauty (*Huan Xiu Shan Zhuang*) shares the same name with one of its halls. The said hall is superbly elegant because it is surrounded by the rockery (Fig.8~12) .

If a clear objective is established to build a garden,

Fig. 4   The white-painted wall, black tiled roof, brown pillar, and corridor-linked building

Fig. 5   The traditional Chinese painting

Fig. 6   The traditional Chinese garden

Fig. 7   The design process is centered on the principle of Jie Jing

Fig. 8   The Pavilion of Dark Blue Wave

Fig. 9   The Garden of Humble Administrator

Fig. 10   The Lingering Garden

Fig. 11   The Garden of the Master of Fishing Nets

Fig. 12   The Mountain Villa Embracing Beauty

then the designer needs to choose an appropriate site. The principles adopted to choose sites should use the experiences from older generations. The site of the *Zhuo Zheng Yuan* was used by Lu Guimeng, a poet of Tang Dynasty. There are ponds, rockery and vegetation. So it looks like a rural villa inside the city. Xu Taishi, the owner of Liu Yuan in Ming Dysnasty, "had a family member good at rockery construction. He made fantastic rockery and stone settings, which were surrounded by flowers and bamboo." *Wang Shi Yuan* inherited its genres from the garden of Library with Ten Thousand Books (*Wan Juan Tang*) and the Garden of Fishing Hermit (*Yu Yin Hua Yuan*). The Mountain Villa Embracing Beauty (*Huan Xiu Shan Zhuang*) was built on the foundation of a temple, which used to be

Wang Min's Mansion in Jin Dynasty. Site investigation and garden layout is inseparable. The investigation shall consider all virtues of the site and reveal the specific characteristics of the site through layout, arrangement and detailed design. Da Chongguang, an artist of Qing Dynasty said, " A composition is the landscape on a desk, and the landscape is the composition on the desk". Layout requires precise arrangement, which emphasizes the designing steps of beginning, continuing, turnaround, climax (*Qi, Cheng, Zhuan, He*), spatial separation and organization. A good garden makes visitor's daily visit enjoyable, especially the excitement when visitors cross "through gates." Gates provide interface for spatial switch. Besides the gates with doors, hollow gates with meaningful shapes

Fig. 13   The excitement when visitors cross "through gates"

Fig. 14   Wisteria planted by Wen Zhengming

connect the spaces on both sides (Fig.13) .

After one passes the front gate of *Zhuo Zheng Yuan*, an aged Wisteria is planted by artist Wen Zhengming on the left side with an inscription engraved on the wall. An alley leads to the second gate, the entrance of the garden. A rocky wall made of yellow stone blocks the visitors' sight. The topography of the garden is steep in the south and gentle in the north. A terrace is on the top of the rocky wall and a cave on the bottom. Six trails are available to visitors: the first trail goes through the gate of "*Zuo Tong* (Passing through the left)"; the second trail goes through the gate of "*You Da* (Arriving from the right)", the third trail is at the left side of the rocky wall and the fourth at the right, the fifth trail goes through the cave, the last trail crosses over the top. The Hall of Distant Fragrance is in the designed step *Cheng*, the rockery court and water court in the east and the west are in the designed step *Zhuan*, and finally the Pavilion of Fragrant Snow and Rosy Cloud is in the designed step He, where the whole garden can be overlooked. The layout arrangement first establishes the pattern of landscape, in which water is the protagonist and rockery is the costar. Water serve as a foil to make rockery lively and on the same token rockery makes water elegant. The layout of waters can be set in three ways in a garden, namely, to give impressions of widely afar, seclusively afar and mistily afar. Likewise, the layout of rockery can be set in three ways, namely to give impressions of highly afar, flatly afar, and deeply afar. Widely afar emphasizes congregation: "water looks wide when congregated

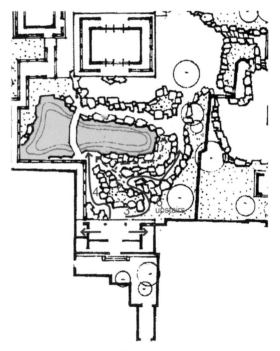

Fig. 15   Six trails are available to Zhuo Zheng Yuan

together; on the contrary, water looks winding when separated apart." (Fig.14~17)

Views are created in the garden because of water. The center of the garden is a low plash. The designer dug the plash and broadened it into a pond. The mud was piled up in the middle of the pond to form an artificial mound which splits the water, one part to the north and the other to the south. The body of water in the south is bigger and nosier than in the north. A gully divides the artificial mound into two parts, one is larger than the other. Three lines of sight in depth across the

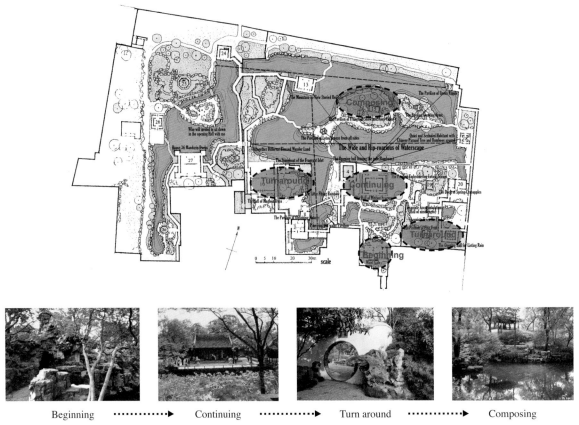

Beginning ···········▶ Continuing ···········▶ Turn around ···········▶ Composing

Fig. 16   The general layout of the garden of the unsuccessful politician

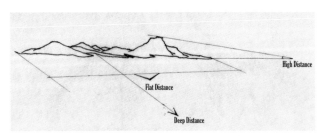

Fig. 17   The rockery with three kinds of distance

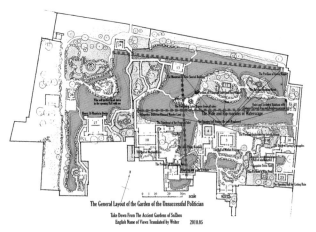

Fig. 18   Three lines of sight in depth across the water

water, one in the north, one in the south, and the other from southeast to northwest, are within the pond surrounded by luxuriant trees and bamboo. Though there are many buildings, they all centered on the pond. The hill to the east, the water to the west, buildings in the garden and various courtyard complexes, adjust accordingly to the topography of the site. The large garden is divided into small gardens which are integrated by corridors and pergolas. Because of such design, visitors are able to tour this garden circularly. The "Flower Pattern" pavement not only uses local and anti-slip materials, but also implies specific meanings, such as the pattern of cracked ice for the Hall of Nimbleness (*Ling Long Guan*) and the pattern of crabapple flower at the Dock of Spring Crabapples (*Hai Tang Chun Wu*) (Fig.18~20) .

The middle area of Liu Yuan is divided into two parts, east and west. The western part starts from the Gatehouse and the Dooly House respectively. An enclosed alley leads to a series of spatial changes: straight and flexural, wide and narrow, light and shadowy, long and short. An open view is revealed at the end. The Court of Old Intertwined Trees (*Gu Mu Jiao Ke*) and the Cottage with Flowery Path (*Hua Bu Xiao Zhu*)are ingenious, leading visitors westward to the Mountain Villa of Cold and Green (*Fan Bi Shan Zhuang*). The villa tries to represent the artistic concept of emphasizing "the cold green water". Its terrace extends north to a large pond. The Pavilion of Smelling Fragrance of Osmanthus (*Wen Mu Xi Xiang Xuan*) towers up at the west of the pond. The Storied Building of Winding Gully (*Qu Xi Lou*) and the Celestial Hall of Five Peaks (*Wu Feng Xian Guan*) is on the east bank. Pergolas over water are used to connect the stone isle. A mound is piled in the north and a small pavilion called "Feasible pavilion" is built on it to control the space (Fig.21~26) .

The eastern court arranges views around the Cloud Capped Peak (*Guan Yun Feng*) standing in the Washing Cloud Pond (*Huan Yun Zhao*), the front halls and the rear buildings show themselves in concert. The court of the Open Hall of Bowing to Peaks (*Yi Feng Xuan*) is a small space organizing together all the rocks, flower beds, corridors, walls and lattice windows. The narrow space north to the pavilion is for planting bamboos and arranging rocks. From the inside of the building, an Intentional Painting (*Wu Xin Hua*) is unfolded in the One-Foot-Wide Window (*Chi Fu Chuang*) . It looks more attractive by being viewed from dark to bright. Following the corridor, the "view changes with different steps;" the Small Court of Rock Forest (*Shi Lin Xiao Yuan*) where bamboo twigs stick out of the lattice windows and old vines climb through the rock holes, shows us how to make the small space looks vast. It is a place to show the splendid quality of Liu Yuan (Fig.27~35) .

Wang Shi Yuan decides the theme "fishing net", so the square pond looks like an open net. In the west of the pond, there are the Pavilion of Arriving Moon and Wind (*Yue Dao Feng Lai Ting*) and the West Covered Corridor (*Xi Lang*); inlet, stone dock and stone bridge are allocated at the northwest corner; a stream winds

Fig. 19   From east to west

Fig. 20   The pattern of cracked ice for the Hall of Nimbleness

from the southeast corner toward the south, where there is a sluice to control water, as if it ran to the river and then the sea. A small curved bridge crosses over the stream, obscuring its way to make it endless. The term, "Lingering Stream (*Pan Jian*)", is engraved on a stone close to the bridge. The Hall of Small Mountain and Bosky Osmanthus (*Xiao Shan Cong Gui Xuan*) and the Waterside Hall for Washing the Tassels of Hat (*Zhuo Ying Shui Ge*) face to the north of the pond, where storied buildings, halls and pavilions form a middle view. Thus, the water becomes the center of the garden and all the buildings are controlled by it. The Accessorial Cottage of Late Spring (*Dian Chun Yi*) is famous for peony, especially the herbaceous one. In the south of the court, there is a well among the stones at the corner. The walls around the corner are decorated by stones and the Spring of Containing Green (*Han Bi Quan*) gushes out of the hollow point. Thus, a simple formalistic corner is replaced by a view of landscape. The half Pavilion of Cold Spring (*Leng Quan Ting*) is adjacent to the spring, and a standing stone is set in the pavilion (Fig.36~43) .

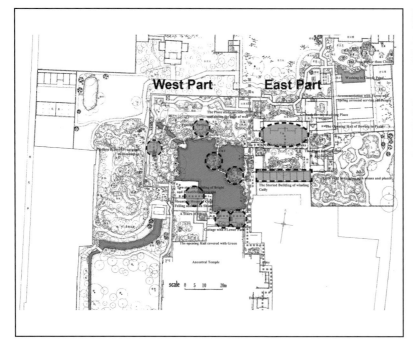

Fig. 21   The general layout of the Lingering Garden

Fig. 22   The Court of Old Interwined Trees

Fig. 23   The Cottage with Flowery Path

Fig. 24   The Pavilion of Smelling Fragrance of Osmanthus

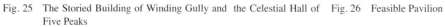

Fig. 25   The Storied Building of Winding Gully and the Celestial Hall of Five Peaks

Fig. 26   Feasible Pavilion

Fig. 27   The Cloud Capped Peak (Guan Yun Feng) and The
Washing Cloud Pond(Huan Yun Zhao)

Fig. 28   The Narrow space is for planting
bamboos and arranging rocks

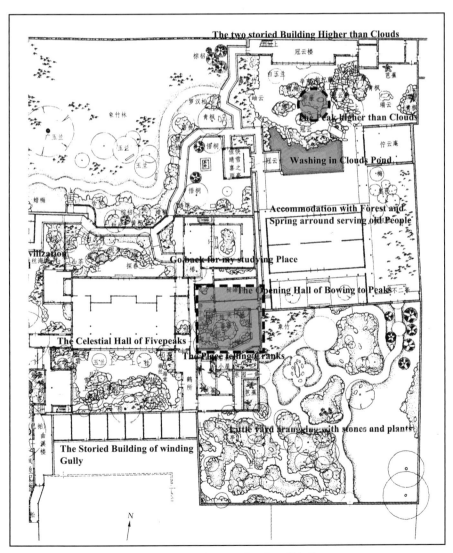

Fig. 29   The general layout of garden of Liu Yuan

Fig. 30   View changes with different steps

Fig. 31   The Court of the Open Hall of Bowing to Peaks is a small space organizing together all the rocks and flower beds with surrounding corridor

Fig. 32   An Intentional Painting (Wu Xin Hua) is unfolded in the One-Foot-Wide Window (Chi Fu Chuang)

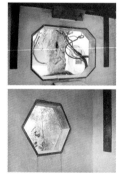

Fig. 33   View changes with different steps

Fig. 34   Bamboo and vines through the windows

Fig. 35   View changes with different steps

Fig. 36   A stone looks like beautiful girl

Fig. 37   The pavilion of arriving moon and wind

Fig. 38   Stone dock and stone bridge are allocated at the northwest

Fig. 39   Lingering Stream

Fig. 40   The Waterside Hall for Washing the Tassels of Hat

Fig. 41   The Accessorial Cottage of Late Spring

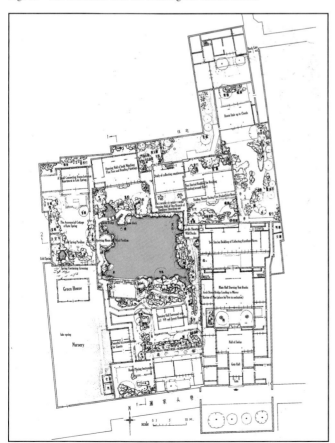

Fig. 42   The general layout of garden of the Master of Fishing Nets

Fig. 43   The Cold Spring

Detailed design is also important. For example, the Pavilion of Good Fruits (*Jia Shi Ting*) in the Court Features by Loquat Trees (*Pi Pa Yuan*) facing the entrance, where a group of bamboo and stone settings can be seen through lattice windows. There is a couplet on the pavilion, saying "Most days in Spring and Autumn are fine; sounds among water and hills are dulcet." The Sequester Cottage Hidden

Fig. 44   The Pavilion of Good Fruits

Fig. 45   The Court Features by Loquat Trees

Fig. 46   The Pavilion of Whom- to-sit-with

in Chinese Parasols and Bamboo (*Wu Zhu You Ju*) is a pavilion with moon gates in all walls, which frame vistas. Other details, like wood-carving, brick-carving and stone-carving, add specific meanings in landscape, to create artistic feelings like poetry and painting. The Whom-to-sit-with Pavilion (*Yu Shui Tong Zuo Xuan*) in Zhuo Zheng Yuan cites a verse, "breeze-moon-

me", to show the owner's loftiness. Fan-shape suggests breeze, so that there are fan-shaped pavilion, table and windows to imply the theme. In the covered corridor in the north of the pond, there is a moon gate with a stele, saying "to enjoy good feeling by little", which means "less is more" (Fig.44~48) .

Stone settings and rockery are a popular approach with flexible skills in the Suzhou Garden. Stone setting is not an artificial hill, but has its own modes, such as single stone, spread grouped stones, stone parterre, stone bank and stone stairs, and each has specific usage. The Lake Tai (*Tai Hu, literally, Grand Lake*) is famous for a limestone, called "Tai Hu Stone", and Suzhou Gardens take advantage of it. Rockery skill merges stones into a whole to create artificial hills. The Cloud Capped Stone (*Guan Yu Feng*) in Liu Yuan is one of the "Three Famous Stones in Jiang Nan", featured as porous, spongy, thin, creasy and ugly, the aesthetic criteria for Tai Hu Stone. Because the level of groundwater in Suzhou is high, so hygrophilous flower like peony is usually chosen to plant. Stone parterres are placed in court and paths wind among them. Stone parterre prefers free patterns of naturally looking curves and avoids angular corners. The principle for layout says "to occupy edges, hold corners, free center". It borrows rules from seal engraving, such as "considering the emptiness as strokes", the integration of emptiness and repletion and density proportion of seal, which emphasize "allowing a horse to run through the wide part, but disallowing a needle to pierce into the dense part". Stone parterre uses wall as paper to make a drawing with stone setting and there are many good works in the court of the Mountain Cottage Containing Green Water (*Han Bi Shan Fang*) in Liu Yuan, the northern court of the Studying Hall Facing to Five Peaks in *Wang Shi Yuan* and the Garden of Pleasure (*Yi Yuan*). The Stone settings attached to buildings are *Dun Pei* (two stones at each side of the steps), *Bao Jiao* (stones at the corners of a building), *Ru Yi Ta Duo* (free shaped steps) and *Yun Ti* (Cloud stairs). The Storied Building of Brightness and Rustling (*Ming Se Lou*) in Liu Yuan has an excellent cloud stair, called "A Stair of Cloud". The stair leans on the southern and western sides of the building, so that it is

Fig. 47   The Sequester Cottage Hidden in Chinese Parasols and Bamboo   Fig. 48   Enjoy good feeling by little (Less is more)

not erected alone. Visitors step in it from the south and north, but the former is the main entrance, marked by a stone of good shape. A peak stands close to the steps, so visitors have to look up and feel its height when "A Stair of Cloud" marked on the peak is in their sight. After a few steps, visitors reach the landing around the corner of the building and then turn west and upward. Several stones block visitors' sight to see continuing steps, which matches the aesthetic criterion, "smiling with hidden teeth". At the top of the stair, a stone girder leads to the entrance of the building. Caves and holes are made below the stair, in order to make the bottom look brighter. Pillars and hanging decorations frame views, forming a splendid painting with poetic flavor (Fig.49~57) .

The *Huan Xiu Shan Zhuang* (the Mountain Villa Embracing Beauty) built in the Qian Long Era of Qing Dynasty is a brilliant work by garden-maker Ge Yuliang. It has one of the best rockeries made of *Tai Hu Stones*. Master Ge constructed this garden with a small rockery and a spring dug from ground, named "Floating Snow". Besides the spring, rainfall, groundwater and well water are used as water resources. That is the gardening principle "using variety of water". The base of the rockery is only 330 m^2, but it seems as if a great mountain with deep gully. The Villa demonstrates beauty of *Tai Hu Stones*. Whorls, caves, craters and holes show the steps of limestone dissolution, while gaps, cracks, vales and gullies show the types of dissolution. The natural beauty of Tai Hu Stone is blended with its cultural beauty. The landscape pattern concentrates on the artificial hills, and is complemented by water. The pond east to the gully and spring embraces the hill and links the gully through the stream. The major hill stands in the middle with interactive peak and ridge, and the minor hill bows in the northwest. The former looks lean toward west, which is the direction toward the mountains outside Suzhou. That means "child hill looks back at the parent hill". A dingle breaks in the major hill, and caves are

Fig. 49   A single stone

Fig. 50   Spread groups stones

Fig. 51   The stone parterre

Fig. 52   The stone stairs

Fig. 53   The northern court of the Studying Hall Facing to Five Peaks in Wang Shi Yuan

Fig. 54   The stone bank

Fig. 55   A stone girder leads to the entrance of the building

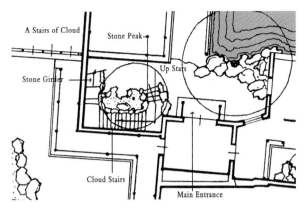

Fig. 56   A Stairs of Cloud

To occupy edges, hold corners, free center

Fig. 57   Allowing a horse to run through the wide part, but disallowing a needle to pierce into the dense part

constructed under the peaks. Thus, the hill looks huge but is empty inside, so that it is more like the natural Karst topography, as well as it reduces the quantity of stones. The implementation follows the rule, "to watch the hill's situation from distance, and to enjoy the stone details from vicinity". (Fig.58~68)

A stone is a word, several stones make a sentence, then a paragraph and a chapter of a work. The routine from the hall to the rockery begins at the Wisteria Bridge, a slate bridge with an iron pergola. The vine of Wisteria from the planting beds at one end of the bridge reaches the other end along the bridge, and it is called "leading vine across water", a landscape implying spring. The other three seasons are suggested by three plants, that is, crape myrtle, Japanese maple and lacebark pine. Thus, each of the plants represents a season. The stone bridge zigzags on the water, leading to the other bank where a stone screen faces the bridge and turns visitors towards the east. The path continues east along the cliff and some stones bridge gulfs,

rising and falling. More exciting, the water under the bridge reflects light into the caves. The path is more rugged when it goes east to an escarpment. It stops at the end of the stream, where a cave appears by the approach of "to turn around in a sudden". (Fig.69~74) The cave with arch structure is skillfully built, and the textures of stones match perfectly as if they were a natural whole. Light shines in the cave through the holes of *Tai Hu Stones*. The ceiling, floor and walls of the cave match each other and the "*Die Se* (corbel structure)" is fixed by stones on the top. The western part of the cave has a big room with niches and stone furniture, as if it was a celestial housing. A big deep hole on the ground spirals down. The path illustrating "a path rises and falls, like trails by a cat provoked by a child," goes eastward after crossing the Wisteria Bridge, and then turns westward when entering the cave. Though there is only a thin stone wall between the two directions, visitors cannot see the trick because of the chiaroscuro. The light reflects into the cave from

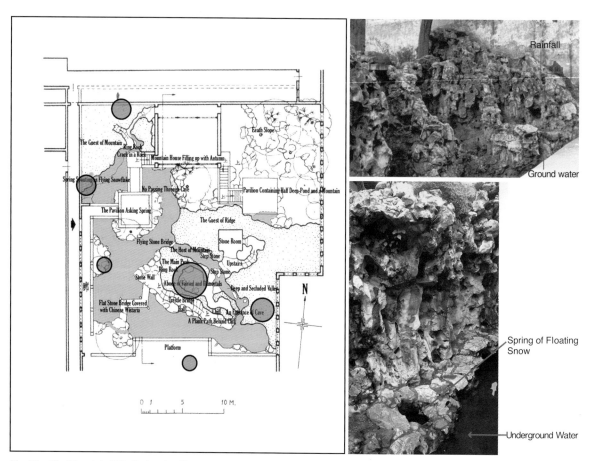

Fig. 58   The Mountain Villa Embracing Beauty

Fig. 59   Well water   Fig. 60   The caves

Fig. 61   The pavilion containing half deep pool and entire hill   Fig. 62   The gaps and cracks

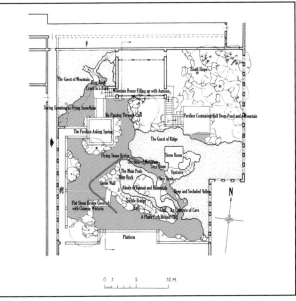

Fig. 63   The vales   Fig. 64   The Mountain Villa Embracing Beauty

Fig. 65   The hole

Fig. 66   Child hill looks back at the parent hill

Fig. 67   The stone room

Fig. 68   The abode

Fig. 69   The ceiling, floor and walls of the cave match each other and the corbel structure is fixed by stones on the top

Fig. 70   The stones bridge gulfs, rising and falling

Fig. 71   It stops at the end of the stream, where a cave appears by the approach of "to turn around in a sudden"

Fig. 72   The water under the bridge reflects light into the caves

Fig. 73   The stone bridge zigzags on the water, leading to the other bank where a stone screen faces the bridge

Fig. 74   Leading vine across water

the water below it, showing fantasy. When visitors walk out of the cave from the north entrance, they pass a stream by stepping stones. Cliffs stands along the stream, as if cut by an axe, and a flying bridge crosses above the gully, a contrast to the stepping stones. That is the rule, "to bridge on the top of a hill, to put stepping stones on the bottom". The stone house in the north of the stream has natural-looking light holes. The path turns right along the topography of the hill, and spirals up to the floating bridge, which provides a point to look down at the secluded gully. It continues westward through the major peak, below of which there is a cave. The cave frames a view that another cave is located under a waterfall in the north. The path goes down, through the Pavilion Containing Half Deep Pool and Entire Hill (*Ban Fang Qiu Shui Yi Fang Shan*) to the slope east to the Boathouse of Mending Autumn (*Bu Qiu Fang*), where spread stones' slow runoff and tree shadows cover the land. The Boathouse of Mending Autumn faces the water against the court and links the rockery to the west. A gully hides a cave and water from the north well passes by, forming a waterfall. Narrow steps go up to the hilltop, below which there is the Floating Snow Spring (*Fei Xue Quan*). A pavilion is built near the spring, so it is named "Asking Spring Pavilion (*Wen Quan*)". Water surrounds the pavilion, and stone parterres are allocated at the corners. Thus, artificial beauty gradually blends in natural beauty. It is on the west bank where the Floating Bridge Spring can be seen with the best view, which can inspire a painting. (Figs.75~80)

Suzhou is rich in garden plants. The typical planting approach is single planting, and small groves are used occasionally with subtle skill. In Chinese custom, phonogram is used to imply the exact meaning. For example, magnolia (*Yu Lan*), crabapple (*Hai Tang*), and peony (nickname *Fu Gui Hua*, wealthy flower) means "*Yu Tang Fu Gui* (wealthy life in jade house)"; waterelm and crapemyrtle imply success in an official test; orange daylily suggests happiness. Gardens in Suzhou are also famous for their unique plants, such as wisteria, camellia, azalea and lotus in the *Zhuo Zheng Yuan*, peony in the *Liu Yuan*, herbaceous peony and rose in *Wang Shi Yuan*, the four plants representing four seasons in the *Huan Xiu Shan Zhuang*. The details in Suzhou Garden are subtle and artistic, like shaped gates, lattice windows and guardrail. Visitors can appreciate the variety of details as well as the garden spaces.

Acknowledgement

My thanks to Mr. Tang Zhenzi and Ms. Irma Ramirez, Associate Professor of College of Architecture at Cal Poly Pomona for their helping with English translation.

Fig. 75　A flying bridge crosses above the gully

Fig. 76　A contrast to the stepping stone

Fig. 77   The cave frames a view that another cave is located under a waterfall in the north

Fig. 78   A gully hides a cave, and water from the north well passes by, forming a waterfall

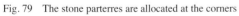

Fig. 79   The stone parterres are allocated at the corners

Fig. 80   Asking Spring

图片来源

第六章　布　局

第四篇　设计实践

第一章　相地合宜·构园得体——深圳市仙湖风景植物园设计心得

第二章　奥林匹克森林公园之"林泉高致"

第三章　2013 年北京花博会"盛世清音"瀑布假山设计

第四章　杭州花圃设计

第五章　河北邯郸市赵苑公园总体设计

注：1. 不含附录部分的图片；

　　2. 没有注明来源的均为作者自绘或自摄。

致歉与致谢

　　我认为无论是康熙还是乾隆，祖孙俩在避暑山庄的建设方面都是卓有成就的。未想乾隆在避暑山庄建成后著书总结经验时，书名却是《知过论》，我对此深有感触。当我写完专著送交出版之时，这种感触更为突出，我对不起读者的地方颇多，自感最汗颜之处是未向读者提供参考书目，过去我从未想到要出书，因兴趣所在看了不少学科的书和资料，择其精者抄录在笔记本上，可以说有所钻研。但我在生活方面是极其懒散的，懒得做卡片，这就导致今日之遗憾，这是要向广大读者致歉的。引为教训。

　　把致谢放在后面是受中国做事大团圆的影响，最后说点高兴的事儿。我儿时还赶上看见一般家中供的祖宗牌"天地君亲师"。人生于自然环境，长于自然，当然首先要谢天谢地。生育我、养育我、教育我的双亲不仅赋予我天生的优良基因，而且也是我启蒙的老师。我母亲为了我上最好的小学和中学，不惜当首饰、借债。而更令我难忘的是严父慈母对子女的深爱和贯穿在每时每地的教育，以身作则地教导我们与人为善。这本专著是我成为中国工程院院士以后决定写的，但漫漫无期，建议我出专著的是我的学生、校友刘晓明教授，他为本书英文部分做终校。王劲韬、薛晓飞为本书承担了烦琐的文字校对工作，并由齐羚和孟凡完成终校。朱育帆、林箐、曾洪立、王沛永、李健宏、许先升、雷芸、王欣、李昕、陈云文、秦岩、李飞、魏菲宇、马岩诸君为我画了插图或收集照片。中国建筑工业出版社的张建、杜洁同志为我做了精细和尽可能完美的排版工作。我还要特别感谢中国科学院植物研究所靳晓白先生为本书校对植物拉丁学名。因此我要感谢所有致力于本书出版的人和将要帮助我的广大读者。诚挚地欢迎广大读者批评指正。

孟兆祯

2012 年 7 月 19 日于北京林业大学